TRAITÉ ÉLÉMENTAIRE

ET PRATIQUE

DE L'INSTALLATION, DE LA CONDUITE ET DE L'ENTRETIEN

DES

MACHINES A VAPEUR

FIXES, LOCOMOTIVES, LOCOMOBILES,

ET MARINES

A l'usage des Propriétaires d'usines à vapeur, Mécaniciens,
Agents réceptionnaires,
Capitaines de bâtiments à vapeur, etc.

PAR

M. JULES GAUDRY

Ingénieur au chemin de fer de l'Est,

DEUXIÈME ÉDITION

Entièrement refondue et augmentée

TOME I

PARIS

DUNOD, ÉDITEUR

SUCCESSEUR DE VICTOR DALMONT,
Précédemment Carilian-Gœury et V\. Dalmont
LIBRAIRE DES CORPS IMPÉRIAUX DES PONTS ET CHAUSSÉES ET DES MINES
Quai des Augustins, 49

1861

TRAITÉ ÉLÉMENTAIRE

ET PRATIQUE

DE L'INSTALLATION, DE LA CONDUITE ET DE L'ENTRETIEN

DES

MACHINES A VAPEUR

Paris. — Typographie HENNUYER, rue du Boulevard, 7.

TRAITÉ ÉLÉMENTAIRE

ET PRATIQUE

DE L'INSTALLATION, DE LA CONDUITE ET DE L'ENTRETIEN

DES

MACHINES A VAPEUR

FIXES, LOCOMOTIVES, LOCOMOBILES,

ET MARINES

A l'usage des Propriétaires d'usines à vapeur, Mécaniciens,
Agents réceptionnaires,
Capitaines de bâtiments à vapeur, etc.

PAR

M. JULES GAUDRY,

Ingénieur au chemin de fer de l'Est.

—

DEUXIÈME ÉDITION
Entièrement refondue et augmentée.

—

TOME I.

PARIS

DUNOD, ÉDITEUR,

SUCCESSEUR DE VICTOR DALMONT,
Précédemment Carilian-Gœury et Vᵉ Dalmont,
LIBRAIRE DES CORPS IMPÉRIAUX DES PONTS ET CHAUSSÉES ET DES MINES
Quai des Augustins, 49.

—

1861

PRÉFACE.

Dans cette nouvelle édition je me suis proposé, comme dans la première, de résumer, en termes simples, les principes fondamentaux d'après lesquels les machines à vapeur doivent être entretenues et conduites ; de mettre les lois mécaniques qui président à leur installation à la portée des personnes qui n'ont pu s'appliquer aux longues études de l'ingénieur ; en un mot, de rédiger, pour les propriétaires d'usines, les ouvriers, et ceux qui ont à inspecter ou à recevoir des machines à vapeur, un *Manuel élémentaire* qui ne fût pas trop indigne des hommes de science.

Les systèmes de machines sont si nombreux et ils subissent de si fréquents changements, que j'ai dû renoncer à les décrire, en me bornant à préciser leurs *conditions générales*, qui sont de tous temps et de tous pays. Des traités spéciaux et de nombreuses publications périodiques, auxquels je renvoie, contiennent d'ailleurs les descriptions et les dessins les plus complets. J'en donne en outre la nomenclature à la fin de l'ouvrage. Néanmoins, dans cette édition, j'ai réuni en plusieurs planches des types qui facilitent les explications. Dans le texte j'ai fait, non-seulement une révision et un remaniement général, mais de très-nombreuses additions qui comblent des lacunes signalées dans ma première édition. J'ai traité des outils à vapeur, du mécanisme moteur, etc., et j'ai ajouté des détails historiques inédits d'un grand intérêt.

Dans une tâche embrassant toutes les branches de l'industrie des machines à vapeur, et au milieu de tant de principes théoriques ou de questions quelquefois douteuses, je crains encore, malgré tous mes soins, d'avoir inaperçu bien des fautes. Si j'ai néanmoins l'espérance d'avoir fait une œuvre utile, c'est que j'ai trouvé les encouragements et les conseils de plusieurs de nos maîtres. Je suis heureux de pouvoir remercier ici, à ce titre, M. *Faure*, ainsi que M. *Cavé*, mon ancien patron et ami, qui ont prêté, aux débuts de ma carrière d'ingénieur, une assistance que je n'oublierai jamais.

Dans ma première édition, j'ai adressé mes remercîments particuliers à M. *Claudel*, l'auteur distingué de l'*Aide-mémoire* et de l'*Introduction à l'art de l'ingénieur*. Je témoignerai de même ici ma vive gratitude à MM. Dupuy de Lôme, Lechatellier, Mazeline et Nozo, soit pour leurs conseils, soit pour les documents qu'ils ont bien voulu me fournir avec la bienveillance et le dévouement au progrès qui distinguent ces maîtres dans les sciences mécaniques.

La science ne s'est pas seule occupée des machines à vapeur : elles sont devenues l'objet de lois et ordonnances que je n'aurais pu me dispenser de citer et d'examiner, sans laisser dans ce traité une impardonnable lacune. Dans cette nouvelle tâche, celui qui a bien voulu me guider de ses lumières est M. Gaudry, mon bien-aimé père, ancien bâtonnier de l'ordre des avocats de Paris.

TRAITÉ ÉLÉMENTAIRE

ET PRATIQUE

DE L'INSTALLATION, DE LA CONDUITE ET DE L'ENTRETIEN

DES

MACHINES A VAPEUR

INTRODUCTION.

1. La direction des machines à vapeur ne demande qu'un peu de pratique et d'adresse, lorsqu'elle se borne à la manœuvre routinière des organes. Elle constitue, au contraire, un art plein d'intérêt, quand, aux soins par lesquels on leur assure une longue durée, on joint le talent d'en obtenir, aux moindres frais, le maximum de force. Une même machine rend des services très-différents entre les mains de mécaniciens inégalement capables ; elle se détraque bientôt par une conduite brutale, et elle n'obéit franchement qu'au conducteur instruit de ses fonctions. Fût-elle médiocre, elle offre toute sécurité entre les mains d'un bon guide ; tandis que le meilleur appareil, abandonné à un mauvais mécanicien, est aussi peu sûr que coûteux d'entretien.

Trop souvent les mécaniciens adoptent une méthode d'après laquelle ils disposent ou gouvernent en tout temps leur machine. La première règle que nous venons, au contraire, leur prescrire est de n'en *jamais adopter d'absolue ;* car non-seulement les manœuvres et le mode de conduite varient avec les systèmes, mais il n'est pas rare que deux machines copiées l'une sur l'autre, et sorties des mêmes mains, soient loin de se ressembler dans leurs effets[1]. Bien

---

[1] Ainsi deux machines semblables de Penn ont donné au dynamomètre,

plus, on voit la même machine présenter d'un jour, et parfois d'une heure à l'autre, de remarquables variations. Sont-ce des caprices imprévus, comme le prétendent ces mécaniciens qui suivent sans réflexion leur règle de conduite? Assurément non; c'est que les circonstances du travail à produire, les conditions atmosphériques, la température de l'eau, la nature des combustibles, les phénomènes mécaniques en un mot, peuvent exercer leur influence. Or, rien n'est plus variable que ces circonstances; elles donnent lieu à des accidents dont l'étude des principes généraux permet seule de découvrir la cause avec le remède.

Si le mécanicien chargé de conduire une machine a besoin de ces principes pour la manœuvrer et l'entretenir, quel autre secours aurait-il, ainsi que le propriétaire et l'inspecteur chargé de la recevoir, pour s'assurer qu'elle est installée selon les règles de la science et reconnaître entre quelles limites on peut la faire travailler?

2. Dans une première partie, nous rappellerons donc comment les machines à vapeur travaillent, après avoir exposé les lois des résistances qu'elles ont à vaincre. Le mécanicien en déduira selon les circonstances ses règles de conduite; le propriétaire de la machine et l'agent chargé de la recevoir en concluront aussi, l'un ce que le constructeur a dû loyalement lui donner, l'autre ce qu'il doit particulièrement surveiller. Des chapitres spéciaux traiteront de ce qu'il faut faire pour obvier et remédier aux accidents, des marchés pour la construction des machines à vapeur et des devoirs des personnes employées à leur service.

Dans une seconde partie, nous appliquerons les principes contenus dans la première aux diverses sortes de machines à vapeur.

S'il nous est impossible d'échapper, dans l'exposé qui va suivre, à la nécessité de préciser en formules les lois théoriques sur les-

---

l'une 623, l'autre 672 chevaux. De deux bâtiments à vapeur américains identiques, et dont il sera parlé plus tard, l'un file près de deux nœuds de plus que l'autre; parmi vingt-cinq locomotives qu'un de nos meilleurs constructeurs a établies récemment sur des plans exactement semblables et avec une égale perfection, l'une produit peu, quatre priment, plusieurs réunissent au contraire toutes les qualités à un degré remarquable. On pourrait beaucoup multiplier ces exemples.

quelles se fonde la conduite, comme la construction des machines à vapeur, nous nous attacherons du moins à leur donner une forme pratique, n'exigeant d'autre secours pour s'en servir que celui de l'arithmétique élémentaire. Ce qui va suivre, d'ailleurs, n'est pas un simple exposé des lois qu'on trouve si bien formulées dans les excellents traités et aide-mémoire de mécanique que les praticiens ont aujourd'hui à leur portée. Ces principes, fondement nécessaire de tout ouvrage industriel, seront pour nous l'occasion de relater une multitude de renseignements d'un intérêt usuel.

5. On dit quelquefois que la théorie conduit dans la pratique à des mécomptes, et peu s'en faut qu'on n'accuse les lois formulées par les maîtres de la science d'être fausses. C'est que ces lois, parfaitement vérifiées quand on s'isole, comme leur auteur, de toutes les circonstances pouvant troubler le phénomène étudié, exercent rarement seules leur action sur les corps. De même qu'on voit en dynamique un corps, sollicité en sens divers par différentes forces, suivre la direction de la résultante de ces forces, sans parfois prendre la direction d'aucune d'elles; de même il arrive en physique que l'application de plusieurs lois opposées vient concourir dans le même phénomène. Leur rencontre donne alors lieu, pour ainsi dire, à une *loi résultante* qui semble au premier abord contredire chacun des principes théoriques pris individuellement. La chute des corps qui tombent dans l'air et n'arrivent pas ensemble à terre, contrairement à la loi de la pesanteur, en offrira ci-après l'exemple.

Les mécomptes de la théorie sont donc dus, non à l'erreur de ses lois, mais à l'erreur de celui qui les applique trop absolument, sans tenir compte des autres circonstances.

Nous ferons une observation analogue pour certains usages consacrés dans l'industrie, particulièrement à l'égard des systèmes de machines. On impute parfois légèrement la conservation de ces usages à la routine; quand on y regarde de près en pleine connaissance de cause, on reconnaît souvent que, s'ils sont critiquables par certains côtés, ils ont leurs raisons d'être dans des circonstances données. En général, il n'y a rien d'absolu dans les applications mécaniques, et c'est par là qu'elles se distinguent de la pure théorie.

4. Pour ceux de nos lecteurs qui n'ont pas la pratique des notations algébriques, il nous reste à dire ce que sont les formules à l'aide desquelles s'énoncent les lois mécaniques. Les *formules* sont une réunion de caractères convenus, concis, parlant en quelque sorte aux yeux et faciles à graver dans la mémoire. Ces caractères sont simplement ceux de l'arithmétique, c'est-à-dire les lettres de l'alphabet désignant d'une manière générale les quantités et les signes des opérations élémentaires.

Exemple : On veut exprimer ce principe : pour calculer la vitesse d'un gaz qui s'écoule d'un réservoir dans l'air, retranchez d'abord la pression de l'air de la pression existant dans le réservoir, divisez la différence par la densité du gaz ; multipliez le quotient par le nombre 19,62, et prenez la racine carrée du produit. La mémoire retiendra difficilement un pareil énoncé ; mais si l'on désigne par

V la vitesse d'écoulement,
P la pression dans le réservoir,
p la pression de l'air,
d la densité du gaz,

à l'aide des signes usités en arithmétique pour indiquer la multiplication, la division, la soustraction, l'extraction d'une racine et l'égalité, la phrase ci-dessus se réduit à la courte formule

$$V = \sqrt{19.62 \times \frac{P - d}{d}}.$$

Des exemples donnés presque toujours à la suite des formules achèveront d'en rendre la solution facile.

PREMIÈRE PARTIE.

INSTALLATION, TRAVAIL, CONDITIONS FONDAMENTALES,
DIRECTION ET ENTRETIEN
DES MACHINES A VAPEUR EN GÉNÉRAL.

CHAPITRE I.

Des résistances à vaincre et du travail à fournir par les moteurs.

5. La matière est inerte, c'est-à-dire condamnée à rester indéfiniment dans l'état de repos ou de mouvement uniforme en ligne droite où elle se trouve jusqu'à ce qu'une cause extérieure modifie cet état. C'est cette cause extérieure, quelle qu'elle soit, qu'on nomme *force*. Les forces sont dans la nature : il y a la force musculaire de l'homme ou des animaux ; il y a la force inanimée de la pesanteur, des courants liquides, des expansions de gaz, etc. Nous pouvons utiliser ces forces, les décomposer, les transmettre à distance, les ralentir ou les accélérer en raison inverse de leur intensité ; mais nous ne pouvons *jamais les créer*. Nous ne pouvons modifier l'état de mouvement ou de repos d'un corps qu'en faisant une *dépense de force*. Si nous n'en dépensons pas assez pour mouvoir un corps en repos qui résiste, ou pour arrêter un mobile que le mouvement emporte, nous n'exerçons qu'une simple *pression* ; si, au contraire, le corps en repos est chassé devant la force et parcourt un certain chemin, il y a *travail mécanique* développé. Ainsi, une colonne, un arc-boutant, un bâti de machine qui supportent des charges *sans bouger*, subissent des efforts ou

pressions; mais tant qu'il n'y a aucun déplacement du corps supporté ou du support, il ne s'est produit aucun travail mécanique susceptible d'être utilisé en industrie. Au contraire, un cheval ou une machine qui entraînent un véhicule sur une route, un mobile qui tombe sous l'action de la pesanteur, un ouvrier qui laboure ou qui burine, un ressort bandé qui se détend, offrent des exemples d'un déploiement de travail mécanique proprement dit.

La quantité de travail déployée a pour mesure *le produit de l'effort exercé par le chemin parcouru*. Donc, si la charge ou résistance à vaincre devient double, triple, sans que l'espace parcouru change, la quantité de travail deviendra pareillement double ou triple. Il en sera de même si l'espace parcouru devient à son tour double ou triple, la charge restant constante. Lorsque la charge et l'espace croissent simultanément, si, par exemple, on les double l'un et l'autre, la quantité de travail devient quadruple ; on obtient donc numériquement dans tous les cas la quantité de travail T fournie ou à fournir par un moteur, dans l'unité de temps, *en multipliant l'effort ou la résistance* P *par l'espace parcouru dans un temps quelconque* t, *et en divisant le produit par ce même temps;* ce qu'on exprime par la première formule ci-après.

Au lieu de considérer, comme nous venons de le faire, l'espace parcouru dans un temps quelconque *t*, on peut prendre comme élément du travail mécanique la vitesse V, c'est-à-dire l'espace parcouru dans l'unité de temps elle-même ; le travail développé est alors représenté par la seconde expression qui suit.

Ainsi, les deux formules du travail mécanique sont :

$$T = \frac{P \times E}{t}, \text{ ou bien, } T = P \times V.$$

On explique dans les traités de mécanique que cette seconde formule n'est applicable qu'au cas du mouvement *uniforme*, dans lequel le mobile parcourt des espaces égaux dans des temps égaux. Mais elle s'applique au cas ordinaire des machines à vapeur, car elles ont un mouvement, sinon réellement uniforme, du moins compris entre des variations dont la moyenne équivaut à peu près pour la pratique à l'uniformité.

Des deux formules ci-dessus exprimant la quantité de travail, on tirera :

1° La vitesse par seconde. . . . . $V = \dfrac{T}{P}$;

2° L'espace parcouru dans un temps quelconque t. $E = \dfrac{T \times t}{P}$;

3° Le temps du parcours. . . . . $t = \dfrac{P \times E}{T}$;

4° La résistance. . . . . . . $P = \dfrac{T}{V}$ ou bien $P = \dfrac{T \times t}{E}$.

6. Comme toute quantité mesurable, le travail mécanique s'évalue par comparaison avec des unités conventionnelles, dont les plus usitées sont le *kilogrammètre* et le *cheval-vapeur*, unités qui peuvent d'ailleurs s'appliquer à toute sorte d'efforts agissant dans quelque direction que ce soit, ainsi qu'on le démontre dans les cours de mécanique.

La quantité de travail prise pour unité sous le nom de *kilogrammètre* (k^m) est celle qui est développée pour élever 1 *kilogramme à la hauteur de 1 mètre*. Ainsi, soit une machine à vapeur ayant à vaincre un effort $P = 520$ kilogrammes, qu'il faut transporter à 15 mètres, en 10 secondes, le travail à développer par seconde sera, conformément à la première formule du numéro précédent :

$$T = \frac{520 \times 15}{10} = 780 \text{ kilogrammètres.}$$

Soit, conformément à la deuxième formule, une machine ayant à mouvoir à la vitesse $V = 1^m,5$ par seconde un corps dont la résistance $P = 520$ kilogrammes, la quantité de travail développée par seconde serait de même : $T = 520 \times 1,50 = 780$ kilogrammètres.

Le *cheval-vapeur* est une unité de travail qui équivaut à 75 kilogrammètres produits en une seconde [1]. Telle est du moins la va-

---

[1] Les chevaux de trait sont loin d'être aussi puissants. Ils ne peuvent guère produire plus de 55 à 60 kilogrammètres par seconde ; encore ne peuvent-ils ainsi travailler plus de huit heures par jour.

leur qu'on lui attribue généralement d'après Watt[1], et qu'on peut considérer comme *légale*, car elle est reconnue par l'article 5 de l'ordonnance de 1843 sur les machines à vapeur et l'ordonnance de 1846, art. 3, sur les bateaux à vapeur. Quelques constructeurs et les industriels de certains pays adoptent cependant des évaluations différentes (634 et 1131). Ce sont des usages locaux qui n'ont aucune force d'application générale, et par conséquent, quand, dans un traité avec un fabricant, on stipule qu'il livrera un appareil de 100 chevaux, sans autre spécification, il est entendu que la quantité du travail moteur demandé sera de 100 chevaux de 75 kilogrammètres chacun, soit 7500 kilogrammètres par seconde.

Pour simplifier les calculs, on fait quelquefois usage de multiples du kilogrammètre, dont la valeur est 1000 kilogrammes, ou une tonne élevée, soit à 1 mètre, soit à 1000 mètres ou 1 kilomètre. On les nomme *tonne-mètre* (1^{tm}) et *tonne-kilomètre* (1^{tk}).

7. On distingue quelquefois le travail moteur T_m et le travail résistant T_r. Le premier est celui que fournit la machine, le cheval ou l'ouvrier qui possède en lui la force motrice agissant contre la résistance à déplacer. Le travail résistant est, au contraire, celui qu'absorbe la résistance contre laquelle lutte la force motrice. Le seul intérêt de cette distinction est que, lorsqu'on veut établir un moteur, on évalue le *travail résistant* des appareils à mouvoir ; soit, au contraire, donné un moteur tout construit, on cherchera quel est le *travail moteur* qu'on pourra lui demander.

Du reste, quand une machine travaille avec une vitesse uniforme, son travail moteur égale évidemment le travail résistant des appareils qu'elle meut, en vertu de cette loi de Newton : *l'action égale la réaction.* Si le travail moteur a une tendance à dominer, il en résultera un accroissement de vitesse ; si le travail résistant l'emporte, le moteur se ralentira jusqu'à ce que l'équilibre soit rétabli entre l'*action* et la *réaction ;* sinon ou le système s'arrête insensiblement, ou il marche vers une accélération de vitesse qui ne finira qu'avec la rupture.

---

[1] En mesures anglaises le cheval-vapeur de Watt vaut 33,000 livres élevées par minute à un pied : ce qui équivaut à peu près à notre unité française.

Enfin, on distingue dans un moteur le *travail théorique*, tel qu'il résulte des calculs du constructeur sur le papier, le *travail nominal* ou évaluation de la force que promet le constructeur en vendant un appareil, et le *travail réel, effectif* ou *utile*, qui, en fait, peut être industriellement et couramment développé. Quoique se rapportant à une même machine, ces évaluations sont souvent fort différentes. Le travail théorique ne tient guère compte des résistances passives ; aussi est-il beaucoup au-dessus du travail effectif. Celui-ci est généralement supérieur à la force nominale indiquée lors de la vente, si le constructeur a largement fait ses calculs, mais il peut être inférieur, si la machine est mal combinée, ou s'il y a perte de force imprévue.

§ 1. TRAVAIL DU AUX DIVERSES SORTES DE RÉSISTANCES A VAINCRE DANS LES MACHINES.

8. La quantité de travail résistant des agrès ou appareils à mouvoir varie non-seulement avec la nature des résistances, mais aussi avec la forme du mouvement ; ce qui va être l'objet de ce paragraphe et du suivant.

Une machine à vapeur appliquée à mouvoir des appareils ou un propulseur éprouve diverses sortes de résistances qui peuvent concourir ensemble, mais qu'il importe d'étudier séparément, sauf à faire ultérieurement leur part dans la pratique. Nous bornerons notre étude à la cohésion, à la pesanteur, au frottement, à l'inertie et à la résistance des milieux.

I. — Cohésion.

9. La cohésion est le point de départ des lois sur la résistance des matériaux à la déformation et à la rupture. C'est d'après elle qu'on détermine le choix et les dimensions des pièces de machines.

Les corps de la nature sont formés par la réunion de particules, atomes ou *molécules*, infiniment petits, disposés suivant une agrégation déterminée qui constitue la *structure*, et séparés les uns des autres par des interstices infiniment petits, nommés *pores*. C'est en ce sens qu'on dit en physique que tous les corps sont poreux. Il y a des substances, dites *cellulaires* ou *spongieuses*, qui sont percées de trous, cellules ou cavités, qu'on nomme improprement pores : telles sont les éponges et les pierres meulières. Mais ce n'est pas à ces évidements de matière que le mot de pore est affecté dans la langue scientifique.

D'autres substances sont, au contraire, massives et sans interstices visibles, on les nomme *corps denses*, par opposition aux *corps cellulaires*. Mais on démontre en physique qu'ils ont aussi leurs pores.

Les pores sont tenus ouverts par une force répulsive dite *chaleur*, dont nous parlerons (66), qui pénètre tous les corps, entre dans leur constitution et nous les offre à l'état bien connu de *solides*, *liquides* ou *gaz*.

En même temps, les molécules des corps tendent par nature à se rapprocher et se joindre en vertu d'une attraction ou affinité qu'on nomme *cohésion*, et on peut établir en principe qu'elle a d'autant plus d'énergie pour maintenir l'union des molécules et résister à leur séparation, que l'union ou rapprochement de ces molécules est plus intime. C'est contre la cohésion que luttent la chaleur et les forces extérieures qui tendent à déformer ou diviser la matière. Or, non-seulement chaque corps a une structure ou agrégation moléculaire, dite *primitive*, qui lui est propre [1], mais celle-ci peut être modifiée, ainsi que l'espacement des molécules, par les pores, suivant une multitude de circonstances naturelles ou de fabrication, par des phénomènes physiques, chimiques ou mécaniques, de sorte que rien n'est moins absolu que la puissance de la cohésion et la résistance des matériaux dont elle est le principe. Les nombres donnés par les expérimentateurs comme expression de ces résistances ne sont donc tout au plus que des moyennes.

10. Les matériaux s'offrent principalement à nous avec les structures suivantes :

1° La *structure grenue*, c'est-à-dire composée de grains, est

---

[1] L'étude de la structure élémentaire ou primitive constitue la cristallographie. — Voir les traités spéciaux sur cette science, ainsi que la plupart des traités modernes de minéralogie et de chimie, notamment Regnault, t. I, qui en donne un résumé simple et complet.

considérée par des savants et des praticiens comme l'état de nature du règne minéral [1], où tout tend vers la cristallisation. Mais nous avons déjà dit que, si chaque corps cristallise en une certaine forme dite *primitive*, une infinité de circonstances accidentelles peuvent tourmenter la cristallisation, la rendre confuse, irrégulière, plus ou moins déviée de sa forme primitive, et faire varier la grosseur comme l'espacement des cristaux. Ces mêmes accidents influent sur la résistance, et on peut établir à peu près comme loi générale que les matières minérales ont d'autant plus de cohésion et de résistance à la rupture que les grains dont elles se composent sont plus fins, plus réguliers et plus serrés. Souvent les grains ou cristaux se *clivent*, c'est-à-dire se partagent par le milieu et offrent des facettes ; on dit alors que la structure est *lamellaire*. Les matériaux à cassure lamellaire sont généralement faciles à rompre dans le sens du clivage.

2° La *structure fibreuse* ne serait dans le règne minéral qu'une déviation accidentelle de l'état précédent, si l'hypothèse qu'on vient d'énoncer sur la nature primitive est vraie. On va même jusqu'à prétendre que, suivant des circonstances données de température et de mouvement, certains matériaux, tels que le fer, peuvent devenir à volonté grenus ou fibreux. (Voir le *Practical mechanic* anglais, t. VII, et *Bulletin de la Société d'encouragement*, série 2, t. III, p. 316.) Quoi qu'il en soit, dans ce nouvel état, les matériaux sont composés de fibres ou filaments parallèles, et il est alors généralement plus facile de séparer respectivement ces fibres par un effort transversal à leur direction que de rompre ces fibres elles-mêmes par un effort qui leur est parallèle, car les fibres ne sont parfois que juxtaposées, comme les fils d'un câble non tordu, tandis que les molécules se suivent dans une même fibre avec une intimité considérable. Ici encore, on peut répéter que plus les fibres sont fines et serrées, plus les matériaux offrent de cohésion et de résistance. Dans le règne végétal, la structure fibreuse est générale.

3° La *structure* peut encore être *dense* ou *cellulaire* tout en

---

[1] On sait que les corps de la nature forment trois classes dites *règnes animal, végétal* et *minéral*.

affectant la forme grenue ou fibreuse. Nous venons de dire qu'en général les corps denses offrent plus de cohésion et de résistance. Dans les corps cellulaires, il y a des vides, cavités, cellules ou cavernes, qui résultent d'un retrait de la matière (exemple : la fonte en refroidissant, l'argile en séchant), ou bien de la présence d'un corps étranger (exemple : les soufflures de la fonte formées par des accumulations d'air ou de gaz, qui ne peuvent, dans la coulée, s'échapper au dehors). Ces cavités sont souvent contraires à la résistance des matériaux.

11. Le *sens* suivant lequel on présente les matériaux pour lutter contre les efforts destructeurs n'est souvent pas indifférent. Cela résulte de ce qui vient d'être dit sur la structure. En effet, les molécules n'étant pas toujours liées avec la même intimité dans toutes les directions, il y en a un où elles offrent un maximum de cohésion. On présente directement ce sens lorsqu'on veut lutter contre une résistance, et on fait le contraire quand on veut fendre ou détruire la matière. Comme exemple, nous citerons le fer fibreux et le bois qui résistent mieux à la traction dans le sens des fibres, que dans le sens transversal à celles-ci.

Les substances laminées ont généralement leur maximum de résistance dans le sens du laminage, bien que des expériences aient quelquefois établi le contraire pour la tôle à chaudière et à bateau. Ne serait-ce pas parce que le véritable sens du laminage est incertain, ou du moins parce qu'au début on passe la tôle en divers sens au laminoir, justement pour faire disparaître cette différence? Quant aux pierres, elles sont plus difficiles à écraser, mais plus faciles à fendre, lorsqu'on agit sur elles transversalement à la direction de leur *lit de carrière*.

12. Dans la lutte respective de la cohésion et des forces étrangères qui tendent à déformer ou à diviser les corps, les molécules s'écartent et se rapprochent sous l'action de la force qui l'emporte, comme les éléments d'un ressort, d'où vient que l'expression de *ressorts moléculaires* est aujourd'hui consacrée pour désigner cet effet. Dans cette lutte, il est important, pour les applications mécaniques, de distinguer quatre degrés.

Premier degré. — L'effort extérieur est faible et la cohésion l'emporte de beaucoup pour maintenir intime l'union des molécules ; les ressorts moléculaires sont à peine tendus, et la matière ne subit aucune déformation appréciable.

Deuxième degré. — L'effort augmentant, la cohésion cède, mais les molécules ayant été peu séparées respectivement, la cohésion reprend le dessus et les rapproche dès que l'effort exercé cesse. La matière, un instant déformée, revient alors à ses premières dimensions. On dit qu'elle est *élastique* et que les ressorts moléculaires du corps ont joué sans perdre leur élasticité. Disons tout de suite que tous les corps sont élastiques, quoique cette propriété soit presque insensible et, pour ainsi dire, toute théorique dans un grand nombre. Ajoutons qu'à la longue et par des déformations répétées, les corps les plus élastiques perdent plus ou moins cette propriété, parce que les ressorts moléculaires se fatiguent.

Troisième degré. — Sous un nouveau surcroît d'effort, les molécules s'écartent davantage ; mais, bien que la cohésion les retienne encore, elle ne peut plus, après la cessation de l'effort exercé, les ramener à leur premier contact ; les ressorts moléculaires ont été plus ou moins brisés, le corps reste alors déformé en tout ou en partie, et l'on dit qu'il a perdu tout ou partie de son élasticité. Ordinairement aussi, un très-faible effort suffit alors pour déterminer la rupture.

Quatrième degré. — La cohésion est enfin vaincue par l'effort exercé ; les molécules se séparent à nos yeux ; leur espacement ne leur permet plus de se réunir : on dit alors qu'il y a *rupture*. Après la rupture nous pouvons, pour beaucoup de corps, en les rapprochant, rétablir l'affinité, l'union des molécules et la cohésion. Cela se fait à froid, par une simple compression, pour les corps mous, comme les pâtes et les mastics ; cela se fait à une haute température et une violente compression pour la plupart des métaux, c'est ce qu'on nomme *souder*. Pour d'autres corps, tels que le bois et la pierre, on ne connaît encore d'autre moyen d'union que d'interposer entre eux une substance étrangère, la colle pour le bois, le ciment ou mortier pour la pierre.

13. La physique emploie diverses expressions pour désigner le mode de résistance des corps aux forces extérieures qui tendent à détruire la cohésion. On distingue d'abord les corps durs, comme les solides ; les corps mous, comme les pâtes et les mastics, et les corps fluides, dont les molécules, glissant les unes sur les autres, se replacent facilement d'elles-mêmes lorsqu'on cesse de les diviser ; tels sont les liquides et les gaz. On distingue encore les corps *malléables,* qui se déforment ou se dépriment, comme les pâtes ; et les corps sans malléabilité, qui se brisent sec, comme le verre et l'acier. Les corps sont aussi doués ou non de *ténacité,* suivant qu'on peut, ou non, les arracher ou rompre par traction. Un corps, peut-être, ne possédera qu'une seule de ces propriétés, à l'exclusion des autres. D'autres possèdent ces propriétés ensemble.

On a constaté, par expérience, soit en les comparant respectivement, soit en les rapportant à une même unité, les divers modes de cohésion des matières employées dans l'industrie ; l'ensemble des lois qui en dérivent constitue la théorie de la résistance des matériaux.

Elles font l'objet de traités spéciaux, auxquels il nous faut renvoyer, à cause de l'étendue et de la spécialité du sujet, en nous bornant à dire que les efforts de rupture ont pour but, ou bien *l'écrasement,* c'est-à-dire le refoulement des molécules les unes sur les autres, ou bien la traction ou *allongement.* Ces deux cas sont très-simples, et tous les aide-mémoire indiquent, comme les traités spéciaux, les coefficients à employer dans la pratique.

La *flexion* transversale est un cas de résistance qui participe à la fois de l'écrasement et de la traction. Vers l'axe d'une pièce qu'on fléchit, il y a une ligne dite *axe neutre,* au delà de laquelle les molécules sont arrachées, et en deçà de laquelle il y a compression. Il y a, pour l'évaluation de la résistance à la flexion, presque autant de formules que de formes de pièces.

La *torsion* est également un cas mixte, où la loi de la résistance est trop compliquée pour trouver place ici.

Nous verrons par la suite dans quelles limites il faut faire la part de ces diverses résistances.

II. — Pesanteur.

14. Tout corps non retenu dans sa chute tombe vers le centre de la terre, en suivant la direction de la verticale. Tel est le principe connu en mécanique sous le nom de loi de la *pesanteur*. La pesanteur est donc une force attractive, de nature inconnue, dont le siége paraît résider au centre de notre globe terrestre, et dont nous ne pouvons mesurer que les *effets;* elle agit également sur chaque molécule de tous les corps, et par conséquent le plomb, le liége, la plume, tombant ensemble d'un même point, arriveront ensemble au bas de leur chute commune, si l'on expérimente dans le vide, c'est-à-dire de façon à les soustraire à toute cause étrangère pouvant modifier la loi de la pesanteur.

Si, contrairement à cette loi, les corps tombant dans l'air parviennent au bas de leur chute commune les uns avant les autres, c'est qu'à l'action de la pesanteur se joint l'effet d'autres résistances dont il sera parlé; c'est que l'air oppose à la chute des corps une résistance d'autant plus grande qu'ils ont plus de surface. Ainsi un morceau de plomb sous forme de balle tombera plus vite qu'une même quantité de plomb étalée en feuille mince, parce que celle-ci oppose plus de surface à la résistance de l'air. Nous reviendrons sur ce sujet, qui appartient à la théorie de la résistance des milieux (44). Le seul point que nous voulions établir ici est que la loi d'égale pesanteur est théoriquement générale.

15. **Poids et masse des corps.** — Puisque toutes les parcelles d'un corps subissent également cette force attractive vers la terre, que nous avons appelée *pesanteur*, on comprend que plus un corps contiendra de parcelles, plus il sera énergiquement attiré de haut en bas, et plus il faudra d'effort pour le soulever. Or, il y a des corps qui, à égalité de volume, contiennent beaucoup plus de matière que les autres.

Le *poids* ne doit pas être confondu avec la pesanteur : celle-ci est la *cause*, le poids est l'*effet;* il est la somme ou résultante de toutes les petites forces élémentaires qui sollicitent vers le centre de la terre les diverses molécules dont se composent les corps.

Les corps qui renferment le plus de molécules sont ceux qui ont le plus de poids, tandis que la pesanteur est la même pour tous les corps.

On a reconnu qu'un corps tombant librement sous l'action de la pesanteur acquérait une vitesse $g = 9^m,81$ après une seconde de chute (60). Le poids divisé par ce nombre constant g est ce qu'on appelle la *masse*. En la désignant par M, on a :

$$M = \frac{P}{g} = \frac{P}{9,81},$$

d'où l'on tire pour expression du poids :

$$P = Mg = M \times 9,81.$$

On ne peut pas déterminer théoriquement le poids d'un corps. Mais il est aisé de le faire expérimentalement, à l'aide d'une balance, par exemple, en prenant pour unité ou terme de comparaison le poids d'un *volume déterminé d'eau*. Ainsi, dire qu'un corps pèse 8 kilogrammes, c'est dire que son poids est égal à 8 fois celui d'un décimètre cube d'eau pris pour unité sous le nom de *kilogramme*.

16. La *densité*, qu'on nomme aussi *poids spécifique*, c'est-à-dire spécial à chaque corps, est le poids que celui-ci possède *sous l'unité de volume*. On la déduit aussi de l'expérience.

De nombreux expérimentateurs ont recherché la densité des substances les plus usuelles en industrie. Leurs résultats présentent peu d'accord ; ce qui s'explique par la diversité des circonstances à laquelle ils n'ont pu échapper. En effet, la densité du bois, par exemple, diffère en raison de l'âge, de la contrée et du sol où il a vécu, de sa siccité, etc. ; les métaux de même nature varient de densité en raison de l'écrouissage, qui a plus ou moins resserré leurs molécules. Il en est de même du sable et de la terre, dont la composition peu homogène fait varier la densité entre des limites très-étendues. Nous avons donc eu soin, dans le tableau qui suit, de n'indiquer que des limites extrêmes entre lesquelles la densité d'une même substance peut varier.

Poids ou densités de diverses substances [1].

DÉSIGNATION.	Maximum	Minimum	DÉSIGNATION.	Maximum	Minimum
Platine..............	23,069	19,500	Meulière...........	2,500	2,484
Or pur..............	19,362	19,062	Grès..............	2,300	»
Mercure...........	13,698	13,560	Marne et craie......	2,300	1,214
Argent pur........	11,494	10,040	Houille.............	1,930	0,942
Plomb.............	11,352	11,346	Schiste.............	2,856	1,813
Bismuth...........	9,822	2,526	Coke..............	1,328	0,540
Cuivre rouge...	8,878	7,783	Tourbe.............	0,785	0,514
Etain..............	8,839	7,287	Marbre.............	2,837	2,500
Laiton.............	8,540	8,390	Pierre à bâtir.......	3,284	1,142
Acier.............	7,840	7,813	Plâtre et chaux......	2,264	0,840
Fer forgé.........	7,788	7,783	Soufre.............	2,033	1,000
Fer fondu.........	7,670	7,200	Mâchefer et laitier...	1,485	0,771
Zinc..............	7,138	6,861	Brique.............	2,090	»
Antimoine........	6,710	»	Granit.............	2,956	»
Iode..............	4,948	»	Résine.............	1,070	»
Aluminium........	2,526	»	Eau distillée........	1,000	»
Gaïac.............	1,342	1,328	Eau de rivière.......	1,014	»
Buis, cormier et houx.	1,328	0,900	Eau de mer.........	1,063	1,016
Cèdre.............	1,314	0,555	Eau vaseuse, mer		
Chêne.............	1,220	0,643	Morte.............	1,240	1,291
Acajou............	1,062	0,785	Glace..............	0,930	»
Orme.............	0,942	0,671	Huile..............	0,940	0,910
Frêne.............	0,845	0,745	Graisse et suif.......		
Hêtre.............	0,852	0,714	Sulfure de carbone...	1,290	1,240
Charme............	»	0,757	Etber sulfurique.....	0,715	»
Noyer.............	0,745	0,600	Acide sulfurique.....	1,840	»
Bouleau...........	0,712	0,571	Eau-forte..........	1,217	»
Sapin.............	0,671	0,498	Lait..............	1,030	»
Peuplier...........	0,614	0,329	Vin..............	0,999	0,921
Tilleul............	0,604	»	Alcool.............	0,830	0,792
Liége.............	0,240	»	Térébenthine.......	0,870	»
Charbon de bois.....	0,300	0,140	Bitume et asphalt....	1,340	0,845
Sable.............	1,910	1,400	Verre..............	2,488	»
Cailloux...........	1,480	1,370	Ammoniaque........	0,877	»
Terre végétale......	2,290	0,614	Caoutchouc.	0,933	»
Argile et boue.......	1,756	1,640			

[1] Pour avoir le poids d'un corps évalué en kilogrammes, multipliez le volume de ce corps évalué en décimètres cubes par le nombre ci-dessus qui lui correspond. Si le volume est donné en mètres cubes, on le multipliera de même par le nombre ci-dessus, mais en supprimant la virgule.

III. — Frottement.

17. Les corps, quelque unis et polis qu'ils nous paraissent, ont toute leur surface garnie de petites aspérités souvent imperceptibles, mais dont l'existence ne peut être mise en doute. Quand deux corps sont en contact, ces aspérités s'entrelacent et s'accrochent; cet enchevêtrement, qu'il faut vaincre lorsqu'on veut faire glisser ou rouler ces corps l'un sur l'autre, produit une résistance appelée *frottement*. Deux corps ne peuvent donc être en mouvement l'un sur l'autre sans consommer un certain travail dû au frottement. On peut le diminuer, le faciliter, mais non l'anéantir.

Les lois du frottement, d'après les expérimentateurs, se résument aux principes suivants : quand deux corps en contact glissent ou roulent l'un sur l'autre, 1° le frottement est proportionnel à la pression qui applique les surfaces frottantes l'une contre l'autre, et ce dans un rapport constant propre à chaque corps, mais variable suivant certaines circonstances qui vont être énoncées; 2° il est indépendant de la vitesse du mouvement et de l'étendue des surfaces frottantes.

18. Ce double principe, accepté généralement tant que les corps frottants ne dépassent pas 4 à 5 mètres de vitesse par seconde, continue-t-il à être vrai aux vitesses supérieures? Il est permis d'en douter en présence des résultats obtenus par M. Poirée sur le chemin de fer de Lyon, lesquels sont conformes d'ailleurs au sentiment général des praticiens [1]. On a fait glisser sur les rails, à diverses vitesses, un waggon dont les roues enrayées par un frein cessaient de rouler, de sorte que le waggon était converti en traîneau glissant; on voit par le tableau ci-dessous que la résistance à la traction ou au frottement a notablement diminué avec la vitesse, quoique les valeurs relatives offrent une certaine variation.

---

[1] Séance des ingénieurs civils de Paris du 17 septembre 1852 (compte rendu de 1852, p. 110).— Voir aussi Mémoire de M. Bochet, année 1858.

	RAPPORT DU TIRAGE AU POIDS REMORQUÉ évalué en centièmes de la charge.				
Numéro des expériences......	1	2	3	4	5
État des rails...............	secs.	très-secs.	humides.	secs et rouillés.	secs (ressorts calés).
Poids du waggon glissant......	3400 k	3400 k	8400 k	3400 k	3400 k
Vitesse de 4 à 6 mètres par seconde.	0,208	»	»	0,201	»
6 à 8 —	0,179	0,246	»	0,182	0,200
8 à 10 —	0,167	»	0,110	0,175	»
10 à 14 —	»	0,222	»	0,162	0,172
14 à 18 —	0,144	0,202	»	»	0,154
20 à 22 —	»	0,187	0,083	0,136	0,132

Quant à l'indépendance de l'étendue des surfaces sur le frottement, M. Rennie ne l'avait constatée que dans un petit nombre de circonstances, qu'il avait considérées comme anormales. Sur les chemins de fer, on sait que le frottement est plus grand sur les rails larges et avec de grandes roues ; MM. Wilder, Colburn et Vince, ainsi que M. Flachat, en ont conclu que, pour les grandes vitesses au moins, le frottement augmentait dans un certain rapport avec les surfaces (voir *Compte rendu de la Société des Ingénieurs civils de Paris*, 1859, p. 375).

Le principe de la proportionnalité de la résistance à la pression, constaté par Rennie, Coulomb et Morin, ne parait pas non plus applicable au cas des grandes vitesses. Les expériences de M. Poirée en offrent la preuve : le même waggon essayé vide, puis fortement chargé, sur des rails secs, à 9 mètres de vitesse, et dans des circonstances aussi identiques que possible, a donné pour résistance exprimée comme ci-dessus en centièmes de la charge :

Pour le waggon vide, pesant 3400 kilogrammes. . . . 0,175
Pour le waggon chargé, pesant 6450 kilogrammes.. . . 0,169

Concluons de là deux principes :

1° Le frottement augmente proportionnellement à la pression, seulement tant que la vitesse ne dépasse pas 3 à 4 mètres par seconde ;

2° Aux vitesses supérieures, le frottement croît avec la pression sans doute ; mais plus faiblement et dans un rapport qui diminue à mesure que la vitesse augmente.

Cette différence entre le cas des petites et des grandes vitesses n'a au surplus, ce nous semble, rien de surprenant : la résistance due au frottement provient, avons-nous dit, de l'enchevêtrement des aspérités qui se dressent sur l'étendue des surfaces frottantes, mais pour que cet enchevêtrement se produise, pour que les aspérités se redressent, il faut un certain temps, qui n'est sans doute pas suffisant dans le cas des grandes vitesses, aussi le frottement y est-il moindre.

19. Diverses circonstances influent sur le frottement ; ce sont : 1° le degré de poli ; 2° l'interposition des enduits ; 3° la durée du frottement ; 4° la température ; 5° la nature des substances frottantes. Nous allons entrer sur ces divers points dans des détails d'un haut intérêt pour la pratique.

Plus le degré de poli est parfait, plus les aspérités diminuent sur les surfaces. Quand celles-ci ont frotté quelque temps, elles se rodent mutuellement jusqu'à ce qu'elles aient atteint le maximum de poli dont elles sont susceptibles ; puis elles s'usent et se détruisent. C'est ainsi que les articulations mécaniques prennent *du jeu*. Les constructeurs y remédient en ménageant des vis ou des coins de serrage qui permettent de rapprocher les parties frottantes dès que l'usure et le jeu les empêchent de rester en contact.

En l'absence de ces moyens de *serrage*, on détruit le jeu entre les pièces usées en leur rendant leur épaisseur primitive par des semelles ou bandes qu'on y fixe avec des rivets ou vis à tête fraisée. Ou bien, s'il s'agit des métaux, après avoir dressé et nettoyé à la lime la partie usée, on l'étame, puis on verse, à l'épaisseur voulue, un alliage du genre de ceux que contient le tableau du numéro 27. Ce procédé porte le nom de *doublage*. Les brevets d'invention qui, à tort ou à raison, en réservaient la jouissance exclusive sont expirés, et le domaine public est évidemment en possession du système.

L'usure des surfaces frottantes a rarement lieu d'une manière égale, parce que leurs parties n'ont pas partout la même dureté ni la même fatigue. Les parcelles détachées se forment en globules très-durs, qui rayent la surface et la creusent rapidement. C'est ce qu'on nomme *gripper*. Cet effet est accompagné d'un échauffement des pièces frottantes, très-préjudiciable à leur nature et qui en occasionne la prompte destruction ; en outre, il peut aller jusqu'au rouge et mettre le feu. Le grippement peut aussi provenir de l'excès de pression ou de l'interposition de corps durs étrangers.

L'ajustage des parties frottantes demande des précautions, notamment celui des coussinets sur les arbres et essieux. On doit leur donner un peu de jeu, surtout à l'entrée, afin d'éviter le *pincement* qui se produirait si l'axe venait à chauffer et à se dilater. Ils doivent aussi être exactement retenus dans leur chape ou palier.

20. La *lubrification* [1], c'est-à-dire l'interposition, entre les parties frottantes, de matières onctueuses, diminue beaucoup le frottement, tandis qu'un frottement à sec rend très-rapides l'usure et le grippement. Les substances lubrifiantes ou enduits doivent être renouvelés souvent, car ils se chargent de poussière et de parcelles détachées des corps frottants, et ils forment une matière visqueuse nommée *cambouis*, qui augmente le frottement. Lorsque les surfaces frottantes sont appliquées l'une contre l'autre par une pression trop considérable, les enduits prennent une liquidité qui a fait supposer que leurs molécules s'écrasaient. Ils sont alors expulsés hors des parties frottantes, et celles-ci, de bien graissées qu'elles étaient, deviennent simplement onctueuses. A l'onctuosité succède bientôt le frottement à sec, puis le grippement, pour peu que le mouvement se prolonge.

On admet qu'il ne faut pas excéder 25 à 30 kilogrammes de pression par centimètre carré de surface, sous peine d'annuler l'effet des enduits. Ces nombres laissent encore beaucoup de latitude.

La lubrification est, on l'a vu, aussi importante pour la conservation des organes d'une machine que pour diminuer le frottement. C'est pourquoi les constructeurs ont soin, chaque fois qu'ils le peuvent sans nuire aux fonctions de l'appareil, de ménager entre les surfaces frottantes une série de rigoles ou canaux

---

[1] Quelques personnes écrivent *lubréfication*. Nous nous conformons, quant à nous, au Dictionnaire de l'Académie et à l'étymologie anglaise.

ramifiés en divers sens pour distribuer partout la lumière lubrifiante. On les nomme *pattes d'araignée*. On y verse l'enduit par un *œil* ou lumière évidée en entonnoir ; s'il se peut, on adapte à cet œil un petit *réservoir à siphon* qu'on remplit et dont le contenu *se débite* peu à peu de lui-même. Un instrument de ce genre fut proposé en 1829 par M. Barton.

Les appareils lubrificateurs ont été très-perfectionnés depuis quelque temps ; à l'aide de divers mécanismes, on tient la matière lubrifiante en agitation continue et on la déverse pleinement sur les pièces frottantes indéfiniment et sans pertes (voir *Lubrificateurs des axes verticaux*, de M. Pechet, *Bulletin de la Société d'encouragement*, série 2, t. VI, p. 249; *Paliers graisseurs* de Decoster ou autres).

21. Les *substances lubrifiantes* sont tous les corps gras et onctueux, tels que l'huile, le suif, les graisses, le savon, la plombagine (voir *Mémoire* de M. Hirn *sur le frottement et la valeur mécanique des matières lubrifiantes : Bulletin de Mulhouse*, numéros 128 et 129 de 1859, et *Bulletin de la Société d'encouragement*, série 2, t. III, p. 624).

L'*eau pure* nuit évidemment au frottement du bois, dont elle attendrit la substance, fait gonfler les fibres et dresser les aspérités. Avec les métaux, son influence n'est pas très-certaine. Quand elle est abondante, elle semble nuisible. C'est ainsi cependant qu'on lubrifie les paliers de buttée dans les navires à hélices et les tourillons de roues hydrauliques. Mais c'est moins un lubrifiage proprement dit qu'un moyen d'empêcher le grippement qui résulterait d'un frottement à sec. Les fusées prennent d'ailleurs un beau poli qui adoucit le frottement, et, en somme, on obtient de bons résultats. En petite quantité, telle qu'elle se rencontre dans la nature sous forme de brouillard, pluie fine ou vapeur aqueuse, l'eau paraît diminuer le frottement (voir tableau du numéro 12). Ainsi s'expliquent le patinage des locomotives sur rails humides et la conservation des tiroirs de machines à vapeur, qui frottent souvent sans interposition d'huile et sous de fortes pressions ; ils devraient gripper promptement, et cependant ils ne grippent pas, parce que la vapeur, toujours un peu humide, suffit pour lubrifier passablement les surfaces frottantes ; mais lorsque la vapeur est sèche, il devient très-nécessaire de lubrifier les tiroirs et pistons.

22. Au premier rang des enduits, nous avons nommé l'*huile* : ses propriétés générales sont d'être insoluble dans l'eau, très-peu dans l'alcool et très-soluble dans l'éther. Elle entre en ébullition à 315 degrés, mais sa décomposition commence entre 150 et 200 degrés. Son point de congélation varie de 0 à — 22 degrés. En général, les huiles préparées à froid résistent mieux à la congélation que lorsqu'elles sont préparées à chaud. Il y a des *huiles grasses* douées particulièrement de cet onctueux qui les fait rechercher comme matière lubrifiante ; et il y a des *huiles siccatives* qui, au lieu de conserver leur liquidité comme les premières, s'épaississent et se dessèchent promptement. Enfin toutes les huiles *rancissent* à l'air et à la lumière ; alors elles se décolorent, perdent leur onctueux, puis deviennent visqueuses, infectes et acides. Mais l'époque de cette altération varie beaucoup, suivant les espèces.

Toutes les huiles ne sont donc pas propres au graissage des machines. Doivent être rejetées celles qui sont : 1° trop siccatives, comme l'huile de *lin*, de *chanvre*, de *faîne*, de *noix* et d'*œillette* ou *pavot* ; 2° trop facilement liquéfiables ; 3° rances, impures, décolorées, acides et mucilagineuses. Dans le premier cas, elles se convertissent rapidement en cambouis ; dans le second, elles manquent leur but et ne lubrifient pas ; dans le troisième cas, elles attaquent et font chauffer les pièces frottantes.

L'*huile de pied de bœuf* réunit toutes les conditions désirables comme matière lubrifiante ; elle est jaune-clair, très-liquide et cependant très-onctueuse, sans goût ni odeur, résistant longtemps à l'altération, et ayant 0,93 pour densité ; mais elle est rare, coûteuse et employée seulement dans la petite mécanique, comme l'horlogerie.

L'huile vendue sous ce nom aux grands ateliers est un composé très-variable dont l'*huile de colza* est le meilleur élément. Cette huile, qui est jaune, peu siccative, peu liquéfiable, n'a d'autre défaut que de rancir assez vite, de geler à — 3 degrés, et d'être encore assez coûteuse. On y fait avec avantage dissoudre un peu de caoutchouc. Une huile de cette nature, proposée par M. Liard, contient 200 grammes de caoutchouc pour 1000 grammes d'huile de colza (voir *Bulletin de la Société d'encouragement*, octobre 1854). A l'huile de colza on mêle aussi des huiles à bas prix, généralement d'un mauvais emploi, telle que *l'huile de chanvre*, qui est très-siccative, mais a du moins l'avantage de ne geler qu'à une très-basse température, ainsi que diverses substances, telles que la résine, le goudron minéral, etc. Ces compositions n'ont d'autre but que de frauder en cherchant à donner au produit l'apparence de l'huile de pied de bœuf ou de colza.

Les *huiles de navette* et *de cameline* valent à peu près celle de colza, quoiqu'un peu plus siccatives.

L'huile d'olive est bonne, mais d'un prix élevé.

Les *oléines* et les *huiles animales* sont liquéfiables, siccatives et souvent acides. Il résulte cependant d'un Mémoire de M. G. Dolfus (voir *Bulletin de Mulhouse*, 1855, et *Bulletin de la Société d'encouragement*, 1856) que *l'huile de spermaceti*, nom improprement donné à l'huile extraite de la cétine (vulgairement blanc de baleine), lorsqu'elle est bien purifiée, est le meilleur des enduits, du moins pour les petits frottements tels que ceux des métiers à filer. Elle est limpide, onctueuse, sans acidité, peu figeante au froid ; sa densité est 0,93. Renouvelée au plus à deux heures de distance et, mieux, versée par un graisseur continu (20), elle a donné dans les filatures une notable économie de force motrice.

23. Nous en avons dit assez pour prouver combien le choix des huiles lubrifiantes est important. Voir au *Dictionnaire du commerce et des marchandises* les moyens de constater la nature des huiles.

Il existe divers moyens mécaniques d'essayer les huiles : *l'appareil de Nasmith* consiste en une tablette inclinée en fer ou en cuivre, sur laquelle ont été tracées des rainures parallèles. On y verse une goutte des huiles à essayer, et, après quelques heures, au contact du métal et de l'air, on reconnaît, d'après leur coloration et la quantité dont elles sont descendues dans leur rainure respective, leur degré de viscosité, acidité et siccativité. *L'éprouvette de Mac-Naught* consiste en deux disques de cuivre bien rodés, montés verticalement sur un axe. L'un, celui du dessous, est fou sur son axe et à bord relevé ; on y verse l'huile à essayer. Le disque supérieur est plat et repose sur la couche d'huile versée sur le premier : on lui imprime un mouvement de rotation, et dès que l'huile devient visqueuse, on voit le disque fou entraîné dans la rotation du disque moteur. On reconnaît comparativement par là la liquidité de diverses huiles, ainsi que le temps au bout duquel, à circonstances égales, elles deviennent visqueuses et impropres à faciliter le frottement.

Mais, de tous les procédés pour essayer les huiles et matières lubrifiantes, le plus péremptoire est l'*épreuve directe*, à l'aide d'un appareil qui, en principe, se compose ainsi qu'il suit : sur un arbre bien tourné en forme de tourillon d'essieu et monté de manière à se mouvoir rapidement, s'appuie un coussinet ordinaire à l'aide d'un levier chargé d'un poids tel, que la pression par centimètre carré de surface frottante surpasse d'environ 10 kilogrammes celle qui existe dans les machines à graisser avec la matière essayée. Celle-ci se place dans un réservoir ménagé sur le dessus du coussinet; un petit orifice appelé *lumière* la laisse descendre entre les surfaces frottantes, où il est aisé de voir comment elle se comporte. La tendance à chauffer, à épaissir et à noircir sont des faits sur lesquels on est bientôt édifié.

24. L'huile de colza étant, après l'huile de pied de bœuf trop rare dans le commerce, celle qui convient le mieux au lubrifiage des machines, cherchons les moyens de constater sa pureté et sa qualité. La densité est 0,915; c'est un premier caractère que permet d'étudier l'*oléomètre*, instrument qu'on se procure chez tous les fabricants d'instruments de physique. Naturellement d'un jaune assez foncé, elle blanchit lorsqu'elle est vieille. Son odeur est caractéristique. Nous avons dit, en outre, qu'elle est peu siccative et qu'elle se distingue aussi des autres huiles par sa congélation à — 3 degrés ; par conséquent, essayée à la glacière, elle est déjà figée lorsque les huiles mêlées sont encore liquides.

L'addition des huiles étrangères se reconnaît aussi, nous assure-t-on, dans les entrepôts du Nord, en mêlant une goutte d'acide sulfurique ou nitrique à trois gouttes de l'huile essayée dans une petite capsule de verre plat. S'il y a trouble, le mélange est manifeste. On connaît l'huile mêlée à celle du colza d'après la teinte que prend le contenu de la capsule. Le rouge indique l'huile de lin, qui est très-siccative et par conséquent contraire au but lubrifiant. Le gris indique l'huile d'œillette, qui a moins d'inconvénients, mais n'a pas l'onctueux du colza. Le noir indique l'huile de poisson. Les substances noires qui surnagent indiquent enfin que l'huile est mucilagineuse.

MM. Maumenée et Fehling distinguent les huiles siccatives de celles qui ne le sont pas en y mêlant de l'acide sulfurique ; les premières s'échauffent en peu de temps jusqu'à près de 80 degrés, même avec l'acide sulfurique hydraté du commerce, tandis que les huiles non siccatives ne parviennent guère qu'à 40 degrés avec de l'acide sulfurique pur (voir *Compte rendu de l'Académie des sciences*, 1852, t. II, p. 572).

M. Fontenay, ingénieur au chemin de fer d'Orléans (*Compte rendu de la Société des ingénieurs civils*, 1853, p. 222), pour reconnaître si l'huile est acide, indique un moyen simple, mais long, qui consiste à plonger pendant *plusieurs mois* des fils de cuivre dans des éprouvettes remplies de l'huile à essayer. Par des pesées délicates, on constate la quantité de cuivre dissous. Il importe de remarquer, d'ailleurs, qu'il y a des huiles non acides par elles-mêmes, mais qui le sont par suite de préparations qu'elles ont subies au moyen de l'acide sulfurique dont on ne les a pas suffisamment dégagées ; l'huile de colza est souvent dans ce cas.

M. Crace-Calvert, dans un mémoire traduit de l'anglais et inséré au *Bulletin de la Société d'encouragement*, 1854, p. 30, propose d'employer toujours plusieurs réactifs, *deux au moins*, parce que les falsifications sont très-nombreuses, et que les réactions obtenues, souvent délicates et peu sensibles, ont besoin d'être confirmées les unes par les autres pour faire connaître les frelatages. Dans les huiles suivantes, voici les résultats produits par divers réactifs.

ESSAI DES HUILES PAR M. CRACE-CALVERT.

RÉACTIFS DÉCELANT LA PRÉSENCE DES HUILES CI-CONTRE.......	HUILE								
	1 D'OLIVE.	2 DE COLZA.	3 D'OEILLETTE.	4 DE NOIX.	5 DE CHÈNEVIS.	6 DE LIN.	7 DE SAINDOUX.	8 DE PIED DE BOEUF.	9 DE BALEINE.
A. Soude caustique. Densité = 1,34.	Jaune clair.	Blanc jaunâtre	Blanc jaunâtre	Blanc jaunâtre	Jaune brunâtre épais.	Jaune fluide.	Blanc rosé.	Blanc jaunâtre	Rouge foncé.
B. Acide sulfurique. Densité = 1,475.	Teinte verte.	Colorat. nulle.	Colorat. nulle.	Brunâtre.	Vert foncé.	Vert.	Blanc sale.	Teinte jaune.	Rouge clair.
C. Acide nitrique étendu. Dens. = 1,18	Verdâtre.	Colorat. nulle.	Colorat. nulle.	Jaune.	Vert sale.	Jaune.	Colorat. nulle.	Jaune clair.	Jaune rose.
D. Acide nitrique concentré. Densité = 1,33.............	Verdâtre.	Coloration nulle.	Rouge.	Rouge foncé.	Brun verdâtre sale.	Vert devenant brun.	Jaunâtre clair	Brun clair.	Rouge.
E. Soude caustique ajoutée au précédont mélange..............	Masse blanche fluide.	Masse blanche fluide.	Masse rouge clair fluide.	Masse rouge.	Masse fibreuse brun clair.	Masse jaune fluide.	Masse fluide incolore.	Masse fibreuse blanche.	Masse fluide incolore.
F. Acide nitrique et sulfurique mélangés................	Jaune orangé clair.	Brun foncé.	Jaune clair.	Brun foncé.	Vert devenant noir.	Vert devenant noir.	Brun.	Brun foncé.	Brun foncé.
G. Eau régale composée de.... { 5 vol. ac. chlor. à dens. = 1,155 / 1 vol. ac. nitr. à dens. = 1,330. }	Coloration nulle.	Coloration nulle.	Coloration nulle.	Jaune.	Vert.	Jaune verdâtre.	Incolore.	Jaune clair.	Jaune clair.
H. Soude caustique ajoutée au précédent.................	Masse blanche fluide.	Masse fibreuse blanc jaunâtre	Masse fluide rose foncé.	Masse fibreuse orangée.	Masse fibreuse brun clair.	Masse fluide orangée.	Masse rose fluide.	Masse fibreuse jaune brun.	Masse fluide jaune orangé.

Observations sur les mélanges.

A. Mêlez 1 volume de soude et 5 volumes d'huile et chauffez jusqu'à l'ébullition.

B. Mêlez 1 volume d'acide sulfurique et 5 volumes d'huile ; agitez, puis laissez reposer quinze minutes. Plus est grande la densité de l'acide, plus le mélange est foncé, sauf pour l'huile de noix.

C. Mêlez 1 volume d'acide et 5 volumes d'huile ; agitez, puis laissez reposer cinq minutes.

D. Mêlez 1 volume d'acide et 5 volumes d'huile; mélangez et laissez cinq minutes en contact.

E. Ajoutez 5 volumes de soude au précédent mélange.

F. Ajoutez 5 volumes d'huile et 1 volume du mélange des deux acides mêlés eux-mêmes par moitié. Laissez reposer deux minutes.

G. Ajoutez 5 volumes d'huile et 1 volume d'eau régale. Laissez reposer cinq minutes ; agitez, et laissez de nouveau reposer cinq minutes.

H. Ajoutez au mélange précédent une solution de soude, quantité indéterminée.

25. L'huile convient essentiellement pour les pièces frottantes sous une pression modérée et animées d'un mouvement rapide; mais pour les gros organes elle résiste moins que le *suif* et le *saindoux*. Ces corps gras ne se dissolvent pas dans l'eau, mais ils se saponifient, c'est-à-dire se durcissent sous forme de savon au contact des alcalis (potasse, soude, chaux). Ils fondent à 38 degrés, entrent en ébullition et s'enflamment à peu près au même degré que l'huile (22). Le meilleur suif est celui du mouton : il est sec et blanc, comme le saindoux ou graisse de porc; il rancit assez vite à l'air et devient acide. Ces deux substances sont souvent fraudées avec de mauvaises graisses ou même avec du plâtre qu'il est facile de reconnaître en faisant fondre un morceau de suif; le plâtre se dépose au fond. En outre, elles sont souvent mal nettoyées, et elles contiennent de la terre et des fragments d'os ou de chair, ce qui peut faire gripper (19).

26. Diverses compositions lubrifiantes sont employées avantageusement dans les grosses machines :

Un mélange d'huile et de savon noir convient très-bien pour les pièces qui trempent dans l'eau, surtout dans l'eau de mer.

Le goudron minéral (résidu de la distillation du gaz de houille) s'emploie pour lubrifier les gros engrenages. On fait encore un bon usage de la plombagine (carbure de fer en poudre) soit seule, soit mêlée à cinq parties de saindoux pour une partie de plombagine. Pour préparer cet enduit on fait fondre le saindoux dans un pot de fer, et on y verse en deux ou trois fois la plombagine, en ayant soin de bien mêler les deux substances. L'enduit s'emploie ensuite à froid.

Mentionnons enfin les huiles saponifiées à la chaux ou à la soude. L'un des mélanges les plus connus de ce genre est la *graisse Serbat* qui, d'après le *Technologiste de* 1849, est composée ainsi :

Huile provenant de la distillation de la résine.	52 kilogrammes.
Chaux hydratée	36 —

Dans le service des chemins de fer, pour le graissage des fusées d'essieux, on fait usage d'un savon tendre de cette espèce. Originairement il se composait d'huile de palme saponifiée à la soude;

aujourd'hui les fabricants tiennent leur composition secrète ; mais ce qui importe, c'est que cette graisse, variant avec les saisons, soit facilement fusible en hiver, et capable de résister en été à la double chaleur du frottement et de l'atmosphère qui tendent à la trop liquéfier et à la décomposer. La recette ci-après est suivie sur diverses lignes françaises :

ÉLÉMENTS.	COMPOSITION POUR		
	l'été.	les saisons moyennes	l'hiver.
Huile de colza ou de palme..............	10	30	45
Suif du commerce purifié................	50	30	15
Eau..................................	30	36	38
Carbonate de soude.....................	10	4	2

Le Technologiste de 1849 contient cette autre recette :

DÉSIGNATION.	COMPOSITION POUR		
	l'été.	les saisons moyennes	l'hiver.
Huile de palme.......................	62,50	75	87,50
Suif.................................	87,50	75	62,50
Soude................................	25	25	25

Faites dissoudre la soude dans 15 litres d'eau. Versez cette solution dans un baquet de bois qui contient lui-même de 120 à 150 litres d'eau, et agitez. Faites fondre le suif, puis ajoutez-y l'huile ; faites-les bouillir un instant ensemble ; laissez-les refroidir jusqu'à ce que vous puissiez y tenir la main ; versez alors ce mélange d'huile et de suif à travers un tamis, dans le baquet, et agitez le mélange afin de le rendre bien homogène ; conservez la masse solidifiée et rejetez l'eau.

27. La troisième circonstance dont nous avons signalé l'influence sur le frottement est celle-ci : quand deux corps ont été quelque temps en repos, le frottement est plus pénible aux premiers instants qu'une fois le mouvement en train. Cela tient sans doute à l'épaississement des enduits et à ce que les aspérités dont il est parlé au numéro 12 ont plus de rigidité. Il faut donc distinguer dans la pratique, avec M. Morin, le frottement au départ et le frottement en route. Cette distinction se fait dans la valeur du coefficient. Elle n'a toutefois d'importance que pour les surfaces glissantes d'une certaine étendue. La pratique n'en tient pas compte dans le cas des surfaces roulantes.

28. La température est la quatrième cause d'influence sur le frottement. Quand elle est élevée, les surfaces en contact se dilatent, se resserrent par conséquent l'une contre l'autre et il en résulte un accroissement de pression ; de plus, les enduits perdent leur onctueux.

Le froid, au contraire, fige les huiles (20 et 22), ce qui augmente le frottement. Aussi a-t-on quelquefois beaucoup de peine à mettre les machines en marche dans les froids de l'hiver.

En résumé, de 5 à 20 degrés, la température est sans influence ; au delà et en deçà, le frottement est notablement augmenté et les enduits changent de nature.

29. La pression atmosphérique, cinquième cause signalée, n'a d'influence sur le frottement que lorsque les surfaces portent exactement l'une sur l'autre dans toute leur étendue, de manière à chasser l'air d'entre elles. Dans ce cas, le vide existant entre les surfaces, l'atmosphère agit extérieurement de tout son poids sur celles-ci pour les appuyer l'une contre l'autre.

30. L'influence de la nature des corps frottants, sixième cause signalée, est évidente en ce sens que, n'étant pas tous également polis ni susceptibles de l'être, ils n'opposent pas tous la même résistance au frottement. En faut-il conclure avec Coulomb et Rennie que deux surfaces frottantes de natures différentes, telles que fer frottant sur bronze, consomment en frottement moins de travail que deux surfaces de même substance, telles que bronze sur bronze ou fer sur fer ? Nous croyons avec M. Cavé et la plupart des constructeurs qu'on s'est exagéré cette influence de la diversité des matières. Le général Morin la nie même entièrement (*Leçons de mécanique*, t. I, n° 184). Le seul fait qu'il regarde comme constant, est que les corps à textures fines et grenues, tels que certaines fontes ou l'acier fondu, sont plus favorables pour diminuer le frottement que les substances fibreuses ou lamellaires. Aussi recommande-t-il de ne pas exposer les bois au frottement dans le séns parallèle des fibres. Quant à l'usage où l'on est d'adapter aux axes de fer ou de fonte des coussinets de bronze, il le justifie par ce fait, que ce dernier métal s'use plus vite que le fer et qu'il est plus facile de remplacer un coussinet qu'un arbre. La différence des matières peut donc avoir son importance au point de vue de l'économie d'entretien, mais elle est sans influence sur le frottement au point de vue de la force résistante. Malgré l'autorité du savant professeur, non-seulement beaucoup de praticiens, mais le général Poncelet lui-même, regardent la diversité des matières comme favorable à la diminution de frottement, sans y attacher cependant l'importance que commandaient les seules expériences de Coulomb et de Rennie.

On a, spécialement pour les coussinets, fait usage d'une multitude de substances telles que l'os, la pierre dure, les bois de buis ou de gaïac, la fonte malléable, l'acier ; mais pour le frottement de la fonte et du fer on préfère généralement le bronze. A cause de son prix élevé, on le remplace parfois par des alliages durs de zinc ou d'antimoine et d'étain dont on fait des coussinets entiers ou bien qu'on coule à l'intérieur de coquilles en fer ou en fonte, sur une petite épaisseur qu'on renouvelle, également par voie de coulée, quand l'usure l'exige. C'est le procédé connu sous le nom de *doublage Babitt* (19).

31. Le bronze proprement dit est un alliage ductile à froid, cassant à chaud, que la trempe, contrairement au fer, rend malléable ; moins bon conducteur du calorique et plus fusible que le cuivre, mais moins que l'étain ; plus sonore que le cuivre, à cassure grise ou jaunâtre, susceptible d'un beau poli et dont la nuance, la ténacité et surtout la dureté varient avec le rapport des éléments composants. Le meilleur bronze de friction est jaune légèrement orangé. La cassure est à grains serrés et d'un gris mat rappelant la couleur de l'acier ; au cuivre et à l'étain, qui sont ses deux principaux éléments, on ajoute quelquefois une très-petite quantité de zinc ou d'antimoine pour rendre l'alliage homogène et à grain plus fin, en facilitant l'union du cuivre et de l'étain ; on y mêle aussi une très-petite dose de plomb pour rendre

l'alliage un peu plus facile à travailler. Cette dernière addition, bonne dans les bronzes d'ornement, n'est pas demandée dans le bronze de frottement. En principe et en résumé :

Le cuivre est trop tendre pour supporter le frottement, l'étain durcit et roidit.

Le zinc durcit aussi, mais il aigrit ; il facilite l'alliage. L'antimoine produit le même effet que le zinc.

Le plomb rend malléable et ouvrable, mais il attendrit.

Une très-faible variation dans le rapport des éléments influe beaucoup sur les propriétés de l'alliage. Ce fait, connu de tous les fondeurs, a été remarquablement mis en lumière par M. Guettier (*Recherches sur les alliages*, 1848 ; voir aussi *Mémoire sur la dureté des métaux et de leur alliage*, par Crace-Calvert, *Bulletin de la Société d'encouragement*, série 2, t. VI, p. 116). M. Guettier a formulé le principe fondamental qui suit : plus les doses de cuivre et d'étain approchent de l'égalité, plus l'alliage est dur et réciproquement. Ainsi l'alliage 50 cuivre + 50 étain est dur, cassant comme le verre et impossible à limer. Entre les proportions 85 cuivre + 15 étain ou 20 cuivre + 80 étain, l'alliage est encore beaucoup trop sec. A ces proportions, quoique très-dur, il est bon pour les frottements.

52. Il ne suffit pas de bien proportionner les éléments d'un alliage pour frottement, il faut les bien choisir et fondre, afin qu'il n'y ait pas de mécompte dans les proportions. Examinons donc les propriétés et caractères de ces éléments :

Le *cuivre* a pour caractère une couleur rouge orangé, mais la cassure est terne et rosée ; il se dissout dans l'ammoniaque qu'il bleuit, dans l'acide sulfurique concentré avec dégagement d'acide sulfureux et dans l'acide nitrique. Mal purifié, il contient du plomb, du soufre, de l'arsenic. Le cuivre fraudé contient en outre souvent du zinc qui peut aller jusqu'à la proportion de 5 pour 100 en lui conservant sa couleur rouge, quoiqu'un peu plus pâle ; il est facile de s'y méprendre.

L'*étain* est pour la dureté entre le plomb et le zinc ; on ne le raye pas comme le premier avec l'ongle, mais on y peut enfoncer une épingle ; il est malléable, mais peu tenace ; son blanc d'argent et son cri quand on le plie sont des caractères distinctifs ; il s'altère peu à l'air, se dissout dans l'acide chlorhydrique concentré et surtout dans l'acide sulfurique ou nitrique chauffé, enfin dans l'eau régale. L'étain fraudé contient du zinc et du plomb : ce dernier métal peut atteindre jusqu'à la proportion de 10 p. 100 en conservant à l'étain ses propriétés apparentes, même son cri caractéristique. Pourtant on reconnaît ce frelatage à ce que le point de fusion est retardé, et à ce que la couleur et le cri particuliers au métal pur sont moins sensibles. L'étain peut en outre contenir du soufre, du cuivre et de l'arsenic provenant du minerai. Le plus pur vient des Indes et le plus impur d'Allemagne. L'étain anglais contient souvent de l'arsenic et du cuivre.

Le *zinc* est plus dur que le plomb et l'étain, il se caractérise par sa cassure lamellaire, son blanc bleuâtre et la propriété qu'il a d'aigrir en chauffant ; il est, comme l'étain, soluble dans l'acide chlorhydrique et dans l'acide sulfurique étendu d'eau. Il est très-volatil.

L'*antimoine* ou *régule* est blanc comme le zinc, volatil comme lui, mais il est beaucoup plus pesant et beaucoup plus fragile. Il se dissout dans les acides nitrique et chlorhydrique, avec précipité blanc ; les pains qu'on vend dans le commerce sont couverts de ramifications.

Enfin, le *plomb* se distingue par son poids, sa couleur gris livide, son odeur spéciale et son extrême solubilité dans tous les acides, même le vinaigre. C'est le caractère le plus propre à reconnaître sa présence dans l'étain fraudé.

35. La fonte d'un bronze homogène et de proportions voulues demande plusieurs précautions :

1° Il faut mettre les éléments dans le creuset selon leur ordre de fusibilité, c'est-à-dire :

1° Le cuivre, qui fond environ à 1100 degrés thermométriques.			
2° Le zinc	—	360	—
3° Le plomb	—	260	—
4° L'étain	—	190	—

2° Il faut, avant de couler, bien brasser les métaux alliés avec une tige de bois et non autrement.

3° Laisser refroidir lentement dans le moule de coulée bien sec et ne démouler qu'après refroidissement total.

4° Autant que possible, faites une double fusion, c'est-à-dire coulez l'alliage en lingots, que vous refondez ensuite pour couler les pièces mécaniques voulues.

5° Mais les premiers soins doivent être d'employer des matières pures, ou du moins étudiées par analyse, afin de proportionner les éléments en conséquence. Enfin, si l'on fond des métaux volatils comme le régule et surtout le zinc, on aura soin de couvrir le creuset et d'y mettre un peu plus de métal que n'en demande l'alliage, en raison de la perte qui se fait toujours, plus ou moins, par volatilisation.

54. Recettes de bronze et alliages analogues.— Ces recettes sont très-nombreuses. Suivent trois tableaux qui réunissent celles parmi lesquelles nous croyons qu'on peut choisir avec assez de confiance. Les recettes du second tableau, analysées par M. Mercier, ingénieur-chimiste au chemin de fer de Lyon, ont été reconnues d'un bon emploi dans les locomotives. Celles du troisième tableau sont recommandées comme très-bien étudiées par M. Lafond, lequel a formulé d'abord ce principe, qu'il ne faut jamais, dans un bronze ou laiton proprement dit, allier au cuivre plus de 38 parties de zinc ou 20 parties d'étain.

1er *Tableau. Bronzes et alliages divers.*

DÉSIGNATION ET USAGES.	COMPOSITION.					
	Cuivre.	Étain.	Zinc.	Antimoine.	Plomb.	Fer.
1. Coussinets ordinaires des chemins de fer français...	82,00	18,00	»	»	»	»
2. Boisseaux de robinets et garnitures de pompes. *Idem*..	86,00	14,00	»	»	»	»
3. Clefs de robinets, écrous, rondelles. *Idem*.	90,00	10,00	»	»	»	»
4. Bronze à machines dit des constructeurs de Paris, moins roide que le n° 1...	84,00	16,00	1,00	»	»	»
5. Bronze très-roide de M. Thiébaut..................	80,00	18,00	2,00	»	»	»
6. Bronze de M. Destourbets...	78,00	16,70	3,40	»	1,50	»
7. Coussinets d'une locomotive anglaise (a)..............	89,00	9,45	9,00	»	7,05	0,41
8. Coussinets d'une locomotive belge (a)...	89,00	2,45	7,82	»	»	07,9
9. Pistous d'une locomotive de Seraing (a).............	90,00	2,40	9,00	»	»	»
10. Bronze bon marché proposé par M. Guettier..........	57,00	28,00	15,00	»	»	»
11. Alliage (dit métal Dewrance) pour coussinets (b).......	22,20	33,30	»	44,14	»	»
12. Alliage (dit bronze Fenton).	5,50	14,50	80,00	»	»	»
13. Alliage blanc employé en Belgique pour pistons (c)..	»	44,00	44,00	12,00	»	»
13 *bis*. *Idem* pour robinets (c)...	»	86,00	»	14,00	»	»
14. Alliage de Copelan employé en Amérique par Allen pour garniture de pistons......	10,00	90,00	»	»	»	»
15.	6,10	90,90	3,00	»	»	»
16. Divers alliages blancs allemands pour coussinets (d).	2,00	90,00	»	8,00	»	»
17.	1,80	89,30	»	8,90	»	»
18.	4,30	87,00	»	8,70	»	»
	21,40	64,50	11,10	»	»	»
19. Alliage pour doublage Babitt.	1,00	50,00	»	5,00	»	»
20. — Vaucher............	»	40,00	50,00	10,00	»	»
	2,00	90,0	»	44,14	»	»
21. — du chemin de fer de l'Est.............	»	12,00	»	8,00	80,00	»
	»	25,00	»	»	75,00	»
22. — du chemin de fer d'Orléans.............	»	40,00	»	20,00	40,00	»
22 *bis*. — très-dur pour la marine.................	4	96,00	»	8,00	»	»
23. Laiton dit des mécaniciens pour frottement..........	66,00	»	34,00	»	»	»

(a) *Annales des mines*, 1849.
(b) *Revue scientifique*, t. **XXIV**.
(c) *Industriel belge*, 1829.
(d) Analysés par MM. Verders et Havel à Nuremberg et étudiés comparativement avec d'autres compositions qui ont donné plus de résistance au mouvement et produit l'échauffement des pièces.

DÉSIGNATION ET USAGES.	COMPOSITION.					
	Cuivre.	Étain.	Zinc.	Anti-moine.	Plomb.	Fer.
24. Laiton pour tubes de chaudières tubulaires.........	90,00	»	10,00	»	»	»
25. *Idem*..................	77,00	»	33,00	. »	»	»
26. Laiton anglais pour frottement, égal, *dit-on*, au meilleur bronze.............	60,30	3,00	37,00	»	»	»
27. Bronze statuaire de M. Denières (e) pour dorer.....	75,00	2,00	22,00	»	1,00	»
28. Bronze de Nicholson........	58,45	16,70	25,00	»	»	»
29. — de Kellers..........	91,04	1,70	5,53	»	1,37	»
30. — antique............	89,21	5,35	»	»	5,35	»
31. — monétaire des anciens sols français.............	95,00	4,00	1,00	»	»	»
32. Airain d'armes antiques....	87,50	12,50	»	»	»	»
33. Métal de cloche anglais.....	80,00	10,10	5,60	»	»	»
34. Métal de cloche français....	72,00	22,00	»	»	»	»
35. Bronze français pour canons.	91,00	9,00	»	»	»	»
36. Bronze réglementaire.......	100,00	11,00	»	»	»	»
37. Métal blanc pour miroir réflecteur..................	67,00	33,00	»	»	»	»
38. Métal pour doublage de navire (f)...................	55,00	45,00	1,00	»	»	»
	45,00	55,00	1,00	»	»	»

2ᵉ *Tableau. Alliages analysés par M. Mercier.*

DÉSIGNATION ET USAGES.	COMPOSITION.					
	Cuivre.	Étain.	Zinc.	Plomb.	Fer.	Anti-moine.
39. Bronze de M. Destourbets pour coussinets de waggon	81,40	13,10	2,50	2,50	»	»
40. Laiton de M. Thiébaut pour gros coussinets. (Il devient très-malléable par la trempe).................	62,00	2,00	30,00	2,20	3,00	»
41. Laiton pour tubes de chaudières, provenant de diverses fabriques.........	68,00	»	32	»	»	»
42. Alliage employé pour tiroirs.	»	»	»	80,10	»	20

(e) *Dictionnaire du commerce.*

(f) Selon M. Bobière, ces deux alliages sont les meilleurs. On a peine à les obtenir des fabricants, parce qu'ils sont difficiles à laminer.

3° Tableau. Alliages proposés par M. Lafond.

DÉSIGNATION ET USAGES.	COMPOSITION.				
	Cuivre.	Étain.	Zinc.	Plomb.	Anti-moine.
43. Pour coussinets durs , à cassure blanche et grain serré............ (Le même que le n° 5).	80,00	18,00	2,00	»	»
44. Coussinets de bielles : un peu plus malléables, cassure rosée........	82,00	16,00	2,00	»	»
45. Pièces exposées à des chocs.......	83,00	15,00	1,50	0,50	»
46. Boulets de pompe : malléables, cassure rouge, grain fin............	87,00	12,00	»	»	1,00
47. Corps de pompe : cassure rouge tendre, travail d'ajustage facile, beau poli......................	88,00	10,00	2,00	»	»
48. Colliers d'excentriques............	84,00	14,00	2,00	»	»
49. Pour sifflet aigu....................	80,00	18,00	»	»	2,00
50. — plus grave....................	81,00	17,00	»	»	2,00
51. Foyers de chaudière...............	98,00	2,00	»	»	»
52. Rotules de locomotives...........	79,50	»	20,00	0,50	»
53. Canons : cassure rougeâtre........	88,00	12,00	»	»	»
54. Cloches : cassure blanche , ne se lime pas......................	77,00	21,00	»	»	2,00
55. Bronze d'art : cassure rouge tendre, malléable..................	97,00	2,00	1,00	»	»

56. Le même auteur propose pour les grosses pièces flottantes, supportant beaucoup de fatigue, un alliage très-résistant, à cassure d'un gris jaunâtre, et composé de : 25 cuivre + 70 fonte + 5 étain.

57. Au chemin de fer d'Orléans, on emploie, pour diverses parties frottantes des locomotives, un alliage de fonte et d'une petite quantité d'étain : 2 à 4 pour 100 au plus. Au moment de la coulée, on jette l'étain en morceaux dans la poche où a été reçue la fonte liquide descendue du *cubilot*, il s'y fond tout de suite. On brasse avec soin, on coule en *lingotière*; puis on refond cet alliage au *creuset* comme le bronze, et on le coule pour en former les pièces voulues après avoir brassé.

58. On emploie depuis quelque temps un alliage de 90 cuivre + 11 d'aluminium[1], qu'on appelle *bronze d'aluminium*, et qui paraît excellent par sa dureté, sa finesse de grain et sa ténacité, surtout quand il a été forgé à chaud. Il est comparable, à cet égard, au fer aciéreux, quoique

---

[1] L'aluminium est un métal d'un blanc bleuâtre, très-malléable, ductile et tenace, fusible à + 400 degrés, bon conducteur du calorique et de l'électricité, sonore et très-léger.

l'aluminium soit seulement entre le zinc et le cuivre. Le bronze d'aluminium a la couleur de l'or (voir *Bulletin de la Société d'encouragement*, 2e série, t. VII, p. 121).

35. Pour analyser le bronze exclusivement composé de cuivre et d'étain, l'*Aide-mémoire* des officiers d'artillerie donne la recette suivante. Elle est fondée sur ce principe que l'acide nitrique dissout le cuivre et convertit l'étain en peroxyde, qui reste insoluble. Pour rechercher ces deux éléments, pratiquez ainsi qu'il suit :

1º Mettez dans un petit ballon de verre : 10 grammes du bronze pilés fin et 80 grammes d'acide nitrique pur et concentré à 22 degrés Baumé[1] ;

2º Chauffez graduellement jusqu'à ébullition et la cessation des vapeurs rutilantes ;

3º Laissez déposer jusqu'à parfaite clarification ;

4º Décantez le liquide surnageant ;

5º Versez sur l'étain, resté à l'état solide, 20 grammes d'acide nitrique, pour recommencer en quelque sorte l'opération et achever de dissoudre le cuivre ;

6º Faites rebouillir environ dix minutes ;

7º Décantez de nouveau ;

8º Reversez une troisième fois de l'acide nitrique, et faites rebouillir comme la deuxième fois ;

9º Filtrez le premier liquide décanté, après l'avoir étendu avec

---

[1] La pureté et la concentration de l'acide sont indispensables. A l'acide nitrique peuvent se trouver mêlés les acides hydrochlorique et sulfurique ; on neutralise le premier par le nitrate d'argent, et le second par le nitrate de baryte, qu'on verse avec une pipette, goutte à goutte et par intervalles, dans l'acide nitrique étendu avec beaucoup d'eau. On reconnaît que les acides sulfurique et hydrochlorique ont disparu quand les nitrates de baryte et d'argent ne troublent plus le liquide essayé. Si l'on y a mis trop de nitrate, on corrige en ajoutant un peu d'acide hydrochlorique ou sulfurique. Le résultat de cette opération est de donner naissance à un chlorure d'argent et à un sulfate de baryte qui se précipitent. On décante alors le liquide essayé. Il ne reste plus qu'à l'amener à la concentration de 22 degrés Baumé ; on y parvient en ajoutant de l'eau distillée si la concentration est trop forte, ou en faisant évaporer, en chauffant, s'il y a trop d'eau.

deux ou trois fois son volume d'eau ; opérez de même sur les deuxième et troisième liquides ;

10° Quant à l'oxyde d'étain, jetez-le sur un filtre double ;

11° Lavez le précipité sur le filtre lui-même, jusqu'à ce que l'eau ne bleuisse plus l'ammoniaque, ni ne rougisse plus le tournesol ;

12° Étendez le filtre sur du papier avec ce qu'il contient, et faites sécher dans une étuve ;

13° Il ne s'agit plus que de connaître le poids de l'étain pur qui était contenu dans l'alliage essayé. Pour cela, pesez le peroxyde d'étain que vous avez obtenu ; soit P' le poids de ce peroxyde ; le poids P de l'étain pur cherché sera :

$$P = \frac{P'}{0,272}.$$

Le reste sera la proportion de cuivre, si l'alliage ne contient que ce métal outre l'étain.

Mais les bronzes du commerce contiennent très-souvent aussi d'autres matières, principalement du zinc, du plomb, de l'antimoine, et même du fer. L'analyse quantitative est alors très-laborieuse et elle doit être confiée à un essayeur de profession. Nous nous bornerons donc à indiquer sommairement la recherche du plomb, du cuivre et du zinc.

1° Recueillez la liqueur décantée ci-dessus ; filtrez, évaporez à siccité, ajoutez de l'acide sulfurique ; chauffez jusqu'à ce qu'il ne se dégage plus de vapeur, reprenez le résidu par l'eau. S'il y a une partie de ce résidu qui ne se dissolve pas, celui-ci est du sulfate de plomb.

2° Sursaturez la liqueur avec de l'acide sulfhydrique, il se formera un précipité noir : ce sera du sulfure de cuivre, qu'on séparera du liquide par filtration.

3° Versez dans le liquide filtré du sulfhydrate d'ammoniaque. S'il y a du zinc, il se formera un précipité blanc, qui sera du sulfate de zinc.

36. Coefficients de frottement. — Nous venons d'exposer les différentes causes de variation dans la résistance du frottement (19) : l'influence des enduits et de la nature des corps est la seule sur laquelle il ait été fait des expériences. C'est dans la valeur numérique du coefficient qu'on en tient compte.

Les coefficients des tableaux qui suivent sont ceux que le général Poncelet a cru devoir adopter comme moyenne entre ceux que les divers expérimentateurs ont déterminés. Nous avons déjà dit que ces coefficients sont l'expression du rapport réel de la résistance engendrée par le frottement à la pression qui est la cause même du frottement.

Tableau des coefficients de glissement.

DÉSIGNATION des SURFACES GLISSANTES.	VALEUR DU COEFFICIENT K			
	au départ		en mouvement.	
	minim.	maxim.	minim.	maxim.
Bois glissant sur bois. — A sec	0,30	0,70	0,20	0,46
— Mouillés d'eau	0,65	0,71	0,25	»
— Graissés ou suiffés	0,14	0,25	0,06	0,07
— Enduits de savon sec	0,22	0,44	0,14	0,16
— Onctueux et polis	0,30	0,40	0,08	0,15
Bois glissant sur métaux ou *vice versâ*. — A sec	0,60	»	0,20	»
— Mouillés d'eau	0,65	»	0,24	»
— Suiffés ou graissés	0,10	0,12	0,05	0,08
— Onctueux et polis	0,10	»	0,10	0,16
Métaux glissant sur métaux. — A sec	0,15	0,24	0,15	0,24
— Mouillés d'eau	»	»	0,31	»
— Graissés ou huilés	0,11	0,16	0,06	0,11
— Onctueux et polis	0,12	0,17	0,11	0,17
Pierre sur pierre, métaux ou bois	0,45	0,78	0,25	0,69
Corde de chanvre sur bois. — A sec	0,50	0,80	0,45	»
— Mouillée d'eau	0,87	»	»	»
— Graissée	»	»	0,18	»
Courroie de cuir sur tambour en — Bois	0,47	»	0,30	0,54
— Fonte	0,54	»		
Cuir fort sur bois ou métaux. — A sec	0,43	0,62	0,34	»
— Mouillé d'eau	0,62	0,80	0,31	»
— Graissé ou huilé	0,12	0,13	0,14	»

Frottement des axes et tourillons.

MATIÈRES FROTTANTES.	ÉTATS DES SURFACES.	COEFFICIENT K.
Bronze sur bronze....	Graissées..................	0,097
Bronze sur fonte......	Parfaitement suiffées........	0,049
Fer sur bronze.......	Sèches.....................	0,251
	Mouillées d'eau.............	0,189
	Graissées..................	0,075
	Graissées parfaitement......	0,054
	Avec cambouis.............	0,090
Fer sur fonte........	Graissées..................	0,075
	Graissées parfaitement......	0,054
Fonte sur fonte.......	Mouillées d'eau.............	0,137
	Graissées..................	0,075
	Graissées parfaitement......	0,054
Fonte sur bronze.....	A sec.....................	0,194
	Mouillées d'eau.............	0,161
	Graissées..................	0,075
	Graissées avec grand soin...	0,054
	Avec cambouis.............	0,065
Fer sur bois de gayac..	A sec.....................	0,188
	Graissées..................	0,125
Fonte sur gayac......	A sec.....................	0,185
	Graissées..................	0,100
Gayac sur gayac......	Suiffées..................	0,070

37. Règle pour calculer le travail consommé par le frottement. — Soit K le coefficient, dont la valeur se trouve dans le tableau précédent, P la pression, évaluée en kilogrammes, qui applique l'une contre l'autre les parties frottantes, la résistance R occasionnée par le frottement sera R = KP.

Le travail résistant T développé par le frottement s'obtiendra (5) en multipliant ce produit KP par l'espace parcouru E. Dans le glissement rectiligne, cet espace est très-facile à connaître ; il suffit de prendre au mètre la longueur linéaire parcourue dans l'unité de temps par la pièce frottante : mais dans le frottement d'un rouleau sur un plan, ou d'un tourillon dans son coussinet, le chemin parcouru s'obtient en multipliant la circonférence frottante par le nombre de tours dans l'unité de temps. Or, on sait que la circonférence a pour mesure le diamètre D multiplié par le nombre 3,14. Si donc on désigne par n le nombre de tours, le chemin décrit sera donné par la formule

$$E = D \times 3,14 \times n.$$

EXEMPLES : 1° Soit un tiroir de machine à vapeur sur lequel la pression exercée P = 6000 kilogrammes et qui décrit par seconde un chemin E = 0^m,20. La valeur du coefficient de glissement des métaux pouvant être prise K = 0,10, la résistance R, due au frottement, sera : R = 6000 × 0,10 = 600 kilogrammes. Le travail développé par seconde sera : 600 × 0,20 = 120 kilogrammètres, ou 1,6 cheval-vapeur.

2° Soit une roue de waggon chargée d'un poids P = 2000 kilogrammes, dont la fusée ou tourillon a 0^m,07 de diamètre et décrit 4 révolutions par seconde. Prenant K = 0,054, on aura la résistance R = 2000 × 0,054 = 108 kilogrammes. Le chemin parcouru en 1 seconde par le tourillon sera E = 0,07 × 3,14 × 4 = 0^{m}88 ; d'où on tire le travail développé par seconde T = 108 × 0,88 = 95 kilogrammètres ou 1,26 cheval.

IV. — Résistance de l'inertie.

38. L'inertie est cette propriété qu'ont tous les corps de ne pouvoir changer leur état de repos ou de mouvement sans une consommation de travail que doit déployer le moteur, indépendamment de celui qu'il faut développer pour vaincre les autres résistances. La constatation de cette loi par l'expérience est de tous les jours : quand une voiture, un homme, un bateau, un mobile à traîner ou à enlever, passent du repos au mouvement, on remarque qu'il faut déployer au premier instant du départ beaucoup plus d'effort que pour conserver le mouvement une fois acquis. Il en est de même quand on veut faire passer le mobile du mouvement au repos : on ne saurait l'arrêter instantanément sans déployer de très-violents efforts.

Ce n'est pas seulement quand le corps passe du repos au mouvement, et *vice versâ*, que l'inertie s'exerce ; il en est de même quand il s'agit d'ajouter ou retrancher au mouvement déjà acquis.

On démontre dans les traités de mécanique que la quantité de travail à développer pour vaincre l'inertie est proportionnelle au poids du corps et au carré de sa vitesse, et que sa mesure est la moitié de la valeur numérique MV^2 dite *force vive*, d'où on déduit sous la forme simplifiée les deux formules suivantes :

1° Mobile passant du repos au mouvement, et *vice versâ*,

$$T_I = \frac{P \times V^2}{19,62}.$$

2° Mobile en mouvement, qu'il s'agit d'accélérer ou ralentir,

$$T_I = \frac{P \times (V^2 - v^2)}{19,62}.$$

Dans ces formules, on désigne par

T_i, la quantité du travail cherché en kilogrammètres.
V, la vitesse du mobile en mètres par seconde, ou la plus grande des deux vitesses données s'il s'agit de la deuxième formule.
v, la plus petite des deux vitesses considérées dans le cas de la seconde formule.

59. Exemples. 1° Soit un waggon dont le poids est $P = 5000$ kil. : pour lui imprimer une vitesse $V = 0^m,5$ par seconde ou pour l'arrêter quand il possède cette même vitesse, il faudra d'abord, d'après la première formule, déployer une quantité de travail

$$T_I = \frac{5000 \times 0,5^2}{19,62} = 62 \text{ kilogrammètres}.$$

2° Pour des vitesses supérieures, on obtiendrait de même les quantités suivantes, qui prouvent combien l'inertie croît vite avec la vitesse.

V étant	1^m	I =	255	kilogrammètres.
V	$1^m,5$	I =	574	—
V	3^m	I =	2294	—
V	10^m	I =	25484	—

3° Soit ce même waggon ayant une vitesse $V = 10^m$ par seconde; pour réduire cette vitesse à $v = 3^m$, le travail à absorber d'abord sera, d'après la deuxième formule,

$$T_I = \frac{5000 \times (10^2 - 3^2)}{19,62} = 22681 \text{ kilogrammètres.}$$

4° Pour porter, au contraire, la vitesse du waggon de $v = 3^m$ à $V = 10^m$, il faudra déployer la même quantité de travail $I = 22681$ avant que la vitesse $V = 10^m$ par seconde soit atteinte.

5° Soit un mobile de grande masse, tel que le célèbre steamer géant *Great-Eastern*, dont le poids, égal au déplacement d'eau par la carène, est $p = 23000$ tonneaux, soit $v = 5^m$ par seconde la vitesse qu'il possède quand on veut l'arrêter ; il faudra d'abord absorber un travail dont la mesure est

$$T_I = \frac{23000000^k \times 5^m}{19,62} = 29300000 \text{ kilogrammètres.}$$

Quantité de travail égale à celle que fournirait par seconde une machine motrice de la force de 400,000 chevaux. Cet exemple et le deuxième prouvent que lorsque les effets d'inertie sont à redouter dans un mobile, il faut réduire au minimum sa vitesse et même son poids. C'est, en général, le cas des organes en mouvement des machines à vapeur. S'il faut, au contraire, trouver dans cette même inertie un principe de puissance (cas des volants) (41) ou de résistance (cas des bâtis et supports), il y a tout avantage à augmenter la vitesse et le poids.

40. Etant donnée la mesure T_I du travail à développer pour vaincre l'inertie, on demande l'effort ou *pression* P à exercer par le moteur, l'*espace* E et le *temps* t pendant lequel il faut exercer cet effort? D'après la règle générale du travail mécanique qu'ici l'usage désigne par la lettre I, on a $I = \frac{P \times E}{t}$, et il n'y a plus qu'à connaître deux des valeurs ou à se les donner *à priori*, pour déterminer la troisième ; soit donc donné $I = 2000$ ^{km}, si nous

faisons l'espace $E = 10^m$ et le temps $t = 2$ secondes, on aura :

$$P = \frac{I}{Et} = \frac{2000}{10 \times 2} = 100 \text{ kilogrammes.}$$

On aurait de même, en se donnant $P = 100^k$ et $t = 2'$,

$$E = \frac{I}{Pt} = \frac{2000}{100 \times 2} = 10 \text{ mètres.}$$

Et enfin, si on s'est donné $P = 100^k$ et $E = 10^m$,

$$t = \frac{I}{PE} = \frac{2000}{100 \times 10} = 2 \text{ secondes.}$$

Par conséquent, pour vaincre l'inertie $I = 2000^k$ d'un mobile, on devra déployer un effort de 100 kilogrammes sur 10 mètres de parcours pendant 2 secondes. Par les mêmes formules, on reconnaîtra qu'il faudrait déployer le double de cet effort sur un parcours ou dans un temps moitié moindre, et *vice versâ*.

A l'égard du temps, on observera que, de ce qu'on absorbe le travail dû à l'inertie dans le temps total donné, il ne s'ensuit pas qu'on absorbe des quantités égales de travail dans chaque unité de ce temps, car la vitesse du mobile est uniformément accélérée ou retardée. Ceci, d'ailleurs, n'a pas grand intérêt dans la pratique ordinaire, et il suffit de considérer le temps total au bout duquel l'inertie est vaincue.

41. On utilise le principe de l'inertie dans les machines à vapeur pour régulariser leur mouvement et forcer la manivelle à franchir le *point-mort*. Dans ce but, on agence sur un des arbres qu'elle fait tourner, un *volant*. C'est une roue pesante et rapide qui résiste par sa masse aux accélérations de vitesse et entraîne par son impulsion la machine dès qu'elle tend à se ralentir. Dans le premier cas, le volant emmagasine, pour ainsi dire, le travail moteur qui tend à précipiter le mouvement de la machine ; dans le second cas, le travail emmagasiné se restitue et conserve à la machine sa vitesse. Cette assimilation, qu'on a faite entre le volant et un magasin de travail qui reçoit et restitue, a pu être critiquée en théorie, mais elle dépeint le fait.

La théorie très-compliquée du volant se trouve dans les *Traités de mécanique*, et notamment dans celui du général Morin, t. III. Nous ne pouvons que la résumer ici, en disant que la puissance régulatrice des volants est proportionnelle à leur poids et au carré de leur vitesse, et qu'en général on a, d'après Watt :

$$PV^2 = K\,\frac{32\,m}{n}.$$

D'où on tire ces deux formules :

Poids du volant. . . . . $P = K \times \dfrac{32 \times m}{n \times V^2}$

Vitesse du volant.. . . . . $V = \sqrt{K \times \dfrac{32 \times m}{n \times P}}$

Dans ces formules, on désigne par :

P, le poids du volant en kilogrammes ;
V, sa vitesse à la circonférence en mètres par seconde ;
m, la force en chevaux de la machine ;
n, le nombre de tours par seconde de l'arbre portant le volant ;
K, un coefficient d'expérience variable avec le degré de régularité demandé et le système de machine.

Pour la valeur de ce coefficient, le général Morin donne dans un tableau jusqu'à trente nombres. Bornons-nous à indiquer ici les principaux, en les arrondissant, pour plus de simplicité. Ces coéfficients ne se rapportent sans doute qu'aux moteurs où le travail à développer ne varie qu'entre des limites assez étroites.

DÉSIGNATION DES MACHINES.	VALEUR DE K.	
	Machines sans détente.	Machines avec détente au 1/5.
Machine à un seul cylindre avec bielle égale à 5 fois la manivelle..................	5590	7845
— à 2 cylindres conjugués à angles droits...	1530	1820
— à 3 cylindres conjugués à angles égaux...	415	660

42. En 1842, M. Charbonnier a publié, dans le *Bulletin de la Société industrielle de Mulhouse*, un mémoire sur la régularisation du mouvement des machines à vapeur où la théorie des volants est savamment développée. Au lieu d'adopter avec Watt le nombre fixe 32 pour coefficient du nombre de chevaux, M. Charbonnier le fait varier entre 25 et 40, nombres empruntés à l'*Aide-mémoire* de M. Morin. Le premier suffit pour les machines n'ayant besoin que d'une médiocre régularité. Dans les premières éditions de l'*Aide-mémoire*, M. Morin faisait monter le second nombre jusqu'à 80. Quant au coefficient K, M. Charbonnier le fait varier ainsi qu'il suit avec la détente :

DÉTENTE de la vapeur.	VALEUR DE K.	DÉTENTE de la vapeur.	VALEUR DE K.
1,000	4645	3,00	6035
1,125	4695	4,00	6363
1,25	4884	5,00	6634
1,50	5169	6,00	6866
1,75	5380	8,00	7258
2,00	5550	10,00	7589
2,50	5817	20,00	8835

La première colonne de ce tableau exprime le rapport du volume entier du cylindre au volume engendré pendant l'admission de la vapeur ; dans la seconde colonne est le coefficient correspondant. Ainsi, le premier rapport 1 indique que le volume entier du cylindre et celui de la vapeur introduite pendant la période d'admission sont égaux, ce qui signifie, en d'autres termes, qu'il n'y a pas de détente et que la machine marche à pleine vapeur. Le rapport 2 indique que le volume entier du cylindre est le double de celui de la vapeur admise et qu'en d'autres termes ce dernier s'est détendu du double.

Il importe d'observer encore que ces coefficients, relatifs au cas d'une machine à un seul cylindre, ont été calculés dans l'hypothèse toute théorique d'une bielle de longueur infinie ; mais ils ont été reconnus suffisamment applicables au cas des machines où la bielle égale cinq fois la manivelle, comme dans le précédent tableau.

Celui-ci n'admet pas cette assimilation. Aussi voit-on qu'après avoir accepté le même coefficient que M. Charbonnier, pour les machines sans détente et à bielle infinie, son coefficient dépasse de 945 unités celui de M. Charbonnier pour le cas des machines où la bielle a cinq fois la longueur de la manivelle.

En général, les coefficients de M. Morin sont beaucoup plus forts à égalité de circonstances, ce qui augmente, avec le poids du volant, sa puissance régulatrice. Mais nous devons ajouter que ceux de M. Charbonnier lui ont donné jusqu'ici toute la régularité demandée dans les filatures étirant les plus fins numéros.

Il est assez remarquable que les coefficients de M. Charbonnier, déduits du calcul et vérifiés par l'expérience, croissent si peu avec la prolongation de la détente, que celui de l'énorme détente 20 n'atteint pas le double de celui de la détente nulle.

Quoique la puissance régulatrice du volant augmente avec son poids et surtout sa vitesse, il y a cependant nécessité de ne pas les exagérer. Plus est grand le poids d'un volant, plus il coûte d'établissement, plus il augmente le poids de l'appareil et l'espace qu'il occupe ; plus les coussinets, arbres, paliers et supports qui servent à l'installer doivent être résistants.

D'un autre côté, si la vitesse a l'avantage de permettre une grande réduction de poids, l'exagération de cette même vitesse rend très-dangereuse la projection des éclats de la jante en cas de rupture. On admet que la vitesse à la circonférence ne doit pas dépasser 25 à 30 mètres par seconde, le rayon du volant étant égal à cinq ou six fois environ celui de la manivelle.

45. On absorbe à l'aide des *freins* l'inertie d'une machine qu'on veut arrêter. En principe, le frein crée une résistance qui use, pour ainsi dire, le travail accumulé dans la masse en mouvement.

Dans les machines à vapeur et dans les véhicules, cette résistance est ordinairement produite par le frottement à sec d'un sabot qu'on presse, contre l'organe en mouvement, à l'aide d'un agent mécanique quelconque. Or, on sait que la résistance du frottement croît proportionnellement à la pression qui applique l'un contre l'autre les corps frottants (17 et suiv.). Tout le problème revient donc à exercer contre la masse en mouvement une pression puissante et rapide, convenablement prolongée sur un parcours et pendant un temps donnés, en appliquant la formule du numéro 38. Ce temps et ce parcours doivent être les plus longs possible, et il est facile, en prenant divers exemples des formules en question, de prouver que, si l'arrêt est très-rapide et sur un espace très-court, il faut développer un effort considérable, et réciproquement amortir dans le mobile lui-même un effort égal, ce qui engendre un véritable choc. Il suit de là que les freins instantanés sont du plus grand danger ; parvînt-on à clouer le mobile sur place, tout ce qu'il contient à l'intérieur et jusqu'à ses molécules constitutives elles-mêmes tendraient à continuer leur course. Nous reviendrons sur les freins spéciaux appliqués aux diverses machines à vapeur. Quant à la quantité de travail à absorber en un temps donné, on en a vu la mesure au numéro 40.

V. — Résistance des milieux.

44. On donne en physique le nom de *milieux fluides* ou *liquides* à ces corps formés de molécules éminemment mobiles, et qui, n'ayant entre celles-ci d'autres vides que les pores (9), peuvent être cependant traversés en tous sens par des corps solides. L'eau que fend la proue d'un navire est un milieu liquide ; l'air est un milieu fluide.

Quelle que soit la mobilité de ces molécules, elles sont inertes (5), impénétrables, et par conséquent obligées de se déplacer pour donner passage au solide en mouvement. Or, de ce déplacement résulte une résistance et une certaine quantité de travail résistant.

Examinons d'abord les phénomènes qui accompagnent le mouvement des corps solides dans l'air et l'eau, seuls milieux dont il nous importe de parler. Considérons le cas le plus simple, celui d'un prisme ou d'un bateau naviguant *en eau morte*, c'est-à-dire sans courant, comme sur un lac tranquille.

1° Au moment où, sous l'action de la proue, la masse liquide s'ouvre, elle reflue en avant et par côté, en formant une série de filets ou d'ondulations qui montent les uns sur les autres, et dont l'ensemble produit, en avant du navire, un gonflement sensible.

En arrière, au contraire, il se manifeste une dépression par suite du vide que le navire laisse après lui dans sa marche [1].

2° Cette différence de niveau, qui s'établit de la proue à la poupe, donne lieu à un fort courant latéral contre les flancs du navire ; aussi l'eau, en venant remplir le vide laissé derrière la poupe, ne se replace-t-elle qu'en produisant une suite de tournoiements concentriques nommés *remous* ou *tourbillons*, qui marchent régulièrement par paire, et sont, comme l'observe le général Poncelet, le moyen dont la nature se sert pour éteindre l'inertie de la masse liquide en mouvement, de même qu'un ressort bandé et qu'on lâche ne s'arrête qu'après avoir donné une série de vibrations qui absorbent peu à peu la quantité de travail accumulée en lui comme en un réservoir (38).

3° Les filets dont il vient d'être parlé produisent eux-mêmes d'autres phénomènes importants à signaler : à mesure qu'ils s'éloignent du navire, ils se replient en arrière et finissent par se confondre en un seul gros flot qu'on nomme *vague* ou *onde solitaire*. Il semble suivre le navire, et ne se forme guère d'une manière visible que si celui-ci marche à la vitesse de 3 ou 4 mètres par seconde ; il prend sensiblement la vitesse du bateau qu'il semble accompagner.

4° La forme des filets dépend de la forme même des corps qu'ils encadrent. Elle est constante pour un même corps ; et pour des corps de formes semblables dans le sens géométrique de ce mot, la forme des filets reste semblable aussi.

45. Tels sont les phénomènes qu'il est aisé de constater lorsque aucune circonstance ne vient en troubler la suite naturelle : ils se manifestent d'ailleurs dans l'air comme dans l'eau ; dans les milieux en mouvement contre des corps solides en repos, comme pour des mobiles dans des milieux en mouvement, ainsi que pour le cas où tous deux sont en mouvement. Il est aisé de les constater dans le cours d'une rivière qui heurte les piles d'un pont. On les reconnaît de même facilement en suivant la marche

---

[1] Le général Poncelet en France (*Introduction à la mécanique industrielle*, n° 374), et M. Mac-Neil en Angleterre (Mémoire à la Société des Ingénieurs civils de Londres), ont spécialement étudié ces phénomènes.

d'un bateau sur un fleuve ou sur un canal, bien que le rapprochement des rives empêche l'épanouissement libre des filets et les force à se briser sur la berge en produisant ces flots bien connus dans la marche des bateaux à vapeur. Un peu après le passage de la proue, on voit le flot, d'ailleurs tranquille, monter sur la berge, puis redescendre beaucoup plus bas que le niveau primitif. A cet instant, les rides, devenues très-sensibles, commencent à clapoter et à s'incliner en arrière du bâtiment pour aller se joindre et former la grande vague dite *solitaire*.

Mais ces phénomènes ne deviennent sensibles qu'à une certaine vitesse [1]. Quelquefois même ils sont tellement troublés par ceux qui résultent d'autres lois, qu'il est impossible à l'observateur de les reconnaître. C'est ce qui arrive notamment dans la marche d'un train de chemin de fer, où l'on ne distingue qu'un courant latéral de l'avant à l'arrière contre les caisses de voitures, et par terre, jusqu'à 50 centimètres de hauteur environ, un autre courant dans le sens de la marche du train. Connaissant quel trouble apporte dans un milieu la présence d'un corps solide, on ne s'étonnera plus de la résistance au mouvement qui s'ensuit.

46. La théorie de la résistance que les solides éprouvent en traversant les milieux liquides ou fluides a été principalement étudiée par Dubuat, Mariotte, Hutton, d'Alembert, Thibaut, Smeaton, Beaufoy, Duchemin, Morin, etc. Elle a, plus récemment, fait l'objet de discussions fréquentes à la Société des ingénieurs civils de Londres, notamment en 1840. Cependant, après tant de

---

[1] Telles sont les remarques déjà mentionnées dans notre première édition, et que de nouvelles études nous ont confirmées en mer, sur les lacs suisses, sur la Seine, la Saône et l'Aar, un de nos amis, M. l'ingénieur D***, de Mulhouse, nous ayant contesté l'exactitude de nos premières observations. Cette divergence tient sans doute à ce que M. D*** a fait ses observations sur des bateaux à très-petite vitesse et dans des passes suffisamment larges. Dans ce cas, nous n'avons constaté, comme lui, presque rien des phénomènes en question. Mais avec les bateaux rapides et dans les passes étroites, ils nous ont paru évidents. Au surplus, les mariniers se servent d'une expression consacrée et disent qu'un bateau trop large pour le lit navigué y *fait piston*, pour exprimer que la masse liquide est refoulée en avant sans pouvoir fuir latéralement. C'est même la raison des résistances énormes qu'on rencontre dans la navigation à grande vitesse des cours d'eau étroits et sans profondeur.

recherches savantes, elle est encore une des plus obscures de la mécanique. On admet aujourd'hui, que *cette résistance est : 1° proportionnelle au carré de la vitesse, à la section du solide résistant et à la densité du milieu ; 2° indépendante de la nature du solide ; 3° dépendante, au contraire, de certaines causes et circonstances qui vont être exposées aux numéros suivants, et dont on tient compte en corrigeant la formule du principe général par un coefficient d'expérience.*

M. Poncelet énonce la même loi en d'autres termes que voici : la résistance des solides dans les milieux est proportionnelle au poids d'un prisme fictif qui serait composé de la substance du milieu, ayant pour base A la projection transversale du solide sur un plan perpendiculaire à la direction du mouvement, et pour hauteur celle qui est mesurée (pour le cas du mouvement uniforme du moins) par la formule (52) : $h = \dfrac{V^2}{19,62}$, dans laquelle V exprime la vitesse du mouvement.

Quoi qu'il en soit, la résistance R des solides dans les milieux est donnée par la formule $R = PA\dfrac{V^2}{19,62}$ (voir n° 54).

47. Cette règle s'applique d'ailleurs au cas d'un corps en mouvement dans un milieu en repos, tel qu'un waggon qui traverse l'air ou un bateau qui fend l'eau, et au cas d'un milieu en mouvement contre un solide en repos, comme une rivière contre les piles d'un pont. Toutefois, il résulte des expériences de Dubuat que la résistance est un peu plus faible dans le premier cas que dans le second ; ce qui semblerait prouver, suivant lui, que les milieux en repos se divisent plus facilement que les milieux en mouvement. C'est dans l'évaluation du coefficient correctif de la formule que nous tiendrons compte de cette différence.

Le principe de la proportionnalité de la résistance au carré de la vitesse paraît d'accord avec l'expérience pour le cas de vitesse modérée. Mais s'applique-t-il au cas des mobiles rapides ? Il y a incertitude. D'après divers auteurs, la résistance de l'air sur les projectiles d'armes à feu, dont la vitesse est de 170 mètres par seconde pour les balles de pistolet, jusqu'à 550 mètres pour les boulets de canon sous charge moyenne, croîtrait plus vite que le carré de la vitesse. Il semble, au contraire, résulter d'expériences sur les bateaux rapides qu'au delà de 5 à 6 mètres par seconde la résistance croît moins vite que le carré de la vitesse, ce qui s'accorderait avec les observations faites au numéro 18 sur le frottement des waggons (voir *Société des ingénieurs civils de Paris*, 1er octobre 1852, et *Société d'encouragement*, 1re série, t. XLVII, p. 45).

48. Quand le corps et le milieu sont tous deux en mouvement, exemple : un bateau naviguant avec ou contre le courant d'un fleuve, il faut tenir compte des deux vitesses dans la formule du numéro 46 : si elles sont dans le même sens, c'est le cas du bateau descendant, celui-ci n'aura plus à résister qu'à la différence, et le terme V^2 de la formule y sera remplacé par $(V-v)^2$; si les deux vitesses sont contraires, c'est le cas du bateau remontant ou de tout corps marchant contre le vent ; le terme substitué à V^2 est $(V+v)^2$. Dans ces expressions, V est la vitesse du mobile et v celle du milieu.

49. On a vu que la résistance des milieux dépendait aussi de plusieurs causes, dont l'influence n'a pu être appréciée qu'expérimentalement, et dont on tient compte pour la pratique, en introduisant dans la formule un coefficient correctif. Ces causes sont : la cohésion (9) et la compressibilité des molécules liquides, l'étendue du milieu, la forme et la longueur du solide, la nature du mouvement, et la proximité des surfaces d'un même système de corps, tel qu'un train de waggons.

L'influence des deux premières causes est incertaine et d'ailleurs peu sensible pour l'air et l'eau, seuls milieux intéressant notre sujet : on peut donc les passer sous silence. Les trois autres causes, au contraire, sont très-importantes à considérer.

50. *Influence de l'étendue de la masse liquide ou fluide.* — La résistance y est beaucoup moindre quand le milieu peut être considéré comme indéfini, c'est-à-dire quand son étendue est assez vaste pour que le mobile n'y éprouve ni plus ni moins de résistance que si le milieu était réellement sans limites : tel est l'air quand on n'est pas renfermé dans un local clos et étroit ; tels sont, par rapport aux bateaux, les grands fleuves et lacs de premier ordre et surtout la mer, dont, suivant le capitaine Maury, on ne trouve pas

toujours le fond à 15000 mètres ; mais les profondeurs moyennes varient de 1200 à 3000 mètres.

Supposons au contraire un bateau naviguant sur un canal étroit ; l'eau déplacée ne pouvant s'écouler librement par côté, à cause du peu d'espace compris entre la berge et le flanc latéral du navire, elle sera refoulée en avant comme par un piston, et la résistance sera énorme ; mais elle décroîtra à mesure que les rives s'éloigneront. Ce phénomène, moins sensible pour l'air que pour l'eau, et pour les corps immergés que pour les corps flottants, croît rapidement avec la vitesse dans un rapport qui n'est pas trop connu. Des auteurs ont admis que le milieu doit avoir au moins six fois la section du mobile pour que celui-ci puisse être supposé dans un milieu indéfini. Nous croyons ce rapport beaucoup trop faible, du moins pour l'eau, et de sentiment, à défaut d'expérience, nous le porterions au moins au triple.

Ce qui est vrai du rapprochement des rives l'est aussi du peu de profondeur du lit d'un fleuve où navigue un bateau. Il en résulte une augmentation très-considérable de résistance, fait évident pour les mariniers. Ajoutons cependant que, pour les corps entièrement plongés dans le milieu, cette résistance est moindre, parce que les *ondes* peuvent se dégager par le dessus, tandis que, dans le cas des solides flottants, ce dégagement ne peut être que latéral.

51. La forme du mobile est de toutes les causes celle qui influe le plus sur la résistance dans les milieux ; plus elle facilite le glissement des molécules liquides ou fluides, moins elle les déplace pour donner passage au solide, moins celui-ci éprouve de résistance : aussi a-t-on soin de tailler en proue aiguë, à la façon d'un coin, les bateaux rapides, et surtout de les évider en arrière pour faciliter le retour des molécules déplacées à leur état normal. Cet évidement postérieur n'est pas moins utile que celui de l'avant ; car si les molécules qui composent le milieu ne se replacent pas, l'arrière du solide se trouve dans un vide relatif, et il en résulte une diminution de pression qui augmente d'autant la résistance antérieure. C'est ainsi qu'en allongeant et en appointissant les projectiles on a considérablement augmenté leur portée, et qu'un navire parfaitement *taillé* peut n'éprouver qu'une résistance égale au vingtième, et plus, de celle qu'aurait un parallélipipède de même section.

51 *bis*. La longueur du solide augmente notablement la résistance quand elle excède environ six fois la largeur ou côté de la section. Selon Dubuat et Poncelet, le coefficient, d'abord peu différent de l'unité, varie ensuite avec le rapport $\dfrac{L}{\sqrt{A}}$, dans lequel on désigne par L la longueur et par A l'aire de projection dont il a été parlé au numéro 46 (voir aussi n° 58). Lorsque, au contraire, la longueur est tellement restreinte que le corps est réduit à la forme d'une palette, la résistance est un peu plus grande que ne serait celle d'un prisme de même section transversale.

Quant aux surfaces minces courbes, telles que les voiles de navire et les parachutes, il résulte des expériences de Thibaut que leur résistance peut être calculée à peu près comme s'il s'agissait de surfaces planes de même étendue développées à plat, du moins tant que le creux ne dépasse guère 1/3 à 1/4 de la largeur.

52. La proximité des surfaces d'une réunion de mobiles animés d'un même mouvement, telle qu'un train de waggons ou un convoi de plusieurs bateaux traînés par un même remorqueur, ne diminue la résistance que si les mobiles sont suffisamment rapprochés et animés d'une vitesse assez grande pour que le milieu n'ait pas le temps de se déplacer entre eux. D'après les dernières recherches de Thibaut, quand deux surfaces carrées égales sont masquées l'une par l'autre, et séparées par un espace égal au côté de ce carré, la résistance éprouvée *dans l'air* par la surface masquée n'est que les 0,7 de celle qu'elle éprouverait librement. Cette résistance diminue à mesure que les surfaces se rapprochent, jusqu'à devenir nulle quand elles se touchent; au contraire, elle augmente à mesure que les corps s'éloignent, jusqu'à ce que la résistance soit égale sur les deux surfaces. On verra par la suite comment Pambour a appliqué et complété cette règle de Thibaut pour les trains de chemins de fer.

53. La nature du mouvement influe-t-elle sur la résistance des milieux? C'est une question contestée. Nous n'entrerons pas dans l'examen de cette théorie obscure et compliquée ; nous nous bornerons à avertir le lecteur que, selon Dubuat, la résistance paraît être *un peu plus faible* dans le mouvement rectiligne que dans le mouvement curviligne, tel que celui des volants et des roues à palettes. Disons toutefois que cette règle est contredite par quelques auteurs.

54. Pour déterminer le travail résistant d'un mobile dans l'air ou l'eau, acceptant en principe général la règle du numéro 46 et la corrigeant en raison des circonstances qui viennent d'être exposées, on aura les formules suivantes :

1° *Cas d'un corps en mouvement dans un milieu en repos ou réciproquement :*

$$T = KAP \frac{V^3}{19,62}.$$

2° *Cas où le milieu et le solide sont tous les deux en mouvement.*

Les deux vitesses étant dans le même sens, de manière à diminuer la résistance (cas du bateau descendant et courant vent arrière) :

$$T = KAP \frac{(V - v)^2}{19,62} V.$$

Les deux vitesses étant en sens contraire, de manière à augmenter la résistance (cas du bateau remontant ou ayant vent debout) :

$$T = KAP \frac{(V + v)^2}{19,62} V.$$

Dans ces formules, on désigne par

T, le travail cherché en kilogrammètres ;
K, le coefficient d'expérience (voir n° 58) ;
A, l'aire de projection transversale du corps (ou de sa partie plongée) sur un plan perpendiculaire au mouvement (dans un bateau, c'est l'aire de la section immergée ; dans un train de chemin de fer, c'est la plus grande surface antérieure des waggons), évaluée en mètres carrés ;
P, la densité du milieu évaluée en kilogrammes par mètre cube (voir n° 55) ;
V, la vitesse du solide en mètres par seconde ;
v, la vitesse du milieu, évaluée de même (voir n° 56 et suiv.).

55. Valeur de P ou densité des milieux. — Le poids du mètre cube d'eau est pour l'eau douce P = 1010 kilogrammes, et pour la mer P = 1030 kilogrammes (16).

Le poids du mètre cube d'air varie avec la température et la pression atmosphérique accusée par le baromètre. Cette pression varie, on le sait, avec les altitudes des diverses contrées au-dessus de la mer. Elle offre aussi des variations de quelques millimètres au même lieu, ainsi qu'on peut le constater sur les relevés quotidiens des Observatoires que beaucoup de journaux publient. A l'altitude de Paris, la pression moyenne atmosphérique a pour mesure le poids 76 centimètres de mercure dans le baromètre. A cette pression et à 0 degré, 1 mètre cube d'air pèse $1^k,30$. Ce volume se dilate pour chaque degré de température de 0,00375 fois son volume primitif (81). Donc, à un nombre de degrés quelconque t, le volume qui était de 1 mètre cube à 0 degré sera $1^{mc} + 0,00375 \times t$.

Désignant par P le poids à trouver de ce volume, on posera la proportion :

$$1^{m_c} : 1 + (0,00375 \times t) :: P : 1,30,$$

d'où l'on tire pour poids P du mètre cube d'air, à n'importe quelle température t :

$$P = \frac{1,30}{1 + (0,00375 \times t)}.$$

Exemple. Soit $t = 10$ degrés la température, le poids du mètre cube d'air correspondant sera :

$$P = \frac{1,30}{1 + (0,00375 \times 10)} = 1^k,25.$$

De cette règle on déduit le poids du mètre cube correspondant aux degrés de température qui suivent, à la pression atmosphérique de 76 centimètres, et on arrive à former le tableau suivant :

à	0 degré,	1 mètre cube d'air pèse.	$1^k,30$
à	5 degrés,	—	—	. . . . . . $1,27$
à	10 degrés,	—	—	. . . . . $1,25$

à   15 degrés,   1 mètre cube d'air pèse. 1k,23
à   20 degrés,   —   —   . . . . . .   1 ,20
à   30 degrés,   —   —   . . . . .   1 ,17
à   50 degrés,   —   —   . . . . .   1 ,08
à   100 degrés,   —   —   . . . . .   0 ,96
à   300 degrés,   —   —   . . . . .   0 ,60
à   500 degrés,   —   —   . . . . .   0 ,45
à 1000 degrés,   —   —   . . . . .   0 ,34

56. Valeur de V ou vitesse des milieux. — L'air et l'eau sont les deux seuls milieux dont la vitesse soit utile à connaître pour notre sujet.

La vitesse des fleuves et rivières est très-variable non-seulement d'un fleuve à l'autre, mais entre les diverses parties d'un même cours d'eau : elle dépend, en effet, de la hauteur des eaux, de l'écartement des rives, de la pente du lit, etc. Quand celui-ci est large, profond, peu incliné, le courant est faible ; s'il est rétréci par le rapprochement des rives ou les entraves apportées à l'écoulement des eaux, la vitesse s'accélère. Celle-ci est en outre moins grande près des rives qu'au milieu du lit ; moins grande aussi près du fond et à la surface qu'au milieu de la masse, à cause du frottement des molécules liquides contre les rives et le fond, ou contre l'air qui ralentit la surface.

Pour une même hauteur à l'*étiage*, le courant est plus fort lorsque les eaux sont en crue que lorsqu'elles sont en baisse. M. Cavé a ainsi trouvé au courant de la Seine, à Asnières, 0ᵐ,720 de vitesse à l'étiage de 2ᵐ,65 dans la période de baisse, et 1 mètre de vitesse pour le même étiage dans la période de crue. En effet, pendant la crue, les eaux arrivent d'*amont* et se précipitent en *aval* avec d'autant plus de vitesse que la différence de hauteur est plus grande. Pendant la baisse, au contraire, les eaux d'amont sont retenues comme sur un barrage par les eaux qui ne sont pas encore écoulées en aval. Le courant peut même être entièrement suspendu, ainsi qu'il arrive en approchant de l'embouchure en mer lorsque la marée retient les eaux. Enfin, quand le flux monte, le courant a lieu d'aval en amont.

Les mers et les lacs ont aussi leurs courants alternatifs ou constants, dus à diverses causes, tels que le flux et le reflux de la marée, les vents, l'embouchure des fleuves, etc. Leur vitesse dépend de circonstances très-variées. C'est ainsi qu'à l'époque de l'expédition de Crimée divers ingénieurs ont reconnu que la mer d'Azof avait des courants variant de 1 nœud à 4 nœuds 1/2, suivant la direction et l'intensité du vent.

C'est donc par des expériences sur divers points des courants et à des hauteurs variées d'étiage qu'il faut étudier le *régime des eaux*. Il suffit pour cela de jeter un disque en bois de la rive ou d'un pont, de le suivre en mesurant son chemin parcouru dans un certain temps. On peut de même se laisser entraîner dans un bateau au gré du courant. Divers appareils existent dans le même but. Voir notamment, sur ce sujet, le savant mémoire de M. Baumgarten (*Annales des ponts et chaussées,* 1848) sur l'usage du *moulinet de Wolteman* et du *tube de Pitot* pour obtenir directement et avec précision la vitesse des cours d'eau.

Quant aux tableaux que divers expérimentateurs ont donnés, on ne les peut prendre que pour des moyennes et indications, bonnes seulement comme premier aperçu ; ce qui suffit souvent dans la pratique.

On peut admettre en règle générale que la vitesse ordinaire des cours d'eau non torrentiels varie entre 0^m,30 et 3^m,50 par seconde. Les rivières de rapidité moyenne, comme la Seine et la Loire, ont à peu près 1 mètre de courant par seconde. Cette vitesse a été trouvée égale à 5 mètres et au delà dans certaines parties du Rhône et du Rhin.

Voici, d'après M. de Gayffier, la vitesse moyenne de quelques fleuves :

NOM DES FLEUVES.	VITESSE en mètres par seconde.
Rhône à Arles.	1,45
Rhône à Lyon (*a*)	2,10
Saône à Lyon (*b*)	0,60
Rhin à Kehl dans les basses eaux (*c*)	1,00
Rhin à Dusseldorff et à Coblentz.	1,50
Durance à Sisteron.	2,65
Moselle à Metz.	0,90
Moselle aux endroits rapides.	2,00
Seine (*d*)	1,05
Loire (*e*)	»
Tessin.	2,33
Oder (en Silésie).	0,98
Oder à Stettin.	0,58
Elbe dans les eaux ordinaires.	1,15
Danube.	1,30
Veser dans les eaux ordinaires.	1,58
Mississipi dans les eaux ordinaires.	2,80

57. Vitesse du vent. — Le vent n'est autre chose que l'air en mouvement par suite des raréfactions qui s'opèrent subitement dans l'espace et produisent des courants. On constate cette vitesse directement par un instrument dit *anémomètre*, dont il existe divers systèmes dans les cabinets de physique. On donne au vent divers noms, suivant son intensité. En voici le tableau avec les vitesses et pressions correspondantes déduites de l'expérience :

(*a*) Quelques observations grossières à Oullin , près Lyon, sur un point médiocrement rapide, par un beau temps, les eaux étant moyennement hautes et dans leur période décroissante, m'ont donné pour vitesse moyenne 0^m,95 par seconde à 10 mètres du quai et 1^m,43 vers le milieu. Les mariniers admettent 2 mètres en moyenne, sauf en certaines passes tout à fait exceptionnelles.

(*b*) A la même époque, la Saône à Mâcon n'avait que 0^m,30 à 0^m,40 de courant. Pour cette tranquille rivière, les mariniers admettent la moyenne de 0^m,45 par seconde.

(*c*) Dans les hautes eaux, cette vitesse est plus que doublée.

(*d*) M. Cavé a trouvé à Asnières, aux basses eaux, 0^m,72 et environ 1 mètre, quand l'étiage marque de 2^m,50 à 3 mètres pendant la période de baisse.

(*e*) J'ai trouvé à Fourchambault, par un beau temps d'été, à 10 mètres du bord : dans les basses eaux, 0^m,70 à 0^m,65 par seconde, et 0^m,93 dans les eaux médiocrement élevées.

NOM DES VENTS.	VITESSE en mètres par seconde.	PRESSION par mètre carré de surface en kil.
Vent très-faible.........................	1	0k,12
Brise légère.............................	2	0 ,50
Vent frais..............................	4	3 ,00
Grand frais.............................	6	5 ,00
Forte brise.............................	10	13 ,00
Grand vent.............................	15	30 ,00
Tempête................................	20	50 ,00
Ouragan furieux........................	40	230 ,00

Ces nombres, qui ne peuvent être pris que pour des moyennes approximatives, se rapprochent de ceux indiqués par Francœur dans le *Dictionnaire technologique* et par les auteurs du *Dictionnaire des sciences mathématiques*, ainsi que par le capitaine Paris dans son *Dictionnaire de la marine*.

Les pressions correspondantes indiquées dans la deuxième colonne, d'abord assez conformes aux nombres déduits des formules des numéros 54 et 55, jusqu'à près de 10 mètres de vitesse (soit 36 kilomètres à l'heure), s'en éloignent ensuite de plus en plus à mesure que la vitesse augmente, parce qu'alors le phénomène se complique d'autres lois dont le calcul théorique serait très-compliqué (3).

Les évaluations de Smeaton sont beaucoup plus élevées que celles qui précèdent, et beaucoup plus éloignées encore de la théorie. Les voici :

NOM DES VENTS.	VITESSE en mètres par seconde.	PRESSION par mètre carré de surface.
Légère brise.........................	2m,19	1k,107
Fraîche brise........................	3 ,08	2 ,178
Vent frais...........................	6 ,16	8 ,676
Grand frais..........................	13 ,20	38 ,87
Grand vent...........................	18 ,38	78 ,42
Tempête.............................	26 ,00	160 ,00

Enfin, M. Poirée estime que la force du vent sur les waggons varie dans les circonstances moyennes entre 3 et 5 kilogrammes par mètre carré.

58. Valeurs du coefficient K. — Il y a tant d'incertitude et de contradiction dans les valeurs qui sont attribuées par les auteurs au coefficient K de la formule du numéro 54, pour tenir compte des diverses causes d'influence ci-dessus signalées, que nous considérerons seulement trois cas, en indiquant les auteurs d'où sont extraits les coefficients, sans en accepter la responsabilité.

1° *Palettes minces.*

	PONCELET.	PAMBOUR.
Palette en repos. Milieu en mouvement...	K = 1,85	»
Palette en mouvement. Milieu en repos....	K = 1,30	1,43

Selon M. Campaignac, la valeur du même coefficient pour les palettes des roues de bateaux à vapeur peut varier de 1,24 à 3,90; en moyenne K = 2,76.

2° *Prismes parallélipipèdes.* — Suivant MM. Duchemin et Dubuat, la valeur de K varie avec le rapport $\dfrac{l}{\sqrt{A}}$, l étant la longueur du prisme, et A sa section.

Le rapport $\dfrac{l}{\sqrt{A}}$ étant :	VALEUR DE K.	
	Prisme en mouvement, fluide en repos.	Prisme en repos, fluide en mouvement.
0....................	K = 1,254	K = 1,864
1....................	K = 1,282	K = 1,477
2....................	K = 1,306	K = 1,347
3....................	K = 1,326	K = 1,328
6....................	»	K = 1,360

Pambour adopte pour un mètre cube . . . . K = 1,17

Et pour un prisme dont la longueur égale 3 ou 4 fois la largeur ou côté de la section. . . . . K = 1,10

Pour un pareil prisme flottant à des vitesses médiocres, le coefficient, selon M. Poncelet, dépasse peu l'unité, et n'est pas en tout cas supérieur au nombre précédent K = 1,10 de Pambour.

En résumé, tant que la longueur ne dépasse pas quatre fois la largeur ou côté de la section, on peut ne pas en tenir compte ; mais lorsqu'on voit ce rapport s'élever jusqu'à 20 et au delà, notamment dans certains bateaux à vapeur (voyez tableaux du troisième volume), il est impossible qu'il n'en résulte pas un très-grand accroissement de résistance. Toutefois, les expériences manquent sur ce point pour fixer la valeur du coefficient[1]. On remarque seulement dans le tableau ci-dessus que le coefficient, après avoir été en diminuant depuis le rapport 1 jusqu'au rapport 3, se relève déjà d'une manière sensible pour le rapport 6.

3° Prismes effilés. — On diminue considérablement la résistance d'un prisme se mouvant dans un milieu, en l'effilant aux deux extrémités, de manière à séparer et laisser replacer sans trop d'effort les molécules liquides ou fluides. La diminution de résistance peut alors aller jusqu'à 1/30 et plus de celle qu'éprouverait le *parallélipipède circonscrit.* D'où il suit que le coefficient peut être même supérieur à K = 0,6, chiffre que Hutton a trouvé pour les sphères, et descendre jusqu'à 0,05, qu'on a obtenu pour des bateaux parfaitement construits.

59. Exemples du calcul du travail résistant dû à la résistance des milieux. — Soit un prisme dont la longueur n'excède pas quatre fois la largeur ou côté de la section ; soit, par conséquent, son coefficient K = 1,10. Soit aussi sa section A = 1 mètre carré et sa vitesse V = 1 mètre par seconde. D'après les formules du numéro 47,

1° Pour l'eau calme ou eau morte, la résistance sera :

$$R = 1,10 \times 1000^k \times 1^m \times \frac{1^2}{19,62} = 56 \text{ kilogrammes en nom-}$$

bre rond ; par conséquent, le travail résistant demandé est T = 56ᵏ × 1ᵐ = 56 kilogrammètres. Dans l'eau de mer, dont la densité est supérieure, la résistance serait, en nombre rond, 60 kilogrammes par mètre carré ;

---

[1] Voir, sur cette question, le Mémoire lu à la Société des ingénieurs civils de Paris en 1852. Paris, chez Dunod, éditeur.

2° L'eau ayant $v = 2$ mètres de courant, le mobile ayant lui-même une vitesse $V = 5$ mètres, la résistance devient à la descente $R = 1{,}10 \times 1000 \dfrac{(5-2)^2}{19{,}62} = 495$ kilogrammes, d'où le travail $T = 495 \times 5 = 2475$ kilogrammètres ou 33 chevaux.

3° A la remonte, la résistance sera :

$$R = 1{,}10 \times 1000 \times \frac{(5+2)^2}{19{,}62} = 2750 \text{ kilogrammes,}$$

d'où $T = 2750 \times 5 = 13750$ kilogrammètres ou 183 chevaux, les circonstances restant les mêmes.

4° Quant à l'air, on trouverait aussi la résistance par application de la même formule (54); mais il vaut mieux faire usage des nombres déterminés par l'expérience. Or nous voyons par le tableau du numéro 57 qu'à la vitesse de 1 mètre la résistance réelle est $R = 0^k{,}12$. Le travail sera $T = 0^k{,}12 \times 1 = 0^{km}{,}12$. A la vitesse de 10 mètres, la résistance $R = 13^k$ et le travail $T = 13^k \times 10^m = 130^{km}$ par mètre carré de section et par seconde, d'où cette conclusion, qu'aux faibles vitesses la résistance de l'air, et même de l'eau, est presque insignifiante.

§ 2. RÉSISTANCE ET TRAVAIL RÉSISTANT DANS LES MACHINES D'APRÈS LA NATURE DU MOUVEMENT.

La cohésion, le frottement, l'inertie et les milieux exercent leur résistance au mouvement des mobiles dans toutes les directions. Mais pour la résistance due à la pesanteur, il faut distinguer si ce mouvement est vertical, horizontal ou sur plan incliné.

I. — Travail des corps dans le mouvement vertical.

60. Quand on élève un corps à une certaine hauteur verticale h, la résistance vaincue, abstraction faite de tout frottement, est le poids P du corps, et le travail résistant produit est $T_r = P \times h$ (voir n⁰ˢ 7 et 8).

Si le corps descend au lieu de monter, le poids P est alors force motrice, et pour l'espace vertical parcouru h, le travail moteur produit est $T_m = P \times h$, valeur égale à celle du cas précédent.

Quand un corps, entièrement libre, n'est sollicité que par son propre poids, il tombe verticalement suivant des lois qui constituent ce qu'on nomme en mécanique la théorie de la *chute des corps*. On en trouve le développement dans tous les traités de physique, et il suffit ici d'en présenter le résumé.

1° Le poids d'un corps étant une force à très-peu près constante qui agit d'une manière continue, le corps, en tombant librement, prend un mouvement uniformément accéléré, c'est-à-dire qu'il acquiert une vitesse croissant dans chaque unité de temps d'une même quantité.

2° Les vitesses acquises sont proportionnelles au temps ou durée des chutes respectives.

3° Les espaces parcourus (c'est-à-dire les hauteurs de chute) sont proportionnels au carré des temps employés à les parcourir, et aussi au carré des vitesses, puisque celles-ci sont proportionnelles au temps.

4° Il a été reconnu par expérience : que tout corps partant du repos et tombant librement, parcourt $4^m,9044$ dans la première seconde de sa chute, et qu'au bout de cette seconde la vitesse acquise est égale au double, c'est-à-dire à $9^m,8088$. C'est cette dernière quantité qu'on exprime dans les formules par la lettre g (15). On a donc en nombre rond $g = 9,81$ et $2g = 19,62$.

De ces lois découlent les formules suivantes, dont la première et la troisième se déduisent naturellement de l'expérience et sont fondamentales en mécanique. Les autres en dérivent par le calcul.

1re vitesse V, acquise par un corps qui tombe, ne connaissant que la durée t de la chute. . . . . . . $V = gt.$

2e vitesse V, ne connaissant que la hauteur ou l'espace parcouru h.. . . . . $V = \sqrt{2gh}.$

3e espace parcouru ou hauteur h, connaissant la durée t de la chute. . . . . $h = \dfrac{gt^2}{2}.$

4e espace ou hauteur de chute h, connaissant la vitesse finale V. $h = \dfrac{V^2}{2g}$

5e temps t de la chute, connaissant la vitesse finale V . . $t = \dfrac{V}{g}$.

6e temps t de la chute, connaissant l'espace parcouru

ou hauteur h. $t = \sqrt{\dfrac{2h}{g}}$.

61. Ces formules suffisent à la solution des problèmes que peut offrir la chute des corps ; elles permettent notamment de calculer le travail produit dans la chute, en faisant connaître l'espace parcouru quand il n'est pas donné *à priori*. Soit, par exemple, un mobile pesant 12 kilogrammes et qui a mis 6,5 secondes à tomber d'une certaine hauteur que nous ne connaissons pas. La troisième formule ci-dessus donne l'espace parcouru $h = \dfrac{9.81 \times 6,5^2}{2} = 207$ mètres, d'où il suit que le travail produit est, conformément à la formule (5), $T = 12 \times 207 = 2484$ kilogrammètres : ce qui fait en moyenne par seconde $\dfrac{2484}{6,5} = 382$ kilogrammètres, ou $\dfrac{382}{75} = 5$ chevaux-vapeur en nombre rond (6).

II. — Travail des machines dans le mouvement horizontal.

62. Quand un traîneau ou une voiture chemine le long d'une route, l'action de la pesanteur est à proprement dire annulée, et si le moteur éprouve une résistance, celle-ci n'est due qu'au frottement du véhicule sur la route, ainsi qu'à la résistance de l'air. On peut presque en dire autant des navires, puisque leur résistance au mouvement horizontal est due au frottement contre les molécules du milieu liquide. Or ce frottement varie sans doute avec le poids, mais bien plus encore avec le mode d'action et l'état de la voie parcourue. La quantité de travail développée ou à fournir est bien toujours proportionnelle au produit de la résistance par le chemin parcouru ; mais au lieu d'être égale au poids du corps, comme dans le cas du mouvement vertical, cette résistance n'équivaut plus qu'à une fraction du poids. Quelle est cette fraction? Elle varie entre de très-vastes limites suivant les diverses circonstances énoncées à l'article du frottement, c'est-à-dire avec la nature de ce frottement, qui peut être un glissement ou un roulement, avec l'état plus ou moins uni et résistant du chemin ou la construction du véhicule, avec la charge qui applique celui-ci contre le chemin, etc.

On s'est peu occupé, au point de vue pratique de la résistance, des véhicules glissants du genre des traîneaux; mais de nombreuses expériences ont été faites pour connaître la résistance au roulement des voitures de toute sorte sur les routes et sur les chemins de fer. Les plus connues sont celles de MM. Coulomb, Morin, Pambour, Wooda, Gooch, Gouin et Lechatellier, Sauvage et Poirée. Les travaux de ces expérimentateurs se résument aux lois suivantes:

1° La résistance à l'effort de traction, ou pour abréger, la *résistance à la traction*, comprend trois éléments : le roulement proprement dit des roues sur la voie; le frottement des tourillons de l'essieu des roues dans leur palier ou boîte à graisse, et autres frottements du mécanisme; les chocs et les cahots, lesquels sont dus principalement aux inégalités de la voie, à sa flexion sous la charge des roues, aux défauts de rondeur que celles-ci prennent bientôt par l'usure toujours inégale du métal.

2° La résistance à la traction est, comme on l'a vu dans la théorie du frottement (17 et suiv.), proportionnelle au poids du véhicule, suivant un coefficient dont la valeur est donnée aux tableaux ci-après, eu égard aux circonstances. Elle est proportionnelle aussi au diamètre des tourillons, enfin elle dépend du graissage et du poli.

3° Il avait été admis jusqu'ici que la résistance à la traction augmentait aussi en raison inverse du *diamètre* des roues; mais il résulte des expériences faites par MM. Sauvage et Poirée, à la vérité sur les chemins de fer, que cette augmentation de résistance n'a lieu qu'en raison inverse de la *racine carrée* seulement de ce diamètre (voir *Compte rendu de la Société des ingénieurs civils de Paris*, 5° année, p. 115; 6° année, p. 150, et séances de septembre et octobre 1852, février à juin 1853).

4° Le nombre des roues n'influe pas sensiblement sur la résistance, tant que la charge ne change pas. Ce principe est enseigné par le général Morin.

5° La résistance est sensiblement indépendante de la vitesse, tant qu'on ne dépasse guère 12 kilomètres à l'heure (voir n° 18). La vitesse au-dessus de cette limite, la dureté du véhicule par suite d'une mauvaise suspension sur les ressorts, l'insuffisance du graissage des fusées ou tourillons, la complication du mécanisme, la mollesse du sol où les roues s'enfoncent, les inégalités de la voie, sont autant de causes qui augmentent notablement le tirage.

6° La largeur des jantes facilite le tirage sur les terrains mous et compressibles, parce qu'elles y enfoncent moins; mais sur les chemins solides, cette largeur est sans influence. Les règlements administratifs qui la fixaient sont abolis.

7° Après les chemins de fer, et surtout les cours d'eau, qui de toutes les voies sont celles qui offrent le moins de résistance à la traction, les plus favorables sont les routes en bon pavé uni et serré; la résistance n'y est guère que le tiers de ce qu'elle est sur les routes empierrées ou sur le mauvais pavé. Ainsi, on admet assez généralement qu'un cheval peut tirer à la vitesse de 1 mètre par seconde :

Sur terrain glaiseux.	150 kilogrammes.
Sur chemin pierreux ordinaire.. . . .	300 —
Sur bon pavé. . . . . . de 900 à	1000 —
Sur très-bon macadamisage sec. . .	1500 —
Sur chemin de fer horizontal. . . .	8000 —
Sur rivière à courant faible.	20000 —
Sur canal sans courant.	40000 —

8° Les véhicules sur chemin de fer suivent en principe général les mêmes lois que les voitures sur route de terre. Mais l'état uni et résistant de la voie ferrée est si favorable au roulement, que l'effort de traction y est souvent à peine 1/10 de ce qu'il est sur les meilleures routes pavées, à égalité de circonstances; sur celles-ci l'effort de traction est, d'après le général Morin, à peu près de 1/30 du poids total à traîner; il n'est donc sur les railways que de 1/300 de ce même poids transporté.

63. Ces principes, qui résultent d'expériences faites à diverses époques par MM. Pambour, Wood et Poirée, seront plus au long

développés à l'article spécial aux locomotives ; il ne s'agissait ici que de compléter la loi générale sur le travail développé dans le transport horizontal. Il est donc exprimé par la formule

$$T = PVK$$

dans laquelle on exprime par T, P et V le travail, le poids et la vitesse comme il est dit numéro 5, et par K, le coefficient ou rapport du poids total à traîner, au poids réduit par la douceur du roulement. Les valeurs de ce coefficient sont consignées dans le tableau ci-après, extrait de ceux du général Morin.

Valeur du coefficient K, *ou rapport par lequel il faut multiplier le poids d'un véhicule évalué en kilogrammes* (b), *pour avoir sa résistance à la traction.*

1° Sur routes de terre.

DÉSIGNATION DU VÉHICULE ET SA VITESSE.	DÉSIGNATION DE LA VOIE.			
	ROUTE EMPIERRÉE		PAVÉ	
	en bon état.	boueuse avec ornières de 0m,10.	bon et sec.	mauvais et boueux.
1° Diligence des messageries à 4 roues avec jantes de 0m,10 marchant au pas (a)..............	de 0,0330 à 0,0212	de 0,042 à 0,058	0,017 0,016	0,022
Idem marchant au trot (a).	de 0,038 à 0,025	de 0,100 à 0,066	0,026 0,023	0,031
Idem marchant au grand trot...................	de 0,045 à 0,025	0,071	0,028	0,034
2° Charrette de roulage à 4 roues de 1 mètre de diamètre et jantes de 0m,10...	de 0,0286 à 0,0172	de 0,0833 à 0,042	0,0146	0,015
3° Charrette à 2 roues de 1 mètre de diamètre et jantes de 0m,10..............	de 0,025 à 0,0122	de 0,042 à 0,032	de 0,0125 à 0,0091	0,015
4° Chariot d'artillerie à 4 roues de 1 mètre de diamètre et jantes de 0m,10.	de 0,026 à 0,016	de 0,071 à 0,416	de 0,0150 à 0,0125	0,018

(a) La vitesse du pas = 1 mètre au plus par seconde ; au trot, la vitesse = 2 mètres ; au petit galop enfin, cette vitesse est de 4 à 5 mètres.

(b) Lorsqu'on évalue le poids du véhicule en tonnes et non pas en kilo

2° Sur chemins de fer.

Cas le plus favorable. . . . . $K = 0,0032.$
Cas le moins favorable. . . . . $K = 0,0200.$

64. Exemples du travail développé dans le transport horizontal. — 1° Le travail résistant d'une diligence pesant 4500 kilogrammes, à la vitesse de $2^m,7$ par seconde (soit 10 kilomètres par heure) sur une bonne route pavée, pour laquelle on peut prendre $K = 0,024$, serait $T = 4500 \times 0,024 \times 2,7 = 292$ kilogrammètres, ce qui nécessitera cinq bons chevaux de trait, en leur assignant à chacun 58 kilogrammètres à fournir.

2° Sur un chemin de fer, un waggon pesant de même 4500 kilogrammes à la même vitesse de $2^m,7$, et en prenant le coefficient égal à la valeur $K = 0,005$, développera le travail $T = 4500 \times 0,005 \times 2,7 = 60$ kilogrammètres seulement.

3° Pour mouvoir ce même waggon à vitesse de 10 mètres par seconde, il faudra $T = 4500 \times 0,005 \times 10 = 225^{km}$, ou $\dfrac{225}{75} = 3$ chevaux-vapeur.

4° Enfin, sur une route en bon pavé, cette même vitesse exigerait $T = 4500 \times 0,024 \times 10 = 1080^{km}$ ou $\dfrac{1080}{60} = 18$ forts chevaux de trait (voir la note du numéro 6).

III. — Travail des corps en mouvement sur plans inclinés
(rampes et pentes).

65. Nous avons vu (60) que dans le mouvement vertical, la résistance à vaincre pour mouvoir un corps était égale à la totalité de son poids, et que dans le mouvement horizontal, au contraire (62), l'effort proprement dit de la pesanteur étant annulé, ce n'était plus qu'une résistance de frottement qu'il fallait surmonter pour produire le mouvement. Entre ces deux cas se trouve celui des corps mus sur plans inclinés.

---

grammes, les coefficients de ce tableau doivent alors être multipliés par 1000 en reculant la virgule de 3 rangs vers la droite. Ainsi, le coefficient $K = 0,0330$ devient $K = 33$.

Quand un corps monte ou descend un plan incliné, l'effort de la pesanteur, annulé tant que le mouvement reste horizontal, renaît, mais seulement en partie ; de sorte qu'à la montée, il faut vaincre non-seulement la résistance du frottement, mais aussi une partie du poids du corps. Au contraire, la descente est facilitée par l'action de la pesanteur comme dans le cas du mouvement vertical, mais avec moins d'intensité.

L'expérience démontre que :

1° La vitesse acquise au bas du plan incliné par le corps qui s'y meut librement est la même que la vitesse qu'il aurait eue s'il fût tombé verticalement d'une hauteur égale à celle de l'inclinaison, quelle que soit d'ailleurs la durée de la chute et la longueur du plan.

2° L'effort P' qui tend à faire descendre le corps le long d'un plan incliné est à celui de la pesanteur P comme la hauteur h du plan est à sa longueur l, c'est-à-dire qu'on a P' : P : : h : l, d'où l'on tire[1] :

$$P' = \frac{Ph}{l}$$

Telle est la formule par laquelle on obtient l'intensité de l'effort à vaincre pour faire gravir à un mobile un plan incliné, ou l'effort déployé par lui dans sa descente, et qui tend à accélérer sa chute. Ces deux efforts sont évidemment égaux.

EXEMPLE. Soit un waggon pesant 5000 kilogrammes sur un plan incliné de 0ᵐ,005 par mètre. L'effort qu'il faudra déployer à la montée ou qui tendra à précipiter sa chute est $P' = \dfrac{5000 \times 0,005}{1}$ = 25 kilogrammes, indépendamment des autres résistances.

---

[1] La démonstration de ce théorème existe dans tous les traités de mécanique et de physique.

CHAPITRE II.

Chaleur et combustibles.

---

§ 1. LOIS FONDAMENTALES DE LA CHALEUR [1].

66. La machine à vapeur n'est qu'une application des lois de la chaleur ; il importe donc avant tout de se bien pénétrer de ces lois.

La chaleur ou calorique produit une sensation aussi connue que celle du froid, que nous considérons comme l'opposé de la chaleur ; malgré cette opposition, on remarque qu'un notable abaissement de température produit, à certains égards, les mêmes effets que ceux que nous attribuons à la chaleur. Ainsi, on sait qu'au temps de grandes gelées les métaux, ainsi que l'acide carbonique solidifié sous un froid de —70 degrés, causent une sensation de brûlure comme celle de l'eau bouillante ; il est visible que sur les végétaux, un grand froid *sec* et un vif coup de soleil produisent le même genre de destruction, où l'identité va jusqu'à celle de la coloration des feuilles. Enfin, il nous a été assuré par des notabilités de la science médicale que sur le corps de l'homme et des animaux, les effets pathologiques de la gelée et de la brûlure *sans carbonisation* avaient beaucoup de rapports. Il n'entre pas dans notre sujet d'insister sur ce point, qui offre peut-être de curieux sujets d'étude aux physiciens.

Quant à la nature de la chaleur, des traités disent que c'est un

---

[1] L'exposé qui va suivre résume un long travail inédit de M. Lebou d'Humbersin (voir n⁰ 552), ingénieur des ponts et chaussées, auteur reconnu des premières applications du gaz hydrogène à l'éclairage et au chauffage sous le nom de *thermolampe*. Malheureusement je ne possède ce beau travail que par fragments incomplets et souvent à l'état de notes retrouvées éparses par sa famille. Ces études paraissent remonter à l'année 1798.

fluide subtil, élastique, dilatable, impondérable, invisible, sans odeur ni saveur. C'est là moins une définition qu'une énumération de propriétés. D'autres donnent de la chaleur une définition analogue à celle de la pesanteur (14) et disent qu'elle est une force constante, de nature incertaine, manifestée seulement par ses effets, qui se produit et se perd par les phénomènes chimiques ou physiques ; qui pénètre tous les corps, entre dans leur constitution intime, ouvre leurs pores (9), en refoulant leurs molécules, lutte contre la cohésion et les forces extérieures tendant à comprimer le corps. Lorsque celles-ci l'emportent de beaucoup sur la force de la chaleur, en sorte que les molécules puissent être supposées à leur plus grande proximité par la contraction maxima des pores, la substance est à *l'état solide* et à son *maximum de densité* (12).

67. Suivons maintenant ce solide sous l'action de la chaleur, qui tend toujours essentiellement à se mettre en équilibre.

1° La chaleur ouvre les pores et refoule les molécules sans détruire sensiblement la cohésion. C'est cet effet qu'on nomme *dilatation des solides*. Nous y consacrons ci-après un article spécial.

2° Sous une nouvelle absorption de chaleur propre à chaque corps, la cohésion, non complétement vaincue encore, est néanmoins diminuée au point de rendre les molécules mobiles les unes sur les autres, sans se séparer toutefois ; le corps devient alors mou, pâteux, et arrive, enfin, à *l'état liquide* ou de liquéfaction, qui a aussi ses nuances ou degrés et sous lequel état le corps continue à se dilater à mesure que la chaleur s'élève. Il y a donc la *dilatation des liquides*, comme il y a la dilatation des solides.

3° La chaleur l'emportant enfin sur la cohésion et l'affinité, les molécules subissent une action répulsive indéfinie. C'est l'état *fluide* ou *gazeux*, dit aussi état de *vapeur* ou de *vaporisation*. Au-dessus de cet état, nous ne connaissons plus de transformation des corps ; une nouvelle élévation de température ne fait que produire de plus en plus la *dilatation du gaz*.

Ainsi donc, un solide étant donné à son maximum de densité, l'action de la chaleur produit quatre effets successifs bien tranchés, savoir : la dilatation du solide, sa liquéfaction, la dilatation du liquide, enfin la vaporisation ou conversion en gaz, au delà de laquelle il n'y a plus que la dilatation indéfinie de ce gaz.

L'abaissement de température produit successivement les quatre effets inverses, en laissant la cohésion et les forces extérieures reprendre l'avantage ; ainsi, le gaz dilaté se *contracte ;* il reprend l'état liquide, ce qu'on nomme la *condensation* ; le liquide parvient à son tour à l'état solide, ce qui est la *solidification ;* enfin, le solide d'abord dilaté se contracte et revient à son maximum de densité, au delà duquel nous ne connaissons pas non plus de transformation proprement dite.

En sorte qu'on peut considérer tout liquide comme étant un fluide condensé, tout solide comme un liquide congelé, et tout fluide comme un solide d'abord liquéfié, puis vaporisé. On peut considérer aussi l'état solide d'un corps comme étant celui où il est pénétré du minimum de chaleur dont il est capable, l'état gazeux comme étant celui où il est pour ainsi dire saturé de chaleur ; enfin, l'état liquide et ses nuances seraient intermédiaires entre ces deux extrêmes.

68. Les corps n'ont pas tous la même capacité calorifique ; en d'autres termes, ils ne sont pas tous solidifiés, liquéfiés ou vaporisés par la même quantité de chaleur. Les uns sont transformés par une faible variation de température, d'autres s'offrent à nous dans la nature sous un certain état que ne peuvent modifier les plus extrêmes degrés de chaleur ou de froid que nous sachions produire ; ainsi :

1° L'eau est liquide à la température moyenne de nos climats tempérés ; elle est solidifiée sous forme de glace presque toute l'année aux pôles ; enfin elle est en vapeur invisible abondamment répandue dans l'air aux tropiques. Mais on sait qu'elle gèle chez nous en hiver, qu'elle fond en été dans les contrées septentrionales, et qu'aux tropiques le refroidissement des orages condense la masse énorme de vapeur répandue dans l'air en pluies torrentielles. L'eau est donc un corps éminemment sensible à la chaleur et susceptible de s'offrir à nous sous les trois états, la liquidité étant cependant l'état normal sur la plus grande partie du globe.

2° Les métaux ont généralement la solidité pour état normal sur notre terre ; une haute chaleur les liquéfie, puis les vaporise.

3° L'acide carbonique est naturellement gazeux ; il se liquéfie à 0 degré, et il se solidifie à —70 degrés, en joignant dans les deux cas à l'abaissement de température une pression égale à 36 fois celle de notre atmosphère. S'il y avait un climat où il existât une telle pression atmosphérique et où la température normale fût celle qui se mesure par —70 degrés à nos thermomètres, l'acide carbonique y serait naturellement solide comme les métaux sur notre globe, mais il se liquéfierait à une élévation de température de 70 degrés; au delà il deviendrait fluide, si la pression correspondant à l'état solide s'abaissait aussi de 36 atmosphères.

4° L'air atmosphérique qui entoure la terre sur une épaisseur de 52000 mètres n'a jamais pu être ni solidifié, ni liquéfié, évidemment par l'insuffisance de nos moyens, les variations de température que nous développons ne peuvent qu'augmenter ou diminuer sa dilatation naturelle.

5° Enfin, il y a des substances, telles que le bois et les pierres, qui se décomposent avant le degré de chaleur où elles pourraient se transformer, et qui, par conséquent, ne contredisent pas le principe général.

89. La *capacité calorifique* et le passage des corps d'un état à un autre dépendent donc non-seulement de leur nature, affinité et agrégation, mais aussi de la pression extérieure qui les comprime. Sous la pression atmosphérique, on a pu comparer toutes les substances voulues en en prenant pour unité, une qui est l'eau, et l'on a donné le nom de *coefficients de chaleur* aux nombres qui expriment ces rapports. Les voici, en moyenne, pour un certain nombre de corps usuels :

Eau pure.	K = 1,0000	Vapeur aqueuse.	K = 0,8470
Eau salée.	0,8187	Éther (dens. = 0,71).	0,5200
Huile.	0,3096	Verre.	0,1770
Soufre.	0,2085	Fer fondu.	0,1400
Chaux vive.	0,2169	Fer forgé.	0,1218
Acide nitrique.	0,6614	Cuivre.	0,1013
Acide sulfurique.	0,3340	Laiton.	0,0940
Acide carbonique (gaz).	0,2210	Zinc.	0,0940
Oxyde de carbone.	0,2884	Étain.	0,0485
Air.	0,2669	Plomb.	0,0314
Hydrogène.	3,2936	Mercure.	0,0290
Oxygène.	0,2361	Minium.	0,0623
Azote.	0,2754	Bois de pin.	0,6500

70. Dans l'absorption de chaleur que subissent les corps pour se transformer ainsi qu'il précède, il faut distinguer : 1° la *chaleur sensible* qui se manifeste à nos instruments et peut être mesurée par eux ; 2° la chaleur qui commence toujours par s'accumuler dans le corps à l'état latent ou caché et qu'on nomme *chaleur latente.*

On démontre en physique que les corps, en se dilatant, absorbent une quantité donnée et constante de chaleur *latente.* Au contraire, en se contractant, ils rendent ou émettent la chaleur qui s'était logée entre leurs pores (9). Le même phénomène se produit dans le passage des corps de l'état solide à l'état liquide ou gazeux et réciproquement (67).

Il y a absorption de chaleur latente dans la liquéfaction d'un solide et la vaporisation d'un liquide.

Il y a, au contraire, émission et rendement de chaleur latente dans la condensation ou retour à l'état liquide d'une vapeur et dans la solidification d'un liquide.

Le fait se prouve pour l'eau par les expériences suivantes :

1re. Mêlez $\left\{ \begin{array}{l} 1^k \text{ d'eau à. . . } 75° \\ 1^k \text{ de glace à. . } 0° \end{array} \right\}$ la glace étant fondue, vous trouvez 2^k d'eau à 0°.

Donc, la liquéfaction du kilogramme de glace a absorbé les 75 degrés du kilogramme d'eau, et ces 75 degrés résident, dans le mélange, à l'état latent.

2°. Mêlez $\left\{ \begin{array}{l} 1^k \text{ de vapeur à. . } 100° \\ 5^k,5 \text{ d'eau à. . . . } 0° \end{array} \right\}$ après la condensation, vous trou- vez 6^k,50 d'eau à 100°.

D'où peuvent venir les 550 degrés qui ont chauffé les 5^k,5 d'eau primitivement à 0 degré, sinon de la chaleur latente qui avait été absorbée dans la vaporisation, et qui reparaît dans le retour à l'état liquide du kilogramme de vapeur ?

La chaleur latente ainsi absorbée et rendue dans la transfor- mation des corps, est une quantité constante, non pas d'une ma- nière absolue, mais avec une approximation suffisante pour la pratique. Telle est la loi formulée à diverses époques par Watt, Clément, Southern et Morin (*Leçons de mécanique*, t. III, n° 37).

Mais cette quantité varie pour les divers corps. Elle est, d'après M. Despretz, pour l'éther, 91 degrés ; pour l'alcool, 207 degrés.

Pour l'eau, les physiciens sont en grand désaccord : Watt, qui avait d'abord estimé sa chaleur latente à 550 degrés, l'a plus tard réduite à 533 degrés. Elle est évaluée à 493 degrés seulement par Ure, 537 degrés par Regnault, 540 degrés par Despretz, 543 degrés par Dulong, après quarante-trois expériences, 550 degrés par Gay-Lussac, et 570 degrés par Rumfort.

71. La communication ou propagation de la chaleur entre les corps est basée sur cette loi générale, qu'entre les corps l'équilibre de température tend toujours à s'établir, en sorte qu'un corps chaud cède nécessairement de son calorique à un corps voisin, jusqu'à ce que leur température sensible soit égale. Cette communication se fait à distance et à travers d'autres corps se laissant traverser, aussi bien que par contact.

La propagation de la chaleur, due au *contact* d'un corps chaud, est évidemment la plus rapide et la plus intense. Aussi la braise ou charbon embrasé dans le foyer d'une machine à vapeur, et la flamme qui lèche une chaudière, vaporisent-elles avec une telle rapidité que les constructeurs estiment à plus de 100 kilogrammes la vapeur formée par mètre carré de surface de chauffe directe dans la locomotive, tandis que les tubes qui ne reçoivent que le contact des gaz chauds sont réputés produire à peine 20 kilogrammes par mètre carré.

72. La propagation *à distance* du calorique a lieu par rayonnement ; ce qui signifie qu'un corps chaud envoie tout autour de lui sa chaleur par des rayons en ligne droite égaux, qui sont invisibles sans doute, mais dont la réalité se démontre par des expériences indiquées dans les traités de physique. C'est ainsi, au surplus, que chacun comprend la propagation de la chaleur qui nous vient du soleil.

L'émanation du calorique par rayonnement varie avec la distance qui sépare le corps chauffant de celui qui reçoit la chaleur, et avec le degré d'obliquité des rayons qui amènent la chaleur du premier corps au second. La règle se formule ainsi : la propagation de la chaleur par rayonnement est en raison inverse du carré de la distance, et proportionnelle au sinus ¹ de l'angle *d'incidence*

---

¹ Le sinus d'un arc de cercle ou de l'angle qui mesure cet arc est la per-

compris entre le rayon calorifique et la *normale* ou ligne perpendiculaire au plan qui reçoit le rayon calorifique. La chaleur transmise par un corps chaud à un corps froid est donc d'autant plus faible que les rayons sont plus obliques. Elle est à son maximum quand le rayon tombe perpendiculairement; elle est nulle au contraire quand le rayon arrive horizontalement.

Sa vitesse de propagation est d'ailleurs immense, et les physiciens l'estiment, comme celle de la lumière, à plus de 300000 kilomètres par seconde.

75. La propagation du calorique *à travers les corps* est un phénomène dont le principe est analogue à celui de l'écoulement des fluides, qui passent d'un milieu dans un autre, en raison des différences de pression qu'ils y trouvent. De même, la transmission du calorique à travers une paroi suppose une différence de chaleur des deux côtés de la paroi traversée.

Les physiciens admettent que la chaleur se propage dans un corps, de molécule en molécule, et en quelque sorte par couches, en diminuant progressivement d'intensité : d'où il suit que plus un corps aura d'épaisseur, plus la chaleur aura de peine à traverser, et plus il faudra déployer de chaleur pour le chauffer d'un nombre voulu de degrés.

En outre, tous les corps ne se laissent pas également traverser par la chaleur. C'est pourquoi on les divise en *bons* et en *mauvais conducteurs.*

Les corps solides conduisent mieux la chaleur que les liquides, et ceux-ci mieux que les fluides.

Dans la classe des solides, les métaux sont meilleurs conducteurs que le bois, les substances terreuses et le charbon. Parmi les métaux, l'or, l'argent, le platine et le cuivre sont excellents conducteurs ; le fer, le zinc, l'étain, le sont environ 1/3 moins que les précédents. La conductibilité des terres, bois et charbon n'est guère que 1/40 de celle des métaux.

Quant au bois, il résulte des recherches de M. de Candolle (*Annales des mines*, 3ᵉ série, t. I), que la conductibilité de la chaleur

---

pendiculaire menée d'une des extrémités de cet arc sur le diamètre qui passe par son autre extrémité (voir *Éléments de trigonométrie*).

est plus grande dans le sens des fibres que dans la direction contraire à ces mêmes fibres. Pour le chêne, cette différence est dans le rapport de 5 à 3. En outre, il est reconnu que les bois durs et denses sont meilleurs conducteurs que les bois tendres.

Les liquides, quoique naturellement mauvais conducteurs, s'échauffent cependant assez rapidement, en raison des courants qui se produisent dans la masse, les couches voisines de la surface de chauffe s'élevant par leur légèreté spécifique pour céder la place aux couches supérieures moins chaudes et moins dilatées qui tendent à tomber au fond.

Les fluides aussi, quoique très-mauvais conducteurs, s'échauffent promptement à cause de la grande mobilité des molécules qui permet, avec une excessive facilité, la formation des courants dont il vient d'être parlé.

74. *Absorption ou réflexion du calorique.* Quand les rayons caloriques, partis d'une source de chaleur, viennent tomber sur un corps, il peut arriver trois choses : ou bien les rayons pénètrent dans la masse, et ils y sont absorbés; ou bien ils la traversent, ainsi que nous venons de le voir; ou bien enfin ils s'arrêtent à sa surface sans pénétrer plus avant, et ils se *réfléchissent* sur eux-mêmes en *faisant un angle de réflexion égal à leur angle d'incidence,* s'ils sont tombés obliquement.

Les corps qui réfléchissent la chaleur sont en général les substances polies et de couleurs claires. Le mercure occupe le premier rang; le laiton vient ensuite. L'étain, l'acier, le plomb jouissent d'un pouvoir réflecteur qui n'est guère que les 3/4 de celui du laiton. La couleur blanche reflète; les couleurs sombres et ternes absorbent; le bois absorbe aussi; il en est de même des substances terreuses. Mais pour les rendre réflectrices, il suffit de les enduire d'un vernis blanc comme celui qui recouvre la porcelaine et les poêles dits de faïence.

75. Ces considérations sur le pouvoir émissif, conducteur, absorbant ou réflecteur des corps conduisent à d'importantes applications dans la pratique; elles indiquent, par exemple, que pour la fabrication des chaudières les métaux très-conducteurs devront être préférés à ceux qui possèdent moins cette propriété; que l'épaisseur ne devra pas être trop considérable; que le poli de sa surface extérieure devra lui être enlevé ; que si l'on veut empêcher, au contraire, la chaleur de sortir par rayonnement d'une chaudière ou d'un cylindre à vapeur, on devra les entourer de corps mauvais conducteurs, tels que le bois, le charbon, la terre, le feutre [1], etc..., et de corps réflecteurs, tels que le fer ou le cuivre polis. C'est par application des mêmes principes qu'on porte en été des vêtements blancs qui reflètent la chaleur extérieure du soleil, et en hiver des vêtements épais et sombres pour retenir la chaleur du corps humain.

76. La mesure de la chaleur n'a pu être obtenue que par comparaison, c'est-à-dire en constatant par expérience comment se comportait à la chaleur un corps donné auquel on a comparé les autres. Tel est le but de l'instrument appelé *thermomètre*, qui est bien connu et dont l'usage ainsi que la construction sont expliqués dans les cours de physique. Nous rappellerons seulement que l'industrie connaît les trois thermomètres de Farenheit, Réaumur et Celsius, celui-ci plus souvent appelé thermomètre centigrade. Dans les deux derniers on prend pour points de départ la température de la glace fondante et celle de l'eau bouillante à l'air libre. Celsius et Réaumur marquent également 0 au degré de la glace fondante, mais Celsius inscrit 100 au degré de l'eau bouillante et divise l'intervalle en 100 parties égales qu'il prolonge indéfiniment au-dessous du 0 comme au-dessus de 100. Réaumur marque 80 au degré de l'eau bouillante et divise l'intermédiaire en 80 parties prolongées de même au-dessus et au-dessous, de quantités égales. Enfin, dans le thermomètre anglais de Farenheit, le 0 correspond, non plus à la température de la glace fondante, mais à un froid de 32 degrés, selon notre thermomètre ; ce froid s'obtient artificiellement en plongeant l'appareil dans un mélange de glace et d'ammoniaque ; le degré de l'eau bouillante est marqué du nombre 212. Le 0 des deux thermomètres français correspond alors à 32° du thermomètre anglais, et les degrés du thermomètre anglais sont à ceux du thermomètre centigrade dans le rapport de 1 à 0,5555. Le thermomètre Réaumur est au thermomètre centigrade

---

[1] Le feutre absorbe et conserve l'humidité, et, par conséquent, son emploi est souvent mauvais.

dans le rapport de 1 à 1,25, et par conséquent on convertira, à l'aide des formules suivantes, en degrés centigrades C un nombre quelconque de degrés Réaumur R ou degrés Farenheit F, et réciproquement, savoir :

$$\text{Degrés Réaumur convertis en centigrades.} \quad C = R \times 1,25$$
$$\text{Degrés Farenheit convertis en centigrades.} \quad C = (F - 32) \times 0{,}5555$$
$$\text{Degrés centigrades convertis en Réaumur.} \quad R = \frac{C}{1,25}$$
$$\text{Degrés centigrades convertis en Farenheit.} \quad F = \frac{C}{0,5555} + 32.$$

77. On trouve des tableaux comparatifs des divers thermomètres dans la plupart des manuels ou aides-mémoire destinés aux ingénieurs, notamment dans le *Carnet des ingénieurs* et l'*Aide-mémoire Claudel*. Nous donnerons ce même tableau comparé avec les trois thermomètres, centigrade, Réaumur et Farenheit, de 5 en 5 degrés.

Tableau comparatif des trois thermomètres.

CENTIGRADE.	RÉAUMUR.	FARENHEIT.	CENTIGRADE.	RÉAUMUR.	FARENHEIT.	CENTIGRADE.	RÉAUMUR.	FARENHEIT.
+ 260	+ 208	+ 500	+ 150	+ 120	+ 302	+ 55	+ 44	+ 131
255	204	491	145	116	293	50	40	122
250	200	483,8	140	112	284	45	36	113
245	196,8	474,8	135	108	275	40	32	104
240	192	464	130	104	266	35	28	95
235	188	455	125	100	257	30	24	86
230	184	446	120	96	218	25	20	77
225	180	437	115	92	239	20	16	68
220	176	428	110	88	230	15	12	59
215	172	419	105	84	221	10	8	50
210	168	410				5	4	41
205	164	401	Eau bouillante.			Glace 0	Glace 0	Glace 32
200	160	392				— 5	— 4	+ 23
195	156	383	+ 100	+ 80	+ 212	— 10	— 8	+ 14
190	152	374	95	76	203	— 15	— 12	+ 5
185	148	365	90	72	194	— 20	— 16	— 4
180	144	356	85	68	185	— 25	— 20	— 13
175	140	347	80	64	176	— 30	— 24	— 22
170	136	338	75	60	167	— 35	— 28	— 31
165	132	329	70	56	158	— 40	— 32	— 40
160	128	320	65	52	149	— 45	— 36	— 49
155	124	311	60	48	140	— 50	— 40	— 58

Des difficultés matérielles d'exécution ne permettent pas de faire des thermomètres indéfinis. Ceux qui ont la gradation centigrade ne vont guère au-dessous de 32 degrés de froid, et, pour la chaleur, au-dessus de 300 degrés ; mais on apprécie les chaleurs supérieures à l'aide d'instruments analogues fondés sur divers principes, qu'on nomme *pyromètres*, et dont on trouve la description dans les traités de physique.

78. L'unité de chaleur admise pour évaluer la quantité de calorique contenue, absorbée ou émise par un corps, en un mot la capacité calorifique (69) de ce corps, se nomme *calorie*. En partant de ce principe, qu'une même source de chaleur produit les mêmes effets, quelle que soit la température initiale, on a pris pour unité la *quantité de chaleur nécessaire pour élever de 1 degré centigrade 1 kilogramme d'eau pure*. C'est cette unité qu'on a nommée calorie. Ainsi, 1 kilogramme d'eau à 25 degrés contient 25 calories ; et 25 kilogrammes d'eau à 1 degré contiennent aussi 25 calories ; 25 kilogrammes à 10 degrés contiennent $25 \times 10 = 250$ calories ; d'où il suit qu'on obtient le nombre de calories contenu dans l'eau en multipliant la température t évaluée en degrés par son poids P évalué en kilogrammes : ce qui donne $C = Pt$.

Telle sera l'expression pour l'eau dont nous avons vu que le coefficient de chaleur est $K = 1$. Quant aux autres substances, la loi sera la même, en introduisant dans la formule le coefficient qui leur est propre et qu'on trouve au tableau du numéro 69, de sorte que cette formule $C = PtK$ donnera, dans tous les cas, le nombre de calories demandé.

Exemple. On a 12 kilogrammes de fer à 130 degrés ; le coefficient de chaleur du fer étant $K = 0,1218$, le nombre de calories demandé est $C = 0,1238 \times 130 \times 12 = 192$ calories.

79. Il a été récemment admis dans la science qu'il existait entre la production de la chaleur et la quantité de travail mécanique effectif une relation intime et constante ; en d'autres termes, qu'étant donné un certain nombre de calories, il y correspond une quantité constante de travail évalué en kilogrammètres. Selon MM. Joule et Mayer, il faudrait compter 430 kilogrammètres par calorie ; mais selon M. Laboulaye (*Bulletin de la Société d'encouragement*, 2ᵉ série, t. V, p. 106) 140 kilogrammètres seulement correspondraient à 1 calorie; de sorte que, théoriquement, un combustible tel que la houille, qui a 7000 calories pour capacité calorifique pourrait engendrer 7000 × 140 = 980000 kilogrammètres, à ne prendre que l'évaluation réduite de M. Laboulaye. Mais nous verrons que partie de cet effet se dissipe et se perd.

§ 2. DILATATION.

80. Dans le cours de l'exposé des phénomènes de la chaleur (67), nous avons indiqué celui de la dilatation sur lequel il faut donner quelques détails complémentaires pour la pratique, renvoyant aux traités de physique pour la démonstration des lois, et notamment à celui de Peclet, tome I.

1° Tous les corps se dilatent en tous sens, en exerçant contre ceux qui s'opposent à cette expansion une force considérable, et rien, pour ainsi dire, ne lui résiste; il en est de même de la contraction ou retrait des corps dilatés dont la température s'abaisse.

2° La dilatation est uniforme par chaque degré entre 0 et 100 degrés, et même encore assez sensiblement jusqu'à 300 degrés. Au delà, et particulièrement en approchant du point de fusion, la dilatations est proportionnellement bien plus considérable; mais il n'existe pas d'expériences connues sur ce dernier point.

3° Quand l'augmentation de volume n'a pas excédé celle qui correspond à 100 degrés, les solides reviennent exactement par retrait ou contraction à leurs dimensions primitives. A la suite de dilatation sous de hautes températures, les ressorts moléculaires ayant été fatigués (12), le retrait n'est plus égal à la dilatation, et le corps refroidi reste allongé d'une certaine quantité. On l'a observé pour le fer et la fonte (*Bulletin de la Société d'encouragement*, août 1834), notamment pour des chaudières, des barreaux de grille, et pour une cornue de fonte que M. Princep a trouvé augmentée de 1/27 de son premier volume, après trois chaudes au rouge.

4° Les quantités relatives dont se dilatent les corps se nomment *coefficients de dilatation*, δ. Ceux que donnent les expérimentateurs offrent des variations notables qu'explique le défaut d'identité dans la composition et la structure. Nous avons pris ci-après une moyenne entre les divers résultats connus, en nous attachant cependant de préférence aux coefficients forts qui conduisent à de moins graves erreurs dans la pratique. Pour les solides, on a généralement recherché les *dilatations linéaires* δ dans un seul sens. Mais il a été ensuite prouvé par le calcul et l'expérience que la *dilatation des surfaces* était 2δ, c'est-à-dire double de la dilatation linéaire, et que la *dilatation cubique ou du volume* était 3δ, c'est-à-dire triple. Pour les liquides et fluides, on est au contraire parti de la dilatation cubique, recherchée tout d'abord et seule applicable. En ce qui concerne les *solides creux*, il a été reconnu qu'ils se dilatent comme s'ils étaient pleins.

81. Suit maintenant le tableau des coefficients :

Coefficients de dilatation par degré centigrade
entre 0 et 100 degrés (a).

	DILATATION LINÉAIRE		DILATATION
	en fraction de la longueur.	en millimètre par mètre courant.	cubique en fraction du volume.
Verre................	0,0000089	0,009	0,0000257
Bois de france..........	0,0000177	0,018	0,0000531
Cuivre................	0,0000190	0,019	0,0000570
Etain................	0,0000245	0,0245	0,0000735
Zinc.................	0,0000300	0,030	0,0000900
Antimoine............	0,0000190	0,019	0,0000570
Plomb...............	0,0000286	0,0286	0,0000755
Acier (b).............	0,0000120	0,012	0,0000360
Fer forgé.............	0,0000130	0,013	0,0000390
Fer fondu.............	0,0000115	0,0115	0,0000335
Eau douce............			0,00046
Eau salée............			0,00050
Ether...............			0,00070
Alcool...............			0,00110
Huile................			0,00080
Acide nitrique.........			0,00110
Acide sulfurique.......			0,00060
Mercure.............			0,00015
Tous les gaz (c)........			0,00375

(a) On peut appliquer les coefficients des solides jusqu'à 300 degrés, sans erreur notable.

(b) L'acier trempé est plus dilatable que l'acier recuit.

(c) Tel est le coefficient de Gay-Lussac. Celui de Rudberg $= 0,003646$ seu-

82. On démontre, dans les traités de physique, que les dimensions nouvelles d'un corps dilaté ou contracté s'obtiennent par les formules générales suivantes :

<table>
<tr><td align="center">CORPS DILATÉS.</td><td align="center">CORPS CONTRACTÉS.</td></tr>
<tr><td>

$$L' = L\left(1 + \delta\,[t' - t]\right),$$

</td><td>

$$L = \frac{L'}{1 + \delta\,(t' - t)},$$

</td></tr>
<tr><td>

$$S' = S\left(1 + 2\delta\,[t' - t]\right),$$

</td><td>

$$S = \frac{S'}{1 + 2\delta\,(t' - t)},$$

</td></tr>
<tr><td>

$$V' = V\left(1 + 3\delta\,[t' - t]\right).$$

</td><td>

$$V = \frac{V'}{1 + 3\delta\,(t' - t)}.$$

</td></tr>
</table>

Dans ces formules, on désigne par :

L, S, V, la longueur, surface ou volume du corps contracté à la température t.

L', S', V', les longueurs, surface ou volume du corps dilaté à la température t'.

δ, est le coefficient de dilatation par chaque degré. (Voir le tableau ci-dessus.)

EXEMPLES. 1° Quelle sera la longueur à $t' = 100°$ d'une barre de fer ayant L = 3^m à la température ambiante $t = 10°$? La première formule donnera

$$L' = 3 \times (1 + 0,000013 \times [100-10]) = 3^m,00351.$$

2° S'il s'agissait d'un cube de fer ayant un volume V = 3^{mc} à $t = 10°$, son nouveau volume à $t' = 100°$ serait

$$V' = 3 \times (1 + [3 \times 0,000013] \times [100-10]) = 3^{mc},01053.$$

3° Soit enfin un cube de fer ayant à $t' = 100$, un volume V' = 3^{mc},00351, son volume contracté, quand il sera refroidi à 10°, deviendra

$$V = \frac{3,,01053}{1 + [3 \times 000013] \times [100 - 10]} = 3^{mc},000.$$

---

lement. Suivant Regnault, il y aurait une petite différence entre les divers gaz; mais l'air, l'hydrogène, l'azote, l'oxyde de carbone et l'acide carbonique auraient pour coefficient la valeur à peu près égale 0,003667.

§ 3. SOURCES DE CHALEUR. — COMBUSTIBLES.

1° Principes généraux.

85. Les *sources de chaleur* connues sont : le soleil, les effets mécaniques, tels que la pression, la percussion et le frottement, enfin les réactions chimiques. Bien que la chaleur du soleil et celle produite par la pression ou la percussion ne soient pas sans intérêt dans les applications industrielles, nous ne parlerons cependant ici que de la chaleur produite par le frottement et les réactions chimiques.

La chaleur produite par le frottement a été essayée pour la formation de la vapeur, notamment par MM. Meyer et Beaumont, dans un appareil qui a figuré à l'Exposition universelle de 1855. En tout cas, dans le jeu des machines elle est souvent assez considérable, non-seulement pour chauffer les matières lubrifiantes, mais pour les faire bouillir, les vaporiser et même les enflammer. On comprend dès lors les altérations que peuvent subir les pièces : c'est pour elles, en quelque sorte, un *recuit*, une *chaude* donnée. Or on sait combien ces deux opérations peuvent changer la structure (10) ainsi que les propriétés des corps. Si, en outre, on projette de l'eau froide sur la pièce brûlante afin de la refroidir, ne lui fera-t-on pas subir ainsi une véritable trempe ? et ne pourrait-on pas expliquer de la sorte, en partie du moins, le changement de structure que l'on croit avoir remarqué, notamment dans la cassure d'essieux en fer originairement fibreux et devenu granulaire ? (Voir n° 468.)

La chaleur produite par les réactions chimiques est celle dont l'application intéresse la formation de la vapeur. En principe général, les corps, en se combinant, donnent naissance à un changement de température d'autant plus sensible qu'est plus intime la combinaison. Il suffit de mélanger de l'eau et de l'acide sulfurique pour qu'ils se combinent et produisent une forte chaleur; et de même, toutes les fois qu'on appelle un courant d'oxygène sur l'un de ces corps riches en carbone qu'on nomme combustible, il y a forte production de chaleur, de lumière et de flamme. On sait que des incendies par combustion spontanée se produisent ainsi, sans qu'on les ait allumés, dans les dépôts de houille pyriteuse, amas de végétaux humides, etc.

84. La réaction, industriellement appliquée à la production de la vapeur à l'aide du calorique, est celle qui a lieu par la mise en contact de l'oxygène et d'un autre corps combinable avec lui, qu'on désigne sous le nom générique de *combustible*.

L'*oxygène*, découvert au dernier siècle simultanément par Lavoisier, Scheele et Priestley, est un corps simple, invisible, sans odeur ni saveur, toujours gazeux, incapable d'être solidifié ni liquéfié, et se combinant à des degrés divers avec presque tous les corps. C'est l'agent capital de la vie humaine [1]; nous verrons que c'est aussi celui de la combustion [2]. Ce gaz est immensément répandu dans la nature et notamment dans l'air atmosphérique, dont il est un des éléments.

L'oxygène utilisé dans les foyers de machines à vapeur est emprunté à l'air atmosphérique.

L'*air* est un gaz permanent, un peu plus pesant que l'oxygène et composé, quand il est pur, de 1/5 ou 20 pour 100 d'oxygène et 4/5 ou 80 pour 100 d'azote, évalués en volume. En poids, la composition exacte est, d'après Regnault : 23,1 d'oxygène et 77,9 d'azote.

L'*azote* est lui-même un corps simple, toujours gazeux, sans odeur, couleur ni saveur, à peu près insoluble, découvert par Lavoisier, ayant pour caractère essentiel d'être impropre à la combustion et à la vie animale. Son rôle est de tempérer l'activité de l'oxygène dans ce double phénomène.

L'air contient donc en résumé et en nombre rond, en poids comme en volume, 0,20 ou 1/5 d'oxygène utilisable pour la pro-

---

[1] D'après Thénard, Davy, Lavoisier et Seguin, un homme aspire par jour environ 800 litres d'oxygène, correspondant à plus de 3 mètres cubes d'air. D'après les mêmes auteurs, il expire une quantité à peu près égale d'acide carbonique (87), qui infecterait bientôt la chambre où il est enfermé, si on n'avait soin d'en renouveler l'air de temps en temps. Cet acide carbonique est absorbé par les plantes.

[2] Un prix a été proposé par la Société d'encouragement pour la production à bon marché de l'oxygène par un procédé applicable à l'industrie.

duction de la chaleur, et 0,80 ou 4/5 de gaz azote, plus un peu d'acide carbonique et de vapeur d'eau non utilisables.

85. Les combustibles sont, littéralement parlant, tous les corps combinables avec l'oxygène ; mais en pratique, on ne donne ce nom qu'aux corps très-facilement combinables, avec production de chaleur et lumière. Le carbone est le combustible par excellence.

On a souvent essayé l'emploi du gaz hydrogène comme combustible. Lebon, l'auteur du *thermolampe* (552), s'en occupait déjà en 1796. L'hydrogène a été demandé par les uns à la distillation de diverses matières, et par les autres à la décomposition de l'eau, dont ce gaz est un élément (84). M. Avison a fait l'expérience suivante à Edimbourg : le foyer ayant été allumé à l'ordinaire, il a fait arriver sur le charbon incandescent un faible courant de vapeur qui, en se décomposant, a mis l'hydrogène en liberté. M. Fife a renouvelé l'expérience et a obtenu près de 11 kilogrammes de vapeur par kilogramme de houille, au lieu de $6^k,17$ formés dans la combustion de la houille seule : la fumée disparaissait complétement, et la flamme prenait une intensité surprenante ; mais il y eut lieu de recourir à deux précautions : 1° la pression de la vapeur empêcha l'air d'arriver dans le foyer par la grille, et il fallut établir au-dessus du combustible une prise d'air par une petite porte. D'autres, ayant fait les mêmes essais, ont envoyé l'air par un ventilateur dont la buse aboutissait dans le foyer au-dessus du combustible, après avoir hermétiquement fermé le cendrier par une porte ; 2° on reconnut qu'il fallait très-sensiblement diminuer le tirage, car l'injection de la vapeur produisant par elle-même un très-fort courant, la flamme était entraînée trop vite dans la cheminée, où se développait alors une énorme chaleur en pure perte et même avec danger de l'altérer (voir Mémoire de M. Fife, *Annales des mines*, 4ᵉ série, t. III et IV).

Ces explications suffisent pour montrer quel parti précieux sera un jour tiré de ce procédé. Nous avons moins de confiance dans le système de ceux qui, en vue de brûler l'hydrogène de l'eau, ont essayé de lancer celle-ci, non à l'état de vapeur, mais à son état liquide naturel. Les expériences de ce genre, faites sous nos yeux, nous ont paru négatives.

Revenons à la combinaison, seule admise généralement, de l'air et du carbone.

86. Le *carbone* pur est le diamant ; le carbone impur, dont on fait usage dans l'industrie, constitue la houille, le bois, le coke, le charbon, la tourbe, les lignites, le noir de fumée, le goudron, l'huile, etc. Ces combustibles donnent d'autant plus de chaleur qu'ils sont plus riches en carbone.

Le carbone pur ou impur, en brûlant dans l'oxygène et par conséquent aussi dans l'air, se change en acide carbonique. La combustion elle-même n'est autre chose que la combinaison du carbone avec l'oxygène, et leur transformation en acide carbonique. Si ces deux corps se trouvent dans le foyer en proportions voulues, le tout sera transformé en acide carbonique, et la combustion sera parfaite ; mais si le carbone est en trop grande quantité par rapport au poids d'air introduit, ce n'est plus de l'acide carbonique, mais deux autres corps nommés, l'un *oxyde de carbone*, l'autre *fumée*, qui seront produits par cette incomplète combustion. Disons un mot de ces trois corps :

87. L'*acide carbonique*, tel qu'il existe dans les foyers de machines à vapeur, est un gaz incolore, presque inodore, à saveur aigrelette, asphyxiant, soluble en partie dans l'eau, liquéfiable et solidifiable seulement par un grand froid accompagné d'une très-forte pression, d'une fois et demie à deux fois plus pesant que l'air, excessivement dilatable. A cause de cette dernière propriété, on a cherché à l'utiliser comme force motrice. On le reconnaît à trois caractères principaux : 1° Il est impropre à la combustion, éteint une bougie allumée qu'on y plonge, et nuit par conséquent à la combustion dans les foyers, quand on ne lui donne pas une issue facile ; 2° sa présence dans un local mal aéré cause un grand malaise, un alourdissement de tête accompagné de somnolence et de vertiges dangereux ; il oblige par conséquent à ventiler les chambres où l'on fait du feu ; 3° il fournit avec l'eau de chaux clarifiée un précipité blanc de carbonate de chaux.

L'acide carbonique se compose, en nombre rond, de 1 partie de carbone et 2,5 parties d'oxygène évaluées en poids. Donc, étant donné 1 kilogramme de carbone à brûler, c'est-à-dire à transformer en acide carbonique, il faudra théoriquement $2^k,5$

d'oxygène. Or celui-ci est contenu dans l'air pour 1/5 de son poids seulement; donc il faudra $2,5 \times 5 = 12^k,5$ d'air pour brûler 1 kilogramme de carbone. Mais cet air n'étant pas complètement utilisé dans les foyers, on est dans l'usage d'y amener une quantité au moins double, sauf à modérer l'appel en rétrécissant les passages par un registre.

88. L'*oxyde de carbone* est un gaz permanent, invisible, inodore, sans saveur et mortel à respirer. Il se compose de 1 partie de carbone et 1,4 partie d'oxygène évaluées en poids; d'où il suit qu'il suffit de 7 kilogrammes d'air par kilogramme de carbone pour lui donner naissance, au lieu de 12,5 kilogrammes que nous venons de voir nécessaires à la formation de l'acide carbonique. C'est ce qui explique que l'oxyde de carbone se forme au lieu de ce corps dans les foyers, toutes les fois que la combustion du charbon se fait sous l'influence d'une insuffisante quantité d'air; mais il brûle avec une belle flamme bleue aussitôt qu'on lui amène de l'air. Cette flamme possède un pouvoir calorifique de plus de 2000 calories; aussi utilise-t-on dans les forges l'oxyde de carbone qui sort des hauts fourneaux.

Il y a des mécaniciens qui, séduits par la chaleur de l'oxyde de carbone, cherchent à le produire dans le foyer des machines à vapeur. C'est une erreur; pour deux raisons: 1° La combustion bien faite du charbon peut donner 6 ou 7000 calories, tandis que la combustion de l'oxyde de carbone n'en donne que 2000; 2° les diverses réactions chimiques qui se produisent causent du refroidissement, et il s'en faut de beaucoup que la chaleur des 2000 calories soit utilisée. Loin de favoriser la production de l'oxyde de carbone, c'est au contraire la transformation complète du combustible en acide carbonique qu'il faut s'efforcer d'obtenir, en ne chargeant pas trop de combustible dans le foyer, eu égard à la quantité d'air qu'on y appelle.

89. La *fumée* est, comme l'oxyde de carbone, le résultat d'une combustion incomplète, mais à un autre point de vue; il se détache du combustible des particules charbonneuses légères qui, avant d'avoir eu le temps de se brûler, sont entraînées hors du foyer par le tirage avec les produits gazeux de la combustion dont elles noircissent le courant naturellement incolore. Pour les convertir en acide carbonique, il faut non-seulement leur amener de l'air entrant avec elles en combinaison ; mais, pour que celle-ci ait lieu, il faut une haute température ambiante, ce qui n'a précisément pas lieu au moment où le combustible incandescent est étouffé sous le combustible frais qu'on vient de charger. Aussi est-ce à ce moment que la fumée domine. Il faut enfin que le tirage n'entraîne pas trop vite hors du foyer ces particules charbonneuses. Ainsi donc : arrivée d'air, haute température ambiante, temps suffisant pour que la combinaison puisse se faire, telles sont les trois conditions requises pour *brûler la fumée*, c'est-à-dire pour convertir en acide carbonique les particules charbonneuses en question, en purger le courant de gaz et ne fournir à l'émission de la cheminée que des produits incolores. En pratique, il est difficile de réunir ces trois conditions, surtout en raison de la nécessité où l'on se trouve de maintenir au tirage de la cheminée une certaine énergie pour extraire du foyer les gaz de la combustion (acide carbonique et azote), susceptibles par eux-mêmes d'éteindre le feu. Cependant on peut réduire la fumée à peu de chose, par application des principes qui précèdent, en employant de vastes grilles pour étaler le combustible sur une faible épaisseur, en n'activant pas trop l'appel d'air de la cheminée, en chargeant à la fois peu de combustible froid, en évitant de couvrir la masse incandescente, enfin en disposant d'avance, à l'entrée du foyer, le combustible, si sa nature le permet, avant de l'étendre sur la grille, de manière à ce que la fumée dégagée se soit brûlée en passant sur le combustible embrasé.

90. Appareils fumivores. — Pour brûler entièrement la fumée, on a proposé en Angleterre et en France une multitude de procédés plus ou moins pratiques et plus ou moins nouveaux, qu'on trouvera décrits dans le catalogue des brevets et dans les recueils de sociétés savantes (voir notamment dans les *Bulletins de la Société d'encouragement* des années 1855 et 1860, p. 32; *Société des Ingénieurs civils de Londres*, 20 mai 1856). Ils reposent en général sur l'un des principes suivants :

1° Charger le combustible frais sous le combustible incandescent au moyen d'un mécanisme ajouté au foyer. C'est ce principe que *l'appareil Dumery* réalise convenablement, au point de vue

de la consomption de la fumée (voir *Annales des mines*, 5e série,
t VIII, X et XII ; *Compte rendu de la Société des ingénieurs civils
de Paris*, 1855, p. 61 ; 1856, p. 280, 317, 324, 326 ; *Bulletin de
la Société d'encouragement*, 1re série, t. LIV et LV ; 2e série, t. III
et IV) ;

2° Faire arriver peu à peu la houille dans le foyer, afin qu'elle
y projette doucement ses gaz comme par l'effet d'une distillation,
sans refroidir la masse incandescente. Tel est le but des grilles
mobiles de *Taillefer*, *Bodmer*, etc..., de la grille à gradins de
MM. *Marsilly* et *Chobrzinski* (voir *Compte rendu de la Société des
ingénieurs civils de Paris*, 1854) ;

3° Faire passer la fumée dégagée du foyer ordinaire dans un
autre foyer en pleine incandescence, où se brûlent les particules
charbonneuses sorties du premier. Ce résultat a été obtenu soit en
divisant le foyer par une cloison transversale, comme dans les locomotives à bouilleurs en travers qu'on a construites il y a quelques
années, soit à l'aide de deux foyers adjoints ou superposés qui se
chargent au coke. C'est le système de M. Beattie (voir *le Techno-
lo giste* de 1855), etc...;

4° Conduire les gaz de la houille et leur courant noircis de particules charbonneuses non brûlées, dans une chambre dite de
mélange qui précède les tubes ou carneaux, et dans laquelle se
rend un courant d'*air chaud très-divisé* arrivant du dehors à contre-
courant de la flamme. Ce problème a été résolu de diverses manières qui constituent les systèmes Mac-Connel, Douglas, Milho-
land, Timberinck (*Annales des mines*, 5e série, t. XIII), etc.;

5e Convertir en oxyde de carbone plus ou moins mélangé
d'hydrogène carboné le combustible chargé dans le foyer, et
l'envoyer dans les tubes avec un courant d'air chaud qui se mêle
à l'oxyde de carbone, et où ils se convertissent ensemble en acide
carbonique avec production de chaleur. C'est l'idée de Lebon (552),
le premier inventeur de l'éclairage et du chauffage au gaz, qui a
proposé aussi de faire traverser à la fumée un bain d'eau, par une
disposition qu'il n'a malheureusement pas fait suffisamment connaître, mais que sa famille sait avoir réussi (voir *Compte rendu
de l'exposition de 1855*).

Nous avons vu essayer sous nos yeux un grand nombre d'appareils fumivores ; mais les résultats ont été en général très-contradictoires. A côté de succès incontestables, nous avons vu qu'il suffisait parfois d'un faible changement dans la nature du combustible et les conditions du travail, pour faire reparaître la fumée et annihiler les économies promises. Nous recommanderons donc aux propriétaires d'usines de ne négliger aucune garantie dans leur traité avec les auteurs de fumivores auxquels ils croiront devoir donner la préférence.

91. Résumant ce qui précède sur la combustion, nous dirons qu'elle donne des produits, les uns gazeux, les autres solides : ceux-ci sont des cendres et des escarbilles plus ou moins fusibles ; les produits gazeux sont d'abord l'acide carbonique, l'azote de l'air, plus un peu de vapeur d'eau, qui sont incombustibles, et ensuite des gaz combustibles tels que l'hydrogène, l'oxyde de carbone, qui peuvent être entraînés hors du foyer par le tirage avant d'avoir eu le temps de se brûler ; enfin, une quantité d'air non désoxygénée qui peut aller jusqu'au chiffre énorme de 30 à 40 pour 100 de la quantité totale d'air appelée dans le foyer. De là, nous pouvons déjà conclure que plus on précipitera la combustion, plus on activera le tirage et l'appel d'air, plus sera en même temps considérable l'abondance des produits de la combustion formés dans un temps donné ; plus sera considérable aussi la quantité d'air entraîné sans avoir eu le temps de se désoxygéner.

92. Il résulte de là que, pour bien utiliser les réactifs mis en présence, c'est-à-dire l'air et le combustible, il ne faut pas pousser la combustion avec trop d'activité, et qu'on doit, en principe, largement proportionner les diverses parties du générateur de vapeur.

La supériorité, au point de vue économique, de la *combustion lente* sur la *combustion active*, a été prouvée par de nombreuses expériences. M. Murray rapporte que lord Dundwald, après avoir vaporisé de 4 à 5 kilogrammes d'eau par kilogramme de houille dans un foyer où le feu était très-actif, vit ensuite, par une combustion lente, cette quantité d'eau, vaporisée par kilogramme de houille, s'élever à 6 kilogrammes et au delà. Les chaudières à vapeur du Cornwall, si célèbres par leur consommation économique (97), fonctionnent à *feu dormant*. Il est vrai que la surface de la chaudière qui reçoit l'action de la chaleur a d'énormes proportions. On pourrait beaucoup multiplier ces exemples.

Dans la pratique, les limites d'espace et de poids où l'on est parfois forcé de s'enfermer, ne sont pas toujours compatibles avec les générateurs largement développés ; il en résulte qu'on est obligé de regagner par l'activité de la combustion la quantité de chaleur que l'étendue des surfaces ne permet pas d'utiliser. C'est alors un mal nécessaire. Il y a aussi des combustibles qui ne brûlent bien qu'en grande masse et sous l'action d'un vif courant d'air ; c'est encore une exception à la loi générale des combustions modérées, qui est exigée par des circonstances particulières.

2° Principaux combustibles.

Ils sont énumérés au numéro 86 ; il reste ici à leur faire l'application des principes précédents.

93. Houille ou charbon de terre. — La houille est un combustible minéral, mais d'origine végétale, qu'on trouve en grande masse dans l'étage géologique désigné sous le nom de terrain carbonifère [1]. Sa couleur noire, son éclat, son aspect, sa cassure lamellaire ou cubique, sa densité, sa composition, sa chaleur, varient avec les espèces et les gisements.

On estime que dans le commerce l'hectolitre ras de houille pèse de 80 à 90 kilogrammes. La voie de Paris vaut, d'après M. Claudel, 15 hectolitres ras ou 12 hectolitres combles.

La houille se compose : 1° de carbone, dont la proportion peut s'élever même au delà de 90 pour 100 ; 2° de matières volatiles autres que le carbone, et qui sont l'oxygène, l'hydrogène et l'azote ; 3° de résidus terreux, calcaires ou autres, et souvent d'un peu de fer à l'état d'oxyde, ou de sulfure dont le soufre se dégage, lors de la combustion, en gaz acide sulfureux. L'oxygène peut entrer dans la houille pour 10 à 12 centièmes du poids ; ce corps, uni à l'hydrogène, constitue le bitume ou goudron, sorte d'huile épaisse

---

[1] Voir, sur la formation de la houille, le *Cours de paléontologie*, par M. Alcide d'Orbigny. — On compte, en France, d'après M. Claudel, soixante-trois bassins houillers, qui produisent ensemble 4 millions de tonnes de houille. On y en consomme près du double.

qui rend le combustible collant au feu. Enfin, l'hydrogène, en se combinant d'une part avec l'azote, d'autre part avec l'oxygène, donne, dans la combustion de la houille, naissance à de l'ammoniaque, plus un peu d'eau.

D'après M. de Marsilly, la houille commence à se décomposer entre 50 et 300 degrés, suivant les espèces ; la distillation des matières bitumineuses a lieu vers 200 degrés. D'après MM. Delesse et Jacquelain (*Annales des mines*, 5ᵉ série, t. XII, p. 99), cette distillation aurait lieu, au contraire, vers 400 degrés.

94. Les substances terreuses, schisteuses, calcaires ou autres, qui ne se volatilisent pas, constituent après la combustion un résidu poudreux, nommé *cendres*. On y trouve en proportion très-variable, principalement de la chaux, de la silice, de l'alumine et de l'oxyde de fer. Quand ces substances sont infusibles à la chaleur, elles se transforment en une matière vitreuse appelée *mâchefer* ou *scorie*. A ces résidus incombustibles s'ajoutent, en quantité souvent notable, des menus de houille qui tombent de la grille sans être brûlés, et rendent la quantité de cendre trouvée dans les appareils plus grande que celle que donne l'analyse. La cendre gêne la combustion, elle obstrue le foyer et la grille à travers laquelle passe l'air nécessaire à la combustion. Le mâchefer, quand il n'est pas très-liquide, non-seulement obstrue la grille, mais il en soude les barreaux, les attaque et les détruit promptement.

La proportion de cendre ou de mâchefer rendue par la houille est très-variable ; des échantillons très-purs de houille de New-castle ont donné à peine 1,5 pour 100 de cendres, et j'ai incinéré des houilles d'un emploi passable qui en contenaient près de 20 pour 100, ainsi que des schistes houillers paraissant riches en carbone, qui ont rendu jusqu'à 76 pour 100 de résidus incombustibles. On trouve de pareilles variations jusque dans un même gisement.

Quand le fer existe dans la houille, à l'état de pyrite ou sulfure, sa présence est très-nuisible ; le soufre se dégage dans la combustion à l'état d'acide sulfureux qui attaque le métal de la chaudière. En outre, les pyrites ont la propriété de se décomposer à l'air, en dégageant une forte chaleur capable de causer des incendies dans les approvisionnements. Les sinistres occasionnés particulièrement en mer par l'inflammation spontanée des houilles pyriteuses ne sont pas rares.

La pyrite est ordinairement très-visible ; elle se présente sous forme de cristaux ou de paillettes d'un beau jaune d'or. On ne saurait trop engager les agents chargés de veiller à l'approvisionnement des navires à vapeur à refuser les livraisons de houille où la pyrite existe avec quelque abondance.

Sont également dangereuses dans les soutes *fermées*, les houilles qui dégagent de l'hydrogène carboné dit *grisou*, qu'on reconnaît à l'odeur. Suivant M. de Marsilly, le grisou ne se dégage plus après six mois d'exposition de la houille à l'air.

95. Voici le résumé de nombreuses analyses de houille (*a*) de tous pays et de tous gisements pour la grille et la métallurgie, entre autres de 300 échantillons provenant de 53 localités des possessions anglaises, qui ont figuré à l'exposition universelle de Paris, en 1855, et représentant une extraction de 5 millions de tonnes ; sont contenues dans le même résumé les analyses de M. de Marsilly sur les houilles consommées à Paris et dans le nord de la France.

Analyse des houilles (poids spécifique de $1^m,10$ à $1^m,93$).

COMPOSITION.	MAXIMUM Pour 100.	MINIMUM Pour 100.	MOYENNE Pour 100.
Carbone..............	97,60	54,30	80,00
Hydrogène.............	6,68	2,30	5,35
Azote................	2,20	0,05	1,30
Oxygène.............	12,34	0,39	2,10
Soufre (*b*).............	3,50	0,06	6,25
Cendres (*c*)...........	14,70	0,20	5,00

(*a*) Voir Mémoire sur le caractère de la houille, par Tompson, *Annales des mines*, 1ʳᵉ série, t. VII ; Mémoire sur les combustibles minéraux, par Regnault ; Mémoire sur les houilles consommées à Paris et dans le nord de la France, par de Marsilly, *Annales des mines*, 5ᵉ série, t. XII, *Compte rendu de la Société des ingénieurs civils de Paris*, 1858, p. 209.

(*b*) Il y a donc presque toujours un peu de soufre ; mais, même dans le second nombre, on suppose que les morceaux de pyrite ont été enlevés, et qu'on n'a conservé que celle qui est inséparable.

(*c*) On suppose de même dans ces évaluations, qu'on a rejeté les morceaux visibles de schiste.

96. La quantité d'air nécessaire à la combustion de la houille est déterminée d'après le poids de carbone qu'elle contient. Nous avons vu (87) qu'elle était égale à 12,5 fois le poids de carbone à réduire en acide carbonique; si donc nous admettons pour moyenne que la houille contient en carbone 0,80 de son poids, celui de l'air ne pourra être inférieur à $0,80 \times 12,5 = 10$ kilogrammes. Mais comme le passage de l'air peut être accidentellement gêné, que la houille peut être plus riche en carbone que nous ne l'avons supposé, et qu'il est d'ailleurs plus facile de restreindre que d'augmenter l'appel d'air, MM. Combes et Peclet recommandent (*Annales des mines*, 4e série, t. XI) d'admettre au moins le double de la quantité d'air théoriquement requise. Ainsi, pour brûler 1 kilogramme de houille, il faudrait en pratique 26 à 30 kilogrammes, qui correspondent au volume de 32 à 36 mètres cubes d'air à la température de 15 degrés (voir nº 55). Ce volume augmentera ou diminuera si la température est supérieure ou inférieure à 15 degrés.

Quant aux gaz résultant de la combustion de la houille, nous renvoyons aux analyses de MM. Combes, Debette et autres, qui sont relatées dans les *Annales des mines*, 4e série, t. II.

97. La chaleur développée par la houille s'évalue dans la pratique, soit en calories (78), soit par le nombre de kilogrammes d'eau vaporisée en un temps donné, soit, enfin, par la consommation correspondante à la force de 1 cheval-vapeur.

1° *Evaluée en calories*, on trouve, en résumant diverses expériences, que :

1 kilogramme de très-bonne houille donne	7500	calories [1].
— de houille ordinaire. . . .	6000	—
— de houille médiocre.. . .	3000	—
— de schiste bitumineux. . .	260	—

2° *Evaluée en nombre de kilogrammes d'eau vaporisée*, on trouve aussi, en résumant diverses expériences :

1 kilogramme d'excellente houille vaporise	10	kilogrammes d'eau.
— de houille ordinaire. . . .	8	—
— de houille médiocre. . . .	5	—
— de houille mauvaise. . . .	3,5	—

---

[1] Il paraîtra singulier au premier abord que la houille rende plus de calo-

3° *Évaluée en raison de la force du cheval-vapeur*, la consommation de houille qui, dans les machines, s'élève communément aujourd'hui au plus à 3 kilogrammes par cheval et par heure, après avoir dépassé dans le principe 12 kilogrammes, a été considérablement abaissée dans ces dernières années, surtout en France, grâce à la bonne disposition des chaudières et des machines. Perkins, en 1828, était déjà parvenu, dit-on, à ne pas dépenser plus de $1^k,30$ de houille par cheval et par heure. Ces résultats sont aujourd'hui très-ordinaires sur les machines fixes à condensation.

Enfin, on connaît les merveilleuses économies de consommation obtenues dans les machines d'épuisement du Cornwall et sur lesquelles M. Combes a appelé l'attention des industriels français. En 1769, ces machines consommaient plus de 11 kilogrammes par heure et par cheval ; dix ans après, la consommation descendait à moins de 5 kilogrammes. De 1814 à 1820, elle a varié de $2^k,60$ à $2^k,01$, et en 1844, elle est descendue au chiffre de $0^k,60$ par cheval et par heure.

98. Dans le commerce, on donne divers noms aux houilles, suivant l'abondance des matières bitumineuses qu'elles contiennent et la grosseur des échantillons.

Sous le premier point de vue, on les partage en houilles grasses et maigres, auxquelles on ajoute l'anthracite.

On distingue deux degrés de houilles grasses :

1° La *houille grasse proprement dite* contient beaucoup de bitume et d'hydrogène ; elle est généralement très-pure et riche en carbone ; ses caractères sont d'être légère, douce au toucher, d'un beau noir luisant, se réduisant en poussière brunâtre ; elle est très-chaude ; elle brûle facilement, avec une longue flamme blanche, répand beaucoup d'odeur et, de fumée ; elle exige beaucoup d'air, elle est excessivement collante, et, pour cette raison, elle convient moins aux foyers à grille qu'aux forges maréchales, où elle permet de former une voûte solide autour de la pièce

---

ries que le carbone pur, qui n'en donne guère plus de 7000. Mais nous avons vu que la houille contient aussi de l'hydrogène, dont le pouvoir calorifique est évalué par Dulong à près de 35000 calories.

Voir la Vaporisation produite par une quantité donnée de diverses houilles dans le *Bulletin de la Société d'encouragement*, t. XLII, p. 561.

chauffée comme dans un four à réverbère. Certaines houilles de Saint-Etienne et de Mons sont le type de cette première variété ; on la désigne en Angleterre sous les noms de caking-coal (charbon collant), ou forge-coal (charbon à forge).

2º La *houille demi-grasse*, à longue ou courte flamme, possède les propriétés de la précédente à un moindre degré ; en outre, elle est plus dure, plus compacte, moins noire et plus terne ; elle est très-riche en matières calorifiques. La houille à courte flamme est encore trop collante pour la grille ; elle est, d'ailleurs, très-recherchée pour la fabrication du coke ; on l'emploie, par conséquent, peu dans les machines à vapeur. La houille à longue flamme (*cannel-coal*), qui s'emploie plus avantageusement que toute autre dans les foyers de machines à vapeur, se compose d'environ 0,84 de carbone, 0,05 d'hydrogène, 0,08 d'oxygène et d'azote et 0,024 de cendre ; la gaillette de Mons, et le charbon de Lancashire, bien connus dans le commerce, sont le type de cette variété.

99. La houille maigre ou sèche (*glance-coal*) est plus compacte, plus lourde, moins noire, moins luisante que les houilles grasses ; elle contient peu ou point de bitume, ne colle pas au feu, s'enflamme plus difficilement, brûle avec moins d'odeur et de fumée. On en distingue deux degrés de houille maigre proprement dite, auxquels on joint l'anthracite dont il va être parlé ci-après :

1º La *houille sèche à longue et brillante flamme ;* elle se rapproche encore de la houille demi-grasse ; elle est excellente aussi pour la grille, et comme elle donne de mauvais coke, on se la procure aisément. C'est le type connu sous le nom de *flenu* et de charbon d'appartement.

2º La *houille sèche à courte flamme*, très-dure, très-difficile à brûler, très-impure, n'est bonne que pour la cuisson de la chaux et des briques.

100. Telles sont les houilles proprement dites. Le tableau suivant résume les nombreuses expériences de M. de Marsilly, en faisant connaître leur composition d'après le classement qui précède.

Tableau comparatif des houilles grasses et maigres.

COMPOSITION.	HOUILLE MAIGRE. Pour 100.	HOUILLE GRASSE	
		A COURTE FLAMME. Pour 100.	A LONGUE FLAMME. Pour 100.
Carbone.........	90,36 à 93,44	87,30 à 90,49	83,33 à 85,27
Hydrogène........	3,72 à 4,17	4,68 à 5,11	5,21 à 5,80
Oxygène.........	2,78 à 5,68	4,73 à 4,55	9,87 à 11,01
Azote...........			
Cendres............................... 0,70 à 6,23			

101. La houille se distingue encore dans le commerce sous plusieurs noms, d'après la grosseur des échantillons. Ces noms diffèrent suivant les pays ; mais ceux qui suivent sont généralement usités en France et en Belgique. La houille vendue sans triage et telle qu'elle sort de la mine porte le nom de *tout-venant*. Les plus gros morceaux, séparés dans le triage, se nomment *gros*, *pérat* ou *roche* ; ce sont les plus difficiles à obtenir et les plus coûteux. Les morceaux dont la grosseur égale à peu près celle du poing s'appellent *gaillette*, ceux de grosseur inférieure constituent la *gailletterie* ou petite gaillette. Le *poussier* ou le *fin* forme la dernière catégorie ; c'est en général la houille la plus impure et la moins coûteuse. On l'emploie peu au chauffage des machines, sans cependant la rejeter absolument ; elle sert pour la forge et la fabrication du coke lorsqu'elle est assez grasse.

Quant au poussier de houille maigre, on en tire aujourd'hui parti en le délayant dans du goudron de houille. On en fait une pâte ou *aggloméré*, que l'on moule en forme de pains ou briquettes, qui peuvent s'employer alors comme la gaillette et le pérat. C'est un combustible très-chaud, flambant, facile à ranger dans les soutes et à transporter sans faire de menu, mais il est très-fumeux, d'autant plus qu'il ne peut être mis contre la porte pour commencer à subir cette distillation dont il est parlé aux numéros 89 et 275, car le goudron se fond, s'évapore, s'enflamme même contre la porte, et le reste tombe en poussière.

102. D'après ce qui précède, on comprend que toutes les qualités de houille ne conviennent pas aux machines à vapeur. On a déjà dit que les houilles pulvérulentes, trop collantes, donnant beaucoup de cendre ou de mâchefer, étaient peu convenables à la grille. Les meilleures sont les gaillettes pures demi-maigres, dures, compactes et surtout chaudes, c'est-à-dire riches en carbone et en hydrogène. Les conditions demandées peuvent se formuler ainsi : 1° grande chaleur développée ; 2° promptitude à flamber ; 3° densité ; 4° solidité, afin de ne pas faire de menu ; 5° absence de soufre. Ces dernières conditions sont requises surtout dans la marine de guerre, ainsi que, dans ce cas, l'absence de fumée, pour la sécurité, la conservation des appareils, et pour ne pas trahir la présence du steamer approchant de l'ennemi.

103. Anthracite. — C'est une espèce de houille d'une nature toute particulière, plus lourde, plus compacte, assez brillante, possédant à peu près l'aspect de la plombagine, absolument dépourvue de bitume, brûlant très-difficilement, mais sans odeur ni fumée ; contenant beaucoup d'eau, suivant M. Delesse (*Annales des mines*, 5ᵉ série, t. XII), et ayant souvent, peut-être à cause de cela [1], le défaut capital, pour du combustible, de se déliter au feu, c'est-à-dire de se réduire en menu, de boucher la grille et d'empêcher le passage de l'air. L'anthracite ne brûle bien qu'en grande masse, avec un très-vif appel d'air et, pour ainsi dire, sous l'action des coups de soufflet.

On dit souvent que l'anthracite est très-pur, très-riche en carbone et qu'il est, par suite, un très-chaud combustible : cela est vrai pour certains anthracites, par exemple ceux de Pensylvanie, d'Irlande et du pays de Galles, qui contiennent souvent 90 pour 100 de carbone et au delà, avec à peine 2 ou 3 pour 100 de cendre, pas de soufre ni d'azote ; et qui ont, en outre, le mérite de ne pas se déliter au feu plus que la houille proprement dite. Mais c'est une erreur de croire que tous les anthracites soient dans ce cas ; la preuve en est dans la comparaison des analyses suivantes :

---

[1] Suivant M. Damour, l'anthracite aurait subi dans son agrégation une sorte de torsion qui amènerait la rupture en éclats aux premiers effets brusques de la chaleur.

Comparaison de divers anthracites.

DÉSIGNATION.	CARBONE.	EAU ET GAZ DIVERS.	CENDRES.
Anthracite du pays de Galles (Angleterre).............	91,44 94,18	6,96 4,84	1,58 0,98
Anthracite de Delly (Algérie).	79,30	15,44	5,26
Anthracite de Commentry, recueilli par M. Ch. d'Orbigny et analysé par M. Jaquelain.	58,22 75,67	14,50 8,83	27,28 15,50

La proportion des cendres est quelquefois bien plus grande encore que dans ces dernières variétés. Vauquelin a reconnu 32 pour 100 et M. Delesse 50 pour 100 (*Annales des mines*, 5ᵉ série, t. XII).

Comme exemple de la composition des cendres d'anthracite, nous citerons l'analyse de M. Jaquelain, qui y a trouvé : 31,45 de silice, 2,10 de chaux, 1,77 de magnésie et 64,68 d'alumine uni à l'oxyde de fer.

104. L'anthracite lui-même est aussi répandu que la houille sur le globe, tantôt isolément, tantôt alternant avec les couches de houille dans la même mine. Lorsqu'il est assez pur, il fournit un excellent combustible dont il faut que l'industrie s'empare de plus en plus, pour laisser la houille grasse proprement dite à d'autres besoins.

En Pensylvanie, selon M. Douglas-Galton (voir *Compte rendu des ingénieurs civils de Paris*, 1858, p. 74), on le charge à l'épaisseur de 1 décimètre au plus sur de très-vastes grilles composées de barreaux de fonte espacés de 15 millimètres, avec une insufflation d'air débouchant dans le foyer au niveau même de la grille, à l'avant du foyer, c'est-à-dire au bas de la plaque tubulaire dans la chaudière ordinaire de locomotive.

En d'autres localités, on a insufflé l'air sous la grille en fermant le cendrier et en se servant d'un ventilateur ou d'une tuyère traversée par un jet de vapeur à haute pression (voir aussi *Annales des mines*, 4ᵉ série, t. IV ; *Bulletin de la Société industrielle de Mulhouse*, 1838).

La combustion de l'anthracite dans les foyers de chaudières, surtout avec ce système, exige une grande attention de la part du mécanicien, à cause de son activité sous un vif appel d'air qui peut faire craindre les coups de feu pour la chaudière, ainsi qu'en raison de la faible épaisseur qu'il faut à la fois charger sur la grille pour peu qu'elle se délite.

M. Corbin, inventeur breveté, a fait récemment des expériences pour brûler les anthracites et charbons maigres réduits en poudre dans un foyer fermé et préalablement porté au rouge, où le combustible est lancé par un ventilateur avec une quantité correspondante d'air. Le principal obstacle à l'application pratique de ce procédé paraît être l'abondance de fumée qui se projette par la cheminée, en raison de la grande quantité de combustible pulvérulent entraîné par le courant d'air sans être brûlé.

105. Coke. — Le coke n'est autre chose que la houille ayant subi, à l'abri du contact de l'air, un commencement de combustion, une véritable distillation, qui a volatilisé les parties bitumineuses, en ne laissant que le carbone, à peu près pur, ainsi que les substances non combustibles qui constituent la cendre. Celle-ci ne dépasse guère la proportion de 4 à 5 pour 100 dans les cokes convenablement purifiés ; dans le cas contraire, elle peut atteindre 20 pour 100 et au delà. Le coke est alors d'un très-mauvais emploi.

La composition du coke est variable comme celle de la houille dont il provient. Suivent trois analyses de coke, la première par M. Fife (*Annales des mines*, 4e série, t. III); les deux autres par M. Delesse (*Annales des mines*, 5e série, t. XII, p. 141).

NUMÉROS D'ÉCHANTILLON.	1	2	3
Carbone	0,810	0,8235	0,7768
Eau	0,035	0,1250	0,0750
Matières volatiles, hydrogène, etc.	0,065		
Cendres	0,090	0,0515	0,1482

Les cendres de l'échantillon n° 2 ont été reconnues contenir.

Silice	14,00
Alumine	9,81
Chaux	traces.
Magnésie	5,62
Oxyde de fer et manganèse	70,10

Le coke se distingue par un éclat métallique caractéristique, voisin de celui de l'acier. Sa densité, sa dureté, sa solidité varient, non-seulement d'après la nature de la houille d'où il provient, mais aussi d'après la manière dont la cuisson est conduite. Quand la houille est maigre, enfournée dans un four trop chaud et de trop petite dimension, quand la distillation est poussée trop vite et le refroidissement trop brusque, le coke est léger, peu consistant, poreux, friable, trop vite brûlé, outre qu'il y a beaucoup de déchet. Mais avec des houilles grasses, cuites lentement dans de vastes fours [1] chauffés seulement au brun sombre dans le début de l'opération, et défournées lorsqu'elles sont presque froides, on obtient des cokes d'un magnifique aspect métallique, denses, sonores, solides, difficiles à allumer il est vrai, mais tenant parfaitement au feu.

La densité du coke est très-variable ; le poids de l'hectolitre du coke en moyens morceaux varie lui-même de 30 à 50 kilogrammes.

106. Le pouvoir calorifique du coke varie de 4000 à 6500 calories, et il vaporise de 5 à 8 kilogrammes d'eau par kilogramme de coke de bonne qualité. L'échantillon analysé par M. Fife (105) vaporisait 7 kilogrammes. Il est donc, sous ce rapport, inférieur à la houille de première qualité, quoique celle-ci soit moins riche que lui en carbone ; mais elle contient de l'hydrogène, dont la chaleur, avons-nous dit, est de 35000 calories, tandis que le coke renferme, au contraire, une plus forte proportion de cendre nuisible à la combustion (voir Mémoire sur le pouvoir calorifique de la houille et du coke, par M. Fife, *Annales des mines*, 4e série, t. III).

Le coke ne s'emploie guère que sur les locomotives ; il est donc difficile de comparer son pouvoir calorifique à celui de la houille évalué en kilogrammes par force de cheval. On verra cependant plus tard quelques expériences de ce genre, notamment celles de M. Poirée, qui ont donné, pour des locomotives mixtes ordinaires à 100 mètres carrés de surface de chauffe, une consommation de

---

[1] Voir, sur la fabrication du coke, le mémoire de M. de Marsilly, dans les *Annales des mines*, 1851 ; et Essai de coke, de houille maigre, *ibid.*, 3e série, t. X ; par M. Golscher, ingénieur civil de Paris, 1853, p. 98 ; et par M. Mathias, *ibid.*, p. 215.

2 kilogrammes de coke par cheval et par heure. C'est un peu plus que la houille à conditions égales.

Sur les chemins de fer, c'est en raison du parcours kilométrique que s'évalue la consommation du coke ; elle est naturellement très-variable, à cause de l'extrême variation des circonstances qui peuvent influer sur la traction, et dont les principales sont le poids du train, l'état de la voie, l'habileté du mécanicien, les qualités de la machine et du combustible lui-même. Dans les plus mauvaises conditions, on peut brûler jusqu'à 15 kilogrammes de coke par kilomètre parcouru ; dans les meilleures, la consommation de la même machine atteindra peut-être à peine 3 kilogrammes.

En France, la quantité de coke, de qualité moyenne, allouée aux mécaniciens, est de 6 à 8 kilogrammes pour les trains de voyageurs, et de 8 à 14 kilogrammes pour les trains de marchandises. L'économie qu'ils peuvent faire par leur habileté sur cette allocation leur profite au moins en partie ; et ils tiennent compte à l'administration du surplus de dépenses non justifiées qu'ils ont pu faire. Ce système d'économies rémunérées a fait descendre de près de moitié la consommation sur certains chemins de fer. Il est à souhaiter qu'on le généralise toutes les fois qu'il est possible. Ce serait principalement sur les bateaux à vapeur qu'il serait avantageux.

107. Le coke se vend dans le commerce à la tonne de 1000 kilogrammes, et à des prix qui dépendent principalement du prix de la houille et de la facilité des transports. Celui qui arrive rapidement par chemin de fer, dans des waggons couverts, est préféré à celui qui est transporté par bateaux, quoiqu'il soit plus cher, parce que dans les bateaux le coke se tasse, absorbe l'eau, et que la fraude est facile. Sur les chemins de fer, on le mesure, pour la consommation des machines, dans des paniers, caisses ou sacs, de la contenance de 1 hectolitre, qu'on remplit à un poids fixe de 40 à 50 kilogrammes.

Dans le commerce on distingue ce combustible : en coke lavé ou non lavé, en coke léger et poreux ou dense, en coke de gaz ou de four.

Le coke qui provient ordinairement de la distillation du gaz est trop léger, trop menu pour servir à la consommation des ma-

chines à vapeur ; on distille cependant du gaz dans des fours spéciaux, dits *fours Dubochet,* qui produisent en même temps de très-
bon coke pour le chauffage même des locomotives. Le coke de
four est très-variable de qualité, de dureté, de densité et de solidité, suivant la durée de la cuisson. Ceux qui n'ont eu que vingt-
quatre à trente-six heures de four sont en général bons pour la
métallurgie, mais trop légers pour les machines à vapeur.

108. Voici, en peu de mots, les propriétés du coke qui leur convient : il doit être en gros morceaux solides, non friable, sec sans
excès toutefois, sonore, à cassure douée d'un éclat métallique analogue à celui de l'acier, mais mat et non luisant ; l'aspect noir qu'il
offre souvent à l'extérieur dépend ordinairement de ce qu'il est
éteint avec beaucoup d'eau et à chaud, tandis que le bel éclat de
certains cokes leur vient d'un procédé d'extinction par étouffement. C'est donc à la cassure et non à l'apparence extérieure
que l'éclat doit être jugé. Le coke doit surtout être chaud,
c'est-à-dire riche en carbone et tenir au feu, c'est-à-dire se
brûler peu à peu avec une chaleur constante, au lieu de donner
au début un vif coup de feu, bientôt suivi d'un manque d'activité
qui le fait ressembler dans le foyer à un amas de terre rougie ;
enfin, il doit être pur, exempt de soufre et de cendre, sinon le
foyer s'encrasse, le métal s'altère, la production de chaleur est
insuffisante, la grille s'obstrue de mâchefer ou de résidu poudreux
qui interceptent l'air. Il y a quelques années, de semblables cokes
n'existaient qu'en Angleterre, d'où on les tirait à grands frais.
On en trouve aujourd'hui de très-bons en France et en Belgique,
lorsqu'on parvient à obtenir des fournisseurs qu'ils soient bien
lavés.

109. Tourbe. — La tourbe est un combustible d'origine végétale et de formation actuelle, qu'on rencontre dans les terrains
marécageux d'un grand nombre de localités[1]. Elle s'extrait en
forme de petites briquettes ; on l'emploie crue ou carbonisée, sé-

---

[1] La Société d'encouragement a institué, en 1852, un prix pour la fabrication d'un combustible économique au moyen de la tourbe. Voir le bulletin de
février 1852 ; et Etude de la tourbe, par **M.** de Marsilly, *Annales des mines,*
5e série, t. XII.

chée ou non, moulée et comprimée ou en morceaux d'extraction. On distingue dans le commerce : la tourbe noire, qui est généralement la meilleure, la grise, la blanche et la mousseuse à peine formée. Aucun combustible n'est aussi variable de qualité : tantôt elle est dense, compacte, riche en carbone ; tantôt elle est herbacée, légère, spongieuse. Elle pèse de 250 à 400 kilogrammes le mètre cube, de 25 à 40 kilogrammes l'hectolitre, et environ 30 kilogrammes les 100 briquettes du Nord. Elle brûle avec une flamme légère en répandant peu de fumée, mais une odeur ammoniacale prononcée.

Elle est souvent très-impure et contient une forte proportion d'eau, qui, même dans la tourbe dite sèche, peut aller jusqu'à 20 pour 100, d'après M. de Marsilly ; les corps principaux renfermés dans la tourbe sont la soude, le carbonate de chaux, la magnésie, le phosphore, l'alumine, l'oxyde de fer, la pyrite et la silice. Des échantillons analysés par M. Régnault ont donné 57,03 pour 100 de carbone, 5,65 d'hydrogène, 2,09 d'azote, 29,67 d'oxygène, 5,58 de cendre.

M. de Marsilly résume ainsi un grand nombre d'analyses faites sur la tourbe du Pas-de-Calais :

Carbone.	12,99 à 50,67
Oxygène et azote.	19,71 à 41,15
Eau.	12,00 à 20,00
Cendres.	6,40 à 65,08

M. Chevallier m'a cité des échantillons de tourbe employés par lui dans son laboratoire de l'École de pharmacie de Paris, qui contenaient jusqu'à 30 pour 100 de cendres ; mais elles ne sont pas réfractaires comme celles de la houille : elles s'échauffent, rayonnent et donnent assez de chaleur, à la façon du tan, et ne nuisent pas trop, en somme, au pouvoir calorifique de la tourbe. D'ailleurs, en certains pays, ces cendres se revendent avantageusement pour l'amendement des terres.

Le pouvoir calorifique de la tourbe varie de 1500 à 3000 calories. Elle peut vaporiser de 2 à 3 kilogrammes d'eau par kilogramme de tourbe, et donner de 12 à 25 kilogrammes de vapeur par mètre carré de surface de chauffe et par heure. M. Blavier en a même essayé qui chauffait autant que la houille une même quantité donnée d'eau. Enfin, on l'a employée avec succès en Suisse (voir Note de M. Bridel à la Société des ingénieurs civils de Paris, en 1851), aux environs de Beauvais et dans les anciens ateliers de M. Hallett, à Arras (voir le Mémoire de M. Garnier, *Annales des mines*, 2ᵉ série, t. I, et 1ʳᵉ série, t. I). Quant à l'analyse des gaz provenant de la combustion de la tourbe, voir les expériences de M. Debette en 1840 (*Annales des mines*, 4ᵉ série, t. II).

110. Bois. — Comme les précédents combustibles, le bois sert aux usages industriels, ou bien tel que le fournit la nature, ou bien encore à l'état de charbon. Le bois s'emploie dans les foyers de machines en bûches ou en fagots de longueur uniforme, facilement maniable, correspondante à la grille et, s'il est possible, égale à 1 mètre pour faciliter, lors de l'achat, le mesurage en stère ou mètre, cube, qui est la mesure légale du bois. A Paris la longueur usuelle des chantiers est 1,30.

Suivant M. Chevandier, le poids du stère varie, très-peu avec l'âge du bois, mais beaucoup avec sa nature, le sol où il a crû, et la partie où sont coupés les échantillons. Les branches sont moins lourdes et moins dures que le tronc ; le cœur est à son tour plus dur et plus lourd que la partie voisine de l'écorce qu'on nomme l'aubier, lequel l'emporte lui-même sur l'écorce (voir Mémoire de M. Chevandier à l'Académie, en 1845).

Le bois se vend au poids, au stère, au mètre cube, ou bien à la voie ou à la corde. La valeur de ces deux dernières mesures varie avec les pays. A Paris, la voie vaut 2 mètres cubes, elle pèse de 700 à 750 kilogrammes.

Voici, d'après M. Berthier, le poids du stère des principaux bois employés au chauffage :

Chêne. . . . . pèse jusqu'à 520 kilogrammes.
Charme et hêtre. . . . . 400 —
Sapin . . . . de 350 à 450 —
Rondins de bouleau . . . . 380 —
Orme . . . . 320 —
Tremble et bois légers. . . . . . . 220 —

111. Le bois se compose : 1° de carbone pour moitié au plus de son poids ; 2° d'oxygène et d'hydrogène en forte proportion, plus un peu d'azote ; 3° de résidus terreux qui constituent la cendre en proportion variable de 1 à 5 pour 100. Le rendement de cendre est plus grand dans l'écorce et dans les feuilles que dans l'aubier, plus grand aussi dans l'aubier que dans le cœur. Ce fait, depuis longtemps connu et prouvé récemment par les expériences de M. Sprongel (*Annales des mines*, 3ᵉ série, t. VII), m'a été confirmé aussi par quelques expériences personnelles, dont voici le résultat en moyenne : l'écorce a rendu 5,32 pour 100 de cendre, le cœur du même échantillon a donné 1,72 pour 100 seulement. D'autres analyses m'ont donné les rendements de cendre suivants :

Chêne.	2,06	pour 100.
Chêne de Lorraine.	1,90	—
Charme	4,06	—
Sapin du Nord.	2,40	—
Hêtre.	2,48	—

Mais ces rendements sont loin d'être invariables (voir *Annales de chimie*, t. XXXII).

Les cendres de bois contiennent des sels alcalins solubles et des matières insolubles. Elles sont beaucoup plus fusibles que les cendres de houille. On y trouve de la silice, de la potasse, de la soude, de la magnésie, un peu d'oxyde de fer et des traces d'acide sulfurique. Ces substances varient en proportions, suivant les localités, les climats et la nature du sol (voir Analyses des cendres par M. Berthier, *Traité des essais*, t. I, p. 259).

Le bois commence à brunir au feu, c'est-à-dire à se décomposer, vers 120 degrés.

112. La quantité d'air nécessaire à la combustion du bois est environ moitié moindre que pour la houille : soit 15 kilogrammes d'air par kilogramme de bois (*Annales des mines*, 1ʳᵉ série, t. III). Ce principe résulte, non-seulement de ce que le bois ne contient guère que 50 pour 100 de carbone à transformer en acide carbonique, tandis que la houille en renferme souvent plus de 80 pour 100, mais encore de ce que l'air circule beaucoup mieux à travers le bois et la braise qu'au travers de la houille et du coke, qui sont menus, tassés, parfois pâteux et dont la cendre et le mâchefer, plus abondants, obstruent souvent la grille. Il paraîtrait toutefois que des expériences, faites en Allemagne pour substituer la houille et les lignites au bois dans les locomotives, ont conduit à diminuer la section des vides de la grille pour ces nouveaux combustibles (Mémoire de M. Couche); mais cette circonstance est due, sans doute, à ce qu'ils n'ont pu être employés qu'en faible épaisseur et quantité.

Le bois employé au chauffage des machines à vapeur doit être en bûche de moyenne grosseur, ayant environ vingt-cinq à trente ans d'âge. On le coupe en hiver et jamais quand la séve monte. Le bois sur pied ou nouvellement coupé est toujours très-humide, en raison de la séve qui remplit ses pores. On évalue jusqu'à 45 pour 100 du poids total la quantité d'eau contenue dans le bois vert. Après deux ans de coupe, la proportion est encore de près de 20 pour 100, et il n'est jamais complétement sec, à moins d'avoir été longtemps conservé sous des hangars, à l'abri de l'humidité de l'air, ou d'avoir été artificiellement desséché. Cette humidité du bois nuit évidemment à son pouvoir calorifique. Le bois bien desséché peut rendre 4000 calories et vaporiser 6 kilogrammes d'eau par kilogramme de bois. M. Bischop en a même vaporisé 6,75, tandis que le bois de deux ans de coupe, avec 20 pour 100 d'eau, rend à peine 3000 calories et vaporise 4 kilogrammes d'eau. Ce pouvoir calorifique est donc bien inférieur à celui de la houille et du coke : cela est tout simple, puisqu'il contient moins de carbone. Pour la même raison, les bois denses et durs sont plus chauds que les bois tendres et légers; car, sous un même volume, ils contiennent plus de matières combustibles.

113. Le *charbon de bois* ne s'emploie guère au chauffage des machines à vapeur, bien qu'il soit un des plus chauds combustibles. Il contient, en effet, jusqu'à 90 pour 100 de carbone et au delà. Il donne, d'après le général Morin, de 5000 à 7000 calories par kilogramme, vaporise de 8 à 10 kilogrammes d'eau, et donne dans la combustion 5 kilogrammes d'acide carbonique.

Son poids est très-variable, suivant qu'il provient de bois légers ou durs; les premiers pèsent de 180 à 200 kilogrammes le mètre cube, ou 18 à 20 kilogrammes l'hectolitre ras; le charbon dur pèse de 210 à 230 kilogrammes le mètre cube ou 20 à 25 kilogrammes l'hectolitre. Mais, d'après M. Berthier, ces poids seraient plus considérables. Le mètre cube de charbon de hêtre et de chêne pèserait de 240 à 250 kilogrammes, et celui de sapin pèserait 135 kilogrammes. Par les raisons déjà exposées, le charbon dur et dense donne, à volume égal, plus de chaleur que le charbon tendre et léger; mais leur rendement de calorique est le même à poids égal. Certaines forges champenoises prétendent cependant obtenir de meilleures fontes avec le charbon tendre.

Les qualités générales du charbon de bois sont d'être noir, luisant, dur, sonore, dense et sec. Exposé à l'air, et anciennement fabriqué, il absorbe beaucoup d'humidité; il se délite et fait beaucoup de poussier.

Entre un grand nombre d'analyses de charbon de bois, nous citerons les deux suivantes[1] :

	Chêne.	Tremble.
Carbone.	0,8768	0,8722
Hydrogène.	0,0283	0,0320
Oxygène.	0,0643	0,0872
Cendre.	0,0306	0,0086

Les produits provenant de la combustion de 1 kilogramme de charbon de bois ont été analysés par feu M. Ébelmen, et ont donné :

Acide carbonique.	3k,11
Eau.	0 ,255
Azote.	8 ,324
Cendre.	0 ,036

114. Lignite.— Ce combustible, assez communément employé par l'industrie en Allemagne, appartient à des formations plus récentes que la houille; il a, comme elle, une origine végétale et semble intermédiaire entre la houille et le bois, quoique plus voisin encore de celui-ci, dont il conserve souvent l'aspect. Il est très-variable dans sa composition et sa structure; tantôt il est poudreux et peu susceptible d'être employé comme combustible, tantôt il s'extrait en morceaux par couches plus ou moins puissantes, et peut s'employer au chauffage des machines.

Le lignite est de couleur terne, variant du brun au noir; il s'al-

---

[1] Voir notamment celles de M. Sauvage, *Annales des mines*, 1842.

lume bien, brûle avec flamme, beaucoup de fumée et mauvaise odeur bitumineuse ; il ne se boursoufle ni ne s'agglutine comme la houille ; ses cendres ressemblent à celles du bois ; comme lui, il fait une bonne braise très-chaude ; il produit, en brûlant, de l'acide acétique ; sa densité varie de 1,20 à 1,40. Enfin, il se compose, en proportions variables, de carbone, bitume, huile essentielle, eau et matières terreuses constituant la cendre ; pour son pouvoir calorifique, le lignite est généralement entre la houille et le bois.

115. Tannée ou tan. — Ce combustible, bien connu dans les pays où l'on prépare les cuirs, et notamment à Paris, n'est autre que l'écorce de chêne employée au tannage et hors de service pour cet usage. Ce combustible, qui donne peu de flamme et beaucoup de cendres, a un pouvoir calorifique qui va, selon M. Claudel, de 2300 à 3300 calories. On l'a employé quelquefois pour les machines à vapeur. Dans une fabrique de Paris la consommation a été de 12 kilogrammes par force de cheval et par heure.

116. On fabrique avec le poussier de charbon de bois, avec le tan, les menus branchages, le poussier de coke et de lignite, une foule de charbons factices en pains, du genre des pérats artificiels mentionnés au numéro 103. Ces produits, d'un bon emploi peut-être dans les usages domestiques, n'ont pu être jusqu'ici appliqués avec succès dans les foyers de machines à vapeur, en raison de l'abondance des cendres qu'ils rendent et que j'ai rarement trouvées au-dessous de 20 pour 100.

117. Le tableau suivant offre la comparaison des combustibles que nous venons de passer en revue : ces nombres comprennent, entre un maximum et un minimum, presque toutes les évaluations qu'on trouve dans les divers auteurs.

Tableau comparatif des principaux combustibles.

DÉSIGNATION des COMBUSTIBLES.		POIDS DE L'HECTOLITRE.	CARBONE contenu dans 1 kilogramme.	AIR pour brûler 1 kilogramme évalué en		VOLUME de gaz à 300 degrés produits par la combustion de 1 kilogramme	POUVOIR calorifique évalué en		CENDRES produites par la combustion de 1 kilogramme.
				kilogrammes.	mètres cubes.		calories.	kilogr. d'eau vaporisée par kilog. de combustible.	
		k.	k.			mc.			k.
Houille et anthracite...	de	80	0,40	15	12	30	3000	4	0,03
	à	90	0,90	30	25	40	7500	10	0,20
Coke........	de	35	0,70	25	20	25	4000	5	0,03
	à	50	0,90	30	25	35	6500	9	0,20
Tourbe......	de	25	0,15	10	8	20	1500	2	0,05
	à	40	0,60	15	12	24	3000	4	0,30
Bois........	de	»	0,38	15	10	12	2700	3	0,01
	à	»	0,50	20	15	15	3700	6	0,05
Charbon de bois........	de	15	85	30	25	35	7500	10	0,008
	à	25	95						0,060

3° Purification des combustibles.

118. On a vu les inconvénients de l'impureté des combustibles : ces impuretés, ces résidus terreux, constituent la cendre; or, la cendre nuit au rendement de chaleur, encrasse les foyers, altère les chaudières, obstrue et détruit la grille, interrompt le passage de l'air, rend le combustible lui-même hygrométrique et friable. Ces inconvénients ne sont pas sensibles dans le bois, dont la cendre est en faible abondance, d'ailleurs facilement fusible et exempte de substances nuisibles; mais il n'en est pas de même de la houille, du coke, des lignites et de la tourbe. Ces combustibles sont presque toujours d'un fort mauvais emploi dans les foyers de machines, dès que la proportion de cendre approche de 8 à 10 pour 100. Il en résulte en outre un accroissement de dépense pour le consommateur. Supposons qu'il ait acheté 100 tonnes de houille à 40 francs la tonne et contenant 10 pour 100 de cendre, il se trouvera avoir dans sa livraison 10 tonnes de cendre payées 400 francs, outre le transport.

La France et la Belgique possèdent rarement les pures houilles qu'on obtient abondamment en Angleterre, soit qu'il y ait infériorité naturelle dans la qualité du combustible lui-même; soit qu'on ne prenne pas assez de soin pour abattre la houille dans la mine sans mélange de schiste ; mais on parvient à la purifier très-convenablement, en lui faisant subir un *lavage* analogue à celui des minerais. J'ai vu ainsi des cokes contenant originairement 22 pour 100 de cendre, et à peu près incombustibles, devenir parfaits sous tous les rapports, et rendre à peine 3 pour 100 de cendre, après avoir été lavés avec soin mécaniquement par l'*appareil Bérard* (*Annales des mines*, 5e série, t. IX). Aussi obtient-on maintenant en France d'excellents cokes, lorsqu'on réunit à une purification suffisante un bon système de défournement et d'extinction, une cuisson et une distillation bien étudiées. Nous osons même avancer qu'à ces conditions, la presque totalité de nos houilles un peu grasses pourraient servir même à la fabrication du coke.

119. La plus importante de toutes les préparations est la désulfuration du combustible (voir *Civil Engineers journal*, t. VII, p. 12). Le soufre réside dans le schiste et le fer pyriteux qui souvent l'accompagnent, et c'est encore à l'aide du lavage qu'on l'en débarrasse. Leurs densités étant plus considérables, ils tombent au fond de l'appareil laveur. Souvent on pulvérise la houille à convertir en coke, pour empêcher que le soufre, le schiste et la pyrite restent enfermés dans les échantillons; la désulfuration se complète ensuite par la distillation dans le four. Quant à la houille en gaillette ou en pérat, réservée pour les foyers des machines et qu'on ne peut briser, c'est à la main seule que peut se faire le triage, d'ailleurs bien imparfait, et qu'on peut écarter les morceaux sulfureux.

La pyrite se reconnaît aisément, car elle existe sous forme de cristaux ou de paillettes d'une belle couleur jaune d'or. Dans le coke, le fer et le soufre existent à l'état de protosulfure. Sa couleur grise, peu différente de celle du combustible, le rend peu visible; mais quand le coke est resté quelque temps à l'air, ce protosulfure ne tarde pas à paraître en tache jaune ; les ouvriers disent alors que le *coke se rouille*. On peut s'assurer de la présence du soufre en essayant l'échantillon avec l'acide hydrochlorique ; il se produira de l'hydrogène sulfuré, facile à reconnaître à son odeur.

On trouve dans le *Pharmaceutical journal*, numéro de septembre 1851, l'indication d'un réactif du soufre excessivement sensible : « C'est le nitroprussiate de soude, dont une goutte suffit pour manifester par une belle couleur pourpre la moindre parcelle de soufre. »

120. L'importance du lavage ne peut plus être mise en question pour la plupart des combustibles utilisés dans le foyer des machines et en particulier des locomotives. Mais de quelle nécessité cette opération ne sera-t-elle pas pour la houille et le coke employés à la métallurgie, et combien n'est-il pas regrettable de voir encore tant de négligence à cet égard ! Sommes-nous hors de la vérité en disant que la mauvaise qualité du fer employé dans les machines tient souvent à la mauvaise qualité du combustible ? Les cokes acceptés sans discernement, sans analyse préalable, contiennent parfois plus de 15 pour 100 de cendre calcaire, alumineuse ou siliceuse ; ils contiennent du soufre en quantité quelquefois suffisante pour attaquer les foyers des machines. Comment, dès lors, s'étonnerait-on de l'infériorité des fers obtenus à la houille sur ceux qu'on prépare au charbon de bois, lequel contient à peine 3 ou 4 pour 100 de cendre fusible et dépourvue de substances nuisibles à la qualité des métaux ?

121. L'*incinération*, c'est-à-dire la recherche de la quantité de cendre contenue dans un combustible est fort simple, mais elle est minutieuse et elle exige un petit laboratoire. Voici comment on peut la pratiquer :

1° Placez dans une petite capsule de platine ou de porcelaine 5 grammes du combustible à essayer, que vous pesez soigneusement avec une balance très-sensible, après l'avoir réduit en poudre fine, au pilon et au tamis ;

2° Chauffez cette capsule au rouge clair dans le moufle d'un fourneau d'essayeur, que vous laissez entr'ouvert, afin de ne pas empêcher l'air de venir brûler, c'est-à-dire convertir en acide carbonique le carbone contenu dans la capsule. Au bout de deux ou trois heures, celle-ci ne contient plus qu'un résidu poudreux et incombustible, qui n'est autre que la cendre cherchée et contenue dans les 5 grammes de combustible analysé. Vous la pesez avec soin, et désignant par *p* le poids que vous obtenez, vous posez la proportion : les 5 grammes du combustible essayé sont à 100 comme p est à x, et de cette proportion $5 : 100 :: p : x$, vous tirez la quantité relative de cendre $x = \dfrac{100 \times p}{5}$.

EXEMPLE. Soit $p = 0^g,32$ la quantité de cendre trouvée dans la capsule, correspondante à 5 grammes de combustible. La formule donne $x = \dfrac{100 \times 0^g,32}{5} = 6,4$ pour 100.

122. Le choix des 5 grammes à incinérer demande quelques préparations préliminaires, quand on veut connaître le rendement moyen de cendre, non pas d'un petit échantillon isolé, mais d'une livraison de plusieurs tonnes. On recueille alors un assez grand nombre de morceaux choisis dans la qualité moyenne de la livraison, on casse de chacun un fragment, de manière à obtenir en tout 2 ou 3 kilogrammes. On pulvérise le tout ensemble dans un mortier de fonte, puis on l'étend sur une tablette d'environ 1 mètre carré. On partage cette poussière, ainsi étendue, en quatre parts par deux traits croisés qu'on trace avec une baguette. On en rejette deux opposées l'une à l'autre, et l'on garde les deux restantes, qu'on étend de nouveau sur la tablette et on en élimine deux comme la première fois. On procède ainsi par éliminations successives jusqu'à ce qu'il ne reste plus que la quantité à conserver pour l'incinération. Ce procédé de triage porte le nom de *système d'éliminations de l'Agrappe*. Quelque minutieux qu'il paraisse, on reconnaîtra bientôt qu'on ne saurait s'en passer, sous peine de mal mélanger le combustible recueilli, dont on veut obtenir le rendement moyen de cendre.

123. Il convient de toujours incinérer plusieurs capsules, surtout quand elles sont en porcelaine, afin que, l'une venant à se renverser ou à se briser dans le moufle, les autres puissent suffire à l'expérience. D'ailleurs, ces diverses capsules d'un même coke se servent mutuellement de preuve. En effet, le mélange ayant été opéré avec soin par le procédé ci-dessus, la composition du combustible, ainsi que les rendements de cendre, doivent être, à très-peu près, les mêmes dans les différentes capsules. Je dis à peu près, car ayant eu occasion de faire un grand nombre d'expériences de ce genre, j'ai pu me convaincre qu'on arrivait rarement à une parfaite similitude de résultats, quelques précautions qu'on eût prises, quelque parfaits que fussent les appareils ; soit qu'il fallût s'en prendre à la composition intime du combustible essayé, soit que, malgré les soins de l'opérateur, quelques parcelles de matières étrangères se fussent introduites dans les capsules pendant l'incinération, ou bien enfin qu'un trop fort courant d'air eût entraîné des parcelles de cendre d'une capsule dans une autre. Quelle ne serait donc pas la différence, si les pesées avaient été mal faites, l'incinération incomplète ou le mélange mal opéré ?

124. Si on attache souvent trop peu d'importance au choix comme à l'examen des combustibles, on est aussi tombé dans l'excès contraire ; à tel point qu'on n'appréciait presque plus la qualité du combustible qu'en raison de sa pureté. Accordant aux incinérations en petit, les seules praticables d'ailleurs, une confiance absolue qu'elles ne méritent pas, on en a fait, à l'endroit des fournisseurs, la base d'un système de primes et d'amendes, dont les moindres défauts sont d'exiger une comptabilité compliquée et de donner matière à de fréquentes contestations, par suite du défaut de certitude *absolue* qu'offrent, répétons-le, ces expériences. En résumé, disons qu'elles sont une précieuse source d'indications de l'impureté du combustible et un moyen d'être averti qu'il faut se prémunir contre les fâcheuses conséquences de leur emploi, mais que ces mêmes indications ne doivent être acceptées par l'opérateur lui-même qu'avec une *certaine latitude.*

125. Terminons en faisant connaître les appareils composant le laboratoire d'essai.

Le fourneau (dit fourneau d'essayeur, à moufles) qui convient pour la recherche des cendres, est connu chez tous les fabricants d'appareils de chimie. On peut le confectionner soi-même avec des briques et de la terre réfractaire ; peu importe sa forme, pourvu qu'il puisse produire une forte chaleur et qu'il contienne au moins un *moufle,* c'est-à-dire un petit four propre à recevoir les capsules sans qu'aucun corps étranger soit susceptible d'y tomber. Il faut aussi : 1° que l'air puisse y arriver, pour brûler le combustible contenu dans les capsules ; y arriver *doucement,* pour ne pas enlever les parcelles de cendre, et ne pas trop refroidir le moufle ; 2° que l'acide carbonique produit par la combustion puisse se dégager.

On chauffe ce fourneau au charbon de bois, à la tourbe ou au coke. Dans ces deux derniers cas il faut le faire plus grand, car ces deux combustibles ne brûlent bien qu'en grande masse. Il est à propos de prévenir que la première fois qu'on se sert du fourneau et des moufles on est souvent tenté de les croire impropres au service, tant ils s'échauffent difficilement. Il faut même, dût-on manquer le premier essai, ne chauffer le fourneau que très-doucement au début, sous peine d'y produire des gerçures et de le briser s'il est mal cerclé.

On sait que, dans la combustion du charbon, il se dégage deux gaz dangereux, l'acide carbonique et surtout l'oxyde de carbone (87 et 88). Le laboratoire doit donc être bien ventilé, et le fourneau placé sous une hotte munie d'un tuyau entraînant les gaz au dehors.

Le feu, au reste, n'a pas besoin d'être très-intense; il suffit que le moufle soit rouge clair. Une plus forte chaleur a même l'inconvénient de fondre la cendre et de former au-dessus de la capsule une croûte qui empêche l'air de venir brûler le combustible, ce qui arrête l'incinération.

Les capsules doivent être assez grandes pour contenir à l'aise au moins le double de la quantité qu'on se propose d'essayer, surtout si le combustible est sujet à gonfler au feu, comme la houille, ou à décrépiter, comme l'anthracite. Elles doivent, en outre, être peu profondes, à fond plat et bien évasées, afin que le combustible, largement étalé en couches minces, présente beaucoup de surface à l'air, sinon l'incinération est trop lente.

Les capsules de porcelaine sont économiques, mais cassantes, et par là sujettes à faire manquer l'expérience. Cependant on prévient la casse, toujours à craindre par les changements brusques de température, en les enfournant et défournant graduellement. Les capsules de terre s'échauffent trop lentement; celles de fer et de cuivre s'altèrent vite; celles de platine sont excellentes à tous égards ; elles peuvent être minces, légères, et par suite peu coûteuses.

Enfin la balance doit être sensible à un milligramme près, et pourvue abondamment de petits poids de 1 et 2 milligrammes. Si son exactitude n'est pas rigoureuse, on emploiera la méthode dite des doubles pesées, décrite dans tous les ouvrages élémentaires de physique.

Dans tous les cas, la tare des capsules devra être faite avec soin avant et après l'expérience, car il n'est pas rare qu'elles subissent des changements de poids dus à ce que des parcelles d'oxyde de fer s'incrustent dans les parois.

En résumé, voici le détail du petit laboratoire qui devrait exister dans tous les établissements où il peut être de quelque intérêt de s'assurer de la pureté des combustibles :

1. Fourneau à moufles, avec un tuyau qu'on puisse enlever quand le feu est trop actif.
2. Une pelle à main de même largeur que la porte par laquelle se charge le fourneau.
3. Un crochet et une baguette de gros fil de fer, pour nettoyer la grille du fourneau et tasser le combustible autour du moufle, qu'il ne faut, d'ailleurs, pas secouer ni cogner.
4. Une balance très-délicate, pouvant peser 30 grammes et sensible au milligramme, avec grand assortiment de petits poids.
5. Plusieurs capsules de platine, creuses au plus de $0^m,1$, et ayant au moins $0^m,25$ carrés de surface, pour 5 grammes de combustible à essayer.
6. Une petite cuiller en fer avec manche de bois, pour emplir les capsules et remuer au besoin le combustible pendant l'incinération.
7. Une pince, dite à mouchette, pour porter les capsules dans le moufle et les en retirer.
8. Un grand mortier de fonte avec pilon *idem* et un couvercle, pour faire le gros pilage.
9. Un petit mortier de fonte de $0^m,15$ et évasé, pour achever le pulvérisage.
10. Un tamis à grosses mailles, en fil de fer.
11. Un autre tamis de soie ou de très-fine toile métallique.
12. Une tablette de bois ou de carton, pour faire les éliminations.
13. Un flacon d'acide nitrique, pour essayer si la cendre est calcaire.
14. Un flacon d'acide chlorhydrique ou de prussiate de potasse, pour reconnaître la présence du soufre.
15. Un séchoir ou étuve, pour dessécher à feu doux le combustible, et reconnaître au besoin la quantité d'eau qu'il contient.

Tous ces objets réunis atteignent au plus la valeur de 150 francs; une très-courte expérience, de l'adresse et de la patience suffiront pour permettre d'exécuter toutes les expériences voulues.

4° Emmagasinage du combustible.

126. Nous n'examinerons pas la question quelquefois élevée de savoir si certains combustibles n'ont pas besoin de subir pendant quelque temps l'action de l'air, et si une petite quantité d'eau n'améliore pas leur qualité. Nous nous bornerons à dire que le combustible de consommation journalière doit être à couvert sous des hangars pour le préserver de la pluie qui, en tous cas, le mouillerait avec excès.

En ce qui concerne particulièrement le coke, on admet assez volontiers qu'il gagne à ne pas être employé tout de suite après sa fabrication, mais il est hors de doute qu'après un long emmagasinage sans précaution, il perd sa qualité, et j'ai vu notamment des cokes anglais, de qualité tout à fait supérieure lors de la livraison, devenus, au bout de deux ans, selon l'expression des ouvriers, *éfeutés*, c'est-à-dire sans action et sans chaleur dans la combustion.

Le charbon de bois paraît avoir un besoin absolu d'être conservé sec, sous des remises fermées, pour éviter la formation des sels qui le délitent ; mais la houille, le coke et la tourbe sont moins susceptibles. On les entasse ordinairement sur une aire, élevée de 10 à 12 centimètres au-dessus du sol, un peu plus bombée que les chaussées des routes et des rues. On la fait en pavé ou avec un mortier de terre grasse mêlée de cendre ou de scorie. L'empilage se fait en plaçant en dehors, comme un mur, les gros morceaux unis et serrés qui peuvent laisser glisser la pluie et l'empêcher de pénétrer dans l'intérieur du tas.

Quand l'empilage est fait, il est bon de recouvrir le haut du tas avec de la paille, des planches ou une bâche goudronnée, et le combustible, ainsi emmagasiné, se conservera longtemps sans qu'il soit besoin de recourir à des hangars de construction coûteuse.

Cette durée toutefois ne peut être indéfinie, ainsi qu'on l'a vu en parlant des divers combustibles.

127. Mais le danger principal des emmagasinages est dans les combustions spontanées qui, surtout en temps humide et chaud, peuvent se produire par suite de décompositions chimiques. Il faut donc : 1° diviser la masse, pour faire, sans trop de perte, la *part du feu*, en cas de nécessité ; 2° éloigner les tas, dépôts, remises ou soutes des lieux que l'incendie menacerait particulièrement, et ménager les moyens d'éteindre le feu par des injections faciles d'eau ou de vapeur (voir *Annales de marine*, 1843 et 1847).

A l'occasion des diverses sortes de machines, nous entrerons dans les détails d'installation des *soutes ;* ainsi sont appelés les magasins fermés dans lesquels se loge la provision de combustible autour de ces machines.

CHAPITRE III.

Formation de la vapeur.

128. Le jeu des machines à vapeur repose sur deux lois bien connues : 1° l'eau chauffée se convertit en vapeur, et celle-ci, à son tour, se condense, c'est-à-dire revient à l'état liquide dès qu'à la chaleur succède une température froide ; 2° la vapeur, comme tous les corps gazeux, possède une puissance de dilatation, une force de ressort, exerçant une pression contre les parois qui l'emprisonnent, et chassant les corps qu'on oppose à son expansion s'ils ne sont pas trop résistants.

Toute machine à vapeur comprend en effet cinq parties fondamentales :

1° Un *générateur*, où se forme et s'accumule la vapeur ;

2° Un appareil *moteur*, où la vapeur met en jeu, par son expansion, des organes mécaniques tels que piston, disque, noix, etc., dont l'action, tantôt circulaire, tantôt alternative, est utilisée suivant les circonstances ;

3° Un *condenseur*, ramenant à l'état liquide la vapeur sortant du précédent appareil, lorsqu'on ne la fait pas échapper simplement dans l'air, où elle se dissipe ;

4° Un *distributeur*, qui introduit la vapeur dans l'appareil moteur et lui donne issue quand elle y a produit son action.

5° Enfin, un *mécanisme de transmission* du mouvement du piston, comprenant des bielles, manivelles, tiges, leviers, très-variés dans leur combinaison et dont nous ne parlerons que d'une manière générale.

Dans ce chapitre, nous allons étudier d'abord les lois générales de la vapeur, sa formation et les agents par lesquels on l'obtient ; puis son action dans les machines, sa distribution et sa condensation. Ensuite, après avoir exposé dans quelle proportion les machines à vapeur utilisent leur travail théorique, il sera donné quelques exemples de cette utilisation.

129. On a employé les vapeurs de divers liquides comme puissance motrice, savoir : l'eau, l'éther et le chloroforme ; ces deux derniers ont été employés en service courant avec assez de succès pour promettre un service avantageux quand le bas prix des matières, le danger des fuites et la bonne installation des appareils cesseront d'assurer la préférence à la vapeur d'eau. On a aussi proposé l'emploi du sulfure de carbone, de l'alcool et du gaz acide carbonique. Dans ce qui va suivre, nous ne nous occuperons que de la vapeur d'eau, ne parlant que très-accessoirement des autres liquides.

§ 1. PROPRIÉTÉS GÉNÉRALES ET FORMATION DE LA VAPEUR D'EAU.

130. La vapeur n'étant autre chose que l'eau passée à l'état fluide, et ce changement d'état ne modifiant en rien la composition élémentaire du corps, la vapeur pure se compose, comme l'eau dont il sera parlé ci-après, de 89 parties d'oxygène et 11 parties d'hydrogène évaluées en poids. Elle se décompose au contact de plusieurs corps, notamment du fer rouge et du charbon incandescent. Il paraîtrait, d'après divers chimistes, qu'elle se décompose aussi, partiellement au moins, à des températures voisines de l'ébullition, au contact de certains métaux, ce qui expliquerait des décompositions qu'on dit avoir constatées dans des générateurs en service.

La vapeur pure est un fluide sans odeur ni saveur ; essentiellement liquéfiable par le froid ; invisible et transparent comme l'air. Si nous la voyons s'échapper des tuyaux de machines à vapeur sous forme de nuages blancs, c'est qu'elle subit un commencement de condensation ; c'est qu'au lieu d'être pure, elle est mélangée de particules d'eau liquides et qu'elle est, suivant l'expression des praticiens, *aqueuse, vésiculeuse, globuleuse, mouillée.* La preuve en est que dans les chaleurs d'été à peine voit-on sortir la vapeur de la machine, bien que le bruit de l'échappement annonce son émission ; tandis qu'en hiver et en temps de pluie, le moindre dégagement de vapeur dans l'air se manifeste par une abondante masse nuageuse. Souvent la vapeur conserve l'état vésiculeux dans l'intérieur de la machine, soit parce que les conduits et cylindres sont mal protégés contre le refroidissement, soit parce que la vapeur sort de la chaudière même, mélangée d'eau par suite de diverses causes que nous expliquerons plus tard. Nous verrons que cet état *aqueux* de la vapeur est nuisible au travail de la machine et qu'il importe de le prévenir.

151. La vapeur se forme à toute température, même au-dessous de 0 degré ; d'où il faut conclure que le vide n'existe jamais au-dessus d'une masse d'eau, même froide. Mais la vapeur n'a d'usage, comme puissance motrice dans les machines, que lorsqu'elle est formée à de hautes températures, parce que c'est seulement alors qu'elle est capable d'exercer de fortes pressions.

La formation lente de la vapeur aux basses températures se nomme *évaporation*. La formation rapide aux températures élevées s'appelle *vaporisation*. C'est de celle-ci seule que nous nous occuperons.

Quand on examine le phénomène de la vaporisation d'un liquide contenu dans un vase ou chaudière placé sur le feu, on voit bientôt se former sur toute la surface chauffée une multitude de globules qui grossissent peu à peu, s'élèvent bientôt dans la masse liquide, par suite de leur légèreté relative, comme de petits aérostats, et vont crever à la surface. Ces globules ne sont autre chose que des molécules d'eau gazéifiée au contact de la surface chauffée du vase. Leur formation elle-même constitue le phénomène de l'*ébullition*. A mesure que la chaleur augmente, l'ébullition devient plus intense ; bientôt elle est si précipitée, si tumultueuse, que l'observateur ne peut plus en suivre la marche. Le seul fait qu'il soit encore possible de constater, c'est l'extrême tuméfaction de la masse liquide, laquelle semble se soulever par l'effet des bulles qui font, pour ainsi dire, explosion dans l'intérieur de cette masse, sans avoir le temps d'arriver crever à la surface comme au début de la vaporisation.

152. Les nappes d'eau voisines de la surface chauffée de la chaudière et les plus dilatées tendent nécessairement à monter et à repousser au fond les nappes supérieures plus froides, dont elles prennent la place. Il en résulte dans la masse liquide un courant vertical rapide qu'il importe de ne pas entraver, car il aide beaucoup au dégagement des bulles gazeuses, et, par conséquent, à l'activité de la vaporisation.

La chaudière n'étant pas, suivant l'ordinaire de la pratique, également chauffée dans toutes ses parties, la même cause produit un courant identique au précédent, et qui se dirige des parties les moins chaudes de la chaudière vers celles qui reçoivent la première action du feu. Ce courant est aussi très-propre à favoriser l'activité de la vaporisation, outre qu'il contribue beaucoup à entretenir la propreté de la chaudière.

Les bulles de vapeur montent verticalement ; elles mettent à s'élever à travers la masse liquide un temps dont la durée n'est pas négligeable. On a prétendu que dans les chaudières à bouilleurs et à haute pression, la vitesse d'ascension des bulles était de $0^m,30$ à $0^m,40$ par seconde. Ce qui est certain, c'est qu'on voit les bulles fluides monter assez lentement, soit dans le phénomène de l'ébullition, tant qu'on en peut suivre la marche, soit dans le dégagement des eaux gazeuses. Il faut conclure de là qu'on doit éviter dans les chaudières, autant que possible, les dispositions de nature à gêner le libre dégagement de la vapeur et son ascension verticale à travers la masse liquide.

153. Il y a un degré de chaleur où la vaporisation semble *à son maximum*. Ce degré est un peu inférieur à celui où la chaudière *rougit* : à cette chaleur rouge du vase la vaporisation cesse totalement, et l'eau se forme en globules ou sphères qui semblent n'avoir plus que de la répulsion pour le métal. Cet état *sphéroïdal* de l'eau ne cesse que lorsque la chaudière s'est refroidie au-dessous du brun sombre ; mais la vaporisation est alors énorme. Tel est le principe développé, il y a peu d'années, par M. Boutigny, sous le nom de *Théorie de la caléfaction ;* science nouvelle que la pratique parviendra sans doute à appliquer, dont tous les forgerons et fondeurs ont cent fois vu le phénomène sans y prendre garde, que Perkins et après lui Lechevallier (*Annales des mines,* 2e série, t. III) «avaient entrevue dans le fait d'une chaudière crevée qui ne laissait échapper aucune vapeur de cette ouverture quand elle était rouge, mais d'où la vapeur sortit ensuite avec un mugissement épouvantable, dès que la température fut abaissée. »

Il y aurait aussi, selon Faraday (*Annales de chimie*, t. XXXV), une limite inférieure au-dessous de laquelle, pour certains corps du moins, la formation de la vapeur cesserait d'une manière absolue. Elle correspond à un notable abaissement du thermomètre au-dessous de 0, et par conséquent n'intéresse pas notre sujet.

154. Le *point d'ébullition*, ou autrement dit la température à laquelle commencent l'ébullition et la vaporisation, est toujours le même pour un même liquide placé dans les *mêmes circonstances*. Ce principe résulte de ce qui sera dit ci-après, savoir qu'une température donnée ne peut jamais créer des vapeurs de volumes, tensions et densités différents.

Ce point constant d'ébullition dépend lui-même de la nature du liquide, de la pression qui s'exerce à sa surface, des matières étrangères qu'il contient, et de la nature du vase.

1° Influence de la nature du liquide : l'expérience a prouvé que la température à laquelle commençait l'ébullition, sous la pression atmosphérique, était pour :

Le mercure.	350 degrés centigrades.
L'huile et la graisse, en moyenne. .	315 —
L'acide sulfurique..	310 —
L'eau pure.. . . . . :	100 —
L'alcool du commerce	80 —
Le chloroforme..	72 —
Le sulfure de carbone..	48 —
L'éther	38 —

2° La pression qui s'exerce à la surface du liquide s'oppose évidemment au dégagement et au soulèvement des bulles en raison de son énergie, d'où il suit qu'il y a autant de points d'ébullition différents pour un même liquide, qu'il peut y avoir de pressions différentes sur sa surface. L'eau pure au niveau de la mer, sous la pression atmosphérique, entre en ébullition à 100 degrés. Mais plus on s'élève au-dessus, plus la pression atmosphérique diminue; plus on s'abaisse au-dessous, plus aussi s'abaisse le point d'ébullition. L'eau bouillante n'a donc pas partout la même chaleur ni le même pouvoir de cuisson : l'ébullition est notablement avancée sur les hautes montagnes, et elle est retardée dans les lieux plus bas que la mer. Elle est avancée sous le récipient de la machine pneumatique dont l'air a été extrait ; elle est au contraire fortement retardée dans une chaudière à haute pression. Voici, d'après différents expérimentateurs, le point d'ébullition de l'eau en divers lieux de la terre et à l'air libre :

1. Paris, Londres, Rome, Berlin. . . .   98,8 degrés centigrades.
2. Lyon, Milan, Vienne, Moscou. . . .   99,4   —
3. Madrid   97,3   —
4. Mexico, hospice du Saint-Gothard. .   92,0   —
5. Quito..   90,0   —
6. Mont Blanc (4925 mètres au—dessus
    du niveau de la mer).   85,0   —

3° Les substances étrangères en suspension dans l'eau, telles que la vase ou le sable, qui ne lui sont pas incorporées *chimiquement*, ne paraissent pas exercer d'influence sensible sur son point d'ébullition ; mais il en est autrement des substances qui sont unies à l'eau pure par *combinaison* ou *dissolution*. Elles avancent son point d'ébullition si, telles que l'éther et l'alcool, elles sont plus volatiles que l'eau ; les sels retardent au contraire ce point d'ébullition. On a reconnu, par expérience, que si l'eau pure bout, en nombre rond, à 100 degrés,

L'eau saturée de carbonate de soude bout à. .   108 degrés.
   —   de sel marin.   110   —
   —   de sel ammoniac.   114   —
   —   de salpêtre   115   —
   —   de soude.   124   —
   —   de carbonate de potasse.   140   —
   —   de chlorure de chaux.   180   —

4° L'influence de la nature du vase ou chaudière contenant le liquide est certaine, mais le seul principe qu'il soit possible de poser, encore n'est-il pas toujours rigoureusement vrai, est qu'une chaudière favorise d'autant mieux la vaporisation que sa substance est de nature à bien conduire le calorique. Voici dans quel ordre de conductibilité sont les métaux employés dans les machines : 1° le cuivre ; 2° le fer, le zinc et l'étain sont tous trois environ deux tiers moins conductibles que le cuivre ; 3° le plomb ; sa conductibilité est moitié de celle des trois derniers métaux. Il suit de là que les chaudières de cuivre utilisent mieux le calorique que celles de fer. On verra plus tard si elles ont une solidité suffisante. Quant au laiton (alliage de cuivre et de zinc), plus ce dernier métal dominera, moins l'alliage sera favorable à la transmission du calorique. La proportion de 90 cuivre $+$ 10 zinc, adoptée souvent pour les tubes de chaudières tubulaires, paraît très-bonne comme conductibilité et durée (voir n° 34).

135. Pression et dilatation de la vapeur. — Les molécules des corps fluides tendent à les écarter indéfiniment (67) ; et de là vient cette propriété qu'ils ont d'exercer une pression contre les parois qui les retiennent. Cette pression est *égale dans tous les sens.*

Pour la mesurer, on en compare les effets à ceux que l'air atmosphérique exerce par son poids. Or, on sait qu'autour de notre globe terrestre, il existe une couche d'un gaz invisible ayant environ 52000 mètres d'épaisseur, que nous appelons l'air, et dont le poids exerce sur tous les objets non placés dans le vide une pression qui a été trouvée par expérience égale à 1ᵏ,033 sur chaque centimètre carré de surface, ou 10330 kilogrammes sur 1 mètre carré (soit, en mesures anglaises, 14 livres par pouce carré et 2016 livres par pied carré). Telle sera donc aussi la pression de la vapeur par unité de surface, sous une tension égale à celle de l'atmosphère. Sous une tension moitié moindre, la pression, moitié moindre aussi, ne sera plus que 5165 kilogrammes ; sous une tension double, la pression deviendra 20660 kilogrammes ; à trois atmosphères, elle sera 30990 kilogrammes, et ainsi de suite, comme on le voit au tableau du numéro 140.

136. Conformément à la loi générale de la dilatation (67 et 80), les fluides augmentent de volume à peu près uniformément pour chaque degré d'élévation de température, d'une quantité constante qui s'écarte peu du nombre 0.00375, de laquelle il résulte une pression. Tel est le principe connu en physique sous le nom de loi de Gay-Lussac (55).

Mais ce qui spécialise les fluides est que, par la répulsion naturelle de leurs molécules, ils se dilatent et *se détendent*, indépendamment des variations de température, dès qu'on augmente l'espace où ils sont renfermés. Cet espace est donc toujours exactement rempli par le fluide ; à mesure qu'il augmente, la tension du fluide diminue, ainsi que sa pression sur les parois qui l'emprisonnent. Réciproquement, à mesure que l'espace diminue, la tension et la pression augmentent. Ce principe, connu en physique sous le nom de *Loi de Mariotte*, s'énonce ainsi : *La pression des gaz est en raison inverse de leur volume.*

Soit donc un gaz dont la pression est P lorsque son volume est V; si on demande quelle sera sa pression P' quand le volume sera devenu V', on aura la proportion P : P' :: V' : V, d'où on tire $P' = \dfrac{PV}{V'}$; et $V' = \dfrac{PV}{P'}$ pour volume correspondant à la pression P'.

EXEMPLE. Soit $P = 5^k$ la pression d'un volume de vapeur $V = 1^{mc}$; sa pression P', lorsque le volume primitif sera devenu $V' = 2^{mc}$, aura pour mesure $P' = \dfrac{5}{2} = 2^k,5$; à un autre volume $V' = 4$, la pression sera $\dfrac{5}{4} = 1^k,25$; au volume $V' = 7$, la pression sera $\dfrac{5}{7} = 0^k,72$, et ainsi de suite.

La moyenne arithmétique de ces diverses pressions sera ce qu'on nomme la *pression moyenne* dans la dilatation ou détente.

137. Quoique les gaz et les vapeurs aient la propriété de se détendre en continuant à exercer une pression, il y a cependant entre ces deux classes de fluides une différence capitale : pour les gaz proprement dits, la loi de Mariotte est d'une application générale ; veut-on doubler, tripler la tension, il suffit de réduire de moitié, du tiers le volume primitif en le comprimant. Au contraire, double-t-on, triple-t-on ce volume, la pression du gaz diminuera proportionnellement et deviendra deux fois, trois fois moindre. Les gaz qui jouissent ainsi de la propriété de suivre indéfiniment la loi de Mariotte se nomment *gaz permanents*, l'air en est le type (84).

Quant aux *vapeurs,* la loi de Mariotte ne leur est applicable que sous une condition dont il importe de se bien pénétrer : l'expérience a démontré qu'il existe *entre la tension, la densité et la température des vapeurs une relation constante;* en sorte que la tension ne peut être élevée au delà d'un maximum déterminé, sans qu'en même temps la température ne s'élève d'un certain nombre de degrés correspondant. Ainsi, on voit dans le tableau du numéro 140, que lorsque la vapeur est à la température de 100 degrés, elle pèse 0^k,591 par mètre cube et qu'elle est capable d'exercer sur chaque centimètre carré de surface un effort de 1^k,033. Cet effort et cette densité ne pourront être augmentés qu'à la condition d'élever aussi la température d'une quantité correspondante. Si on se contentait de diminuer l'espace et de comprimer la vapeur qui s'y trouve, on ne parviendrait nullement à augmenter la pression, ainsi qu'il arriverait pour l'air ; la compression n'aurait d'autre effet que de forcer la vapeur à se liquéfier à mesure que l'espace diminuerait ; de telle sorte que cet espace, quelque restreint qu'il devienne, ne contiendra jamais que de la vapeur à la pression primitive de 1^k,033. Pour doubler cette pression et la porter à 2^k,066, il faudra élever la température à 121 degrés, nombre enseigné, comme le premier, par l'expérience et indiqué dans le tableau du numéro 140.

Lorsqu'un espace renferme autant de vapeur qu'il en peut contenir eu égard à sa température, ou en d'autres termes, quand la vapeur renfermée dans un espace clos a atteint la limite de pression correspondante à une température donnée, on dit que la vapeur est parvenue à sa saturation [1], ou que cet espace est saturé de vapeur.

138. Ceci posé, il faut, pour l'application de la loi de Mariotte, distinguer si la vapeur reste en communication ou non avec le liquide qui l'a formée.

Quand *la vapeur est en contact avec l'eau* servant à la former (c'est le cas de la chaudière des machines à vapeur), la relation dont il vient d'être parlé au numéro précédent subordonne rigoureusement l'une à l'autre la pression, la densité, la température ; en sorte que l'une ne peut varier sans faire immédiatement varier les autres, suivant des rapports constants. Les lois de Mariotte et de Gay-Lussac ne reçoivent donc pas d'application dans ce cas.

La vapeur *non en contact avec le liquide* (c'est le cas des cylindres des machines à vapeur) se dilate et se comprime en suivant

---

[1] On dit dans le même sens qu'un liquide est saturé de sel quand il en a dissous autant qu'il peut en dissoudre, en sorte que le surplus reste précipité au fond comme s'il était insoluble.

la loi de Mariotte jusqu'à sa saturation, mais pas au delà. Ce principe n'est pas rigoureusement vrai, mais il l'est suffisamment pour
la pratique. Il signifie que, si l'espace où est renfermée la vapeur
augmente sans que la température s'abaisse, la vapeur se dilatera
en diminuant de pression à mesure que le volume croîtra: Réciproquement, la pression augmentera à mesure que le volume reviendra à son état primitif, mais seulement jusqu'à ce qu'elle ait
atteint la limite qui, d'après le tableau du numéro 140, correspond à la température ambiante.

En d'autres termes, pour augmenter la pression de la vapeur,
il ne suffit pas, comme pour l'air, de la comprimer simplement,
il faut en même temps élever la température d'un nombre de
degrés déterminé.

Ainsi on voit, au tableau du numéro 140, qu'à 153 degrés la
vapeur exerce une pression de 5^k,16 par centimètre carré. Tant
que la température ne variera pas dans la chaudière, cette pression y demeurera constante, et réciproquement toute variation de
température sera suivie d'une variation correspondante de pression. Dans le cylindre, au contraire, une fois qu'il sera isolé de
la chaudière, la vapeur s'y pourra détendre à mesure de l'augmentation de volume qui résultera de la marche en avant du piston, de manière à ce que la pression ne soit plus, par exemple,
que de 3 kilogrammes par unité de surface. Sa température ne
sera plus alors que 135 degrés, nombre correspondant indiqué par
le tableau. Si ensuite, au lieu de chasser cette vapeur, le piston la
comprime dans son retour au point de départ, la vapeur comprimée
augmentera de pression comme un gaz suivant la loi de Mariotte,
mais seulement jusqu'à ce qu'elle soit revenue à ses 4^k,16 et à
ses 153 degrés primitifs. Et même, si, par une cause quelconque,
le cylindre s'est refroidi et ne peut plus offrir que 145 degrés de
température ambiante, ce ne sera qu'à la pression correspondante
de 4^k,13 qu'on pourrait ramener la vapeur; en continuant à la
comprimer, on ne ferait que la liquéfier, et il y aurait de l'eau
dans les cylindres.

On voit, par là, combien il importe de préserver du refroidissement tous les conduits et récipients de vapeur.

158 bis. Mais voici un cas où la vapeur va être entièrement assimilable à un gaz comme l'air et suivra, comme lui absolument, la loi de Mariotte : si on *surchauffe* cette vapeur, isolée de l'eau bien entendu, jusqu'à 500 degrés par exemple, elle ne se dilatera plus que de 0,00365 par degré suivant la loi de Gay-Lussac, et on pourra la comprimer et la dilater en lui faisant prendre une tension inverse du volume, suivant la loi de Mariotte.

Les vapeurs surchauffées ont été employées comme force motrice d'après différents systèmes ; le principal inconvénient qu'elles présentent est qu'en raison de leur haute température les enduits lubréfiants et les garnitures de joints ne peuvent pas résister, et que les organes métalliques eux-mêmes s'altèrent ; on ne fait donc guère usage que des vapeurs saturées.

139. Il suit de ce qui précède que :

1° Lorsqu'une pression ou une densité relatives à une température donnée sont atteintes dans une chaudière, ces diverses quantités sont pour ainsi dire en équilibre et il y a saturation dans cette chaudière ;

2° Tant que la saturation correspondante à une température donnée n'est pas atteinte, la vaporisation continue ; dès qu'elle est atteinte, la production de vapeur cesse ;

3° Si l'on augmente la capacité de la chaudière, la vaporisation recommence jusqu'à nouvelle saturation. Il en sera de même si la chaleur du foyer augmente, jusqu'à ce que le point de saturation correspondant à la nouvelle température soit atteint ;

4° Si la température baisse, aussitôt la pression et la densité diminueront de quantités correspondantes ;

5° Si la chaudière diminue tout à coup de capacité, toutes choses restant égales d'ailleurs, une partie de la vapeur formée se liquéfiera ; ses pression, densité, température ne varieront pas ;

6° Si la chaudière est maintenue exactement fermée, tant que la température ne changera pas, tout s'y maintiendra au même état ; mais dès qu'une ouverture sera offerte à l'écoulement de la vapeur, il y aura désaturation et la vaporisation reprendra. La preuve que cette nouvelle formation de vapeur est très-rapide, c'est que, quoique celle-ci se dépense dans le cylindre de la machine à chaque admission, il ne se produit presque pas de variation de pression dans la chaudière ; pourvu toutefois qu'elle ait reçu d'assez vastes dimensions par rapport au cylindre. Une trop petite chaudière, qui se viderait pour ainsi dire à chaque admission de vapeur au cylindre, produirait, au contraire, de très-sensibles désaturations et changements de pression.

Il résulte de la comparaison d'un grand nombre de machines, que tout est bien proportionné dans ce but, lorsque le réservoir de vapeur attenant à la chaudière égale dix à douze fois le volume ou partie de volume du cylindre de la machine qui se remplit de vapeur à chaque course du piston.

140. L'expérience a déterminé à quelle température correspondait une pression, une densité, en un mot une saturation donnée, ou réciproquement. Le tableau suivant, où ces valeurs correspondantes sont indiquées, contient donc des résultats d'une application toute pratique.

Tableau des poids, densités et pressions de la vapeur d'eau.

PRESSIONS ÉVALUÉES EN			TEMPÉRATURES en degrés centigrades.	VOLUMES de 1 kilogr. de vapeur en litres.	POIDS du mètre cube.
atmosphères.	centimètres de mercure.	kilogrammes par centimètre carré [1].			
					k.
0,01	0,9	0,0120	9	103000	0,008
0,05	4,0	0,0500	35	27000	0,0035
0,10	8,0	0,1000	47	13900	0,064
0,20	17,0	0,1900	62	7900	0,128
0,30	22,3	0,3100	70	5176	0,192
0,40	33	0,4200	78	3900	0,255
0,50	38	0,5200	82	3200	0,310
0,60	»	0,6000	»	»	0,355
0,70	53	0,7100	91	2300	0,420
0,80	62	0,8400	95	1900	0,475
1,00	76	1,0330	100	1681,2	0,591
1,25	95	1,2900	106,6	1381,0	0,723
1,50	114	1,5495	112,2	1165,1	0,858
1,75	133	1,8090	117,1	1014,0	0,983
2,00	152	2,0660	121,4	895,3	1,117
2,50	190	2,5800	128,8	729,3	1,371
3,00	228	3,0990	135,1	617,3	1,620
3,50	266	3,6150	140,6	536,2	1,864
4,00	304	4,1320	145,4	474,6	2,107
4,50	342	4,6480	149,06	425,6	2,349
5,00	380	5,1650	153,08	386,7	2,586
5,50	418	5,6810	156,80	354,7	2,820
6,00	456	6,1980	160,20	327,7	3,052
6,50	494	6,7140	163,48	304,8	3,281
7,00	532	7,2310	166,50	284,9	3,510
7,50	570	7,7470	169,37	267,7	3,735
8,00	608	8,2640	172,10	251,4	3,978
8,50	646	8,7760	174,46	240,0	4,161
9,00	684	9,2970	177,10	227,2	4,405
9,50	722	9,8090	179,89	217,0	4,598
10,00	760	10,3350	181,60	206,3	4,847
11,00	836	11,3630	186,03	189,4	5,280
12,00	912	12,3960	190,00	175,1	5,710
13,00	988	13,4290	193,70	163,0	6,136
14,00	1064	14,4620	197,19	152,5	6,559
15,00	1140	15,4950	200,48	143,3	6,979

141. Écoulement de la vapeur. — Il a été reconnu que la vapeur et les gaz se comportent comme les liquides dans leur écoulement par des tubes et des orifices. Or, la vitesse d'écoule-

---

[1] Pour avoir la pression par mètre carré, supprimez simplement la virgule séparative des décimales.

ment des liquides est donnée[1] par la formule de gravitation $V = \sqrt{2gh}$ (voir n. 60). Elle a été reconnue applicable aux gaz et aux vapeurs.

Pour les liquides, la formule s'applique sans difficulté ; car le facteur h n'est autre que la hauteur, facile à mesurer, de la colonne liquide au-dessus de l'orifice d'écoulement. Quant aux gaz et vapeurs, on sait que leur pression est égale à celle de la colonne liquide qui leur fait équilibre et qui n'est autre que celle de son libre poids, lequel, à égalité de base ou de section de la colonne, a pour mesure le produit de sa densité d par sa hauteur h. Donc $p = d \times h$, telle est la pression qui tend à imprimer de la vitesse au fluide comme au liquide quand il se précipite dans le vide. Dans le cas contraire, on retranchera de p la pression p' du milieu où se précipite le fluide, et alors l'expression ci-dessus devient $p - p' = h \times d$.
D'où on tire

$$h = \frac{p - p'}{d}.$$

Ceci établi, mettons dans la formule de gravitation ci-dessus, au lieu de h, son égalité, on aura, pour déterminer la vitesse théorique V de la vapeur sortant par un orifice d'un réservoir, la formule :

$$V = \sqrt{19{,}62 \times \frac{p - p'}{d}}.$$

Dans cette formule on désigne par :

V, la vitesse cherchée de la vapeur qui s'écoule, en mètres, par seconde ;
p, sa pression, en kilogrammes par mètre carré ;
d, sa densité, en kilogrammes par mètre cube ;
d', la pression, en kilogrammes par mètre carré, du milieu où s'écoule la vapeur.

Exemple. Soit une vapeur à cinq atmosphères dont la densité $d = 2^k,586$ par mètre cube (voir tableau n° 140) ; et la pression

---

[1] Voir, dans les traités de physique et de mécanique appliquée, le développement de cette théorie et les tables des vitesses avec les hauteurs correspondantes, toutes calculées pour la pratique.

$p = 51650$ kilogrammes par mètre carré, s'échappant dans le vide, sa vitesse évaluée en mètres par seconde sera

$$V = \sqrt{19{,}62 \times \frac{51650}{2^k{,}586}} = 626 \text{ mètres.}$$

Dans l'air dont la pression $p' = 10330$ par mètre carré la vitesse serait

$$V = \sqrt{19{,}62 \times \frac{51650 - 10330}{2^k{,}586}} = 561 \text{ mètres.}$$

On trouverait de même, qu'à dix atmosphères, la vapeur s'échappant dans l'air a une vitesse théorique de 614 mètres par seconde.

142. Cette vitesse est purement théorique. En réalité elle est bien moindre dans les machines, à cause d'un grand nombre de phénomènes dont les deux principaux sont la contraction de la veine fluide et le frottement.

L'écoulement d'un liquide ou d'un gaz est très-différent suivant qu'il sort d'un réservoir par un orifice percé en *mince paroi*, ou qu'il s'écoule à *gueule-bée* par un tuyau. Un orifice est dit percé en mince paroi quand l'épaisseur de la paroi où il est pratiqué n'est pas égale au moins à sa plus petite dimension. Telle est l'ouverture percée dans une feuille de tôle. L'écoulement à pleine gueule ou gueule-bée est celui qui a lieu par un tuyau ou un robinet.

Quand un liquide ou un gaz s'écoulent d'un réservoir par un orifice en mince paroi, le jet se contracte en sortant, et la veine qui s'écoule a une section notablement moindre que celle de l'orifice. Pour tenir compte dans les calculs de la diminution d'écoulement qui en résulte, on a reconnu qu'il faut multiplier la vitesse d'écoulement calculée à l'aide de la formule ci-dessus par un coefficient dont la valeur dépend du degré de contraction :

Si la contraction est à son maximum. . . . . le coefficient = 0,60
Si on adapte à l'orifice un ajutage cylindrique . — 0,80
Si l'ajutage est conique. . . . . — 0,90

Dans l'écoulement à gueule-bée par des tuyaux, canaux ou conduits, la veine liquide ou fluide ne se contracte pas ; mais il y a des frottements et des pertes de vitesse qui nuisent à l'écoulement effectif, et par suite desquels celui-ci peut descendre jusqu'à 0,35 de l'écoulement théorique lorsqu'aux corps fluides se mêlent des bulles liquides, ainsi qu'il arrive souvent pour la vapeur (130). En principe, on admet que le frottement dans les tuyaux est proportionnel : 1° à leur longueur ; 2° au carré de la vitesse du fluide ; 3° en raison inverse de leur diamètre [1].

143. Pour amoindrir autant que possible les effets de la contraction et du frottement sur l'écoulement, il convient de prendre les précautions suivantes :

1° Réduire autant que possible la longueur des conduits, et leur donner, au contraire, de grandes sections ;

2° Evaser l'origine des conduits, éviter les changements brusques de direction, les rétrécissements et étranglements ;

3° Obtenir la vapeur aussi sèche que possible.

Malgré toutes ces précautions, on admet dans la pratique des machines à vapeur, que la vitesse réelle d'écoulement n'est guère que la moitié de la vitesse théorique, ce qui conduirait à multiplier par un coefficient 0,5 les nombres donnés par les formules du numéro 69. Des auteurs recommandables croient cependant qu'il y a là exagération, et pensent que dans une bonne machine on peut prendre sans crainte 0,58 pour coefficient.

§ 2. EAU.

144. L'eau est un de ces corps de la nature éminemment sensibles à la chaleur (68), qui peuvent exister à l'état liquide, solide ou gazeux, suivant la température ambiante. Nous venons de parler de l'eau à l'état gazeux ou fluide qui est la vapeur. L'eau liquide et pure est sans saveur ni odeur ; incolore en petite quantité, elle prend en grande masse, suivant son degré de pureté, ou

---

[1] Pour compléter ce qui vient d'être dit, ajoutons qu'un vase de section connue met, en moyenne, pour se vider par un orifice constant, un temps double de celui que tout le contenu mettrait à s'écouler si, le vase restant plein, la pression demeurait jusqu'à la fin ce qu'elle était au début de l'écoulement.

bien la couleur bleue qui distingue le lac de Genève et la Méditerranée, ou bien la couleur verdâtre de l'Océan, des rivières et de ce même lac de Genève, à l'embouchure des ruisseaux vaseux qu'il reçoit. Elle est très-peu compressible : Perkins a reconnu que sa diminution de volume, proportionnelle d'ailleurs à la compression, n'était sous celle de l'atmosphère que 0,00048 du volume qu'elle aurait dans le vide. Mais elle est, ainsi qu'en général les liquides, beaucoup plus dilatable que les solides. Cette dilatation, qui croît d'ailleurs avec la température, est à 100 degrés égale à 1/20 ou 0,05 du volume à 4 degrés, auquel correspond son maximum de densité. Enfin l'eau conduit mal la chaleur, elle se distingue par la grande mobilité de ses molécules, elle dissout et décompose beaucoup de corps.

145. L'eau pure se compose, en poids, de 89 parties d'oxygène et 11 parties d'hydrogène, ou de 1 volume d'oxygène et de 2 volumes d'hydrogène. Nous avons parlé de l'oxygène au numéro 84.

L'hydrogène est, comme l'oxygène, un corps simple, toujours gazeux, sans saveur ni couleur. Il est 12 fois plus léger que l'air atmosphérique, inflammable, brûlant avec une forte chaleur, et produisant de violentes détonations quand il est mélangé avec l'oxygène dans des proportions qui sont précisément celles de la composition de l'eau.

L'eau, même à l'état liquide (130), se décompose au contact d'un certain nombre de corps, notamment la chaux, la baryte, la strontiane, la soude et la potasse, à la température ordinaire ; et à la chaleur rouge, le charbon, le chlore, le phosphore, l'iode, le zinc, l'étain, le manganèse et le fer. L'oxygène de l'eau se combine alors avec ces métaux, et l'hydrogène reste en liberté.

146. L'eau distillée est pure, celle de la pluie l'est à peu près ; mais l'eau de la mer, des rivières, sources, étangs, puits, lacs et citernes est toujours plus ou moins mélangée de matières, les unes en dissolution, les autres en suspension, qui, après la vaporisation, laissent dans la chaudière des résidus pierreux appelés *tartre*, et sont principalement composés de chaux, silice, alumine, magnésie, soude, potasse et fer. Il s'y joint des matières organiques, débris végétaux et animaux, parfois en quantités nuisibles dans l'eau potable, mais qui ont toujours paru à M. Mercier, chimiste au chemin de fer

de Lyon, rendre moins durs et moins adhérents les dépôts dans les chaudières. La silice, au contraire, donne le plus adhérent des dépôts insolubles.

L'eau contient, en outre, des gaz dissous ou non, notamment de l'acide carbonique et de l'air, dont la proportion varie de 1/12 à 1/25 de son volume total sous la pression atmosphérique et à la température moyenne de nos climats.

L'eau de mer contient, d'après Thénard, 3,30 pour 100 de matières minérales, qui sont : du sel marin (soude), plus un peu de chaux, de magnésie, de potasse et d'iode. D'après Murray, cette proportion de matières minérales va jusqu'à 3,80, et même, selon d'autres, jusqu'à 4,80 pour 100 dans la Méditerranée, qui en contient un peu plus que l'Océan. L'eau de l'Océan a donné à l'analyse 2,5 pour 100 de chlorure de sodium, 0,53 de sulfure de magnésium, 0,33 de chlorure de magnésium, 0,02 de carbonate de chaux et de magnésie, et 0,01 de sulfate de chaux : en tout 3,40 pour 100. Une autre analyse de Faraday a donné en tout 3,23 pour 100 (voir Marestier, *Mémoire sur la navigation en Amérique*, p. 182). D'après M. Darondeau, la proportion de sel est sensiblement la même dans toute la masse de la pleine mer, mais il y a seulement de notables différences sur les côtes, particulièrement aux embouchures des rivières, où l'eau est naturellement moins salée. Selon le professeur Forchammer (Leçon à l'Association britannique, *Annales de marine*, 1846, vol. II, p. 821), la proportion de sel serait, au contraire, dominante dans les mers des régions tropicales; ce que contredit M. Paris (*Dictionnaire de marine*, au mot EAU DE MER).

Les eaux douces contiennent principalement de l'alumine, de la magnésie, de la silice, du sulfate et du carbonate de chaux. Un résidu d'eau de Saône a été trouvé, par M. Mercier, presque tout composé de carbonate de chaux. Un puits de Belleville, près Lyon, a donné par litre d'eau 0^g,350 d'un résidu composé, pour moitié, d'alumine et de silice. Le résidu de la Claire, petite rivière du Lyonnais, a été trouvé composé de 11 pour 100 de silice, 5 pour 100 de sulfate de chaux et 84 pour 100 de carbonate de chaux. Ces matières réunies entraient dans l'eau pour 0^g,22 seulement par litre.

Les eaux de source sont, dans certaines localités, chargées de principes corrosifs qui attaquent les chaudières. Celles qu'on désigne sous le nom d'eaux minérales sont souvent dans ce cas. Il en est de même des sources qui avoisinent les mines. L'ordonnance de 1843 en défend l'usage dans les machines à vapeur, à moins que les propriétés corrosives n'aient été préalablement neutralisées (voir la note de M. Lechâtelier, *Bulletin de la Société d'encouragement*, 1ʳᵉ série, t. XLV, p. 417).

Parmi les eaux de source, rivière, puits ou autres, il y en a qui, sans être corrosives, sont d'un mauvais emploi dans les chaudières, à cause des dépôts abondants qu'elles y laissent. On en verra plus loin les graves inconvénients.

147. Il convient donc d'étudier [1] toujours au préalable les eaux qu'on destine à l'alimentation des machines. Celles qui sont salées, saumâtres ou minérales se reconnaissent aisément à leur saveur. Les eaux douces fortement chargées de plâtre ou de sulfate de chaux, et qu'on nomme *eaux crues, eaux séléniteuses*, se reconnaissent à ce que le savon ne s'y dissout pas et que les légumes y durcissent en cuisant. La présence du sulfate de chaux est en outre rendue sensible à l'aide du nitrate de baryte qui le précipite. Quant au carbonate de chaux, on le décèle en versant dans l'eau quelques gouttes d'oxalate d'ammoniaque qui la blanchissent comme du lait, si elle contient le carbonate supposé.

La plupart des eaux connues ont été analysées par nos ingénieurs des mines et des ponts et chaussées, auprès desquels on trouve au besoin tous les renseignements nécessaires. On les trouve aussi dans l'*Annuaire des eaux de France*. Les résultats offrent d'assez grandes variations; car, outre la composition chimique qui diffère avec les localités, et même avec les saisons, l'abondance des dépôts varie aussi avec les matières en suspension. C'est ce qui arrive, surtout pour les rivières, qui sont toujours plus ou moins vaseuses dans les hautes eaux, et très-limpides en d'autres temps de l'année.

---

[1] Voir *Considérations et analyses sur les eaux*, par M. West, et la discussion sur ce sujet à la Société des ingénieurs civils de Londres, du 17 février 1846; voir aussi le Mémoire sur les eaux potables, de M. Pasquier.

148. Dans les expériences relatées ci-après, on a donc supposé les eaux clarifiées, de sorte que les proportions de dépôts ne proviennent que des sels en dissolution. Ce ne sont, bien entendu, que des moyennes approximatives.

Quantités moyennes de dépôts solides donnés par un litre des eaux suivantes.

NOMS DES MERS, FLEUVES, RIVIÈRES ET SOURCES.	DÉPÔTS.
	gram.
Océan, près de Bayonne (analysé par Vogel)	34,96
— à Leith (d'après Murray)	30,94
— (d'après le docteur Ure)	30,80
— (d'après MM. Gay-Lussac et Despretz)	36,50
Méditerranée (d), — —	38,00
Océan arctique, — —	28,00
Mer Noire, — —	21,00
Mer Rouge, — —	43,00
Seine, à Bercy, d'après M. Mercier, en automne	0,250
— à Rouen (d'après Lavoisier et Girardin), de	0,016 à 0,037
Marne, à Epernay (b)	0,250
— à Meaux (b)	0,424
— à Lagny (b)	0,347
— à son entrée en Seine (c)	0,511
Moselle, en amont de Metz (b)	0,188
Rhin	0,231
Doubs	0,230
Rhône (d'après M. Bineau), de	0,010 à 0,180
Saône, à Lyon (d'après M. Bineau)	0,180
Loire	0,134
Garonne	0,136
Eau d'Arcueil, près Paris (c)	0,529
Fontaine de Belleville, près Paris (c)	2,520
Puits artésien de Grenelle, à Paris (c)	0,150
Puits artésien de Meaux (b)	0,048
Rivière de Bièvre (c)	0,804
Rivière d'Ourcq (c)	0,281
Canal de l'Ourcq, à Meaux (b)	0,326
— à Paris (b et c)	0,590
Canal de la Marne au Rhin, à Sermaise (b)	0,217
— à Bar-le-Duc (b)	0,283
Étang de la verrerie Sophie (b)	0,070
Nied française en Lorraine (b)	1,063

En résumé, l'eau de mer contient en moyenne 3,50 pour 100 de

(*b*) Analyses faites en 1851 et 1852 par M. Barral.

(*c*) Analyses faites en 1848 par MM. Boutron-Charlard et Henry.

(*d*) D'après M. Paris, cette proportion s'élèverait à près de 41 grammes à 2 lieues de Marseille.

matières en dissolution; et qui restent à l'état de sédiment dans le générateur. Les eaux de rivière contiennent beaucoup moins de sels en *dissolution*, mais souvent beaucoup de matières terreuses en *suspension*, particulièrement dans les hautes eaux. Clarifiées, elles rendent au plus 0,05 pour 100 de sel où la chaux domine ordinairement. Les eaux de source et de puits sont généralement limpides, mais elles peuvent contenir beaucoup de sels dissous et donner beaucoup de tartre. L'eau de Belleville, citée au tableau, en offre l'exemple. Les eaux de puits artésien sont généralement claires et pures; celle du puits de Saint-Sever à Rouen, creusé en 1832 à 60 mètres sous la direction de M. Flachat, a donné à l'analyse 2ᵍ,70 de tartre pour 1 kilogramme d'eau; un autre puits de Saint-Sever, analysé par M. Girardin, en a même donné jusqu'à 3ᵍ,5. C'est une des plus fortes proportions qu'on ait encore trouvées dans l'eau douce.

149. Le *tartre* (ou autrement dit les dépôts qui s'accumulent dans les chaudières à vapeur) est aussi nuisible à la vaporisation qu'à la conservation de la machine; il engorge la chaudière; il obstrue les conduits et les orifices pour le passage de l'eau et de la vapeur; il pénètre jusque dans les cylindres et les condenseurs; il forme sur toute la surface intérieure de la chaudière une couche réfractaire qui empêche la transmission de la chaleur; en outre, le métal de la chaudière chauffé à sec risque de se brûler. Enfin, quand il arrive que la couche de tartre se détache, l'eau, subitement en contact avec le métal *surchauffé*, se vaporise instantanément avec impétuosité, et des explosions peuvent s'ensuivre. Il importe donc d'éviter à tout prix la formation de ces dépôts, et, en général, d'apporter un grand soin au choix de l'eau d'alimentation des machines[1]. Les auteurs du *Guide des conducteurs et constructeurs de locomotives* n'estiment pas à moins de 2000 francs le surcroît de dépense annuel d'entretien d'une locomotive alimentée avec de mauvaises eaux.

---

[1] J'ai, en ce moment, sous les yeux un échantillon d'incrustation cristalline communiqué par M. A. Flachat. Son épaisseur égale 0ᵐ,07 formés en cinq semaines. J'avais dernièrement un autre échantillon de tartre terreux dont l'épaisseur dépassait 0ᵐ,11; sa présence a été la cause d'un coup de feu à la chaudière.

Quand les eaux sont simplement bourbeuses, c'est-à-dire quand les corps étrangers qu'elles contiennent y sont, non en dissolution, mais simplement en suspension, on évite aisément les dépôts dans les générateurs en filtrant l'eau, et même souvent en la laissant simplement reposer au fond des réservoirs. On doit donc, dans la construction des réservoirs, avoir soin de placer la prise d'eau un peu au-dessus du fond, afin que les matières boueuses n'y entrent pas (voir les discussions sur ce sujet dans le *Compte rendu de la Société des ingénieurs civils de Paris*, qui s'est très-souvent occupée de ce sujet, et *le Génie industriel* d'Armengaud, t. II, p. 340).

150. Souvent, nous l'avons dit, malgré leur limpidité, les eaux rendent un tartre qui s'incruste sur toute la surface intérieure de la chaudière et y forme un sel insoluble cristallisé très-dur, excessivement difficile à détacher, même à coups de burin et de marteau. C'est alors qu'il faut en éviter à tout prix la *formation*.

On y parvient par quatre moyens :

1°. En empêchant l'eau de se saturer des sels qu'elle contient ; et pour cela, il suffit d'ouvrir de temps en temps des robinets spéciaux, dits de vidange, placés au bas de la chaudière pour faire écouler, avec la boue qui s'y est amassée, l'eau imprégnée de sels ; et on la remplace par de l'eau pure qu'envoie l'appareil alimentaire. Dans la marine et les mines, on ne se contente pas de l'ouverture des robinets de vidange : on fait une *extraction continue* d'eau dans les parties *supérieures* de la chaudière, et on la remplace de suite par de l'eau pure. Nous reviendrons sur ce procédé.

2° Le deuxième moyen est d'éviter de laisser refroidir dans la chaudière les eaux que l'on sait être fortement salines ou calcaires ; car c'est au repos et en refroidissant que cristallisent surtout les incrustations. En marche, au contraire, l'agitation suffit assez bien pour prévenir la cristallisation, et le tartre s'amasse au fond en forme de boue, qui part par le robinet de vidange.

3° Le troisième et principal moyen est de laver souvent la chaudière. Les locomotives se lavent en moyenne tous les trois jours ; les chaudières de machines fixes ou marines, qui sont simples à l'intérieur, se lavent au plus tous les huit ou dix jours. Il est impossible de prescrire sur ce point aucune règle, car la fréquence du lavage dépend de la pureté des eaux et des conditions du service.

4° Pour empêcher les dépôts de s'amasser dans le fond d'une chaudière cylindrique ou autre, MM. Holcroft et Hoyle (*Practical mechanic's Journal* et *Bulletin de la Société d'encouragement*, 1854) ont installé à 8 ou 10 centimètres au-dessus du fond, un *collecteur* formé d'une feuille de tôle mince, concentrique à ce fond de la chaudière, et dans laquelle se dépose le tartre. L'agitation produite par l'ébullition empêche les sédiments de se former sur la surface qui reçoit l'action immédiate du feu, tandis que le calme de l'eau au-dessus du collecteur y favorise leur accumulation : un tube, en communication avec le collecteur, permet de donner à la vase non solidifiée la facilité de s'écouler au dehors.

151. Quand de fréquents lavages, vidanges d'eau saturée et les précautions prises pour la purification préalable des eaux ne suffisent pas pour empêcher les incrustations et l'accumulation du tartre, et qu'il est impossible de se procurer d'autres eaux, il ne reste plus qu'à faire usage des procédés *anti-incrustants*.

Il existe un grand nombre de procédés plus ou moins efficaces. La plupart embarrassent les chaudières, plusieurs épaississent l'eau, la rendent visqueuse et mousseuse, facilitent dans le fond une accumulation de vase qui expose au danger des coups de feu. Cependant, telle est parfois la nature mauvaise des eaux, qu'il faut accepter ces inconvénients pour en éviter d'autres plus graves (voir les observations de M. Polonceau sur ce sujet dans le *Compte rendu de la Société des ingénieurs civils de Paris*, et le résumé des séances des 19 septembre et 3 octobre 1851; voir aussi le Mémoire de M. Cousté, *Annales des mines*, série 2, t. V).

Les procédés anti-incrustants peuvent se réduire à quatre classes :

1° Les matières gélatineuses, amylacées; la dextrine, l'amidon, la pomme de terre, lubréfient en quelque sorte la surface de la chaudière, et empêchent ainsi les molécules salines d'y adhérer. Quoique ces matières aient au plus haut point l'inconvénient de rendre l'eau visqueuse et mousseuse, elles sont cependant souvent employées, notamment la pomme de terre dont le hasard a fait connaître la vertu, en 1820, à un ouvrier anglais. Selon M. Clément, qui a importé ce procédé en France, et selon M. Grouvelle, il faut en employer 1 litre par force de cheval (6) et par mois. Le goudron de houille, qu'on dit employé avec succès en Amérique, opère probablement de la même manière.

Il en est de même de l'argile, proposée en 1824 par M. Pelouze, et qu'on emploie en quantité de 1 kilogramme par cheval, renouvelée tous les quinze jours. Mais l'argile a le grave défaut de former une boue abondante qui pénètre dans les boîtes à tiroir et les cylindres qu'elle rode à la façon de l'émeri. Cet inconvénient est plus grave encore avec l'emploi du verre pilé qu'on a proposé, et qui, à la vérité, prévient bien les incrustations.

2° La deuxième classe de procédés anti-incrustants renferme le tan, le cachou [1], le chêne [2], l'acajou [3], la plupart des bois de teinture, notamment le campêche, et en général toutes les substances contenant de l'acide tannique [4], qui, en s'unissant au calcaire, forment avec lui un sel soluble. Ce procédé, indiqué, il y a une douzaine d'années, par MM. Kurtz et Néron, est un des plus usités. Les substances ci-dessus s'emploient, soit en nature, soit en sciure renfermée dans un sac de toile, soit en décoction concentrée [5]. La quantité voulue est, suivant M. Mallet, 4 kilogrammes pour 1000 litres d'eau à vaporiser. Nommons enfin le protochlorure d'étain, proposé par M. Delandre en quantité de 1 kilogramme par 1000 litres d'eau à vaporiser.

M. Cavé a employé avec succès des bûches ou même de simples lattes de chêne, autour desquelles le tartre s'attache en formant des concrétions curieuses.

3° La troisième classe de procédés anti-incrustants comprend les compositions alcalines de soude et de potasse, ordinairement mélangées de dextrine, d'acide tannique et d'acide chlorhydrique. Ce dernier agit comme dissolvant. Ces compositions font l'objet

---

[1] *Bulletin de la Société d'encouragement*, 2e série, t. VII, p. 506.
[2] *Ibid.*, 1re série, t. XLIX, p. 477.
[3] *Ibid.*, t. XLII, p. 488.
[4] *Ibid.*, t. XLVI, p. 321 ; t. LII, p. 769.
[5] Voir la préparation dans le *Dictionnaire des arts et manufactures*, au mot INCRUSTATIONS.

d'une multitude de recettes brevetées, plus ou moins efficaces et quelquefois même nuisibles, comme lorsqu'elles contiennent du sel ammoniac qui attaque les chaudières. Les plus connues sont celles de MM. Kulman et Watteau, décrites dans le *Dictionnaire des arts et manufactures*, au mot INCRUSTATIONS; de M. Chaix (voir *Bulletin de la Société d'encouragement*, t. XXXVI, XXXVIII, XLVI, XLVII), et celle de M. Delfosse, qui contient par force de cheval 435 grammes de chlorhydrate de soude, 75 grammes d'extrait de tan et 15 grammes de potasse. Le procédé Cliquet, breveté, offre à peu près les mêmes éléments. Un journal a récemment publié la recette suivante, employée dans les ateliers liégeois de Saint-Léonard : 3 kilogrammes de fécule, 1 kilogramme de gomme arabique, 1 kilogramme de sucre candi et 1 kilogramme de soude. Ce mélange se renouvelle tous les deux mois.

4° Divers moyens mécaniques préventifs des incrustations ont été employés : les copeaux de fer, les rognures de tôle, les tessons de bouteilles, empêchent assez bien la cristallisation du tartre en raison de l'agitation qu'ils donnent à l'eau, et de l'état de division où ils tiennent les dépôts ; mais ils ne peuvent être employés dans les chaudières compliquées, d'où ces substances seraient difficiles à retirer. On peut craindre en outre que les petits fragments soient entraînés dans le mécanisme et y causent des avaries. M. Babington a proposé un autre moyen singulier : il consiste à souder dans l'intérieur de la chaudière une feuille de zinc égale en surface au quinzième de la surface *mouillée* de cette chaudière, de manière à ce que les deux faces du zinc soient en contact avec l'eau ; il se produit, dit l'auteur, une action voltaïque très-efficace pour empêcher les incrustations (voir *Compte rendu de la Société des ingénieurs civils de Paris*, 1852, p. 290).

152. Les quatre classes de procédés qui précèdent agissent dans la chaudière, et il est résulté des expériences de M. Polonceau (*Compte rendu de la Société des ingénieurs civils de Paris*, 1852, p. 287 et 296) que, si ces moyens réussissent plus ou moins à convertir en boue les dépôts salins en formation, ils n'ont pas d'effet sur les incrustations déjà formées. Il résulte au contraire des mêmes expériences que le *procédé Knabb* les prévient radicalement en purifiant l'eau dans le réservoir même, avant son en-

trée dans la chaudière, au moyen du lait de chaux ou du sel de baryte qui, avec l'aide d'un agitateur, précipitent dans le premier cas les carbonates, dans le second cas les sulfates. Comme il faut un certain temps pour verser le réactif, faire jouer l'agitateur et achever la précipitation, il faut avoir au moins double réservoir, l'un débitant l'eau préparée pour l'alimentation de la chaudière, l'autre servant, pour ainsi dire, de laboratoire où s'exécute la préparation de l'eau venant de la source. On peut voir des exemples de cette installation aux ateliers d'Oullins, près Lyon, à ceux de M. Cail, à Paris, et du chemin de fer d'Orléans, à Ivry.

153. Consommation d'eau.—L'eau et la vapeur n'étant qu'un même corps à différents états, on peut dire, en principe général, que 1 kilogramme d'eau produit sensiblement 1 kilogramme de vapeur. Donc, ayant déterminé le poids de vapeur à produire, on aura par là même le poids d'eau à consommer pour les besoins de la machine.

Mais, à cette consommation proprement dite de l'eau à vaporiser, il faut ajouter celle qui est toujours plus ou moins entraînée avec la vapeur, celle qui s'échappe par les fuites, celle enfin qui provient de la vapeur condensée dans les conduits et les cylindres avant d'avoir utilisé sa puissance expansive. Cette consommation supplémentaire a été estimée par M. Flachat à 30 ou 40 pour 100 au moins de la consommation totale d'eau, nombres admis aussi par les praticiens pour les machines fixes ordinaires. Pambour l'a trouvée en moyenne égale à 24 pour 100 seulement dans les locomotives soumises à ses expériences. M. Lechâtellier, sur d'autres locomotives, l'a trouvée à son tour égale à 37 pour 100 dans des conditions ordinaires, à 32 pour 100 dans de bonnes conditions, et à 18 pour 100 seulement dans un cas tout à fait exceptionnel. Enfin, MM. Polonceau et Bertera estiment qu'elle varie entre les limites extrêmes de 37 à 57 pour 100.

154. La *dépense d'eau* est, par elle-même, assez faible; mais les appareils alimentaires qui l'envoient dans la chaudière consomment d'autant plus de travail, que la quantité d'eau à fournir est elle-même plus considérable; ajoutons qu'une partie de la chaleur se perd nécessairement avec l'eau non utilisée, au lieu de servir à la création de la vapeur. On ne saurait donc prendre trop de précaution contre les fuites et la tendance que l'eau éprouve dans certaines machines à être entraînée avec la vapeur, car il en résulte une notable perte d'effet utile dans le travail moteur.

Il est important aussi de ne pas alimenter la chaudière avec de l'eau froide, en raison des condensations et désaturations qui se produisent ainsi dans la chaudière. On obtient de l'eau chaude pour l'alimentation, soit en se servant de celle qui provient des appareils condenseurs de la machine, soit en chauffant le réservoir, ou bien à l'aide d'un fourneau spécial, ou bien, ainsi qu'il se pratique sur les locomotives, en injectant dans le réservoir de la vapeur empruntée à la chaudière par un tuyau *ad hoc* muni d'un robinet dit *tuyau réchauffeur*.

Quoiqu'il y ait avantage réel à chauffer l'eau d'alimentation le plus possible, il importe de remarquer que la vapeur dégagée de l'eau chaude gêne la marche des appareils alimentaires, et que, sauf avec l'emploi d'appareils spéciaux dont nous parlerons, on ne peut généralement pas élever la température de l'eau qu'ils injectent dans la chaudière au-dessus de 40 à 50 degrés.

§ 3. GÉNÉRATEUR DE VAPEUR EN GÉNÉRAL.

155. Selon que le *tirage*, qui est l'âme de la marche d'un foyer, s'opère *naturellement* par une cheminée de section voulue, ou qu'il se fait *artificiellement* à l'aide d'appareils spéciaux qui activent le courant d'air, une chaudière est très-différente, sinon dans sa combinaison générale, du moins dans ses proportions et sa puissance vaporisatrice. Presque toutes les chaudières peuvent fonctionner à tirage naturel ou artificiel; mais il y a certains types qu'on rencontre dans l'industrie de préférence avec l'un ou l'autre système; nous aurons soin d'en avertir et de fixer dans chaque cas les particularités d'installation, quel que soit le mode du tirage.

Tout générateur comprend quatre parties, dont il importe d'exposer les conditions fondamentales, savoir : 1° la chaudière proprement dite ; 2° le foyer et le cendrier ; 3° les carneaux ou galeries d'écoulement des gaz chauds ; 4° la cheminée qui appelle l'air dans le foyer et donne issue aux gaz produits dans la combustion.

Ces parties peuvent constituer des appareils distincts mis à côté les uns des autres, ou ne former qu'un seul et même engin.

1° Chaudière proprement dite.

156. On a fait des chaudières en bronze et en fonte, ordinairement coulées d'une seule pièce. Aujourd'hui, on les compose exclusivement de planches en cuivre ou en fer laminé, qu'on amène à la forme voulue par le cintrage et l'emboutissage à chaud, et que l'on coud pour ainsi dire ensemble par des *rivets*.

Les planches de fer se chauffent au *blanc naissant*, et les planches de cuivre au *rouge cerise*. Moins de chaleur les expose à se *criquer* ou s'arracher dans le travail ; plus de chaleur peut amener l'altération du métal.

Dans les ateliers incomplétement outillés, où il n'y a pas de four à chauffer les tôles, celles-ci sont cintrées à froid. Si cette opération s'opère sans accident, la chaudière n'en offre que plus de garanties, car, dans *la chaude* des planches de fer ou de cuivre, ou peut les brûler même sans le savoir, tandis que des matériaux capables de supporter à froid un pareil travail sont évidemment excellents. S'ils sont de qualité médiocre, ils se fendent et se criquent particulièrement sur les bords ; les chaudronniers sont souvent très-habiles à masquer ces défauts pour le jour de la réception, mais il en résulte bientôt, en service, des fuites difficiles à boucher.

157. L'épaisseur des tôles est réglée par l'ordonnance royale du 25 mai 1843, en raison de la forme et de la pression intérieure des chaudières, ainsi que des chances spéciales d'usure et de fatigue (circulaire ministérielle de 1852). D'après l'ordonnance, on a la formule suivante pour la tôle de fer des chaudières cylindriques :

1° Épaisseur du métal. . . . . . $E = 1,8 \times d \times (n-1) + 3$

2° Pression à laquelle peut fonctionner une chaudière donnée. . . . $n = 1 + \dfrac{E-3}{1,8 \times d}.$

Dans ces formules, on désigne par.

E, l'épaisseur de la tôle en millimètres ;
d, le diamètre de la chaudière en mètres ;
n, la tension de la vapeur dans la chaudière en atmosphères.

Dans aucun cas, l'épaisseur ne doit dépasser $0^m,015$, et si l'on est conduit par la formule à des épaisseurs plus grandes, on devra substituer à une chaudière unique plusieurs chaudières séparées et réduites en raison de leur diamètre à l'épaisseur maxima prescrite.

Soit donc une chaudière cylindrique ayant $d = 0^m,90$ de diamètre et fonctionnant sous $n = 5$ atmosphères de pression, son épaisseur sera :

$$E = 1,8 \times 0,90 \times (5 - 1) + 3 = 9,50 \text{ millimètres.}$$

Soit, au contraire, une chaudière ayant $d = 1,20$ de diamètre et $0^m,011$ d'épaisseur ; la pression maxima sous laquelle elle devrait fonctionner serait, d'après la deuxième formule :

$$n = 1 + \frac{11 - 3}{1,8 \times 1,20} = 4,7 \text{ atmosphères.}$$

La règle ci-dessus est le principe général auquel diverses dérogations et tolérances ont été consenties par l'autorité administrative dans des cas spéciaux ; car l'ordonnance a eu en vue principalement les chaudières cylindriques chauffées extérieurement. Les chaudières de locomotives qui sont, au contraire, à foyer intérieur et n'ont pas les mêmes causes de dégradation que les premières à l'extérieur peuvent être, on le verra, moins épaisses et moins vigoureusement éprouvées. Au contraire, les tubes intérieurs qui ont plus de $0^m,10$ de diamètre, et sont pressés extérieurement par la vapeur, doivent être moitié plus épais que dans la règle générale ci-dessus, et la formule devient alors : $E = 1,5 \, [1,8 \times d \times (n - 1) + 3]$; il faut, en outre, que la chaudière soit éprouvée annuellement et que le tube intérieur soit parfaitement cintré, sans risque de se déformer.

158. Il a été admis longtemps que les planches laminées en—
trant dans la composition des chaudières offraient leur plus
grande résistance dans le sens du laminage. Mais voici ce qui est
résulté des expériences de M. Fairbairn (Mémoire à l'Institut de
Leeds, *Technologiste français*, 1852), du moins pour la tôle de
fer. En voici le résumé :

	DANS LE SENS	
	du laminage.	contraire au laminage.
	t.	t.
Effort d'arrachement évalué en tonnes par pouce carré....................	25,77 22,76 21,68 22,82 19,56	27,49 26,37 18,68 22,00 21,01
Moyenne............	22,51	23,11
	k.	k.
Soit par centimètre carré et en kilog........	2500	2550

Ainsi, dans le sens contraire au laminage, la résistance a été
plus considérable trois fois sur cinq. En moyenne, la différence
est peu sensible, quoique en faveur de la seconde colonne. Aussi
la plus sage conclusion serait-elle que l'emploi de la tôle est également bon dans les deux sens, d'autant plus que dans les forges
on passe souvent les tôles en tous sens entre le laminoir, au moins
dans le début, et qu'il est difficile dans bien des cas d'affirmer
quel est le vrai sens du laminage. Ajoutons qu'il existe un assez
grand nombre de chaudières où les tôles, placées en long, ont
parfaitement résisté ; en outre, elles ont moins de rivures. Le
chemin de fer d'Orléans possède à lui seul plus de soixante chaudières de locomotives anglaises ou françaises des meilleurs ateliers, et dont l'état est excellent, quoique plusieurs dépassent
quinze ans de service.

158 *bis.* Les chaudières entièrement en cuivre ont aujourd'hui
peu de faveur ; on leur a cru plus de sécurité contre l'explosion et
plus de durée : le contraire paraît aujourd'hui prouvé. A la suite
de l'explosion d'une locomotive reconnue très-bien construite,

M. Fairbairn vient d'étudier expérimentalement la question ; et voici les conclusions de son rapport à l'Association britannique (*Bulletin de la Société d'encouragement*, août 1854), qui embrassent aussi diverses questions relatives à la rivure et à l'armature des chaudières :

1° Les tôles de fer, rivées en fer, sont plus solides que celles en cuivre ; cependant il est utile de conserver le cuivre pour l'intérieur des foyers exposés à une chaleur intense comme dans celui des locomotives, parce qu'il se brûle moins.

2° L'assemblage d'un boulon en fer non rivé et d'une planche en cuivre n'offre que moitié de la résistance d'un pareil boulon avec une planche de fer.

3° Un boulon en fer fileté offre plus de résistance dans une tôle de fer que dans une planche en cuivre, suivant le rapport de 1 à 0,85.

4° Les rivets en cuivre, reliant des feuilles de cuivre, offrent moitié moins de résistance que les rivets de fer reliant des feuilles de tôle, à égalité de circonstances.

Voir, sur la résistance et la construction des chaudières, Note de M. Lamé ; *id.* de Préviranus (*Technologiste français*, 1852) ; *id.* par André Murray (*Société des ingénieurs civils de Londres*, 18 juin 1844, et Mémoire 27 au *Compte rendu de la Société des ingénieurs civils de Paris*).

159. Les rivets qui relient les tôles sont espacés de manière que la distance entre deux trous égale deux fois à deux fois et demie le diamètre du rivet. Ainsi, des rivets de $0^m,020$ sont espacés de $0^m,04$ à $0^m,05$. Un moindre espacement affaiblit trop les tôles, un espacement plus grand peut causer des fuites.

Les rivets sont posés sur un ou deux rangs.

La rivure à deux rangs demande plus de main-d'œuvre ; en posant le second rang, un riveur maladroit ébranle le premier et il fatigue la tôle ; mais si elle est bien faite, elle est plus solide, tout en permettant d'écarter davantage les trous percés dans la tôle. Il résulte des expériences de M. Fairbairn que, la résistance d'une tôle étant 1, celle des feuilles assemblées à rivures sera :

0,70 avec double rang de rivets ;
0,50 avec un seul rang.

La rivure se fait en dehors, à tête saillante ou fraisée, c'est-à-dire noyée et affleurée dans un trou coniquement équarri. La première est plus solide, la seconde se pratique quand la tête saillante gêne la pose d'une pièce à monter.

Il importe que le rivet remplisse entièrement les trous des feuilles de tôle assemblées, ces trous coïncidant exactement d'ailleurs ; qu'il soit posé à chaud et ne dépasse pas la chaleur *blanc naissant*. Plus chaud, il serre trop les feuilles, il risque de rompre sous l'effort de contraction qu'il subit en refroidissant ; moins chaud, il s'aigrit sous la percussion et ne rapproche pas assez les feuilles.

La section des têtes du rivet égale environ le double de la tige ou corps. Quant au diamètre du corps, il est de principe, dans les ateliers, qu'il doit être égal au moins à l'épaisseur réunie des feuilles assemblées. Ainsi, deux tôles de $0^m,010$ seront unies par des rivets de $0^m,020$; deux tôles de $0^m,008$ sur une cornière de $0^m,010$ recevront des rivets ayant $0^m,026$ de diamètre. Nous ne faisons cette dernière citation que pour achever l'explication, car, en principe, il faut éviter de faire porter ainsi l'une sur l'autre triple épaisseur de pièces.

160. Il y a trois procédés pour river les chaudières : le choc direct du marteau de chaudronnier, la bouterolle et la machine à river. Le rivage au marteau par d'habiles ouvriers est très-lent, mais du reste parfait quand la tête n'est pas trop écrasée. La bouterolle est une étampe interposée entre le marteau et le rivet, dont on use quand celui-ci ne peut être atteint par le choc direct du marteau.

En ce moment, la rivure à la bouterolle est en grande vogue.

La rivure à la machine n'est pas toujours bonne, à cause de l'imperfection des appareils. Tantôt elle écrase trop brusquement le rivet ; tantôt elle ébranle les rivures voisines ; elle ne se prête pas à toutes les poses ; non-seulement elle ne peut atteindre certaines places des chaudières, mais elle ne peut avoir l'intelligence de l'ouvrier exercé qui règle le serrage et le martelage d'après l'épaisseur variable des tôles, la chaleur du rivet, sa tendance à se dilater, etc. Cependant, en somme, la rivure à la machine se pratique avec succès chez divers constructeurs, notamment chez

MM. Maudslay, Fairbairn, Buddicom, Mazeline, etc., même pour les chaudières à très-haute pression [1].

161. Les matériaux employés à la construction des chaudières doivent être de première qualité, surtout dans les parties très-travaillées ou exposées au feu ; la tôle préférée est celle qui provient des fers forts, affinés au bois, à grain fin mêlé d'un peu de nerf, laminé avec soin, sans doublures, criques, ni pailles. La qualité de tôle que nous venons d'indiquer est celle qui joint le mieux la résistance à la propriété essentielle de se laisser cintrer ou emboutir sans se déchirer. Les rivets se font en fer fort au bois, de premier choix et résistant à la percussion sans se fendre ni s'ouvrir, comme le font certains fers.

162. Diverses parties des chaudières. — La chaudière est un vase ou une chambre fermée de toute part, dont la partie inférieure contient l'eau, et dont la partie supérieure sert de réservoir à la vapeur formée. La partie extérieure correspondant à celle qui est intérieurement remplie d'eau est exposée à la chaleur du foyer et constitue la surface de chauffe. Toute chaudière comprend donc : 1° la surface de chauffe ; 2° la capacité réservée à l'eau ; 3° la chambre de vapeur.

Surface de chauffe : — A proprement parler, la quantité de vapeur formée en un temps donné n'est qu'en raison de la quantité de chaleur produite par la réaction de l'air et du combustible, ainsi que de la quantité d'eau qui reçoit cette chaleur. La surface de chauffe n'a donc, dans la vaporisation, qu'un rôle indirect : c'est un intermédiaire qui reçoit et transmet la chaleur. Mais il faut un certain temps pour transmettre ainsi à travers une paroi une

---

[1] Les machines à river de Cavé et de Maudslay sont fort remarquables. Qu'on se figure une bouterolle s'appuyant par la pression de la vapeur sur la tête à écraser du rivet, après avoir comprimé l'une sur l'autre les feuilles à assembler. Dans la machine de M. Cavé, imaginée par feu Lemaître, cette double pression de la vapeur est transmise par l'intermédiaire de leviers. Le joint est fait avec une grande perfection. Le riveur de Maudslay, inventé par Garforth, est une machine à vapeur à grand piston et très-petite course, dont l'extrémité de la tige, creusée en forme de bouterolle, presse directement le rivet. Comme dans la machine de Lemaître, les appareils perfectionnés de Garforth commencent par presser les feuilles de tôle, ce qui est une condition du succès. On peut voir, chez M. Gouin à Paris, une machine à river qui rappelle ces dispositions.

quantité donnée de chaleur ; d'où il suit que, moins une chaudière aura de surface de chauffe, plus il faudra pousser l'activité du feu, pour que la transmission du calorique soit rapide ; tandis qu'en augmentant l'étendue de cet intermédiaire entre le calorique et l'eau, la transmission du premier n'aura pas besoin d'être aussi rapide ; et c'est ainsi que les chaudières du Cornouailles, tant de fois citées, suffisent largement à l'alimentation de leurs machines respectives, bien que le feu y soit presque dormant.

Donc, en principe général, une chaudière utilisera d'autant mieux le combustible que la surface de chauffe aura plus de développement ; et, par conséquent, sauf le cas où des conditions indispensables de légèreté commandent de réduire au minimum les proportions d'une chaudière, on ne saurait donner trop d'étendue aux surfaces de chauffe. Voilà le principe général, mais il est souvent nécessaire de réduire à une très-minime proportion la surface de chauffe, pour des raisons d'allégement, en donnant une très-grande activité au feu par l'effet d'un tirage artificiel. C'est le cas des locomotives et de la navigation fluviale. On verra dans les divers cas les proportions consacrées.

165. La disposition des parois chauffées n'est pas indifférente pour la vaporisation ; la plus convenable est celle qui permet : 1° aux molécules gazeuses de se dégager librement ; 2° aux molécules liquides de recevoir très-directement la transmission du calorique ; 3° à la flamme et au gaz chaud de bien s'appliquer sur la surface de chauffe. Or :

1° Quand la masse d'eau renfermée dans la chaudière est trop considérable, les molécules gazeuses ne se dégagent pas sans résistance ; il en est de même lorsque leur ascension est gênée par des obstacles, ainsi qu'il arrive sans doute dans les chaudières traversées intérieurement par des tubes nombreux ;

2° Les bulles gazeuses tendent à monter verticalement : d'où il suit que dans les chaudières où la surface de chauffe est verticale, les molécules gazeuses parties du fond, doivent glisser contre cette paroi verticale et former ainsi sur sa surface une couche de vapeur qui empêche le contact immédiat de l'eau sur le métal ; et par conséquent, toutes choses égales, les chaudières horizontales doivent être plus favorables à la vaporisation que les chaudières verticales; MM. Julien et Bataille insistent avec raison, selon nous, sur ce point dans leur *Traité des machines à vapeur*;

3° La flamme tend toujours à s'élever, à moins qu'on ne la force à s'abaisser vers la terre en dirigeant le tirage en bas. Donc quand, par la disposition des carneaux, la flamme et le gaz sont destinés à cheminer plusieurs fois en sens divers autour de la chaudière, ce sont les parties inférieures qu'il est naturel de chauffer les premières. Cependant on a combiné d'excellentes chaudières dites *à flamme renversée* (voir fig. 6 et 7), où le corps principal placé au-dessus reçoit l'application directe de la chaleur, avant les bouilleurs inférieurs, qui ne sont plus guère alors que des appareils chauffant l'eau pour en préparer la vaporisation par un vif coup de feu final dans le corps principal.

164. Dans la surface de chauffe, il faut distinguer deux portions : celle qui est directement exposée au foyer, et reçoit, par conséquent, la première action de chaleur, constitue la *surface directe*, ainsi appelée par opposition aux parties qu'entourent les galeries ou carneaux et qui reçoivent moins la flamme que le contact des gaz produits par la combustion. On comprend combien cette *surface indirecte* doit moins vaporiser d'eau que la première. On estime que la surface directe peut donner 100 kilogrammes de vapeur et au delà par heure et par mètre carré. Quant à la surface indirecte, elle est d'autant moins efficace pour la vaporisation qu'elle s'éloigne davantage du foyer. On estime qu'elle vaporise en moyenne 12 à 15 kilogrammes d'eau par heure et par mètre carré. Cette proportion a été élevée jusqu'à 35 kilogrammes dans des chaudières de bateaux où le feu était poussé avec une très-grande activité ; mais un pareil résultat n'a dû être obtenu qu'au prix d'une grande dépense de combustible.

Il faut donc non-seulement proportionner largement la surface de chauffe, mais aussi donner à la surface directe toute l'étendue permise par l'ensemble des dispositions du générateur. On est souvent très-limité, par diverses considérations, notamment par la nécessité de contenir l'appareil sous un très-petit volume. Nous reviendrons sur ce point en étudiant le foyer.

165. La *longueur développée des conduits* qui font circuler la flamme et la chaleur autour de la chaudière est loin d'être illimitée. Mais quelle est cette longueur maxima ? Il est assez difficile de la fixer ; car la forme des conduits, tubes ou carneaux, et surtout la température du foyer, exercent sur elle une grande influence. Il y a des chaudières cylindriques à haute pression, fonctionnant bien, où les galeries se développent sur 30 mètres de longueur, tandis que celle-ci n'excède pas 5 mètres dans les chaudières à tubes de petite section et à tirage forcé. En règle générale, la longueur doit être limitée de manière à ce que la chaleur des gaz, dans les tubes et carneaux, surpasse d'une centaine de degrés la température de la vapeur renfermée dans la chaudière, laquelle est indiquée au tableau numéro 140. Cette règle paraît assez conforme aux faits de la pratique.

166. Lorsqu'une chaudière ordinaire est bien établie conformément aux règles qui précèdent, avec un feu bien conduit, et que son tirage s'opère avec une activité modérée, naturellement par une cheminée de dimensions suffisantes, on admet qu'en moyenne elle vaporise par heure et par mètre carré de surface de chauffe, tant directe qu'indirecte, 15 à 20 kilogrammes d'eau avec feu lent, et 30 kilogrammes avec un feu assez actif. Ces derniers nombres correspondent à la force d'un cheval. Donc une chaudière aura en moyenne 15 mètres carrés de surface chauffée pour 10 chevaux, 200 mètres pour 200 chevaux, etc.

Dans la pratique, on s'écarte souvent de cette règle, soit en plus soit en moins, en raison du rapport qu'on adopte entre les surfaces directes et indirectes, en raison aussi de la qualité du combustible, du degré d'activité que l'on compte donner au feu, des dimensions qu'on donne à la chaudière et de sa disposition plus ou moins favorable à la vaporisation, etc.

Dans les usines où rien ne gêne ordinairement l'installation de vastes générateurs, la surface de chauffe atteint jusqu'à 2 mètres carrés par force de cheval, dans la supposition qu'on vaporisera de 18 à 20 kilogrammes d'eau par mètre et par heure avec un feu modéré.

Dans les chaudières à feu dormant du Cornouailles, mais où la surface de chauffe directe est très-développée, M. Wickstead a obtenu jusqu'à 28 kilogrammes d'eau vaporisée par heure et par mètre carré ; c'est-à-dire, presque autant que dans beaucoup de chaudières à feu actif. Watt en comptait 38 dans ses chaudières en chariot. M. Cavé en obtenait 36 sur sa chaudière à haute pression, composée d'un cylindre unique, chauffée sur une grande grille avec de la bonne houille de Saint-Etienne. A ces bonnes conditions il faut ajouter que l'eau d'alimentation entrait dans la chaudière à une haute température après avoir circulé dans des tubes réchauffeurs. Taylor a livré pour la force de 150 chevaux une chaudière où la surface de chauffe atteint l'énorme proportion de 5 mètres carrés par force de cheval ; nous regrettons de n'avoir pu connaître quelle est sa consommation d'eau et de combustible, non plus que les conditions d'après lesquelles a été déterminé ce rapport si exceptionnel. Au contraire, sur les locomotives et parfois dans la navigation où les appareils ont besoin d'une légèreté et d'une réduction de volume toutes spéciales, on se trouve souvent mieux d'un demi-mètre carré par cheval effectif, et chaque mètre est forcé de fournir 60 kilogrammes de vapeur et plus par heure. Mais alors la surface de chauffe directe est très-développée et le feu est très-actif, le tirage étant *forcé* violemment dans la cheminée, ainsi qu'on le verra ci-après.

Le tout dépend, nous le répétons, du système de la chaudière, du combustible, de l'activité du feu ou du tirage et de la nature plus ou moins saline de l'eau. Dire que la vaporisation d'eau par mètre carré de chauffe se tient par heure entre 20 et 30 kilogrammes pour la chaudière à *tirage naturel,* et au double de cette quantité pour la chaudière à *tirage forcé,* c'est donner la moyenne dont on ne s'écarte que dans des circonstances particulières.

167. *Le volume d'eau ou la chambre d'eau,* c'est-à-dire la partie de la chaudière contenant l'eau à vaporiser, demande deux précautions principales :

1° La nappe d'eau doit couvrir toute la surface de chauffe, ce qui est évident, et même s'élever au moins à 0^m,10 au-dessus, afin que les dénivellations accidentelles qui se produisent en service, ou l'imprudence du mécanicien qui oublierait d'alimenter, ne fassent pas trop vite tomber le niveau d'eau de manière à découvrir la surface de chauffe ;

2° Le volume d'eau renfermé dans la chaudière doit être assez.

grand pour que l'eau ait le temps de s'échauffer, de se vaporiser et de se dépenser, sans qu'il soit besoin de faire trop souvent jouer les pompes alimentaires ; car cette opération refroidit toujours la chaudière et nuit à la vaporisation.

D'après cela, le général Morin conseille de faire la chambre d'eau de telle capacité qu'elle contienne au moins huit fois le volume d'eau à vaporiser par heure. C'est la proportion admise dans les chaudières du Cornouailles, et M. Wickstead la juge à peine suffisante. Ce rapport s'élève souvent à dix dans les chaudières de machine fixe. Mais les locomotives et les machines de bateaux de rivière ayant avant tout besoin d'être légères, la chambre d'eau de leur chaudière ne dépasse guère six à sept fois le volume d'eau à vaporiser.

168. *La chambre de vapeur* est la partie de la chaudière où s'emmagasine la vapeur. L'excès de grandeur de ces chambres n'a, comme pour les chambres d'eau, que l'inconvénient d'accroître le poids et les dimensions de la chaudière. Quand, au contraire, elles sont trop petites, elles ont deux inconvénients principaux :

1° La vapeur formée trop vite n'a pas le temps de se sécher, et elle est entraînée dans les cylindres avec un grand mélange d'eau à l'état vésiculeux (130) ;

2° A chaque cylindrée, la consommation de vapeur occasionne de brusques changements de pression ; en effet, à peine les lumières d'introduction sont-elles ouvertes que la chambre de vapeur se vide ; aussitôt la vapeur déchargée de la pression qui retardait sa formation se produit avec impétuosité, la chambre de vapeur se remplit tout à coup, puis elle se vide de nouveau pour se remplir et se vider encore, et ainsi de suite (67). Cette vaporisation saccadée est également nuisible à la vaporisation et à la conservation de la chaudière dont les tôles se fatiguent. M. Combes attribue en partie à cette cause l'explosion d'une chaudière d'un bateau sur la Loire en 1842 (*Annales des mines,* 4ᵉ série, t. Iᵉʳ).

D'après M. Morin, il convient de faire, s'il se peut, la chambre de vapeur égale, comme la chambre d'eau, à dix fois le volume d'eau à vaporiser par heure, ce qui donne pour capacité totale de la chaudière un volume égal à vingt fois celui de l'eau à vaporiser par heure, dont moitié pour l'eau et moitié pour la vapeur. La chambre de vapeur des chaudières du Cornouailles égale 6,37 fois le volume d'eau à vaporiser par heure, et la chaudière totale égale, d'après Wickstead, 14,75 fois ce volume d'eau.

Ces proportions suffisent lorsque la vaporisation est peu précipitée. Mais elle doit être augmentée dans la chambre de vapeur, au moins pour les générateurs à vaporisation rapide.

169. L'état aqueux de la vapeur, et la considération des pertes de travail qui en résultent, ont engagé les ingénieurs à dessécher la vapeur *en la surchauffant*. Dans certaines limites ce procédé peut être utile. C'est un des avantages du générateur Belleville, dont il sera parlé au numéro 227. Mais quand on sèche la vapeur par l'entremise d'appareils particuliers, tels que des foyers additionnels chargés de chauffer le réservoir ou les conduits, non-seulement on complique la chaudière, mais il y a danger de rougir le métal, ce qui altère sa ténacité, abrége sa durée et peut décomposer la vapeur (130).

Le moyen le plus simple, le plus rationnel et le plus avantageux d'obtenir la vapeur aussi sèche que possible, est celui dont il vient d'être parlé, et qui consiste à faire la chaudière à vapeur aussi grande que possible, relativement à la dépense à faire, afin que la vapeur, formée lentement et accumulée en grande masse, ait le temps de se sécher.

170. Trois précautions doivent être prises dans l'établissement d'une chaudière en général :

1° Envelopper de matériaux mauvais conducteurs du calorique toutes les parties exposées au refroidissement de l'air extérieur (75). Selon les formes de la chaudière et les localités, on fait usage de l'un des procédés suivants : 1° un rang de briques légèrement scellées avec de la terre peu détrempée ; 2° un lut de terre grasse, rendue plus consistante avec un peu de crottin de cheval ou de menue paille ; 3° de simples feuilles de tôle mince (2 millimètres d'épaisseur), laissant entre elles et la chaudière qu'elles entourent un espace libre de 1 ou 2 centimètres, où règne une couche d'air qui s'échauffe et devient éminemment protectrice contre l'action refroidissante de l'air sur la chaudière. C'est en même temps, de toutes les enveloppes, la plus simple, la plus légère, la moins épaisse et la plus facile à enlever ou à replacer. Quand il n'y a pas de crainte d'incendie, on enveloppe la chaudière avec des douves en bois, assemblées à languettes et rainures, qu'on retient, comme les enveloppes de tôle, à l'aide de bandes ou de cercles en fer feuillard. Quant aux enveloppes de feutre, laine ou autres substances analogues, quoique peu conductrices, elles sont dans la pratique d'un mauvais emploi, parce qu'elles sont avides d'humidité et causent la très-prompte oxydation des chaudières.

2° Toute chaudière doit, en outre, offrir pleine liberté au dégagement de la vapeur qui tend à se séparer de l'eau pour monter dans le réservoir à elle destiné, ainsi qu'à l'arrivée de l'eau d'alimentation. L'absence de ces conditions suffit pour faire condamner la chaudière, d'après l'instruction ministérielle du 28 juillet 1843.

3° Prévenir la dilatation de la chaudière quand on la chauffe, et sa contraction quand elle refroidit, telle est la troisième précaution à prendre dans sa construction comme dans sa réparation. Les dispositions et assemblages doivent se prêter à ce double phénomène, sinon il se manifeste des fuites et des déchirures. La chaudière doit aussi pouvoir s'allonger, et revenir sur ses supports et dans son fourneau, de la quantité qu'indiquent, suivant ses formes et dimensions, les *lois de la dilatation* (90) qui s'opère en tous sens ; mais il importe de se rappeler, en combinant la chaudière, que toutes ses parties n'étant pas également chauffées ne se dilatent pas de même, par exemple, dans les chaudières à foyer intérieur de la marine et des locomotives. Les parties extérieures de la chaudière atteignent au plus 300 degrés de température, et se dilatent à peine de $0^m,003$ à $0^m,004$ par mètre. Au contraire, les parois de l'intérieur, qui touchent le combustible embrasé avec une chaleur de 1000 à 1200 degrés, ont une dilatation bien plus considérable, sur laquelle manquent les expériences, et que l'on peut estimer environ au double.

A la dilatation, qui écarte les ressorts moléculaires du métal, se joint la pression de la vapeur, qui achève de les tendre en augmentant d'une manière très-sensible le volume de la chaudière.

171. M. Cohn, ingénieur autrichien, a constaté qu'une chaudière ne revenait pas exactement à ses dimensions primitives après s'être dilatée sous l'action de la chaleur et de la pression qui a tendu les ressorts moléculaires du métal et altéré leur élasticité. Une chaudière à 5 atmosphères de pression, longue de 12 mètres, $1^m,57$ de diamètre, avec bouilleur de $0^m,54$ et $0^m,011$ d'épaisseur, s'est allongée de $0^m,072$ en marche. Après quatre jours de service, elle s'est trouvée, au refroidissement, plus longue de $0^m,037$ qu'à l'instant de sa mise en place. Voir le *Technologiste* de 1851.

Il suit de là que, lorsqu'une chaudière entre dans la composition de la machine, tel est le cas des locomotives et locomobiles, elle devrait toujours être préalablement chauffée à sa plus haute pression.

Ajoutons que, outre les effets de dilatation et contraction, les matériaux entrant dans la composition des chaudières diminuent beaucoup de résistance quand ils sont chauffés[1]. Ce sont trois considérations que le fabricant de chaudières à vapeur ne doit jamais perdre de vue.

2° Foyer.

172. Sa forme n'a rien d'absolu. Tantôt il est cylindrique, ou hémi-cylindrique, comme dans les anciennes chaudières tubulaires du constructeur anglais Bury ; tantôt il est quadrangulaire.

Ses dimensions, c'est-à-dire sa section et sa profondeur, dépendent principalement de la nature du combustible employé. On a longuement discuté sur la préférence à donner aux petits et aux grands foyers, principalement dans les locomotives. La conclusion est que les petits foyers sont moins lourds, moins volumineux, très-suffisants pour les combustibles de bonne qualité, et qui développent facilement la chaleur ; mais les grands foyers sont nécessaires pour les combustibles qui ne brûlent bien qu'en grande masse ; par cela même qu'ils renferment plus de combus-

---

[1] Voir le *Bulletin de la Société d'encouragement*, t. XLIII, p. 49. Cependant des auteurs enseignent qu'à la chaleur les métaux offrent plus de résistance jusqu'à un certain degré (300 degrés environ pour le fer), et que c'est seulement au delà que leur résistance diminue.

tible, ils sont plus faciles et moins sensibles à conduire ; les charges sont moins fréquentes ; la chaleur y est plus régulière : l'air
n'a pas besoin d'y être aussi énergiquement appelé, il s'y désoxy-
gène plus complétement ; le combustible lui-même s'y utilise
mieux. En somme, les grands foyers sont plus embarrassants,
mais généralement plus économiques et seuls possibles avec certains combustibles.

La section du foyer suit naturellement les dimensions de la
grille dont elle occupe le fond, et dont nous parlerons ci-après.

173. La profondeur du foyer comprend : 1° l'épaisseur de la
couche de combustible placée sur la grille ; 2° la hauteur nécessaire au dégagement de la flamme. Or, l'épaisseur du combustible
est limitée par cette double considération que, si elle est trop
faible, l'air la traverse sans se désoxygéner convenablement. Si
l'épaisseur est trop forte, l'air ne passe plus en assez grande quantité, et le produit de la combustion devient, non de l'acide carbonique, mais de l'oxyde de carbone, ce qui, nous l'avons vu, est
le caractère d'une mauvaise combustion (voir n. 86).

La profondeur du foyer se détermine encore par cette considération qu'en rapprochant trop la chaudière de la grille on risque
de brûler la tôle, et qu'on gêne le développement de la flamme
ainsi que le dégagement des gaz produits par la combustion. Donc,
en principe général, le foyer doit être profond avec les combustibles qui ne brûlent bien qu'en grande masse et avec ceux qui
donnent de longues et chaudes flammes. Au contraire, la grille
devra être rapprochée du fond de la chaudière quand on fera usage
de combustibles à courte flamme, à faible chaleur, ou susceptibles
de brûler en mince épaisseur.

174. L'application de ces principes aux divers combustibles
conduit aux règles suivantes :

Le bois brûle aisément en grande comme en faible masse ; il se
consume vite et exige de fréquentes charges ; enfin, il produit
beaucoup de flamme. D'après cela, le foyer offrira de 0^m,60 à
0^m,70 de distance entre la grille et la chaudière, dont 0^m,20 environ pour l'épaisseur du combustible.

La houille en gaillette, à chaude et longue flamme, comporte
des foyers de 0^m,40 à 0^m,50 de profondeur : ce dernier nombre

se voit dans des chaudières convenablement établies d'après **Watt** ou par Fawcett, Barnes, Cavé, Edwards, Cail, Farcot, etc.

La houille menue, les charbons maigres et à courte flamme exigent des foyers peu profonds, $0^m,30$ à $0^m,40$ environ.

Le coke ne brûle avantageusement qu'en grande masse; il exige en conséquence de grands et profonds foyers, quoiqu'il produise peu de flamme. On a porté dans quelques locomotives, avec exagération, jusqu'à 1 mètre la hauteur du coke. La dimension plus habituelle varie de $0^m,50$ à $0^m,70$, avec une hauteur à peu près égale pour le développement de la flamme.

Dans les contrées où le coke est de qualité supérieure, les foyers se font sans inconvénient de petites dimensions. Les cokes de qualité moyenne que nous employons en France, demandent des foyers où le volume du combustible puisse atteindre au besoin 1 mètre cube environ; il faut beaucoup plus encore avec les mauvais cokes impurs de quelques localités. C'est ce qui explique la convenance des foyers, très-différents de capacité, qu'on signale sur diverses lignes et en divers pays; ainsi que le mauvais succès des foyers rendus trop petits par la présence des bouilleurs ou cloisons, qui, théoriquement, semblaient, en augmentant la surface de chauffe, devoir notablement accroître la vaporisation.

La tourbe, combustible généralement impur et peu chaud, a besoin d'être épaisse sur la grille; mais sa flamme est courte et, en somme, la profondeur du foyer ne peut guère excéder la profondeur ordinaire de $0^m,30$ à $0^m,40$.

L'anthracite, au contraire, à cause de son extrême chaleur, a besoin d'un foyer au moins aussi profond qu'avec la houille en gaillette à longue flamme.

175. La GRILLE occupe le fond du foyer et reçoit la couche de combustible; au-dessous est le cendrier. Le rôle de la grille est aisé à comprendre; elle se compose de barreaux plus ou moins espacés, entre lesquels passe l'air appelé au travers du combustible par la cheminée dont nous parlerons ci-après.

On voit d'après cela quelle est l'influence de la grille sur l'activité du feu : si les vides entre les barreaux sont engorgés de cendre ou de mâchefer, si les barreaux sont trop rapprochés, l'air n'arrive plus sur le combustible; dès lors, il manque un des éléments de la combustion : celle-ci languit et la vaporisation souffre. Si, pour une même cheminée qui appelle toujours la même quantité d'air, la grille lui offre peu de passage, cet air, aspiré fortement, rendra le feu très-actif; s'il existe, au contraire, de larges passages entre les barreaux d'une grille spacieuse, l'air arrivera lentement dans la masse de combustible ; la combustion sera lente et modérée. C'est le même phénomène bien connu qu'on voit se produire dans une cheminée d'appartement munie sur le devant d'un rideau vertical, qu'on abaisse lorsqu'on veut activer le feu, et qu'on relève de manière à ne plus restreindre le passage de l'air quand le foyer est bien allumé.

176. Deux considérations principales guideront dans les proportions de la grille et des vides entre les barreaux :

1° Nous verrons que, chaque fois qu'on introduit dans le foyer une nouvelle charge de combustible, on y produit un refroidissement nuisible à la vaporisation. D'autre part, nous avons vu (86) que la combustion s'opère mal, quand le combustible est en trop grande masse par rapport à l'air amené pour entrer en réaction avec lui. Donc la grille doit être assez grande pour contenir à la fois, sur l'épaisseur voulue, une quantité de combustible suffisante pour éviter de charger trop souvent le feu.

2° On a vu (164) que la partie de la chaudière placée au-dessus du foyer, recevant la première action de la chaleur, et qu'on nomme surface de chaude directe, est éminemment favorable à une active vaporisation. Donc, voici une seconde raison pour donner aux grilles de grandes dimensions.

Mais 1° les grandes grilles exigent de grands foyers, et souvent l'exiguïté des emplacements ou la nécessité d'avoir des appareils légers s'y opposent. C'est le cas des locomotives et des bateaux. 2° Les combustibles durs à allumer, tels que le coke, l'anthracite, la houille maigre, ont besoin d'un courant actif, et des grilles modérées leur conviennent.

Sauf ces deux cas, il est acquis par l'expérience que la combustion lente et l'emploi des grandes grilles sont très-avantageux pour l'économie comme pour la facilité de la conduite du foyer. On a vu (92) que c'est un des secrets du merveilleux résultat d'économie obtenu sur les chaudières du Cornouailles ; il résulte des expériences de M. Cavé sur deux chaudières à haute pression placées dans les mêmes circonstances, que l'une, dont la grille était le cinquième de la surface de chauffe, a vaporisé par heure en moyenne 1 kilogramme d'eau de plus que l'autre chaudière, où la grille était égale à 1/15 de la surface de chauffe.

177. En résumé, dans la pratique, on adopte :

1° Pour la houille, 1 mètre carré de surface de grille pour brûler de 50 à 60 kilogrammes de houille ordinaire par heure : ce qui équivaut à 5 ou 6 décimètres carrés par force de cheval.

2° Pour le bois, 1 mètre carré de grille pour brûler 80 kilogrammes de bois par heure suffit, d'après le général Morin.

3° Pour le coke et la houille très-maigre, on brûle dans des chaudières tubulaires analogues à celles des locomotives avec tirage forcé, de 200 à 400 kilogrammes de combustible par mètre de grille et par heure.

Soit donc une machine fixe de 40 chevaux qui, à raison de $3^k,5$ par cheval, brûle $40 \times 3,5 = 140$ kilogrammes par heure. En prenant 60 pour quantité moyenne à brûler par mètre carré, la surface de la grille sera $S = \dfrac{140}{60} = 2^{mq},30$. C'est effectivement une proportion modérée de grille qu'on rencontre dans plusieurs machines fixes de cette force.

La section totale des vides entre les barreaux varie du 1/4 au 1/8 : en moyenne, 1/6 ; ce qui porterait à $0^{mq},38$ la totalité des vides de la grille ci-dessus. L'écartement varie lui-même de $0^m,005$ à $0^m,015$, suivant l'état plus ou moins menu du combustible, suivant l'abondance de cendre et de mâchefer qu'il faut laisser écouler dans le cendrier. La pratique seule peut indiquer l'écartement convenable. C'est celui qui laisse bien passer l'air, la cendre et les scories, tout en retenant les petits fragments de combustible, dont la chute dans le cendrier causerait beaucoup de déchet.

178. Quant à la disposition de la grille, doit-elle être en longueur ou en largeur? C'est une question, non sans importance, à résoudre d'après les circonstances, la nature du combustible et la forme des chaudières. Quand celles-ci sont entourées de longues galeries conduisant la chaleur, la grille doit être en long. On la place en large dans les courtes chaudières, où les produits de la combustion doivent s'étendre pour se diviser dans de nombreux canaux, ainsi qu'il arrive dans les chaudières tubulaires.

Dans tous les cas, la longueur ne peut jamais excéder 2 mètres. A cette dimension, il est déjà bien difficile au mécanicien d'en atteindre l'extrémité avec son ringard quand il veut piquer le feu.

La grille est horizontale, ou inclinée de la porte du foyer à l'extrémité opposée. Cette inclinaison, appliquée depuis longtemps dans la marine et plus tard aux locomotives par M. Polonceau (*Compte rendu de la Société des ingénieurs civils de Paris*, 1857, p. 378), a pour but, 1° de mieux se prêter à l'arrivée de l'air à travers les barreaux et de rendre plus facile le *piquage du feu*, surtout si le cendrier est peu profond et la grille longue ; 2° de permettre de charger près de la porte le combustible, qui descend ensuite peu à peu sur son plan incliné à mesure que celui du fond se consume, en sorte que la distillation du combustible et la consomption, au moins partielle, de la fumée se font suivant ce qui est expliqué au numéro 89.

La grille de MM. de Marsilly et Chobrzensky est une sorte de grille inclinée, dans laquelle les barreaux sont remplacés par une série de gradins entre lesquels passe l'air (90).

179. Les barreaux de la grille doivent être placés dans le sens de la porte du cendrier et du foyer, afin de faciliter le piquage du feu. Ils sont en fonte pour la houille et en fer pour le coke, l'anthracite et le bois. Leur épaisseur varie de $0^m,015$ à $0^m,035$, sans règle fixe ; car les barreaux minces peuvent rester serrés l'un contre l'autre, tout en laissant une grande section de vide. C'est même le meilleur système. Mais les barreaux trop minces se déforment (*Compte rendu de la Société des ingénieurs civils de Paris*, 1852, p. 268).

Ils sont, en dessous, renforcés par une nervure, afin de résister à la charge du combustible, et cette nervure est elle-même amincie, en sorte que le barreau présente presque une section triangulaire, afin de laisser arriver l'air comme par une tuyère, et de permettre d'introduire aisément le ringard à crochet appelé *pique feu*, qui sert à nettoyer la grille quand elle est engorgée.

Les barreaux sont posés sur un cadre en fer ou sur des supports placés au fond du foyer. Ils doivent avoir toute liberté de se mouvoir au moins par l'une de leurs extrémités, et comme ils se dilatent considérablement quand le foyer est allumé, un jeu notable doit être laissé à leur allongement, sinon ils se tordraient ou s'arc-bouteraient contre le foyer en y causant des avaries.

On a déjà vu au numéro 80 que, dans les premiers jours de service, les barreaux dilatés par la chaleur ne revenaient pas complétement à leur longueur primitive. D'après les expériences faites, en 1853, par M. Brix (*Bulletin de la Société d'encouragement*, août 1854), des barreaux de $1^m,05$ ont pris un allongement permanent de 3/6 de pouce ou $0^m,015$ après trois jours. Après trente jours, l'allongement était de 2 pour 100. M. Brix a conclu de là qu'il fallait donner aux barreaux un jeu égalant 1/24 de leur longueur.

Enfin, pour éviter que la cendre, en pénétrant dans l'espace ménagé pour le jeu des barreaux, y forme talus, il convient de chanfreiner en coin l'extrémité du barreau, afin qu'elle soit chassée par ce coin à mesure que le barreau s'allonge.

Nous n'entrerons pas dans la description des divers systèmes de grille et de barreaux qui ont été proposés. Nous indiquerons cependant, comme dignes de l'attention des mécaniciens, les barres creuses de King (*Annales des mines*, 1re série, t. V), celles de Chapman (*Bulletin de la Société d'encouragement*, année 1824); la grille mobile de Taillefer; *idem* de Bodmer (*Annales des ingénieurs civils de Londres*, 1846, séance du 19 mai). Nous avons déjà mentionné en outre la grille à gradins (90), la grille inclinée de M. Polonceau, etc.

3° Cheminée.

180. La cheminée appelle dans le foyer l'air nécessaire à la combustion. Par l'effet de son voisinage avec ce foyer, il y règne une température de 300 à 400 degrés, qui tient l'air et les autres gaz qu'elle renferme dans un grand état de dilatation et de raréfaction, de sorte que l'air extérieur, évidemment beaucoup plus dense, s'y précipite par les seuls passages qui lui sont offerts à travers la grille et le combustible.

La cheminée a aussi pour effet de mettre les couches d'air extérieur qui environnent le foyer en communication avec les couches plus élevées et plus raréfiées de l'atmosphère, d'où il suit que l'air dense du bas est appelé par la cheminée pour se mettre en équilibre avec les couches supérieures. La densité de la couche étant d'autant moindre qu'on s'élève davantage dans l'espace, une cheminée tirera d'autant plus qu'elle sera plus élevée. Il en est effectivement ainsi sans doute, mais le tirage n'augmente que proportionnellement à la racine carrée de la hauteur, et par conséquent si l'on voulait doubler le tirage d'une cheminée de 20 mètres, ce serait à $20 \times 20 = 400$ mètres qu'il faudrait porter sa nouvelle élévation ; ce qui est pratiquement impossible.

On détermine donc *à priori* la hauteur de la cheminée suivant les convenances de localité, et on lui donne une section suffisante pour faire écouler dans un temps donné la masse d'air nécessaire à la combustion. En surélevant la cheminée, on eût augmenté la vitesse de l'air et des gaz chauds qui s'y précipitent ; en lui donnant plus de section et moins de hauteur, on lui imprime, il est vrai, moins de vitesse, mais on leur offre en compensation un conduit plus large à remplir.

181. La section s'obtient en divisant le volume d'air et de gaz chauds à écouler, évalué en mètres cubes, par leur vitesse évaluée en mètres. Nous avons, au numéro 117, déterminé le volume à écouler ; quant à la vitesse, on la déduit de la formule de gravitation (60 et 141), qui, modifiée ainsi qu'il est expliqué dans tous les traités de physique, devient :

$$V = \sqrt{19,62 \times h \times 0,0036 \times (t' - t)} \times 0,18.$$

Dans cette formule

$V =$ la vitesse cherchée, en mètres par seconde ;

h, est la hauteur assignée à la cheminée, en mètres ;

t', la température en degrés centigrades de l'air et des gaz chauds contenus dans la cheminée, laquelle température doit être de 300 à 400 degrés (183) ;

t, est la température extérieure, que l'on prend, en moyenne, égale de 12 à 30 degrés ;

Le nombre 0,0036 exprime la dilatation de l'air pour 1 degré ;

Le nombre 19,62 est la valeur g de l'intensité de la pesanteur (15).

Le nombre 0,18 est un coefficient de correction qui indique que la vitesse de l'air et des gaz chauds, n'est en réalité que les 0,18 de la vitesse théorique donnée par la formule.

Cette énorme réduction de vitesse a pour cause : 1° le refroidissement de l'air et des gaz à mesure qu'ils s'élèvent dans la cheminée et s'éloignent du foyer ; 2° le frottement de l'air contre les parois de la cheminée, lequel, d'après MM. Péclet, Girard et Daubuisson, est proportionnel au carré de la vitesse, à la hauteur de la cheminée, en raison inverse de sa section, et variable avec la nature des matériaux. Ajoutons que les gaz chauds de la cheminée s'écoulent, non dans le vide, mais dans l'atmosphère, dont la pression retarde leur sortie, et qu'ils se composent en majeure partie d'acide carbonique (87), qui, par sa grande densité, résiste au mouvement ascensionnel. Enfin, on sait, par l'exemple des cheminées d'appartement elles-mêmes, combien les circonstances atmosphériques peuvent parfois nuire au tirage. Ce n'est donc pas exagérer que d'estimer la vitesse réelle des gaz dans la cheminée au plus à 0,2 de la vitesse théorique de l'air obtenue par la formule ci-dessus. Dans bien des cas, ce rapport s'abaissera à 0,1 et peut-être au-dessous. La valeur 0,18 que nous adoptons correspond à peu près à la dimension que Watt, le général Morin et la plupart des constructeurs assignent aux cheminées dans les conditions moyennes.

182. **Exemple.** Soit donc une cheminée dont la hauteur $h = 25$ mètres ; la température de l'air extérieur $t = 15$ degrés, et la température de l'air chaud dans la cheminée $t' = 300$ degrés. La vitesse de l'air dans cette cheminée sera, par seconde, sinon rigoureusement, du moins à peu près :

$$V = \sqrt{19,20 \times 25 \times 0,0036 \times (300 - 15)} \times 0,18 = 3^m,96.$$

Soit 40 mètres cubes le volume d'air et de gaz chauds à écouler par kilogramme de houille (voir n° 117) ; et soit (comme au numéro 177) 140 kilogrammes la quantité totale à brûler par heure ou $0^k,038$ par seconde. Le volume total à écouler sera $Q = 40 \times 0^k,038 = 1^{mc},52$ par seconde; d'où on aura la section de cheminée $S = \dfrac{1,52}{3,96} = 0^{mq},38$, ou 38 décimètres carrés.

La section de la cheminée ainsi déterminée est à peu près égale à la section totale des vides d'une grille de dimension modérée, comme celle qui est prise pour exemple au numéro 177, ce qui est rationnel.

Comparée à la force en chevaux et à la quantité de combustible brûlée par heure, la section de la cheminée, calculée comme nous venons de le faire, donne $\dfrac{38}{40} = 0^{dc},95$, soit en nombre rond 1 décimètre carré par cheval, et $\dfrac{140}{38} = 3,68$ kilogrammes de houille brûlée par heure et par décimètre carré. MM. Claudel et Péclet indiquent comme pouvant être brûlé par décimètre carré de $3^k,27$ à $5^k,20$, soit $4^k,41$ dans notre hypothèse. D'autre part, MM. Julien et Bataille assignent $0^m,66$ carrés par cheval à la section de la cheminée; la nôtre offre plus de section; il lui est assigné moins de combustible à brûler et de gaz à écouler par unité de section, elle suffira donc largement aux besoins. Nous ne la croyons pas exagérée toutefois, si on veut maintenir un bon tirage en toutes circonstances; sa dépense de construction en sera peu augmentée; quant à l'activité excessive de l'appel d'air, on la modère toujours à volonté par le registre dont nous parlerons au chapitre des accessoires des chaudières.

Au surplus, dans la pratique, quand on édifie une cheminée, on lui donne toujours plus de section que celle actuellement demandée, afin de se réserver ultérieurement, en cas de besoin, la possibilité d'augmenter la puissance de vaporisation des chaudières.

185. *Observations sur l'établissement des cheminées:*

1° Nous avons dit que la température des gaz dans la cheminée devait varier entre 300 et 400 degrés: une chaleur moindre rendrait le tirage insuffisant. Une chaleur supérieure à 400 degrés, non-seulement produirait un excès inutile de tirage et de consommation, mais la cheminée, trop échauffée, risquerait de se fendre, ou tout au moins de se détériorer intérieurement, à moins qu'elle ne soit construite en matériaux très-réfractaires. Bâtie en briques et mortier ordinaires, elle supporterait à peine 200 degrés.

2° La hauteur des cheminées dépend surtout, nous l'avons dit, des circonstances locales. Les cheminées de brique reçoivent ordinairement de 15 à 40 mètres de haut ; mais il en existe de beaucoup plus élevées. Celle des ateliers Cavé, à Paris, qui a desservi 3 fours à réverbère et 4 cubilots de fonderie, avait 50 mètres d'élévation. Il en existe une aux environs de Manchester qui a 125 mètres de haut, 7^m,50 de diamètre à la base et 2^m,70 au sommet ; 4 millions de briques sont entrées dans sa construction. Enfin, on en cite une en Gallicie pour la ventilation d'une saline, qui a, dit-on, 225 mètres de haut.

184. La forme des cheminées de brique est indifféremment circulaire, rectangulaire ou polygonale. Mais leur solidité exige absolument qu'elles soient non pas prismatiques ou cylindriques, mais pyramidales ou coniques. C'est alors à la partie supérieure que doit se calculer la section (voir fig. 7).

Les cheminées de tôle sont cylindriques ou elliptiques. On les emploie exclusivement sur les locomotives et les bateaux à vapeur. On en fait usage aussi dans les usines pour les petites chaudières, et même pour les plus puissants appareils quand la nature du terrain s'oppose à l'érection des cheminées de brique, ainsi qu'on le voit dans les forges des environs de Liége, où les fours à puddler eux-mêmes sont tirés par des tuyaux en tôle de 2 mètres de diamètre sur 18 à 20 mètres de haut.

Si les cheminées de tôle ont le mérite de la légèreté, elles ont par contre un grave défaut : l'air extérieur les refroidit et le tirage en souffre ; on remarque en effet qu'elles donnent généralement plus de fumée que les cheminées de brique. Elles ont, en outre, moins de durée. Au bout de quelques années il faut les remplacer ; aussi n'emploie-t-on les cheminées de tôle que pour les très-petits appareils et lorsqu'il y a impossibilité d'élever des cheminées de brique.

On construit souvent les cheminées de tôle avec tant de négligence, qu'elles sont remplies de fuites. Elles sont alors très-peu propres aux conditions d'un bon tirage, et c'est peut-être souvent le secret de la mauvaise combustion qui se produit dans certains foyers, où il n'apparaît rien de vicieux. La tôle doit être suffisamment épaisse et parfaitement saine, sans pailles ni criques, assemblée, rivée et matée avec autant de soin que pour les chaudières (voir n°s 156 et suiv.). L'épaisseur du métal, assez forte dans le bas, diminue progressivement en allant vers le haut, afin que le faîte ne soit pas trop chargé et que la cheminée se soutienne d'elle-même, comme celles que l'on construit en brique, sans avoir besoin d'être retenue par des câbles ou arc-boutée par des tringles. Les cheminées des chaufferies d'air des hauts fourneaux de Denain, hautes de 15 à 18 mètres sur 1 mètre de diamètre, ont en bas 10 millimètres d'épaisseur, et en haut 4 millimètres.

Le *couronnement* supérieur, ou débouché de la cheminée, se fait avec une certaine élégance (fig. 2, 5, 7, 95); il a en outre pour but de fortifier cette partie contre les dégradations qui la menacent. Lorsque la cheminée est en brique, on la surmonte d'un chapiteau de fonte qui empêche la pluie de s'infiltrer dans la maçonnerie et presse également le pourtour de la colonne. Quand la cheminée est en tôle, son débouché est au moins fortifié par un cercle de fer bien rivé. Les couronnes découpées (fig. 95) s'oxydent et peuvent causer des accidents par leur chute inattendue; on les proscrit généralement; les systèmes aujourd'hui courants sont ceux qu'on emploie sur les locomotives. On fait même souvent en cuivre ce couronnement, afin d'en prolonger la durée.

Afin d'arrêter les expansions d'eau par la cheminée, on entoure souvent le couronnement d'une gouttière (voir fig. 2). L'eau de cette gouttière est conduite à terre par un tube *ad hoc* descendant à l'intérieur ou à l'extérieur de la cheminée; elle est très-sale et ne peut être d'aucun usage.

On applique aussi au couronnement de la cheminée un *paravent* ou écran (fig. 41 et 52), qui en relève obliquement ou par côté le courant sans qu'il vienne araser la cheminée ou s'engouffrer à l'intérieur; si la machine est appelée à suivre des directions diverses, il faut que l'écran puisse se renverser à volonté, afin de ne nuire au tirage en aucune circonstance. On l'a même rendu mobile et obéissant à tous vents par l'effet d'une girouette (fig. 96), afin que la bouche de la cheminée émette toujours ses gaz dans la direction du vent lui-même. Cette disposition, bien connue pour les cheminées d'appartement, est universellement adoptée sur les bateaux de la Saône et du Rhône.

Pour arrêter les flammèches qui s'échappent de la cheminée et dont, en certains cas, la projection est dangereuse, nous verrons que, par arrêté administratif, on doit garnir le haut ou la base de la cheminée d'un grillage à mailles déterminées qui a l'inconvénient de gêner le tirage. Le procédé demande donc à être amélioré.

Il existe un autre appareil spécial, connu sous le nom de *cheminée Clein* ou *cheminée à pavillon*, auquel il faut recourir lorsqu'on brûle du *bois*, qui projette une grande abondance d'étincelles. En Amérique, en Allemagne et en Russie, on en pourvoit toutes les locomotives. Nous avons vu un appareil analogue en Suisse sur un steamer du lac de Lucerne, et très-certainement il est indispensable sur le bateau, où les voiles et cordages peuvent être si facilement incendiés lorsqu'on brûle du bois dans les chaudières. Les figures 48, 57, 58 donnent la vue extérieure et la coupe d'une cheminée Clein. Le principe consiste à placer vers le débouché de la cheminée, de trois à six palettes hélicoïdales qui reçoivent les étincelles et fragments solides échappés du foyer, les font dévier et les font retomber en dehors du conduit de la cheminée dans l'enveloppe extérieure de forme évasée d'où on les retire de temps à autre par une petite porte, tandis que les matières gazeuses continuent à s'élever et à se dégager dans l'atmosphère (voir le *Bulletin de la Société d'encouragement*, 1855, p. 229).

185. Cheminées à tirage forcé. — Dans ce qui précède, l'ascension des gaz chauds, c'est-à-dire le *tirage*, se produisait *naturellement*. Quand on est obligé de restreindre les proportions des cheminées à de trop faibles dimensions pour opérer naturellement le tirage, on y force ou excite l'appel d'air à l'aide de ventilateurs (procédé breveté par Séguin en 1827) ou en y lançant un jet de vapeur qui fait le vide derrière lui. La vapeur ayant (141) plus de 500 mètres de vitesse par seconde, on comprend, même en faisant la part des pertes de vitesse et du frottement, quelle activité elle est encore capable d'imprimer au courant dans la cheminée, ainsi qu'à la combustion dans le foyer. On parvient ainsi à faire produire aux chaudières, à surfaces égales, 4 à 5 fois plus de vapeur, et à brûler sur les mêmes grilles 4 à 5 fois plus de combustible qu'à l'aide du tirage naturellement effectué par de hautes cheminées. Mais, toutes compensations faites, le tirage forcé, seul possible en plusieurs cas, est moins économique, en même temps qu'il produit plus de fumée.

L'injection de vapeur dans la cheminée, indiquée depuis long-temps au moins comme première idée, fut brevetée à peu près simultanément, en 1827, par Pelletan en France, et par Hack-worth en Angleterre. Ce dernier en fit en 1832, ainsi que G. Stephenson, l'application aux locomotives (voir le *Guide du mécanicien conducteur et constructeur*, par Lechatellier, etc., 2ᵉ édit., p. 11). Ce système existe aujourd'hui généralement non-seulement sur les chemins de fer, mais aussi sur les bateaux de rivière, et en particulier sur ceux du Rhône et de la Tamise. M. Cochot l'appliqua sur la haute Seine, vers 1835, aux bateaux *Ville de Sens* et *Parisien*.

D'après M. Mathieu (du Creusot), on donne aux cheminées à tirage forcé environ le quart de la section voulue pour effectuer le tirage naturel; la hauteur est limitée à celle strictement voulue par les circonstances. Il importe en même temps de réduire de moitié la porte du cendrier, par laquelle l'air arrive sous la grille.

Où prend-on l'injection de vapeur? Il existe sur ce point deux systèmes : dans le premier, on emprunte le jet à la chaudière, à l'aide d'un tube muni d'un robinet qui aboutit vers la base de la cheminée. Les bateaux à vapeur ci-dessus mentionnés offrent ce système.

Dans le second, la vapeur, après avoir produit son effet dans le cylindre pour mouvoir le piston, sort par une buse conique appelée *tuyère*, installée de même à la base de la cheminée. Il va sans dire que la vapeur doit avoir une tension au moins double de celle de l'atmosphère; il résulte de là que, dans le premier cas, le jet de vapeur ne peut être utilement employé que sur les chaudières fonctionnant à trois atmosphères au minimum, et que, dans le second, non-seulement on ne peut condenser la vapeur, mais il faut lui conserver une pression finale qui force à perdre une notable fraction de son effet utile.

L'avantage du jet de vapeur provenant des cylindres est que c'est un moyen de tirer parti de la vapeur que les circonstances ne permettent pas de condenser. Ses inconvénients sont que : 1° il en résulte dans les cylindres une contre-pression nuisible au rendement de travail de la machine ; 2° il est incompatible avec la condensation ; 3° il ne peut fonctionner que quand la machine est en marche.

Les avantages du jet de vapeur *pris sur la chaudière* sont que : 1° on peut condenser la vapeur du cylindre lorsque les conditions de la machine le demandent ; 2° dès que la chaudière est en pression, l'injection de vapeur peut jouer sans que la machine soit mise en marche ; 3° il n'en résulte aucune contre-pression ni effet nuisible dans la machine. Ses deux vices sont : l'un de consommer de la vapeur, et l'autre de faire entendre un sifflement continuel très-fatigant. La consommation de vapeur dans ce système l'emporte-t-elle sur la perte de l'effet utile dans l'autre ? c'est un point qu'aucune expérience ne permet jusqu'ici d'établir ; mais nous sommes porté à conclure en faveur du jet emprunté à la chaudière comme plus économique, toutes choses compensées.

Le sifflement de ce jet continu est beaucoup plus fatigant que l'échappement intermittent dans l'autre système : du moins lorsque la chaudière est à haute pression, car sur les bateaux-omnibus à moyenne pression de Londres il est assez modéré. Pour concilier la pression élevée d'une chaudière avec la nécessité d'éviter le bruit de la cheminée, ne pourrait-on pas entourer la base de celle-ci d'une lame d'eau, véritable chaudière à moyenne pression munie de ses soupapes, de son manomètre, etc., chargée de produire l'injection de vapeur pour le tirage, et chauffée par la chaleur encore très-suffisante des gaz qui s'y écoulent ?

Enfin, pourquoi toujours se limiter à l'emploi exclusif de l'un ou l'autre système d'injection ? Pourquoi, dans les machines à haute pression sans condensation dont il est bon d'utiliser la vapeur qu'émet le cylindre, n'emploierait-on pas aussi le jet direct pris sur la chaudière pour activer le feu lorsque la machine est arrêtée? Voilà ce que nous écrivions en 1854. Depuis, ce double jet de vapeur s'est généralisé, notamment sur les locomotives à marchandises.

Réciproquement, pourquoi dans les appareils à condensation où il existe une machine supplémentaire, par exemple un petit cheval pour alimenter le générateur, n'utiliserait-on pas la vapeur qui sort de son cylindre et qu'on perd presque toujours?

186. Cheminées rabattantes. — Il est quelquefois nécessaire de pouvoir rabattre la cheminée même pendant que la chaudière est en pression et le feu allumé. Tel est le cas des bateaux à vapeur sur les rivières, et des locomotives[1] pour passer sous les travaux d'art, généralement beaucoup trop bas, tels que ponts, viaducs et tunnels. C'est une nécessité fâcheuse, car l'introduction de l'air dans la cheminée nuit au tirage. Or, tous les moyens connus pour rabattre la cheminée donnent passage à des fuites, outre qu'ils ne sont pas sans danger.

Sans entrer ici dans la description des appareils assez nombreux qui existent dans ce but, nous poserons seulement les règles suivantes :

1° La cheminée doit rabattre dans le sens opposé à la direction ordinaire du mouvement en marche, c'est-à-dire en arrière sur les locomotives et bateaux ;

2° La partie fixe non rabattante doit s'élever aussi haut que le permettent les passages à franchir, et sur les bateaux à vapeur à 2 mètres au moins pour ne pas inonder le pont de fumée ;

3° La partie rabattante doit être munie d'un contre-poids suffisant pour qu'elle se dresse d'elle-même dès que la chaîne qui sert à l'abaisser est lâchée ; faute de cette précaution, il est arrivé de nombreux accidents par la chute des cheminées, notamment sur les bateaux à vapeur de rivière ;

4° Il faut que le mécanicien visite souvent la jonction de la partie rabattante sur la partie fixe, pour s'assurer qu'elle ne laisse pas entrer d'air.

---

[1] Celles de l'ancien chemin de fer de Lyon à Saint-Étienne étaient dans ce cas, et nous prévoyons le temps où il faudra en venir là pour les autres lignes, tant s'élèvent les locomotives.

Les systèmes les plus usités en ce moment sont la *cheminée à charnière* et à contre-poids (fig. 96), et la *cheminée-télescope* à deux fragments s'emboîtant l'un dans l'autre à l'aide de treuils ou de contre-poids (fig. 76).

4° Carneaux et tubes.

187. Les carneaux sont les galeries qui conduisent la flamme et les gaz chauds à la cheminée, en léchant dans leur passage la surface de chauffe de la chaudière. Leur section doit être au moins égale à celle de la partie supérieure de la cheminée ; mais on la fait souvent beaucoup plus grande, afin qu'on puisse y pénétrer pour faire les réparations.

La longueur des carneaux n'est guère limitée, et, bien qu'en principe elle soit nuisible au tirage par le frottement que les gaz y éprouvent, on leur donne quelquefois 30 mètres de développement et au delà ; ils vont jusqu'à 45 mètres dans certaines chaudières du Cornouailles. Le point important est que les gaz qu'ils conduisent arrivent avec assez de chaleur à la cheminée pour produire un bon tirage. Ce minimum de chaleur est, on l'a vu, environ 300 degrés (voir Armengaud, t. VI, p. 188).

On est parfois forcé d'éloigner la chaudière de la cheminée, et par suite de prolonger l'étendue des galeries. Ceci arrive : 1° lorsqu'on ne veut pas faire la dépense d'une cheminée spéciale et qu'on se propose d'utiliser celle qui existe déjà dans le voisinage ; 2° quand on craint pour la chaudière l'ébranlement causé par des appareils, tels que marteaux de forge.

188. Les précautions à prendre dans les dispositions générales des carneaux sont, outre celles déjà indiquées au numéro 143 pour l'écoulement des gaz : 1° être disposés de manière à bien lancer la flamme et les gaz chauds sous la chaudière et dans la cheminée ; 2° les gaz arrivant de divers carneaux ne doivent jamais se rencontrer à angle droit, mais il convient de les faire se joindre parallèlement le plus possible, imitant en cela les embranchements de chemins de fer et les rivières à leurs confluents ; 3° le nettoyage, la visite et l'entretien doivent être faciles ; 4° il faut enfin que les parties de la chaudière, telles que les tubes, les bouilleurs, le foyer, puissent être enlevées, au besoin, sans tout détruire.

Quant à la forme des carneaux, tantôt ils consistent en une galerie de maçonnerie bâtie en briques réfractaires extérieurement autour de la chaudière, tantôt en un ou plusieurs tubes qui la traversent de part en part.

5° Proportion moyenne des générateurs.

189. Résumons maintenant les proportions moyennes qu'on donne aux générateurs à tirage naturel, dans un tableau qui servira de complément à celui du numéro 117 sur les combustibles.

Surface de chauffe par force de cheval (6)	$1^{mq},20$
Surface de grille par cheval, avec vide égal au sixième de la surface totale	$0^{mq},06$
Section de cheminée par cheval	$0^{mq},01$
Quantité de houille brûlée par heure et par cheval { sans condensation, au plus.	3^k
{ à condensation, de	$1^k,30$ à 2^k
Quantité d'eau vaporisée par kilogramme de houille	7^k
Quantité d'eau vaporisée par mètre carré de surface de chauffe et par heure	25^k
Quantité d'eau vaporisée par cheval et par heure	20^k
Volume d'eau par rapport au volume de vapeur à fournir	8 fois.
Volume de vapeur par rapport au volume à fournir	10 fois.

Nous répétons que ce sont là, non des déterminations fixes et absolues, mais des moyennes dont on s'écarte dans des circonstances données. Ainsi, faut-il avant tout viser à l'économie du combustible, ou bien se défie-t-on du pouvoir vaporisateur de l'appareil, on augmentera la surface de chauffe; faut-il, au contraire, alléger le générateur, on réduira la surface de chauffe et de grille en augmentant l'activité du feu par une plus grande section de cheminée; celle-ci ne peut-elle être portée à des dimensions suffisantes, on y forcera le tirage; la dépense de vapeur est-elle très-irrégulière, on donnera aux chambres de vapeur et d'eau de très-vastes capacités, et ainsi de suite.

190. Perte de chaleur des foyers. — Il nous reste, en terminant, à faire observer que les plus parfaits foyers n'utilisent, pour le chauffage et la vaporisation, qu'une fraction très-réduite de la chaleur totale développée dans la combustion ; d'après M. Flachat (sur l'Exposition de 1834, p. 111), la chaleur perdue est :

Pour les chaudières les mieux installées.. . . . .   40 pour 100.
—   mal installées . . . .,   60   —
Soit en moyenne..   50   —
Fourneau à fondre la fonte de fer.   75   —
Fourneau d'affinerie et haut fourneau.   94   —

D'après Campaignac, les chaudières de machines à vapeur dans la navigation seraient d'autant plus économiques, c'est-à-dire utilisant d'autant mieux la chaleur, qu'elles sont plus grandes. C'est ce qui résulte du tableau suivant :

NUMEROS.	FORCE de la chaudière en chevaux.	CONSOMMATION de houille par cheval et par heure.	SURFACE de chauffe par cheval.
	chevaux.	kilog.	m. carrés.
1	50	5,00	1,20
2	80	4,50	1,08
3	100	4,34	1,04
4	140	4,03	0,96
5	180	3,71	0,89
6	200	3,55	0,85
7	250	3,38	0,81
8	320	3,25	0,78
9	400	2,98	0,71
10	500	2,65	0,63

Ainsi, on voit que la chaudière n° 10, avec moitié moins de surface de chauffe, a cependant consommé par cheval et par heure presque moitié moins de combustible que la première.

§ 4. DIVERS TYPES DE GÉNÉRATEURS.

Quoique très-variés dans leur forme, les générateurs peuvent se ramener à deux types principaux, savoir : les chaudières enfermées dans des fourneaux de maçonnerie et les générateurs à foyers et galeries intérieurs, auxquels il faut ajouter divers types de chaudière tubulaire.

1° Chaudières à foyers extérieurs en maçonnerie.

Il en existe quatre types qui fonctionnent presque toujours à tirage naturel :

191. Le premier est la *chaudière en chariot de Watt,* décrite dans tous les traités de machines à vapeur (voir notamment Nicholson, Tredgold, Bataille et Julien, Morin). Elle ne convient qu'aux machines à faible pression, en raison de sa forme peu propre à résister aux grands efforts, et aux appareils de médiocre dimension, à cause de son grand volume; mais elle est très-favorable à la vaporisation, simple de construction, d'une facile conduite, d'un entretien non moins aisé. Pour la rendre apte à supporter une forte pression intérieure, sans se déformer, il faudrait la fortifier par des armatures et des tirants, et la priver ainsi d'un de ses principaux avantages, qui est la simplicité. On l'emploie encore dans les forges pour recevoir la chaleur perdue des fours à puddler.

192. Le second type est la *chaudière cylindrique avec ou sans bouilleur,* dite *chaudière française;* elle est très-généralement employée dans toute sorte d'industrie pour les machines à haute et basse pression. Ce type, très-connu et représenté fig. 8, 9, 37, est l'un des plus favorables à la vaporisation; il est, en outre, simple de construction, très-solide; mais il est lourd, encombrant, et demande quelques précautions dans son installation, quand au cylindre principal A, qui constitue le *corps* de la chaudière, sont annexés, par des tubulures B nommées *culottes* ou *évents,* un ou plusieurs *bouilleurs* cylindriques C; voici ces précautions :

1° Chaque bouilleur doit être réuni à la chaudière proprement dite par deux évents placés vers les extrémités; l'un sert à l'écoulement de la vapeur, l'autre à l'arrivée de l'eau d'alimentation, et ainsi se produit dans la chaudière le courant d'eau dont il est parlé au numéro 73.

2° La flamme ne doit pas lécher le dessus des bouilleurs, parce que cette partie, vide d'eau, à cause de la vapeur qui s'y accumule et s'y trace un passage, serait rapidement brûlée, ainsi qu'il arrive chaque fois que le métal est chauffé à sec. Il convient donc de recouvrir le quart supérieur des bouilleurs avec un lit de briques ou de sable réfractaire. Ceci, toutefois, est contesté, et des ingénieurs prétendent avoir remarqué que les bouilleurs se brûlaient à l'encoignure des briques par l'effet de la haute température de celles-ci, qui coulent parfois en un laitier très-corrosif, et ils sont d'avis qu'il faut mieux encore laisser le bouilleur entièrement découvert dans le carneau.

3° Les évents qui relient les bouilleurs à la chaudière sont assemblées, non pas à rivure, mais à manchon mastiqué, de manière que ces bouilleurs puissent être enlevés sans trop de peine quand il faut les réparer ; car, en raison de la proximité du foyer, ils sont plus promptement hors de service que la chaudière proprement dite.

4° Une circulaire ministérielle de 1853 interdit de mettre des bouts ou calottes de fonte à celle des extrémités du bouilleur ou corps principal de chaudière que lèche la flamme. En général, ces pièces de fonte sont dangereuses et ne peuvent être tolérées que pour le bout à fermeture autoclave des bouilleurs, car il serait trop coûteux de faire cet agencement en fer forgé.

5° Quant à la rivure, il faut s'attacher à en exposer le moins de lignes possible à l'action du feu, surtout à son action directe, et il faut éviter de faire à trop grosse tête ces rivures exposées à se brûler.

193. Dans les chaudières en question, la flamme et les gaz chauds subissent souvent trois changements de direction avant d'arriver à la cheminée. Ils passent d'abord sous les bouilleurs, qu'ils lèchent dans toute leur longueur ; puis, revenant par-dessus sans toucher la partie supérieure, ainsi qu'il a été dit, ils viennent chauffer le gros corps cylindrique, d'abord d'un seul côté, puis ensuite sur l'autre côté, grâce à un mur de brique qui forme deux galeries parallèles sous la chaudière.

Ce mur est quelquefois supprimé : tout le dessous de la chaudière est alors en même temps chauffé, et la flamme ne change que deux fois de direction. M. Cavé a adopté souvent cette disposition en donnant à son générateur 10 mètres et plus de longueur.

Enfin, on a supprimé les bouilleurs et fait consister la chaudière en un simple cylindre très-allongé, posé au-dessus de deux galeries parallèles qui permettent à la flamme de lécher d'abord un côté de la chaudière, puis l'autre côté, avant d'arriver à la cheminée. On ajoute à ce cylindre, qui est la chaudière proprement dite, un ou plusieurs bouilleurs en contre-bas ou par côté du foyer, sur lesquels les gaz chauds achèvent de déposer leur calorique. S'ils ne forment que très-peu de vapeur, ils échauffent du moins l'eau qui arrive par le bouilleur du bas jusque dans la chaudière proprement dite, où elle entre à une température très-élevée (voir fig. 7 et 8). Ce système, dit à *flamme renversée*, paraît très-satisfaisant. MM. Cail, Farcot et Cavé ont installé un grand nombre de ces générateurs. Le dernier de ces constructeurs l'a établi en 1842 (voir *Bulletin de la Société d'encouragement*, t. XLIV, p. 417).

194. Le troisième type de chaudières à fourneau extérieur est la *chaudière dite de Woolf, à bouilleurs multiples* enfermés dans un même four à réverbère, mutuellement en communication, et surmontés par un réservoir commun qui leur distribue l'eau et reçoit leur vapeur. Ce type, qu'Hornblower proposa en 1810, donne beaucoup de surface de chauffe sous un petit volume (voir *Bulletin de la Société d'encouragement*, 1re série, t. XXX, p. 449; Armengaud, t. VII, etc.).

On a quelquefois multiplié les bouilleurs en leur donnant une petite section, au point de faire une véritable chaudière à tubes chauffés extérieurement. Le principal défaut de cette chaudière est la multiplicité des joints et assemblages qu'elle présente.

195. On voit dans les forges, entre autres à Denain, à Fourchambault et au Creusot, des chaudières particulièrement employées à utiliser la chaleur perdue des fours, et qui joignent aux avantages de la chaudière de Watt une forme plus résistante. Elles se composent d'un vaste cylindre vertical que la flamme lèche d'abord extérieurement, grâce aux galeries de maçonnerie qui l'entourent. Elle traverse ensuite l'intérieur de la chaudière par un gros conduit coudé, en tôle, qui aboutit à la galerie commune pratiquée sous le sol de l'usine, pour aller à la cheminée d'appel. Cette chaudière est simple et solide; elle contient beaucoup d'eau, demande peu de surveillance, occupe peu de surface et convient éminemment à sa destination spéciale.

La chaudière américaine, en forme de ruche, de Stetson (*Me-*

chanic's magazine de juin 1854, et *Bulletin de la Société d'encouragement*, 1854, p. 557), se rapproche de ce type ; elle est remarquable surtout par l'action du courant d'eau qui a lieu dans l'intérieur, au grand avantage de la vaporisation et de la propreté.

196. Précautions générales à prendre dans l'établissement des fourneaux en brique. — On ne saurait d'abord prendre trop de soin dans le choix des matériaux à employer. Les briques et le mortier de l'intérieur du fourneau doivent être excessivement réfractaires ; mais les parties extérieures peuvent s'exécuter en matériaux ordinaires.

Les substances réfractaires sont celles qui ne sont pas attaquables par le feu et qui ne se vitrifient pas dans le foyer. Les argiles et mortiers qui jouissent de cette propriété et qu'on emploie dans la construction des fourneaux, ou la fabrication des briques qui leur conviennent, se composent de silice et d'alumine ; s'il s'y trouve des substances fusibles, telles que de la soude, de la potasse, ou du fer qui s'unit à la silice et donne un silicate de fer fusible, la brique et le mortier sont tout à fait impropres à la construction du fourneau. Les briques réfractaires se distinguent après la cuisson par leur couleur blanche, légèrement rosée quelquefois par une quantité de fer assez minime pour être peu nuisible ; elles doivent être complétement exemptes de trace de vitrification. Les substances vraiment réfractaires sont rares ; ces briques sont si coûteuses et si difficiles à obtenir de bonne qualité qu'on les fait souvent soi-même.

Voici une seconde précaution des plus importantes : quand un générateur à fourneau de maçonnerie vient d'être monté, il faut, avant de s'en servir, le *sécher*. Laissez d'abord l'air opérer cette dessiccation pendant quelques jours ; lorsque la maçonnerie paraît avoir perdu son humidité, emplissez la chaudière et faites sur la grille un doux feu de bois, jusqu'à ce que le fourneau n'émette plus aucune vapeur, et que la main, posée sur la maçonnerie, ressente sensiblement la chaleur. Le fourneau est alors prêt à servir. Faute de cette précaution, on le verrait se fendre et se dégrader.

2° Chaudières entièrement métalliques à foyers et galeries intérieurs.

197. Dans ce système, il n'y a plus de maçonnerie; le générateur est un appareil entièrement en métal, à l'intérieur duquel sont les foyers et galeries. Au premier abord, il semble que ces chaudières devraient être plus favorables à la vaporisation que les types précédents, puisque la chaleur, au lieu d'être en partie absorbée dans les briques du fourneau, se porte tout entière sur les faces métalliques, qui ne sont autres que la surface de chauffe directe. Il n'en est pas toujours ainsi cependant à égalité de circonstances; sans doute, parce que la complication intérieure gêne le dégagement des bulles gazeuses, et qu'une grande partie des surfaces chauffées qui remplacent la maçonnerie est verticale. Or, on sait qu'à égalité de surface les parties verticales sont moins favorables à la vaporisation que les parties horizontales (163).

Ajoutons que ces appareils sont ordinairement coûteux et ont besoin d'être établis avec des soins tout particuliers. Ils sont remplis de cloisons, de tirants, d'armatures, qui les compliquent, rendent leur entretien et leur exécution difficiles. Que l'une de ces nombreuses pièces manque, de graves accidents peuvent arriver. Enfin cet ensemble de tôles, exposées à divers degrés de chaleur, se dilatent et se retirent inégalement. C'est là leur défaut principal.

Par contre, ces générateurs offrent moins de chances d'incendie; leur installation est des plus faciles; ils sont beaucoup moins lourds et volumineux que les autres; enfin, dans bien des cas, tels que celui de la marine, ce sont les seuls admissibles. On en distingue les deux principaux types qui suivent :

198. L'ancienne *chaudière à galeries*, dite *de bateau* (en anglais, *flue-boiler*), entièrement construite en tôle, est une vaste chambre rectangulaire contenant intérieurement le foyer, ainsi que les carneaux, en forme de galeries revenant plusieurs fois sur elles-mêmes et conduisant les produits de la combustion à la cheminée placée au centre : le tout est entouré d'eau. Les faces sont presque partout planes. Ce genre de chaudière, qui a été longtemps employé exclusivement sur les bateaux à vapeur, ne peut guère convenir qu'aux machines à basse pression. La surface de chauffe est verticale dans près des deux tiers. En outre, ces chaudières sont très-volumineuses.

199. La *chaudière* dite *de Cornouailles* (voir M, fig. 34) se compose d'un long et gros corps cylindrique dans lequel sont renfermés le foyer et, en prolongement de celui-ci, un gros tube en tôle servant de carneau, qui aboutit à la cheminée, à moins qu'à l'aide de carneaux en brique on ne ramène la chaleur dessous et par côté du gros cylindre extérieur avant de l'abandonner à la cheminée. Ce système a souvent mal réussi en France ; de nombreuses explosions ont eu lieu par suite de l'écrasement du tube intérieur et des déchirements causés par la différence de dilatation de parties soumises à des températures très-différentes (voir *Annales des mines,* 4ᵉ série, t. I et VII). En Angleterre, on cite aussi plusieurs explosions de ce genre de chaudière, notamment deux sur la Tamise en 1838. Sans doute, ces accidents ont été accompagnés de circonstances étrangères au système, telles que négligence du mécanicien, vice de matières ou de construction. Mais, quoique nous ne soyons pas sans sympathie pour ce genre de chaudière quand il est bien établi, nous ne pouvons méconnaître que, toute compensation faite, beaucoup de chaudières semblables ont dû être rejetées, surtout dans la navigation. Des circulaires ministérielles de 1848 et 1849 prescrivent de donner au tube intérieur une épaisseur de tôle ayant moitié en sus de celle qui est indiquée par la formule du numéro 157 dans les cas ordinaires ; de soigner le cintrage de manière à ce qu'il n'y ait aucune ovalisation accidentelle ; d'éviter les armatures de jonction avec le corps extérieur ; de fortifier les parties douteuses avec des anneaux à cornière et de renouveler souvent les épreuves.

Quant aux chaudières du Cornouailles, il convient de remarquer qu'elles fonctionnent dans des conditions tout à fait inusitées. Les surfaces de chauffe et de grille y sont très-développées, le feu y est presque dormant. Elles supportent, sans chance de rupture, une pression qui est rarement élevée ; exclusivement réservées aux machines fixes, elles ne se tournenent pas comme lorsqu'on les a établies dans des bateaux. On a essayé à Blackwal, près de Londres, quelques-unes de ces chaudières, comparativement avec des générateurs marins du type précédent, et on a trouvé qu'à surfaces égales, elles brûlaient plus de combustible que les autres. De là on a conclu que les économies extraordinaires de consommation obtenues dans le Cornouailles tiennent moins au générateur qu'à l'ensemble de proportions des appareils et aux soins avec lesquels ils sont gouvernés.

3° Chaudière tubulaire de locomotives.

200. Le système dont nous allons parler avec étendue est exclusivement employé sur les locomotives, et il se généralise dans toutes les industries. Nous renvoyons au numéro 560 pour l'histoire de son invention. Tous les types usuels de chaudières de locomotives sont résumés aux figures 1 à 4, 40 à 49.

Dans tous, la chaudière se compose de trois parties : savoir, la boîte à feu, la partie tubulaire et la boîte à fumée.

La boîte a feu A consiste en deux coffres emmanchés l'un dans l'autre. Le coffre extérieur est en tôle. Celui de l'intérieur dans les locomotives a été fait jusqu'ici en cuivre rouge de première qualité pour résister à l'action du feu, car ce dernier coffre constitue à proprement dire le foyer, il contient une grande masse de combustible incandescent appuyé contre ses parois. Au fond se trouve la grille, la partie supérieure se nomme *ciel du foyer*. Entre les deux coffres règne un espace libre, plein d'eau, de 0^m,08 au minimum ; cette eau s'élève de 0^m,10 à 0^m,15 au-dessus du ciel ; celui-ci et le pourtour du foyer constituent la *surface de chauffe directe*.

Afin de l'augmenter on a placé dans le foyer un bouilleur aplati, longitudinal ou transversal. M. Cavé en proposa un en 1843, qui consistait en une cloison longitudinale occupant toute la hauteur du foyer, le divisant en deux compartiments, avec chacun leur porte pour le chargement du combustible. Les foyers de la plupart des locomotives anglaises à grande vitesse, notamment celles que Stephenson, Wilson et Hawthorn ont construites vers 1850, pour les Great-Northern et South-Eastern railways, furent ainsi disposés ; il en est de même des premières locomotives Crampton du chemin de fer de l'Est en France ; leurs inconvénients sont : 1° de trop diminuer l'espace réservé au combustible, qui a besoin d'être en grande masse pour bien brûler ; 2° de compliquer le foyer par des pièces qui se dilatent inégalement, et laissent facilement des fuites aux angles ; 3° de se prêter mal au dégagement de vapeur et à la réception de l'eau alimentaire ; 4° de risquer de se brûler par la violence du coup de feu auquel ils sont exposés et par suite des accumulations de tartre difficiles à enlever.

Mais lorsque les foyers peuvent être élargis à peu près à volonté, comme dans les locomotives de Great-Western railway, dans les locomotives Engerth et les générateurs de la marine ou des usines, rien ne s'oppose aux bouilleurs en forme de cloison ou autres, pourvu qu'ils ne masquent pas les tubes, et surtout qu'il n'y ait pas de fuites par l'effet de la dilatation et des retraits, car il en résulte alors des frais de réparation qui compensent et au delà les économies de combustible.

201. La forme du foyer est tantôt rectangulaire comme dans les locomotives ordinaires, tantôt demi-cylindrique comme dans les anciennes locomotives de Bury, de Hic et de Price (chemin de fer de Gand à Anvers, fig. 44). Cette dernière forme, simple et solide, ne permet pas de donner au foyer d'assez vastes surfaces de chauffe ; elle ne convient donc qu'aux petites chaudières.

En principe, la meilleure forme de foyer est celle qui donne intérieurement le plus de surface, qui démasque le mieux la totalité des tubes, qui est la plus simple, la plus solide, la plus exempte de déchirements dans les contractions ou dilatations du métal, et qui permet de descendre aisément le coffre intérieur quand il faut le remplacer.

Le coffre extérieur correspond évidemment par sa forme à celle du foyer. Dans sa partie supérieure, il se termine soit par un demi-cylindre (fig. 4 à 5), soit par une demi-sphère, comme dans les locomotives de Hic, Bury et Price (fig. 44 ; voir aussi *Traité des machines à vapeur*, par Julien et Bataille) ; soit enfin par cette pyramide à quatre pans qui a longtemps caractérisé les chaudières de Stephenson (fig. 46), et qui avait le défaut d'être trop compliquée par des tirants et armatures de consolidation.

202. Les parties plates des chaudières tubulaires doivent être fortifiées contre les déformations à l'aide d'armatures reliées entre elles, s'il est besoin, par des tringles ou tirants. Les armatures doivent se prolonger dans toute la longueur de la partie plane. Celles du ciel de foyer doivent affleurer les parois verticales et s'y bien appuyer (fig. 2). C'est à l'absence de cette précaution qu'a été attribuée une des rares explosions survenues sur les chemins de fer.

Il faut, en outre, que le foyer soit solidement pendu par des tirants verticaux et très-fortement maintenu par le bas, car il supporte une pression verticale énorme. Soit, en effet, 8 kilogrammes par centimètre carré de surface, la pression de la vapeur. Soit 1 mètre, ou 10000 centimètres carrés, la surface du ciel de foyer. La pression totale qui le charge est $10000 \times 8 = 80000$ kilogrammes.

Quand les deux coffres qui forment la boîte à feu sont à faces planes, on les fortifie mutuellement en les reliant par des entretoises en fer ou en cuivre, de $0^m,015$ à $0^m,025$ de diamètre, taraudées et vissées dans les feuilles à relier. Tantôt, comme dans les anciennes locomotives de Buddicom, elles sont terminées extérieurement par une tête à quatre ou six pans, et à l'intérieur du foyer par un écrou ; tantôt on rive les deux extrémités ; il faut alors les couper quand il y a lieu de les remplacer, ce qui est un travail difficile et coûteux ; dans l'autre cas, on enlève le boulon et on dévisse l'entretoise par la tête extérieure. Par contre, les entretoises rivées sont moins sujettes à fuir.

On emploie aussi, sinon pour les locomotives, du moins dans les grosses chaudières tubulaires du même système, des entretoises à manchon traversé par un boulon ou un rivet. Le manchon se place entre les deux plaques à relier, et les empêche de se rapprocher ; elles sont maintenues contre leur tendance à s'écarter par les deux têtes du rivet ou bien par la tête et l'écrou du boulon, qui s'appuient extérieurement sur les plaques reliées, soit directement, soit par l'intermédiaire de rondelles. Ce genre d'entretoise est beaucoup plus volumineux que les entretoises taraudées du premier système.

203. La pose des entretoises taraudées est une opération délicate qu'on ne doit confier qu'à de bons ouvriers, et qui est, au contraire, souvent très-négligée chez les constructeurs. Il faut premièrement que le filet des entretoises corresponde exactement à celui du taraudage opéré dans les parois à relier, le filet des entretoises étant cependant un peu plus fort, afin que celui des parois soit parfaitement rempli.

Ces entretoises, grâce à un carré qu'on a ménagé à l'un des bouts, et qu'on enlève ensuite s'il y a lieu, sont emmanchées au *tourne à gauche* ou à la *clef*, avec force sans doute, mais il faut prendre garde d'arracher le filet et de *gauchir* les parois. Pour éviter ce dernier danger, au lieu de poser les entretoises à la suite, en commençant par un bout, espacez-les sur divers points de la surface comme, par exemple, aux quatre coins et au milieu, puis de deux en deux ou de trois en trois entre ces cinq premières, et ainsi de suite. En faisant la rivure et le matage, prenez garde d'écrouir le métal et d'ébranler les entretoises voisines; ne pratiquez donc pas ces opérations avec trop de force et avec brutalité.

Une fois les entretoises en place et prêtes à river, on reconnaît souvent qu'elles ont trop de longueur. C'est en les coupant brutalement que l'ouvrier les ébranle, et qu'il gâte tout un travail d'abord bien fait. Leur longueur a dû être bien calculée d'avance, mais s'il faut les couper, le meilleur est de les scier; si on les rogne au burin, il faut le faire à très-petits coups, sous peine de les ébranler et d'arracher le pas de vis. J'ai dû, dans ma pratique, souvent faire changer des entretoises hors de service pour ce seul défaut de précaution. Or, leur bonne installation est de la plus haute importance. Toute entretoise emmanchée avec trop de jeu et qu'on retire aisément, toute entretoise tordue ou à filet mangé doit être changée et rebutée.

204. En quel métal doit-on faire les entretoises? C'est une question sur laquelle les ingénieurs sont peu d'accord et qui n'est pas sans importance. Dans les foyers entièrement en cuivre ou entièrement en fer, on ne saurait mettre des entretoises d'un autre métal sans s'exposer à développer des effets galvaniques contraires à la conservation du foyer. Mais dans les chaudières où la boîte extérieure est en fer et le foyer intérieur en cuivre, les uns croient les entretoises en cuivre absolument nécessaires, les autres préfèrent les entretoises en fer. A notre avis celles-ci sont plus solides (voir au numéro 158 *bis* les expériences de M. Fairbairn). Elles sont plus faciles à bien poser, quoique plus difficiles à river ; on n'a pas remarqué qu'elles aient développé plus d'action galvanique que les entretoises en cuivre, elles ne durent pas moins longtemps. Enfin, les entretoises en cuivre sont plus coûteuses ; mais elles sont plus faciles à enlever quand il faut les changer ou démonter le foyer, et on les revend avec plus de profit comme vieux cuivre.

205. A la résistance des armatures, tirants et entretoises, tient l'existence même du foyer. Avec elles les parties plates d'une chaudière n'ont pas moins de solidité que les parties cylindriques. Il résulte d'expériences faites par M. Fairbairn, qu'une face plane installée dans les conditions ordinaires des foyers de locomotives, avec des entretoises espacées de 0^m,12, a commencé à se bomber sous 33 atmosphères de pression, et a crevé sous 48 atmosphères. Une autre face plane semblable, avec entretoises espacées de 0^m,10 seulement, a été bombée à 35 atmosphères de pression, et n'a crevé que sous la charge énorme de 116 atmosphères.

C'est en général par la faiblesse des entretoises et tirants que les explosions de chaudières arrivent. Leur installation, leur nombre, la qualité de leur matière, sont souvent insuffisants. Hâtons-nous toutefois d'ajouter que ces moyens de consolidation sont en même temps une cause très-fâcheuse d'obstruction dans les générateurs ; ils facilitent l'accumulation du tartre et rendent difficile le nettoyage. Aussi la question est-elle des plus graves. Le perfectionnement des chaudières devra tendre à leur donner, par leurs formes naturelles, la solidité voulue en les débarrassant de ces accessoires et surtout des tirants dont la rupture a causé déjà une bonne partie des explosions connues.

206. LE CORPS TUBÉ B est la deuxième partie fondamentale de la chaudière tubulaire des locomotives ; sa meilleure forme, la seule usitée en France, est un cylindre fermé aux deux bouts par les plaques tubulaires *a* et *b*, épaisses de 0^m,015 à 0^m,025, et traversé par les tubes, dont l'extérieur est entouré d'eau. Ceux-ci servent intérieurement au passage de la flamme et des gaz chauds se rendant à la cheminée D.

La disposition des tubes n'est pas indifférente au point de vue de la vaporisation. Quand ils sont en quinconce, comme dans la figure 1, on peut en mettre beaucoup plus pour un même volume de chaudière, et par conséquent c'est le système usité dans les locomotives où l'espace est forcément très-restreint; mais il est rationnel de penser que cette disposition obligée nuit à la libre ascension des bulles de vapeur, de celles surtout qui partent des tubes du bas. Aussi, dans les générateurs des machines fixes et marines, où on est moins gêné, les tubes s'installent en carré comme dans la figure 73.

Leur espacement est encore une condition très-essentielle : trop rapprochés, ils affaiblissent les plaques tubulaires où ils sont fixés par leurs extrémités; les dépôts terreux s'amassent entre eux, les soudent, les isolent de l'eau et amènent leur destruction. Dans les locomotives alimentées avec les meilleures eaux, l'espacement ne descend pas au-dessous de $0^m,012$. C'est une proportion bien faible qui est nécessitée par la multiplicité des tubes à loger dans un très-petit corps cylindrique. Dans les chaudières marines, un espacement de $0^m,020$ entre les tubes est la moindre proportion permise.

Une autre mesure non moins importante est de ne placer les tubes ni trop près des parois de la chaudière, ni trop bas dans le fond, parce que le tartre s'y accumule.

207. Les tubes sont en laiton (34). En cuivre rouge ils sont meilleurs conducteurs du calorique, mais ils s'usent et s'écrasent trop facilement sous la pression (Mémoire de M. Manès, *Annales des mines,* 4e série, t. X). Les tubes en fer coûtent beaucoup moins, mais, suivant l'opinion commune, ils se piquent de rouille et fuient promptement. Ils sont, d'ailleurs, moins bons conducteurs du calorique. Cependant, à l'assemblée des ingénieurs de chemins de fer à Berlin en 1860, on a porté sur eux un jugement tout différent qui nous étonne (voir *Bulletin de la Société d'encouragement,* 2e série, t. VII, p. 699). Enfin, M. Banister a proposé de fabriquer les tubes en fer et laiton ou cuivre superposés et mandrinés (voir *le Technologiste* de 1851). M. Palmer exécute des tubes très-parfaits de ce système, mais ils sont encore très-coûteux.

Ordinairement, les tubes sont découpés de longueur dans des feuilles de laiton laminé; les bandes découpées sont chanfreinées sur les bords, cintrées, soudées, puis étirées au banc suivant les procédés connus dans les ateliers de chaudronnerie. On fait aussi les tubes sans soudures, notamment par le procédé de M. Salmon (voir *Bulletin de la Société d'encouragement*, t. XLIX, p. 20).

Avant d'être mis en place, les tubes sont essayés à la presse hydraulique, à une pression au moins triple de la pression à supporter en service.

208. Les tubes sont fixés par leurs extrémités à l'aide de trous alésés dans les deux faces qui ferment le corps cylindrique de la chaudière, et qu'on nomme *plaques tubulaires*. Le joint étanche se fait soit par le simple refoulement d'un mandrin bien calibré, puis d'un matage qui applique hermétiquement le pourtour du tube sur celui du trou correspondant; soit, pour plus de sécurité, à l'aide d'une bague ou virole en acier, légèrement conique, qu'on chasse avec un maillet de poids médiocre, en prenant garde de ne pas déformer les trous voisins, ce qui suffirait pour faire refuser la chaudière. Il convient, comme précaution, de passer des mandrins dans les trous voisins qui ne sont encore ni tubés ni virolés.

Les viroles ne doivent pas être chassées à fond; il convient de laisser 0ᵐ,002 de saillie pour réserver du serrage en cas de fuites autour des tubes.

Ces viroles doivent être aussi minces que possible, afin de ne pas trop réduire le passage des produits de la combustion. On ne peut guère descendre au-dessous de 0ᵐ,003 à 0ᵐ,004, quand les viroles sont en fer. En acier, on ne leur donne que 0ᵐ,002.

Quand un tube a besoin d'être remplacé, on arrache la virole, on refoule les bords du tube vers son intérieur à coups de burin, et on arrache péniblement le tube lui-même. On procède de même, à grand travail, pour réparer l'intérieur de la chaudière et enlever tous les tubes : ceux-ci sont alors complétement détériorés à leurs extrémités, mais on scie les parties mauvaises et on rend au tube sa longueur voulue en y soudant un bout. Ce travail s'exécute avec perfection et célérité au chemin de fer du Nord, pour ainsi dire au chalumeau, par un procédé dû à l'ingénieur des ateliers, M. Nozo (voir son Mémoire sur l'entretien des tubes en général, dans le *Compte rendu de la Société des ingénieurs civils de Paris*, 3ᵉ année, nº 17).

Presque tous les ateliers de chemins de fer ont aussi un tambour à laver extérieurement les tubes pour détacher le tartre qui les couvre.

209. Le diamètre des tubes est petit, afin d'en placer un plus grand nombre et d'avoir beaucoup de surface de chauffe sous un volume donné; ils ne doivent cependant pas avoir au-dessous de 0ᵐ,04, sous peine d'être trop facilement obstrués par les escarbilles et la cendre, et de gêner à l'excès le tirage. On leur donne communément 0ᵐ,05 de diamètre extérieur pour les locomotives, et 0ᵐ,075 à 0ᵐ,100 dans les chaudières de machines fixes et marines, où on est moins gêné par rapport à l'espace. Dans quelques navires américains et anglais, on voit cependant des séries de gros tubes ayant jusqu'à 0ᵐ,30 de diamètre. Ils sont alors en tôle rivée.

210. La longueur des tubes dépend principalement de l'énergie du tirage. Lorsqu'il a lieu naturellement par la cheminée, les gaz chauds, faiblement appelés, ne pourraient traverser de longs tubes. Quand, par un jet de vapeur ou autre moyen mécanique, on force le tirage, les gaz, énergiquement attirés, traversent, sans trop de peine, des tubes dont la longueur atteint de 90 à 100 fois le diamètre. Dans le premier cas, au contraire, la longueur des tubes ne peut dépasser 35 fois le diamètre.

On s'est demandé si, en raison du refroidissement des gaz à mesure qu'ils s'éloignent du foyer, la longueur ci-dessus n'était pas exagérée. Stephenson et son école n'ont pas craint de la porter jusqu'à 5 mètres dans les locomotives : ce qui porte à plus de 100 le rapport entre la longueur et le diamètre. Sharp, Buddicom, Cavé, Polonceau, Brunel et Gooch se sont distingués par la tendance contraire, estimant que la flamme et les gaz, divisés entre tant de canaux divers, se refroidissent et subissent un frottement tel, qu'au delà de 3 mètres la longueur est contraire à l'effet utile de l'appareil.

Mais on s'accorde sur l'utilité de multiplier les tubes autant que possible sans trop réduire leur section. Nous avons cependant l'exemple de plusieurs locomotives où l'on a supprimé un dixième des tubes sans que la vaporisation ait paru en souffrir. C'est qu'on a en même temps augmenté la chambre de vapeur (168) qui était trop petite; on a ainsi obtenu une vapeur plus sèche, et on a mis la machine dans de meilleures conditions générales (voir ci-après une règle proposée pour fixer le nombre des tubes).

211. L'enveloppe extérieure des tubes, lorsqu'elle reste cylindrique, a, sur les chemins de fer, son diamètre limité par l'é-cartement des roues et des rails. Pour y loger dans le corps tubé le nombre voulu de tubes, on a parfois singulièrement tourmenté les formes de la chaudière; exemple : la locomotive de Crampton-Bury exposée à Londres en 1851 (*Bulletin de la Société d'encoura-gement*, t. LII, p. 143; — *Compte rendu de la Société des ingé-nieurs civils de Paris*, 1851). Le plus souvent on s'est contenté d'ovaliser le corps tubé, comme dans la locomotive belge exposée à Londres en 1851. Enfin divers ingénieurs, tels que Kœsler, Wilson et MM. Blavier et Larpent, dans la locomotive exposée à Paris en 1855, ont rempli entièrement le corps cylindrique de tubes et l'ont surmonté d'un autre cylindre servant de chambre de vapeur. En France, nous sommes généralement opposés à toute disposition compliquant la chaudière et la détournant de la forme cylindrique : on préfère l'élever au-dessus des roues, au risque de surélever le centre de gravité, afin d'augmenter li-brement son diamètre. C'est ainsi qu'on est parvenu à établir sur les voies étroites ordinaires des locomotives presque aussi colossales que celles du Great-Western railway, où la voie écartée de 2^m,16 donne toute latitude au constructeur.

Quand, à l'exemple de certains constructeurs belges et anglais, on se décide à ovaliser la chaudière, ce ne doit pas être pour y placer une dizaine de tubes en plus; il faut alors le faire comme eux largement, sauf à prévenir la déformation à l'aide de tirants placés dans le plan du petit axe.

212. Le système de chaudière à double cylindre de Kœsler et

autres, que nous avions étudié déjà nous-même il y a une quinzaine d'années, nous paraît digne de toute l'attention des ingénieurs ; car il a fait ses preuves, non-seulement sur les chemins de fer, mais sur un grand nombre de bateaux à vapeur. Le cylindre intérieur, qui constitue la chaudière proprement dite, étant entièrement rempli par les tubes, on peut en placer un grand nombre en les tenant cependant plus écartés que dans le générateur de Séguin, où on les place, en outre, en quinconce, disposition qui ne permet guère le nettoyage ; ils sont en carré dans les générateurs de Kœsler comme dans les chaudières tubulaires de machines fixes et marines qui ne sont pas limitées par l'espace. Cette disposition facilite le dégagement de vapeur, ainsi que le nettoyage et la visite de l'appareil.

Le tube supérieur du générateur de Kœsler sert de réservoir de vapeur. Le désir d'enfermer un grand nombre de tubes dans le corps cylindrique de la chaudière de Seguin a fait souvent beaucoup trop réduire l'espace libre laissé à la vapeur. C'est un des plus graves défauts que puissent avoir ces chaudières. La vapeur y est très-chargée d'eau. Ce défaut n'existe pas dans le système de Kœsler, puisqu'on a toute liberté d'agrandir la chambre de vapeur.

213. La résistance des tubes a été récemment l'objet des expériences de M. Fairbairn (*Bulletin de la Société d'encouragement*, 2ᵉ série, t. VI, p. 150, et *Civil Engineers journal*, t. VII, p. 2 et 23). Nous les résumerons seulement ici :

1° Les tubes cylindriques, pressés extérieurement dans les locomotives, ont leur résistance à l'écrasement en raison inverse du diamètre et de la longueur ;

2° Les tubes elliptiques, pressés de même, résistent trois fois moins que les tubes cylindriques de poids, section et matière équivalents. Il résulte de là, que la moindre ovalisation dans la construction des chaudières cylindriques non armées est un vice grave, et que les constructeurs qui, pour former la superposition des tôles à river, pratiquent cette ovalisation, même dans une faible proportion, suivent une mauvaise méthode ;

3° Les tubes pressés intérieurement ont une résistance inversement proportionnelle au diamètre, la longueur influe aussi comme précédemment pour réduire la résistance, mais dans un rapport que les expériences n'ont pu déterminer suffisamment ;

4° Pour les tubes, comme pour les chaudières proprement dites, il y a tout avantage à les faire d'une seule pièce, s'il se peut ; car la rivure diminue la résistance de moitié s'il n'y a qu'une seule ligne, et de 0^m,70 s'il y a double rang de rivets bien installés.

214. La surface de chauffe des tubes est considérable sans doute, mais il s'en faut de beaucoup qu'elle produise, à surface égale, autant de vapeur que la chauffe directé du foyer, et cela pour trois raisons :

1° Les tubes ne reçoivent guère que les gaz chauds, tandis que les parois du foyer reçoivent l'application de la flamme et du combustible embrasé ; il y a entre les tubes et le foyer la différence que nous avons signalée en général entre la surface de chauffe directe et la surface de chauffe indirecte correspondante aux carneaux (146) ;

2° Les tubes sont souvent bouchés accidentellement par les escarbilles, et même par des morceaux de combustible qui empêchent la chaleur de passer ;

3° La flamme et les gaz chauds n'entrent pas sans résistance dans des tubes si petits, où ils éprouvent d'ailleurs un frottement qui ne leur permet pas toujours d'en atteindre l'extrémité, à moins qu'ils ne soient attirés par la violence du tirage.

De là résultent trois conséquences : 1° ces tubes sont d'autant moins efficaces pour la vaporisation, qu'ils s'éloignent plus du foyer ; 2° la vaporisation par les tubes est beaucoup plus considérable en marche qu'au repos, et elle augmente notablement par l'effet de la vitesse, le tirage et l'aspiration de la flamme étant alors plus énergiques ; 3° la vaporisation moyenne des tubes est estimée par les divers expérimentateurs au tiers ou au quart de celle du foyer.

MM. Pambour, Brunel et Lechatellier ont indiqué la proportion de 1/10 comme la plus convenable à donner en principe entre la surface des tubes et celle du foyer. Cette condition désirable, et facile à remplir quand l'espace le permet ou si le combustible est assez bon pour admettre un bouilleur dans la boîte à feu, n'est guère conciliable avec les dimensions auxquelles on est souvent forcé de se limiter. Nos plus grands foyers de locomotives n'ont guère que le 1/12 de la surface des tubes. Ce rapport atteint même de 1/16 à 1/18 dans les grosses locomotives à foyer sans bouilleur du Great-Western, qui produisent cependant beaucoup de vapeur avec un tirage modéré (voir, sur la puissance vaporisatrice des tubes, le Mémoire de M. Gervaise aux *Annales de marine*, 1846).

215. LA BOÎTE A FUMÉE C, surmontée par la cheminée D (fig. 2 et 4), est la troisième partie de la chaudière tubulaire. C'est un coffre où se rendent, au sortir des tubes, la fumée et les gaz non brûlés. Il est garni d'une porte, hermétiquement fermée en marche, par laquelle on doit pouvoir facilement visiter, nettoyer et réparer tous les tubes.

Il y a désaccord sur les dimensions qu'il convient de donner à la boîte à fumée. MM. Meyer et Polonceau la voulaient petite en principe ; elle n'a pas plus de 0m,30 de largeur dans les petites locomotives de M. Price sur le chemin de fer d'Anvers à Gand. D'autres constructeurs évitent, au contraire, avec soin tout ce qui peut la diminuer, et vraiment on ne peut encore lui assigner ses limites théoriques.

On n'est guère d'accord non plus sur les proportions pratiques de la cheminée qui surmonte la boîte à fumée des chaudières tubulaires ; nous nous en référons, pour la théorie, à ce qui est dit au numéro 180, et pour la pratique, aux tableaux comparatifs des dimensions, à la fin de l'ouvrage.

216. POUVOIR DE VAPORISATION DES CHAUDIÈRES DE LOCOMOTIVE : ce pouvoir a fait, récemment, l'objet de diverses expériences d'un haut intérêt. Voici d'abord le résumé de celles de M. Chaudré sur deux locomotives à voyageurs de la ligne de l'Est, de force à peu près égale.

Expériences de M. Chaudré sur la ligne de l'Est en 1854.

MACHINE.	1	2	3	4	5
Poids moyen du train, en tonnes..............	94,6	93	90	97,8	97
Vitesse moyenne à l'heure, en kilomètres..........	45	45	70	45	45
Parcours en kilomètres....	896	485	141	485	1118
Surface de chauffe, en mètres carrés.............	79	79	79	79	72
Eau totale vaporisée, en kilog.	42075	23985	7380	25020	50190
Coke total brûlé, —	4560	2880	1120	3320	6400
Eau par kilomètre, —	46,96	49,45	52,34	51,59	45,161
Eau par heure, —	2103	2221	3690	2317	2019
Coke par kilomètre, —	5,09	5,938	7,94	6,84	5,72
Eau par kilog. de coke, —.	9,226	8,328	6,05	7,536	7,89
Eau par heure et par mètre de chauffe, en kilog......	26,6	27,0	46,7	29	28

1° Le nombre de voitures a très-peu varié dans le cours des voyages ;

2° Le nombre de voitures a varié de 5 à 17 dans les divers voyages ;

3° Le nombre de voitures n'a pas varié, mais la machine a été forcée et on a dû beaucoup serrer l'échappement.

La moyenne, pour les expériences 1, 2, 4 et 5, donne :

Coke consommé par kilomètre. .... 5^k,89

Eau vaporisée par { kilogramme de coke . . . . . 8 ,24

{ mètre de chauffe et par heure. 27 ,65

Si on ramène ces résultats obtenus avec le coke à ce qu'ils eussent été avec l'emploi de la houille, en supposant leur pouvoir calorifique dans le rapport de 4 à 5, on aura :

Houille consommée par kilomètre. .... 4^k,71

Eau vaporisée par { kilogramme de houille. . . . . 10 ,30

{ mètre de chauffe et par heure. 30 ,45

Mais dans la troisième expérience, où la marche a été forcée et le tirage très-énergique, on voit que, si la quantité d'eau vaporisée par kilogramme de coke a diminué, la dépense d'eau, par

heure et par mètre de chauffe, atteint l'énorme quantité de
58^k,37.

217. En 1852, M. Poirée avait déjà exécuté sur les locomotives
de Lyon une série d'expériences dont quelques-unes sont relatées
dans le *Compte rendu de la Société des ingénieurs civils de Paris*,
1er cahier de la 5e année. Voici en moyenne le résultat obtenu sur
l'une des locomotives mixtes construites par M. Gouin, entre Paris et Montereau, dans dix voyages :

Travail moteur effectif développé [1]	249^{ch},5
Consommation totale de coke.	1642^k,5
Consommation totale d'eau.	12446^k
Surface de chauffe.	85^{mq},46
Coke consommé par cheval et par heure. . . .	2^k,05
Eau consommée par { cheval et par mètre. . . .	15^k,62
mètre carré de chauffe et par heure.	46^k,20
kilogramme de coke brûlé.	7^k,62

Si on ramène ces résultats obtenus avec le coke à ce qu'ils
eussent été avec l'emploi de la houille, en supposant leur pouvoir
calorifique dans le rapport de 4 à 5, on trouvera :

Houille consommée par cheval et par heure. . .	1^k,64
Eau consommée par. . . . . . { cheval et par heure.	19^k,50
mètre carré de chauffe et par heure.	57^k,75
kilogramme de houille brûlée.	9^k,52

Ces derniers résultats s'écartent peu de ceux obtenus par
M. Chaudré sur des machines moins puissantes, mais dont la
marche a été forcée.

218. M. Nozo a essayé comparativement[2] une chaudière tubulaire de locomotive et des chaudières à bouilleurs avec four-

---

[1] Ce travail, accusé par le dynamomètre, a été développé à la vitesse
moyenne de 45 kilomètres à l'heure. Le travail nominal, calculé d'après les
dimensions de la machine, s'est élevé en moyenne à 275 chevaux.

[2] Voir *Compte rendu de la Société des ingénieurs civils de Paris*, 1855.

neaux de maçonnerie de M. Cail. Leur surface de chauffe était à peu près égale. Ces expériences ont duré plusieurs mois en deux séries. Voici le résumé des résultats :

1° Une locomotive remplaçant la machine fixe du grand atelier d'ajustage, alimentée successivement par sa propre chaudière et par le générateur à bouilleurs de la machine fixe, a consommé, par journée moyenne de dix heures, les quantités de houille suivantes :

DÉSIGNATION.	1re SÉRIE.	2e SÉRIE.
	k.	k.
Avec la chaudière à bouilleurs....................	2298	2474
Avec la chaudière tubulaire....................	1435	1435

Soit, en faveur de cette dernière, une économie de consommation égale à 31 pour 100 dans le premier cas, et 42 pour 100 dans le second. La machine fixe, produisant le même travail, consommait 2102 kilogrammes dans les meilleures conditions. La nouvelle machine consomme 2150 kilogrammes.

2° La machine fixe de l'atelier des ressorts, alimentée successivement par sa propre chaudière à bouilleurs et par une chaudière tubulaire de surface à peu près égale, a consommé, par journée moyenne de dix heures, les quantités de houille suivantes :

DÉSIGNATION.	1re SÉRIE.	2e SÉRIE.
	k.	k.
Avec la chaudière à bouilleurs................	2055	1617
Avec la chaudière tubulaire................	1320	1154

Soit, en faveur de la chaudière tubulaire, 35 pour 100 d'économie dans le premier cas, et 28 dans le second.

Dans de nouvelles expériences, ce résultat a été dépassé : la chaudière tubulaire, chauffée à la houille maigre avec injection d'air dans le foyer par des tuyères, a consommé en moyenne, sur huit mois d'essai, 1246 kilogrammes par journée de dix heures. Soit près de 50 pour 100 d'économie sur la chaudière à bouilleurs. Avec des houilles grasses collantes et faisant beaucoup de mâchefer, c'est-à-dire dans de mauvaises conditions, l'économie est encore restée égale à 43 pour 100. Cependant la chaudière tubulaire n'a pas été essayée dans des conditions de tirage et d'alimentation aussi favorables que celles de la chaudière à bouilleurs.

La quantité d'eau vaporisée par heure fut, pour les deux chaudières, égale à environ 1585 kilogrammes, et par conséquent la quantité d'eau correspondante dépensée par kilogramme de combustible fut 11 kilogrammes pour la chaudière tubulaire, et à peine 7 kilogrammes pour la chaudière à bouilleurs. Il n'a pas paru que la vapeur fût plus aqueuse (130) dans un cas que dans l'autre. Néanmoins, il n'a pas été fait d'expériences sur ce point. Au contraire, on a continué, depuis, les essais comparatifs sur la puissance vaporisatrice des deux systèmes, et les premiers résultats se sont confirmés.

219. Dans le cours des années 1854 et 1855, une chaudière de locomotive ayant 100 mètres carrés de surface de chauffe a été employée aux ateliers de M. Cail, à Paris, pour aider l'une des chaudières ordinaires à bouilleurs à fournir à plusieurs machines fixes donnant environ 70 chevaux de force. Il n'a pas été fait d'expériences sur la puissance ni sur la consommation de la chaudière de locomotive. Mais les chauffeurs et contre-maîtres ont toujours estimé *de sentiment* qu'elle remplaçait sans peine les deux chaudières à bouilleurs, qui n'ont, il est vrai, que 68 mètres carrés de surface de chauffe, mais qui fonctionnent dans de meilleures conditions. Le résultat final a paru si avantageux, que la machine des nouveaux ateliers a été pourvue de chaudières tubulaires pour la force de 120 chevaux.

Il résulte donc de toutes ces expériences que la chaudière de locomotive possède, à égalité de surface, une très-grande puissance de vaporisation et qu'elle consomme relativement peu de combustible.

Et cependant elle est loin d'être arrivée à sa perfection; son extrême complication intérieure doit nuire au dégagement de la vapeur. Quant à la surface de chauffe, une partie notable est verticale, et l'on sait que ce n'est pas une condition avantageuse, car il se forme une couche fluide résultant de l'ascension des bulles gazeuses réunies, laquelle couche fluide empêche le contact immédiat de l'eau sur le métal chauffé (voir n° 163). Tout porte à croire qu'une légère inclinaison des parois, jusqu'ici verticales, du foyer augmenterait leur puissance de vaporisation.

220. On a généralisé les chaudières tubulaires de locomotive dans toutes les industries et en particulier pour la navigation. On tend même à en faire aujourd'hui une application universelle, oubliant que, si ce système est doué d'une puissance vaporisatrice incontestable, il est compliqué, difficile à nettoyer et à entretenir, délicat à conduire, etc. Selon nous, on doit le rejeter autant que possible quand les eaux alimentaires sont acides et notablement incrustantes, et dans les localités où on n'a pas le choix des bons conducteurs ou des bons fabricants pour les réparer. Ce système est, au contraire, éminemment rationnel lorsque la condition de légèreté est requise avant tout, ou s'il peut y avoir lieu à déplacement.

Les chaudières tubulaires d'usines ou de bateaux étant moins limitées par l'espace, on leur donne de plus grands diamètres, ou plutôt, afin de n'avoir pas des tôles trop épaisses, car cette épaisseur croît très-vite avec le diamètre (157), on assemble, en proongement d'une même boîte à feu commune, deux ou plusieurs corps tubés, souvent avec addition d'un autre corps pour emmagasiner la vapeur. Le tirage est ou naturel ou forcé, avec moins d'énergie que sur les chemins de fer; par suite, les tubes sont moins longs, plus gros, plus espacés; les foyers plus spacieux et moins profonds, les grilles plus grandes et la proportion de surface de chauffe plus élevée pour produire une vaporisation donnée.

On peut voir des chaudières de ce système dans les usines de M. Cail, à Paris, et dans les bateaux toueurs de la Seine. Elles fonctionnent à tirage naturel et sont exactement conformes aux types de locomotives, sauf les dimensions respectives. Dans les canonnières à vapeur, le principe est resté, mais la forme a subi diverses modifications. Enfin la figure 75 donne le croquis d'un genre de chaudière très-usité sur le Rhône et la Saône où le nombre des corps tubés est porté parfois à 4 et au delà.

Comme exemple de proportions respectives, nous citerons la chaudière du bateau de la Saône, *le Belot*, dont la force effective est de 194 chevaux de 75 kilogrammètres (6). La boîte à feu contient 3 foyers distincts ayant chacun 1^m,80 de long sur 1^m,30 de large, et environ 8 mètres carrés de surface; à chaque foyer correspond un corps cylindrique rempli par 83 tubes ayant 2^m,60 de long sur 0^m,07 de diamètre; la surface tubulaire d'un corps est 47^{mq},50, et celle de tout le générateur est environ 24 mètres carrés pour les foyers, 142^{mq},5 pour les tubes et 166^{mq},5 en total, soit 0^{mq},86 par cheval effectif. Il y a 7 mètres carrés de grille, soit 3,60 décimètres carrés par cheval; la pression absolue est 4 atmosphères, et le tirage est forcé par un jet de vapeur.

4° Chaudière tubulaire marine.

221. Ce système, dit aussi *tubulaire en retour* et *tubulaire mixte*, constitue un troisième type usuel de chaudière à foyer intérieur [1]. Il a spécialement remplacé dans la navigation les chaudières rectangulaires du numéro 198. Il est, pour ainsi dire, à deux étages (fig. 72 à 74); celui du bas est occupé par les foyers A, disposés sur une même ligne; puis la flamme et les gaz chauds s'élancent dans la chambre à feu B, d'où ils se divisent dans le faisceau des tubes C, qui aboutissent à une boîte à fumée commune D.

La cheminée remonte dans l'intérieur de la chaudière, au-dessus de la partie tubulée, et traverse la chambre de vapeur ordinairement surmontée d'un dôme. On ne pratique ainsi toutefois que pour les petites chaudières d'un seul corps. Dans les grands appareils à plusieurs corps, la cheminée E est en avant de la façade, comme dans la figure 72.

Ce qui est dit à propos des précédents types de chaudières tu-

---

[1] Voir Mémoire de M. Sochet; *idem*, de M. Gervaise (*Annales de la marine*, 1846).

bulaires suffit pour le présent type, et il ne s'en distingue essentiellement que par les particularités de forme ou d'installation.
Disons donc seulement que :

1° Les tubes fabriqués, proportionnés et emmanchés comme il
est dit aux numéros 206 et suiv., sont avantageusement posés
avec un relèvement du côté de la boîte à fumée, qui varie de 1/12
à 1/15 de la longueur. Suivant la circulaire ministérielle du
1er avril 1857, on leur donne, dans la marine impériale, de $1^m,85$
à 2 mètres de long sur $0^m,075$ de diamètre pour un tirage naturel; l'épaisseur est 2 millimètres 1/2 pour les tubes en laiton,
et 3 millimètres 1|2 pour ceux en fer étiré;

2° Chaque foyer doit avoir sa batterie de tubes, sa grille et sa
chambre à feu spéciales, ainsi que son cendrier, afin qu'on puisse
l'isoler en cas d'avaries sans perdre le service de toute la chaudière. Cette précaution ne s'est pas étendue jusqu'ici à la chambre
de vapeur, à la boîte à fumée et à la cheminée, qui sont restées
communes au moins à plusieurs foyers, afin d'éviter de trop compliquer et alourdir l'appareil;

3° Les portes de foyers, cendriers, boîte à fumée et ouvertures
ou regards de nettoyage sont tous sur la même façade;

4° Toutes les parties planes ou autres pouvant se déformer sous
la pression intérieure ou extérieure sont fortifiées par des armatures, tirants et entretoises avec les soins indiqués au numéro 205.
Dans les figures 72 et 73, on n'a pas indiqué ces tirants, pour offrir
le type réduit à son principe fondamental. En général, ces chaudières ne fonctionnent guère qu'à 3 ou 4 atmosphères de pression maxima, avec ou sans tirage forcé. Pour des pressions supérieures, elles auraient besoin de tôles très-épaisses et d'une
forêt d'armatures;

5° Les températures inégales qui affectent les diverses parties
de ces chaudières, ordinairement très-vastes, y rendent les effets
de dilatation redoutables, et on ne saurait trop les recommander
à l'attention du constructeur.

222. La puissance vaporisatrice des chaudières tubulaires en
retour n'a pas été l'objet d'expériences comparatives connues.
Quoiqu'on ne puisse pas les assimiler entièrement aux chaudières
tubulaires directes telles que les locomotives les possèdent, nous

sommes porté à croire que le pouvoir vaporisateur des unes et des autres ne diffère pas notablement à égalité de circonstances et de tirage. En résumant diverses constatations approximatives que nous avons faites, nous avons trouvé qu'elles fournissaient largement la vapeur aux machines, avec la proportion de 1^{mq} à $1^{mq},20$ par cheval de 75 kilogrammètres lorsque le tirage s'effectue naturellement, et $0^{mq},75$ à $0^{mq},80$ au plus lorsque le tirage est forcé par un petit jet de vapeur pris sur la chaudière, la pression de celle-ci ne dépassant pas 2 atmosphères effectives. Des constructeurs éminents étaient loin de donner des évaluations aussi hautes : Fawcett et Miller ne comptaient dans le principe que $0^m,55$ à $0^m,60$. Penn, Maudslay et Bury allaient jusqu'à $0^m,95$ au plus. Mais nous sommes porté à croire que les premiers nombres, du moins, correspondaient à un tirage artificiel et à des tubes courts. Ceux que nous indiquons nous paraissent répondre assez aux sentiments des constructeurs actuels pour la pratique. On verra, dans les cas particuliers, quelles sont les dimensions consacrées.

223. Les formes des chaudières tubulaires en retour ont été très-variées, ainsi qu'on peut le voir aux ouvrages descriptifs (notamment *Traité des machines à vapeur*, de Julien et Bataille, et *Dictionnaire de marine*, de Paris et Bonafoux). Parmi les constructeurs, les uns se sont appliqués à éviter les parties planes et à ne les composer que d'éléments cylindriques ou sphériques, afin de les rendre plus solides en simplifiant les armatures; mais on n'y est guère arrivé que par des formes tourmentées très-ouvrageuses qui fatiguent les tôles; le nettoyage est en outre très-difficile, et leur mérite est tout théorique. Aussi préfère-t-on généralement les formes quadrangulaires, à parois planes armées, sans encoignures hors de la portée du ringard de nettoyage; tel est le système actuellement adopté dans la marine pour les pressions qui ne dépassent pas 3 atmosphères (fig. 72 à 74).

224. L'origine des chaudières tubulaires marines est incertaine. On dit que les premières furent établies : 1° par Miller sur le steamer anglais *Aimwel* en 1831 ; 2° par M. Gengembre sur le steamer français *Vautour* en 1833; 3° par Penn sur divers bateaux en 1838; 4° par M. Cornu, qui importa en France une chaudière de ce genre, d'Amérique, en 1843 (voir Armengaud, t. III). Ces divers premiers essais ne paraissent pas avoir été heureux ; les chaudières s'engorgeaient de sel presque tout de suite en mer. En 1843, M. Mazeline en pourvut la frégate *la Pomone*, et le succès obtenu par un bon ensemble de conditions de service paraît être le point de départ de la vulgarisation en France de ce type.

5° Systèmes particuliers de chaudière.

225. Divers systèmes particuliers de chaudières existent en grand nombre et empruntent à ceux qui précèdent une partie de leurs dispositions ; leur description, qui ne peut trouver place ici, remplit toutes les publications scientifiques (voir notamment le Mémoire de M. Lepellerin, au *Bulletin de la Société des ingénieurs civils de Paris*, 1857, p. 282, sur les chaudières de l'Exposition universelle). Nous mentionnerons cependant deux systèmes qui empruntent à leur principe exceptionnel un intérêt particulier et dont le succès pratique serait inappréciable dans bien des cas, savoir : le système Hall ou Beslay, et les systèmes de MM. Belleville et Boutigny.

226. La *chaudière à tubes verticaux*, dite en France *chaudière de Beslay* et en Angleterre dite *de Hall*, est une chaudière à foyer intérieur, sinon usuelle, du moins très-recommandée par diverses autorités. Elle est décrite avec détail dans le *Traité des machines à vapeur* de Bataille et Julien, sect. I. Ce type de chaudière, estimé surtout par le peu de place qu'il occupe, se distingue : 1° par la position du foyer, des tubes, de la boîte à fumée, qui sont verticalement l'un au-dessus de l'autre ; 2° le bout des tubes n'est pas dans l'eau, mais dans la chambre de vapeur, d'où il suit que celle-ci est très-bien séchée ; mais par cela même cette partie des tubes est chauffée à sec, elle risque de se brûler ; 3° dans cette chaudière il est difficile d'atteindre les tubes pour les nettoyer. A la vérité leur position verticale les expose peu à s'engorger comme les tubes des types précédents ; 4° la disposition verticale de presque toute la surface de chauffe (163) ; mais d'autre part il y a facilité pour la flamme et les gaz chauds de s'y élever sans les violents efforts qu'ils subissent dans leur passage à travers les tubes horizontaux.

Un dernier inconvénient plus grave est que, dans la plupart de ces chaudières, le tartre s'accumule sur la plaque tubulaire inférieure, qui est au-dessus du feu; la vaporisation souffre de la présence de cette matière non conductrice du calorique, et la chaudière risque de se brûler en cette partie. Peut-être éviterait-on les inconvénients signalés en l'inclinant comme à la figure 5 ; on éviterait la surface de chauffe verticale, on ne laisserait pas au sec le bout des tubes, le pourtour de la boîte à fumée suffirait pour sécher la vapeur; le tartre, au lieu de séjourner sur la plaque tubulaire inférieure, descendrait plus bas que la grille; enfin il serait aisé de nettoyer les tubes par le haut, en ouvrant la porte de la boîte à fumée. Ces indications ne sont, bien entendu, proposées qu'avec la réserve que commande toujours l'absence d'expériences en grand.

Quant aux détails d'exécution de ce type de chaudière et du précédent, on ne pourrait que répéter ce qui a été dit à propos des générateurs de locomotives (200 et suiv.).

227. Le *système Belleville* consistait originairement en un simple tube serpentin, à l'extrémité inférieure duquel on injectait l'eau, qui arrivait, à l'état de vapeur surchauffée, à l'autre extrémité. L'appareil a été depuis notablement modifié, tout en conservant son principe d'échauffement graduel de l'eau jusqu'à l'état de vapeur sèche.

Il existe en service courant dans divers établissements, notamment à Paris, dans l'imprimerie de M. Wittersheim, dans celle du journal *la Patrie*, et dans le bateau de la Seine *porteur* n° 1. La marine, qui a déjà fait diverses applications du système à son état primitif, se prépare actuellement à un nouvel essai en grand de l'appareil modifié.

Ses caractères sont les suivants :

1° Réduction de volume et de poids. Un appareil de 60 chevaux marins actuellement en construction occupera 7 mètres carrés sur 2ᵐ,25 de haut ; le poids en marche ne dépassera pas 17 tonnes ;

2° Très-rapide mise en feu : le générateur ci-dessus demande à peine quinze minutes pour être allumé et monter en pression. L'ancien générateur de la corvette *la Biche*, expérimenté par M. Sochet, demandait également, d'après le rapport, de douze à quinze minutes pour atteindre à douze atmosphères de pression ;

3° Possibilité d'atteindre facilement à de très-hautes pressions, et de faire varier, pour ainsi dire à la parole, la pression entre de grandes limites, par le jeu de la pompe alimentaire munie d'un mécanisme régulateur spécial ;

4° Absence de danger : à l'usine de Labriche, le serpentin fit explosion sur $0^m,40$ de longueur avec le bruit d'un coup de pistolet ; il se répandit un peu d'eau et de vapeur dans le foyer sans autres accidents ;

5° Réduction de consommation. Un certificat de la Compagnie du bateau à vapeur *porteur* n° 1 constate une consommation de 3500 kilogrammes, au lieu de 5500 à 5700 que consomment trois autres bateaux similaires à égalité de circonstances.

Les inconvénients du système Belleville sont les suivants : 1° il lui faut, malgré ses perfectionnements et moyens de nettoyage récents, des eaux alimentaires très-pures pour éviter les incrustations de tartre. En mer, il faut employer nécessairement de l'eau distillée ; 2° l'appareil est d'une extrême sensibilité, et il lui faut un bon conducteur ; 3° il faut pour la fabrication du tube des matériaux de qualité supérieure mis en œuvre avec beaucoup de soin.

Les proportions de ce générateur sont les suivantes, d'après M. Belleville, dont les évaluations se rapportent à la force de cheval usitée dans la marine, laquelle est au moins double de l'unité ordinaire (1130) ; par cheval, M. Belleville compte 30 kilogrammes de vapeur sèche formée par heure, et 7 kilogrammes de vapeur sèche formée par kilogramme de houille ordinaire, $1^{mq},50$ de surface de tubes mouillés ou contenant de la vapeur sèche, 5 décimètres carrés de grille, 1 décimètre de section de cheminée, et un poids de tube égale à 75 kilogrammes.

Des questions de priorité de découvertes ont été élevées à propos de cet appareil ; nous n'avons pas à les examiner. C'est sous le nom de M. Belleville que l'appareil est industriellement connu, et c'est sous son nom que nous l'avons mentionné. En tous cas, il nous a paru que M. Belleville, en lui ajoutant le régulateur de l'injection d'eau qui est l'âme de l'instrument, lui a donné son caractère pratique et usuel.

228. *Le système Boutigny* est décrit dans le *Bulletin de la Société d'encouragement*, 2ᵉ série, p. 23. Il consiste en une chaudière verticale à fond sphérique, enfermée dans son fourneau comme d'habitude, et contenant plusieurs trémies ou disques percés de petits trous. Ces trémies, alternativement convexes et concaves, reçoivent successivement l'eau à vaporiser, et elles la réduisent bientôt à un grand état de division comme une pluie fine, en sorte que la chaleur, traversant la paroi du vase, vient s'unir à cette eau divisée, pour ainsi dire, molécule à molécule. Il en résulte une vaporisation très-active, eu égard aux faibles dimensions de l'appareil. Voici, d'après la note insérée au *Bulletin de la Société d'encouragement*, quels furent les données et les résultats des essais faits avec ce générateur en 1851, à la Villette, près Paris, chez MM. Jaillon et Moinier :

Pression de la vapeur	10 atmosphères.
Force du générateur	2 chevaux.
Surface de chauffe de la chaudière	0ᵐq,55
Soit par force de cheval	0ᵐq,275
Diamètre de la chaudière	0ᵐ,32
Hauteur de la chaudière	0ᵐ,64
Hauteur totale du générateur au-dessus de la grille	1ᵐ,15
Nombre des trémies	7
Quantité de houille médiocre brûlée par cheval et par heure	4ᵏ,5
Quantité d'eau vaporisée par { kilogramme de houille	4ᵏ,30
cheval et par heure	19ᵏ,50
mètre carré de surface de chauffe et par heure	71ᵏ,00

Dans des expériences postérieures, cette quantité d'eau vaporisée s'est élevée jusqu'à 10ᵏ,4 par kilogramme de houille, 25ᵏ,5 par cheval et par heure, et 101 kilogrammes par mètre carré de surface de chauffe et par heure.

Ce qu'il importe de remarquer surtout dans ce générateur, c'est le pouvoir vaporisateur qu'il possède avec moins de 28 décimètres carrés de surface de chauffe par cheval ; dans les premières expériences, la consommation d'eau et de houille est, il est vrai, assez élevée, mais le combustible était de médiocre qualité, le foyer dans d'assez mauvaises conditions ; l'appareil est, en outre, fort petit (voir n. 90). La quantité d'eau relatée comme ayant été vaporisée n'est pas si faible qu'on pourrait le supposer d'abord ; car la vapeur obtenue était notablement sèche, et par conséquent le volume dépensé est presque entièrement réduit en vapeur, tandis que, dans les chaudières ordinaires, on sait que la dépense totale d'eau s'augmente beaucoup de la proportion de cette eau qui reste à l'état plus ou moins liquide (130). Enfin, il suffit d'avoir compris le système du générateur pour reconnaître qu'il joint à la grande réduction de volume l'absence de danger d'explosion et la possibilité de lui faire rapidement atteindre des pressions très-élevées en très-peu de temps.

§ 5. Accessoires du générateur.

229. La connaissance de ces accessoires est du plus haut intérêt pour le mécanicien, car ce sont des appareils de sûreté ou de conduite, ainsi que des moyens de connaître ce qui se passe dans la chaudière.

Ces accessoires, qui sont au nombre de seize, et qu'on ne saurait trop multiplier et trop contrôler les uns par les autres, forcent d'opérer sur la chaudière une multitude de percées. C'est une très-regrettable nécessité ; on facilite ainsi beaucoup de fuites et on affaiblit les tôles. Il faut donc, sans se priver d'aucuns accessoires nécessaires, les agencer de manière que les mêmes percées dans la tôle servent, s'il se peut, à plusieurs d'entre eux.

Ce qui importe beaucoup plus encore, c'est que le constructeur et le mécanicien apportent leur plus grande attention, leurs plus grands soins à l'installation de ces délicates parties de l'appareil à vapeur, qui ne manquent guère sans causer des accidents.

230. Prise de vapeur, dôme, régulateur. — La prise de vapeur n'est autre que l'entrée du tuyau qui conduit la vapeur de la chaudière au cylindre ; elle doit être placée dans l'intérieur de la chambre de vapeur (168) à l'abri de l'eau qui se projette en tous sens par l'effet de l'ébullition et par suite des oscillations de la machine, de façon que la vapeur reçue soit sèche et dépouillée d'eau : on sait en effet que c'est là une des premières conditions requises pour que la puissance motrice du fluide soit bien utilisée.

Il existe dans ce but divers systèmes : pour expliquer le principe, nous prendrons celui des figures 2 et 12, qui est attribué à M. Crampton ; un tube pq, fermé aux deux bouts et percé en dessus d'une fente longitudinale qui règne dans tout le développement du corps cylindrique, reçoit et amène la vapeur dans la chambre o. De là elle se rend à la machine par le tube de sortie s, dont l'orifice, en ce moment bouché par le tiroir t, se démasque à volonté, à l'aide de la tringle tu et du levier uv, quand on veut démarrer.

C'est ce levier qui, sur les chemins de fer et dans les mines, porte le nom de *régulateur*, parce qu'il ouvre, ferme, augmente, réduit, en un mot règle le passage de la vapeur allant du générateur au cylindre. Il est nécessairement sous la main immédiate du mécanicien. Pour supprimer le passage de la vapeur et arrêter la machine, il suffit de manœuvrer le régulateur en sens contraire, de façon à ramener le tiroir t sur l'orifice du tube de sortie s, ainsi qu'il l'est actuellement sur la figure 12. Dans les grands appareils, un simple levier ne suffit pas toujours, et il faut lui substituer une sorte de cric à vis ou à engrenage.

La prise de vapeur-Crampton s'applique sur la chaudière même (fig. 2 et 43), dans les locomotives et les machines fixes, où la prise de vapeur n'a pas besoin d'être très-élevée. Pour les chaudières marines, exposées, dans les gros temps, à des dénivellations d'eau considérables, il importe de placer cette prise de vapeur en haut d'un dôme du genre de ceux qu'on voit (fig. 4, 5, 8, 95). Ce dôme, fixé à rivets ou à boulons sur le dessus de la chaudière, est en tôle, en bronze ou en fonte ; il joint à l'avantage d'élever la prise de vapeur au-dessus de la nappe d'eau, celui d'augmenter la chambre de vapeur. Il consiste le plus souvent en un cylindre surmonté soit d'une calotte sphérique, soit d'un plafond solidement renforcé par des armatures.

251. La place qu'il occupe sur la chaudière est loin d'être in-différente. Quand il est, ainsi que la prise de vapeur, au-dessus du foyer, il présente deux inconvénients principaux : d'abord la vaporisation et l'agitation de l'eau étant actives en ce point de la chaudière plus qu'en tout autre, on est exposé à ce qu'une grande quantité d'eau soit projetée avec la vapeur dans le conduit. En second lieu, l'eau se tuméfie à l'endroit de la prise de vapeur dès qu'elle est ouverte ; il se produit vers elle une sorte d'aspiration ; puis, quand on la ferme, l'eau reprend son niveau naturel : d'où il suit qu'en marche le niveau semble plus élevé au-dessus du ciel du foyer qu'il ne l'est réellement, et il peut arriver que, trompé par cette apparence, le mécanicien, après avoir fermé l'entrée de la prise de vapeur et rétabli par là le niveau naturel de l'eau, laisse à sec et exposé à un coup de feu, le foyer, c'est-à-dire la partie de la chaudière exposée à la plus haute température.

Par ces raisons les auteurs du *Guide du mécanicien conducteur de locomotives*, ainsi que M. Cavé et beaucoup d'ingénieurs, éloignent le plus possible du foyer la prise de vapeur et le dôme qui la contient. Mais d'autres, notamment Buddicom et Bury, ont persisté à les placer au-dessus du foyer dans les locomotives (fig. 42), parce que cette disposition permet de mieux répartir le poids de la machine sur les roues, en même temps qu'elle procure au mécanicien un peu d'abri contre le vent et la pluie. La prise était aussi placée de cette manière dans les chaudières à dôme rectangulaire de Stephenson (fig. 46).

Le dôme de Bury (fig. 44) ne différait de celui de Stephenson que par sa forme sphérique ; il a été abandonné, malgré sa simplicité, pour les chaudières de grandes lignes, parce qu'il entraînait à une forme de foyer offrant moins de surface de chauffe que les foyers rectangulaires ; mais on le voit encore dans les petites chaudières, contenant la prise de vapeur comme dans le principe.

Par transaction entre les opinions ci-dessus, le dôme et la prise ont été placés au milieu de la chaudière (fig. 5, 8, 43, 45, 52).

Enfin, on a employé deux dômes et deux prises de vapeur placés aux deux extrémités de la chaudière et réunis par un tube. Les anciennes locomotives de Rothwell et de Tayleur en ont offert l'exemple (fig. 48).

232. Le régulateur et la prise de vapeur forment souvent un seul et même appareil placé dans l'intérieur de la chaudière, sous le dôme dont nous avons parlé. Mais beaucoup de constructeurs, surtout dans les machines fixes dont les chaudières sont éloignées, établissent le régulateur proprement dit à proximité du cylindre, et disposent près de la prise dans la chaudière, un obturateur qui permet de la fermer quand on veut définitivement ne plus demander de vapeur à la chaudière ; c'est alors à l'aide du régulateur voisin du cylindre de la machine qu'on règle la marche.

Le régulateur et la prise ont reçu des formes très-variées qu'on peut étudier : 1° dans le *Guide du mécanicien conducteur de locomotives* ; 2° dans le *Traité des machines à vapeur*, de Julien et Bataille, chap. vii, pl. VIII, sect. ii.

Toutes ces formes se résument en quatre types : 1° les robinets ; 2° les clapets ou soupapes à soulèvement ; 3° les valves à bascule dites papillons ou clefs de poêles ; 4° enfin, les tiroirs glissants. Les robinets, et en général les obturateurs à frottement circulaire, grippent et s'usent promptement ; les clapets et les tiroirs sont préférés. C'est ce dernier système que nous avons décrit comme type au numéro 230.

233. La manœuvre du régulateur doit faire l'objet d'une grande attention de la part du mécanicien chargé de la conduite. Que son premier soin soit d'étudier les degrés d'ouverture qu'il convient de donner à la vapeur pour démarrer doucement et sans secousses. Certaines machines partent de suite avec une très-faible ouverture du régulateur ; d'autres ne partent qu'après plusieurs secondes ; pour d'autres enfin, il faut ouvrir largement le régulateur, le refermer presque aussitôt, et recommencer deux ou trois fois cette manœuvre, avant qu'on puisse le laisser définitivement ouvert.

Le mécanicien étudiera ensuite les degrés d'ouverture qu'il faut donner au régulateur pour prendre diverses allures. Certaines machines acquièrent une grande célérité quand le régulateur est à peine ouvert à moitié, tandis qu'il faut l'ouvrir entièrement dans d'autres. Il arrive même que le maximum de vitesse ne coïncide pas avec l'ouverture totale du régulateur, parce qu'il sort alors de la chaudière presque autant d'eau que de vapeur, et que les fonctions de la machine en deviennent fort gênées.

On s'explique d'abord assez peu ces différences, mais on en trouve bientôt la cause en étudiant le système : tantôt l'orifice de la prise de vapeur est ou très-petit ou très-ouvert. Dans le premier cas, il faut le démasquer entièrement ; dans le second, une faible ouverture suffit d'ordinaire pour laisser écouler la quantité de vapeur voulue ; tantôt c'est le régulateur lui-même qui démasque plus ou moins la prise à égalité de circonstances, etc.

En général, on donne à l'orifice de la prise et au conduit subséquent une section de 1/12 à 1/20 de celle du piston, de manière que le régulateur le démasque aux 3/4 pour la marche normale de la machine. Il importe aussi que cette ouverture soit progressive comme dans le système des tiroirs recouvrant un orifice dont la longueur n'excède pas quatre à cinq fois la largeur. Lorsque la prise de vapeur s'ouvre en grand, trop brusquement, non-seulement l'eau s'élance dans les conduits comme par un effet d'aspiration, mais il en résulte une sorte de contre-coup dans la chaudière qui a déterminé des explosions.

La construction du régulateur et de la prise doit être très-soignée ; les effets de dilatation, les garnitures et les joints, la qualité des métaux, le dressage de l'orifice de la prise et de l'obturateur doivent faire l'objet d'une grande attention ; car on comprend quels accidents pourraient survenir si, au moment de fermer le régulateur, celui-ci venait à manquer entre les mains du mécanicien, qui ne pourrait plus arrêter la machine.

Comme mesure de sûreté, les auteurs du *Guide du mécanicien conducteur de locomotives*, proposent de disposer le régulateur de façon qu'il se ferme seul en cas de rupture des organes à l'aide desquels on le manœuvre. C'est un perfectionnement, non sans difficulté, qui manque encore au système Crampton. Le clapet à soulèvement permet, au contraire, de résoudre le problème.

254. Régulateur du tirage. — L'activité de la combustion dépend, avons-nous dit (87, 180), de la plus ou moins grande quantité d'air appelée dans le foyer pour entrer en combinaison avec le combustible. Or, les conditions atmosphériques, la température de l'air extérieur, celle des gaz dans la cheminée, etc., font notablement varier le tirage de celle-ci. Tout foyer bien organisé doit donc être pourvu d'appareils propres à modérer ou activer au besoin l'appel d'air. Trois sortes d'appareils permettent d'obtenir ce résultat : les registres de cheminée, les portes de cendrier et les tuyères à échappement variable.

Le *registre* est une porte ou une vanne mobile, placée à un point quelconque de la cheminée, ou de la galerie qui y conduit les produits de la combustion. Quand on l'ouvre, on active l'appel d'air et on modère celui-ci par le mouvement contraire. En fermant complétement la cheminée, on étouffe le feu dans le foyer ; en ne lui donnant qu'une faible ouverture, on fait *dormir* le feu. Il y a trois principaux types de registres :

1° Les portes ou tiroirs, en briques assemblées dans un cadre de fer ; ces tiroirs sont placés dans l'intérieur de la galerie, à la sortie du générateur, et munis d'un contre-poids pour en faciliter la manœuvre (fig. 7) : c'est le registre proprement dit. Il a le défaut de laisser souvent entrer l'air autour du cadre. Quoique bâti en briques réfractaires, il se détruit en peu de temps.

2° Les valves tournantes, dites *clefs de poêle*, placées dans la cheminée, ont pour principal vice de se brûler et d'être difficiles à remplacer même dans les cheminées de tôle.

3° Les couvercles sur le faîte de la cheminée, dits *capuchons*, consistent pour les petites cheminées de locomotives, en une rondelle pivotante et munie d'une tige qu'on embraye, pour l'ouvrir ou la fermer, à l'aide d'un verrou qui s'arrête dans des encoches. Pour les machines fixes dans les manufactures, le couvercle est une table de tôle ou de fonte, munie d'un levier et d'une chaîne pour la soulever d'en bas. On voit aussi cet appareil dans les forges pour les cheminées de fours à puddler.

Porte du cendrier. Le cendrier est la partie du fourneau qui existe au-dessous de la grille pour recevoir les résidus de la combustion ; il est fermé de toute part, sauf d'un côté, par lequel arrive l'air. Si donc, à ce côté libre, on adapte une porte, une vanne ou tout autre appareil analogue et mobile à volonté, propre à diminuer le passage de l'air, on aura un excellent régulateur de tirage. C'est le système existant dans la plupart des locomotives anglaises et dans la marine.

234 bis. Le *jet de vapeur variable* est le troisième appareil propre à régler le tirage : nous avons vu (185) que, lorsque la cheminée était réduite à de trop faibles dimensions pour opérer naturellement le tirage, on lui imprimait artificiellement une grande puissance d'appel en y lançant un jet de vapeur par une buse conique nommée, *tuyère*. Il importe que ce jet soit variable.

Quand il est emprunté à la chaudière par un tube pourvu d'un robinet dit *souffleur*, celui-ci doit être muni d'une manette et d'une tringle, pour que le chauffeur puisse, sans se déplacer, régler l'injection suivant l'activité à imprimer au tirage.

Lorsque le jet de vapeur provient du cylindre, comme dans les locomotives, il importe bien plus encore que la buse d'échappement soit à étranglement variable, puisque beaucoup de circonstances peuvent faire varier la pression et la vitesse de la vapeur écoulée. Dans le système usuel, la tuyère se termine par deux valves à charnières qui peuvent s'écarter ou se rapprocher à l'aide d'un mouvement de leviers à bascule. Voir le *Guide du mécanicien conducteur de locomotives*.

On a proposé (*Compte rendu des ingénieurs civils de Paris*, mémoire 22 et séance du 1er avril 1851) un échappement variable à orifice annulaire, composé d'un cône descendant à volonté dans l'évasement conique lui-même qui termine le conduit de vapeur. Plus le cône mobile descend dans l'évasement, plus l'orifice est restreint, *et vice versâ*. Dans cet *échappement à cône* comme dans l'*échappement à valves*, l'étranglement ou l'ouverture de la tuyère se font à l'aide d'une vis de serrage dont la poignée est à portée du mécanicien.

255. Bien que le tirage forcé par le souffleur et la tuyère d'échappement soit, dans certains cas, l'âme de la machine, cette tuyère a cependant de graves inconvénients, qui augmentent en raison de l'étranglement : 1° elle nuit à la libre sortie de la vapeur et gêne par conséquent le mouvement du piston en lui opposant une résistance appelée *contre-pression* (281), qui absorbe une partie importante du travail de la machine ; 2° en outre il se produit, à chaque décharge brusque de la vapeur, des secousses nuisibles à la conservation des joints et de toutes les parties du mécanisme qui peuvent en recevoir le contre-coup ; 3° elle produit un bruit qu'il importe d'éviter en certains cas, sur les bateaux, par exemple. Quand, par suite de l'étranglement excessif de la tuyère, le tirage est très-énergique, outre les inconvénients qui précèdent et deviennent plus graves, il se produit d'autres phénomènes fâcheux, dont voici les plus importants :

1° Le combustible se brûle très-rapidement, et souvent en pure perte, puisque la vapeur en excès dans la chaudière soulève la soupape de sûreté et s'en échappe sans avoir servi.

2° Le combustible s'émiette, rend difficile le passage de l'air malgré la force de la tuyère, qui alors agit vainement ; les barreaux de la grille s'engorgent de menu et ne tardent pas à se brûler.

3° L'activité de la combustion est telle que les coups de feu peuvent être à craindre, pour peu que la surface de chauffe se découvre dans les oscillations de la chaudière qui arrivent en certains cas.

4° La violence du courant d'air entraîne dans les tubes des morceaux de charbon qui les bouchent ; la surface de chauffe est, par suite, diminuée. On voit même des morceaux de combustible lancés hors de la chaudière dans la campagne et causer des incendies. A la vérité, on peut obvier à ce danger en plaçant à la sortie de la cheminée un grillage pour arrêter la projection des morceaux de combustible. Il est même exigé par les règlements de police pour les locomotives, mais il nuit au tirage.

5° Enfin la quantité d'air attiré, étant excessive, passe dans les conduits de la chaudière et remplit la cheminée sans s'être combinée avec le combustible.

En résumé, la tuyère, organe indispensable dans plusieurs cas, quoique vicieux à certains égards, sert à varier, selon les besoins, l'énergie du tirage. Mais, étranglée au delà d'une certaine limite, elle devient très-nuisible. Le mécanicien devra donc s'appliquer, dès le premier jour, à étudier les divers degrés d'ouverture qu'il peut, suivant les besoins, donner avec avantage à l'orifice de la tuyère.

236. Appareil alimentaire. — A mesure que l'eau se consomme dans la chaudière, il faut la remplacer en y injectant de l'eau nouvelle, bien que la chaudière soit close et qu'une pression considérable y règne.

Le plus simple appareil employé dans ce but est l'*injecteur Gif-*

fard[1]; il est breveté, par conséquent hors du domaine public, et tout récemment entré dans la pratique industrielle. L'inventeur fournit, en le livrant, tous renseignements sur son emploi, et il nous suffit de le relater en nous bornant à dire que, dans cet appareil, l'aspiration et le refoulement d'eau s'opèrent dans un simple tube par l'écoulement d'un jet de vapeur emprunté à la chaudière elle-même; deux robinets et deux valves régulatrices, soit pour l'eau, soit pour la vapeur, complètent le système avec les organes ordinaires d'entretien et de sécurité communs à tous appareils alimentaires. Pour la description, la manœuvre détaillée, la théorie et sa démonstration, voir Mémoire de M. Combes (*Annales des mines*, 5ᵉ série, t. XV); *Bulletin de la Société d'encouragement*, 2ᵉ série, t. VI, p. 337; *Compte rendu de la Société des ingénieurs civils de Paris*, 1859 et 1860; voir particulièrement Notes de MM. Hermel, Brusle et Carvalho, voir aussi fig. 38 *bis*.

237. L'appareil alimentaire le plus usité consiste en une pompe à simple effet, alternativement aspirante et foulante, qui peut affecter diverses dispositions, mais dont voici le principe : A (fig. 39) est un piston ordinairement en forme dite *de plongeur*, qui joue dans un corps de pompe en bronze ou en fonte, B, fermé par un presse-étoupe C, au travers duquel passe le plongeur, et fermé à l'autre bout par un bouchon taraudé D qu'on dévisse pour visiter et nettoyer la pompe. Le plongeur reçoit son mouvement d'un agencement mécanique quelconque; quand il se meut dans le sens de la flèche esquissée sur la figure, il aspire l'eau par le tube d'aspiration E, et quand il se meut en sens contraire, il refoule l'eau par le tube de refoulement G.

Lorsque l'aspiration se fait, l'eau arrivant du réservoir R par le tube E, trouve près de la pompe un clapet M, conique ou sphérique, qu'elle soulève dans son passage ; puis, dès que la période d'aspiration cesse et que la période de refoulement commence, le clapet M se rabaisse de lui-même, de sorte que l'eau ne peut plus arriver ni sortir de la pompe par cette voie. Au même instant, les deux clapets N et P, qui étaient jusque-là fermés, se soulèvent

---

[1] S'adresser à Paris, chez M. Flaud, constructeur, rue Jean-Goujon.

à leur tour pour laisser passer l'eau refoulée dans le tuyau G et dans la chaudière H.

Rigoureusement, il suffirait d'un seul clapet de refoulement, comme il suffit d'un seul clapet d'aspiration. Mais toutes les pompes bien organisées en contiennent, outre le premier N qui est vraiment le clapet de la pompe, un second P, dit *de sûreté*, qui a pour principal but de retenir l'eau de la chaudière ; aussi le place-t-on, non près de la pompe, mais tout contre la chaudière, à l'extrémité du tube de refoulement.

Dans tous les cas, il convient de placer à l'extrémité de ce même tube et le plus près possible de la chaudière un robinet V, qu'on puisse fermer pour empêcher la vapeur et l'eau bouillante de se répandre dans le cas assez fréquent où le tube viendrait à crever. Un autre robinet V est placé sur le tuyau d'aspiration pour interrompre l'arrivée de l'eau quand la chaudière est suffisamment pleine. Un troisième robinet, dit *réchauffeur*, est souvent fixé dans le haut de la chaudière sur un tube qui vient s'embrancher avec le tube d'aspiration E, pour y faire arriver la vapeur, et réchauffer l'eau dans un autre cas, ainsi que nous l'expliquerons au numéro 239.

Enfin, il existe entre les deux clapets de refoulement un autre petit robinet x qui a un double but : 1° amorcer la pompe, c'est-à-dire donner sortie à l'air qui a pu s'y accumuler, et faciliter ainsi sa mise en jeu ; 2° prouver par la nature du jet que la pompe fonctionne bien.

En résumé, une pompe alimentaire se compose essentiellement de quatre parties : 1° un piston ou plongeur et son corps de pompe ; 2° trois tuyaux : un pour l'aspiration qui met la pompe en communication avec le réservoir d'eau, un pour le refoulement qui met la pompe en communication avec la chaudière, un tuyau réchauffeur qui conduit la vapeur de la chaudière au tube d'aspiration ; 3° trois clapets : un pour l'aspiration, deux pour le refoulement ; 4° quatre robinets : un sur le tube de refoulement près de la chaudière, un sur le tube d'aspiration près du réservoir, un robinet réchauffeur sur la chaudière, et un robinet d'essai entre les deux clapets de refoulement. On ajoute un réservoir d'air sous le clapet d'aspiration, et quelquefois un autre près du clapet de refoulement, pour faciliter le jeu de la pompe, ainsi qu'une série de petits robinets d'évacuation qu'on ouvre pour extraire de la pompe, de ses conduits et boîtes à clapets, l'eau restant à la fin du travail et qui, en gelant dans l'hiver, pourrait mettre l'appareil hors de service.

258. La quantité V d'eau fournie par une pompe égale le produit de la section S du piston ou plongeur par sa course C. Mais une pompe ne donne guère que 60 pour 100 d'effet utile; donc il faut multiplier ce produit par 0,60.

Quand on construit une pompe alimentaire, on lui donne une puissance au moins triple de ce qui suffirait rigoureusement pour fournir l'eau nécessaire, afin de presser au besoin l'alimentation.

Le volume total d'eau fournie par une pompe en pleine marche est donc, par coup de plongeur,

$$V = S \times C \times 0,6 \times 3,$$

d'où l'on déduit :

La section du piston $S = \dfrac{V \times 3}{C \times 0,6}$;

La course du piston $C = \dfrac{V \times 3}{S \times 0,6}$.

Dans ces formules on désigne par :

V, le volume d'eau à fournir, en litres par seconde;
S, la section du plongeur, en décimètres carrés;
C, la course de ce plongeur, en décimètres par seconde.

EXEMPLE. Soit une chaudière de 40 chevaux qui consomme 980 litres d'eau par heure, ce qui fait $V = 0^l,27$ par seconde; soit $C = 3$ décimètres la course par seconde du plongeur, sa section sera :

$$S = \frac{0,27 \times 3}{3 \times 0,6} = 0^{dq},45 \text{ ou } 45 \text{ centimètres carrés},$$

dont le diamètre correspondant est 75 millimètres.

259. A quelle preuve reconnaît-on que la pompe fonctionne bien ? 1° Nous venons de voir que la pompe était à simple effet, donc l'aspiration et le refoulement de l'eau s'opèrent alternativement, donc aussi le jet qui sort par le robinet d'essai doit être intermittent et non continu ; 2° aucune cause ne venant échauffer l'eau dans la pompe, cette eau doit sortir du robinet d'essai à la même température que l'eau du réservoir. Si ces deux conditions ne sont pas remplies, il est évident que la pompe ou ses clapets fonctionnent mal.

Si, au bout de quelques coups de piston, l'eau n'arrive pas par le robinet d'essai, c'est la preuve que les clapets ne s'ouvrent pas pour laisser passer l'eau, ou que le tube d'aspiration est bouché ; l'eau, du reste, peut être plus ou moins longue à venir quand le tuyau de refoulement a une grande longueur.

Si le jet du robinet d'essai est continu au lieu d'être intermittent, c'est la preuve que les clapets ne se referment pas à temps voulu. Si enfin le jet donne de la vapeur ou de l'eau bouillante, c'est que le clapet supérieur de refoulement reste levé et que l'eau de la chaudière arrive dans la pompe. Il est cependant un cas, particulier aux machines à condensation, où l'eau peut être très-chaude sans que la pompe donne mal, c'est celui où la pompe puise dans le condenseur et où celui-ci s'échauffe, soit par insuffisance d'injection, soit parce que la vapeur pénètre dans le condenseur par des garnitures détruites.

Quand le jet ne donne pas, par suite de l'obstruction du tube d'aspiration ou de la résistance des clapets à se lever, on ouvre le robinet réchauffeur dont nous avons parlé (237) ; la vapeur arrive dans le tube d'aspiration, et sa pression sur les clapets ou sur l'obstacle qui bouche le tube suffit ordinairement pour remettre la pompe en état. C'est pour cela qu'il faut souder l'embranchement du tube réchauffeur sur le tuyau de prise d'eau, et non pas directement sur le réservoir.

Il arrive souvent qu'une pompe, fonctionnant mal au début, parvient à régulariser le jeu des clapets, après quelques coups. Mais quand, au bout de quelques instants, le jet du robinet d'essai persévère à être continu et non intermittent, ou à donner de l'eau bouillante, il est évident que la pompe manque son but. Il faut alors fermer le robinet de sûreté V qui a pour but de retenir l'eau dans la chaudière, et visiter tout de suite la pompe, à moins qu'on n'en ait une seconde à sa disposition.

240. Les dérangements de la pompe alimentaire sont fréquents. Toutes ses parties doivent donc être simples, solides, exécutées avec soin, faciles à visiter et à démonter; le robinet d'essai doit être commodément placé pour que le mécanicien n'éprouve aucune répugnance à en faire un fréquent usage. Enfin, il doit y avoir, autant que possible, deux pompes, chacune pouvant, au besoin, fournir à elle seule toute la quantité d'eau voulue pour l'alimentation. L'injecteur Giffard (236) est moins sujet à se déranger et il peut exister seul.

241. Le bruit des clapets de pompe retombant sur leur siége est souvent une incommodité qu'il importe d'éviter dans la machine. M. Armstrong (voir *le Technologiste* de 1854) a constaté que cet accident, plus sensible dans les clapets à soulèvement que dans ceux à charnière, provient de ce que le clapet, ayant d'un côté plus de surface que de l'autre, à cause du rebord qu'on lui donne pour recouvrir l'orifice et du pied qui lui sert de guide, était repoussé violemment sur son siége par la pression résultant de cet excès de surface d'un côté.

Il faut donc, conclut M. Armstrong : 1° que, particulièrement dans les pompes à mouvement rapide, les clapets, celui de refoulement surtout, soient construits de manière à céder facilement à la pression; et pour cela il importe que la surface pressée du clapet soit très-peu supérieure à celle de l'autre côté; 2° donner à l'eau de larges passages par les orifices et conduits; 3° modérer l'élévation du clapet; 4° faire en sorte que le mouvement de la pompe soit bien continu.

Quoique les clapets de caoutchouc vulcanisé aient diminué le choc, celui-ci se manifeste cependant quand les précautions ci-dessus n'ont pas été prises.

242. L'entrée d'eau dans la chaudière mérite aussi une grande attention : outre la nécessité de la placer de manière qu'on puisse la visiter aisément, il convient de ne la mettre ni trop près du foyer, où elle serait rapidement engorgée par le tartre, ni, à plus forte raison, dans le fond de la chaudière, ni au-dessus de la nappe d'eau, car elle condenserait la vapeur, ni enfin tout à fait à l'extrémité de la chaudière, où la chaleur est trop faible et où le refroidissement serait trop sensible.

Ce qui précède suffit au conducteur pour connaître le jeu et le mouvement des pompes alimentaires. On verra plus loin quand il convient de les faire fonctionner.

Pour la description des dispositions variées qu'on leur a données, nous renvoyons aux Traités de MM. Julien et Bataille, t. I; au *Guide du mécanicien constructeur de locomotives*, et à la collection d'Armengaud.

245. Indicateurs du niveau d'eau. — Il en existe trois types, souvent installés ensemble sur la même chaudière, savoir : le flotteur, le tube de niveau et les robinets-jauges.

Le *flotteur* (fig. 8), d'invention ancienne, consiste en un disque ou un ballon a suspendu par un fil au bout b d'un levier bc, dont l'autre bout c porte un poids P équilibrant à peu près le disque ; de sorte qu'il flotte à la surface de l'eau, s'élevant et s'abaissant avec le niveau. Le degré de celui-ci est indiqué par le bout b du levier sur une échelle. Le 0 correspond ordinairement à un niveau moyen, les degrés supérieurs indiquent l'abaissement du disque et du niveau, les degrés inférieurs indiquent un niveau supérieur au degré moyen.

Le flotteur est un des appareils que nos ingénieurs français ont le plus perfectionné. MM. Sorel, Chaussenot, Cail, Bourdon, Cavé, Pinel, etc., en ont imaginé de fort ingénieux, auxquels ils ont ajouté une cloche ou un sifflet, mis en jeu par le flotteur et avertissant le mécanicien chaque fois que le niveau n'est pas à son état normal.

Il est interdit d'employer des flotteurs creux, parce qu'ils peuvent se crever, se remplir, ne plus jouer et donner des indications trompeuses. Une circulaire ministérielle de 1848 cite une explosion survenue par ce fait.

Souvent le flotteur ne siffle que lorsque le niveau est déjà très-bas ; c'est encore un défaut à éviter.

Le fil ou la tige qui porte le flotteur entre dans la chaudière par un petit presse-étoupe empêchant la fuite de vapeur. Il ne faut pas trop le serrer, sinon il arrête comme un frein le jeu libre de la tige. Après avoir garni ce presse-étoupe, et de temps en temps pendant le service, il faut faire osciller à la main le contre-poids pour s'assurer que le flotteur fonctionne bien.

244. Le *tube-jauge* (fig. 13) est un simple tube de verre installé à joint étanche dans des douilles à presse-étoupes, sur le devant de la chaudière; l'extrémité supérieure est en communication avec la chambre de vapeur, l'extrémité inférieure communique avec l'eau. Si les communications entre la chaudière et le tube sont libres, le niveau de l'eau est nécessairement le même dans la chaudière et le tube; par conséquent celui-ci permet à la vue de pénétrer en quelque sorte dans le générateur lui-même pour constater comment s'y comporte le niveau d'eau.

Le tube est en verre épais, laissant un trou qui ne peut être moindre de $0^m,01$ de diamètre, sous peine d'accuser un niveau d'eau supérieur au niveau réel, par suite du phénomène de la capillarité. Sur les locomotives, le tube a généralement $0^m,30$ de long, $0^m,018$ à $0^m,020$ de diamètre extérieur, et $0^m,004$ à $0^m,005$ d'épaisseur. Dans la marine impériale, leur dimension réglementaire (circ. min. 8 mai 1857) est : longueur $0^m,60$; diamètre extérieur, $0^m,03$; et intérieur, $0^m,015$. Le tube doit être en verre blanc, net, transparent, sans gouttes ni soufflures; s'il n'est pas très-bien recuit, il se brise bientôt en dangereux éclats. Quand on en fait provision, il faut donc toujours, avant de les recevoir, s'assurer, par quelques essais préalables, qu'ils résistent bien à la chaleur et à la pression.

La casse des tubes provient aussi de ce qu'ils sont installés entre les presse-étoupes *a* et *b*, de *fond à fond*, sans aucun jeu pour la dilatation, qui est de $0^m,002$ à $0^m,003$. C'est là, de la part du mécanicien, un défaut de précaution grave, car la cassure des tubes est dangereuse, soit par les éclats qui se projettent, soit par les émissions de vapeur et d'eau bouillante qui jaillissent.

Pour prévenir ce danger, il existe deux instruments : un robinet ou obturateur à chacune des douilles où portent les extrémités du tube, afin de fermer la chaudière au besoin, et un manchon de sûreté, autour du tube lui-même, en toile métallique à grosses mailles, pour arrêter au moins les plus gros fragments du tube brisé. Mais ce manchon de toile métallique, ou le tube à fente qui remplit le même but, rend plus difficile la constatation du niveau d'eau. Cependant ce sont des appareils de sûreté qu'il est imprudent de ne pas conserver.

Les ouvrages descriptifs de machines à vapeur contiennent les types de tubes-jauges généralement admis. Nous indiquerons aussi celui de M. Arnoux, qui se trouve à Paris, chez M. Thiebaut, fondeur, faubourg Saint-Denis.

Les tubes se salissent et s'obstruent de tartre. Il faut donc éviter de les placer, quoique sous les yeux du chauffeur, sur les points de la chaudière où le tartre a une tendance particulière à s'accumuler, et faciliter les moyens de nettoyage. Dans ce dernier but, les douilles doivent être munies de bouchons dont l'enlèvement permet de dégager avec une broche les trous de la chaudière et le tube lui-même.

Il faut, en outre, souvent laver l'appareil; pour cela fermez le robinet inférieur d, laissez ouvert le robinet supérieur c, et ouvrez un troisième robinet f situé au bas du tube pour le vider; il s'établit de c en f un courant de vapeur qui, prolongé pendant quelques secondes, nettoie parfaitement le tube. Fermez alors le robinet f, rouvrez le robinet d; l'appareil se retrouvera dans ses conditions normales.

Ainsi, en résumé, le tube ordinaire de niveau est accompagné essentiellement de 10 pièces : 1° un tube de verre et son manchon de sûreté; 2° deux douilles à presse-étoupes a et b; 3° trois robinets, ou obturateurs analogues, c, d et f; 4° trois bouchons de lavage, h, h' et g.

245. Les *robinets-jauges* sont le troisième appareil servant à indiquer la hauteur du niveau d'eau. Placés à des hauteurs différentes sur la chaudière, leur ouverture donne issue à de l'eau ou à de la vapeur, suivant le milieu avec lequel ils communiquent. Il peut arriver qu'ils ne donnent pas d'eau, bien que la chaudière soit pleine et qu'ils soient eux-mêmes en bon état : cela tient alors à un phénomène *d'absorption*; c'est que, la pression de la vapeur étant accidentellement très-faible, celle de l'air atmosphérique l'emporte, et cet air pénètre par le robinet dans la chaudière, au lieu d'en laisser sortir le contenu. M. le capitaine Janvier (*Manuel* Roret) rapporte des accidents de ce genre dans les chaudières marines; ils sont de nature à tromper gravement le mécanicien, qui doit s'appliquer alors à reconnaître si l'aspiration en question se manifeste à l'entrée du robinet.

Les robinets-jauges sont ordinairement au nombre de trois et de deux au moins, l'un au niveau moyen, l'autre au dernier degré où peut s'abaisser le niveau sans découvrir la surface de chauffe.

Dans l'installation de ces robinets, il faut : 1° éviter de les placer trop voisins du tube-jauge dont il vient d'être parlé, afin de rendre plus certaines leurs indications ; 2° ne pas les faire trop petits, parce qu'ils s'engorgeraient facilement de tartre ; 3° diriger le bec d'écoulement de manière que le jet n'atteigne ni le chauffeur, qui serait blessé, ni les pièces polies de la machine ou de la chaudière, qui seraient salies ; 4° rendre leur nettoyage facile, sans qu'il y ait besoin de les enlever.

246. L'accord des indicateurs de niveau doit être souvent constaté ; on les place tous sur la façade du générateur, sous les yeux des mécaniciens et chauffeurs. On a vu que le niveau d'eau s'élève dans le voisinage de la prise de vapeur comme par l'effet d'une aspiration, et qu'il en résultait, en ce point de la chaudière, pendant la marche, une élévation de niveau beaucoup plus grande que lorsque la prise de vapeur est fermée. Il s'ensuit que, pour les indicateurs voisins de la *prise*, le niveau accusé en marche est supérieur au niveau moyen de la chaudière, et qu'il lui est au contraire inférieur pour les indicateurs éloignés de la prise.

En général, l'eau doit s'élever jusqu'au milieu du tube-jauge et du robinet intermédiaire ; mais il importe d'observer, afin que le mécanicien ne soit pas induit en erreur, que, 1° lorsque le niveau a été fait à froid, il s'élève sensiblement quand l'eau est chaude, parce que la masse se dilate et se tuméfie ; 2° le niveau dans le tube oscille ordinairement entre de grandes limites, dont la moyenne seule peut être considérée comme la représentation du niveau réel dans la chaudière ; 3° le niveau est plus élevé en marche qu'au repos sur les locomotives et les bateaux, à cause des secousses qu'éprouve l'appareil. La même élévation a lieu dans toute chaudière, à cause de la diminution de pression due à ce qu'en marche la vapeur se consomme, ce qui permet à la masse liquide de s'élever, tandis qu'au repos la pression de la vapeur qui cesse de se dépenser comprime le volume liquide.

Quand le mécanicien alimente la chaudière, il constate parfois, non sans crainte, que le niveau s'abaisse dans les indicateurs ; c'est au contraire la preuve que l'eau arrive. En effet, l'entrée d'eau refroidit nécessairement celle qui était dans la chaudière à un grand état de dilatation et tuméfaction. Il ne faut donc pas attendre, pour fermer le robinet d'alimentation, que le niveau soit remonté à son degré normal ; car bientôt la masse dilatée et tuméfiée de nouveau, une fois le refroidissement passé, accuserait dans les indicateurs un niveau d'eau trop élevé et remplirait la chaudière.

247. Manomètres. — Les manomètres sont des instruments qui donnent la mesure des pressions de la vapeur dans les chaudières. Il en existe plusieurs systèmes ; voici les principaux :

1° Le manomètre ancien à mercure et à air libre, dont la description se trouve dans les traités de physique, n'est autre qu'un baromètre dont le réservoir est en communication avec la chaudière. Il est pourvu d'un tube assez long et rempli d'un poids de mercure assez fort pour mesurer, s'il y a lieu, des pressions supérieures à celle de l'atmospère : c'est, d'ailleurs, le plus sûr indicateur qu'on puisse se procurer ; mais il est souvent fort gênant à cause de sa longueur. Quant à la lecture des indications de pression qu'il donne, elle est très-facile ; il suffit de considérer à quel degré de l'échelle graduée contre le tube s'élève le niveau du mercure.

2° Le manomètre à mercure et à air comprimé dans un tube fermé et vide d'air, construit d'après le principe de la loi de Mariotte, est décrit aussi dans les traités de physique ; il est d'ailleurs bien connu. Son principal inconvénient est qu'il exige de fréquents nettoyages ou réparations, et que le tube peut faire explosion.

3° Le manomètre de Galy-Cazalat et Journeux, à mercure et air libre, diffère du premier en ce que la colonne de mercure est réduite pour les hautes pressions à quelques centimètres, sa pression et celle de la vapeur étant supportées respectivement par des pistons calculés dans un rapport convenable. Cet instrument, l'un des meilleurs qui soient connus, fait l'objet d'un brevet et se construit chez M. Journeux, à Paris. Son volume est très-réduit, mais il est assez délicat et coûteux.

4° Le manomètre à spirale métallique de Bourdon (fig. 11), qui a valu à son auteur une grande médaille à l'exposition de Londres en 1851, est basé sur ce fait d'observation que, si l'on met en communication avec la chaudière une spirale creuse, peu épaisse et à section ellipsoïdale, la vapeur, en y entrant, la force à se redresser, de quantités sensiblement proportionnelles à la pression, de telle sorte qu'une aiguille, placée au bout intérieur de cette spirale, pourra marquer sur un limbe ou cadran les degrés d'allongement et de pression correspondante.

5° Les manomètres à ressort et à pompe, sur lesquels la vapeur agit en les refoulant ou en les tirant de quantités sensiblement proportionnelles aux pressions exercées, sont très-nombreux. Ceux de M. Desbordes (de Paris), et de M. Pic (de Valenciennes), sont bien connus. Les variations des ressorts sont marquées, comme dans le précédent, par une aiguille sur une échelle ou sur un cadran gradué.

En général, les manomètres à ressorts ont l'inconvénient de diminuer d'élasticité, après un certain temps de service, ce qui oblige à les tarer et graduer de nouveau. Mais les manomètres à mercure ont à leur tour l'inconvénient de se salir, de perdre peu à peu du mercure; le tube peut, en outre, se briser (voyez le Mémoire de M. Regnault sur les manomètres, *Bulletin de la Société d'encouragement*, t. XLVI, p. 609; *Comptes rendus de l'Académie des sciences*, année 1846; et circulaire ministérielle du 20 juillet 1847, aux *Annales des mines*).

248. Le manomètre est une des pièces de la machine qui ont particulièrement besoin d'être tenues en bon état; les règlements punissent en général les mécaniciens qui négligent de les entretenir et de les faire réparer.

Une instruction ministérielle de 1849 et 1852 exige que tout manomètre soit muni d'un ajutage propre à recevoir l'application d'un manomètre étalon que porte avec lui l'inspecteur de l'autorité administrative, pour s'assurer que celui qui est en service accuse la pression réelle de la chaudière. Chaque fois que, dans les accidents, le manomètre a été reconnu en mauvais état ou d'un système vicieux, le mécanicien et ses chefs ont encouru une grave responsabilité.

Pour éviter toute contestation dans l'emploi des manomètres, M. Peschel et divers ingénieurs ont proposé de leur ajouter une aiguille ou un censeur additionnel, laissant une indication permanente de la pression maxima (*Annales des mines*, 5e série, t. XIV).

249. La réparation des manomètres est une opération délicate qu'on ne peut confier qu'à des personnes très-expérimentées dans ce genre de travail. Ce qu'il y aura souvent de plus sage sera de les renvoyer au fabricant.

L'entretien exige également beaucoup de précautions. Les manomètres à ressorts ne peuvent guère être qu'essuyés et délivrés de la poussière sans les démonter intérieurement. Quant aux manomètres à mercure et à tube, le mécanicien se contentera de verser du mercure jusqu'au zéro de l'échelle, s'il en manque quand la pression est nulle, et de nettoyer le tube. Cette dernière opération est plus minutieuse qu'on ne pense. Bornez-vous à faire passer dans ce tube un petit tampon de linge mou ou d'éponge imbibé d'huile de pétrole et pendu au bout d'un fil chargé, s'il le faut, d'un petit morceau de plomb. Gardez-vous d'y passer une tige rigide en métal; car il est d'expérience qu'un corps dur, même un fil de laiton rayant un petit tube, y produit intérieurement une lésion superficielle invisible, mais qui ne tarde pas à faire briser subitement le verre.

250. SALINOMÈTRE. — C'est un instrument destiné à doser la saturation saline de l'eau renfermée dans la chaudière. En d'autres termes, il a pour but d'indiquer au chauffeur que l'eau chargée de sel, à la suite d'une vaporisation trop prolongée, ne se convertit plus que péniblement en vapeur (134), et qu'il faut extraire une partie de cette eau saturée pour la remplacer par de l'eau pure. Cet appareil, rarement utile pour les locomotives, les chaudières d'usines et les bateaux de rivière, où l'eau est pure et se sature lentement, est indispensable dans la marine, et quelquefois pour les chaudières établies dans les mines, où les eaux sont de nature à se saturer rapidement des sels qu'elles tiennent en dissolution (voir n. 148).

Le salinomètre ordinaire n'est autre que l'aréomètre ou pèse-liqueur de Baumé, connu dans tous les cabinets de physique. On le fait, non en verre ou en cuivre, mais en platine ou en alliage inoxydable. On sait qu'il est fondé sur le principe d'un flotteur qui s'élève plus ou moins dans l'eau, suivant sa densité et par conséquent son degré correspondant de saturation. Comme, en séchant après avoir servi, il peut être imprégné de sel, il faut souvent le laver et l'essuyer. L'éprouvette ou vase dans lequel on introduit le liquide saturé se tient à la main, ou bien elle est, avec l'aréomètre dedans, installée à demeure sur la chaudière, avec un robinet d'arrivée d'eau et un autre pour la vidange (fig. 14). Les degrés de saturation se lisent facilement sur l'échelle. En général, les mécaniciens de marine ne laissent pas à l'eau plus de 5 ou 6 degrés de saturation ; ils se tiennent autant que possible à 4 degrés, s'il n'en résulte pas un trop grand refroidissement des chaudières, par suite de l'alimentation.

Outre l'aréomètre ordinaire, on emploie deux salinomètres spéciaux :

1° Le salinomètre à boules, dit de Sceaward, n'est autre que le tube-jauge du n° 244, dans lequel sont placées deux boules creuses qui reposent au fond, tant que l'eau reste à son état naturel de pureté. L'ascension de la première boule indique un premier degré vers la saturation ; la deuxième boule monte à son tour lorsque l'eau est à 1/5 de sa saturation complète. L'extraction d'une partie de l'eau saturée est alors urgente. Cet appareil est sujet à se déranger, les boules se recouvrent de sel, elles se collent parfois ensemble et elles deviennent plus pesantes ; elles tardent alors à monter, et leur ascension accuse dans l'eau plus de sel qu'elles ne devraient indiquer. Il faut donc les nettoyer souvent, en démontant le tube-jauge ; c'est là l'inconvénient de ce premier système.

2° Le salinomètre Cavé [1] est un pèse-sel renfermé dans une éprouvette ou dans le tube-jauge comme le salinomètre de Sceaward (fig. 16). Il porte deux petites rondelles soudées à demeure fixe sur sa tige ; étant toujours dans le même rapport, leurs indica

---

[1] La première idée de cet appareil a été offerte à M. Cavé par un inventeur dont il nous a été impossible de retrouver le nom.

tions sont constantes, et d'ailleurs plus faciles à constater que les lignes de l'échelle de l'aréomètre ordinaire. Dans l'eau pure, la rondelle supérieure est à peine immergée, elle s'élève à mesure que l'eau se sature, et quand la seconde devient à son tour flottante à la surface, c'est l'annonce que l'eau s'est saturée, et qu'il y a urgence à opérer l'extraction.

231. APPAREIL DE DÉSATURATION, d'extraction ou d'exhaustion. — Il a pour but de retirer de la chaudière une partie de l'eau saturée de sel, lorsque le précédent appareil le commande. Dans la vaporisation, toutes les eaux se saturent des sels qu'elles tiennent en dissolution ; mais il n'y a lieu de recourir à des appareils spéciaux que lorsque les chaudières s'alimentent avec des eaux essentiellement salines, comme le sont celles de la mer, de certains lacs, sources et puits (148).

Quand on eut compris la nécessité de procéder à des extractions régulièrement fréquentes dans les machines à très-basse pression, on se servit d'abord de pompes. La première pompe de désaturation fut, selon M. Paris, établie à bord du steamer anglais *la Ville-d'Edimbourg*, sur la demande de M. Brown, et en 1840, par Gengembre, sur le steamer français *le Vautour* (Armengaud, t. II).

Le principe et le maniement de ces pompes sont les mêmes que ceux des pompes alimentaires, dont elles sont cependant le contre-pied (voyez n. 236 et suiv.). Ce sont des pompes aspirantes et foulantes qui ont leur prise d'eau sur la chaudière et leur tuyau de refoulement aboutissant au dehors. Il importe que leur système de clapets soit d'une grande simplicité, et que ceux-ci soient peu exposés à être dérangés par le sel et la vase contenus dans l'eau aspirée.

Où convient-il de placer la prise d'eau dans la chaudière ? Les ingénieurs ne sont pas d'accord; MM. Paris et Bonafoux pensent qu'il convient de fixer le bout du tuyau aspirateur, c'est-à-dire la prise, vers le haut de la chaudière, un peu au-dessous du niveau de régime pour prendre l'eau à la partie ascendante du courant qui existe dans la chaudière (voir *Dictionnaire de marine*, t. II, aux mots EXTRACTION et PÈSE-SEL). Nous ajouterons que, si l'on place la prise dans le bas de la chaudière, la pompe aspire autant de sel solide et de vase que d'eau, ce qui n'est pas son but, et ce qui peut l'engorger, bien que le procédé de nettoyage ci-après puisse remédier à cet inconvénient.

Pour laver la pompe, faites-y passer pendant quelques minutes un courant d'eau pure. Pour cela, fermez le robinet du tuyau aspirateur, afin d'interrompre l'extraction ; ouvrez le robinet d'un autre tuyau qui doit être branché sur le tuyau aspirateur et en communication avec le réservoir d'eau destiné au nettoyage. En cinq à six minutes l'appareil est purifié et remis en état de recommencer son office.

252. Le jeu de cette pompe est comme celui de la pompe alimentaire et, dans les mêmes cas, continu ou intermittent. En principe, on comprend que l'extraction continue vaut mieux. Quoi qu'il en soit, la pratique des bons mécaniciens leur a enseigné que la quantité d'eau extraite en un temps donné devait être environ la moitié de la quantité envoyée par les pompes alimentaires. C'est la proportion que MM. Paris et Bonafoux indiquent. D'après M. Faraday, cette proportion ne serait que de 1/3. Selon d'autres, elle descendrait même à 1/5. Ainsi, les pompes alimentaires et de désaturation étant, comme c'est l'ordinaire, de même dimension, et conduites également par le même mécanisme, on ouvrira le robinet du tuyau aspirateur de la pompe de désaturation de 1/2 à 1/5 moins que celui de la pompe alimentaire, dans le cas, bien entendu, où ces deux opérations se font d'une manière continue.

Comme la pompe alimentaire encore, la pompe de désaturation doit être fréquemment surveillée par le mécanicien, pour constater qu'elle fonctionne bien ; il faut aussi un certain temps pour que l'eau introduite se mêle à l'eau qui est dans la chaudière, et que la désaturation soit accusée sensiblement par le salinomètre.

Afin de remédier autant que possible à la perte de chaleur qui a lieu dans le départ de l'eau retirée du générateur, on fait traverser le tuyau de refoulement de la pompe alimentaire par le tuyau aspirateur de la pompe d'extraction. La chaleur de l'eau aspirée se communique ainsi à l'eau refoulée pour l'alimentation, et celle-ci entre dans la chaudière à une température assez haute. On sait que c'est là une des meilleures conditions pour économiser le combustible. Mais alors on est gêné pour placer le tuyau laveur dont il vient d'être parlé ; car on comprend qu'il serait mal à propos de refroidir l'eau d'alimentation par ce contact d'eau froide ; on place dans ce cas le tuyau laveur contre la pompe, et on s'abstient de rincer son tuyau aspirateur, si ce n'est à de rares intervalles, quand on peut interrompre l'alimentation.

Ainsi, en résumé, la pompe de désaturation contient essentiellement : 1° la pompe et son plongeur ou piston ; 2° un tuyau aspirateur avec clapet et robinet de prise contre la chaudière ; 3° un tuyau de refoulement et son clapet ; 4° un tuyau laveur et son robinet ; 5° un robinet d'épreuve.

253. Lorsque la pression est suffisante dans les chaudières (une atmosphère effective au moins), on n'emploie plus de pompe pour faire l'extraction, mais on adapte un simple tuyau, muni de son robinet, par lequel l'eau saline est naturellement rejetée au dehors, en vertu de la pression de la vapeur. La prise est, comme il est dit précédemment, placée vers le haut de la chaudière ; et même, pour éviter que la chaudière se vide au point de découvrir la surface de chauffe, on fait entrer le tuyau tout en haut de la chaudière, et il redescend en col-de-cygne à l'intérieur, sous la ligne d'eau de régime, de manière que son orifice ne se démasque pas sans laisser encore au moins 0^m,05 d'eau sur le ciel du foyer. Pour faire jouer l'appareil de désaturation, il n'y a autre chose à faire qu'à ouvrir le robinet du tube et à le fermer quand il faut suspendre l'extraction.

254. Robinets de vidange. — Ils sont placés au bas de la chaudière pour la vider et donner issue à l'eau vaseuse qui s'amasse au fond. Ce sont encore des appareils d'extraction. Comme toutes les eaux tendent à former de la vase, toute chaudière doit avoir les robinets en question ; il faut même les faire assez gros ; leur diamètre intérieur a communément de 0^m,06 à 0^m,07 ; il importe qu'ils soient très-solidement boulonnés sur la chaudière et qu'ils n'aient pas de fuite ; leur jet doit être dirigé de manière à n'atteindre aucune partie de la machine, et il faut pouvoir placer un seau pour recevoir l'eau qu'ils débitent. On filète ordinairement l'extrémité de leur gueule, afin d'y visser un tuyau qui conduit au dehors le contenu de la chaudière, sans la laisser inonder les alentours; ce qui n'est pas sans danger, surtout lorsqu'on vidange à chaud.

La manœuvre des robinets de vidange exige trois précautions :

1° Tenez la main constamment sur la poignée, pour tourner au premier ordre la *clef* ou *cône* dans son boisseau; que le levier de cette poignée soit long et solide, et disposé de manière qu'il n'y ait pas danger pour le mécanicien de se brûler; car le robinet débite son eau avec une extrême violence, et il faut pouvoir le fermer sans retard à l'instant voulu.

2° Prenez garde de ne pas laisser découvrir la surface de chauffe en vidant trop d'eau.

3° Ne pratiquez cette opération que lorsque le niveau d'eau est élevé au-dessus de la limite de régime, et que le feu est actif ainsi que la pression haute; autrement, vous feriez tomber celle-ci et vous seriez forcé de faire halte.

Il y a des chaudières où les eaux d'alimentation sont si pures, que les robinets en question ne servent guère qu'à vider le générateur quand on termine le service : tel est le cas ordinaire des bateaux de rivière et des locomotives. Au contraire, pour les locomobiles, les machines fixes, mais surtout les chaudières marines, l'extraction fréquemment répétée est un des premiers besoins dans la conduite. Il faut l'opérer sur les chaudières marines à peu près chaque six heures lorsque l'intérieur, peu compliqué d'ailleurs, contient une grande masse d'eau, et presque d'heure en heure avec les appareils compliqués et contenant peu d'eau, comme les chaudières tubulaires.

L'appareil de désaturation ne dispense pas de ce soin, car il prend l'eau vers le haut du générateur, tandis que les robinets de vidange enlèvent la vase et le sel prêt à cristalliser.

253. Soupapes de sûreté. — Ce sont des ouvertures fermées hermétiquement par un obturateur qui se lève et laisse écouler la vapeur lorsqu'elle est trop abondante dans le générateur. C'est à Papin, sans contestation, qu'on en doit l'invention vers 1690.

Les soupapes de sûreté sont au nombre de deux sur chaque chaudière; l'une est à la portée du conducteur; l'ordonnance de 1843 veut que l'autre soit hors de sa portée et qu'il ne puisse y toucher, sauf [dans les locomotives, où on tolère qu'elle soit à côté de la première.

Dans toute soupape de sûreté, on distingue : le siége, le clapet, la charge et l'écoulement (voir fig. 8 et 10).

Le *siége*, sur lequel repose le clapet, est boulonné sur la chaudière; qu'il ait la forme d'une colonne ou d'un dôme, il importe qu'il s'élève de manière que l'orifice qui le termine ne puisse pas être atteint par l'eau de l'intérieur de la chaudière, et que l'orifice lui-même soit entouré d'une cuvette, dans le but d'empêcher l'eau provenant de la vapeur qui s'échappe et se condense, de se répandre à l'entour.

Le corps de cette colonne ou dôme doit être protégé, à l'égal de la chaudière, contre le refroidissement de l'air extérieur, sinon toute sa surface agit comme un condenseur. Nous connaissons des chaudières où cette précaution, prise après coup, a produit sur la consommation des résultats appréciables.

C'est un luxe inutile de faire le siége en bronze, mais l'orifice sur lequel porte l'obturateur ou clapet doit être garni avec ce métal. La fonte se rouille et se pique, l'oxydation soude quelquefois les deux pièces ensemble et met la soupape hors de service.

Le *clapet* ou obturateur se fait en bronze pour le même motif. Il importe qu'il soit rodé sur son siége avec les plus grands soins, que la fermeture soit hermétique quand il est retombé, et qu'il donne, quand il se lève par l'excès de pression, une large ouverture à la sortie de la vapeur. Il faut aussi que le clapet et son siége soient facilement abordables, et qu'ils ne puissent jamais être hors de service à l'insu du chauffeur.

256. La *charge*, qui presse l'obturateur sur son siége pour l'empêcher de lever avant une pression déterminée d'après la résistance de la chaudière, est produite par un poids ou par un ressort. Ils appuient quelquefois directement, mais plus souvent par l'intermédiaire d'un long levier du deuxième genre qui permet de réduire beaucoup le contre-poids.

Ce levier doit être en fer de premier choix; les moindres pailles ou criques suffisent pour le faire refuser, car sa rupture peut entraîner l'interruption du service et de graves accidents; par précaution, sa levée ou celle de l'obturateur doit être limitée par un talon ou arrêt quelconque, et rien ne doit être négligé pour garantir les hommes de service et les passants contre la projection au loin de l'une de ces pièces.

Pour charger les soupapes, on préfère les poids, chaque fois que la chaudière n'est pas exposée à des secousses trop violentes. Dans le cas contraire, on a recours aux ressorts, qui peuvent casser, perdre leur élasticité et fausser par suite les indications ; ce sont des appareils compliqués et délicats, que l'on n'emploie qu'en désespoir de cause [1] ; il en existe aujourd'hui un grand nombre de types. Dans la figure 10, le ressort se compose d'une ou plusieurs lames d'acier analogues à celles du dynamomètre Morin. L'appareil est plus simple et le ressort plus facile à calculer d'après des principes connus (voir les *Leçons de mécanique* du général Morin, n. 47 et Mémoire sur les ressorts, de MM. Philipps et Bournique).

Quel que soit le moyen de charger les soupapes, il convient que cette charge puisse être réglée à un point déterminé en plus ou en moins ; on y parvient, pour les poids, en les accrochant à des encoches ménagées dans ce but, le long du levier (fig. 8), et pour les ressorts, en réglant leur tension par une vis (fig. 10). Quand cette vis est serrée à fond et quand le poids est au bout du levier, la pression sur les soupapes atteint le maximum qu'il est interdit au mécanicien de dépasser. Mais on peut avoir intérêt à diminuer cette pression en deçà des limites réglementaires.

On doit à MM. Lemonnier et Vallée en France, et à M. Megenhoffen, en Allemagne, un perfectionnement important des soupapes de sûreté. Ces appareils, et principalement ceux où la charge a lieu par des ressorts, ne se soulèvent d'eux-mêmes que d'une faible quantité pour évacuer la vapeur parvenue à l'excès de pression qu'on veut éviter ; celle-ci est souvent de beaucoup dépassée quand elles atteignent une ouverture un peu grande. Pour y parer, les inventeurs ont imaginé de faire subitement allonger

---

[1] Voir sur les inconvénients des soupapes à ressorts les observations de M. Lechatellier à la Société d'encouragement, en 1852 ; *item*, Note de M. Polonceau, *Compte rendu de la Société des ingénieurs civils de Paris*, 4ᵉ année, et 19 septembre 1851.

la tige qui porte le poids ou le ressort au moyen d'une bascule qui se renverse par suite de l'échappement d'une règle qu'un toc retient jusqu'au moment.où la pression atteint la limite voulue. Les auteurs, dont le système est breveté, arrivent au même but aujourd'hui par différentes dispositions (*Annales des mines*, 5ᵉ série, t. I).

257. L'écoulement de la vapeur qui s'échappe des soupapes de sûreté doit se faire, en principe, librement dans l'atmosphère, sans que rien gêne la vue de la soupape et de son levier. Mais, il faut parfois éviter qu'elle incommode par son bruit ou par la pluie qu'elle produit en se condensant dans l'air ; alors, par exception, les soupapes sont, dans ce but, recouvertes d'un couvercle, sur lequel est monté un tube d'échappement ou une cheminée de hauteur convenable (fig. 10). Cette précaution est particulièrement utile dans les bâtiments à vapeur et le voisinage des ateliers.

Telles sont les parties fondamentales de toute soupape de sûreté. Quant à la forme, on l'a variée souvent, ainsi qu'on peut le voir dans les divers traités descriptifs.

258. L'orifice et la charge des soupapes de sûreté sont réglés, en raison de la pression que supporte la chaudière intérieurement, par les ordonnances royales de 1843 et 1846 et les instructions ministérielles qui les ont suivies.

1° On a le diamètre D des orifices par la formule :

$$D = \sqrt{\frac{s}{n - 0{,}412} \times 2{,}6},$$

dans laquelle formule on désigne par :

D, le diamètre cherché, en centimètres ;
s, la surface de chauffe de la chaudière, en mètres carrés ;
n, la pression de la vapeur évaluée en atmosphères.

Soit donc une chaudière de 20 chevaux ayant $s = 30^{mq}$ de surface de chauffe, et fonctionnant sous $n = 5$ atmosphères de pression ; l'orifice de ses soupapes de sûreté aura :

$$D = \sqrt{\frac{30}{5 - 0{,}412} \times 2{,}6} = 6{,}60 \text{ centimètres.}$$

2° Le poids P ou la charge par ressorts qu'il faut appliquer au bout du levier, est donné par la formule :

$$P = \frac{1,033 \times n \times s \times l'}{l} - p,$$

dans laquelle on désigne par

P, le poids ou la charge cherchés, en kilogrammes ;
s, la surface de la soupape, en centimètres carrés ;
n, la pression effective de la vapeur par centimètre carré ;
p, le poids de la soupape, du levier et des accessoires, en kilogrammes;
l, la longueur du grand bras de levier ⎰
l' la longueur du petit bras de levier ⎱ en mètres.

Soit donc une soupape de sûreté ayant $s = 35$ centimètres carrés de surface, montée sur une chaudière de 20 chevaux qui a une pression effective $n = 5$ atmosphères ; soit $p = 3$ kilogrammes le poids du levier et de la soupape, $l = 0^m,60$ et $l' = 0^m,06$, le poids qu'il faudra appliquer au bout du levier l sera :

$$P = \frac{(1,033 \times 5 \times 35) \times 0,06}{0,60} - 3 = 15 \text{ kilogrammes.}$$

On calculera d'après cela le volume du contre-poids ou les dimensions du ressort.

Le poids, ayant été ainsi déterminé par le constructeur, est présenté, lors de la réception de la chaudière par l'autorité administrative, à l'ingénieur des mines. Après avoir constaté que la soupape dans son ensemble remplit les conditions prescrites, il appose son poinçon. Il est sévèrement interdit de dissimuler ou d'effacer ce poinçon, de changer le poids, de surcharger les soupapes de quelque manière que ce soit, et de négliger de les entretenir en très-bon état de service. L'une des deux soupapes requises, fût-elle à la portée du mécanicien, ne doit jamais être touchée que pour s'assurer qu'elle fonctionne. L'autre lui sert souvent pour constater quelle est la pression intérieure ; en la soulevant un peu, on juge d'après la violence de l'émission, quelle peut être, à peu près, la tension de la vapeur. C'est même ainsi qu'on vérifie si les indications du manomètre paraissent exactes.

259. Rondelles et bouchons fusibles. — Il y a quelques années, les règlements administratifs exigeaient que toute chaudière fût pourvue d'une rondelle en plomb et bismuth, susceptible d'entrer en fusion et de donner passage à la vapeur dès que celle-ci excédait sa tension normale. **M. Darcet** avait donné les recettes pour obtenir ces rondelles fusibles à volonté. L'expérience les a depuis fait abandonner ; mais on adapte maintenant aux chaudières un appareil analogue, pour empêcher les coups de feu, en cas de manque d'eau. Il consiste en un bouchon de plomb ou d'alliage Darcet, placé dans un trou au fond de la chaudière, au-dessus du foyer et un peu en contre-haut de la tôle. Si, par suite d'un accident ou par la négligence du mécanicien, le bouchon est à sec, il fond et le peu d'eau qui reste encore éteint le feu.

Ce bouchon se fait souvent d'un trop grand diamètre, il supporte alors une trop forte pression, sous l'action de laquelle il peut arriver qu'il soit chassé, surtout quand on lui a donné la forme cylindrique, au lieu de la forme conique qui l'empêche de passer à travers le trou qu'il est destiné à boucher.

M. Isaac Dodds a proposé en 1839 de disposer ce bouchon sur un dôme au-dessus du fond de la chaudière, afin qu'il puisse fondre avant que le niveau d'eau soit baissé de manière à laisser découvrir la surface de chauffe ; c'est une bonne précaution à prendre dans les générateurs où cela sera possible.

260. Sifflet d'alarme et d'avertissement. — Cet appareil, proposé en 1836 par **M. Sorel**, se compose d'un tube muni d'un obturateur, vissé par un bout sur la chaudière et évasé à l'autre bout en forme de demi-sphère pleine, ne laissant au passage de la vapeur qu'une fente circulaire très-petite ; il est surmonté d'un timbre de cloche à bord tranchant et de même diamètre que celui de la fente circulaire ; quand on ouvre l'obturateur, la vapeur, s'échappant par cette fente, rencontre les bords du timbre, en produisant un sifflement très-strident. Plus le timbre du sifflet est petit, plus la note qu'il rend est aiguë ; plus au contraire le timbre est volumineux, plus le son est grave et vibrant. La composition du métal exerce aussi une grande influence sur le son (voir n. 34). On peut, au reste, varier la note entre certaines limites, restreintes, il est vrai, en ouvrant plus ou moins le robinet de vapeur.

Le sifflet est encore un de ces appareils de détail dont l'exécution et l'entretien ne sauraient être trop soignés; on comprend quels accidents pourraient arriver, s'il cessait tout à coup de donner les signaux sur lesquels on compte.

La fente très-petite de cet appareil fait qu'elle s'engorge souvent, à moins qu'elle ne soit entretenue libre et dégagée par un fréquent usage, ainsi qu'il arrive sur les chemins de fer; le sifflet doit donc être de construction solide, en bronze, facile à visiter et à réparer même en marche, et le mécanicien doit souvent s'assurer qu'il est en état. Loin de nous cependant de lui en recommander l'usage abusif auquel se livrent certains conducteurs qui semblent en faire un jeu. Les signaux sont chose grave, qu'on cesse de prendre en considération quand ils sont prodigués.

261. Bouchons ou regards de lavage et de vidange. — Pour achever de vider la chaudière et enlever le tartre, le constructeur a dû disposer des ouvertures fermées par des bouchons taraudés ou *autoclaves*. Nous ne pouvons indiquer leur position d'une manière générale, car elle dépend des formes de chaudière, mais tout sera dit en rappelant qu'il faut établir ces regards dans les angles, les coins, le fond, en un mot partout où le tartre a de la tendance à s'amasser, et de manière à permettre de râcler toutes les parties de la chaudière. On est forcé de les multiplier beaucoup dans les générateurs où on ne peut pas pénétrer partout. Ces ouvertures se nomment parfois *trous de sel*.

En marche, il importe que leur fermeture soit très-étanche et très-solide, car, si elle manque, le mal est peu réparable, à moins de vider la chaudière. Il peut même en résulter de graves accidents. La meilleure fermeture est l'autoclave ou porte appuyée contre l'orifice par la pression intérieure de la chaudière. Mais quand ces autoclaves, comme ceux des générateurs de locomotives, sont de trop petite dimension, il est très-difficile de faire le joint, c'est-à-dire de placer intérieurement le mastic destiné à rendre ce joint étanche; les bouchons attachés par le dehors sont alors préférables.

262. Trou d'homme. — On donne ce nom à une ouverture pratiquée ordinairement au-dessus de la chaudière et par laquelle un ouvrier peut descendre pour la visiter et y travailler; elle est ordinairement de forme ovale, ayant au moins 0^m,30 sur 0^m,40 ; elle est fermée en marche par un autoclave, un dôme ou un couvercle boulonnés, qui supportent une pression considérable et qu'il faut donc installer avec une grande solidité à joint bien étanche.

Il ne faut jamais entrer par le trou d'homme dans un générateur sans s'être assuré qu'il n'y a aucun danger : est-il vide et froid? une lampe allumée y brûle-t-elle naturellement? ne se dégage-t-il aucune odeur? Telles sont les précautions principales à prendre. Enfin, avant d'ouvrir l'ouverture et même de dévisser les boulons qui retiennent le couvercle, levez les soupapes de sûreté, afin d'y faire entrer doucement l'air si le vide existait.

263. Reniflard ou soupape de vide. — On donne ce nom à un appareil qui est l'inverse de la soupape de sûreté et qui sert à laisser rentrer l'air dans le générateur pour empêcher que la pression extérieure de l'air atmosphérique l'écrase quand le vide se fait à l'intérieur. A l'inverse de la soupape de sûreté, le clapet du reniflard se lève du dehors au dedans ; le ressort ou le poids qui le retient appliqué sur son siége équilibre la pression atmosphérique ; en service, la pression intérieure de la vapeur l'applique également sur son siége, à la façon des autoclaves.

Le reniflard n'est pas indispensable, si ce n'est peut-être sur les appareils fonctionnant à très-basse pression ; un mécanicien soigneux a bien assez des robinets divers qu'il peut ouvrir et des soupapes de sûreté qu'il peut soulever pour faire rentrer de l'air dans les chaudières vides ; ce qui particularise le reniflard vient donc uniquement de ce qu'il est un appareil automatique, c'est-à-dire agissant seul et de lui-même à temps voulu.

264. Petit cheval. — Les pompes alimentaires dont il a été parlé aux n°s 236 et suivants étant ordinairement conduites par la machine motrice, ne peuvent fonctionner quand elle arrête. L'alimentation de la chaudière se fait alors par une autre pompe analogue aux premières, mais conduite par une machine à vapeur spéciale qui, dans le principe, n'avait guère que la force d'un cheval, d'où lui est venu son nom de *petit cheval*. Les petits générateurs ne possèdent dans le même but qu'une pompe à bras ; mais tout générateur de quelque importance est nécessairement pourvu de la pompe à vapeur en question.

Il importe qu'elle soit tout à fait indépendante de l'appareil principal. Il convient même, pour les grands générateurs de 200 chevaux et au-dessus, qu'elle ait sa chaudière spéciale fonctionnant indépendamment des autres, afin de remplir celles-ci et d'opérer diverses manœuvres, telles que celle des cabestans ou des ventilateurs sur un navire. Cette chaudière spéciale cesse naturellement son service quand le grand générateur peut lui donner de la vapeur, ce qui est plus économique.

Le caractère essentiel du petit cheval est une grande simplicité de pièces et de maniement. En effet, ceux qui s'en servent sont les chauffeurs et quelquefois de simples hommes de peine, incapables de conduire une machine délicate.

Son système n'a rien de fixe ; en général une même tige reçoit le piston à vapeur à l'un de ses bouts et le plongeur de la pompe à l'autre ; un mouvement à came plutôt qu'un excentrique opère la distribution dans le cylindre à vapeur ; un petit volant règle le mouvement ; la machine fonctionne sans condensation. Pour la faire jouer, le chauffeur n'a que trois robinets à manier : un pour introduire la vapeur sur le piston ; un pour donner passage à l'eau qu'aspire la pompe ; un pour l'éprouver et l'amorcer.

Parmi les meilleurs systèmes de petits chevaux, nous citerons celui de M. Gouin, constructeur à Paris.

Avec l'appareil Giffard (236), on n'a presque plus besoin de cet alimentateur accessoire qui constitue le petit cheval. Enfin, on pourrait rendre manœuvrable à la main au moins l'une des pompes alimentaires mue par sa machine, ce qui suffirait dans bien des cas (fig. 52).

§ VI. — CONDUITE DE LA CHAUDIÈRE.

265. 1° La conduite de la chaudière comprend trois opérations : la préparation préliminaire, c'est-à-dire l'emplissage et la mise en feu ; 2° la conduite en marche, qui elle-même comprend l'alimentation d'eau, la charge du feu et l'extinction ; 3° le lavage après le travail.

1° Préparation préliminaire de la chaudière.

266. On remplit la chaudière quand elle est vide, en recevant eau d'une chute élevée, et à son défaut à l'aide du *petit cheval* (264) ou de toute autre pompe assez forte, dont l'aspiration se fait dans un réservoir et dont le tuyau de refoulement arrive dans la chaudière, soit par l'une de ses ouvertures supérieures, telle par exemple que le trou d'homme (262), soit par l'un de ses gros robinets, tel que celui dit de vidange (261). Sur les locomotives allemandes, l'emplissage se fait à l'aide d'une cuvette à robinet *h* (fig. 57).

Afin de donner passage à l'air que vient de remplacer la masse d'eau, on soulève les soupapes de sûreté et on ne les rabaisse qu'après l'allumage, lorsque la vapeur blanche commence à sortir.

Avant d'allumer la machine, on s'assure que tout est en état, que les indicateurs de niveau et de pression sont en place, que la chaudière est convenablement remplie et même à un niveau notablement élevé. La preuve que cette recommandation n'est pas une puérilité, c'est qu'il y a plusieurs exemples de chaudières chauffées sans eau, faute d'examen préalable. Après y avoir procédé, fermez le régulateur, afin que la vapeur formée ne puisse aller dans la machine avant l'heure voulue ; placez, pour plus de sûreté, le levier de mise en train de la machine au point où les deux lumières de distribution sont fermées, c'est-à-dire, en principe, au point-mort. Si le régulateur ou l'appareil distributeur perdent et laissent passer la vapeur, de manière à mouvoir la machine contre la volonté du mécanicien, il faut : 1° caler les roues, le volant, ou les manivelles ; 2° ouvrir les robinets purgeurs du cylindre, afin de laisser échapper la vapeur introduite.

Enfin, ayez la précaution de desserrer toutes les pièces qui, dans l'allongement de la chaudière par la dilatation due à la chaleur (80), pourraient se briser, ne pouvant se prêter elles-mêmes à cet allongement : telles sont certaines tringles placées sur la chaudière.

267. Pour allumer le foyer, videz-le de tout ce qu'il contient, qu'il soit bien balayé, que la grille soit libre de cendre et de mâchefer ; videz enfin le cendrier ; puis, après vous être une dernière fois assuré que tout est en état, placez sur la grille une bonne brassée de copeaux ou menu bois ; et, par-dessus, quelques morceaux de bois plus gros pour faire de la braise, puis quelques morceaux du combustible destiné au service courant, le tout en prenant garde d'étouffer le feu, faute d'air. Fermez les portes du foyer, ouvrez celle du cendrier, laissez la cheminée tirer en plein.

Quand le feu est bien pris, chargez quelques pelletées de combustible ; quand celui-ci est allumé à son tour, faites une nouvelle petite charge, et continuez ainsi jusqu'à ce que le feu soit arrivé aux conditions normales et qu'il ne reste plus qu'à l'entretenir.

Quand la disposition du foyer ne permet pas d'allumer le feu sur la grille par la porte de chargement, ainsi qu'il arrive pour les profondes boîtes à feu des locomotives, on allume par-dessous la grille, à l'aide d'une torche qu'il suffit de présenter pendant quelques minutes.

Dès qu'on voit l'émission de vapeur commencer à se faire par les soupapes restées ouvertes jusque-là, c'est la preuve que l'air est évacué. Rabaissez les soupapes, chargez-les de leur poids réglementaire, bientôt la vapeur fera monter le manomètre (247).

En même temps qu'on allume, on ouvre en grand le conduit de la cheminée. Pour y raréfier l'air et déterminer le tirage, il est souvent nécessaire d'y faire un peu de feu avant d'allumer le foyer ; il suffit, pour une cheminée moyenne, d'y brûler à sa base une brassée de paille ou de copeaux.

268. Le temps nécessaire pour faire monter en pression un générateur, varie suivant les circonstances et le système : quand il n'a pas fonctionné depuis plusieurs jours, et que l'eau, la chaudière et le fourneau sont complétement froids, le combustible de mauvaise qualité, il ne faudra pas moins de trois ou quatre heures pour l'allumage ; le double est à peine suffisant si le fourneau est en briques nouvellement maçonnées ; mais si la chaudière n'a cessé de fonctionner que depuis peu et que l'eau soit encore chaude, on peut la rétablir en pression au bout d'une demi-heure. Les locomotives s'allument en moyenne trois heures avant le départ quand elles sont froides, et deux heures avant quand elles ont fonctionné la veille. Les chaudières cylindriques, avec ou sans bouilleur et à haute pression, des ateliers de Cavé, s'allumaient une heure avant de commencer le service quand elles avaient marché la veille, et trois heures avant quand elles étaient tout à fait froides, après le nettoyage (voir n. 227 et 228).

Quand on chauffe pour la première fois un générateur neuf ou grandement réparé, il faut : 1° avec plus de soin encore que de coutume, s'assurer que tout est en état ; 2° le sécher d'abord (196) ; 3° veiller à ce que rien n'entrave le jeu des parties que la chaleur tend à faire dilater ou contracter ; 4° éteindre le feu dès que s'annoncent des avaries dues à ces effets de contraction ou de dilatation. Les avaries les plus fréquentes sont l'arrachement des pattes ou supports de la chaudière, l'explosion d'un ou plusieurs rivets, les fuites, et dans les fourneaux de briques, les fissures de la maçonnerie.

2° Conduite de la chaudière en marche.

269. Quand la machine est en marche, la vapeur se consomme, et cette consommation peut varier entre de larges limites, en raison du travail, qui varie lui-même suivant mille circonstances. Néanmoins, la marche de la machine doit être régulière ; il faut donc prévoir les accroissements ou les réductions du travail ; avoir assez de vapeur dans le premier cas pour que la vitesse ne diminue pas ; et assez peu de vapeur dans le second cas pour ne pas avoir dans la chaudière un excès de pression dangereux, ni faire lever les soupapes de sûreté, ce qui perd inutilement la vapeur. Il faut, en outre, éviter les alternances brusques de chaud et de refroidissement, maintenir uniformes dans le foyer la chaleur, et dans la chaudière la pression. La solution du problème réside dans la manière dont se conduit l'alimentation de l'eau dans la chaudière, et du combustible dans le foyer ; il importe d'entrer dans le détail de ces deux opérations.

270. Alimentation de la chaudière. — A mesure que la vapeur se dépense, la chaudière se vide et doit être remplie par le jeu de l'appareil alimentaire dont il a été parlé au numéro 236. Rappelons d'abord quelques principes sur la dépense d'eau :

1° La vapeur n'étant autre chose que l'eau à l'état gazeux, la dépense de l'une représente celle de l'autre; mais il faut ajouter à la quantité d'eau vaporisée cette autre quantité qui est entraînée accidentellement, et dont (153) la proportion peut varier de 20 à 40 pour 100 de la quantité totale réellement dépensée. A cette consommation d'eau, il faut ajouter celle qui se fait encore sans profit direct pour la vaporisation, par le jeu de l'appareil de désaturation dans certains cas;

2° Plus la machine a d'effort à produire, plus elle a de vapeur à dépenser, et plus, par conséquent, il faut alimenter, et réciproquement;

3° On peut, jusqu'à un certain point, régler la dépense d'eau sur celle du combustible; mais on voit par le tableau du numéro 117 que cette donnée est très-variable, à cause de la qualité du combustible ou des eaux (134), l'état du générateur et l'habileté du mécanicien;

4° Il est de la plus haute importance que le niveau d'eau se maintienne à peu près constant, assez haut pour couvrir toute la surface de chauffe, et assez bas pour ne pas restreindre la *chambre de vapeur* (168). Voilà la règle, mais elle a des exceptions. Le niveau doit être plus élevé que de coutume dans deux cas : 1° en approchant des temps d'arrêt; car l'eau continue à se vaporiser sans pouvoir être renouvelée, et la surface de chauffe peut finir par être à sec, à moins qu'il n'y ait une pompe à bras ou un petit cheval (264) qui puisse fonctionner pendant l'arrêt de la machine principale; 2° quand la chaudière cesse d'être horizontale, et que la surface de chauffe peut être à sec dans certaines parties, exemple, les locomotives sur fortes rampes, et les bateaux à vapeur, qui, en diverses circonstances, sont sujets à s'incliner.

Il y a un cas exceptionnel où il faut *marcher bas d'eau* : c'est lorsqu'il y a nécessité de tenir la chambre de vapeur aussi grande que possible pour accumuler le fluide moteur, dont il faut dépenser beaucoup pour déployer un surcroît accidentel de travail. Le mécanicien doit alors redoubler d'attention pour que le métal chauffé ne se découvre pas.

271. Mentionnons maintenant deux phénomènes qui peuvent accompagner le jeu des pompes alimentaires et l'entretien du niveau d'eau dans le générateur :

1° La masse d'eau se dilate ; elle se tuméfie en outre par l'effet des bulles gazeuses qui font, pour ainsi dire, explosion dans la masse ; enfin, les secousses qui se produisent dans la marche se joignent aux deux causes précédentes pour augmenter considérablement le volume de la masse d'eau, en comparaison de celui qu'elle avait à froid. Donc : 1° quand on remplit la chaudière à froid, il faut compter que le niveau s'élèvera de plusieurs centimètres lorsque la masse entrera en ébullition ; 2° quand la machine marchera, ses secousses feront élever le niveau, et il redescendra aux arrêts.

2° Le refroidissement de la masse d'eau diminue sa dilatation et restreint son volume ; la pression élevée de la vapeur la comprime ; la douceur et l'horizontalité du mouvement en marche ne produisent plus ni secousses ni dénivellations de la nappe d'eau : ce sont des causes dont le mécanicien tiendra compte pour juger de la hauteur à laquelle il doit maintenir le niveau.

On conclura d'abord de ces deux phénomènes, que l'introduction de l'eau froide produit un abaissement de niveau qui trompe le mécanicien novice, en lui faisant croire que l'eau continue à se dépenser sans se renouveler, lorsque c'est, au contraire, le signe que l'eau froide arrive. Il faut un certain temps (4 à 8 minutes) pour que la masse d'eau gonflée paraisse dans les indicateurs remontée au niveau voulu. Le mécanicien qui attendrait que l'eau fût élevée pendant l'alimentation à ce niveau arriverait presque à remplir la chaudière, et serait contraint de recourir aux robinets de vidange pour en chasser promptement une partie, outre qu'il enverrait à la machine presque autant d'eau que de vapeur, au risque d'y causer de graves avaries.

En second lieu, il importe de se rappeler que, l'alimentation refroidissant la chaudière, la vaporisation en souffre ; d'où il suit qu'on devra, par tous les moyens possibles, chauffer l'eau d'alimentation (154) ; ne pas l'envoyer quand il y a peu de vapeur dans la chaudière et qu'il est à propos de l'économiser ; qu'enfin, il ne faut pas faire coïncider l'alimentation avec une autre manœuvre pouvant, comme elle, nuire mal à propos à la vaporisation.

D'où il suit que le meilleur moment pour alimenter est celui où l y a inutile excès de vapeur, où le feu est actif et chargé pour longtemps, où l'appareil est bien en train ; au contraire, le plus mauvais moment est celui où d'autres manœuvres ont affaibli la vaporisation, où il faut utiliser toute la vapeur, pour produire un excès de travail, où les feux menacent de perdre leur activité.

273. On alimente d'une manière continue ou intermittente. Certains mécaniciens adoptent l'un de ces systèmes comme règle fixe ; c'est une faute. Ils ne conviennent indifféremment ni à toutes les machines, ni à toutes les conditions d'une même machine ; on le verra surtout au chapitre des accidents. Nous nous bornerons à exposer ici les avantages et les défauts des deux méthodes.

L'alimentation continue a pour avantages que : 1° c'est un procédé plus simple ; 2° la pompe reste amorcée et n'exige aucune manutention tant que les conditions de la dépense de vapeur ne changent pas ; 3° la pompe et ses clapets fonctionnent doucement, sans chocs, sans bruit ; 4° le volume d'eau et la dimension de la chambre de vapeur se maintiennent constants. Ses inconvénients sont : 1° de refroidir continuellement un peu la chaudière, ce qui est mauvais dans les générateurs produisant naturellement peu de vapeur ; 2° la pompe, toujours en mouvement, absorbe continuellement de la force mécanique ; 3° si elle se dérange, le mécanicien peut tarder à s'apercevoir que sa confiance est trompée.

L'alimentation intermittente a pour avantages : 1° de donner un moyen de maintenir l'uniformité de pression en la faisant tomber quand elle est trop active ; 2° de ne nuire ni à la vaporisation ni au travail utile du moteur, parce qu'on profite, pour faire jouer la pompe, des instants où ce travail et cette vaporisation dépassent les besoins ; 3° quand ils sont, au contraire, insuffisants, on ne fait pas jouer la pompe à moins de nécessité absolue, et on se dispense ainsi d'employer une partie précieuse de la force motrice, surtout dans les petites machines. Ce procédé a six graves inconvénients : 1° il produit un brusque refroidissement dans le générateur ; 2° il faut à chaque fois essayer et amorcer la pompe ; 3° il faut envoyer à la fois plus d'eau, et par conséquent donner de forts coups de pompes et de clapets ; 4° si le mécanicien oublie d'ouvrir les pompes, il s'expose à manquer d'eau ; 5° il en est de même si les pompes refusent leur service ; 6° leur défaut d'action les expose à geler en hiver, et par suite, non-seulement à refuser leur service, mais à se briser.

Ce qui vient d'être dit à l'égard des pompes s'applique de même à l'alimentateur Giffard (236).

Il nous reste à faire une recommandation qu'on ne saurait trop rappeler : c'est de ne jamais alimenter sans avoir la certitude que le niveau n'est pas tombé de manière à laisser la surface de chauffe à sec ; sinon, on s'expose à une épouvantable explosion. Sur le moindre doute, il faut tout de suite fermer les pompes et éteindre les feux.

274. Alimentation du foyer. — La plupart des principes concernant l'alimentation d'eau se représentent pour la charge du combustible dans le foyer. On remarquera d'abord que son introduction étouffe momentanément le feu et refroidit par conséquent la chaudière. Donc :

1° Les moments les plus convenables sont ceux où le manomètre indique que la vapeur abonde, où le foyer est très-ardent ; où le travail moteur à produire n'exige pas un excès de vapeur ; de telle sorte que la vaporisation puisse diminuer sans ralentir la vitesse de la machine. Tel est le cas d'une locomotive descendant une rampe, d'un bateau qui se trouve dans un *rapide*, ou de toute machine dans un court temps d'arrêt.

2° A moins d'absolue nécessité, ayez soin de ne jamais charger le foyer, quand on a besoin de toute la vapeur pour produire accidentellement un grand travail, ou bien quand la pression est basse et le feu dormant.

3° La charge du foyer et l'alimentation de la chaudière ne doivent jamais être simultanées, puisque chacune de ces opérations fait à elle seule tomber la pression. L'une ne devra suivre l'autre qu'après un intervalle suffisant pour laisser remonter la pression : cet intervalle est de 5 à 6 minutes, surtout quand l'eau est froide et le combustible humide [1].

---

[1] Les mécaniciens novices sont disposés à s'effrayer dès qu'ils voient la pression tomber et ne pas remonter ; ils activent alors le foyer, mais bientôt

4° Les deux opérations ci-dessus doivent avoir lieu de telle sorte, qu'au moment d'attaquer le surcroît d'effort accidentel le combustible soit en pleine incandescence et la vaporisation active.

5° Toutes les précautions doivent être en même temps prises pour atténuer le refroidissement : on a vu celles qui se rapportent à l'eau ; quant au combustible, il faut tenir au sec la provision, n'ouvrir la porte du foyer que le moins longtemps possible, et restreindre le tirage de la cheminée par l'un des moyens indiqués aux numéros 234 et suivants. Il faut seulement restreindre le tirage et non pas le supprimer ; car, non-seulement la fumée et l'oxyde de carbone, mais la flamme elle-même, pourraient sortir par la porte et blesser le mécanicien. Après la charge, au contraire, il convient d'activer fortement le tirage, surtout si le combustible est dur à allumer et si l'on est pressé de faire remonter la pression ; mais on produit alors beaucoup de fumée.

6° Quoiqu'il y ait inconvénient à rouvrir souvent la porte du foyer, cependant, pour ne pas trop le refroidir, il convient de ne charger le nouveau combustible que par petites quantités à la fois ; ces alimentations fréquentes, par petites quantités égales et renouvelées à temps égaux, ont aussi l'avantage de maintenir dans le foyer la température à peu près constante, ce qui est, a-t-il été dit déjà, la première condition pour éviter les alternances trop sensibles de chaleur et de refroidissement.

275. Le combustible se jette sur la grille avec plusieurs précautions importantes. 1° Il faut veiller à ce qu'il ne se forme pas en voûte, et à ce que la grille en soit toujours exactement couverte, sans présenter aucune trouée. 2° Le combustible ne doit pas être lancé par la pelle avec trop de force ; autrement, il se briserait en menu, il se tasserait, et pourrait étouffer le feu. Dans les foyers d'une certaine longueur, il est cependant nécessaire de le jeter avec un peu de force pour atteindre l'extrémité de la grille ; on prendra garde aussi de ne pas le lancer au delà de l'*autel*, dans les carneaux, tubes ou galeries. 3° Pour que la porte du

---

la vapeur abonde avec un excès dangereux. Il faut donc se défier de cette crainte (voir n. **271**).

foyer ne rougisse pas, il faut en éloigner le combustible. Lorsque la forme du foyer le permet, le constructeur a dû reculer cette porte au moins à 0^m,20 de la grille, en faisant saillie sur la façade. S'il ne l'a pas fait, il faut, après la charge, damer devant la porte un petit tas d'escarbilles ramassées dans le cendrier et qu'on repousse sur la grille avant de charger de nouveau.

Le combustible doit être disposé dans le foyer suivant la forme de celui-ci, de manière à bien lancer la flamme sur la surface de chauffe (162). Dans les générateurs plats ou cylindriques des machines fixes, la couche de combustible est plate et partout d'égale hauteur. Seulement, comme il est souvent humide, on en place un petit tas devant la porte pour le sécher; puis, quand vient l'instant de charger le feu, on étend d'abord ce combustible sec sur le combustible embrasé, afin de le garantir du contact immédiat du combustible frais qu'on est obligé d'ajouter à la pelle. On peut rarement pratiquer ainsi avec les briquettes d'aggloméré (101 et 106), car leur goudron se volatilise et elles se réduisent en menu.

Dans les chaudières de locomotives, il faut faire pénétrer la flamme à travers tous les tubes : c'est pourquoi, grâce à la position de la porte que l'on place vers le ciel du foyer et non près de la grille, on arrange le combustible dans le foyer en plan incliné depuis la porte jusqu'au dernier rang de tubes du bas, en garnissant bien les coins.

Quant à la hauteur qu'il convient de donner à la couche de combustible, elle dépend de l'activité à donner au feu, de sa nature, de sa qualité, etc. (voir au numéro 174). Nous le résumerons ici en deux mots : le combustible doit être épais, s'il est en gros morceaux laissant facilement passer l'air, si le tirage est énergique, le combustible dur à allumer, contenant beaucoup de cendre et donnant peu de chaleur. S'il est au contraire menu, à longue et chaude flamme, s'il est collant comme la houille grasse; la couche doit être mince.

276. Lorsqu'on est près d'arriver au terme du service, on ne charge plus le feu et l'on maintient l'activité de la vaporisation en donnant un fort tirage au combustible restant sur la grille. On arrive ainsi *bas de feu*, et il ne reste que peu de combustible à jeter hors du foyer et à éteindre; ce qui est nécessaire : 1° au point de vue de l'économie ; 2° pour ne pas faire passer le foyer d'une chaleur trop intense au refroidissement total ; 3° afin de ne pas répandre autour de la chaudière une chaleur incommode pour l'ouvrier qui abat le feu.

Quand on arrive à une station de quelques minutes seulement, après laquelle le service doit reprendre, c'est l'instant au contraire le plus favorable pour alimenter, soit en combustible, soit en eau.

Un instant avant d'arrêter définitivement, on alimente copieusement la chaudière : 1° pour faire tomber la pression désormais inutile, et 2° pour avoir l'eau à un niveau élevé, tout préparé d'avance à la reprise du service.

277. On éteint le feu en le retirant du foyer par la porte. Mais dans les chaudières tubulaires, dont la porte est près du ciel du foyer au lieu d'être près de la grille, on ne peut enlever le feu qu'en renversant la grille elle-même, afin que le combustible tombe dans le cendrier. Lorsque la grille n'est pas établie avec *jette-feu* mobile, c'est-à-dire posée sur une charnière qui lui permette de se renverser à la façon d'une trappe, il n'y a d'autre moyen de l'abattre que de passer péniblement une lance à travers le combustible pour faire sauter les barreaux. Si, par la nature collante du combustible, il est impossible d'en venir à bout, on étouffe le feu en bouchant hermétiquement la cheminée et le cendrier, ce qui n'est pas sans danger. Si le générateur manque de ces moyens d'étouffement, il ne reste plus qu'à jeter du sable ou de la cendre sur le feu, mais jamais de l'eau ou des matières humides.

Si la cessation du service n'est pas définitive et que l'arrêt soit simplement prolongé, pour trois ou quatre heures par exemple, au lieu de jeter le feu, on le fait simplement *dormir*, c'est-à-dire qu'on bouche la cheminée et le cendrier, mais non pas hermétiquement, afin de laisser un très-faible courant d'air suffisant pour que le combustible ne s'éteigne pas entièrement. On peut aussi le couvrir de cendre.

Dans tous les cas, on desserre les pièces qui pourraient se briser en se contractant par le refroidissement de la chaudière. Il convient aussi d'ouvrir quelques instants les robinets de vidange pour chasser en partie l'eau saturée et le tartre qui s'amasse au fond ; mais cette opération ne peut avoir lieu que si le niveau d'eau est assez élevé pour subir sans inconvénient l'abaissement qui va s'ensuivre, ou s'il est possible de remplacer tout de suite l'eau chassée par la vidange.

3° Nettoyage et entretien de la chaudière.

278. En route, le mécanicien doit toujours tenir la grille dégagée de cendre et de scorie, ce qu'il fait en passant entre les barreaux une tringle à crochet nommée *pique-feu*. Il ne faut pas faire abus du piquage du feu, car cette opération entraîne la perte d'une certaine quantité de menu, qui tombe dans le cendrier et qu'il n'est pas toujours possible de rebrûler. Il faut aussi tenir les carneaux et les tubes dégagés des matières qui viennent les obstruer. Tout ce qui résiste à l'action d'un balai ne doit être enlevé qu'avec beaucoup de réserve ; en arrachant les scories qui s'attachent après les briques du fourneau, on risque d'arracher du même coup tout ou partie de ces briques elles-mêmes, et de causer des avaries impossibles à réparer, à moins d'éteindre le feu ; les matières dures qui s'attachent au métal de la chaudière dissimulent souvent des fuites qui se trouvent ainsi bouchées et qu'il faut bien prendre garde de découvrir.

Les vidanges, partielles et fréquentes, de la boue ou de l'eau saturée de sel, et l'enlèvement des cendres qui s'accumulent dans le cendrier, complètent le nettoyage de route.

279. Le lavage au repos de la chaudière se fait à des époques plus ou moins rapprochées, suivant la nature des eaux. Celles qui rendent beaucoup de tartre et de boue forcent à vider et nettoyer souvent le générateur. Celui des machines fixes de grande dimension, consommant des eaux douces passables, peut marcher quinze jours sans lavage. Telle était la durée de service des chaudières des ateliers Cavé avant l'introduction du procédé anti-incrustant indiqué au numéro 151. Depuis, elles pouvaient fonctionner durant six semaines et même deux mois.

Les chaudières de locomotives se lavent tous les trois ou quatre jours, à cause de leur forme compliquée et du danger qu'il y a d'y

laisser amasser le tartre, lequel ne peut plus s'enlever sans démonter l'appareil.

Une chaudière se vide et se lave à chaud, quand elle est très-
sale et que le tartre des eaux employées est de nature à cristalliser en refroidissant; hors ces deux cas, elle se lave et se vide à
froid; ce qui est toujours préférable.

Le lavage à chaud est une opération délicate, et même dangereuse, que peut seul se permettre un mécanicien très-expérimenté;
après s'être assuré que le feu est parfaitement éteint, et que la
pression de la vapeur est, sinon tombée, du moins peu élevée, il
ouvre les robinets de vidange en grand; quand la moitié environ de
l'eau est déjà sortie, il ouvre les soupapes de sûreté afin de faire
rentrer l'air et d'éviter que, par l'effet du vide existant dans la
chaudière, celle-ci reçoive de l'air atmosphérique extérieur un effort
souvent capable de l'écraser. Quand la chaudière est vide, il dévisse les autoclaves qui ferment les regards et, tout de suite il racle
l'intérieur de la chaudière avec des ringards *en cuivre* pour entraîner le tartre. Lorsque la chaudière est suffisamment refroidie,
un ouvrier y pénètre par le trou d'homme (262) s'il se peut, pour
détacher le tartre adhérent aux parois; si sa forme ne permet
pas d'y entrer, on parvient à la nettoyer convenablement en y
lançant un fort jet d'eau à l'aide d'une chute ou d'une pompe
foulante, et en raclant à l'aide d'un long ringard en cuivre qu'on
passe par les regards (261) jusqu'à ce que l'eau sorte claire et
limpide.

280. La croûte qui tapisse l'intérieur de la chaudière se détache parfois très-difficilement. On la casse avec précaution, à
petits coups de burin et de marteau, dans les générateurs où l'on
peut entrer. Dans les autres, on emploie des procédés dangereux
pour la conservation de la chaudière, auxquels il ne faut recourir
qu'en désespoir de cause : l'un d'eux consiste à lancer un fort
jet d'eau *froide* dans la chaudière lorsqu'elle est encore chaude
et vide. Le froid subit *étonne* la couche de tartre et la fait,
par suite de la contraction qui se manifeste, fendre et se détacher par écailles. Mais les mêmes effets de contraction sont res-
sentis par la chaudière, et il s'ensuit fréquemment des fuites.
Avant de lancer l'eau froide, il faut ouvrir la soupape et laisser

rentrer l'air; car si le vide existait dans la chaudière, elle risquerait d'être écrasée par l'air atmosphérique qui la presse extérieurement.

M. Bataille (t. Ier, p. 179, de son *Traité des machines à vapeur*)
indique un autre procédé, qui consiste à allumer, dans l'intérieur
de la chaudière vide et froide, un feu de copeaux qui fait dilater
la couche de tartre. Comme dans le premier cas, elle se détache
par écailles, mais on comprend combien on doit craindre, dans
cette opération, de brûler la chaudière.

Il y a des mécaniciens qui vident la chaudière quand elle est
en pleine pression et aux tensions les plus fortes. C'est encore là
une opération dangereuse, qui demande les plus grandes précautions, et qu'on ne peut tolérer que si la chaudière est excessivement sale. Pour l'emploi de ce moyen, on aura également recours à l'ouverture des soupapes, ainsi qu'il vient d'être dit.

CHAPITRE IV.

Travail de l'appareil moteur.

---

§ 1. — MODE D'ACTION DE LA VAPEUR.

281. L'organe fondamental et ordinaire [1] de l'appareil moteur proprement dit est un *cylindre* clos et alesé, dans lequel un disque, nommé *piston*, glisse à frottement doux, mais étanche. La vapeur venant de la chaudière s'introduit sur l'une de ses faces et le chasse devant elle, pendant que la vapeur précédemment admise sur la face opposée s'échappe dans l'air où elle se dissipe, ou bien dans l'appareil condenseur où elle se liquéfie en faisant le vide dans le cylindre.

L'effort exercé par la vapeur sur la face chassée du piston est la *pression*, et on appelle *contre-pression* l'effort qu'exerce sur la face opposée la vapeur qui ne s'échappe pas assez vite pour laisser un vide parfait.

La vapeur est alternativement distribuée sur les deux faces du piston ; celui-ci prend par suite dans le cylindre un mouvement de va-et-vient que transmet au dehors la *tige* faisant corps avec lui et qu'on utilise de diverses manières dans l'industrie (voir la deuxième partie).

Le piston subit une pression et il parcourt dans le cylindre un certain chemin, donc il développe une quantité de travail mécanique qui a, suivant la règle du numéro 5, pour mesure le pro-

---

[1] Outre les machines à piston, dont il va être ici parlé, il existe divers systèmes fondés sur d'autres moyens d'appliquer la puissance expansive de la vapeur ; mais la machine à piston, seule d'un emploi général, est la seule aussi qui puisse être prise pour type dans les développements théoriques qui vont suivre.

duit de la pression qu'exerce sur lui la vapeur multipliée par la vitesse qu'elle lui imprime.

Le travail moteur à fournir par la machine étant donc donné, il suffit de proportionner le piston eu égard à la pression de la chaudière pour engendrer l'effort voulu, et d'introduire la vapeur assez rapidement pour que le piston prenne dans le cylindre la vitesse requise.

De la formule générale du travail $T = PV$ on déduit :

$$\text{L'effort du piston } P = \frac{T}{V} \text{ et sa vitesse } V = \frac{T}{P},$$

Dans lesquelles on désigne par :

> T, la quantité de travail moteur à fournir et évaluée en kilogrammètres (6) par seconde ;
> P, la pression, en kilogrammes, à exercer sur le piston ;
> V, la vitesse du piston, en mètres, par seconde.

Soit donc à fournir une quantité de travail égale à 200 chevaux, ce qui correspond à $T = 200 \times 75 = 15000$ kilogrammètres par seconde ; la vitesse du piston étant $V = 1^m,20$ par seconde, la pression effective que devra exercer sur lui la vapeur sera :

$$P = \frac{15000}{1,20} = 12500 \text{ kilogrammes.}$$ On aurait de même la vi-

tesse du piston $V = \frac{15000}{12500} = 1^m,20$.

I. — Pression de la vapeur sur le piston.

282. L'effort P exercé par la vapeur sur le piston est proportionnel à sa surface S et à la tension p de la vapeur par unité de surface, ce qui donne $P = Sp$, d'où on déduit la surface $S = \dfrac{P}{p}$ à donner au piston [1] pour produire l'effort voulu P.

---

1 Comme les surfaces elles-mêmes sont entre elles comme le carré de leur rayon, de leur diamètre ou de leur circonférence (voir *Éléments de géométrie*),

Mais cette pression motrice doit s'entendre de la pression effective sur la face refoulée du piston, déduction faite de la contre-pression qui existe toujours plus ou moins sur l'autre face. L'auteur anglais Clarkes (*Treatise on Railway*, chap. v) examine jusqu'à quinze circonstances ayant plus ou moins d'effet sur la contre-pression des locomotives ; il insiste particulièrement sur 1° l'humidité de la vapeur trop aqueuse en sortant de la chaudière, ou trop refroidie à son émission hors du cylindre ; 2° la forme et l'étranglement de la tuyère d'échappement, qui, dans ces machines, termine le conduit d'émission ; 3° la section des lumières et conduits, leur longueur et changement de direction. Il faut y ajouter la résistance de l'air pour les machines qui y projettent leur vapeur d'émission, et l'imperfection du vide du condenseur pour les machines à condensation ; enfin la vitesse du piston et la multiplicité de ses courses alternatives, qui ne laissent pas à la vapeur un temps suffisant pour entrer, sortir et se détendre.

La contre-pression peut aller dans les mauvaises circonstances jusqu'à plus de la moitié de la pression de la chaudière. Dans les meilleures, elle peut descendre à un dixième ; mais un constructeur prudent y doit rarement compter.

Quant aux moyens de réduire la contre-pression au minimum, ils se déduisent de ce qui précède, savoir : la perfection du vide au condenseur, pour les machines qui en sont pourvues, et pour toutes, la régularité de la distribution de vapeur aux cylindres, la liberté du passage de la vapeur, la réduction de son frottement.

283. Pour cette même évaluation de la pression effective p, il faut aussi distinguer deux classes de machines à vapeur, savoir : les machines à *pleine pression*, et les machines à *détente*.

Dans les premières, la vapeur est introduite au cylindre pendant toute la course du piston, de sorte que la pression est sensi-

---

il s'ensuit qu'étant donnée une machine forte de $n = 10$ chevaux et dont le piston a un diamètre $D = 0^m,30$, la force n' d'une autre machine qui a un diamètre de $D' = 1^m,20$ et fonctionne dans les mêmes circonstances, donnera lieu à la proportion $n : n' :: D^2 : D'^2$, d'où

$$n' = \frac{nD'^2}{D^2} = \frac{10 \times 1,20^2}{0,00^?} = 160 \text{ chevaux.}$$

blement constante. Le facteur p des deux formules précédentes n'est alors autre que les nombres indiqués à la troisième colonne du tableau du n° 140.

Dans les machines à détente, on introduit la vapeur pendant une partie seulement de la course du piston, puis celui-ci n'est plus chassé que par l'expansion de la vapeur qui se dilate suivant les lois de Mariotte et de Gay-Lussac (136). Il y a donc dans le jeu de cette seconde classe de machines deux périodes très-distinctes à considérer : la *période d'introduction*, pendant laquelle la vapeur reste sensiblement constante, comme dans le cas précédent, puis la *période de détente*, dans laquelle la pression diminue de plus en plus, suivant la loi de Mariotte, à mesure que le piston avance vers l'extrémité de la course[1]. La valeur de la pression p, par unité de surface, n'exprime plus alors qu'une pression moyenne qui s'obtient suivant la règle du n° 136.

Pour avoir la pression moyenne dans la détente, on se contente souvent de prendre simplement la moyenne arithmétique entre les pressions *initiale* et *finale*, c'est-à-dire entre les pressions qui ont lieu, l'une au commencement de la détente et l'autre à la fin de la course du piston. Cette grossière approximation, tolérable quand la détente est peu prolongée, est tout à fait insuffisante dans beaucoup de cas, et il faut considérer au moins une pression intermédiaire. On trouvera plus bas un exemple de ce calcul.

Si on voulait plus d'exactitude encore, il faudrait considérer plusieurs pressions intermédiaires, et, comme le calcul devient alors très-compliqué, on obtiendra directement le travail par la formule dite de Simpson, qu'on trouve dans les traités de méca-

---

[1] Il suit de là que l'effet de la détente est d'imprimer à la machine un mouvement retardé uniformément ; mais on a soin de compenser les variations de travail qui en résultent par l'addition d'un volant (41), c'est-à-dire d'un appareil qui, en vertu de son inertie, emmagasine pour ainsi dire la force et résiste par sa masse à l'accélération de vitesse qui tend à se produire dans la période d'introduction, pour restituer cette force, ainsi que cette vitesse, graduellement pendant la période de détente. Un volant n'est pas toujours nécessaire, et souvent la machine fait elle-même volant par sa propre masse.

nique, et en particulier dans ceux de MM. Morin et Poncelet, déjà cités.

284. De la loi de Mariotte se déduit la solution de trois problèmes, dont l'application est continuelle dans le calcul et la conduite des machines à vapeur. La course entière du piston étant 1, soit :

n, la fraction décimale de cette course à laquelle on commence à détendre la vapeur ;

p_1, la pression *initiale*, c'est-à-dire existant dans le cylindre à l'instant où commence la détente ;

p_2, la pression *finale*, c'est-à-dire existant dans le cylindre à la fin de la course du piston ;

on aura, d'après la loi de Mariotte, la proportion $1 : n :: p_1 : p_2$, d'où on tire les trois formules suivantes :

1° Fraction n de la course du piston où doit commencer la détente pour que la pression finale soit $p_2 = 0^{atm},5$, la pression initiale étant $p_1 = 5$ atmosphères ? On tire de la proportion ci-dessus :

$$n = \frac{p_2}{p_1} = \frac{0,5}{5} = 0,1.$$

Ainsi, l'introduction de vapeur doit être coupée au premier dixième de sa course.

2° Pression finale p_2 dans une machine où la pression initiale donnée est $p_1 = 5$ atmosphères, la détente ayant commencé à une fraction de la course $n = 0,1$? On tirera de la même proportion :

$$p_2 = np_1 = 0,1 \times 5 = 0^{atm},5.$$

3° Pression initiale p_1 d'une machine à vapeur qui détend à une fraction de la course $n = 0,1$, voulant que la pression finale ne dépasse pas $p_2 = 0^{atm},5$? On tirera encore de la même proportion :

$$p_1 = \frac{p_2}{n} = \frac{0,5}{0,1} = 5 \text{ atmosphères.}$$

Mais soit simplement à déterminer la pression initiale p_1 d'une machine dont la pression moyenne par unité de surface soit $p = 0^k,95$, connaissant la pression initiale $p'_1 = 5^k$ et la pression moyenne $p' = 1^k,80$ d'une autre machine qui fonctionne dans les mêmes conditions de pression finale, détente, surface de piston, etc. ? Ce n'est plus le cas d'appliquer la loi de Mariotte, et il n'existe ici qu'une simple proportion directe $p_1 : p'_1 :: p : p'$, d'où on tire la pression initiale cherchée :

$$p_1 : \frac{p' \times p}{p'} = \frac{5 \times 0,95}{1,80} = 2^k,63.$$

La propriété de se détendre, en continuant à exercer une pression, est appliquée dans les machines à vapeur pour utiliser jusqu'à la dernière limite sa puissance expansive.

285. *La détente ne peut être indéfinie*, pour deux raisons :

1° Chaque pression ayant une température correspondante (137) qui s'abaisse avec cette pression, une trop grande détente donnerait à la fin de la course une vapeur trop refroidie, et le cylindre, trop refroidi lui-même par suite, condenserait en pure perte une partie de la vapeur venant de la chaudière ;

2° La vapeur doit conserver à la fin de sa course une pression suffisante, non-seulement pour vaincre les résistances opposées au piston, mais encore la pression du condenseur où le vide n'est jamais complet (ou bien la résistance de l'air, si la machine est à échappement). C'est principalement pour ces deux motifs qu'on limite généralement la détente de manière que la pression finale ait encore :

0,4 d'atmosphère pour les machines à condensation ;
1,4 atmosphère pour les machines à échappement dans l'air.

Enfin, rappelons que, si la détente peut avoir lieu dans les cylindres à vapeur, quand la communication est fermée avec la chaudière, on ne saurait la comprimer indéfiniment comme l'air et les gaz permanents ; mais qu'on ne peut la ramener par la compression qu'à la pression correspondante à sa température (138).

286. Comment s'opère la détente ? Les premières machines à détente furent celles de Woolf, dites aussi en France *machines d'Edwards;* elles ont deux cylindres d'inégale capacité. La vapeur arrivant de la chaudière est admise dans le plus petit des deux ; après y avoir produit son effet, elle passe dans le grand cylindre, où elle se détend naturellement ; puis elle en sort pour aller au condenseur ou s'échapper dans l'air. Ces machines, très-répandues dans l'industrie textile, se distinguent par leur économie et surtout par une grande régularité de mouvement. Tout en conservant le principe, on en a modifié diversement le mécanisme. MM. Legavriant, de Lille, et Charpin, de Saint-Denis, ont, notamment, porté à trois le nombre des cylindres recevant successivement la vapeur avant de la condenser.

Souvent les machines n'ont qu'un seul cylindre, où la détente s'opère par l'interruption subite de l'entrée de vapeur à un point donné de la course du piston. C'est le cas supposé dans les applications qui précèdent. L'appareil qui distribue la vapeur successivement sur chaque face du piston moteur est alors chargé de couper à temps voulu l'introduction de vapeur. L'étude de la distribution fera l'objet du paragraphe suivant.

II. — La vitesse du piston.

287. C'est l'élément du travail des machines à vapeur qu'on fixe généralement *à priori* dans les formules du n° 281. Watt, Farey et Morin lui ont assigné en moyenne 1 mètre par seconde. Dans les locomotives, des causes particulières ont forcé de porter cette vitesse jusqu'à 3 mètres et au delà.

Les rapides vitesses du piston ont peu d'inconvénients pour les petites machines à organes légers ; mais pour les puissants appareils, où les organes en mouvement alternatif ont une masse considérable, on craint avec raison d'accélérer leur vitesse, à cause de l'inertie qui les fait résister, à chaque changement de direction, proportionnellement au carré des vitesses (38 et suiv.). On voit cependant, par les tableaux qu'on trouvera à la fin de l'ouvrage, que la tendance actuelle des constructeurs les porte généralement vers les grandes vitesses du piston, et qu'en résumé les proportions aujourd'hui admises sont :

De 1^m à 1^m,50 dans les machines, où la rapidité du mouvement n'est pas nécessaire.

De 1^m,50 à 2^m dans les grosses machines nécessairement rapides, telles que celles dites *à action directe*, pour forges ou navires à hélice.

De 2^m à 3^m,50 dans les locomotives et les petites machines rapides.

288. L'amplitude de la course du piston n'a rien d'absolu : elle dépend principalement des circonstances, de la disposition des locaux où est établie la machine, et de la rapidité à donner au mouvement alternatif. Quand celui-ci a besoin d'être rapide, comme dans les locomotives et les machines de navires à hélice, la course est très-petite ; dans d'autres cas, tels que celui des machines soufflantes ou d'épuisement et des navires à roues, la course a, en général, une grande amplitude. Voici les dimensions généralement suivies :

Machines de moins de 10 chevaux, la course est au plus. =	0^m,70
— de 10 à 50 chevaux. . . . . =	1 ,00
— de 50 à 150 chevaux. . . . . =	1 ,40
— au-dessus de 150 chevaux . . . . . au moins. =	2 ,00
Locomotives de chemins de fer . . . . =	de 0 ,50 / à 0 ,60
Fortes machines rapides de navires à hélice. . . . . . =	de 0 ,70 / à 1 ,50

289. Le nombre de coups de piston ou des révolutions est limité par le rapport de la vitesse à l'amplitude de la course. Une machine à grande course et petite vitesse ne pourra donner qu'un petit nombre de coups dans l'unité de temps. On voit aux tableaux de la fin de l'ouvrage que plusieurs machines à petite course, quoique la vitesse du piston y soit fort modérée, sont douées d'une très-rapide rotation. C'est là que tendent généralement les constructeurs aujourd'hui. Sans parler des petites machines de MM. Flaud et Mazeline, construites pour des cas particuliers, lesquelles donnent de cinq à six cents tours par minute, on voit que les machines de construction récente sont souvent à rotation rapide.

On peut établir en principe que le nombre des rotations doit être le même que celui des engins à mouvoir directement, tant qu'ils se maintiennent entre douze et deux cent cinquante tours par minute. Hors de ces limites, on devra se servir d'organes de transmission intermédiaire, tels que les engrenages ou poulies. Les machines rapides sont beaucoup moins volumineuses et moins lourdes ; mais plus on multiplie les révolutions et coups de piston, plus on approche de l'instant où les admissions et émissions de vapeur manquent de l'intermittence nécessaire, même en les faisant opérer par des orifices et conduits distincts.

290. Une relation constante liant la vitesse, la course et le nombre de coups de piston, on détermine l'une quelconque de ces quantités quand les deux autres sont données. Soit donc :

V, la vitesse qu'on assigne au piston en mètres par seconde ;
n, le nombre de coups qu'on lui demande par seconde ;
C, l'amplitude de la course, en mètres ;

on aura les formules suivantes :

1° Amplitude de course . . . . $C = \dfrac{V}{n \times 2}$;

2° Vitesse du piston par seconde. . . . . $V = C \times (n \times 2)$;

3° Nombre de coups doubles par seconde. $n = \dfrac{V}{C \times 2}$.

§ 2. DISTRIBUTION DE LA VAPEUR DANS LA MACHINE.

291. La vapeur entre dans le cylindre et en sort par des ouvertures de dimensions voulues, qu'on nomme *lumières*. Elles sont percées aux deux bouts du cylindre, le plus près possible de ses couvercles.

L'admission et la sortie de la vapeur ne sont pas continues. Ces intermittences coïncident avec certains instants de la course du piston. Les lumières sont donc successivement ouvertes et fermées par des obturateurs, à des instants déterminés.

Pour que le piston d'une machine prenne une vitesse et rende une quantité de travail demandée, il ne suffit pas que sa surface ait une étendue capable de recevoir une certaine pression par l'effet de la vapeur : il faut aussi que cette vapeur arrive avec assez de vitesse dans le cylindre pour remplir le volume développé sous le piston. Il faut, en outre, qu'après avoir chassé le piston au bout de sa course, la vapeur sorte rapidement du cylindre pour le laisser revenir sans contre-pression (281).

Or, cette vitesse d'entrée et de sortie dépend des lumières, des conduits qui lui donnent passage et de leur obturation à temps voulu.

I. — Lumières d'entrée et de sortie.

292. La quantité de vapeur Q qui s'écoule par une ouverture, dans un temps donné, sera évidemment représentée par une colonne gazeuse ayant pour base la section S de cette ouverture, et pour hauteur, celle qui correspond à la vitesse d'écoulement V de la vapeur (141 et suiv.); ce qui s'exprime par la formule $Q = SV$; d'où l'on tire pour section des lumières $S = \dfrac{Q}{V}$. Ainsi, soit $Q = 1^{mc}$, la quantité de vapeur à cinq atmosphères qu'il faut admettre par seconde au cylindre d'une machine ayant son échappement à l'air libre : d'après le second exemple du n° 141, et en adoptant le coefficient 0,6 pour la cause énoncée à ce numéro, on a pour vitesse effective de la vapeur

$$V = 561 \times 0,6 = 336 \text{ mètres par seconde,}$$

et, par suite, la section des lumières sera

$$S = \frac{1}{336} = 0^{mq},0030 \text{ ou } 30 \text{ centimètres carrés.}$$

Cette règle conduit à des dimensions beaucoup plus faibles que celles données dans la pratique aux lumières. C'est que, indépendamment de l'incertitude qui règne encore sur la vitesse réelle de la vapeur, tant de causes accidentelles impossibles à prévoir peuvent diminuer son écoulement, qu'on a dû augmenter les passages au delà des limites assignées par la théorie, sauf à régler par d'autres moyens et par tâtonnement l'introduction de la vapeur, de manière à rester dans les limites de vitesse demandées. Ces moyens, qu'il faut se borner ici à indiquer, sont le régulateur (230) et la détente (283).

295. Quant aux lumières, les ingénieurs leur donnent une section qui est dans un rapport constant avec la surface du piston. Ce rapport varie lui-même en raison de la tension de la vapeur et de la rapidité de la course, ainsi qu'on le verra ci-après.

Les *lumières d'introduction ou d'admission* doivent être : 1° assez grandes pour ne pas étrangler le passage de la vapeur, sinon il y aurait une grande différence de pression entre le générateur et le cylindre ; 2° aussi rapprochées que possible de l'entrée dans le cylindre, afin d'éviter les conduits intermédiaires qui se remplissent inutilement de vapeur ; celle-ci ne les traverse, d'ailleurs, qu'avec frottement et perte de vitesse.

Les *lumières d'émission ou de sortie* doivent, peut-être plus encore que les précédentes, faire l'objet d'un grand soin ; car il faut que la vapeur s'échappe facilement du cylindre après son action, sous peine d'opposer à la marche du piston cette résistance appelée *contre-pression* (281), qui nuit au travail utile du moteur. Elles doivent donc être aussi grandes que possible.

Dans certains cas, on perce au cylindre des lumières de sortie, différentes des lumières d'admission ; celles-ci sont alors assez voisines de la dimension qu'indique la théorie ; les autres, au contraire, sont très-grandes. Dans le système le plus simple, les mêmes orifices servent à l'entrée et à la sortie de la vapeur, qui se distribue à l'aide d'un seul *tiroir à coquille* (voir fig. 29). Celui-ci est construit de telle façon que, lorsqu'une des lumières se démasque pour laisser entrer au cylindre la vapeur venant de la chaudière, l'autre lumière se démasque en même temps *sous le tiroir*, de manière à donner passage à la vapeur qui sort du cylindre après son action, pour se rendre soit au condenseur, soit dans l'air, en passant par une troisième lumière, dite *de départ ou d'échappement*, percée entre les deux premières. — Quand les mêmes lumières servent à l'entrée et à la sortie de la vapeur, il est évident que c'est en vue de la sortie qu'il faut les proportionner, sauf à ne pas les faire entièrement démasquer par le tiroir pour l'admission.

L'inconvénient des lumières d'admission trop petites est grave : elles étranglent trop le passage de la vapeur; elles sont cause d'une notable différence de pression entre la chaudière et le cylindre; en un mot, elles ne laissent pas arriver sous le piston le volume de vapeur suffisant en un temps donné. Les lumières de sortie trop petites ne laissent pas évacuer la vapeur assez vite, et il en résulte de la contre-pression derrière le piston.

Mais les trop grandes lumières peuvent ôter la solidité au cylindre où elles sont percées, et elles nécessitent des obturateurs dont le poids et la dimension peuvent nuire au travail utile de la machine. Nous reviendrons plus loin sur ce point.

Les tableaux comparatifs donnés à la fin de l'ouvrage montreront quelles dimensions les constructeurs donnent aux lumières. En résumé et sauf de rares exceptions, le rapport de la section des lumières à celle du piston est, d'après les meilleures autorités, quand elles servent à l'entrée et à la sortie (c'est-à-dire dans le cas où elles sont le plus grandes) :

Pour les machines fixes lentes à { basse pression. 0,050 / haute pression. 0,030 }
Pour les machines médiocrement rapides. . . . . . 0,075 } du piston.
Pour les locomotives et les machines très-rapides. . 0,100

Dans les machines directes à moyenne pression et condensation des navires à hélice, la marine impériale demande 3 centimètres carrés par cheval nominal à l'introduction et 6 à l'émission, ce qui, en raison de la dimension assignée aux cylindres et de l'évaluation du cheval-vapeur, représente environ $0^m,033$ du piston pour l'admission et $0^m,066$ pour la sortie.

II. — Appareil distributeur.

294. L'obturateur qui bouche et démasque à temps voulu les lumières des cylindres a été très-varié dans ses formes; mais tous les systèmes peuvent se ramener à trois types, savoir : tiroirs à glissement, clapets à soulèvement, robinets ou papillons tournants.

Le premier type est le plus généralement admis; le deuxième

se voit dans les machines du Cornwall, la plupart de celles du Creusot, beaucoup de machines marines américaines et dans les machines du chemin de fer atmosphérique de Saint-Germain : le bruit des clapets, en retombant sur le siége, les rend parfois incommodes. Le troisième système existait dans les anciennes machines de M. Cavé, qui y a renoncé comme étant sujet à gripper.

295. Commençons d'abord par établir le principe fondamental de toute distribution. Les lumières masquées et démasquées par un tiroir glissant et conduit par un excentrique emmanché à demeure sur l'arbre moteur de la machine, constituent le plus simple distributeur. C'est celui que nous choisissons pour la démonstration présente. Dans le principe, l'excentrique était calé sur l'arbre moteur de manière que son grand rayon fît un angle droit avec la manivelle qui transmet à cet arbre l'action du piston ; les deux bandes du tiroir étaient, à très-peu de chose près, de même largeur que les lumières, et elles étaient proportionnées de telle sorte que :

1° Elles démasquaient ensemble et d'une même quantité les lumières ; l'une, par son arête extérieure, pour laisser entrer dans le cylindre la vapeur venue de la chaudière ; l'autre, par son arête intérieure, *sous la coquille* du tiroir, pour donner passage à la vapeur sortante ;

2° Les lumières étaient entièrement démasquées quand le piston était à moitié course, puis entièrement couvertes par les bandes du tiroir quand le piston était à fond de course ; alors l'admission comme l'émission de vapeur étaient l'une et l'autre interrompues, en sorte que la machine se fût arrêtée si l'inertie de son volant ou de sa propre masse n'eût fait dépasser le *point mort* et fait marcher la machine jusqu'à l'instant, très-court d'ailleurs, où les lumières recommençaient à être démasquées.

Mais l'expérience a depuis démontré que, pour utiliser la puissance de la machine, sa distribution [1] devait satisfaire aux quatre conditions suivantes :

---

[1] Voir, sur la réglementation des tiroirs, le Mémoire de M. Clapeyron, *Bulletin de la Société d'encouragement*, t. XLI, p. 303 ; t. XLV, p. 111, 185 et 415 ; *idem.*, de M. Combes, t. XLVI, p. 138 ; *idem.*, du capitaine Champeaux *Annales de marine*, 1842.

1° Découvrir un peu la lumière d'admission et faire commencer l'entrée de la vapeur dans le cylindre quelques instants avant que le piston n'arrive à fond de course, pour repartir en sens inverse. C'est ce qu'on appelle *donner de l'avance à l'admission*.

2° Recouvrir la lumière, aussi longtemps que possible, avant la fin de la course du piston, pour couper l'admission et laisser détendre la vapeur déjà admise. C'est ce qu'on appelle *donner du recouvrement pour la détente*.

3° Découvrir notablement la lumière d'échappement avant la fin de la course du piston, afin que la vapeur puisse déjà être en partie sortie du cylindre, et ne point exercer de contre-pression (281) quand le piston, arrivé à fond de course, repartira en sens inverse. C'est ce que les ingénieurs de chemins de fer nomment *donner de l'avance à l'échappement*. Dans la marine on l'appelle *donner de l'avance à la condensation*.

4° Fermer la lumière d'échappement et supprimer la sortie de la vapeur un peu avant la fin de la course du piston, pour amortir l'arrivée du piston à fond de course et remplir de vapeur, suffisamment comprimée, les conduits et espaces libres du cylindre, constituant ce qu'on a nommé l'*espace nuisible*. C'est ce qu'on appelle *donner de la contre-pression*.

Ainsi, *donner un peu d'avance à l'admission, davantage à l'échappement, le plus possible de recouvrement pour la détente, et une courte contre-pression à la fin de la course*, telles sont les quatre conditions fondamentales de toute distribution de vapeur. Voyons comment on y parvient.

Il existe trois principaux systèmes de distribution à détente dont les autres ne sont que des variétés ; ce sont par ordre, non de date, mais de généralisation d'emploi : 1° la distribution à tiroir de M. Clapeyron, avec addition ultérieure de la coulisse Stephenson ; 2° la distribution où la détente se fait par des organes spéciaux ; et 3° la distribution par déclic et manette.

1° Distribution par recouvrement et coulisse.

296. La *distribution à coulisse*, dite de Stephenson, s'opère par un seul et même tiroir commandé par deux excentriques, dont les barres manœuvrent chacune une des extrémités de la coulisse (*Compte-rendu de la Société des ingénieurs civils de Paris*, 1852, p. 333). Ce système, autrefois seul employé dans les locomotives, se généralise aujourd'hui dans toutes les machines à vapeur et particulièrement dans la navigation. On attribue au constructeur anglais Hawthorn le premier emploi de deux excentriques, et à Stephenson, vers 1842, l'emploi au moins perfectionné de la coulisse qui relie les deux barres. On voyait ce système dans une machine fixe de M. Kientzy, à l'exposition de Paris en 1849, et dans les bateaux à vapeur construits par M. Raymond vers 1838. Plus anciennement, ce système paraît avoir existé sur des machines belges d'extraction.

La figure 29 donne un modèle du mécanisme à coulisse : *a* et *b* sont les lumières qui servent au passage de la vapeur, pour l'entrée comme pour la sortie ; D est le tiroir dit *à coquille* ; *c* est l'orifice par lequel la vapeur s'échappe pour aller se perdre dans l'air ou dans le condenseur. Voyons comment on réalise avec ce système les quatre conditions proposées au numéro 295.

297. Puisque, dans toutes circonstances, le tiroir doit être en avance sur le piston, c'est-à-dire donner la vapeur avant le piston et la laisser échapper avant son retour dans sa course rétrograde, il n'y a qu'à faire tourner sur son axe l'excentrique qui meut le tiroir, et l'avancer de manière qu'au lieu d'être à angle droit avec la manivelle, comme dans le principe, cet angle soit augmenté d'une certaine quantité (ordinairement de 25 à 35 degrés). C'est ce qu'on appelle donner de l'avance à l'excentrique ou de l'*avance angulaire*.

Mais l'avance ne doit pas être la même à l'admission et à l'échappement. L'avance à l'échappement doit être bien supérieure. C'est pourquoi on donne à l'excentrique toute l'avance angulaire nécessaire pour obtenir l'avance linéaire voulue à l'échappement ; puis, en allongeant la bande du tiroir, on restreint à volonté l'avance à l'admission. Le fait d'allonger ainsi la bande du tiroir s'appelle *donner du recouvrement extérieur*.

En suivant le mouvement d'un semblable tiroir, on reconnaît que, plus on lui a donné de recouvrement extérieur, moins la lumière se démasque et plus vite elle se referme en supprimant l'admission de la vapeur, et laissant détendre celle qui est déjà entrée dans le cylindre. On voit en second lieu que ce recouvrement extérieur a pour effet de fermer la lumière à l'échappement sous la coquille pendant une certaine période, qu'on peut même augmenter encore, si l'on veut, en élargissant, sous la coquille, la bande du tiroir. C'est ce qu'on appelle *donner du recouvrement intérieur*. L'avance et le recouvrement donnent donc au tiroir de distribution la possibilité de résoudre le quadruple problème ci-dessus proposé. Ce genre de détente paraît avoir été combiné par M. Clapeyron.

298. Voici maintenant comme M. Stephenson l'a rendu variable : ainsi qu'on le voit dans la figure 29, et dans les machines à double sens de rotation, il y a deux excentriques pour un seul tiroir : l'un sert pour la marche dans un sens, l'autre pour la marche dans l'autre sens. Leurs barres se relient à une coulisse EG qui peut, à volonté, être élevée ou abaissée au moyen du système de leviers IKMN (ou tout autre analogue). Entre les deux branches de la coulisse se trouve une petite pièce *o*, dite *coulisseau*, faisant corps avec le levier OPQ qui commande le tiroir D. On comprend que la coulisse, en se mouvant sous l'action des excentriques, entraînera le coulisseau, et, par suite, le tiroir lui-même dans tous ses mouvements.

Supposons la coulisse élevée de manière que le coulisseau se trouve en son milieu, elle sera sollicitée en ses deux extrémités par les excentriques, à la façon d'un levier à bras égaux oscillant sur le coulisseau, comme sur un axe placé en son milieu, et le tiroir ne sera tiré dans aucun sens : il sera au *point mort* [1].

Si, au contraire, la coulisse est amenée de manière que le coulisseau soit à l'une de ses extrémités, toute la course de l'excentrique ou à peu près sera utilisée pour la marche du tiroir, qui alors démasquera en plein la lumière d'admission, et ce ne sera guère que vers la fin de la course qu'elle sera totalement recouverte ; par conséquent, la vapeur aura été reçue dans le cylindre

---

[1] Dans la pratique, à cause de l'avance angulaire donnée à l'excentrique et des perturbations du mécanisme, cet état de repos complet n'a pas lieu. Voir au tableau ci-après.

pendant presque toute la course ; il n'y aura eu de détente, que celle qui résulte de l'avance et du recouvrement.

Mais si, comme on le voit dans la figure proposée, la coulisse est amenée de manière que le coulisseau occupe un point intermédiaire entre le milieu et l'extrémité de la coulisse, celle-ci, agissant alors comme un levier à bras inégaux, ne permettra plus d'utiliser, pour la traction du tiroir, qu'une fraction seulement de la course de l'excentrique ; alors le tiroir ne démasquera plus qu'une partie de la lumière d'admission, et il la recouvrira promptement, de telle sorte que l'admission cessera longtemps avant la fin de la course du piston, c'est-à-dire qu'il y aura détente.

Plus le coulisseau sera voisin du milieu de la coulisse ou du *point mort*, moins sera grande la course du tiroir, plus grande sera la détente. Réciproquement, plus le coulisseau sera voisin de l'extrémité de la coulisse, plus grande sera la course du tiroir, moindre sera, par conséquent, la détente. Or, la coulisse peut être fixée, soit au-dessus, soit au-dessous du point mort, à l'un quelconque des crans du *limbe, secteur* ou *guide* ST, à l'aide d'un verrou à ressort que porte le *levier de relevage* KMN. On pourra donc très-suffisamment, dans beaucoup de cas, varier la détente de la vapeur (voir le tableau du n° 302).

299. Dans le secteur on ménage autant de crans qu'on en peut faire sans trop l'affaiblir, et on adapte un verrou à ressort au levier de relevage pour le fixer dans les crans, de la même main qui le manœuvre, sans qu'il soit besoin jamais d'y porter l'autre main.

Quant à la manœuvre de la coulisse Stephenson et du levier de relevage, elle est suffisamment expliquée par ce qui précède. Il suffit d'ajouter que le mécanicien doit enclancher avec soin le verrou dans les crans du secteur, sinon le levier peut se mouvoir et le frapper. Il doit toujours se mettre en garde contre cet accident et ne jamais se tenir à la portée du levier que lorsqu'il le tient d'une main ferme. Le constructeur a dû combiner les diverses pièces dans un rapport qui en permette la manœuvre aux ouvriers de force ordinaire. Mais en sachant saisir l'instant où le levier, entraîné par le mécanisme, tend à partir de lui-même du côté où on veut le renverser, un mécanicien adroit change sa marche presque sans effort. Quand les appareils sont trop considérables pour être mûs par un simple levier, on leur substitue soit un mouvement à vis, soit un mécanisme du genre des crics qui remplit le même but. Quelquefois, comme dans le grand steamer *Adriatic* (voir tableau Q à la fin de l'ouvrage), la coulisse est mue par une machine à vapeur spéciale.

300. La forme de la coulisse et son mode de suspension sont très-variables ; voici les systèmes principaux :

1° Le premier, qui est, à proprement parler, celui de Stephenson, consiste en une coulisse à deux flasques suspendue par son milieu. On la nomme *coulisse double* (fig. 29 *bis a*).

2° Le deuxième type est celui de la coulisse, dite *simple*, qui paraît avoir été adoptée primitivement par Stephenson, mais qu'on nomme quelquefois coulisse de Crampton, parce qu'elle a été généralisée à l'imitation de celle de ce type qui existait dans sa locomotive. Elle est composée d'une seule pièce à deux branches comme en la figure 29, mais elle estsuspendue par l'une de ses extrémités au bout d'une très-longue bielle (fig. 38).

3° Dans le troisième type, dit coulisse *renversée*, simple ou double, cet organe est suspendu à une hauteur invariable, et c'est le coulisseau qui se promène dans la coulisse, étant placée au bout d'une bielle dont l'autre extrémité est reliée à la tige du tiroir. Ce système, qui a été appliqué en 1845 au chemin de fer de la Loire par M. Bousson, est aujourd'hui très-employé, notamment sur le Great-Western railway en Angleterre, et en France sur les dernières locomotives de M. Polonceau. Outre le maniement facile qu'il présente, il paraît être de tous les systèmes celui qui conserve le plus de régularité à la distribution. Dans ce système, la convexité de la coulisse est tournée du côté des excentriques, contrairement aux deux types précédents (fig. 57).

4° MM. Flachat et Ribaille (locomotives de Saint-Germain, construites en 1854) ont fait la coulisse en une tige massive dont la section offre un losange ; le coulisseau est en forme de douille en deux pièces boulonnées, qui peuvent être resserrées quand il y a du jeu par suite de l'usure.

5° Dans ces coulisses, les bielles d'excentriques s'attachent aux extrémités (fig. 29). La figure 29 *bis b* indique une autre forme, en plusieurs pièces rapportées, où les branches se prolongent au delà du point d'attache des bielles, en sorte qu'on peut imprimer au tiroir une plus grande course que celle que produit l'excentrique. Ce type se rencontre dans les grandes machines.

301. Si la distribution par coulisse Stephenson satisfait aux exigences de la pratique, en même temps qu'elle constitue un système simple et maniable à toutes vitesses, elle laisse à désirer au point de vue théorique. La forme de la coulisse, son mode de suspension, son rayon de courbure, le rapport des diverses pièces, le jeu des articulations, l'inclinaison variable des bielles, le calage angulaire des excentriques, les mouvements anormaux de la machine, etc., influent tous ensemble sur les fonctions du système, et, par suite, la marche transmise au tiroir devient irrégulière ; chaque tourillon décrit une courbe fermée, plus ou moins voisine de la forme d'un 8 couché, qu'on reconnaît en faisant une épure, comme celles qui sont indiquées dans le *Guide du mécanicien*, pl. 29 et 29 bis ; aussi est-ce en général après avoir étudié par tâtonnement la combinaison d'une distribution à coulisse sur un appareil construit *à priori* en bois et en grandeur d'exécution, qu'on parvient à combiner un type satisfaisant à peu près aux conditions fondamentales du numéro 295. On ne parvient même si ce n'est par de trop longues études, à obtenir une distribution convenable que pour les crans du secteur où l'on tient la marche courante en service, en lui sacrifiant un peu la distribution qui correspond aux autres crans où l'on embraye plus rarement. Pour la pratique cela suffit.

Quant aux variétés des coulisses et aux résultats qu'elles réalisent, nous renverrons au *Guide du mécanicien*, 1re éd., p. 172[1], et 2e éd., p. 179, et nous dirons seulement que les types de coulisses donnant le plus de régularité sont, dans les locomotives, celles ou le centre du coulisseau de l'attache des excentriques et de la plus longue bielle de suspension possible, se trouvent tous dans le même axe que celui de la coulisse elle-même. Un meil-

---

[1] Voir aussi deux excellentes études de M. Desmousseau de Givré à la Société des ingénieurs civils de Paris en 1860, et le savant Mémoire de M. Phillips en 1852 et 1858.

leur encore est la coulisse renversée, oscillant par le milieu entre deux glissières, système Polonceau. Celui pris pour exemple à la figure 29, et emprunté à des bateaux anglais, est le meilleur à choisir pour la clarté des explications ; mais l'un des plus mauvais pour la distribution, parce que le point d'attache de la coulisse est hors de l'axe de celle-ci.

302. Comme exemple d'une distribution à coulisse Stephenson, nous donnons celle qui a été relevée sur une locomotive à grande vitesse du chemin de fer du Nord, système Crampton (voir au tableau J, n° 2). Nous donnons seulement celui de la distribution pour l'excentrique de *marche en avant* [1] ; celle de l'excentrique de marche en arrière, moins régulière ordinairement, fournirait d'ailleurs les mêmes données quant aux principes.

Les éléments de la distribution non indiqués dans la figure 38 sont les suivants : rayon d'excentricité, $0^m,092$; course totale des tiroirs, $0^m,130$; angle de calage, $15^0,7$, uniformément pour chaque excentrique : recouvrement intérieur des tiroirs 0,003 ; recouvrement extérieur, 0,069. Le secteur a dix crans de chaque côté du point mort, numérotés 1, 2, 3..., à partir du point mort ou milieu [2] ; de sorte que le dernier cran est celui de la marche avec plus grande admission de vapeur ; le premier cran correspondant au contraire à la moindre admission et à la plus grande détente. C'est sur le troisième cran que le mécanien se tient dans les circonstances moyennes et qu'on a cherché à obtenir le moins d'irrégularité dans la distribution. Dans chaque colonne, il y a deux rangs de nombres marqués *av*, *arr*. Le rang *av* correspond à la distribution par la lumière d'*avant*, *a* (fig. 38), pendant que l'émission se fait par la lumière d'*arrière* *b*, sous le tiroir. Le second rang correspond, au contraire, à l'introduction par la lumière *b*, l'émission se faisant par la lumière *a*.

---

[1] Dans une locomotive, la tige du piston sort par le couvercle d'arrière, et, par conséquent, le côté arrière du cylindre et la lumière d'arrière sont de ce côté par où sort le piston. Le côté avant et la lumière d'avant sont à l'autre bout du cylindre, c'est-à-dire à l'avant de la machine.

[2] Dans le *Guide du mécanicien*, le numérotage des crans est fait à l'inverse, en sorte que notre neuvième cran est le deuxième du guide.

DÉSIGNATION. COTÉ DU PISTON.	PLEINE COURSE. Av.	Arr.	9 Av.	Arr.	8 Av.	Arr.	7 Av.	Arr.	6 Av.	Arr.	5 Av.	Arr.	4 Av.	Arr.	3 Av.	Arr.	2 Av.	Arr.	POINT MORT. Av.	Arr.
Avance linéaire du tiroir (admission..	4	5,5	6	6,5	6,5	7	7,25	7,50	8	8,25	8,75	8,75	9,25	9,25	9,75	9,25	10,0	9,75	10	10
exprimée en millimètres (émission..	31	29,5	32	31,5	32,5	32	33	32,75	33,75	33,5	34,25	34,25	34,75	34,75	35	35,25	35,25	35,5	35,5	35,5
Ouverture maxima des lumières à l'admission, exprimée en millimètres......	30	34	28,5	30	23,5	26,25	20,25	23,5	18	20	16	17	14	14,5	12	12,25	11	10,5	10	10
Chemin parcouru par le piston pendant l'*admission*, exprimé en centièmes de la course............	74,5	72	70	68	64	63	57,25	57,5	50	51	42,5	44	35	37	28	30	22	24	13	13
Chemin parcouru par le piston pendant la *détente*, exprimé en centièmes de la course............	20,75	22,5	24,25	24,75	28,75	28	33	31,5	37,5	35,5	41,5	39	44	42	46	44,5	46	45	41,5	43
Chemin restant à parcourir par le piston lorsque l'échappement commence (*avance à l'échappement*) exprimé en centièmes de la course.	4,75	5,5	5,75	7,25	7,25	9	9,5	11	12,5	13,5	16	17	21	21	26	25,5	32	31	45,5	44
Chemin parcouru par le piston lorsque l'échappement, déjà commencé, cesse, exprimé en centièmes de la course.................	88,5	90	86	88	83	85,5	80	82	76,5	77,5	72	72	66,5	66	61	59	54,5	58	41	40
Chemin parcouru par le piston pendant la *compression*, exprimé en centièmes de la course..........	11,4	9,9	13.75	11,75	16,5	14,67	19,25	17,5	22,5	21,75	26,5	27	31	32	35	38	40	42	47	46
Chemin parcouru par le piston pendant le *refoulement*, exprimé en centièmes de la course.........	-0,1	0,1	0,25	0,25	0,50	0,83	0,75	0,50	1,0	0,75	1,5	1,0	2,5	2,0	4,0	3,0	5,5	5,0	12	14
Course du tiroir exprimée en millimètres	128		120,5		114		108		102		97		92,5		88,5		85,5		84	

NUMÉROS DES CRANS DU SECTEUR.

303. Si nous comparons les colonnes du tableau dans le sens horizontal, nous ferons neuf remarques.

1° L'avance linéaire à l'admission ou à l'émission offre une petite différence entre les divers crans, différence qui augmente de plus en plus, en approchant du point mort; elle est pratiquement nécessaire pour compenser le jeu des pièces et surtout l'inclinaison des bielles de suspension et barres d'excentrique, qu'on ne peut faire infinies. En laissant les dispositions du mécanisme de distribution telles quelles, si on voulait mettre une avance linéaire égale dans les deux sens de la marche du piston, l'on augmenterait la différence dans les admissions au détriment de la régularité d'allure générale de la machine, ce dont on s'assure en décrivant une épure avec égale avance des deux côtés. Voir cependant, au *Guide du mécanicien*, 2ᵉ éd., p. 208 et 212, un exemple de régularité remarquable dans l'avance à tous les crans, due au mode particulier de suspension de la coulisse.

2° Les ouvertures des lumières à l'admission sont de plus en plus grandes, à mesure qu'on s'éloigne du point mort et qu'on recule le levier de relevage à *fond de course* dans son secteur. Ces ouvertures sont très-étranglées près du point mort, et elles ne sont que partielles, même à fond de course; offrant toutefois encore une section qui varie du quarantième au quatorzième de la surface du piston, en raison de la grande largeur donnée aux orifices. Sous la coquille, au contraire, la lumière ouvre généralement en plein à l'émission pendant une certaine partie de la course. Enfin, une dernière remarque importante est que les lumières se démasquent notablement encore au point mort, d'où cette conséquence que la vapeur continuerait à entrer dans le cylindre si le régulateur n'était pas totalement fermé quand on veut arrêter.

3° L'admisssion de vapeur, déjà commencée au début de la course du piston par le fait de l'avance linéaire, se continue pendant une fraction de ladite course, qui est de 22 centièmes au minimum (près d'un quart), augmente avec le renversement du levier de relevage et est, au maximum, d'environ 73 centièmes (près des trois quarts de la course). Cette dernière limite va jusqu'à 85 centièmes dans quelques locomotives, mais rarement au delà; de même que la moindre admission ne descend guère au- -

dessous de 20 centièmes, du moins lorsque la chaudière n'est pas timbrée à plus de 8 atmosphères.

4° La détente est intimement liée à l'introduction et à l'ouverture maxima des lumières. Elle se prolongerait, d'ailleurs, durant tout le reste de la course du piston, après la cessation de l'introduction, si le tiroir, ayant une avance à l'échappement (292), ne démasquait pas les lumières sous la coquille pour donner issue à la vapeur un peu avant l'arrivée du piston à fond de course. Ne comptons donc comme détente que le temps pendant lequel les lumières sont fermées réellement de part et d'autre ; on remarquera que, même au dernier cran, il y a encore au moins 20 pour 100 de détente, et que la plus grande détente au deuxième cran est à peu près de la moitié de la course, proportion qu'on trouve rarement dépassée dans les locomotives à 8 atmosphères.

5° L'échappement qui, aux crans d'ordre le plus élevé, ne commence qu'un très-court instant avant l'arrivée du piston à bout de course, a lieu vers le point mort, lorsqu'il lui reste encore à fournir plus d'un quart de sa course. Il semblerait, au contraire, qu'il dût commencer d'autant plus tôt que la détente est moindre et le volume de vapeur à écouler plus grand ; mais, dans l'espèce, il s'agit d'une locomotive qui emprunte à l'échappement de vapeur l'énergie de son tirage de foyer (234). Si on détendait trop la vapeur, son émission dans la cheminée serait trop faible.

6° Passant maintenant à la période de retour du piston, on voit que l'échappement déjà commencé, dure pendant une fraction considérable de la course, qui est d'autant plus grande que la détente a été réduite et la tension plus prolongée durant la première période de l'action du piston.

7° Mais, avant la fin de la course rétrograde du piston, cet échappement cesse, la lumière d'émission se ferme, et la compression de la vapeur (295) commence, afin de ramener la vapeur à une pression suffisante pour remplir les conduits par lesquels la nouvelle vapeur va se rendre dans le cylindre. Naturellement, cette compression doit d'autant plus tôt commencer que la vapeur a été plus détendue.

8° A cette compression de la vapeur vient s'ajouter inévitablement et tout à la fin de la course un *refoulement* de la vapeur qui, nous l'avons vu, commence à se produire dans le cylindre en vertu de l'avance à l'introduction dont nous avons indiqué la nécessité pratique.

9° Enfin, on voit que la course entière du tiroir n'est utilisée qu'au   dernier cran ; qu'elle diminue de plus en plus en approchant du point mort, et que c'est par cette réduction d'amplitude de course que se déterminent spontanément les variations d'introduction, détente, échappement, etc.

Examinons maintenant le tableau précédent dans le sens vertical des colonnes : on remarquera principalement, qu'au point mort, le tiroir n'est pas en repos, en raison de l'avance angulaire donnée aux excentriques, combinée avec l'inclinaison des pièces de commande et de suspension. Du point mort au cran voisin il n'y a que de bien faibles différences, et, plus on avance vers le *cran de fond de course*, plus ces différences croissent relativement.

304. Le tableau et tous ceux que nous avons pu nous procurer peuvent se résumer aux limites extrêmes qui suivent, les valeurs étant exprimées en centièmes de la course :

	Deuxième cran.		Dernier cran.
L'admission. . . . . dure pendant.	7	à	85
La détente. . . . . —	50	à	12
Echappement sous le piston qui fuit. —	30	à	5
Suite de l'échappement sous le piston qui rétrograde, dure pendant.	66	à	92
Contre-pression et refoulement . . dure pendant.	33	à	8

Ces conditions s'appliquent, nous le répétons, à des locomotives timbrées à 7 ou 8 atmosphères; mais, tout en conservant les mêmes principes, elles changent eu égard aux circonstances. Ainsi, par exemple, dans les machines à moyenne pression et à condensation de la marine, la détente peut être variée de 0,35 à 0,70 de la course, et la compression n'est combinée qu'en vue de remplir les conduits d'arrivée de vapeur, ainsi qu'il est dit ci-dessus.

305. Les plus grands soins doivent présider à l'installation et à l'entretien de tout le mécanisme distributeur. Tout vice de montage, tout jeu produit par l'usure dans les pièces, troublent la distribution de vapeur. Voici les précautions principales à prendre :

1° Simplifier à tout prix le mécanisme distributeur, le réduire au nombre de pièces strictement nécessaire, et transmettre aussi directement que possible le mouvement des excentriques au tiroir ;

2° Aciérer et tremper les parties frottantes, afin de prévenir leur prompte-usure et le jeu des articulations ; ménager du serrage partout où cela se peut , pour rétablir la régularité de la distribution ;

3° N'installer aucune pièce du mouvement distributeur sur les parties de la machine exposées à se dilater d'une manière sensible ;

4° Donner aux bielles de suspension de la coulisse , ou autres, le plus de longueur possible en prévenant leur fouettage ;

5° Donner aux tiges de tiroir et barres d'excentriques, toute la force nécessaire pour qu'il n'y ait pas d'allongement sensible par l'élasticité du métal ;

6° Enfin, il faut se garder d'exagérer la dimension des lumières, des conduits subséquents qui augmenteraient l'espace nuisible[1], et celle des tiroirs sur lesquels la vapeur exerce une pression qui rend leurs fonctions très-pénibles et absorbe une partie non négligeable du travail moteur. Soit, en effet, 7 kilogrammes par centimètre carré la pression de la vapeur sur le tiroir d'une locomotive, soit 500 centimètres carrés la surface de ce tiroir, il supportera $500 \times 7 = 3500$ kilogrammes de pression. Si on évalue à 0,1 de cette pression (n°⁸ 17 et 38) la résistance au glissement du tiroir, l'effort à déployer pour le manœuvrer sera 350 kilogrammes. Encore bien que l'humidité de la vapeur facilite un peu ce glissement, rien ne doit donc être négligé pour décharger les tiroirs d'une si énorme pression, et pour le lubri-

---

[1] L'espace nuisible dans un cylindre de machine à vapeur se compose : 1° d'un jeu de 0ᵐ,002 à 0ᵐ,010 laissé à la fin de chaque course entre le piston et le couvercle du cylindre ; 2° de la partie des conduits qui s'étend entre les lumières et les cylindres ; la vapeur qui s'y loge en augmente inutilement la dépense. Voir, sur ce sujet, le Mémoire de M. Combes, lu à la Société d'encouragement, bulletin de mars 1847.

fier. Aussi a-t-on fait de nombreux efforts pour imaginer des tiroirs équilibrés. Mentionnons entre autres le tiroir de Mazeline (*Armengaud*, t. VII et *Technologiste de 1850*); Hauthorn, Desgranges, Jobin (*Bulletin de la Société d'encouragement*, 2ᵉ série, t. V), etc.

2° Distribution à détente par organes spéciaux.

306. Dans le système précédent il existe un défaut réel quoiqu'on ait exagéré sa gravité. C'est en réduisant l'amplitude de la course du tiroir et par suite la section des passages de vapeur qu'on opère la détente ; il en résulte une notable différence de pression entre la chaudière et le cylindre, comme si on introduisait la vapeur par de trop petits passages. Quoique ce système suffise en pratique, les constructeurs se sont proposé de laisser aux lumières toute leur section, afin que la vapeur puisse entrer et sortir à plein orifice, sauf à couper subitement la vapeur par d'autres appareils. Ceux-ci offrent une grande variété de formes : tous peuvent se ramener à deux types :

Dans le premier type, les lumières sont découvertes et recouvertes par le tiroir, valve ou clapet distributeur, qui se règle et est conduit comme si l'on ne devait jamais détendre ; pour couper l'admission de vapeur, il existe, soit sur le distributeur lui-même, soit dans le canal qui amène la vapeur, un second obturateur conduit par une came, un toc, un excentrique, etc. Toutefois, on combine aussi les deux systèmes, en donnant au tiroir ou obturateur de distribution proprement dit, par recouvrement ou autrement, une certaine détente, dite fixe, qui ne supprime guère la vapeur avant les 0,7 de la course, et c'est par l'autre organe, dit de détente, variable, que le mécanicien peut modifier l'allure de la machine.

Dans le second type, les lumières d'admission sont découvertes en grand par leur obturateur, qui les couvre ensuite subitement à un instant donné de la course pour opérer la détente ; la sortie de vapeur se fait sur un autre point du cylindre par d'autres lumières et d'autres obturateurs conduits par un mécanisme indépendant du premier. Ce système se voit notamment dans les machines du Creusot, dans celles dites d'épuisement, et même dans la marine américaine.

On rend ces détentes variables en variant, non plus l'étranglement des passages de vapeur, mais le temps pendant lequel ils restent ouverts en plein à l'admission. Tantôt la machine se charge elle-même de varier la détente en raison du travail à fournir, par l'effet de l'appareil de Watt, dit modérateur à force centrifuge ; tantôt le mécanicien lui-même est obligé de régler la détente à un degré fixe, qui lui est indiqué sur un limbe ou cadran gradué, ce qu'il fait à l'aide d'un mécanisme ordinairement du genre des leviers ou des vis.

306 bis. Nous ne pouvons nous étendre sur la description des mécanismes qui conduisent l'appareil distributeur et la détente dans ce système ; outre qu'ils sont visibles et faciles à étudier sur place, le mécanicien reçoit, à leur égard, du constructeur, les renseignements spéciaux à chaque système. Nous signalerons les agencements connus de détente. Tresel, *Bulletin de la Société d'Encouragement*, 1re série, t. XLIII ; Clapeyron, *ibid.* ; t. XLI, XLIII, et XLV ; Edwards, Farcot, Cavé, Meyer, Gozembach, Kœchlin, Bourdon, etc.; *ibid.*, XLV.

3° Distribution à déclic et à manette.

307. Dans ce système, chaque opération de la vapeur se fait par un orifice, un obturateur et un mécanisme distinct. Son inconvénient est d'être compliqué et de produire un formidable ferraillement dès qu'il y a de l'usure. Il est usité dans les grandes machines de mines, de forges, de service hydraulique, et même dans quelques steamers américains. La figure 18 donne le croquis d'une soupape mue par une manette et ses accessoires, réduits à leur plus simple expression pour la facilité des explications. *a* est la section transversale d'un arbre horizontal libre sur lequel est calé un levier *bac;* son grand bras coudé *ab* s'appelle *manette*; l'autre bras *ac* du levier porte à son extrémité, au-dessus la bielle *cd* qui manœuvre le levier *ed* de la soupape *s*, levée en ce moment, et au-dessous, un contre-poids *p* au bout d'une tringle *cp*.

On comprend, à première vue, que ce contre-poids a pour objet de ramener la soupape *s* sur son siége, de renverser le levier *bac* et de ramener le tout à la position indiquée sur le croquis en *ponctué*. Pour lui donner, au contraire, la position actuelle indiquée en *traits pleins* sur la figure, c'est-à-dire pour rabaisser la manette. C'est une pièce de la machine à vapeur elle-même qui opère comme dans les distributions à excentrique qui précèdent ; mais ici c'est tout simplement une forte tige verticale (ordinairement celle de la pompe à air mue par un balancier) ; *mn* est un fragment de cette tige qu'on nomme souvent *poutrelle* ; elle porte un galet ou un taquet fixe *g* qui, dans la descente de la poutrelle avec l'ensemble du mécanisme de la machine, vient peser sur la manette *ab*, en remontant les contre-poids, tringles, bielle et soupape.

Dans l'exemple de la figure, le galet vient d'atteindre le bas de sa course, la manette est à son plus bas. Mais pendant que le galet, la poutrelle et le balancier qui la manœuvre, vont remonter sous l'action de la vapeur admise sur le piston par l'effet de la soupape *s* venant de s'ouvrir, il faut, pour maintenir celle-ci ouverte durant un temps suffisant, que la manette et le bras opposé du levier restent à leur position. Cela se fait au moyen du crochet *ox*, nommé *chien* ou *déclic*, qui embraye dans une saillie d'arrêt que porte un manchon voisin du levier avec lequel il fait corps. Le *chien* est chassé sous la saillie d'arrêt ou par un ressort, ou par un contre-poids, ou, dans certains cas, par un autre appareil spécial appelé *cataracte*, dont nous reparlerons (360). Ce qu'il suffit ici de dire est que le *chien* retient accroché tout le système dans la figure et que, dès qu'il est chassé à droite, le contre-poids P entraîne tout et rabaisse la soupape S. La figure 2 montre le chien débrayé et la position de la saillie d'arrêt quand la manette est relevée. On comprend comment, étant mobile sur son axe *x*, comme par l'effet d'une charnière, le chien, toujours sollicité à chasser à gauche, reviendra buter sous l'arrêt, en glissant sur la courbe extérieure où il pose dans la figure 2.

En résumé, chaque levier ou manette a comme accessoire indispensable : 1° l'arbre horizontal qui le porte, 2° un galet ou taquet, 3° un contre-poids avec sa tringle et sa bielle motrice d'une soupape, 4° un chien ou cliquet avec l'appareil qui le débraye et le manchon à saillie d'arrêt sous lequel il bute. Toute soupape qui doit avoir un mouvement indépendant a ainsi toute sa batterie distincte comprenant ces pièces. Lorsque la machine est à double effet et à détente, on peut compter jusqu'à six soupapes avec autant de manettes, arbres, tringles, bielle et mouvement de soupapes, en tout soixante pièces principales distinctes, non compris la poutrelle et le conduit de vapeur, qui sont uniques et communs. Une batterie de distribution si complète et si compliquée n'est évidemment admissible que dans les machines construites sur la plus vaste échelle, ayant un cylindre à vapeur haut de 2 mètres par exemple, devant lequel on les agence sans qu'elles soient trop serrées. La distribution qu'on obtient ainsi est parfaite, même au point de vue théorique, et, malgré la multiplicité des pièces, elle est très-facile à régler, car on peut le faire successivement pour chaque soupape, sans être obligé de considérer en même temps tous les autres éléments, comme lorsqu'il y a un seul et même mécanisme opérateur pour toute la distribution. Aussi le système à déclic est-il à peu près exclusivement employé dans les grandes pompes d'épuisement et dans toutes les machines construites sur le type du Cornouailles (voir la pompe à feu de Saint-Clair, à Lyon ; du Wauxhall, à Londres ; de Chaillot, à Paris, etc.).

III. — Levier de relevage ou de mise en train.

308. Le premier de ces deux noms est celui qui s'emploie sur les locomotives, l'autre est usité dans la marine.

Quand la machine à vapeur doit se mouvoir toujours dans le même sens, ainsi qu'il arrive dans beaucoup de manufactures, il suffit, pour la mettre en marche, d'établir une communication entre la chaudière et le cylindre, c'est-à-dire d'ouvrir le régulateur (230). Mais souvent il faut pouvoir changer subitement la direction du piston ; cela se fait en *renversant la vapeur*. Elle s'introduisait (fig. 29) par l'orifice *a* sur la face postérieure du piston, l'évacuation ayant lieu par l'orifice *b ;* mais que l'admission passe sur la face antérieure par l'orifice *b*, l'émission se faisant alors par l'orifice *a*, on comprend que le piston partira en sens contraire de sa première direction.

Ce renversement doit être très-prompt. Dans les traités passés avec la marine impériale, on exige qu'il puisse se faire en une minute pour les plus grosses machines lancées à toute vitesse.

Il existe deux principaux moyens pour renverser ainsi le mouvement dans les machines à vapeur :

309. Le premier a déjà été décrit au numéro 297 : deux excentriques étant calés sur l'arbre moteur à l'opposé l'un de l'autre, si le premier introduit la vapeur de manière à conduire le piston dans une direction donnée, l'autre lui imprimera nécessairement une direction contraire.

On a vu comment, au moyen de la coulisse qui relie les bielles des excentriques et d'un levier dit de relevage qui les commande, on peut les charger l'un ou l'autre de conduire le tiroir distributeur. Ce procédé, simple et sans danger, s'emploie même quand on n'utilise pas les coulisses pour faire varier la course du tiroir en façon de détente.

Il existe un autre système de renversement de mouvement à *un seul excentrique*, où la barre se termine par un double crochet, dit fourchette ou pied-de-biche, embrayant à volonté les extrémités opposées d'un levier qui manœuvre le distributeur. L'embrayage à un seul excentrique ne convient qu'à une distribution, où on peut obtenir l'avance voulue sur les lumières sans être obligé de donner de l'avance angulaire à l'excentrique. Quand, pour satisfaire au quadruple problème exposé au numéro 295, on ne peut caler l'excentrique à angle droit avec la manivelle, il faut absolument deux excentriques ; sinon, l'avance donnée pour la marche en avant produit du retard pour la marche en arrière, et réciproquement.

310. Le deuxième système de levier de mise en train est celui de la figure 30 ; l'excentrique (un seul suffit par machine) se déclanche d'avec la tige du distributeur, à l'aide de la poignée *o* ; puis, avec le levier *mn* nommé *manette*, on conduit le distributeur à la main ; on change, s'il y a lieu, la clôture des lumières ; enfin, en quittant la poignée *o*, on laisse retomber la barre d'excentrique, dont l'encoche revient d'elle-même s'enclancher avec la tige du tiroir.

La manette est un très-bon appareil entre les mains d'un mécanicien exercé ; on conduit plus franchement avec elle. Mais, quand la machine est animée d'un mouvement rapide comme dans les locomotives et bateaux à hélice, elle est très-dangereuse, et on lui préfère les systèmes précédents à coulisse et levier de relevage fixe.

Nous avons parlé, au numéro 298, des moyens de mouvoir le relevage ou la mise en train dans les grosses machines où un simple levier ne suffit pas. Voir notamment celui de la figure 52.

§3. CONDENSATION DE LA VAPEUR.

311. Condenser la vapeur, c'est la ramener par l'action du froid à l'état liquide, état sous lequel l'eau occupe un bien moindre volume que sous la forme gazeuse. Lorsque l'on condense la vapeur dans une machine, il se fait donc sous le piston un vide, sinon absolu, du moins suffisant pour le laisser revenir à sa place.

L'appareil où ce phénomène a lieu comprend trois parties fondamentales : le condenseur proprement dit, la pompe qui y fait le vide et la bâche de déversement de l'eau condensée.

La première proposition de condenser la vapeur dans les machines paraît due à Papin, en 1790 ; Savery et Newcomen condensèrent comme lui dans le cylindre ; Watt fit du condenseur distinct, tel qu'il existe aujourd'hui, l'âme de la machine à vapeur (voir n°s 548 et suiv.). Récemment, M. le capitaine Lafont a proposé de condenser dans la pompe à air même, sans le vase intermédiaire, dit proprement condenseur. On pourrait peut-être condenser par la pression ou à l'aide des paquets métalliques dont l'action refroidissante est l'âme de la célèbre machine calorique d'Ericson. Ordinairement on condense à l'aide de l'eau froide, par mélange ou par contact sans mélange, ce qui constitue deux systèmes d'appareils condenseurs usuels dans les machines à vapeur.

I. — Condensation par mélange ou injection d'eau.

312. Dans ce système, le produit à retirer du condenseur est le liquide condensé auquel s'est mêlée l'eau froide injectée. Le condenseur lui-même est une chambre de forme quelconque, très-hermétiquement fermée, assez solide pour résister à l'écrasement de l'air extérieur, et voisine du cylindre moteur, avec lequel elle est en communication par un conduit qui lui amène la vapeur à sa sortie des lumières d'évacuation.

La figure 26 donne une coupe longitudinale d'un condenseur de ce genre : A est le cylindre d'où la vapeur sort alternativement par les boîtes *b* et *c*, lorsque les clapets contenus dans ces boîtes se soulèvent. De là la vapeur vient se condenser dans la chambre D, où l'eau est injectée en jet divisé par une crépine E. Le vide est constamment fait par la pompe à double effet G. Ses clapets d'aspiration sont *i* et *i'* ; ses clapets de refoulement sont *j* et *j'*. L'eau refoulée sort en arrière de la figure dans les enfoncements teintés en noir. Enfin, pour visiter les deux jeux de clapets, il suffit de dévisser les couvercles spéciaux *x* et *y*.

313. Le condenseur étant la chambre intermédiaire entre le cylindre et la pompe où s'opère la condensation, on lui donne communément un volume *égal* à celui de la pompe à air à *simple effet*, et un volume *double* de celui de la pompe à air à *double effet* dont il va être parlé. En d'autres termes, il faut que le condenseur puisse largement contenir l'air et l'eau accumulés en un temps donné, sans qu'il y ait risque que cette eau puisse refluer dans le cylindre. Pour la même raison, il est naturel de placer le condenseur en contre-bas du cylindre.

Pourvu que le condenseur soit étanche, c'est-à-dire complétement exempt de fuites d'air, d'eau ou de vapeur, peu importe sa construction ; on le fait généralement en fonte ; on l'a établi quelquefois en tôle rivée ou même en douves de bois assemblées à languettes et cerclées en fer, mais il n'y a pas lieu de conseiller ce système.

Afin de ne laisser aucune fuite se produire dans le condenseur, il ne faut y percer que les trous et ouvertures absolument nécessaires, et, s'il est besoin pour l'assujettir de le boulonner sur la plaque de fondation, sur les bâtis ou le cylindre, il faut que les trous des boulons soient percés dans des pattes, collets ou appendices extérieurs venus de fonte avec les parois du condenseur, mais jamais dans les parois elles-mêmes. Sans cette précaution, on parvient difficilement à empêcher les entrées d'air, parce que, dès que la machine a quelque temps de service, les boulons peuvent prendre un peu de jeu et ne plus remplir exactement leurs trous.

Il existe d'ailleurs, outre le sifflement qui se produit, un moyen de reconnaître les fissures par lesquelles l'air extérieur entre dans le condenseur : promenez lentement une bougie le long de toutes les fentes et sur la surface des parois où l'on soupçonne des fuites. Là où sera la fissure, on verra la flamme de la bougie attirée vers l'intérieur de l'appareil, pourvu, bien entendu, qu'on y ait fait le vide par quelques coups de la pompe à air.

Il importe aussi que, pour prévenir l'échauffement accidentel du condenseur, lorsqu'il n'est pas plongé dans une cuve d'eau froide comme dans l'ancienne machine de Watt, il soit facile d'atteindre une bonne partie de sa capacité extérieure, afin de la rafraîchir, en cas de besoin, avec une éponge imbibée d'eau froide.

314. Les accessoires du condenseur sont au nombre de cinq principaux : l'injecteur d'eau, l'indicateur du vide, le reniflard ou le robinet de purge, l'injecteur de vapeur et le trou d'homme.

1° L'*injecteur d'eau* est un tube de cuivre qui amène l'eau d'injection dans le condenseur. L'extrémité du tube qui y pénètre est terminée en crépine ou large pomme d'arrosoir ; l'autre, qui est la prise d'eau, doit être garnie d'un grillage arrêtant les corps étrangers qui pourraient, avec l'eau, entrer dans le tube et l'obstruer. Il faut que la prise d'eau, comme le tube lui-même et le joint, parfaitement étanche, par lequel il pénètre dans le condenseur, soient faciles à visiter, démonter et réparer.

Le tube porte, le plus près possible du condenseur, en dehors et jamais en dedans, un obturateur en forme de robinet, valve ou clapet, muni d'une tige à poignée pour régler l'injection. Un des premiers soins du mécanicien sera d'étudier le degré d'ouverture qu'il convient de laisser à l'injection. Il a dû recevoir des proportions telles qu'il puisse débiter plus d'eau que ne le demande habituellement la condensation, de sorte qu'il lui suffit d'être ouvert environ aux deux tiers, sauf à diminuer ou augmenter l'ouverture dans les circonstances exceptionnelles.

Quant à l'eau d'injection, on ne saurait la choisir trop pure et trop limpide. Il importe aussi qu'elle soit projetée par tout le condenseur en pluie fine et avec force, pour qu'elle se mêle à la vapeur molécule à molécule.

2° L'*indicateur du vide* est un baromètre ordinaire, dont les deux branches sont en communication, l'une avec l'atmosphère, l'autre avec le condenseur. Plus le niveau du mercure descend dans la branche qui communique avec l'air, plus le vide est parfait dans le condenseur, et réciproquement. Au baromètre à mercure, on a substitué souvent des appareils à ressort, où une aiguille indique sur un cadran les degrés du vide atteint.

La graduation de l'indicateur du vide est le contraire de celle du manomètre ; la hauteur du mercure dans la colonne ascendante indique les degrés du vide. 76 centimètres indiquent un vide parfait ; le 0 indique que la pression dans le condenseur est égale à celle de l'atmosphère, et que le vide est par conséquent nul. Dans les indicateurs à aiguilles, les nombres indiquent de même en montant la perfection du vide ; ils sont ordinairement gradués en dixièmes et demi-dixièmes. Le tableau suivant indique la correspondance de la pression de la hauteur barométrique en centimètres de mercure et en degrés de vide :

PRESSION en fraction D'ATMOSPHÈRE.	INDICATION DU VIDE		OBSERVATIONS.
	EN CENTIMÈTRES de mercure.	EN DEGRÉS décimaux.	
	cent.		
1 atm.	0,0	0	Vide nul ; pression atmosphérique.
0,9	7,6	1	
0,8	15,2	2	
0,7	22,8	3	
0,6	30,4	4	
0,5	38,6	5	
0,4	45,6	6	Vide moyen des machines à vapeur.
0,3	53,2	7	
0,2	60,8	8	Très-bon vide des machines.
0,1	68,4	9	
0,0	76,0	10	Vide absolu.

3° Le *reniflard* du condenseur est une espèce de soupape de sûreté reposant librement sur son siége, et se levant quand il y a trop de pression dans le condenseur. Le mécanicien doit la soigner comme celle de la chaudière, la rôder quand elle laisse rentrer l'air, et ne la surcharger jamais. Au lieu d'un reniflard, le condenseur n'a souvent qu'un simple robinet de purge qu'on ouvre à la main.

4° L'*injecteur de vapeur* est un tube muni d'un robinet amenant dans le condenseur un jet de vapeur ; voici dans quel but : après un arrêt prolongé, l'air remplit le condenseur, la pompe, le cylindre à vapeur, et les empêche de fonctionner ; l'injection de vapeur dans le condenseur chasse cet air par le reniflard ou le robinet purgeur dont il vient d'être parlé. Lorsque la vapeur commence à sortir sous sa forme ordinaire de nuage blanc, on ferme le purgeur ou le reniflard, on condense la vapeur par une petite injection d'eau (314), et le vide voulu s'établit.

5° Le *trou d'homme* complète les accessoires du condenseur. C'est une ouverture munie d'un couvercle autoclave ou boulonné qu'on doit réinstaller avec un très-grand soin, pour que le joint ne livre pas passage à l'air. Le trou d'homme sert à pénétrer dans le condenseur pour le nettoyer intérieurement (voir n° 262).

315. LA POMPE A AIR du condenseur à injection en retire l'eau et l'air qui s'y accumulent ; en d'autres termes, elle y fait le vide ; elle est, comme toute pompe, munie de clapets ou soupapes ; on les fait de diverses formes, en bronze ou en caoutchouc vulcanisé (voir Clapet Perreau, *Bulletin de la Société d'encouragement*, 2° série, t. IV, p. 16). — Dès 1843, M. Mazeline a employé des clapets élastiques.

La section des clapets égale au moins le quart de l'aire du piston de la pompe. Enfin celle-ci est à simple ou à double effet, verticale, inclinée ou horizontale, et conduite dans les cas ordinaires par la machine, à l'aide des divers agencements mécaniques décrits dans les recueils de machines à vapeur. Les pompes horizontales à double effet sous le condenseur, ont été employées vers 1840 par M. Cavé dans les machines fixes et adaptées en 1843, dans la machine de la frégate *la Pomone*, par M. Mazeline. Vers la même époque, on trouve en Alsace les pompes verticales à double effet, pompant l'eau par le bas et l'air par le haut, de MM. Meyer et Charbonnier. Quant aux pompes à simple effet , l'usage s'est introduit de les incliner sous un angle de 35 à 70 degrés.

516. La vitesse du piston de la pompe doit être assez modérée, à cause du jeu des clapets. Il ne paraît pas qu'on lui puisse imprimer sans inconvénient, par seconde, plus de 1 mètre à $1^m,50$ de vitesse, et plus de 50 à 60 doubles coups. Aussi ne peut-on pas toujours faire directement conduire les pompes à air par la machine. On ralentit alors leur mouvement par des engrenages ou des leviers dans un rapport convenable. Les pompes à double effet et clapets élastiques peuvent être accélérées jusqu'à 90 à 100 coups par seconde.

Lorsque les machines sont très-puissantes et qu'il y a nécessité d'avoir une autre machine supplémentaire (264) pour entretenir l'alimentation des chaudières, la principale étant arrêtée, il convient de charger cette machine supplémentaire de manœuvrer aussi les pompes et de desservir le condenseur en délivrant de ce soin la machine principale, rendue ainsi complétement libre dans ses propres allures. Ce système, breveté le 26 février 1846 par MM. Thomas et Laurens en collaboration avec M. Benett de la Ciottat, avait été appliqué par M. Flachat aux machines du chemin de fer atmosphérique de Saint-Germain, il conviendrait surtout dans les puissants appareils de navires à hélice.

517. Le poids de vapeur à condenser dans l'unité de temps est la base du calcul des proportions de tout l'appareil condenseur. Or, un poids de vapeur a pour mesure le volume que développe le piston dans cette même unité de temps, multipliée par le poids du mètre cube de vapeur au moment où elle va se condenser, c'est-à-dire à la fin de la course du piston. Le volume développé a lui-même pour mesure la surface S du piston, multipliée par la vitesse V ; donc on a le poids de la vapeur à condenser par la formule :

$$P = S \times V \times p,$$

dans laquelle :

P, est le poids de vapeur à condenser par minute, évalué en kilogrammes ;

S, est la surface du piston en mètres carrés ;

V, la vitesse moyenne du piston, en mètres, par minute ;

p, le poids du mètre cube de vapeur correspondant à la pression finale.

Exemple : soit une machine à vapeur d'environ 35 chevaux, dont le piston a une surface $S = 0^{mq},38$ et une vitesse de 1 mètre par seconde, soit par minute $V = 60$ mètres. La pression finale de la vapeur à 0,4 d'atmosphère, ayant (140) une densité $p = 0^k,25$, le poids de vapeur à condenser sera :

$$P = 0,38 \times 60 \times 0,25 = 5^k,7 \text{ par minute.}$$

318. La quantité d'eau d'injection dépend du poids de vapeur à condenser dans un temps donné, de la température de l'eau d'injection et de la température à laquelle on croit, en raison des circonstances, devoir porter l'eau retirée du condenseur. Elle se détermine, d'après le général Morin, par la formule :

$$Q = \frac{P\,(550 + t' - T)}{T - t},$$

dans laquelle on désigne par :

Q, le poids d'eau à injecter par minute, évalué en kilogrammes;
P, le poids de vapeur à condenser, évalué de même (317) ;
t, la température de l'eau d'injection évaluée en degrés centigrades, (elle varie en moyenne dans nos climats de 10 à 16 degrés, et peut s'élever sous l'équateur, dit Murray, jusqu'à 28 degrés);
t', température de la vapeur à condenser (indiquée au tableau n° 140);
T, température de l'eau de condensation, laquelle ne peut guère descendre au-dessous de 30 degrés ni dépasser 50 degrés.
Le nombre 550 exprime la chaleur latente de la vapeur (voir n° 70).

319. Divers exemples sont nécessaires pour en déduire les conclusions pratiques.

1° Quelle quantité d'eau à $t = 15°$ faudra-t-il injecter pour condenser 1 kilogramme de vapeur à 1 atmosphère, ayant $t' = 100$ degrés, pour que la température du mélange soit $T = 35°$. La formule donne :

$$Q = \frac{1 \times (550 + 100 - 35)}{35 - 15} = 31 \text{ litres.}$$

2° Pour condenser 10 kilogrammes dans les mêmes conditions, il faudrait 10 fois plus d'eau, c'est-à-dire

$$Q = \frac{10 \times 550 + 100 - 35}{35 - 15} = 310 \text{ litres.}$$

3° Soit maintenant à condenser, aux mêmes températures d'eau et de mélange, 1 kilogramme de vapeur à 4 atmosphères, ayant par conséquent $t' = 145°$; on aura :

$$Q = \frac{1 \times (550 + 145 - 35)}{35 - 15} = 33 \text{ litres.}$$

4° Si l'eau d'injection avait seulement $t = 5$ degrés, on n'aurait plus que :

$$Q = \frac{1 \times (550 + 145 - 35)}{35 - 5} = 22 \text{ litres.}$$

5° Si l'on abaissait la température du mélange à $T = 15$ degrés, en injectant de l'eau à $t = 15°$ aussi, on ne pourrait obtenir le vide qu'en injectant l'énorme quantité d'eau

$$Q = \frac{1 \times (550 + 145 - 15)}{15 - 15} = 680 \text{ litres.}$$

6° Si, au contraire, on pouvait élever sans inconvénient le mélange à $T = 50$ degrés, la quantité d'eau ne serait plus que :

$$Q = \frac{1 \times (550 + 145 - 15)}{50 - 15} = 18 \text{ litres.}$$

7° Sous l'équateur, malgré la haute température de l'eau d'injection à $T = 28$, si on porte la température de mélange au maximum $T = 50°$, la quantité d'injection d'eau ne sera que :

$$Q = \frac{1 \times (550 \times 100 - 50)}{50 - 28} = 25 \text{ litres.}$$

8° Enfin, dans les circonstances les plus favorables où l'on puisse se trouver en hiver, c'est-à-dire ayant l'eau d'injection à $t = 2$ degrés, la température du mélange $T = 50$, celle de la vapeur détendue à 0,1 d'atmosphère et n'ayant plus que $t = 50$ degrés, il faudrait seulement

$$Q = \frac{1 \times (550 + 50 - 50)}{50 - 2} = 12 \text{ litres.}$$

320. De la comparaison de ces exemples il résulte six conclusions :

1re. Dans les circonstances ordinaires, le poids d'eau à injecter varie suivant sa température, celle de la vapeur et du mélange, entre 20 et 30 fois le poids de vapeur à condenser.

2e. Il ne faut pas assigner une trop basse température à l'eau de condensation ; la condensation n'en serait sans doute que plus parfaite, mais il faudrait une énorme quantité d'eau. Dans la pratique, la limite se tient entre 30 et 40 degrés.

3e. En principe, on sait qu'on doit détendre la vapeur sous le piston le plus possible (283 et 295) ; mais on doit s'y appliquer d'une manière toute particulière quand l'eau est rare, profondément puisée, coûteuse en un mot. Tout doit alors être sacrifié à la condition de n'envoyer condenser, grâce à la détente, qu'une faible quantité de vapeur.

4e. Souvent il est économique de renoncer à la condensation ; de faire fonctionner la machine à haute pression, en projetant la vapeur dans l'air. Tel est le cas des locomotives, où l'impossibilité d'emporter assez d'eau a jusqu'ici empêché la condensation ; tel est encore le cas des machines fixes alimentées par des cours d'eau, des sources, des concessions d'eau qui ne suffisent qu'à l'alimentation des chaudières. Pour cette raison, la plupart des machines à vapeur établies dans les grandes villes sont à haute pression sans condensation.

5e. Quand on augmente la vapeur sous le piston, soit par l'ouverture du régulateur, soit en diminuant la détente, on doit en même temps augmenter l'injection d'eau ; on la diminue proportionnellement dans le cas contraire ; on la supprime quand on arrête la machine.

6e. En hiver, quand l'eau est froide, une faible injection suffit. En été et sous les tropiques, au contraire, la condensation demande beaucoup d'eau ; mais quand celle-ci provient d'une source ou d'un puits profond, sa température reste à peu près constante.

321. La capacité ou le volume de la pompe à air dépend de la quantité d'air et d'eau à enlever du condenseur et de la vitesse qui lui est imprimée.

L'*eau à enlever* provient : 1° de la condensation, 2° de l'injection. Or, 1 kilogramme de vapeur donnant sensiblement 1 kilogramme d'eau à la condensation, on obtient par la formule n° 317 la quantité de vapeur à condenser, et, par là même, le poids ou volume d'eau de condensation. Quant à l'eau d'injection, on l'obtient par la formule n° 318. La somme de ces deux quantités est le volume total d'eau à enlever du condenseur à injection.

L'*air contenu* dans le condenseur y arrive avec l'eau d'injection. Celle-ci, sous la pression atmosphérique et à la température moyenne de nos climats, contient un volume d'air qui varie de 1/12 à 1/25 de son volume total ; mais dans le condenseur où la température s'élève, en même temps que la pression s'abaisse jusqu'à près de 0,2 d'atmosphère, l'air contenu dans l'eau d'injection se dilate, en vertu des lois de Mariotte et Gay-Lussac (136) ; en outre, la vapeur a pu ne pas se condenser totalement et rester dans le condenseur à l'état gazeux mélangé à l'air. On estime qu'en moyenne cet air et cette vapeur augmentent de 0,7 le volume d'eau à retirer du condenseur en un temps donné.

D'autre part, la pompe elle-même n'agit pas avec toute son efficacité, soit qu'il y ait des fuites par les garnitures, soit que les clapets tardent à se fermer et s'ouvrir. La prudence, d'ailleurs, ne permet guère de compter, comme effet utile, sur plus de la moitié du travail qu'elle donnerait si elle était parfaite.

Enfin, la vapeur peut être aqueuse ; les besoins du service peuvent forcer d'augmenter accidentellement le volume de vapeur à dépenser et, par suite, à condenser.

Il suit de là que la pompe à air doit être beaucoup plus puissante qu'il ne suffirait pour puiser simplement l'eau de condensation et d'injection à retirer en un temps donné. Ce volume d'eau est à peu près doublé par celui de l'air. Doublons maintenant le volume total d'air et d'eau, pour tenir compte de ce que la pompe n'utilise que la moitié de sa puissance ; doublons encore pour parer aux circonstances exceptionnelles d'échauffement, de surcroît de travail moteur à donner, etc., nous arrivons à donner à la pompe *huit fois* le volume d'eau à retirer.

Dans les anciennes machines à basse pression, fonctionnant avec peu ou point de détente, la pompe à air à simple effet avait communément, d'après Morin (*Leçons de mécanique*, t. III, n° 120), un volume égal au quart de celui du cylindre; cette proportion portait le volume de la pompe à air à environ douze fois celui de l'eau à retirer du condenseur en un temps donné.

Le volume est naturellement réduit de moitié quand la pompe à air fonctionne à double effet.

En principe général, il est bon de proportionner largement les appareils condenseurs, lorsqu'on le peut, en restant dans des limites de poids imposées. La première condition pour produire un grand vide dans le condenseur est de ne pas ménager l'énergie de sa pompe à air; mais plus la pompe est puissante, plus elle emploie de force motrice, et en allant trop loin, l'on peut perdre ainsi ce qu'on gagne par la perfection du vide.

322. *En résumé, et pour réduire à sa plus simple expression le calcul des éléments d'un appareil condenseur à injection,* on peut employer les formules pratiques suivantes :

1° Poids d'eau d'injection Q d'après la température à donner au mélange d'eau, pour condenser un poids donné P de vapeur, tous deux étant évalués en litres et en kilogrammes.

$$Q = 20 \times P \text{ quand le mélange est fixé à 50 degrés.}$$
$$Q = 30 \times P \dots\dots id. \dots\dots 35 \quad -$$

2° Le volume de la pompe sera, par suite, en litres :

$$\text{Pompe à simple effet.} \dots\dots V = P + Q \times 10$$
$$\text{Pompe à double effet.} \dots\dots V = P + Q \times 5.$$

La vitesse pratique v des pompes peut varier de $0^m,60$ à $1^m,50$ au plus par seconde ; on aura donc, dans ces limites :

3° La section s de la pompe en décimètres carrés. $\quad s = \dfrac{V}{v}$

4° La vitesse v du piston en décimètres. $\dots\dots v = \dfrac{V}{s}.$

Exemple :

Soit une machine à vapeur, où le volume de vapeur à condenser par seconde est $1^{mc},52$, et dont, pour la tension finale de $0,4$ d'atmosphère, le poids correspondant (n° 140) est $P = 0^k,32$. On demande de proportionner son condenseur en fixant à 35 degrés la température du mélange ?

La première formule ci-dessus donne pour poids d'eau d'injection $Q = 30 \times 0,32 = 9,6$ litres par seconde. La formule suivante donnera pour volume de la pompe à simple effet $V = 0,32 + 9,60 \times 10 = 100$ litres. Fixons *a priori* à $v = 7$ décimètres la vitesse du piston de pompe. Sa section, donnée par l'avant-dernière formule ci-dessus, sera $S = \dfrac{100}{7} = 14^{dq}$, dont le diamètre correspondant égale $0^m,43$.

523. Quant à la *puissance motrice* demandée pour la condensation, on peut admettre en nombres ronds que la manœuvre des pompes à air, alimentaires et autres, d'une machine à vapeur consomment le dixième de sa force totale. Si ces pompes sont conduites par une machine auxiliaire (316), celle-ci aura donc une force égale au dixième de celle de l'appareil principal.

524. La BÂCHE DE DÉVERSEMENT est la dernière partie de l'appareil condenseur; elle reçoit, au sortir de la pompe à air, l'eau extraite par elle du condenseur. Cette eau sert à l'alimentation des chaudières; les pompes alimentaires y puisent; le surplus est envoyé au dehors par un tuyau qu'il faut faire aussi gros que possible, afin de faciliter l'écoulement. Il convient donc de donner à cette bâche, au-dessous de l'écoulement, de vastes proportions. Ses dimensions ne sont limitées que par la nécessité de né pas les rendre encombrantes par leur volume et gênantes par leur poids. Au-dessus du tuyau d'écoulement, la bâche possède aussi un récipient d'air, qui peut n'être pas fermé et qu'on peut exécuter en tôle mince.

Le tuyau d'écoulement, dit aussi *tuyau de trop plein*, débouche au dehors dans une citerne couverte, afin de ne pas incommoder le voisinage par l'expansion de l'eau chaude et de la vapeur. Dans les usines, on établit souvent là des lavoirs ou des bains. Dans la navigation, le tuyau débouche dans l'eau, et pour empêcher cette eau extérieure d'y rentrer, il existe un clapet automobile qui s'ouvre au débouché de l'eau de condensation, et en outre un obturateur à main pour fermer le tuyau quand on arrête. Ces fermetures doivent être abordables et faciles à démonter.

325. La conduite de l'appareil condenseur à injection est toute tracée par ce qui précède, il n'y a plus qu'à en résumer les règles :

1° Avant de démarrer, après un arrêt quelque peu prolongé, purgez le condenseur par une injection de vapeur jusqu'à ce que le fluide qui sort du reniflard ou du robinet purgeur, au lieu d'être de l'air invisible et trahi seulement par le sifflement qu'il fait entendre, soit de la vapeur facile à reconnaître à son aspect de nuage blanc ; fermez alors l'injection de vapeur, le robinet de purge ou le reniflard ; injectez un peu d'eau pour condenser la vapeur introduite, et voyez à l'inspection de l'indicateur du vide (314) si le condenseur est convenablement purgé ; sinon, recommencez l'opération.

2° Dès que la machine est en marche, puisqu'il existe de la vapeur à condenser, ouvrez l'injecteur et fermez-le dès que le cylindre n'a plus de vapeur à envoyer.

3° L'injecteur, s'il est bien proportionné, doit s'ouvrir seulement à moitié ou aux deux tiers pour les circonstances ordinaires de la machine ; ouvrez-le davantage si l'eau d'injection est chaude et si le volume de la vapeur à condenser augmente ; diminuez, au contraire, cette ouverture si vous diminuez la dépense de vapeur et si l'eau est très-froide.

4° Consultez souvent l'indicateur du vide ; dès qu'il accuse l'imperfection du travail du condenseur, portez-y prompt remède, soit en le rafraîchissant à l'extérieur, soit en donnant plus d'eau d'injection.

5° Si le condenseur s'échauffe, il y a nécessité de le refroidir par tous les moyens possibles, même à l'extérieur s'il se peut, à l'aide d'une éponge mouillée d'eau froide.

II. — Condensation par surface ou contact.

326. Ce système, proposé dès l'année 1796 par l'ingénieur Lebon (552) et très-employé aujourd'hui dans la marine, diffère du précédent en ce que la vapeur condensée ne se mêle pas à l'eau refroidissante, mais elle en est séparée par des surfaces étanches à parois minces. Le liquide retiré du condenseur proprement dit est donc uniquement de la vapeur condensée, c'est-à-dire de l'eau distillée, exempte des sels qui forment le tartre dans les chaudières. D'où il suit que le condenseur à surface n'est autre chose qu'un appareil distillatoire d'une dimension proportionnée, sous son moindre volume, à la force de la machine.

L'emploi du condenseur à surface remonte à Watt. Selon M. Paris, il a été répandu dans diverses machines vers 1838, par Beslay en France, et par Hall en Angleterre, quelque temps auparavant (voir *Société d'encouragement*, t. XXXIV et XXXVII, 1re série, et t. III, 2e série). Ce n'est que récemment qu'il a été repris en service courant avec diverses modifications, sous le nom de *condenseur à double vide de Pirrson*[1]. La plupart des grands steamers américains venus en Europe depuis quelques années sont pourvus de cet appareil, qui leur permet de fournir une quantité d'eau distillée égale aux 2/3 de la consommation totale des chaudières. Ce qui est un avantage inappréciable quand les eaux sont très-incrustantes, comme les eaux de mer. Hors de là, les condenseurs à surface sont excessivement compliqués, lourds et encombrants, d'un entretien difficile et, dans la pratique, ils ne donnent pas toujours le bon vide qu'on peut obtenir avec une injection directe convenable dans le condenseur par mélange.

Comme celui-ci, le condenseur à surface comprend le condenseur proprement dit, les pompes et les évacuations ou décharges.

527. Le condenseur proprement dit consiste, pour les grandes machines, en un faisceau de tubes parallèles fixés, à leur extrémité, dans des plaques tubulaires à joint étanché par viroles, mandrinage ou autrement. Dans des navires américains, les tubes traversent des plaques tubulaires composées de feuilles de caoutchouc vulcanisé placées entre deux plaques de tôle. Les trous percés dans le caoutchouc sont plus petits que les tubes, et ceux-ci ont par suite, quand tout est bien fait, un joint étanche qui per-

---

[1] Les seules descriptions du condenseur Pirrson que nous ayons pu retrouver sont celles du *Mechanics Magasine Journal*, 1858, t. II, et le brevet d'invention français du 14 avril 1858, n° 36169. Elles sont très-incomplètes, très-peu claires, et c'est avec une certaine réserve, en nous aidant de divers renseignements péniblement recueillis par nous, que nous allons chercher à préciser les détails d'installation qui suivent.

met de retirer chaque tube en un seul coup de main, sans effort, lorsqu'on veut le nettoyer ou le remplacer.

Les tubes sont immergés dans un milieu froid qui s'empare du calorique de l'eau, lequel se mesure par 550 degrés de chaleur latente, plus la chaleur sensible, et comme il faut que cette somme de chaleur soit prise à la vapeur pour qu'elle se condense (314), on voit déjà que, dans le système en question, il faut, en principe, au moins autant d'eau refroidissante que dans le système où elle est directement injectée sur la vapeur, en se mêlant à elle. En pratique, il en faut près d'un quart en sus, en raison de l'imperfection de l'instrument.

Ceci posé, on peut concevoir trois systèmes pour refroidir la vapeur. Dans celui de Hall perfectionné, les tubes sont dans une bâche où l'on entretient un rapide courant d'eau naturellement ou artificiellement, soit par une pompe aspirante qui retire en haut l'eau chaude, l'eau froide arrivant naturellement en bas; soit, au contraire, par une pompe foulante qui envoie l'eau froide par le bas, l'eau chaude ayant son libre écoulement à la partie supérieure.

Dans le système Pirrson (fig. 27), le faisceau de tubes A est horizontalement dans une bâche hermétiquement close; H est la chambre où la vapeur à condenser arrive par le conduit G; elle sort condensée à l'autre bout des tubes, dans la chambre I. L'eau condensante arrive par l'injecteur X et se répand sur les tubes en *pluie fine*, au moyen de trémies et crépines, et elle est aspirée par une puissante pompe à air et à eau P, qui fait le vide à l'extérieur des tubes, pendant qu'une autre pompe fait le vide à l'extérieur de la chambre I où s'amasse l'eau condensée. Ce *double vide, qui constitue principalement le système breveté*, permet d'avoir des tubes très-minces avec des joints facilement démontables, qui n'ont pas besoin d'être très-étanches; mais son principal avantage est que, si les tubes fuient, se rompent ou refusent le service, le vide fait extérieurement dans la bâche close qui les renferme, assure toujours la condensation de la vapeur et la bonne marche de la machine; seulement, l'eau retirée est moins pure, puisqu'elle est plus ou moins mêlée avec l'eau injectée.

Enfin, on s'est contenté quelquefois de placer le faisceau de tubes

en plein air dans une cour ou une cave, entre des baies ouvertes
produisant naturellement un fort courant, sauf dans les temps
chauds d'été. Ce système paraît susceptible d'un bon emploi et
peut-être ne serait-il pas sans résultat sur les locomotives, en
raison du vif courant d'air qui résulte de la marche rapide, si on
voulait y condenser la vapeur. Dans ce système, il importe que
les tubes soient parfaitement étanches et qu'il n'y ait aucune ren-
trée d'air.

328. Dans le condenseur proprement dit, il faut distinguer les
tubes, la chambre à vapeur et la chambre à eau. La surface tubulaire est, comme la surface de chauffe des chaudières (162),
un intermédiaire d'une importance capitale, quoique indirecte. Il
faut qu'elle se prête à une facile et rapide transmission du calorique à travers sa paroi, entre la vapeur et l'eau qui, toutes deux,
ne jouissent point par elles-mêmes de la conductibilité calorifique.
Dans la pratique, la surface tubulaire se recouvre extérieurement
d'incrustations salines, et intérieurement des mêmes incrustations,
auxquelles s'ajoute une sorte de cambouis très-mauvais conducteur qui provient des huiles, entraîné par la vapeur hors du cylindre; de sorte que la surface tubulaire doit être largement proportionnée. Pour les tubes immergés en bâche ouverte, Hall donnait,
paraît-il, $1^{mq},68$ par cheval, et divers imitateurs de son système,
$1^{mq},65$. Mais lorsque l'évacuation d'eau extérieure est rapide et
qu'il se fait hors des tubes un véritable vide, comme dans le système
Pirrson, la moitié au plus de cette proportion peut, à ce qu'il paraît, suffire. Selon M. Sauvage (dans son système particulier, voir
Société d'encouragement, t. III, 2ᵉ série, p. 615), il suffit de $0^{mq},750$
par force de cheval de 75 kilogrammes, à la condition que l'eau circule vite à contre-sens du courant de vapeur, ayant 27 degrés à
la sortie et 12 degrés à l'entrée. Nous n'avons pu réunir sur les
condenseurs de Pirrson que bien peu de renseignements; si les
nombres qu'on nous a communiqués sur le steamer *Adriatic* sont
exacts, il y aurait $1^{mq},60$ par cheval nominal de 200 kilogrammètres, et la surface condensante totale serait $0^m,78$ de la surface de
chauffe. Dans un aviso, actuellement en construction, on compte
$0^{mq},66$ par cheval de marine (4). M. Dutrembley compte $1^m,80$ à
2 mètres pour le générateur-condenseur de ses machines éther-

hydriques, mais c'est pour un cas tout particulier qui ne peut pas servir de règle.

329. D'après ce qui précède, les tubes doivent être très-multipliés; on les compte par milliers dans les grands steamers. Voici les conditions auxquelles ils doivent satisfaire :

Leur longueur doit se prêter à un facile dégagement de la vapeur et de l'eau condensée sans trop de frottement. Elle ne paraît pas devoir excéder les limites de 1 mètre à 1^m,50. Hall seul la portait à 1^m,98.

La section des tubes doit être réduite, afin d'en placer un grand nombre sous un volume donné, et afin de multiplier les points de contact entre la vapeur et l'eau. Dans le brevet Pirrson, ces tubes sont cylindriques, avec diamètre intérieur de 25 millimètres. Nous croyons qu'on l'a réduit depuis jusqu'à 12 millimètres. MM. Palmer et Dutrembley ont fait des tubes elliptiques de très-faible section ; ceux de M. Beslay étaient étirés sous une forme d'étoile.

L'épaisseur des tubes doit être très-mince (1 millimètre environ), et ils se font en cuivre rouge ou en laiton, afin d'être facilement transmissibles à la chaleur.

Quant à la disposition des tubes, il conviendrait, pour la facilité du nettoyage et de la circulation d'eau, de les placer, non en quinconce comme dans les chaudières de locomotive, mais quadrangulairement comme dans les chaudières tubulaires marines ; cependant Pirrson les met en quinconces pour mieux recevoir le jet d'eau.

Les tubes sont placés, en outre, verticalement, horizontalement ou avec inclinaison, suivant les circonstances de localité et la position qu'il faut donner aux chambres d'eau ou de vapeur dont il va être parlé. Dans le condenseur Pirrson, les tubes sont horizontaux, avec une légère pente du côté de la sortie d'eau, et ils se retirent par côté ; l'arrosage et l'extraction d'air sont ainsi plus faciles. Dans les systèmes de Hall, Beslay, Palmer et Dutrembley, les tubes sont verticaux et s'enlèvent par le haut ; l'extraction d'air est plus compliquée, mais le dégagement de l'eau condensée se fait mieux, ainsi que le départ des corps étrangers qui ont été entraînés.

Quant à l'ensemble de l'appareil, on comprend qu'il doit être parfaitement étanche, particulièrement en vue d'empêcher les entrées d'air par les joints de couvercle assez nombreux, qui sont nécessaires, particulièrement pour placer ou enlever les tubes.

330. Les accessoires dont est pourvu le condenseur à surface sont les mêmes que ceux indiqués au numéro 314 ; ajoutons seulement que l'injecteur d'eau doit envoyer celle-ci à contre-sens du courant de vapeur, et qu'outre l'indicateur du vide intérieur, il y en a souvent un autre pour le vide extérieur, plus quelquefois un thermomètre pour y mesurer la température de l'eau.

Les pompes du condenseur à surface font le vide à l'extérieur et à l'intérieur. Pour le vide intérieur, il y a : 1° la *pompe à air*, qui est très-puissante et enlève l'air dégagé dans la condensation à la partie supérieure de l'instrument ; et 2° la *pompe à eau condensée*, qui n'est autre que la pompe alimentaire de la chaudière ; elle puise dans la partie inférieure cette eau distillée qui est envoyée de suite dans la chaudière.

Il y a enfin la *pompe du vide extérieur*, qui prend l'air et l'eau extérieurs à la partie supérieure de l'instrument, où l'eau la plus chaude tend toujours à monter. Le débouché de cette pompe se fait hors du bâtiment, comme à l'ordinaire, tout en laissant la pompe alimentaire y puiser le complément d'eau chaude dont les chaudières ont besoin lorsque l'eau condensée ne suffit pas.

Quant à la quantité d'eau froide qui doit enlever à la vapeur son calorique, elle est théoriquement la même que précédemment (n° 318) ; mais, à cause du contact indirect entre la vapeur et le liquide, nous croyons qu'il convient d'augmenter de 3/10 au moyen la proportion de celui-ci.

Enfin, la manœuvre de conduite est la même qu'au numéro 325.

§ 4. Mécanisme de transmission et agencement général de l'appareil.

I. — Cylindre à piston.

331. Nous nous sommes occupé du piston dans son cylindre, c'est-à-dire de l'organe fondamental du mouvement des machines à vapeur, au point de vue de la quantité de travail à produire ; il nous reste à réunir ici quelques observations générales sur son installation et celle du reste de l'appareil, au point de vue de la solidité et des convenances du service. Dans toute machine à vapeur, outre le cylindre et son piston, on distingue la base, les bâtis et le mécanisme de transmission.

On a fait des pistons quadrangulaires ou annulaires ; mais ordinairement ce piston est circulaire et joue dans un cylindre parfaitement alesé à l'intérieur, à l'aide d'une machine spéciale dont est muni tout atelier de construction. Le cylindre, avec sa boîte de distribution, ses conduits de vapeur, ses divers empatements et armatures de consolidation, a des formes si tourmentées à l'extérieur qu'il n'a pas encore été possible de le faire autrement qu'en fonte, bien qu'il soit exposé à casser en service. La fonte doit être non blanche et aigre, mais résistante, à grains serrés, grâce à la force de la *masselotte*[1], et tellement dure, qu'on ne s'arrête en cela qu'à la limite au delà de laquelle l'ajustage ne serait plus possible. La table où glisse le tiroir distributeur doit être de même d'une dureté et d'une finesse de grain comparables à celles de l'acier. Aucune soufflure ne peut être tolérée sur cette table comme sur le pourtour intérieur du cylindre, non plus qu'une réduction d'épaisseur par le dérangement du modèle. Les cylindres doivent se couler debout, afin qu'il y ait grande homogénéité de matière et de dureté. Dans la construction du modèle et du moule de coulée, il faut s'attacher à éviter que les conduits de vapeur et les lumières ou orifices percés nuisent à la solidité, et que les nombreux épaulements et rebords gênent le retrait de la fonte en refroidissant, sinon, quoique très-sain en apparence, le cylindre casse au premier choc. Une précaution très-importante encore dans la fabrication des cylindres, est d'éviter les arêtes vives aux lumières, tiroirs et pistons ; car ils s'égrènent en ces parties et il en résulte des grippements graves (19).

---

[1] La masselotte est, dans une pièce de fonte, un appendice plus ou moins volumineux qui la termine par le haut, se coule avec elle, en fait partie intégrante jusqu'à ce qu'on la coupe, et dont le but est de presser par son poids sur la fonte liquide pour en tasser le grain à l'instant du refroidissement. Dans un cylindre coulé debout, la masselotte est ordinairement une couronne en prolongement du pourtour qui s'élève jusqu'à 0^m,50 de hauteur et au delà.

532. L'épaisseur des cylindres à vapeur peut se calculer par la formule suivante donnée par M. Love (séance des *Ingénieurs civils de Paris*, 1859, p. 304) :

$$E = \frac{6n \times d}{2T} + 0,7,$$

dans laquelle on désigne par

E, l'épaisseur cherchée, en centimètres ;

n, la pression de la vapeur, en atmosphères ;

d, le diamètre du piston, en centimètres ;

T, le coefficient de résistance de la fonte par centimètre carré, laquelle varie depuis 1200 kilogrammes selon Morin, jusqu'à 2000 kilogrammes et au delà selon M. Love. Soit en moyenne 1300 kilogrammes.

Cette formule donne la moindre épaisseur voulue pour la sécurité, mais on l'augmente de la quantité nécessaire pour permettre d'aleser au moins trois fois le cylindre quand il est usé par le frottement. Celui-ci étant souvent inégal, il faut compter au moins 0ᵐ,005 à enlever chaque fois pour le mettre au rond partout, ce qui porte à 0ᵐ,015 la surépaisseur voulue, en sus de la formule.

Exemple : Soit 1° un cylindre de locomotive, où $n = 7$ atmosphères et $d = 0^m,40$; 2° un cylindre de machine marine, où $n = 3$ atmosphères et $d = 200$ centimètres. La formule donnera :

$$e = \frac{6 \times 7 \times 40}{2 + 1300} + 0,7 = 1,40 \quad \text{et} \quad e = \frac{6 \times 3 \times 200}{2 + 1300} + 0,7 = 2,40,$$

lesquels, avec les 0ᵐ,015 de surépaisseur pour les trois alesages, donnent en nombre rond 0ᵐ,030 pour le cylindre de locomotive, et 0ᵐ,036 pour le cylindre de machine marine.

533. Les accessoires du cylindre sont au nombre de sept :

1° Les couvercles qui le ferment à chaque bout. L'un est boulonné sur un collet, en dehors, et doit démasquer entièrement pour laisser entrer et sortir le piston ; l'autre peut être fixé à demeure ou venu de fonte avec le cylindre, ayant seulement un trou au milieu pour passer l'arbre de la machine à aleser, sauf à y rapporter un petit couvercle analogue au premier. Quoique pourvus de toute la solidité suffisante, les couvercles mobiles doivent moins résister cependant que le reste du cylindre, afin de céder avant lui en cas de choc, car ils sont plus faciles à remplacer. Le couvercle, qui se démonte, a deux poignées pour le tirer, et s'il est d'un grand poids, on le fait glisser sur des coulisses qui le ramènent à sa place sans tâtonnement, suivant le repère tracé. Les mêmes observations s'appliquent aux couvercles des boîtes de distribution et autres.

2° Les presse-étoupes ou stuffing-box sont établis sur les couvercles pour former joint étanche autour des tiges qui sortent du cylindre (voir n° 281 et fig. 26 et 29).

3° Les graisseurs (20) sont installés sur les couvercles du cylindre ; il n'y en a qu'un sur les cylindres de petite dimension ; il y en a au moins un sur chaque couvercle des grands cylindres horizontaux. Voir fig. 29.

4° Les purgeurs sont ordinairement des robinets posés aux extrémités du cylindre, et manœuvrés à main par une poignée, pour donner issue à l'eau et à l'air qui peuvent s'amasser dans le cylindre ; le bec d'écoulement de ces robinets doit être dirigé de manière que le jet n'atteigne ni les passants, ni les organes de la machine. Dans les locaux fermés, il porte un tube qui aboutit au dehors, de façon qu'il n'y ait dans la chambre aucune émission de vapeur ou d'eau chaude.

5° La soupape de sûreté (255) a ici, comme sur les chaudières, pour but d'empêcher la rupture du cylindre quand il contient trop de pression ; elle sert particulièrement aussi quand il y a une accumulation d'eau qui, refoulée par le piston et manquant de compressibilité, peut faire éclater le cylindre. Les soupapes de sûreté doivent donc être sur les couvercles, s'ouvrir, comme d'usage, de dedans en dehors, être chargées par un poids ou un ressort direct à une pression inférieure à celle qui peut déterminer la rupture des plus faibles parties du cylindre, et être placées de manière à ne pas inonder d'eau et de vapeur le mécanisme lorsqu'elles joueront. Comme ce jeu est très-rare, il faut que le mécanicien entretienne la soupape par de petites levées fréquentes. La soupape des cylindres conviendrait essentiellement aux locomotives et locomobiles ; les grosses machines marines en ont au moins une, à ressort, sur chaque couvercle de cylindre.

6° Un trou d'homme (262) est ménagé sur l'un des couvercles des grands cylindres, pour y pénétrer sans démonter ce couvercle lui-même. Dans les machines où celui-ci a moins d'un mètre de diamètre, le trou d'homme est inutile.

7° L'enveloppe contre le refroidissement extérieur du cylindre, des boîtes de distribution, conduits, etc., a été souvent recommandée comme une des conditions les plus importantes pour les fonctions économiques de la machine à vapeur. Dans ce but, on a deux systèmes : 1° on place le cylindre dans un autre plus grand et concentrique, en fonte ou en tôle boulonnée, qu'on nomme *chemise*, en faisant circuler entre deux la vapeur qui vient de la chaudière et se rend au distributeur, mais jamais celle qui sort du cylindre et va au condenseur. Celle-ci ne doit toucher le cylindre en aucun point. 2° Le deuxième système consiste à entourer simplement le cylindre, etc., avec du feutre, des douves de bois, de la cendre pilonnée ou autres matières conduisant mal la chaleur, le tout avec une enveloppe de tôle ou de cuivre mince bien cerclée. La chemise de vapeur est même souvent combinée avec ce second système d'enveloppe sèche, et il ne s'ensuit pas d'autre inconvénient qu'un surcroît assez considérable de poids et de volume. La chemise de vapeur demande en tous cas deux précautions : il faut y adapter 1° des regards de nettoyage ; 2° des purgeurs comme ci-dessus, pour donner sortie à l'eau qui peut s'y condenser.

354. Le PISTON qui fonctionne dans le cylindre, outre la dimension du diamètre qui est déterminée par le calcul du travail à fournir, doit avoir une épaisseur déterminée, non-seulement pour contenir la garniture qui le fait joindre hermétiquement sur le pourtour du cylindre ; non-seulement pour offrir une résistance à l'énorme pression qu'il supporte, mais aussi pour glisser bien droit dans le cylindre. D'après la comparaison que nous avons faite sur un grand nombre de machines, nous avons reconnu que le piston doit avoir une épaisseur égale environ au sixième du diamètre. Ce rapport est à peine du quart dans les locomotives. Il est vrai que cela résulte surtout de la nécessité de réserver à la garniture un espace suffisant.

D'autre part, on verra qu'il faut alléger le piston autant que possible, ainsi que toutes les pièces en mouvement, dans l'intérêt de la stabilité. Aussi a-t-on fait les pistons en forme de cloche ou en fer forgé toutes les fois qu'on l'a pu. Quant à la forme des deux faces du piston, elle doit épouser exactement celle des fonds de cylindre et *vice versa*, en ne laissant entre deux, au bout de chaque course, qu'une mince lame de vapeur de $0^m,003$ à $0^m,010$.

335. Le piston a deux accessoires : le premier est la tige, ou plutôt les tiges, car il y en a souvent au moins deux dans les grosses machines marines. Ce sont des arbres parfaitement droits et alesés, rigoureusement d'équerre avec le piston, lesquels sortent du cylindre à travers ses couvercles, en passant par des stuffing-box à joint étanche. Outre les tiges, il y a quelquefois aussi les *fausses tiges* qui sortent par le couvercle opposé du cylindre, soit pour y bien guider le piston, soit pour recevoir aussi l'attache de quelque organe mécanique. Les tiges et fausses tiges doivent faire très-solidement corps avec le piston. Leur rupture est très-dangereuse. Les tiges de piston sont ordinairement pleines et en fer forgé de premier choix ou en acier corroyé. Nous nous contentons de mentionner les *Trunk-Engines* du constructeur anglais Penn (fig. 86), où la tige proprement dite est remplacée par un gros fourreau ou cylindre creux en fonte ou en fer, qui ne sert plus que de guide au piston, car c'est sur lui directement, et non sur la tige, comme dans les autres cas, que s'attachent les pièces de transmission de mouvement.

La tige de piston égale environ un sixième du diamètre de celui-ci dans les locomotives et machines à haute pression avec grande détente. Dans les machines à basse ou moyenne pression, elle est du dixième, proportion usuelle dans la marine, selon M. Ortolan, qui, pour la calculer exactement d'après la pression, donne la formule suivante :

$$d = \frac{\sqrt{p \times \mathrm{D}}}{14},$$

dans laquelle on désigne par :

    d, le diamètre cherché en centimètres;
    p, la pression effective de la vapeur en kilogrammes et par centimètre carré.
    D, le diamètre du piston en centimètres.

D'après cette formule, une machine marine où la pression est

$p = 3^k,10$, et le diamètre du piston $D = 2$ mètres, aurait une tige de $0^m,25$.

Le second accessoire du piston est sa garniture ; elle se composait autrefois de tresses de chanvre qu'on enroulait autour de la couronne du piston dans une gorge. Aujourd'hui le piston est fait en deux plateaux, l'un fixe, l'autre démontable en un seul ou plusieurs morceaux. Lorsque le tout est en place, il y a entre eux, comme autrefois une gorge dans laquelle on ajuste une garniture métallique composée de pièces d'acier, fonte ou bronze dits *segments*, qui sont appuyées par des ressorts contre le pourtour du cylindre. Il faut que la garniture puisse s'étendre à mesure que le cylindre s'agrandit par les alesages successifs dont il est parlé au n° 332, et, par conséquent, il faut dans la construction première lui réserver cette latitude.

Pour les divers types de piston et de leur garniture, nous renvoyons aux ouvrages descriptifs, notamment au *Guide du mécanicien*, de MM. Lechatellier, Petiet, etc.

336. L'installation du cylindre et de son piston demande deux précautions spéciales d'une grande importance :

1° Le cylindre doit être invariablement assis sur sa base ; s'il est fixe, il doit être incorporé à sa base par un très-fort système de boulons, sans pouvoir remuer en aucune circonstance. S'il est mobile, comme dans le système oscillant, fig. 33 et 69, ses supports doivent avoir pareillement une rigidité parfaite ; ils ne doivent laisser aux tourillons du cylindre que le jeu strictement nécessaire et le retenir lui-même dans son plan normal, sans qu'il en puisse dévier. Les cylindres doivent être attachés, non-seulement en raison de leur poids, mais aussi en considération de la vitesse des machines et des secousses qu'elles éprouvent, car celles-ci sont d'autant plus violentes que la vitesse elle-même est plus accélérée.

2° L'axe du cylindre doit mathématiquement coïncider avec celui des bâtis, de la tige du piston, des glissières, balanciers, bielles, manivelles, etc., et être parfaitement perpendiculaire aux pièces transversales, telles que té, arbre moteur, tourillons de bielles, balanciers, etc. S'il y a plusieurs machines accouplées, leur axe doit être également dans le plus parfait parallélisme respectif.

II. — Mécanisme de transmission.

357. Etant donné le mouvement alternatif du piston dans son cylindre, on l'utilise par *application directe* à un engin qui se meut de la même manière, comme dans les marteaux-pilons et les pompes d'épuisement dites *de Cornouailles*; ou bien *on transforme ce mouvement alternatif en mouvement rotatif continu imprimé à un arbre ou essieu* par l'effet connu des *manivelles*, avec l'intermédiaire de *bielles d'articulation*, si le cylindre est fixe. Si celui-ci peut osciller sur des axes, la tige du piston se déplace elle-même sans qu'il soit besoin de bielles d'articulation ; et, à ce point de vue, les machines à vapeur se divisent en machines à cylindres fixes et machines oscillantes.

Ceci posé, le mécanisme de transmission peut être indéfiniment varié, et il comprend tous les organes mécaniques interposés entre le piston et les engins à mouvoir, dont les principaux sont, outre la tige du piston, les tés, bielles, manivelles, excentriques, balanciers et autres leviers. C'est dans leur forme et groupement que réside l'art du constructeur.

358. Il ne peut être assigné, à cet égard, qu'un petit nombre de règles fixes qui suivent :

1° La forme des organes mécaniques doit être simple, exempte d'ornements inutiles ainsi que de saillies et de cavités où s'arrêtent la poussière et le cambouis ; les surfaces lisses et droites, avec angles arrondis, conviennent éminemment à la mécanique et c'est au bon ensemble des pièces en même temps qu'au rapport des proportions respectives, et non à l'ornementation des détails, qu'un homme de goût demande l'aspect architectural et harmonieux qu'il veut dans ses œuvres. La nature doit être prise pour type. « Il est intéressant, a dit M. Fairbairn (*Société d'encouragement,* t. VI, 2° série, p. 160), de remarquer quel degré de perfection et de force elle donne à la forme de ses produits (exemple, les bambous) ..... La nature, qui ne se trompe jamais et ne fait rien d'inutile, nous offre ses exemples à suivre, et si nous consultions les lois qui président à la construction de ses œuvres en cherchant à les appliquer, nous pourrions espérer d'obtenir le maximum de force avec le minimum de matière. »

2° Ce qu'il est très-important d'éviter dans les pièces de machine, ce sont les angles vifs, où débute toujours la rupture. Il faut raccorder avec soin les coudes et variations de section par des *congés* en courbes douces.

3° Il faut éviter dans les machines ces pièces d'une exécution compliquée et laborieuse qui prouvent l'habileté du constructeur et constituent des tours de force, mais qui rendent long et coûteux le remplacement quand il devient nécessaire.

4° Autant que possible, les pièces de même nature, dans une machine, doivent être de mêmes formes et dimensions lorsque leurs conditions de travail ne sont pas trop différentes, et cela dans le but de rendre l'approvisionnement des *rechanges* plus simple et moins encombrant. Ceci s'applique particulièrement aux petites pièces de détail, telles que coussinets, boulons, goupilles, rondelles, etc. Ainsi, supposons deux tourillons dont les conditions de résistance et de vitesse sont assez voisines : le calcul assignerait à l'un $0^m,10$ de longueur et $0^m,05$ de diamètre, à l'autre $0^m,09$ de longueur et $0^m,045$ de diamètre. Afin de n'avoir qu'un seul type de palier, coussinet, etc., donnez au second tourillon les dimensions du premier, quoiqu'il en résulte un peu d'excès de poids. Ceci est encore un des meilleurs moyens de construire et de réparer vite et à bon marché.

5° Dans le groupement des organes mécaniques, on s'attache à rendre chaque pièce abordable et démontable isolément et à ce que, de sa place, le mécanicien-conducteur puisse les embrasser tous des yeux. On s'efforce ensuite de rassembler tous ceux de ces organes qui, dans la machine, concourent au même but. Ainsi tout le jeu de la distribution de la vapeur, celui de la condensation ou de l'alimentation, seront distingués sans que les pièces qui en dépendent se confondent et s'enchevêtrent.

339. La longueur des organes mécaniques est généralement déterminée : 1° par la distance des points où les efforts doivent se transmettre ; 2° par la nécessité de laisser, dans l'agencement général, le dégagement raisonnable pour le jeu et pour le service ; 3° par les circonstances de localités. Sous ces trois conditions,

requises avant tout, on réduira, autant que possible, la longueur
des organes, afin de ramener la machine à son minimum de poids
et de volume, et aussi pour ne pas mettre en jeu, dans une trop
grande mesure, la dilatation et l'élasticité de la matière, lesquelles
sont en raison directe de la longueur et peuvent être une cause
de perturbation. Les longues pièces sont, en outre, exposées à
ces vibrations latérales qu'on nomme *fouettage* et dont il faut limiter les écarts par des guides, si on les redoute.

340. Il y a trois organes dont la longueur est déterminée par
des conditions mathématiques générales, savoir : les manivelles,
bielles et balanciers.

1° Une manivelle doit être exactement égale à la moitié de la
course de piston ou autre engin de mouvement rectiligne converti
par elle en mouvement rotatif ou réciproquement. L'installation
de la manivelle sur son arbre demande beaucoup de soin : afin
de les incorporer, pour ainsi dire, ensemble, on emmanche la
manivelle à chaud ou avec une très-forte pression, si l'emman-
chement se fait à froid (868); on ajoute, dans tous les cas, une
clavette en fer dur ou en acier, chassée au refus dans une mortaise
taillée mi-partie dans les deux pièces. Des constructeurs font les
manivelles venues de forge avec l'arbre, par divers procédés.
Mais souvent le métal est fatigué, les ruptures irrémédiables, et les
manivelles rapportées avec soin sont souvent préférables, au
point de vue de la durée et de l'entretien.

Les excentriques dérivent de la manivelle ; les mêmes règles
leur sont applicables.

2° Les bielles qui accompagnent des manivelles, excentriques
ou leviers, doivent être avec eux dans un certain rapport. Les
bielles trop longues sont d'un grand poids qu'il faut éviter au
point de vue de la conservation de divers autres organes ainsi
qu'au point de vue de la stabilité (384). Les bielles trop courtes
rendent, au contraire, le mouvement de la manivelle très-irrégu-
lier. Il résulte du calcul théorique et de l'expérience que tout est
satisfaisant quand la bielle égale cinq fois la manivelle. Trois fois
au moins et sept fois au plus sont les extrêmes limites permises.

3° Les balanciers et leviers doivent avoir en longueur, depuis
l'axe jusqu'au point d'application de la force mouvante ou résis-

tante, au moins une fois et demie l'amplitude rectiligne que décrit ce point d'application de la force.

341. La section et la surface des organes mécaniques sont calculées, celle-ci d'après les lois du frottement (17 et suiv.), et la première d'après les formules sur la résistance des matériaux, qui ne peuvent être reproduites ici et qui font l'objet d'un grand nombre d'ouvrages spéciaux. Rappelons seulement quelques principes généraux (voir Mémoire sur la proportion des pièces mécaniques, par M. Benoît Duportail, au *Compte rendu de la Société des ingénieurs civils de Paris*, 1857, p. 333). Voir aussi n° 9 et suiv.

1° Les coefficients de résistance énoncés dans les traités ne sont que des moyennes qu'il faut appliquer en se rendant compte de la nature et de la qualité des matériaux employés.

2° Les pièces de mécanique doivent être calculées non-seulement en vue du travail régulier, mais par égard aux vibrations, secousses, chocs, arrêts brusques qui peuvent se manifester, même rarement, dans le service. C'est ainsi qu'on est arrivé à compter, dans certains cas, à peine 3 kilogrammes d'effort par millimètre de section pour des pièces de fer dont la résistance normale dépasse souvent 20 kilogrammes (voir sur ces questions les discussions aux *Sociétés des ingénieurs civils de Londres et de Paris*, et les Mémoires de Fairbairn, Braithwait, Loves, etc.).

3° Le calcul des sections résistantes doit avoir aussi en vue l'usure et la détérioration moléculaire (9 et 468) qui peuvent, à la longue, compromettre la solidité de certaines pièces; ce qui arrive surtout pour celles qui sont soumises à des vibrations, des variations notables de température et des actions corrosives, oxydantes, galvaniques, décomposantes, etc.

4° Pour les pièces exposées à des chocs et vibrations brusques, il faut éviter d'employer les métaux qui cassent sec à l'improviste, comme la fonte.

5° Les pièces métalliques forgées ou fondues, de fortes sections, sont généralement moins résistantes à égalité de matière que les petites pièces, parce que le cœur reste mal agrégé par l'inégalité du retrait en refroidissant ou l'impuissance de nos outils, qui n'agissent qu'à la surface. Plus une pièce est forte, moins il faut charger son unité de section.

342. Le mouvement relatif de l'arbre ou essieu est communiqué à des engins et produit un effet mécanique voulu au moyen d'organes connus, qui sont les roues dentées et les roues à jantes unies entraînant par l'adhérence, comme les poulies à courroie, les roues de chemins de fer, etc.... L'effet transmis par ces roues dépend du rapport de leur rayon avec la manivelle qui commande l'arbre et n'est qu'une simple application des lois générales dul evier. On peut formuler ainsi qu'il suit, d'après elles, les diverses applications qu'on en rencontre dans la mécanique :

L'effort R, développé à l'extrémité du rayon L de la roue, est à l'effort P exercé au bouton de la manivelle l, dans le rapport inverse des bras de levier L et l; ce qui donne la proportion P : R :: L : l. On peut aussi considérer deux fois le rayon de la roue, c'est-à-dire son diamètre D, et deux fois la manivelle, c'est-à-dire la course rectiligne du piston C, ce qui donne la proportion P : R :: D : C; d'où l'arithmétique apprend à tirer une valeur quelconque, connaissant les trois autres.

Exemple : soit P = 4144 kilogrammes, la pression de la vapeur sur le piston et sur le bouton de manivelle, soit D = 1^m,70 le diamètre de la roue, et C = 0^m,56 la course du piston. L'effort R, développé au pourtour de la roue, sera :

$$R = \frac{PC}{D} = \frac{4144 \times 0^m,56}{1,70} = 1365 \text{ kilogrammes.}$$

Réciproquement, soit R = 1365, la résistance à vaincre au pourtour d'une roue dont le diamètre est D = 1^m,70; la course du piston étant C = 0^m,56, la pression de la vapeur sur le piston et au bouton de manivelle, sera :

$$P = \frac{RD}{c} = \frac{1365 \times 1,70}{0,56} = 4144 \text{ kilogrammes.}$$

Soit 2 kilogrammes par centimètre carré, la pression effective de la vapeur, on aura pour surface de piston S

$$S = \frac{4144}{2} = 2022 \text{ centimètres carrés, dont le diamètre correspondant est } 0^m,508.$$

343. Dans l'accouplement des roues, poulies et engrenages de diamètres différents, la vitesse ou le nombre de tours est en raison inverse des diamètre, rayon, circonférence, nombre de dents ou de tours. Soit D et d le diamètre de deux roues, N et n leur nombre de tours ou de dents, V et v leur vitesse en mètres ou en nombre de tours en un temps donné, on aura la proportion D : d :: v : V, et N : n :: v : V; d'où l'arithmétique enseigne à à tirer une valeur quelconque, connaissant les autres.

Les trois formules suivantes sont d'une application continuelle pour déterminer les données de la roue calée sur l'essieu et servant de moteur unique ou premier.

1° Vitesse imprimée au pourtour de la roue. $V = N \times D \times 3{,}14$.

2° Diamètre à donner à la roue pour effectuer une vitesse donnée, connaissant le nombre de tours. . . . . $D = \dfrac{V}{N \times 3{,}14}$.

3° Nombre de tours à imprimer à la roue de diamètre donné pour effectuer une vitesse voulue . . . . $N = \dfrac{V}{D \times 3{,}14}$.

Dans ces formules, on a désigné par :

V, la vitesse au pourtour de la roue, en mètres par seconde ;
D, le diamètre de roue, en mètres ;
n, le nombre de tours de roue par seconde.

Exemple : quelle vitesse imprimeraient à une locomotive, des roues ayant $1^{\mathrm{m}}{,}70$ de diamètre, qui donnent 3 tours par seconde ? La première formule donnera :

$$V = 3 \times 1{,}70 \times 3{,}14 = 16 \text{ mètres par seconde.}$$

344. Quant aux organes courants des machines, tels que engrenages, vis, boulons, rivets, rondelles, etc., il serait à désirer, pour la rapidité des constructions et réparations, qu'il y eût des types réglementaires qu'on pût trouver partout au premier besoin. Il en est de même des matières premières, telles que feuilles de tôle, lopins et barres de fer, que les constructeurs doivent s'appliquer à employer suivant les dimensions commerciales courantes, au lieu de faire commander des matières *hors classe*, longues et plus coûteuses à obtenir.

Pour les petites pièces de détail, telles que boulons, rondelles, goupilles, goujons, nous renvoyons à l'étude que M. Benoît Duportail a publiée dans le *Technologiste*, et dont on trouvera une analyse au *Carnet des ingénieurs*, 11e édition.

A l'égard des boulons, l'usage est de leur donner les dimensions suivantes :

Le diamètre du corps non fileté étant. 1
L'épaisseur de la tête est également. 1
La diagonale de la tête carrée est. 2,25
Le diamètre circonscrit de la tête à six pans, est. . . 2
Le pas varie de 1/6 à 1/10 du diamètre.

Les types grossissent de 3 en 3 millimètres jusqu'à 20 millimètres, de 5 en 5 millimètres jusqu'à 70 millimètres, et de centimètre en centimètre au delà.

Les têtes doivent être très-bien calibrées, bien au milieu des corps, et aciérées et trempées, si les boulons sont destinés à être souvent touchés à la clef pour régler le serrage ou remplacer les pièces.

III. — Bâtis et base d'assise.

345. Les bâtis sont les supports qui servent d'appui et de liens fixes aux diverses pièces du mécanisme. Leur propriété essentielle est une rigidité invariable, résistant même aux vibrations. On peut établir en principe qu'autant la légèreté est le caractère des organes en mouvement, autant les pièces fixes, telles que bâtis, cylindres et pièces à demeure qui en dépendent, doivent se distinguer par leur masse inerte.

Dans des cas donnés, où il faut alléger les machines comme première condition, on ne peut pas assigner aux bâtis la masse suffisante, mais on les compose de colonnes debout et de tirants, de longerons et d'entretoises qui leur assurent du moins une grande rigidité, et jusqu'à un certain point de la masse inerte en les reliant au bâtiment, comme dans le cas des navires, ou à la chaudière, comme dans le cas des locomotives. On pourra étudier, comme types bien connus, les bâtis des machines de bateaux de Penn et du Creusot (fig. 69 et 96), et les bâtis des locomotives Crampton.

C'est aux bâtis surtout que conviennent les formes simples, lisses et même massives qui ont été recommandées ci-dessus; plus ces formes sont simples, plus les organes du mouvement se détachent au-dessus avec avantage.

La base des machines sur laquelle sont posés les bâtis, les cylindres et condenseurs, est une vaste et solide plate-forme portant tout le système, sans que ses axes respectifs puissent se déplacer. Voilà ce qui doit être, autant que possible, commun à toute machine; mais la forme, la nature et la pose de la base dépendent elles-mêmes de circonstances qui seront plus tard examinées. Disons seulement ici que, sans bases et bâtis rigides autant que solides, il n'y a pas de bonne machine possible. Aussi, les constructeurs expérimentés tendent toujours à fortifier les bâtis, supports et colonnes de soutien, en même temps qu'à consolider les bases d'assises. Les ingénieurs novices ont, au contraire, à se défier d'une tendance à l'allégement de ces mêmes pièces fixes, qui semblent ne pas fatiguer.

546. Parmi les pièces les plus essentielles des bâtis, sont les paliers, dans lesquels frottent les tourillons, avec l'intermédiaire des coussinets. Non-seulement ceux-ci doivent être parfaitement centrés et symétriques, mais il faut ajuster avec soin la place du palier où porte le coussinet, ainsi que le chapeau boulonné du palier. Il y a encore des constructeurs qui laissent ces parties brutes de fer ou de fonte, en se contentant d'aléser sur place la lunette du coussinet, préalablement fixée brute. C'est, dans la construction, une pratique qui peut être économique et suffisante pour une machine neuve, mais qui rend très-ouvrageux le remplacement d'un coussinet.

Il faut aussi dresser les semelles par lesquelles les paliers portent sur les bâtis, quand ils ne font pas corps avec eux; dresser aussi leur place sur le bâtis lui-même; donner une large surface d'appui à ces semelles, les boulonner, les coincer avec un grand soin, et agrafer solidement par des rebords le chapeau sur son palier.

§ 5. Tuyauterie.

347. On appelle ainsi l'ensemble des nombreux tuyaux ou conduits qui, dans une machine à vapeur, servent à l'écoulement de la vapeur ou de l'eau. C'est une partie souvent très-négligée par les constructeurs; ils ne se donnent même pas la peine de l'étudier dans la combinaison sur plans des appareils; on fait alors la tuyauterie comme on peut, après coup sur place et parfois avec beaucoup de frais, de temps et d'embarras dans les chambres de machines. Voici d'abord quelques principes généraux :

1° La forme des tuyaux est toujours cylindrique pour les fortes pressions intérieures; mais elle est indifférente lorsque cette pression est peu élevée et que la rupture est sans danger.

2° La section est déterminée d'après le volume à écouler; elle ne doit pas offrir d'étranglements ou évasements inutiles. En l'exagérant, on augmente le poids et le prix, et on peut même nuire à l'action économique de la machine. D'autre part, il faut faire la réserve de l'obstruction par le tartre et des autres circonstances accidentelles. La règle générale des constructeurs est de donner aux tuyaux une section égale à celle des orifices réunis qu'elles desservent; mais quelques-uns, notamment dans la marine, donnent à la section moitié en sus desdits orifices; nous trouvons que c'est beaucoup.

3° La longueur des tuyaux doit être réduite au minimum, car le frottement du corps liquide ou gazeux qui s'y écoule lui est proportionnel, d'après la plupart des auteurs. Lorsqu'il est inévitable de recourir à de longs tuyaux, il faut leur donner un peu plus de section pour compenser la perte de vitesse due au frottement; il faut aussi, avec un soin particulier, prévenir l'effet de leur dilatation, qui est alors considérable; les assujettir sans qu'ils puissent fouetter, et les entourer d'enveloppes épaisses, s'ils conduisent de la vapeur en pression.

348. Les matières pour tuyaux et conduits sont : 1° la fonte douce à grain fin, sans soufflures ni gercures; 2° le cuivre rouge à l'exclusion du cuivre jaune qui a trop souvent des trous imperceptibles appelés piqûres ; 2° la tôle rivée, si les fuites qui peuvent se manifester aux joints ne sont pas particulièrement à redouter. Ces matières ont aussi leurs inconvénients : la fonte, qui a subi un retrait inégal en refroidissant après sa coulée, peut s'ouvrir et se fêler ; mais l'exemple des cylindres à vapeur prouve qu'elle est, en somme, d'un bon emploi, surtout si la conduite a des formes tourmentées. Son inconvénient principal est de constituer une conduite lourde, car l'épaisseur égale, pour une même section de passage, cinq fois celle de la tôle calculée par la règle du numéro 157 ; on peut aussi la calculer par la règle du numéro 332. La tôle se ronge au passage du courant, et il s'en détache des esquilles qui peuvent aller dans les organes mécaniques et y causer des désordres. Enfin, les conduits de cuivre, au contact du fer, déterminent un effet galvanique destructeur, lorsqu'ils sont mouillés par l'eau salée, surtout quand elle est chaude ; cet effet se produit même au contact de vapeur provenant d'eau salée. Mais, avec l'interposition d'une bande de plomb au contact des deux métaux ou d'un bon joint mastiqué, on prévient passablement ces effets galvaniques, qui sont quelquefois déplorables dans la navigation maritime et sur les machines de certaines mines aux eaux acides.

Les pièces de raccordement des tuyaux doivent être, dans ce cas, de même nature aussi que les tuyaux, et cette recommandation s'étend jusqu'aux boulons et écrous. Toutefois, on ne les fait pas en cuivre rouge, car ce métal est trop tendre, mais en bronze (alliage de cuivre dominant), si les tuyaux sont en cuivre.

549. Dans l'installation de la tuyauterie, il faut prendre diverses précautions spéciales :

1° Eviter les changements de direction le plus possible, mais surtout les angles et coudes brusques, d'où il résulte des réductions de vitesse d'écoulement.

2° Laisser le tuyau visible sur tout son parcours, afin de pouvoir le visiter et réparer facilement.

3° Ne pas croiser les tuyaux les uns avec les autres, afin d'éviter les méprises dans ces réparations et visites.

4° Brider, à distances rapprochées, les tuyaux d'une certaine longueur sur des supports fixes, surtout s'ils sont exposés à rece-

voir le contre-coup de chocs ou de vibrations ; autrement ils fouet-
teraient, crèveraient et fatigueraient leurs joints.

5° Ce joint doit être à dilatation libre, si les tuyaux sont exposés à des variations notables de température, et, dans tous les
cas, s'ils sont très-longs et épais. Si, au contraire, ils sont minces,
il suffit de ménager sur le parcours un coude prononcé, dit en col
de cygne, pour qu'ils cèdent d'eux-mêmes ; mais alors il faut que
tout soit très-consolidé à leurs *collets de joint* ou de jonction.

6° Si les tuyaux sont exposés à souffrir du jeu de la base sur
laquelle ils s'appuient (exemple, la muraille, ou le fond d'un navire); il faut qu'il y ait sur un point du parcours une *brisure* ou
raccordement flexible, comme celui, bien connu, qui existe sur les
chemins de fer entre la locomotive et le tender. Ce raccordement
est un simple tuyau de toile ou de caoutchouc, ou bien il se compose de tubes métalliques assemblés par des *genouillères* ou *rotules*
(voir les descriptions de locomotives, et notamment le *Guide du
Mécanicien*, deuxième édition, p. 144).

7° Pour la forme du joint du tuyau, il suffit de renvoyer à la
figure 17. Le type A, dit *joint à collets*, doit être employé, autant
que possible, avec le petit cône indiqué en *a*, pour ménager le
mastic qui forme joint entre les deux collets. En outre, si le tuyau
dépasse 10 centimètres de diamètre, il ne faut pas se contenter
d'y *braser* les collets; mais, de plus, il faut les y river. L'autre
type B, dit *joint à emboîture* ou à *presse-étoupe*, est celui des
tuyaux dont il faut conserver le libre jeu.

8° Les tuyaux doivent être disposés de manière qu'en cas de
de rupture il y ait le moins de danger possible pour les hommes
de service et la conservation des appareils. On cherche à les
agencer sous le parquet ou sur les côtés de la chambre des machines, près du sol, ou au-dessus de la hauteur d'homme.

9° Pour la traversée des parois par les tuyaux, lorsqu'elles sont
épaisses et que les infiltrations peuvent y causer des désordres, il
y a toute une installation nécessaire. Ordinairement on applique
tout autour de la trouée un manchon de plomb, cuivre, tôle, ciment, etc., suivant les cas, dont on rabat les bords aux deux extrémités, et c'est à travers ce manchon, parfaitement étanche,
qu'on fait passer le tuyau.

T. I.

21

10° Pour réparer un tuyau crevé, en attendant que le chaudronnier y puisse river ou braser une pièce, appliquez sur l'ouverture une bande métallique mince, avec interposition d'une autre bande en toile, feutre, caoutchouc et recouvert d'une mince couche de mastic de minium très-dure ; ficelez fortement et à plusieurs tours cette sorte d'éclisse provisoire, laissez sécher quelques minutes et reprenez la marche.

350. Voici la nomenclature des tuyaux d'une machine à vapeur et leurs particularités spéciales.

Pour la vapeur en pression, on en distingue six dont la rupture peut être dangereuse et qui doivent avoir autant de solidité que la chaudière dont ils dépendent :

1° Communication entre elles des chaudières multiples. Elle doit être à dilatation libre et enveloppée avec un grand soin, car, d'une part, l'air froid qui entre dans la chambre de chauffe, appelé par le foyer, tend à le rafraîchir et, d'autre part, le tuyau rayonne dans la chambre une intolérable chaleur. Cette communication se fait en tôle, fonte ou cuivre, en ayant dans chaque cas les inconvénients signalés ci-dessus (348).

2° Conduite de la vapeur aux cylindres de la machine. Mêmes observations.

3° Le tube d'extraction, vidange et désaturation des chaudières doit être très-solide. Les effets galvaniques signalés ci-dessus avec l'eau salée sont particulièrement à redouter, puisque ces eaux sont plus chargées de sel qu'aucune autre ; sa dilatation est également très-sensible.

4° Le tuyau réchauffeur qui envoie de la vapeur dans le réservoir d'eau alimentaire pour élever sa température, ne se rencontre guère qu'avec les machines à haute pression sans condensation. Il ne doit être que d'une petite section, afin de n'emprunter à la fois qu'une faible quantité de vapeur à la chaudière. Il est en cuivre et débouche à volonté dans le réservoir s'il est fermé. S'il est ouvert, il débouche au fond de l'eau, ayant sa prise de vapeur plus haute que le niveau d'eau du réservoir (voir n° 239).

5° L'injection de vapeur au condenseur pour en purger l'air est une petite dérivation du conduit qui amène la vapeur aux cylindres ; il est en cuivre rouge, et son parcours suit le pied de la machine, ordinairement sous le parquet mobile qui l'entoure.

6° Le souffleur ou injecteur de vapeur dans la cheminée (234 *bis*) est en cuivre et de petite section ; son parcours a lieu sur la chaudière.

351. Pour l'évacuation de la vapeur sans pression considérable, il y a deux séries de tuyaux : l'une pour la décharge des soupapes de sûreté, l'autre pour l'évacuation de la vapeur hors du cylindre au condenseur ou dans l'air.

1° Pour la conduite au condenseur, le tuyau est d'un gros diamètre, qu'il ne faut cependant pas exagérer ; il est en cuivre assez mince, puisqu'il supporte peu de pression ; il peut être en fonte et même non cylindrique. La tôle rivée est trop exposée à des fuites. Or, ce qui spécialise surtout le tuyau en question, c'est qu'il doit être absolument étanche et imperméable. Les moindres percées, donnant entrée à l'air extérieur, suffisent pour paralyser le condenseur. Enfin, ce tuyau ne doit pas être enveloppé, et il faut au contraire que son pourtour, exposé à une fraîche température ambiante, ait déjà par lui-même une certaine action condensatrice. Exposé à contenir de l'eau, le tuyau en question doit être agencé de manière à ne pas laisser retomber cette eau dans le cylindre.

2° Pour l'évacuation dans l'air de la vapeur sortant du cylindre, le tuyau s'en va déboucher au dehors, directement, ou après avoir circulé dans la bâche d'eau alimentaire ; pour ce dernier cas, le tuyau *g* renfle son diamètre dans la bâche, afin d'offrir une plus grande surface au contact de l'eau. La conséquence de ce fait est de faire liquéfier en notable partie la vapeur, comme par l'effet d'un condenseur à surface (326). Ce qui importe alors, c'est, 1° d'empêcher l'eau condensée de retomber dans le cylindre, d'où la vapeur vient de sortir ; 2° d'empêcher cette eau de se projeter alentour au déboucher du tube ; 3° de recueillir cette eau, qui est excellente pour l'alimentation. La disposition adoptée dans ce triple but est indiquée en la figure 15 : *ab* est le tuyau d'évacuation ; à son pied se trouve un réservoir *r*, où tombe l'eau condensée dans le tuyau ; il est évidemment plus bas que le débouché *d* de la vapeur dans le tuyau. Au sommet de celui-ci, on voit qu'il y a une boule, sorte de gouttière analogue à celle qui entoure les cheminées des locomotives (fig. 2) pour retenir l'expansion d'eau quand la machine *prime;* l'eau reçue dans cette gouttière redescend dans un tube gk, pour aller se perdre en terre ou bien dans le réservoir d. Toute cette installation se fait en tubes de cuivre ou de tôle, aux moindres frais.

Quand l'émission de vapeur doit contribuer au tirage de la cheminée et constituer le *tuyau d'échappement* des locomotives, elle ne fait plus partie de la tuyauterie proprement dite, mais elle est un organe mécanique dont il est parlé au numéro 234.

3° La décharge de la vapeur par les soupapes de sûreté, en cas d'excès de pression dans la chaudière, présente les circonstances d'installation qui précèdent pour l'évacuation dans l'air, hors du cylindre de la machine. Sans leur grande distance, ces deux émissions de vapeur pourraient se faire par le même tube ; le réservoir d'eau condensée peut du moins être commun ; mais ce qui est absolument interdit, c'est de faire passer le tube d'évacuation des soupapes dans la cheminée de la chaudière ; car il en résulterait un surcroît de tirage à contre-sens, puisque c'est précisément pour faire cesser l'excès de pression qu'on emploie cet appareil.

552. Pour les eaux, il y a cinq tuyaux principaux :

1° L'aspiration de l'eau par les appareils alimentaires et son refoulement dans la chaudière demandent des tuyaux très-forts, en cuivre rouge de bonne qualité, bien bridés, sans coudes brusques ni étranglements ; afin qu'ils puissent supporter le contre-coup des clapets ou boulets et de la pression de la chaudière, leurs joints doivent être particulièrement solides.

2° La tuyauterie des autres pompes présente, à divers degrés d'importance, les mêmes particularités.

3° L'injection d'eau au condenseur se fait par un tuyau en cuivre rouge, et son principal caractère est d'être absolument étanche, sans arrivée d'air.

4° La décharge de trop plein de la bâche où la pompe à air déverse l'eau de condensation peut se faire en tôle rivée, d'une forme quelconque ; c'est une de ces pièces qui ne réclament que des soins ordinaires.

5° Les égouttoirs de robinets d'épreuve, robinets purgeurs, etc., sont ordinairement de petits tubes en cuivre étiré, sur lesquels il n'y a, non plus, rien à dire de spécial, sauf qu'ils doivent être placés de manière à ne pas salir le parquet ni atteindre la machine.

§ 6. RÉGULARISATION DES MACHINES A VAPEUR.

553. Lorsque la marche d'une machine doit être uniforme et régulière, il faut y adapter divers moyens de limiter les écarts de vitesse. Il y a dans ce but trois procédés fondamentaux, savoir : les volants, les contre-poids et les modérateurs.

On adapte un *volant* qui résiste par son inertie et emmagasine, pour ainsi dire, le travail moteur disponible, qu'il rend dès que la machine ralentit. Voir au numéro 45 pour le calcul du volant. Rappelons seulement ici qu'on lui donne la plus grande vitesse possible, en fortifiant tous les organes voisins en conséquence, afin que son poids ou ses dimensions rendent son installation et son transport possibles. Les plus grands volants connus ne dépassent pas 12 mètres ; les plus lourds ne vont pas au delà de 40 tonnes.

Les volants ne résistent évidemment aux écarts de vitesse que dans les premiers instants ; bientôt ils prennent l'allure du moteur. Voir au numéro 698 leur particularité d'installation.

554. Les *contre-poids* s'emploient dans les machines à vapeur pour équilibrer la pesanteur des pièces qui résistent dans certaines directions, et ajoutent au contraire à la puissance en d'autres instants. En général, les organes d'une machine doivent, autant que possible, s'équilibrer respectivement, sans qu'il y ait besoin d'ajouter la complication des contre-poids.

Les contre-poids ont aussi été employés pour équilibrer les *actions perturbatrices* dues à l'inertie des pièces en mouvement. Pour les amoindrir autant que possible par la combinaison même des organes, il faut rappeler deux principes :

1° Autant il est peu rationnel d'alléger les supports et les bâtis aux dépens de leur rigidité, autant on doit s'efforcer de réduire la masse des organes capables de résister par leur inertie, laquelle croît proportionnellement à cette masse (voir n° 38).

2° L'inertie croissant encore en raison du carré de la vitesse, il convient, en principe général, d'imprimer aux organes animés de mouvements rectilignes alternatifs les plus faibles vitesses permises par les circonstances.

L'accélération de la vitesse est assurément le plus grand obstacle que rencontre, pour les grands appareils à vapeur, le système des machines rapides, si avantageux, d'ailleurs, par la réduction de son poids et de son volume, et cependant c'est le système vers lequel se tournent toutes les tendances de l'industrie. On a donc dû chercher des moyens d'annuler les actions perturbatrices, développées par les causes qui précèdent, à l'aide d'appareils additionnels, lorsque l'emploi des volants proprement dits est impraticable.

L'étude de ces moyens constitue une question qui a beaucoup occupé et divisé les ingénieurs, spécialement la Société des ingénieurs civils de Paris (voir Séances des 7 mars, 4-18 avril 1851 et 9 novembre 1833). MM. Lechatellier, Couche, Yvon Villarceau, Résal, Nollo, Yver, etc., en ont fait l'objet de plusieurs notes et savants mémoires imprimés dans les *Revues* et les *Annales des Sociétés d'ingénieurs.*

355. Les procédés proposés par M. Lechatellier pour les locomotives consistent à équilibrer les actions perturbatrices développées dans le mouvement par des contre-poids placés à l'opposé des manivelles, sur la jante des roues. Sauf un petit nombre de dissidents, tous les ingénieurs reconnaissent cette utilité des contre-poids ; mais on n'est pas d'accord sur les dimensions à leur donner (voir à cet égard, d'une part, l'opinion de M. Lechatellier, et d'autre part, les mémoires de MM. Couche et Yvon Villarceau).

On comprend que des contre-poids semblables peuvent être adaptés à toute machine, sur les poulies, roues d'engrenage et volants quelconques ; et de tout temps on l'a fait, en dehors, il est vrai peut-être, des considérations théoriques, et c'est cette théorie offerte par M. Lechatellier qui permet aujourd'hui d'employer rationnellement les contre-poids. Dans les machines marines, M. Mazeline a adapté des contre-poids identiques, en forme de contre-manivelles, dans la corvette *Primauguet;* M. Calla l'a fait de même sur des machines à vapeur locomobiles, vers 1854.

556. Les *modérateurs* sont des instruments de régularisation qui ont pour but d'augmenter ou diminuer l'introduction de vapeur au cylindre, en raison inverse des écarts de vitesse, soit que le modérateur agisse sur l'organe de détente, ainsi qu'il se fait souvent, soit qu'il manœuvre un obturateur spécial dans le conduit d'arrivée de vapeur.

Il y a divers systèmes de modérateurs connus et qu'on a vus à nos dernières expositions, notamment ceux de Woods, Bourdon, Molinier, Larivière, etc., établis sur divers principes et remplissant tous les recueils descriptifs, auxquels il suffit de renvoyer.

Le modérateur classique est le *pendule conique* de Watt : il est aussi décrit dans tous les traités. Son organe capital consiste en une paire de boules suspendues à des bielles à charnières et tournant horizontalement autour d'un axe vertical ; les boules s'écartent avec la vitesse et se rapprochent dans le ralentissement, suivant les lois des forces centrifuge et centripète développées dans les traités de physique.

557. Le calcul théorique des éléments du pendule conique est très-compliqué (voir *Traité* de Julien et Bataille ; — *Aide-mémoire* de Claudel, T. Richard, etc.). Dans la pratique, on les règle par tâtonnement de diverses manières, par exemple ainsi qu'il suit :

1° Déterminez d'abord la résistance R qu'opposent à l'appareil l'organe régulateur de l'admission de vapeur et les frottements de l'appareil lui-même.

2° Considérant ensuite seulement les effets de la force centrifuge, estimez *à priori* et provisoirement le poids des deux boules nécessaire pour vaincre cette résistance donnée R. Le calcul est très-simple : P étant la force centrifuge évaluée en kilogrammes, égale à la résistance R, V étant la vitesse de rotation des boules, eu égard à une allure déterminée de la machine, r étant le rayon, c'est-à-dire la distance de l'axe de rotation du modérateur au centre des boules, on a les formules suivantes :

$$R=\frac{P \times V^2}{r \times 9,81}\,; \quad P=\frac{R \times r \times 9,81}{V^2}\,; \quad V=\sqrt{\frac{R \times r \times 9,81}{P}}.$$

Ainsi, soit R = 5 kilogrammes, la résistance opposée par la

valve régulatrice, ainsi que l'effort moteur voulu pour vaincre cette résistance. Soit le rayon $r = 0^m,20$, et la vitesse $V = 0,^m 75$; on aura, pour vaincre la resistance,

$$\text{le poids P} = \frac{5 \times 0^m,20 \times 9,81}{0,70^2} = 20 \text{ kilogrammes.}$$

soit 10 kilogrammes pour chaque boule sphérique ou lenticulaire.

3° Ce premier aperçu étant donné, construisez suivant les données locales, un modérateur complet capable de porter des boules ayant environ le poids ainsi trouvé, en réservant la possibilité de varier à volonté et dans d'assez larges limites la longueur des tringles et des bielles d'où pendent les boules. De même, fondez *creuses* les boules ou lentilles, en leur donnant à peine la moitié du poids calculé par la formule ci-dessus et réservez un trou par lequel vous puissiez glisser à volonté de la grenaille de plomb.

4° Le modérateur étant mis et placé sur la machine, il s'agit de le régler. Dans ce but, faites-le mouvoir, soit par sa propre machine, soit par tout autre mécanisme convenable, à la vitesse de régime qu'il est appelé à prendre et régulariser, et remplissez les boules avec de la grenaille jusqu'à ce qu'elles soient assez lourdes pour être au poids correspondant à la vitesse voulue. Pour cette position des boules, réglez celle de la valve régulatrice ou de l'organe de détente, de manière que l'admission de vapeur augmente avec le rapprochement des boules et diminue avec leur écartement. Laissez quelques crans sur la tringle de communication ou ménagez-y un pas de vis avec une molette, pour que le mécanicien puisse varier la longueur de la tringle et, par suite, l'ouverture de l'organe régulateur.

358. Quant aux dimensions entre lesquelles la pratique exige qu'on se renferme, on peut, d'après un grand nombre de comparaisons, les évaluer ainsi :

	Minimum.	Maximum.
Poids des boules ou lentilles..	$6^k,00$	$40^k,00$
Longueur des bielles, porte-boules	$0^m,15$	$1^m,20$
Vitesse moyenne des boules pour la marche de régime, par seconde.	$0^m,50$	$2^m,00$

En commandant le modérateur par des poulies à courroies ou

des engrenages d'un rapport convenable, on peut toujours arriver
à rester dans les limites voulues. Quand un constructeur établit
pour la première fois un modérateur d'une dimension et pour des
conditions nouvelles, il est à peu près obligé de passer par les tâ-
tonnements qui précèdent sur le poids des boules ou lentilles.
Quand, au contraire, il rencontre peu de différence dans les circonstances présentes et passées, il fait les boules pleines, en se
réservant de varier leur place sur la bielle qui les porte, par un
tâtonnement analogue, mais plus simple.

539. D'après M. Cavé, nous ajouterons deux recommandations :

1° Il importe que, dans la position des boules correspondante à
la vitesse de régime de la machine, les bielles à charnières qui
portent ces boules fassent avec l'axe tournant de l'appareil un
angle de 45 degrés euviron, et que, par l'effet du ralentissement
ou de l'accélération de la machine, l'écart en plus ou en moins
des boules ne dépasse pas cette inclinaison de plus de 10 à 12
degrés.

2° La valeur régulatrice du passage de vapeur qui commande
le jeu des boules doit être établie avec beaucoup de soin. Il faut
d'abord éviter les tiroirs non compensés (305) et autres appareils
sur lesquels la pression de la vapeur, en variant, engendre pour
les boules des différences de résistance : il faut, pour la même
raison, que le presse-étoupe qui traverse la tige de ce tiroir ou
organe analogue ait toujours le même degré de serrage.

La valve la plus ordinaire est un papillon. Il y a des constructeurs qui le placent simplement dans le conduit de vapeur, comme
une clef de poêle. Il faut, au contraire, qu'il soit ajusté avec un
siége spécial en bronze, en ayant soin qu'à tout degré d'ouverture le passage de vapeur soit le même des deux côtés de la
tige exactement placée au milieu, et proportionnel au degré
d'écart des boules.

3° Enfin, quel que soit le système, il doit être installé de manière
qu'on puisse le visiter et l'entretenir facilement.

560. La *cataracte* est l'appareil qu'on emploie pour régulariser les machines à action intermittente, telles que les pompes
d'épuisement de mines (762). Dans l'idée première, la cataracte
fut une chute d'eau (de là vint le nom du mécanisme actuel)

tombant, avec une vitesse d'écoulement donnée, dans un vase qui se remplissait ainsi peu à peu. Quand le plein était fait, son poids l'entraînait avec un levier dont le mouvement commandait le passage de la vapeur.

On fait le contraire dans la cataracte actuellement usitée, et en voici la description (fig. 48). Dans une auge contenant de l'eau, est installée une pompe ordinaire, aspirante et foulante. Son plongeur p est mû par un levier ab, qui a son point d'appui c sur un support fixe. Sur le même bras que celui du plongeur est un contre-poids a qui tend à faire redescendre le plongeur. Celui-ci remonte au contraire, ainsi que le contre-poids, lorsqu'à l'autre bout b du levier vient appuyer une tige quelconque de la machine dont mn est un fragment muni d'un taquet q. Lorsque la pompe est ainsi relevée, l'eau de l'auge est naturellement aspirée par un clapet r comme à l'ordinaire; mais s'il existe sur le conduit de refoulement s un robinet ou obturateur qui, selon qu'il s'ouvre, forme plus ou moins obstacle à l'écoulement de l'eau, on comprend que le plongeur, obéissant à l'action du contre-poids, redescendra lui-même plus ou moins lentement. Ce sont ces variations dans la descente du plongeur par l'étranglement varié de l'écoulement h, qui servent à régulariser la marche de la machine, et voici comment : le levier ab porte un taquet qui, au moment où le plongeur atteint le bas de sa course, agit sur une tringle en communication avec une valve qui s'ouvre et fait entrer la vapeur au cylindre ou lui donne émission au dehors. Cette valve se referme ensuite par le même mouvement qui ramène la cataracte à son point de départ. Cet appareil est donc l'âme de la machine, c'est lui qui ouvre la communication ou l'échappement de vapeur à l'instant voulu, autant de fois par heure qu'on permet au plongeur de descendre au fond de sa pompe, en limitant le refoulement de l'eau.

§ 7. TRAVAIL UTILE DES MACHINES A VAPEUR.

361. On a vu que le travail moteur de ces machines avait pour mesure le produit de l'effort que la vapeur exerce sur le piston par la vitesse qu'elle lui imprime. Mais le travail réellement utilisé n'est qu'une fraction du travail théorique ainsi calculé [1] ; le reste est absorbé par les résistances passives, dues au frottement des organes et aux défauts d'ajustage. En outre, la vapeur n'emploie pas utilement toute la pression qu'elle possède dans la chaudière, et cela pour deux raisons :

1° La vapeur, pour se rendre de la chaudière au cylindre, traverse des conduits et des orifices plus ou moins étranglés, où (n° 141) elle perd une partie de sa vitesse. Selon M. Morin, la différence de pression qui en résulte croît proportionnellement à la densité de la vapeur et au carré de la vitesse du piston ; elle est négligeable dans les machines à basse pression où la vitesse ne dépasse guère 1 mètre par seconde ; dans ces machines la différence de pression n'est que 1/100

Si la vapeur est aqueuse, elle est. 1/60

Pour les machines à haute pression 1/25

Dans les locomotives. 1/10

Avec des orifices ou conduits trop petits. . . . . .   1/3 à 1/2

2° Pendant que la vapeur venue de la chaudière agit sur l'une des faces du piston, son autre face comprime la vapeur précédemment introduite et qui ne s'est pas encore échappée ou condensée, ainsi que l'air atmosphérique qu'on ne peut jamais entièrement chasser. Il en résulte une *contre-pression* (281) qu'il faut déduire de l'effort exercé par la vapeur sur la face pressée du piston pour avoir la pression utile.

Plus la vapeur éprouve de difficulté à s'échapper du cylindre, par quelque cause que ce soit, plus la contre-pression est énergique. On peut l'évaluer à 0,1 d'atmosphère dans les machines à condensation très-bien établies ; elle peut même descendre à 0,03 et au-dessous, quand les appareils condenseurs sont parfaits : mais un mécanicien prudent ne l'estimera pas au-dessous de 0,15, car il n'est pas rare qu'elle dépasse 0,5. Pour les machines sans con-

---

[1] Voir sur le calcul des effets des machines à vapeur à détente, par M. Choffel, le *Bulletin de la Société industrielle de Mulhouse*, 1836 ; *idem*., par John Rennie, *Société des ingénieurs civils de Londres*, 1847.

densation, où la vapeur s'échappe dans l'air, la contre-pression égale au moins 1,15 atmosphère.

En général, la contre-pression croît avec la vitesse. MM. Gouin et Lechatellier, dans leurs expériences sur la locomotive *la Gironde*, ont trouvé qu'elle variait entre 0,47 et 0,54 de la pression motrice, à des vitesses d'environ 45 kilomètres à l'heure ; ce qui correspondait pour le piston à une vitesse de $2^m,40$ par seconde, et un peu plus de deux coups doubles. Il est probable que la contre-pression ne dépasse guère 0,40 dans les locomotives qu'on construit aujourd'hui, où la détente est plus prolongée et la tuyère d'échappement moins étranglée. Des expériences récentes sembleraient même accuser une très-faible contre-pression. Il résulte d'un mémoire sur cette question, par M. Cadiat [1], qu'elle pourrait être en tout cas très-notablement diminuée en isolant l'un de l'autre les tuyaux d'échappement, au lieu d'opérer la sortie de la vapeur par un seul et même conduit servant aux deux cylindres, ainsi qu'on le fait ordinairement. Mais cela est contredit par d'autres ingénieurs.

562. Il serait difficile, dans la fabrication d'une machine, de faire exactement par le calcul la part de ses résistances passives. Mais les constructeurs arrivent, par un *moyen indirect*, suffisant pour la pratique, à en tenir approximativement compte : en comparant, dans un grand nombre de machines, leur puissance réelle à leur puissance théorique calculée comme nous l'avons fait, on a reconnu qu'une machine à vapeur bien construite utilisait en moyenne 0,5 ou la moitié de sa puissance théorique, et que le reste était absorbé par les frottements, la contre-pression, etc. Dans les cas les plus favorables, ce rapport entre l'effet utile et l'effet théorique s'élève à 0,7 et même quelquefois à 0,8, comme dans les célèbres machines du Cornouailles ; mais, dans les cas défavorables, il peut descendre même au-dessous de 0,2 [2].

Plus les appareils sont puissants, moins la perte de force, due

---

[1] Voir le *Bulletin du Musée de l'industrie*, juillet 1851 ; *Annales des chemins de fer*, décembre 1851, et *Technologiste*, 1852.

[2] Voir l'histoire des progrès faits pour obtenir plus de travail utile des machines à vapeur, *Annales des mines*, 3e série, t. II.

aux résistances passives, est considérable ; car ces résistances ne croissent pas aussi vite que la dimension des organes. Le frottement du piston, par exemple, ne croît guère que proportionnellement au carré du diamètre, or c'est l'un des plus importants.

Le rapport de l'effet utile à l'effet théorique est donc plus grand dans les fortes machines de 100 chevaux et au delà que dans les petites machines, plus grand aussi dans les machines simples et bien ajustées que dans celles qui sont compliquées ou en mauvais état, plus grand encore dans les machines à basse pression que dans les machines à haute pression, où les garnitures sont plus serrées.

Ce rapport se nomme *coefficient de construction*. Sa valeur est, d'après la généralité des auteurs et des constructeurs, pour un état moyen d'entretien :

    1° Pour petites machines de moins de 30 chevaux. . .   0,40
    2° Pour machines de 30 à 100 chevaux.   0,50
    3° Pour machines au-dessus de 100 chevaux..   0,60
    4° Pour machines de 600 chevaux et au-dessus.. . . .   0,70
    5° Pour machines compliquées de moyenne force. . .   0,35

Donc, voulant connaître le travail réel que sera capable de rendre une machine à vapeur donnée, on en calculera le travail et les dimensions, comme nous l'avons fait ci-dessus, sans s'inquiéter de la contre-pression ni des autres résistances passives. Puis on multipliera ce travail *théorique* par un coefficient de construction convenable ; le produit sera la mesure du travail réel cherché.

Soit, au contraire, une machine à construire pour produire une somme de travail donnée. On divisera cette somme de travail par le coefficient de construction, le quotient donnera le travail théorique d'après lequel le constructeur devra proportionner la course et la surface du piston suivant la méthode indiquée. On en verra des exemples ci-après.

565. Les constructeurs ne s'en tiennent pas là, et ils donnent presque tous à leurs machines une force réelle bien supérieure à la force *nominale* demandée. C'est ce qu'on remarque surtout pour les appareils de navigation où la force réelle en chevaux de 75 kilogrammètres dépasse parfois du triple la force nominale. Ce résultat, qui semble accuser les coefficients ci-dessus d'être trop faibles, ne prouve qu'un fait dont personne ne fait mystère : c'est que, dans la crainte des mécomptes et même pour mettre les machines en mesure de dépasser les promesses, les constructeurs sont dans le louable usage de calculer très-largement toutes les proportions de leurs machines. Mais quelques-uns sont tombés dans une faute grave : après avoir largement proportionné le générateur et l'appareil moteur proprement dit, notamment la surface du piston, ils ont négligé d'augmenter dans la même proportion la résistance des organes de transmission et des supports ; d'importantes avaries en ont été la conséquence.

En principe, il convient de proportionner très-largement toutes les dimensions d'une machine, pour trois raisons :

1° Leur dépense relative de combustible est moindre ;

2° Une machine dont les proportions dépassent les besoins rigoureux n'emploie qu'une partie de sa puissance ; ses articulations et ses organes se ménagent en subissant peu d'effort ; en un mot, elle ressemble aux moteurs animés qui s'épuisent vite en travaillant de toute leur force, et qui font longue vie en n'employant à un ouvrage donné qu'une partie de la force dont ils sont doués ;

3° La machine, par ses dimensions actuellement exagérées, est compatible sans transformation avec les agrandissements que reçoivent presque toujours ultérieurement les industries, surtout dans les usines. Nous connaissons des établissements dont la production a été ainsi doublée avec le même moteur qui, construit dans l'origine pour 30 chevaux de force, a réalisé jusqu'à 57 chevaux ; mais elle s'est alors très-fatiguée. On pourrait citer aussi l'exemple d'un bateau à vapeur de la Saône, dont la machine, portée de 40 à 70 chevaux par le simple remplacement de ses chaudières usées, a permis d'atteindre la vitesse des bons marcheurs de construction récente.

Les appareils largement construits coûtent sans doute davantage ; mais ce qui précède montre assez que ce n'est pas une dépense mal placée. Les conditions de légèreté et de réduction de volume sont donc les seules qui limitent forcément la dimension des machines.

Quoiqu'il y ait ordinairement une grande différence entre la force nominale et la force réelle des machines à vapeur, la quan-

tité de travail, appelée *cheval-vapeur*, n'en est pas moins une
unité constante, légale, incapable de donner lieu à contestation et
valant 75 kilogrammètres par seconde (6). Si un constructeur ne
peut donner moins, il est libre de donner plus et de livrer, pour
faire le travail de 20 chevaux, un appareil qui en pourrait développer le double ; mais, bien entendu, en restant dans les termes
de ses engagements, c'est-à-dire sans excéder le prix convenu, le
poids et les dimensions imposés.

564. Pour évaluer le travail d'une machine à vapeur, on se
sert du calcul ou d'instruments spéciaux.

Le calcul ne donne le travail que par une approximation plus
ou moins éloignée, mais qui souvent suffit, au moins comme indication.

1ᵉʳ Exemple. Soit à établir une machine à vapeur dont le travail utile demandé doit égaler 100 chevaux ou 7500 kilogrammètres par seconde. On impose, en outre, au constructeur les
conditions suivantes :

Pression initiale de la vapeur. 5ᵃᵗ
Pression finale. 0ᵃᵗ,5
Nombre de tours par minute (par seconde 0,7) .   42
Vitesse du piston par seconde. 1ᵐ,30

1° Le coefficient de construction étant pris à la valeur 0,6
(362), le travail théorique de la machine, d'après lequel on
calculera les organes, sera :

$$T = \frac{7500}{0,6} = 12500 \text{ kilogrammètres ;}$$

2° La vitesse du piston étant donnée *à priori*, $v = 1^m,30$, l'effort P exercé sur le piston par la vapeur, sera, d'après la formule
du n° 281 :

$$P = \frac{12500}{1,30} = 9615^k ;$$

3° La course du piston sera, d'après la formule du n° 290 :

$$C = \frac{1,30}{2 \times 0,7} = 0^m,928 ;$$

4° La détente commencera, d'après la première formule du n° 284, à une fraction de la course

$$n = \frac{0,5}{5} = 1 \text{ dixième},$$

soit après $0^m,09$ de course parcourue dans le cylindre par le piston. Voyons d'après cela quelle sera la pression moyenne p dont la valeur doit entrer dans la formule des n°⁵ 282 et 284 ; prenons, pour calculer cette pression moyenne, deux pressions intermédiaires entre les pressions initiale et finale données.

Après le 1ᵉʳ dixième, la pression n'est autre que la pression initiale, qui, pour 5 atmosphères (140), est. $5^k,165$

Après le 4ᵉ dixième, la pression $= \dfrac{5,165}{4} = 1^k,291$

Après le 7ᵉ dixième, la pression $= \dfrac{5,165}{7} = 0^k,737$

A la fin de la course (donnée *à priori*). . . . $0^k,516$

TOTAL . . . $\overline{7^k,709}$

dont la moyenne arithmétique est la valeur de la pression moyenne cherchée ;

$$p = \frac{7^k,709}{4} = 1^k,92.$$

4° La surface du piston, pour produire l'effort P voulu, sera donc :

$$S = \frac{9615}{1,92} = 5008 \text{ centimètres carrés},$$

dont le diamètre correspondant est $0^m,80$.

2ᵉ EXEMPLE. Soit une machine à vapeur donnée, où la vitesse du piston par seconde est $V = 1^m,30$; la surface du piston $S = 5008$ centimètres carrés, et la pression moyenne $p = 1^k,92$ par centimètre carré ; en prenant comme ci-dessus 0,6 pour le coefficient de construction, la quantité de travail $T = SpV0,6$, qu'elle pourra fournir, sera *effectivement* :

$$T = 5008 \times 1,92 \times 1,30 \times 0,6 = 7500^{km}, \text{ ou } 100 \text{ chevaux}.$$

3ᵉ EXEMPLE. Voulant réduire le travail moteur T à fournir par la même machine, à 50 chevaux ou 3750 kilogrammètres , sans ralentir la vitesse qui restera $V = 1^m,30$, à quelle valeur devra-t-on réduire la pression moyenne exercée sur le piston par unité de surface?

1° D'après la formule du n° 281, le coefficient étant toujours 0,6 , la pression totale sur le piston devra être réduite à

$$P = \frac{T}{0,6 \times V} = \frac{3750}{0,6 \times 1,30} = 4833 \text{ kilogrammes.}$$

2° Le piston ayant, comme ci-dessus, 5008 centimètres carrés de surface, la pression moyenne demandée sera $p = \frac{4833}{5008} = 0^k,96$ par centimètre carré.

3° Pour obtenir cette réduction d'effort, il existe, on l'a vu, deux moyens dans les machines à vapeur : restreindre la période d'introduction, et augmenter la détente si la pression finale nécessaire à conserver le permet ; sinon, restreindre la pression initiale en diminuant la tension de la vapeur. Dans le cas dont il s'agit, la pression finale atteint déjà l'extrémité des limites permises (285); on ne peut guère détendre davantage ; reste donc seulement à diminuer la pression initiale.

365. La quantité de travail développée par une machine à vapeur s'obtient directement par le dynamomètre. C'est un instrument dont le nom indique le but ; les principaux dynamomètres sont l'*indicateur* de pression de Watt, le *frein* de Prony, et surtout les *dynamomètres à style* du général Morin, instruments variés de manière à s'appliquer à tous les travaux industriels connus ; on en trouve l'emploi très-complétement décrit aux *Leçons de mécanique*, t. I⁰ʳ, du savant professeur.

L'*indicateur de pression* de Watt est un instrument d'un prix modéré, qui devrait exister partout où il y a des machines à vapeur à régler, car il donne le moyen de prendre sur le fait ce qui se passe dans le cylindre pendant la marche. Cet instrument se visse sur un des couvercles du cylindre à la place de son robinet-graisseur ou purgeur. Il se compose, en principe, d'un petit piston glissant à frottement doux dans une douille ; il est pressé, en même temps que le piston de la machine essayée, par la vapeur avec laquelle il communique librement, et il comprime à son tour un ressort dont les flexions indiquent la pression de la vapeur comme dans les manomètres à ressort (247). Les flexions du ressort sont marquées sur une bande de papier par un crayon qu'entraîne avec lui le bout déplacé du ressort, de la même manière que l'est l'aiguille dans le manomètre auquel nous le comparons. Pendant que ce crayon se meut de bas en haut, la bande de papier se meut elle-même transversalement devant lui, par un mouvement de va-et-vient, à l'aide d'un fil attaché à la tige du piston de la machine à vapeur, et d'un ressort de rappel que porte l'instrument.

De ce double mouvement il résulte sur le papier une courbe fermée du genre de la figure 21. La partie a, b, c, d, correspond à la course du piston, pendant laquelle la vapeur exerce sur lui sa pression motrice ; la partie d, e, f, a, de la courbe correspond à la période d'émission pendant laquelle la vapeur s'échappe du cylindre : le point de départ est en a. On voit que, dès le début de la course, le ressort a été comprimé brusquement par la vapeur jusqu'au point b ; après une petite déflexion, la pression s'est ensuite maintenue constante jusqu'au point c qui correspond environ aux 0,65 de la course.

La détente ayant alors commencé, la pression diminue progressivement, d'abord jusqu'à la ligne mn, à laquelle correspond la pression atmosphérique ; puis en dessous, jusqu'au point d qui correspond à la fin de la course et au moment où la vapeur commence à s'échapper du cylindre, cette période se continue jusqu'au point a, qui est celui du départ d'une autre course et d'une nouvelle admission de vapeur.

La longueur mn du papier étant proportionnelle à la course du piston, l'espace compris entre les deux parties de la courbe étant également proportionnel à la pression de la vapeur, il est évident que la surface comprise entre cette courbe représente le travail développé par le piston, et par suite sur le piston de la machine à vapeur pendant une course.

366. Donnons un exemple : soit $1^m,20$ la course du piston représentée par la ligne mn à une échelle quelconque ; soit de même, d'après une certaine échelle, $3^k,50$ la moyenne des pressions accusées par la flexion des ressorts de l'indicateur, laquelle

est représentée aux divers instants de la course par les lignes ponctuées perpendiculaires à la ligne *mn*. Le travail développé dont l'aire comprise dans cette courbe est la représentation graphique, sera $3^k,50 \times 1^m,20 = 42$ kilogrammètres.

Voilà quelle est la quantité de travail développée sur le petit piston de l'indicateur. Celui-ci est proportionné de telle sorte que la flexion des ressorts correspond aux pressions exercées sur chaque centimètre carré du piston de la machine essayée. Si donc le piston a 1000 centimètres carrés de surface, la quantité de travail par lui développée dans chaque cylindre sera $1000 \times 4,2 = 4200$ kilogrammètres, et s'il y a une cylindrée et demie par seconde, la quantité de travail total développée par la machine essayée sera $4200 \times 1,5 = 6300$ kilogrammètres par seconde ou 84 chevaux.

Quand on achète un indicateur de Watt, le fabricant joint à l'appareil tous les renseignements de nature à en faciliter l'emploi et l'installation. Néanmoins, c'est un appareil de précision qu'il ne faut employer d'abord qu'avec l'assistance d'une personne ayant l'habitude de semblables expériences. Se contenter d'en étudier le jeu dans les livres, c'est s'exposer bien certainement à le casser dès le premier essai. Aussi nous sommes-nous borné à expliquer le principe de l'appareil et les moyens de lire les courbes obtenues.

Les dynamomètres Morin donnent des courbes identiques non fermées, continues et du genre de celle de la figure 22. Il suffit de calculer, par des moyens de quadrature connus, l'aire de la surface comprise entre la ligne *xy* qui correspond aux pressions nulles et la courbe plus ou moins accidentée qui est tracée par le style ou crayon, comme dans l'indicateur de Watt.

Quant au frein de Prony, c'est un appareil dont le principe et l'emploi sont décrits dans la plupart des ouvrages élémentaires et recueils de mécanique que tout industriel possède, notamment dans le *Dictionnaire des arts et manufactures*, et que nous nous contentons de mentionner, d'abord parce qu'il ne s'emploie que dans des cas exceptionnels, par exemple, lors de la réception de la machine et en cas de contestation ; ensuite, parce que les deux premiers appareils, d'un usage plus simple, suffisent à tous les besoins.

CHAPITRE V.

Choix à faire entre les diverses machines à vapeur, classification et conditions générales de leur installation.

———

Le choix d'un type de machine à vapeur dépend du travail à produire et des circonstances locales. Nous allons exposer dans ce chapitre quelles sont les diverses sortes de machines à vapeur et quelles conditions générales tout type, quel qu'il soit, doit remplir.

§ 1. CLASSIFICATION DES MACHINES A VAPEUR.

567. Malgré leur extrême variété, toutes les machines à vapeur peuvent se ramener à un petit nombre de types.

On les distingue d'abord en machines à basse, moyenne ou haute pression, suivant le nombre d'atmosphères [1] exprimant la tension de la vapeur.

Les machines *à basse pression* sont celles où la pression de la vapeur ne dépasse guère celle de l'atmosphère. Elles sont nécessairement accompagnées d'appareils condenseurs; car la vapeur ne peut s'échapper dans l'air qui lui fait équilibre. On ne peut y appliquer la détente que dans une limite assez restreinte. Les machines où la pression de la vapeur est double ou triple de celle de l'atmosphère sont dites *à moyenne pression*. Dans les machines *à haute pression*, la tension atteint 10 atmosphères et au delà.

---

[1] Ce nombre d'atmosphères est écrit sur une plaque ou médaille de cuivre posée visiblement sur la chaudière et les cylindres par l'ingénieur de l'Etat chargé de présider aux essais prescrits par l'ordonnance de 1843 sur les machines à vapeur; il est défendu de cacher cette médaille et de dépasser la tension qu'elle indique.

Ces deux dernières classes de machines fonctionnent généralement avec une grande détente. On peut, par suite, leur appliquer économiquement la condensation ; elles sont alors de toutes les machines à vapeur celles qui dépensent le moins de combustible et utilisent le mieux la puissance expansive de la vapeur.

Quand on a besoin de garder la vapeur au sortir du cylindre, par exemple pour chauffer des étuves, ou bien quand l'eau est rare, quand la machine doit être avant tout simple et légère, on ne condense pas la vapeur, mais on la laisse s'échapper dans l'air par un tube, soit à sa sortie directe du cylindre, soit après avoir servi aux usages voulus. Sauf ces cas exceptionnels, il y a tout avantage à condenser la vapeur.

368. Le danger des *machines à haute pression* est un préjugé qui paraît même subsister encore, sinon chez les ingénieurs, du moins dans le public ; mais il est constaté par la statistique des explosions de chaudières, en France et en Angleterre, qu'il est arrivé plus de sinistres avec les basses pressions qu'avec les autres. On en donne plusieurs raisons ; voici la plus concluante, à notre avis : on verra qu'aucune chaudière ou machine ne peut sortir des ateliers ni être employée neuve ou après grande réparation sans avoir été essayée à une pression d'épreuve au moins double de la pression effective en service. Une épaisse chaudière à haute pression qui doit fonctionner en service à 8 atmosphères supporte donc l'énorme pression d'épreuve de 16 à 24 atmosphères, à laquelle correspond une température de 203 à 224 degrés (140). Ce sont des conditions que ne pourrait presque pas atteindre un chauffeur, même animé d'intentions coupables ; tandis qu'il est très-aisé de forcer jusqu'à la rupture les chaudières à basse pression, puisque la pression d'épreuve est égale à 3 ou 4 atmosphères au plus, avec une température correspondante de 135 à 145 degrés, très-facile à atteindre, pour peu qu'on active le foyer.

Mais les chaudières et machines à haute pression demandent plus de perfection d'ajustage ; car les fuites y ont plus de tendance à se produire. Les parties contenant la vapeur rayonnent une chaleur très-incommode pour les hommes de service, ce qu'on évite cependant en les enveloppant de matériaux mauvais conducteurs du calorique et en aérant les locaux. Aussi l'emploi des machines à haute pression et détente, avec ou sans condensation, se répand-il de plus en plus (voir le Mémoire à la Société des ingénieurs civils de Paris sur la navigation à vapeur, 1854).

369. Les machines à vapeur sont dites *à simple effet* quand la vapeur ne s'introduit que sur une seule face du piston, l'autre étant refoulée par la pression atmosphérique ; et *à double effet* quand les deux faces du piston sont alternativement pressées par la vapeur. A l'exception des pompes d'épuisement et de quelques outils, tels que les découpoirs à vapeur de Cavé, les machines à vapeur sont presque toujours à double effet. On a fait des tentatives pour revenir au système primitif des machines à simple effet ; l'une des plus remarquables est l'appareil à trois cylindres conjugués, appliqué à la navigation par Sceward ; il existe dans des steamers anglais, même de construction récente.

370. Les machines à vapeur sont à mouvement *alternatif* ou *circulaire*, à mouvement *continu* ou *intermittent*. On ne leur demande souvent qu'un simple mouvement rectiligne de va-et-vient. Tel est le cas des marteaux-pilons, des pompes hydrauliques ou pneumatiques. Ces machines sont très-simples : la même tige réunit ordinairement le piston à vapeur avec le piston de la pompe ou la charge à lever.

Quand on fait usage de balanciers, on attache directement à l'un de ses bouts la tige du piston à vapeur, et à l'autre bout la tige de la pompe. Ainsi sont installées les machines d'épuisement du Cornouailles (voir au second volume).

Le mouvement circulaire se produit, soit directement dans les systèmes dits *rotatifs*, soit par l'entremise de bielles et manivelles dans les machines ordinaires où le piston se meut par action rectiligne et alternative. Ce sont ces machines qui s'emploient dans les ateliers et manufactures pour mener des outils ou des métiers.

Les machines à vapeur à mouvement intermittent sont employées surtout à faire mouvoir des pompes à eau pour épuiser les mines ou remplir les réservoirs des villes. Les machines du Cornouailles sont le type le plus caractéristique de ce système. Ces machines sont ordinairement à simple effet, à très-grande course de piston, à détente et condensation, sans volant ni régulateur. Lorsque de vastes chaudières les accompagnent et que les cylindres à vapeur sont bien protégés contre le refroidissement, ainsi qu'il se pratique au Cornouailles, ces machines ont pour principal mérite de ne pas consommer plus de 1 kilogramme de houille de qualité moyenne par cheval et par heure.

371. Les machines à mouvement circulaire et continu sont de deux espèces : 1° elles ne font tourner l'arbre moteur que dans un seul et même sens. Telles sont celles qui meuvent les outils d'ateliers de construction, les métiers de tissage, les filatures, les laminoirs, etc.

2° L'autre espèce de machine fixe à mouvement continu ne diffère de la précédente que par l'addition des organes nécessaires au changement de direction du mouvement : telles sont les machines installées sur le carreau des mines pour opérer l'extraction du minerai, et toutes celles en général qui manœuvrent des monte-charges, bateaux et locomotives.

372. Au point de vue de leur service, les machines à vapeur se divisent en *fixes*, *locomotives*, *locomobiles* et de *navigation*.

Les *machines fixes* sont celles qui sont installées à demeure dans les usines et manufactures. Elles sont, suivant les circonstances de lieux et le besoin des industries, à haute, basse ou moyenne pression, avec ou sans détente et condensation. On n'adapte, en général, qu'une seule machine à l'arbre de transmission qui communique la force motrice. On y régularise le mouvement à l'aide d'une roue pesante nommée *volant* et d'un modérateur de Watt, qui règle l'entrée de la vapeur sous le piston, de manière à lui imprimer des vitesses sensiblement uniformes (voir n° 383).

Les *locomotives* sont ces machines bien connues qui, sur les chemins de fer, remorquent des convois en se traînant elles-mêmes. Elles sont toujours à très-haute pression, avec détente et sans condensation. La machine est *double et conjuguée*, c'est-à-dire qu'elle comprend deux cylindres à vapeur transmettant le mouvement de leur piston, chacun par un mécanisme distinct, à un même axe ou essieu, de telle manière qu'un piston soit à moitié de sa course quand l'autre arrive au bout de la sienne et au point mort. Les locomotives ne possèdent ni modérateur ni volant proprement dit, mais seulement les contre-poids mentionnés au numéro 354.

Les *locomobiles* sont de petites machines qui, par leur mécanisme, ressemblent ordinairement aux locomotives de chemins de fer. Elles ne sont pas, comme celles-ci, destinées à se transporter elles-mêmes, mais elles sont montées sur des chariots pour être, à volonté, changées de place et employées comme machines fixes à toute sorte d'usages dans les grandes exploitations agricoles ou industrielles. La condition essentielle de ces machines est d'être extrêmement simples, légères, faciles à manier et à entretenir. Elles sont, comme les machines fixes, munies de volants et de pendules coniques. Elles fonctionnent sous 4 à 5 atmosphères de pression avec détente, mais sans condensation.

Les *machines de navigation*, autrefois tout à fait analogues aux machines fixes, se rapprochent aujourd'hui de plus en plus des locomotives par l'agencement et les dimensions respectives des organes. On assemble ordinairement sur l'arbre qui porte le propulseur deux et même quatre machines conjuguées comme il vient d'être dit. Mais nous verrons qu'une seule suffirait, à certains égards, comme dans les manufactures, en l'équilibrant et en régularisant son mouvement à peu près comme M. Lechatellier l'a fait pour les locomotives.

375. Disons, en terminant cette énumération, que les grandes différences paraissant, au premier abord, exister entre les machines qui précèdent, se bornent, en réalité, à ce que, dans les locomotives, les locomobiles et les machines de bateaux, les organes sont plus ramassés, les mouvements moins amples et plus rapides que dans les appareils des manufactures. Ajoutons, si l'on veut, qu'en raison de leur vitesse et de leur réduction aux moindres poids et volumes, la conduite est peut-être plus délicate et la perfection d'ajustage plus nécessaire. Toutes ces différences tendent de plus en plus, d'ailleurs, à s'effacer.

Quant à la puissance des machines à vapeur, elle ne connaît presque plus de limite; des appareils de 500 et même de 1000 chevaux sont devenus communs; le célèbre steamer *Great-Eastern* a près de 12000 chevaux de force effective à bord.

§ 2. Divers systèmes de machines a vapeur.

574. Ces systèmes sont très-nombreux : chaque constructeur en a parfois plusieurs à lui ; nous ne pouvons donc les décrire, ainsi que nous l'avons dit dans l'Introduction. On les trouve presque tous dans trois grands ouvrages que possèdent les bibliothèques publiques, savoir : 1° *Traité des machines à vapeur*, par Julien et Bataille ; 2° *Dictionnaire de marine*, de Paris et Bonafous ; 3° *Treatise of screw propeller*, de Bournes, traduit et complété par Paris [1]. Tous ces systèmes peuvent se ramener à quatre types fondamentaux, savoir : la machine à balancier, à action directe, oscillante et rotative.

575. La machine a balancier a quatre variétés principales :

1° La machine de Watt, à cylindre fixe, vertical, à balancier dont l'axe est supporté par un entablement (fig. 37 et 90). Elle est décrite dans tous les ouvrages où il est question, même sommairement, des machines à vapeur. Ses seuls défauts sont d'être volumineuse, exigeant particulièrement beaucoup de longueur et de hauteur ; de renfermer beaucoup de matière, d'être par là lourde, et coûteuse d'établissement. Elle peut être à haute et basse pression, avec ou sans détente et condensation. Le remarquable équilibre qui existe entre ses organes lui assure une grande régularité.

2° La machine de Woolf ne se distingue essentiellement de la précédente que par l'existence de deux cylindres accolés au lieu d'un seul, pour obtenir de la détente en maintenant sur les cylindres une pression uniforme. Ce système est très en faveur dans les filatures.

3° La machine de Watt, pour bateaux, à balanciers latéraux, est la première renversée. Au lieu d'un balancier unique élevé sur un entablement, il existe de chaque côté de la machine un balan-

---

[1] Quant aux systèmes nouveaux, les recueils périodiques, tels que le *Bulletin de la Société d'encouragement*, les publications d'Armengaud, etc., les font connaître dès leur apparition.

cier dont l'axe d'oscillation est sur la plaque de fondation : l'arbre moteur, mû par les manivelles et la bielle, est alors sur l'entablement. Cette machine est particulièrement décrite dans le *Recueil industriel* d'Armengaud, le *Traité* de Julien et Bataille, et le *Traité* de J. Bournes (voir fig. 88).

4° La machine de Jackson et de Gache, pour bateaux, ne diffère essentiellement de la précédente que parce que ses balanciers ont leur axe à l'extrémité, leur point d'application de la résistance intermédiaire, et leur manivelle réduite relativement aux deux bras de levier. On voit encore ces machines dans les anciens bateaux de la Saône et de la Loire (voir fig. 89).

576. Dans la MACHINE A ACTION DIRECTE, A CYLINDRE FIXE, les lourds balanciers de Watt étant supprimés, le mouvement alternatif du piston est converti en mouvement rotatif par l'entremise d'une bielle attachée d'un bout à la tige du piston, et de l'autre à la manivelle de l'arbre moteur (fig. 29, 34, 36, 81 à 87, 94 à 96). C'est la machine actuellement à la mode, surtout en France. C'est le type des locomotives : tous les constructeurs se le sont approprié par divers systèmes d'installation ou disposition de détail, et il n'y a pas d'industrie où il ne soit appliqué. Bien qu'il soit l'un des plus simples et l'un des moins coûteux à établir, nous ne prétendons pas du tout que tous les autres types doivent s'effacer devant lui ; car on va voir qu'il a ses défauts. On peut en distinguer six variétés principales :

1° Les machines verticales occupent très-peu de surface, mais une grande hauteur (fig. 36, 81, 83, 95). Elles conviennent, par conséquent, aux appareils à mouvoir dont l'arbre de communication de mouvement est élevé. Mais le poids de la bielle, du piston et de sa tige s'ajoute en résistance dans la période ascensionnelle du piston, qu'il aide ensuite à redescendre ; il en peut résulter une irrégularité de mouvement, insignifiante, sans doute, dans les petites machines, mais très-sensible dans les grands appareils où les organes ont beaucoup de masse.

Pour éviter de donner trop de hauteur aux machines verticales directes, on a ramené l'attache inférieure de la bielle motrice, sur les côtés ou dans le milieu des cylindres, par un ensemble compliqué de traverses, de tringles et de glissières qui ont, au plus haut degré, l'inconvénient d'offrir par le poids une différence de résistance entre la montée et la descente du piston.

2° La machine directe horizontale (fig. 34) occupe peu de hauteur, mais une très-grande longueur. Elle est couchée sur une plaque de fondation ou un cadre facile à installer, d'une extrême solidité, contenant peu de matière et d'un prix relativement moins élevé que dans le système précédent. Son seul inconvénient est, avec la longueur, le danger qu'il y a de voir le piston ovaliser le cylindre, à moins qu'il ne soit porté sur une longue et forte tige traversant les deux couvercles.

3° La machine directe inclinée (fig. 80 et 87) tient le milieu entre les deux systèmes précédents. Moins haute que l'un, moins longue que l'autre, moins exposée que le premier à ce que la régularité de la marche souffre de la pesanteur des organes, les défauts des machines verticales et horizontales y sont affaiblis, mais son bâti est plus compliqué, son installation moins facile.

4° La machine à bielle en retour est très-fréquente dans la marine, en raison du peu d'espace réservé. Les formes en sont très-variées; les principaux types sont ceux de MM. Dupuy de Lôme (fig. 85), Mazeline et du Creusot. Ce qui les caractérise est que l'arbre à manivelle est très-rapproché du cylindre; deux ou quatre tiges de piston vont s'attacher à une traverse guidée de l'autre côté de l'arbre en pendant du cylindre, à côté ou au-dessous du condenseur; la bielle revient, de cette traverse vers le cylindre, mouvoir les manivelles de l'arbre.

5° La machine-pilon ou renversée (fig. 81) a son cylindre élevé sur un bâti à deux montants semblable à ceux bien connus du marteau-pilon des forges (fig. 50); l'arbre à manivelles est au pied de ces montants; entre eux ils guident la tige du piston, et l'intérieur de l'un d'eux sert de condenseur.

6° La machine à fourreau (Trunck-Engine), de Penn et autres (fig. 86), est une autre variété de machines directes, où la tige de piston proprement dite est remplacée par un gros cylindre creux dans lequel s'attache directement la bielle. Napier a placé le fourreau comme plongeur de la pompe à air en le reliant au piston par deux tiges ordinaires, la bielle est alors en retour comme dans le type quatrième ci-dessus.

377. La MACHINE A CYLINDRE OSCILLANT sur deux axes, dans laquelle les manivelles sont reliées directement à la tige du piston, est le type le plus simple et le moins volumineux (fig. 32, 33, 69, 70, 79, 92). On a réclamé pour l'Anglais Murdock l'invention de cette machine; la maison Bolton-Watt de Birmingham avait exposé, en 1851, à Londres, le petit modèle de ce mécanisme. On a dit aussi que le célèbre Watt lui-même l'avait proposé; mais ce qui est certain pour nous, c'est que M. Cavé l'a, le premier, construit à Paris, en 1814, pour une filature des environs de Paris. Il y a quelques années, J. Penn se l'est approprié en Angleterre par d'excellentes dispositions, qui ont été plus ou moins imitées par les constructeurs de tous les pays.

Quoique la machine oscillante soit à nos yeux l'une des meilleures que possède l'industrie, nous insisterons cependant sur ses deux défauts : 1° la distribution de vapeur est généralement assez compliquée et, par conséquent, assez difficile à manœuvrer, et à remettre en état, pour les mécaniciens peu habiles; 2° les coussinets, sur lesquels oscillent les axes du cylindre, fatiguent assez vite, leur remplacement et leur réparation constitue un travail délicat, important à très-bien soigner et assez pénible dans les grands appareils où il faut soulever un lourd cylindre. Cette machine, d'ailleurs, a besoin d'être construite avec un très-grand soin, le moindre défaut de précision dans les axes du cylindre doit être réparé avant la réception.

378. Les MACHINES ROTATIVES forment le quatrième type et sont ainsi nommées parce que la vapeur agit dans une espèce de tambour en imprimant directement le mouvement rotatif à l'arbre sans l'intermédiaire d'aucune bielle ni manivelle.

Il est à regretter que ce typte si précieux par son peu de poids et volume n'ait encore reçu que peu d'applications en grand. Voir à ce sujet le Mémoire lu à la *Société des ingénieurs civils de Paris*, en 1853, sur les bateaux à vapeur.

Les machines rotatives ont, jusqu'à présent, eu pour principal défaut d'être promptement hors de service par l'usure et de consommer beaucoup de combustible : le mémoire qui vient d'être cité mentionne cependant une machine rotative de Bishop et Rennie, qui aurait donné d'excellents résultats.

§ 3. CONDITIONS GÉNÉRALES DE TOUTE MACHINE A VAPEUR.

Quel que soit le type adopté et le travail demandé, il y a quatorze conditions générales qui président à l'installation de toute machine à vapeur :

579. PREMIÈRE CONDITION : le type de machine qui réunit au plus haut degré l'économie et la régularité à l'usage pratique, est la machine à un seul cylindre, à haute pression, détente variable et condensation, munie d'un volant et d'un modérateur, enfin accompagnée de chaudières et foyers à larges proportions. Tel est donc le type dont il faut se rapprocher en principe général.

Le type opposé au précédent est la machine à haute pression sans condensation, accompagnée de générateurs à faibles dimensions. Ce type l'emporte sur l'autre par la simplicité, la légèreté, le moindre prix de construction ; il dépense relativement peu d'eau, mais considérablement plus de combustible. Donc on le préfère quand l'eau est rare, le combustible bon marché, la production de vapeur à bas prix, et lorsque la simplicité, la légèreté, l'économie d'achat sont des conditions essentielles. On le préfère aussi quand on a besoin de conserver la vapeur après son service dans la machine, par exemple pour activer le tirage de la cheminée, comme dans les locomotives, ou pour chauffer des étuves, des calorifères, des séchoirs, etc.

580. DEUXIÈME CONDITION. Le degré de régularité voulu nécessite des dispositions spéciales. Toute machine à vapeur dont le mouvement a besoin d'être très-régulier est pourvue d'un modérateur (356) pour régler l'introduction de vapeur, et d'un lourd volant (45 et 353) qui emmagasine et restitue la force acquise par l'inertie dans les variations de travail.

Quand l'addition du volant n'est pas possible (c'est le cas des locomotives et des navires), on assemble sur le même essieu ou arbre moteur, deux ou un plus grand nombre de machines distinctes et conjuguées sous un certain angle, tant pour vaincre les points-morts des pistons à fond de course, que pour régulariser le mouvement (voir le mémoire cité au n° 378).

En général, la multiplicité des machines sur un même essieu est une complication et une source de résistances passives. A égalité de circonstances, deux machines rendront moins de travail utile qu'une seule machine de même force (voyez n° 362).

La multiplicité des machines est cependant nécessaire dans les cinq cas qui suivent :

1° Lorsqu'une seule ne peut suffire pour vaincre les points-morts du piston à fond de course. C'est le cas des machines sans volants, qui ont à fournir un mouvement circulaire, lorsque l'inertie de la masse qui se meut ne suffit pas pour faire elle-même l'office de volant ;

2° Lorsqu'on est conduit dans une machine unique à des dimensions de cylindres ou d'organes que ne permettent pas les circonstances de fabrication ou transport ;

3° Lorsque le travail moteur à fournir offre de telles variations qu'il ne faut donner habituellement que la force médiocre d'une machine, sauf à employer le renfort de l'autre dans les cas exceptionnels ;

4° Quand, la machine étant à grande détente et ne comportant pas de volant, il y a nécessité de substituer aux variations de pression résultant de la détente une somme de pression sur plusieurs pistons, donnant une pression moyenne à peu près constante. Ce point a été traité avec détail dans le mémoire sur les machines de navigation cité ci-dessus.

5° Lorsque, le travail à fournir étant continué pendant une longue période (c'est le cas des forges et de la navigation maritime), il faut pouvoir poursuivre la marche avec une des machines pendant qu'on remet l'autre en état.

Quand plusieurs machines sont assemblées sur un même arbre ou essieu, il importe que non-seulement les cylindres, mais la distribution et le mécanisme de transmission soient complétement distincts, en sorte qu'il suffise pour les isoler de les débrayer ou d'enlever en peu de temps un petit nombre d'organes communs. Toutes les fois que cette précaution n'est pas remplie, non-seulement on manque le but proposé, mais on augmente les chances d'arrêt en multipliant le nombre des pièces qui peuvent manquer.

584. Troisième condition. Une machine à vapeur doit toujours être combinée en vue de sa destination spéciale, sans règle absolue ; avant d'employer une machine construite non exprès pour cette destination, il faut s'assurer que ses organes sont de force à supporter le travail voulu en toute circonstance. Ainsi, par exemple, voici une machine à vapeur construite pour une filature, c'est-à-dire pour un travail régulier où les secousses sont inconnues ; avant de l'appliquer à une forge où il y a des chocs violents et des secousses et variations de travail de tous genres, il faut s'assurer que ses organes sont de force à supporter ces conditions. Même observation regarde la navigation : une machine de bateau de rivière ne peut aller en mer affronter la réaction des vagues, que si ses organes possèdent une résistance et une solidité d'assemblage superflues sur les eaux tranquilles. On pourrait multiplier ces exemples.

582. Quatrième condition. La simplicité des pièces, au point de vue de l'exécution, est aujourd'hui bien oubliée ; il semble que les dessinateurs s'appliquent à chercher des tours de force à faire exécuter par les forgerons et fondeurs. Non-seulement on augmente ainsi le prix de revient des machines ; mais, quand il faut remplacer les pièces cassées loin de l'atelier qui a fourni les premières, il y a souvent les plus grandes difficultés et les plus dures exigences à subir. Ces pièces, à 10 francs le kilogramme, qui n'entrent que trop souvent dans la machine, peuvent être de magnifiques échantillons d'habileté, bons à soumettre à l'admiration du public aux expositions ; mais elles sont déplacées dans la pratique courante. Ce qu'il y faut, ce sont les organes les plus simples à mouler, fondre, forger et ajuster par les ouvriers vulgaires et avec les procédés habituels ; voilà ceux dont on peut, à bas prix, perfectionner le fini ; qu'on peut remplacer partout, à peu de frais et sans de longs chômages.

Ici nous touchons à une grave question : faut-il donner la préférence aux organes exécutés d'une seule pièce sur ceux où des pièces multiples sont rapportées à boulons, rivets et mastics ? Cette question ne doit pas être seulement résolue par égard aux ressources d'outillage du constructeur et à l'habileté de ses ouvriers. Ce que le destinataire de l'appareil doit avant tout considérer, ce sont : 1° les ressources qu'il trouvera pour la réparation, au cas, toujours possible, où ces pièces manqueraient ; 2º le temps que demandera la réparation et le chômage qui en résultera. Sous la réserve de ce principe général, nous dirons que les organes en une pièce, s'ils sont plus longtemps à la fonderie et à la forge, occupent par contre moins longtemps l'outillage d'ajustage et que le montage en est beaucoup plus rapide. Il peut y avoir économie pour le constructeur, mais, dans la multiplicité des pièces rapportées, il faut qu'il y ait aussi économie de réparations et moins de chances d'arrêt pour le destinataire.

Un point essentiel encore pour la prompte et économique exécution ou réparation des machines c'est de les construire autant que possible avec des matériaux de dimensions usuelles et courantes dans le commerce, tels qu'on en trouve l'état chez les grands fournisseurs. Ceci s'applique particulièrement aux chaudières, à la tuyauterie, aux pièces cylindriques et prismatiques et méplates, qui ne dépassent pas les conditions moyennes et pour lesquelles le dessinateur peut très-bien accepter les dimensions courantes, au lieu de commander exprès des matières hors classe, n'offrant avec les autres que des différences insignifiantes.

583. Cinquième condition. La facilité des transports et de l'entrée dans les locaux doit encore toujours être prise en considération dans le choix d'un type de machines et la combinaison de ses organes. Que le constructeur et le dessinateur ne négligent aucun détail sur ces points : Quelles sont les voies de transport ? Quel est leur état de viabilité dans les diverses saisons ? Quelle charge peut-on leur livrer ? Quelles sont les dimensions de l'écoutille du bateau, ou de la voie de chemin de fer, ou de l'entrée de l'édifice construit, par lesquels devront passer sinon la machine, du moins ses plus grosses pièces non démontables ? La preuve que nous n'insistons pas ici sur des puérilités, c'est que, faute de renseignements assez précis, nous avons eu de fréquentes preuves de l'embarras où l'on s'est trouvé pour expédier à destination des machines construites hors des conditions voulues.

584. Sixième condition. On doit éviter, avec un grand soin, dans une machine, toute disposition qui peut, d'après les lois de la statique ou de la dynamique, donner lieu à des actions mécaniques de nature à contrarier le mouvement normal des organes.

Ainsi, nous savons que la pesanteur des organes contrarie le mouvement ascensionnel qu'on leur imprime, ou qu'un corps non symétrique tournant autour d'un centre, par exemple une manivelle, tend à se projeter au loin par sa force centrifuge. Donc tous les organes dont la pesanteur n'est pas équilibrée, tout organe dont la force centrifuge n'est pas annulée développera dans le jeu de la machine des *actions perturbatrices* ayant pour effet de nuire au rendement de travail utile et de causer des secousses.

La machine doit être combinée de telle sorte que les organes se fassent mutuellement équilibre. La classique pompe à feu de Watt était, à ce point de vue, un type parfait, que les systèmes modernes n'ont malheureusement pas assez imité.

L'inertie des organes animés de mouvements rectilignes alternatifs est éminemment propre à favoriser les actions perturbatrices dont il vient d'être parlé; elles doivent donc être neutralisées dans toute machine ayant besoin de régularité et de stabilité. Voir au numéro 353 les moyens proposés pour résoudre ce problème.

385. Septième condition. Autant les pièces fixes doivent être solidement *agrafées* les unes avec les autres dans une machine, autant ses articulations doivent être *gaies*, c'est-à-dire libres de jouer sans résistance et sans chauffer par excès de frottement, mais d'autre part, sans claquer, ainsi qu'il arrive quand il y a trop de jeu.

Une machine, même bien montée, a toujours ses articulations un peu serrées et un peu dures quand elle est neuve; mais elles ne tardent pas à se roder et à se polir. Bientôt ensuite elles s'usent et prennent du jeu; c'est pourquoi ces parties frottantes doivent être installées de manière qu'on puisse *donner du serrage* quand l'usure commence à faire claquer les articulations (voir n° 20).

386. Huitième condition. Quand une machine porte des pièces semblables, il faut que leur *identité* soit complète, à tel point qu'on puisse les installer indifféremment l'une à la place de l'autre. Ainsi, la machine a deux pistons, deux bielles, deux balanciers. Chacune de ces pièces, posée l'une sur l'autre, doit exactement coïncider. Le but qu'on se propose n'est pas d'intervertir les pièces à volonté ; même dans une machine neuve ce serait une vicieuse pratique ; mais on acquiert d'abord ainsi la preuve que la machine est bien montée et que les axes des différentes pièces passent par les points voulus ; car si, les pièces étant reconnues exactement semblables, elles ne peuvent entrer indifféremment à la même place, il y a gauche évident dans le montage.

L'identité des pièces analogues a pour autre résultat de simplifier les approvisionnements de rechange. Une bielle, un piston, un tiroir, etc., suffiront pour remplacer l'une des pièces de la machine venant à manquer ; tandis que ce serait une paire de pièces, et non une seule pièce, qu'il faudrait avoir comme rechange s'il n'y a pas identité entre les organes dont il s'agit.

Si l'on possède plusieurs machines semblables, on comprend combien cette identité devient nécessaire.

387. NEUVIÈME CONDITION. Afin de prévenir toute erreur dans l'assemblage des pièces de machines que le mécanicien peut être forcé de démonter et remettre en place, il importe qu'elles soient *repérées* de manière à rendre toute méprise impossible. Le meilleur système de repérage consiste à marquer d'un même signe les deux pièces qui se regardent ; l'une des grandes lettres D et G indique d'abord si la pièce à remonter occupe] la *droite* ou la *gauche* de l'appareil. Dans la marine, on leur substitue les grandes lettres B et T, qui correspondent aux mots de *babord* et *tribord*. Les autres lettres de l'alphabet, en plus petit caractère, indiquent des pièces ou séries de pièces. Celles-ci portent des numéros d'ordre ; enfin, un trait fortement tiré mi-partie sur les deux pièces indique qu'en les réunissant dans le montage, il faut que les deux parties du trait se fassent exactement suite.

Ainsi, soit une double machine montée sur une même plaque de fondation, qui porte à certains endroits les grandes lettres de repère D et G, le cylindre qu'on doit poser à droite sera marqué D, l'autre portera la lettre G ; un trait sur chaque cylindre, devant coïncider avec un trait semblable sur la plaque de fondation, indiquera juste leur place. Les pièces de la machine de droite seront à leur tour marquées de la grande lettre D ; les autres, marquées de la lettre G, appartiendront à la machine de gauche ; enfin, sur chaque cylindre, le couvercle est attaché par un grand nombre de boulons : on leur aura donné, par exemple, parmi les autres pièces, la petite lettre *o*, à laquelle sont ajoutés les numéros d'ordre 1, 2, 3..., qui se retrouveront avec la lettre sur chaque boulon, chaque écrou, chaque goupille et sur chaque trou percé dans le collet du cylindre et du couvercle.

588. DIXIÈME CONDITION. La plus grande facilité pour soigner la machine en service, voilà encore un des points généraux les plus essentiels. Il faut pouvoir graisser les articulations de la machine sans danger, sans arrêter la marche ; il faut qu'en se plaçant à un poste déterminé et à la portée des organes de conduite (qui doivent être tous réunis sous la main), le mécanicien puisse facilement inspecter tout le mouvement. Il importe enfin que, pour le surveiller de près et reconnaître les chocs ou les grippements, il soit ménagé tout autour de la machine des passages, des galeries, plates-formes et ponts, munis de mains-courantes, où l'on puisse circuler en toute sécurité.

Il faut encore que tous les organes puissent, en cas de besoin, être démontés et enlevés, sans qu'il y ait nécessité de défaire un grand nombre de pièces. Ceci s'applique avec un soin tout particulier aux pièces susceptibles de se déranger ou de se détruire rapidement ; telles sont les parties frottantes en général, les paliers et coussinets ; les tiroirs et appareils distribuant la vapeur, les couvercles de cylindres, les pistons et leur garniture, les clapets des pompes, les tuyaux de conduite sujets à s'engorger et les ressorts dont le serrage a besoin d'être réglé. Il faut qu'on puisse très-aisément atteindre ces organes et les mettre en état, sans démonter autre chose qu'un petit nombre de couvercles et de boulons ou clavettes. Quant aux gros cylindres, bâches, chaudières et autres grands réservoirs fermés par de grands couvercles, qu'on ne pourrait que péniblement enlever, ils portent un trou d'homme (262) facile à démasquer, par lequel on entre dans l'intérieur.

Tout appareil à vapeur où ces diverses conditions ne sont pas remplies est dangereux et non recevable.

Il en est de même de la faculté qui a dû être laissée pour le nettoyage des parties principales. Quant aux chaudières, l'instruction ministérielle du 14 juillet 1843 les déclare incapables de servir s'il est impossible de les nettoyer *à fond* en cas de besoin.

On ne saurait trop appeler l'attention des constructeurs sur ces précautions ; car, dans notre temps surtout, où chaque ingénieur prend à tâche d'innover, nous avons vu très-souvent des machines, bien étudiées dans leur ensemble, causer de graves embarras dans le service par le peu de facilité qu'on avait de les inspecter, soigner et démonter. Ces points sont si essentiels que ce n'est pas seulement l'impossibilité qu'il faut craindre, mais l'absence de la plus grande facilité. Toute machine que le mécanicien ne pourra pas soigner et inspecter sans s'exposer, sera toujours, *en fait*, plus ou moins négligée, quelle que soit la sévérité des règlements.

389. Onzième condition. La dilatation et le retrait des pièces soumises à des variations notables de température, soit par l'effet de la vapeur, soit par celui des conditions atmosphériques en certains climats, réclament de grands soins dans la disposition des machines. Les chaudières, conduits, réservoirs de vapeur doivent donc pouvoir obéir librement à ces variations de dimension, à moins qu'elles n'aient qu'une petite longueur ($0^m,50$ au plus) ; sinon, il en résulte des désorganisations graves.

Les premières fois qu'on chauffe une machine, on devrait ne pas trop serrer les assemblages, afin que leur *effet* puisse se faire, et ne les serrer définitivement qu'après quelques jours de service. Nous avons vu des machines montées avec grand soin aux ateliers, où il a été reconnu ensuite des *gauches* si notables que, très-certainement, les épreuves elles-mêmes n'eussent pas pu s'effectuer sans qu'il y eût eu grippement des pièces flottantes déviées.

Selon nous, de tels dérangements n'ont pu s'expliquer que parce que les matériaux ont inégalement joué par la dilatation, que la déformation permanente signalée aux nos 80 et 171 n'a pas été égale non plus, et que le seul moyen de les éviter eût été un essai préalable à chaud des pièces, afin qu'elles aient pu subir leur effet avant leur pose définitive. Cela, sans doute, est rarement possible dans la pratique, mais on y trouve au moins l'explication de ce fait, qu'il faut presque toujours retoucher une machine après quelque temps de service, et redresser diverses pièces qu'on accuse faussement le constructeur d'avoir mal exécutées.

590. Douzième condition. En général, il faut éviter le plus qu'on peut, dans la construction des machines, le contact de métaux différents pour les pièces mouillées d'eau, en raison des effets galvaniques, plus ou moins sensibles, qui se produisent, et peuvent avoir divers effets, parmi lesquels il y en a un bien constaté, savoir la destruction. Lorsque l'eau est tout à fait *douce*, ces effets sont insignifiants; mais, avec les eaux salées ou acides, ils sont tellement violents, qu'il en résulte une très-rapide destruction de la matière métallique.

Outre l'effet galvanique, il y a l'action simplement oxydante des eaux acides et salées qui fait proscrire les métaux facilement oxidables de toutes les parties de la machine qui menacent de se désorganiser rapidement par cet effet. C'est ainsi, par exemple, qu'au fer forgé ou fondu on substitue le bronze ou le cuivre pour les tubes de chaudières, les pompes, etc., de bateaux marins.

591. Treizième condition. La sécurité demande encore contre les ruptures deux précautions :

1° Les pièces de l'appareil qui, en s'arc-boutant à la suite d'une rupture, peuvent causer de graves désordres, doivent être installées de manière que leur *chute soit retenue* dans les limites voulues pour éviter le danger. Les locomotives offrent un exemple de cette précaution dans l'installation des bielles : il existe une traverse ou un cadre qui les reçoit quand elles se détachent, et les empêche de toucher la terre où elles prendraient un point d'appui capable de soulever la machine et de la jeter hors de la voie. Il y en a des exemples. Précaution analogue doit être prise dans toute machine à vapeur, pour toute pièce menaçante, en cas de rupture ou de chute.

2° On doit *blanchir* à la lime ou à la meule, au moins sur champ, les pièces qui *fatiguent*, dont la rupture peut causer de graves accidents, et en particulier les bielles et manivelles, ainsi que les arbres. Le but qu'on se propose est de rendre les pailles, fentes, criques et commencements de rupture très-visibles dès le début, tandis qu'ils ne peuvent être aperçus sur les pièces brutes et peintes que lorsque le mal a déjà fait d'irrémédiables progrès. Les gros balanciers de fonte ne se peuvent cependant pas blanchir sans de grandes dépenses. Les autres pièces restent brutes ou sont peintes en couleurs foncées, afin de laisser mieux trancher sur elles les pièces qu'il y a nécessité de blanchir.

392. QUATORZIÈME CONDITION. Les chaudières et machines doivent être installées d'une manière commode et salubre pour les mécaniciens et les chauffeurs. Si elles sont dans un local fermé, celui-ci doit être ventilé, non-seulement pour éviter que la chaleur rayonnante y rende le séjour intolérable, mais afin que l'air ambiant, trop dilaté et appelé dans le fourneau à travers la grille du foyer, ne soit pas, sous un volume donné, trop peu riche en oxygène, ce qui nuit à la combustion (voir n° 87).

Les chambres des chaudières et des machines sont trop souvent des caves sans jour et sans air, d'une insalubrité scandaleuse, où la vie des chauffeurs court des dangers réels, et nous ne craignons pas d'appeler sur ce point l'attention de l'autorité administrative.

En principe, les chaudières doivent être dans un milieu frais et ventilé, sauf à les garantir du refroidissement par des enveloppes protectrices. Quant à la machine, ce ne sont pas seulement les récipients de vapeur, mais toutes les pièces, moins le condenseur, qu'il faut tenir au chaud dans des endroits fermés.

Afin de rendre les manœuvres expéditives, il importe que les soutes ou magasins de combustible soient à proximité des foyers, que les outils, tels que les manettes et les clefs pour le serrage des écrous et clavettes, ainsi que les appareils à graisser la machine, les outils nécessaires à la conduite ou à l'abatage du feu, soient sous la main du mécanicien, afin qu'il puisse s'en servir au premier signal de détresse.

Nous reviendrons sur ces points en examinant les conditions spéciales à chaque classe de machines à vapeur.

393. QUINZIÈME CONDITION. La construction des machines à vapeur doit être très-soignée dans tous ses détails ; car il n'est pas une des pièces qui n'ait son importance, et dont le défaut ne puisse gêner le mécanicien dans sa conduite.

Parmi les menues pièces, que l'attention serait d'abord portée à dédaigner, il faut nommer les boulons et les écrous ; il importe que leur mise en place soit très-soignée, leur taraudage et leur dimension parfaitement calibrés, suivant les dessins convenus, et il serait à désirer que, pour toutes les pièces mécaniques courantes, il y eût des types réglementaires qu'on pût se procurer partout (voir Mémoire de M. Benoît Duportail, *Technologiste*, 1857).

Nous connaissons plusieurs machines où de graves désordres ont eu lieu par le seul fait des cylindres qui ont remué, ayant été attachés avec des boulons mal installés. Nous avons vu aussi une chaudière où le tuyau amenant l'eau d'alimentation vint à crever ; le mécanicien, heureusement protégé contre le jet d'eau bouillante et de vapeur, s'empressa de courir au robinet de sûreté qui existait au bout du tuyau rompu sur la chaudière ; il se manœuvrait avec l'une des clefs ; mais il se trouva que, par la négligence de l'ouvrier monteur qui avait mal calibré le carré du robinet, il n'entrait dans aucune des clefs fournies ; pendant ce temps, la chaudière continua de se vider, le ciel du foyer fut bientôt découvert, le métal brûlé et l'appareil condamné.

Ces deux exemples, qu'on pourrait multiplier, prouvent que l'installation des machines mérite, dans leurs moindres détails, les plus grands soins du constructeur et du mécanicien

CHAPITRE VI.

Direction et entretien des machines à vapeur en général.

---

§ 1. Opérations préliminaires.

394. Nous avons exposé jusqu'ici les principes d'après lesquels sont installées les machines à vapeur. On a même déjà vu comment se gouvernaient le générateur (265), le condenseur (325), la pompe alimentaire (236) et les autres accessoires (229). Il reste à poser quelques règles générales sur la direction de l'appareil moteur proprement dit.

Nous examinerons dans ce chapitre les opérations préliminaires qui doivent précéder la mise en marche, les manœuvres, les soins d'entretien, et nous terminerons par quelques observations sur les devoirs du mécanicien. Quant aux opérations préliminaires, elles comprennent la garniture des stuffing-boxes et des joints, le graissage, l'approvisionnement, la visite et l'essai.

I. — Garniture des stuffing-boxes ou boites à presse-étoupes.

395. Ces appareils, que le nom seul définit, sont placés dans la machine à vapeur et sur la chaudière, partout où il faut hermétiquement fermer les issues autour d'une pièce en mouvement, qui sort d'un récipient ne devant avoir aucune communication avec l'extérieur. Les principaux stuffing-boxes sont ceux de la tige du piston à vapeur, des tiges de pompes et de tiroirs, et celui des tourillons de cylindre à vapeur oscillant.

On distingue dans un stuffing-box : d'abord la *boîte* qui entoure la pièce mobile, en laissant entre deux un vide que remplit la *garniture* faisant joint ; le *siége* ou *grain* est un anneau en bronze, fonte, fer ou acier, ajusté au fond de la boite, laissant juste passer la pièce mobile, susceptible d'être enlevé et changé quand il est usé, et assez solide pour supporter l'appui de la garniture sous la pression du *chapeau* ou *presse-étoupes* qui le comprime, à l'aide d'*écrous* qu'on serre à volonté. Le dessus du chapeau forme autour de la tige une cuvette pour recevoir la matière lubrifiante.

596. Garnir un stuffing-box, c'est remplir avec une substance compressible le vide laissé dans la boîte autour de la pièce mobile, de manière à boucher les fissures sans entraver le mouvement de la pièce elle-même. Cette garniture demande un très-grand soin. Ouvrez la boîte en enlevant le presse-étoupes, videz-la, nettoyez-la complétement, et assurez-vous que l'anneau du fond, nommé grain, n'a pas besoin d'être remplacé.

Il y a plusieurs sortes de garnitures ; voici d'abord la plus ordinaire : faites, avec de la *corde molle* de chanvre ou coton peigné, des tresses un peu plus grosses que les trous de la boîte à garnir, les plus longues possible, et finissant insensiblement par brins effilés.

Ces tresses doivent être faites très-régulièrement à nœuds égaux, médiocrement serrés, de même largeur et dureté ; on les bat ensuite avec un bout de planche pour les rendre plus compactes et achever de les égaliser. Trempez-les dans du suif fondu, à moins qu'elles ne soient destinées à des garnitures de pompes à eau et à clapets, auquel cas c'est avec de l'eau douce qu'on imbibe les tresses. Posez celles-ci tout de suite autour de la tige ou pièce mobile, et forcez-les d'entrer dans la boîte à l'aide d'un matoir en bois, sur lequel vous frappez modérément à coups de marteau, en suivant le contour de la pièce. Quand la boîte est remplie, moins 1 centimètre, posez le presse-étoupes, et serrez ses écrous jusqu'à ce qu'il soit descendu au tiers de la boîte. S'il descend trop aisément, c'est que la garniture est insuffisante ; enlevez-le donc de nouveau ; mettez de nouvelles tresses dans la boîte jusqu'à ce qu'on puisse compter sur une fermeture étanche autour de la pièce mobile, sans qu'on soit forcé de descendre le presse-étoupes au-dessous du premier tiers dans sa boîte, car il importe de réserver du *serrage* pour un temps assez prolongé de service.

Trois précautions sont donc, en résumé, nécessaires quand on fait une garniture : 1° les tresses doivent être enfoncées et serrées très-également dans la boîte autour de la tige mobile, sinon on risque de décentrer celle-ci : quoique ce travail se fasse avec une certaine force, il n'y faut cependant pas mettre de brutalité ; 2° quand on replace le presse-étoupes et qu'on serre ses écrous, prenez soin de le descendre droit dans sa boîte ; en serrant successivement les écrous, ne leur faites pas faire à chaque fois plus de un ou deux tours ; 3° s'il faut éviter de trop enfoncer dès l'abord le presse-étoupes dans sa boîte, il faut aussi s'assurer qu'il ne gêne pas le retour de la coquille, la traverse, etc., que porte l'extrémité de la tige ; car les constructeurs laissent quelquefois peu de jeu entre ces pièces et les stuffing-boxes.

597. Au chanvre et au coton on substitue quelquefois le caoutchouc pour les presse-étoupes dont la garniture subit peu de fatigue. Pour les pistons et les tiges en mouvement, qui usent en peu de temps leur garniture, le caoutchouc ne peut être employé, quoiqu'il résiste mieux à la chaleur que le chanvre et le coton.

Le caoutchouc naturel est fusible à une faible chaleur et ne peut presque pas être employé dans les machines à vapeur. Le caoutchouc vulcanisé, c'est-à-dire rendu moins fusible par son union avec le soufre, résiste à une chaleur au moins égale à celle du chanvre, mais il ne peut être employé lorsqu'il y a des épanchements d'huile à craindre, car l'huile dissout rapidement le caoutchouc. Le caoutchouc vulcanisé, propre à faire des garnitures, se vend tout préparé chez les fabricants spéciaux.

Pour les petits stuffing-boxes, dont le diamètre et la profondeur n'ont que 2 ou 3 centimètres, on découpe dans une feuille épaisse de caoutchouc de petites rondelles de même section que celle du trou à remplir. On en garnit la boîte presque jusqu'en haut, et on pose le chapeau avec les précautions qui précèdent. Les gros et profonds stuffing-boxes se garnissent avec des rondelles toutes préparées sur commande chez le fabricant. Leur section correspond à l'ouverture du stuffing-box ; leur épaisseur est de 3 à 4 centimètres au plus. On les place en nombre suffisant dans la boîte, non pas superposées l'un sur l'autre, mais en les séparant avec une mince rondelle de tôle, de zinc ou de fer blanc, puis on replace le chapeau comme à l'ordinaire.

II. — Garnitures métalliques des pistons, etc.

398. Les garnitures dont il vient d'être parlé ont été appliquées à toute autr organe mécanique que les presse-étoupes. Même dans ceux-ci elles s'usent vite, elles perdent toute leur élasticité, se durcissent comme du bois, s'usent par le frottement ; enfin, elles résistent à peine à 200 degrés de température. Ayant, en outre, besoin d'être très-serrées pour former un joint étanche, elles sont cause d'une grande déperdition de force due au frottement des pièces qui les traversent. Tredgold estime que les pistons garnis de chanvre des machines à vapeur, même à basse pression, peuvent consommer jusqu'à un dixième de la force totale produite par la machine.

On substitue donc, quand on le peut, les garnitures métalliques aux tresses faites aveb du chanvre ou du coton, entre autres, pour les pistons à vapeur, les tiroirs, les tiges de piston non cylindriques ou d'un très-gros diamètre, tels que ceux des machines dites trunck-engine de Penn et les pistons-fourreaux elliptiques de Cavé (machines marines du *Chaptal*, de *l'Isly* et de *l'Eylau*).

Ces garnitures métalliques donnent un frottement plus doux. Il ne serait, d'après Tredgold, pour les pistons à vapeur, que les 0,7 au plus du frottement de pareils pistons garnis de chanvre.

L'appareil, alors, n'a presque plus rien de commun avec les boîtes à étoupes : dans une cavité convenablement ménagée et venue de forge ou de fonte avec la pièce, sont placés, sur deux rangs au moins, des cercles ou segments de cercle que des coins pressés par des ressorts repoussent pour boucher les fissures. Ainsi donc, toute garniture métallique comprend cinq séries de pièces : 1° les pièces frottantes ; 2° celles qui les serrent et appliquent contre la surface frottante opposée ; 3° les moyens de réglage, de serrage ; 4° la boîte fermée comprenant cet ensemble de pièces ; 5° les moyens de lubrifiage s'il se peut.

Il existe une grande variété de semblables garnitures, qui remplissent les ouvrages descriptifs. Le plus simple système consiste en deux cerceaux complets superposés, dont chacun est ouvert en sens contraire par un seul joint, avec un seul coin et un seul ressort qui le force à s'ouvrir.

Les cercles ou segments sont en acier, en bronze ou en fonte douce à grain serré. Les premiers sont sujets à gripper, et quand ils se dérangent, ils burinent pour ainsi dire les parois environnantes, au point de les mettre hors de service. Ceux en bronze donnent un frottement très-doux, mais ils s'usent vite et inégalement, à cause du peu d'homogénéité qu'ils présentent, pour peu que l'alliage n'ait pas été bien brassé (voy. nᵒˢ 30 et 34) ; ils sont en outre coûteux. Les segments de fonte douce, mais à grain très-serré, sont ceux qui paraissent jusqu'ici avoir le mieux réussi, principalement dans les pistons de locomotives, où les auteurs du *Guide* les recommandent, à l'exclusion des autres métaux.

399. Les garnitures métalliques n'ont besoin d'être visitées par le mécanicien que lorsqu'elles laissent des fuites. On les découvre alors ; on examine attentivement leur assemblage, on numérote les pièces, de crainte de confusion dans le remontage, on règle le serrage des ressorts qui les repoussent, de manière qu'ils portent bien partout où il faut. On a soin de les serrer peu ; car ils se dilatent par la chaleur, ainsi que les autres pièces de la garniture, surtout quand elles sont en bronze ; enfin, le mécanicien se rappellera que les garnitures métalliques ne donnent un joint parfait qu'au bout de vingt à trente heures de service. Si, après les avoir remises en état, quelques fuites subsistaient encore, il ne s'en inquiétera pas, et il se contentera de s'assurer seulement que les fuites n'augmentent pas et ne l'obligent pas à retoucher son travail.

Une fois les garnitures métalliques bien installées, elles durent longtemps, mais l'installation est un travail des plus minutieux. Toutes les pièces doivent porter et s'appliquer, à frottement doux, les unes sur les autres avec tant de précision, qu'on doit enlever les moindres saillies, non-seulement à la lime, mais au grattoir.

III. — Garniture des joints.

400. Les joints sont la jonction de deux pièces raccordées par des boulons, clavettes, étriers ou brides ; tels sont les bouts de tuyaux, les couvercles de cylindres, les ouvertures de chaudières, etc... Entre ces pièces, même bien ajustées, il est nécessaire, pour intercepter les fuites, de placer une couche de mastic mou qui se durcit ensuite et rend la jonction étanche. C'est ce qu'on appelle *faire* ou *garnir un joint*.

Il y a plusieurs sortes de joints :

1° Le *joint à bride* ou *à collets boulonnés* ; ainsi se raccordent les tuyaux susceptibles d'être démontés (fig. 17 *a*), les couvercles de cylindres et les boîtes à clapets de pompes. Entre les surfaces de collets qui se regardent, on applique, suivant les cas, un mastic ou une des matières analogues ci-après, puis on serre les boulons. Les parties qui se regardent dans les collets doivent être bien dressées, et munies de rainures ou piqûres, nécessaires pour retenir le mastic et l'aider à faire corps avec les surfaces réunies. En outre, l'une des pièces s'engage ordinairement dans l'autre avec un cône *très-faible*, bien ajusté, de manière que la garniture placée entre les collets ne fasse que compléter un joint déjà étanche par lui-même.

2° Le *joint glissant* ou *à emboîture* (fig. 17 *b*) s'emploie pour les pièces raccordées qui, par la dilatation, sont susceptibles de s'allonger, et en particulier pour réunir deux longs tuyaux de conduite ; l'un d'eux possède un renflement dans lequel entre l'autre non jusqu'au bout, mais avec un certain jeu. C'est une espèce de stuffing-box (395) qu'on remplit d'une des substances ci-après.

3° Les *autoclaves* sont des couvercles qui bouchent *du dedans au dehors* les ouvertures de chaudières, réservoirs et chambres où il existe une pression. Une armature et un boulon les retiennent en dehors. Le joint se fait intérieurement. Quand on place un autoclave, il faut veiller à ce qu'il porte d'aplomb, en adhérant sur tout son contour (voir n° 261). Les autoclaves de petite dimension, de moins de 1 décimètre, par exemple, sont incommodes pour faire le joint. La main y passe péniblement pour appliquer le mastic, et il est difficile de rendre la fermeture étanche; on préfère alors des bouchons taraudés ou des couvercles boulonnés analogues à ceux des cylindres (voir n° 333).

401. Les matières servant à garnir les joints sont :

1° Le caoutchouc naturel ou vulcanisé dont il est parlé au n° 397. On l'emploie en bandes ou en rondelles découpées dans des feuilles de 5 à 10 millimètres d'épaisseur, lorsqu'il n'y a ni trop forte chaleur ni épanchement d'huile à craindre.

2° Les tresses de chanvre, dites corde molle, dont il est parlé au n° 396. On les emploie, comme le caoutchouc, pour les couvercles sujets à être démontés, soit à leur état naturel, soit après les avoir frottés d'un des mastics ci-après.

3° Le plomb et le soufre fondus et coulés dans le joint. On obtient ainsi un scellement plutôt qu'un joint proprement dit. On emploie ce procédé pour les pièces qu'on ne doit plus démonter, et qui ne supportent qu'une faible chaleur.

4° Le cuir, le carton et le plomb en feuille ne peuvent convenir que pour les joints des pièces parfaitement dressées, qui ne supportent ni chaleur ni forte pression. On les emploie tantôt seuls, tantôt couverts de mastic sur chaque face, et sur 4 ou 5 millimètres d'épaisseur.

5° La toile métallique fine, recouverte des deux côtés d'une couche de mastic ou même simplement saupoudrée de minium, céruse, terre de pipe ou blanc d'Espagne, suivant les cas, s'emploie de même entre pièces bien dressées.

6° Les mastics, enfin, sont des pâtes molles qui, à la chaleur et à l'air, prennent une grande dureté. On en distingue quatre principaux, savoir : le mastic de fonte, le mastic de minium, le mastic Serbat et le mastic de chaux. L'importance des deux premiers exige quelque développement.

402. Le mastic de fonte est un mélange de tournure de fonte grise non oxydée, médiocrement fine, de fleur de soufre et de sel ammoniac délayés dans l'eau ou l'urine.

Le sel ammoniac fait adhérer les molécules de fonte; mais quand le mastic en contient trop, le métal est attaqué, se pulvérise et se ronge; on doit donc en mettre moins quand on imprégne le mélange d'urine ou d'eau de mer, qui en contiennent déjà par nature. On y ajoute souvent une dose de cette poussière ferrugineuse qui s'amasse dans les auges de meules à aiguiser, pour faciliter, dit M. Paris (*Dictionnaire de marine*), l'union de la fonte et du soufre. Enfin, on ajoute aussi, dans le même but, une petite dose de crocus (oxysulfure d'antimoine), poudre brune, opaque et douée d'éclat métallique qu'on trouve chez les fabricants de couleurs.

En résumé, la composition du mastic de fonte est très-variable. Voici quelques recettes dont on nous a certifié le bon emploi pour les chaudières, et à plus forte raison pour les autres joints.

	FONTE.	FLEUR de soufre.	SEL ammoniac.	CROCUS	AIGUISERIE.	
	gram.	gram.	gram.	gram.	gram.	
Employé dans les ateliers de M. Cail, à Paris...	1000	20	10	0	0	Eau douce.
Id. chez M. Cavé...	1000	10	5	0	0	
Id. chez ***, chaudronnier à Paris...	1000	125	125	55	0	
Id. chez *** ...	1000	160	80	0	0	
Indiqué par M. Paris (*Dictionnaire de marine*)...	1000	50	25	0	Quantité indéterminée.	Eau de mer.
Indiqué par M. Janvier (*Manuel des machines à vapeur*)...	1000	83	85	0	85	
Employé au port de Lorient...	1000	40	40	0	0	
Indiqué par M. Ortolan, pour la marine...	1000	160	10	0	0	Eau-de-vie.
Mastic d'Aquin pour appareil à gaz...	980	10	10	0	0	Eau douce.

403. Le mastic de fonte s'emploie ordinairement à froid et rarement à chaud. Pratiquez ainsi qu'il suit dans les deux cas : Pour l'emploi à froid, mêlez les ingrédients dans un mortier avec une spatule en fer, et juste ce qu'il faut d'eau pour former une pâte médiocrement épaisse ; quand celle-ci est faite et afin de la protéger contre le contact oxydant de l'air, couvrez-la de 1 ou 2 centimètres d'eau pure et douce. Elle peut ainsi se conserver pendant quatre ou cinq jours dans un vase fermé. Pour employer le mastic, versez-le, le moins humecté possible, dans le creux à remplir, avec la spatule; par petite quantité à la fois, et damez fortement avec un matoir, sur lequel vous frappez à grands coups de marteau; n'attendez pas que le mastic damé soit sec pour en verser, s'il y a lieu, une nouvelle dose; car le mastic frais adhère mal au mastic sec, et le joint serait manqué.

L'emploi à chaud du mastic de fonte n'a lieu que pour boucher des fuites et faire des joints dans les parties exposées à un feu très-violent: l'ouvrier, pour le réussir, a besoin de cette habitude qu'on désigne sous le nom de *tour de main*. Faites chauffer dans un pot de fer solide et avec *peu d'eau* les ingrédients que vous versez peu à peu, en remuant continuellement le mélange. Dès que l'odeur sulfureuse trahit la vaporisation du soufre et que le mastic est presque sec, n'entretenez plus qu'une très-faible chaleur et employez vite le mastic par petites doses, parfaitement damées, comme il est dit ci-dessus.

Le joint à chaud est encore plus solide, plus adhérent, plus dur et moins attaquable par le feu que le joint à froid; mais celui-ci est lui-même si dur, qu'il résiste au burin et à la lime. Pour défaire ce joint, il faut l'humecter avec de l'acide sulfurique modérément étendu d'eau; la fonte du mastic se ronge, le mastic lui-même se ramollit, et on l'enlève à mesure. Cette opération, fort délicate, ne doit pas être abandonnée par l'ouvrier; il doit veiller à ce que l'acide n'attaque que le mastic, sans toucher aux pièces raccordées, sinon elles se rongent aussi.

L'emploi du mastic de fonte n'est pas sans danger, surtout s'il s'emploie dans des espaces clos non ventilés, tel que l'intérieur d'une chaudière dont on n'a enlevé que le trou d'homme (262); il s'en dégage du gaz sulfhydrique qui peut asphyxier (voir journal *la Patrie* du 8 novembre 1860).

404. Le mastic au minium et à la céruse se compose de ces deux substances mêlées par moitié. Par économie, on y ajoute quelquefois de la terre de pipe, en proportion maxima de 1/5. La céruse, broyée à l'huile, telle qu'on l'achète dans le commerce, est ordinairement assez liquide pour qu'on puisse faire le mastic, en y ajoutant la poudre de minium. Si les deux substances sont en poudre ou en pâte trop épaisse, on les mouille avec une huile siccative de lin ou de chanvre ; et on les bat sur un billot jusqu'à ce que la pâte soit liée. On le reconnaît à ce qu'elle ne s'attache plus aux doigts, et qu'on peut en former de longs rouleaux qui ne cassent pas. Le battage ramollit le mastic : il ne faut donc pas d'abord employer toutes ses matières, afin d'en pouvoir ajouter au besoin, pour donner à la préparation la consistance voulue. Elle se conserve, d'ailleurs, plusieurs jours dans l'eau.

On peut employer le mastic de minium pour presque tous les joints de machines à vapeur, et notamment pour ceux qu'on a souvent besoin de refaire par suite du démontage des pièces. On s'en sert aussi en frottant des tresses de corde molle qu'on pince dans le joint, soit en le posant directement sur la pièce où il tient par l'effet des rainures dont il est parlé au n° 400; ou bien encore en l'étendant sur un morceau de toile métallique ou autre.

Le mastic de minium et céruse a deux inconvénients : il coûte cher, sa préparation et son emploi sont dangereux ; car ses éléments sont de très-violents poisons, dont le lait est, dit-on, l'antidote.

405. On lui a donc souvent substitué le mastic de zinc et le mastic Serbat.

Le mastic de gris de zinc en poudre se prépare à l'eau ou à l'huile ; comme le précédent, il se durcit très-vite, et ne peut être fait qu'au moment.

Le mastic Serbat est une préparation qui se vend toute faite en baril et qu'on emploie tout de suite, sans autre manipulation préalable qu'un battage pour l'amollir. D'après le *Technologiste* de 1849, voici sa composition :

Sulfure de plomb.	72 parties.
Peroxyde de manganèse en poudre. . .	54 —
Huile de lin	13 —

Les mécaniciens sont partagés sur son mérite ; la majorité le préfèrent au mastic de minium, dont il a presque les qualités sans en avoir les dangers. Mais hâtons-nous de prévenir qu'il sèche plus lentement, et c'est probablement pour avoir employé trop tôt les machines dont les joints étaient faits avec ce mastic qu'on l'a vu manquer son but. Il durcit au feu. Si une fuite se déclare dans le joint, on y passe un fer rouge et il sèche à l'instant. Voir au *Bulletin de la Société d'encouragement*, t. XLVII et XLVIII, 1re série, rapports très-favorables de M. Chevallier et des ingénieurs de l'usine du Grand-Hornu en Belgique.

406. Le mastic de chaux ou de vitrier s'emploie pour les joints grossiers qui ne sont pas exposés à une trop forte chaleur. Il se compose de blanc d'Espagne ou de chaux, desséché à feu doux sur une feuille de tôle, puis battu sur un billot à coups de masse ou broyé, après avoir été mélangé avec une huile siccative de lin ou de chènevis. Pour raccorder les pièces de cuivre, on fait quelquefois le mastic avec la chaux vive pulvérisée et mouillée avec du blanc d'œuf. D'autres fois aussi, pour lui donner plus de corps, on mêle à l'un ou l'autre mastic de la menue paille ou de l'étoupe hachées.

406 *bis*. Quand un joint est fait, il importe de le laisser *sécher*. Les joints à mastic de fonte ne sont parfois convenablement secs qu'au bout de trois jours. Les joints de minium et de chaux, surtout, s'ils sont exposés à la chaleur, sont secs au bout d'un petit nombre d'heures. Le mastic Serbat est plus long à sécher.

Il importe donc, dans tous les cas, d'employer les huiles essentiellement siccatives, telles que l'huile de lin et de chènevis; les huiles destinées au graissage sont, au contraire, très-mauvaises, et ce n'est qu'en désespoir de cause que le mécanicien peut les employer pour préparer le mastic.

On ne saurait prendre trop de soins dans la confection des joints. Ce ne doit pas être, comme il arrive trop souvent, un simple travail de manœuvre; il faut le confier à des ouvriers spéciaux, soigneux et expérimentés. Un joint bien fait peut avoir une durée indéfinie. S'il est mal opéré, il cède bientôt à la pression, des fuites plus ou moins graves se déclarent en service et ne peuvent plus être réparées que lorsque la machine est froide.

IV. — Graissage des parties frottantes.

407. On a vu au numéro 20 que toutes les parties frottantes d'une machine devaient être lubrifiées par des huiles ou des graisses. Les qualités et propriétés de celles-ci ont été spécifiées aux numéros 21 et suivants.

La matière lubrifiante se verse dans quatre sortes d'appareils, savoir : les yeux, les boîtes, les godets à siphon et les doubles robinets.

Les *yeux* sont de simples trous évidés en entonnoir, à l'aide d'une fraise conique ou de l'équarrissoir ; on n'y peut guère verser à la fois que quelques gouttes d'huile, et il faut par conséquent y revenir très-souvent.

Les *boîtes à graisse* sont de simples réservoirs percés, dans le fond, de un ou deux trous appelés *lumières*, par lesquels la graisse, naturellement dure et solide, descend entre les parties frottantes, à mesure qu'elle se liquéfie par la chaleur du frottement.

408. Les *godets à siphon* sont des réservoirs à huile ou graisse liquide, qui sont munis d'un tube ou siphon dont l'ouverture se prolonge à travers le palier jusqu'aux parties frottantes, (voir fig. 27). Dans ce siphon on introduit une mèche de coton filé préalablement imbibée d'huile, et assez longue pour descendre d'un bout jusque près des surfaces à lubrifier, l'autre bout nageant dans l'huile qui remplit le godet et suit les filaments de la mèche, en vertu du phénomène de la capillarité, expliqué dans les traités de physique.

Afin de pouvoir descendre la mèche dans le siphon, comme elle manque de rigidité, on lui incorpore un bout de fil de fer, ou bien on fait la mèche en double et on la prend en son milieu dans l'œil d'une petite pince également en fil de fer, qu'on fait soi-même.

La mèche doit être proportionnée à la grosseur intérieure du siphon et le remplir, mais librement, c'est-à-dire sans que les brins y soient serrés ; trop grosse, elle ne laisserait pas descendre l'huile et elle boucherait le siphon. Il importe encore que les brins de la mèche ne soient pas tordus, qu'ils restent parallèles entre eux, et que la mèche ne soit pas trop longue. Si elle remplit le godet où elle nage dans l'huile, elle en diminue la capacité. Il faut enfin que la mèche atteigne les surfaces frottantes, sans cependant *les toucher*, car elle y serait entraînée.

409. Les *robinets graisseurs* ou doubles robinets (fig. 29) servent à introduire l'huile ou la graisse liquide dans les cylindres et autres capacités closes où il existe une pression ; ce sont deux petits réservoirs superposés et munis chacun dans le fond d'un robinet i et j. Pour graisser le cylindre : fermez le robinet du bas j, ouvrez le robinet supérieur i, versez dans l'entonnoir la graisse ; après avoir fermé ensuite le robinet i, ouvrez le robinet j. La graisse contenue dans le réservoir g passe dans le cylindre, sans qu'on ait à craindre qu'elle soit repoussée au dehors par la pression, puisque le robinet i est fermé.

Outre ces quatre appareils de graissage, il y a des pièces qu'on ne peut lubrifier qu'en les arrosant et en mettant en contact avec elles des éponges ou des paquets d'étoupes imbibés d'huile.

410. Il existe enfin des appareils particuliers, dits *paliers graisseurs*, où l'huile est versée mécaniquement et à flot continu entre les parties frottantes sans se consommer, si ce n'est à la longue, et dans les meilleures conditions de lubrifiage (voir *Technologiste* de 1853 et 1854 ; *Recueil industriel* d'Armengaud, etc.). Le mécanicien recevra des instructions particulières à leur égard sur la manière de les entretenir ; il suffit ici de dire que l'huile s'y verse comme dans les appareils ordinaires.

411. La dimension des appareils graisseurs doit être assez grande pour qu'on n'ait pas besoin de les remplir trop souvent, surtout s'ils sont placés de manière qu'on ne puisse pas les alimenter facilement en route. Mais les *yeux* (407) ne peuvent être que très-petits, sous peine de trop affaiblir les pièces où ils sont percés.

Il importe que les parties frottantes et les divers appareils pour débiter la graisse soient tenus avec propreté. Il faut que ceux-ci soient munis d'un couvercle fermant bien, pour empêcher l'entrée des matières étrangères. Avant de mettre la machine en marche, il faut râcler le cambouis et laver les surfaces ; laver également les boîtes à graisse, godets à siphon et robinets ; *piquer les lumières*, c'est-à-dire les déboucher et dégager avec une épinglette ; enfin visiter les mèches des siphons, et les renouveler si elles sont noircies ou même simplement visqueuses.

412. Voici maintenant la *pratique du graissage :* on verse l'huile avec une burette fermée, à long bec et assez mince de corps pour que le mécanicien puisse la passer dans la machine, afin d'atteindre l'œil ou le réservoir à remplir, sans verser de haut et de loin ; car on perd ainsi beaucoup d'huile et on augmente la dépense du graissage, déjà fort coûteux. Le suif et la graisse solide se mettent dans un seau de zinc ou de tôle étamé, où l'on puise avec une spatule ou pelle plate, de même largeur que la boîte à remplir.

Quant à la graisse, qu'il faut liquéfier avant de la verser, on en remplit une casserole ou une burette à large ouverture, munie d'un couvercle ; on l'expose à la chaleur, en la plaçant sur la chaudière ou même à l'entrée du foyer, s'il est nécessaire, ainsi qu'il arrive en hiver sur les locomotives ; pour les bateaux à vapeur et machines fixes enfermées dans des chambres, il suffit de laisser la burette sur le cylindre à vapeur.

Il faut une certaine habitude pour graisser sans perdre inutilement la matière lubrifiante, sans oublier aucune des surfaces frottantes et sans s'exposer à être blessé quand on graisse la machine en mouvement. Il faut y aller avec beaucoup de prudence ; s'occuper d'abord de se placer de manière à ne pas être atteint par les organes en mouvement ; ne pas passer entre eux, et se contenter des passages que le constructeur a dû ménager pour la facilité du graissage.

Afin de n'oublier aucun des yeux ou réservoirs, le mécanicien les remplit à la suite, toujours dans le même ordre, en les comptant et en appelant leurs numéros d'ordre : au bout de quelques jours, le mécanicien en connaît le nombre par cœur, et si ce nombre diffère de celui des yeux et réservoirs emplis, les oublis sont manifestes.

Enfin, pour achever de simplifier le graissage, remplissez d'abord tous les godets et yeux à huile, puis toutes les boîtes à graisse, et puis enfin tous les réservoirs à graisse fondue, en comptant comme il vient d'être dit, et sans laisser l'attention se porter en ce moment, même sur les dérangements de pièces à remettre en état.

Les mécaniciens expérimentés ne trouveront pas ces recommandations minutieuses, mais ils s'empresseront de les faire observer aux aides placés sous leurs ordres.

V. — Approvisionnements de route.

413. Avant de commencer le service, il importe que le mécanicien s'assure qu'il a les approvisionnements nécessaires pour toute la durée du travail.

Les approvisionnements sont d'abord le combustible. On a vu ses qualités aux numéros 93 et suivants. Offre-t-il les conditions d'un bon service ? Est-il en quantité suffisante ? Tels sont les points dont le mécanicien doit s'enquérir, sous sa propre responsabilité.

L'eau est un objet d'approvisionnement dont il importe en certains cas de constater aussi la qualité, la pureté et la quantité.

Les matières à graisser et à faire les garnitures constituent le troisième article des approvisionnements sans lesquels on ne peut commencer le service. En voici l'état :

Huile siccative pour les mastics, en barils ou bidons fermés [1];
Huile à graisser, en barils ou bidons fermés par des bouchons et de la toile mouillée [1];
Suif et saindoux en pains, conservés dans des seaux de zinc ou de tôle étamée ou barils fermés [1];
Chanvre ordinaire bien peigné, en longs brins;
Tresses de chanvre, dites *corde molle*, de grosseurs assorties;
Corde ordinaire à tresses serrées et égales, légèrement goudronnées, de grosseurs assorties, pour réparer les fuites et garnitures, ou pour attacher;
Mèches de coton (mèches de lampe non tressées) pour les siphons à huile, en pelotes, et prêtes à être employées;
Fils de fer fins, pour les mèches des siphons;
Provision de chiffons ou déchet de *coton sans mélange de laine*, pour essuyer la machine [1]. Ils se lessivent (voir numéro 438) et peuvent indéfiniment servir;
Minium sec en poudre très-fine;
Céruse ou blanc de plomb broyé à l'huile et en barils, ou bien mastic particulier analogue (voir numéro 404);
Billot, battoir et couteau pour préparer le mastic;
Tournure de fonte grise *non oxydée*, en paquets de 10 à 12 kilogrammes [1];
Fleur de soufre en paquets séparés;
Sel ammoniac conservé en flacons [2];
Un flacon d'acide sulfurique [3];
Mortier de fer pour préparer le mastic de fonte.

---

[1] Conservez à l'abri de l'air et de la chaleur.
[2] Conservez à l'abri de l'humidité.
[3] Éloignez-le des pièces polies, car il les oxyde.

414. Les agrès et outils de service dont toute machine doit être munie, sont :

La pelle à charger le feu, longue de 0^m^,40 à 0^m^,50, n'excédant pas la largeur de la porte du foyer, relevée sur les bords latéraux et percée de quelques trous pour l'écoulement de l'eau qui est parfois ramassée avec le combustible ; elle est munie d'un fort et court manche en bois terminé par une poignée ;

Le pique-feu ou ringard à nettoyer la grille, tringle en fer rond de 15 à 18 millimètres, terminée par un crochet aplati pour passer entre les barreaux de grille ;

Le tisard ou ringard à remuer la braise, tringle en fer rond de 10 à 15 millimètres, terminée en pointe aplatie ;

Le jette-feu ou ringard à jeter le feu hors du foyer ; sa forme est celle d'un râteau, ou bien d'une lance qu'on passe à travers la masse du combustible pour faire sauter la grille dans les foyers qu'on ne peut vider autrement ; la lance est en fer rond de 25 millimètres ;

La griffe à amener le combustible hors des soutes ;

Plusieurs balais de bouleau médiocrement menu pour nettoyer le foyer ;

Tringle à nettoyer les tubes, en fer rond de 10 millimètres, avec un œil au bout pour attacher un tampon d'étoupes ou une vis pour fixer une brosse cylindrique ;

Grosse tringle à déboucher les tubes, en fer rond de 25 millimètres ;

Grosse tringle à douille pour tamponner les tubes qui fuient ;

Plusieurs leviers à soulever, dits *pinces* ;

Crics ordinaires et crics verrins, palans ou petite grue à pivot ;

Assortiment de clefs à fourche et à douille aciérées et trempées pour serrer les écrous ; les clefs doivent être bien calibrées pour les écrous ; plus grandes que ceux-ci, elles en arrondissent rapidement les angles et les mettent hors de service ;

Clef anglaise ou à rochet, à mâchoire mobile, pour suppléer à l'absence de l'une des clefs ci-dessus qui viendrait à manquer ;

Tourne-vis ;

Assortiment de limes en acier fondu ;

Assortiment de burins en acier fondu ;

Matoir en acier pour boucher les fuites de chaudière ;

Matoir en fer pour mater les joints de mastic de fonte ;

Matoir en bois *debout* pour enfoncer les coussinets dans leur palier ;

Maillet de cuivre rouge ou bois dur pour chasser les clavettes ;

Marteau d'ajusteur, de 0,5 kilogramme ;

Marteau de forgeron, de 8 kilogrammes ;

Vilebrequin, archet ou appareil analogue pour percer des trous en cas de réparations, avec assortiment de forets ;

Attirail de ferblantier pour souder et réparer la tuyauterie, savoir : fers à souder et leur chauffoir ; étain, alun et résine ;

Seaux à incendie ;

Seau en tôle à vider les cendres ;

Seau à graisse en zinc ou tôle étamée, à couvercle avec sa spatule ;

Burette pour l'huile à graisser [1] ;
Burette à suif ou casserole en cuivre ou en fer battu [1] ;
Bidon ou grande burette pour remplir de suite les burettes à main ;
Broches ou épinglettes à piquer les lumières de boîtes à graisse ;
Crochets à enlever les mèches de godets à siphon ;
Petite pince à préparer les fils de fer pour mèches de siphon ;
Raclettes et éponges à nettoyer ;
Essence de térébenthine pour nettoyer ;
Papier de verre, d'émeril ou grès fin, tamisé pour dérouiller.

415. Ayez enfin un *magasin* de pièces de rechange prêtes à être mises en place, et un assortiment des objets à l'aide desquels on puisse faire les réparations urgentes ou qui n'ont pas besoin du secours de l'atelier. En voici l'état :

Un piston de cylindre à vapeur avec toute sa garniture ;
Un piston avec garniture complète du plongeur pour chaque pompe ;
Coussinets prêts à mettre en place ;
Ecrous, boulons et vis ; il faut, en les recevant, s'assurer que les filets sont sains, égaux, profonds, forts et calibrés suivant les séries adoptées dans la machine (voir n° 344) ;
Clavettes, goupilles, rondelles ; ayez soin qu'elles soient exactement du modèle adopté dans la machine.
Manches d'outils ;
Tampons de bois debout et dur et droit fil pour boucher les fuites des rivets et des tubes ;
Assortiment de fer, tôle, cuivre, fil de fer et corde pour réparations ;
Clous assortis, en bon fer non cassant et à pointe saine.

VI. — Visite et inspection de l'appareil.

416. Les machines à vapeur et leurs chaudières ne peuvent être mises en service sans une permission préalable de l'autorité administrative. Cette permission et les essais qui la précèdent sont soumis à des formalités légales qui seront énoncées plus tard quand il sera question des diverses classes de machines. Il suffit de dire ici qu'en règle générale les chaudières, les cylindres à vapeur, en un mot, les appareils susceptibles d'éclater sous la pression, doivent être éprouvés à l'atelier du constructeur, à froid et à l'aide de la presse hydraulique. Le constructeur écrit

---

[1] Il faut en avoir plusieurs en réserve sous la main.

dans ce but au préfet (à Paris, au préfet de police), ou directement à l'ingénieur des mines de l'arrondissment ; il dispose tout pour son arrivée ; il fournit à ses frais la main-d'œuvre et les agrès.

La pression d'épreuve égale un certain nombre de fois la pression normale effective sous laquelle doit fonctionner l'appareil ; elle est, en principe, et sauf exception spéciale, triple pour les chaudières en tôle ou en cuivre laminé, et quintuple pour les chaudières en fonte ; mais les chaudières à surfaces planes, de quelque système que ce soit, et qui ne supportent que la faible pression de 1 atmosphère et demie, ne sont pas essayées du tout, si elles présentent d'ailleurs les garanties voulues de solidité et de sécurité.

L'ordonnance de 1843 exige que l'épreuve à la presse hydraulique soit recommencée quand la machine est mise en place, dans les deux cas suivants : 1° si le chef d'établissement a de justes raisons de le demander ; 2° si l'appareil a éprouvé des avaries ou reçu des modifications importantes.

Les machines à vapeur restent, en outre, placées sous la surveillance de la police locale des ingénieurs des mines, qui sont tenus de les visiter en grand au moins une fois l'an (ordonnance de 1843, art. 53) ; ils inspectent principalement la chaudière et l'appareil alimentaire ; ils s'assurent que le chauffeur et le mécanicien sont aptes à leur métier. La libre entrée des lieux où fonctionne la machine ne peut leur être refusée ; mais s'ils divulguent le secret des ateliers qu'on est forcé de leur ouvrir, ils se rendent coupables d'un abus de confiance, et on a soutenu en jurisprudence qu'ils tombent sous l'application de l'article 418 du Code pénal qui punit la violation des secrets d'ateliers par la réclusion et l'amende.

L'inspection et le contrôle de l'autorité administrative ne restreignent d'ailleurs en rien la responsabilité du propriétaire de la machine et de ses agents en cas d'accidents.

D'après la loi du 21 juillet 1856, le constructeur qui vend des chaudières ou récipients à vapeur non éprouvés, est passible d'une amende de 25 à 1000 francs, selon les cas ; est pareillement passible de cette amende et même de la prison, le propriétaire qui emploie : 1° un appareil à vapeur non timbré ; 2° un appareil réparé qui n'a pas subi ses nouvelles épreuves ; 3° un appareil mis en interdit ; 4° un appareil non conforme aux prescriptions du permis ; 5° un appareil, timbré ou non, sans autorisation. Cependant, dans ce dernier cas, lorsque l'appareil est timbré, il est permis de s'en servir, lorsque l'autorisation demandée se fait attendre plus de trois mois.

417. Indépendamment de la visite officielle que font les agents du gouvernement dans un intérêt de sécurité publique, le mécanicien préposé à la direction de la machine doit procéder à une visite minutieuse de toutes ses parties dans quatre cas : 1° quand il en prend pour la première fois la conduite ; 2° quand elle a subi des réparations et des démontages ; 3° quelques minutes avant de commencer le service ; 4° en route, avant de reprendre la marche, chaque fois qu'il s'est produit des accidents de nature à désorganiser l'appareil.

A chaque station, et en route, les appareils doivent être de même inspectés souvent. Cette inspection si fréquente et qui ne saurait être trop minutieuse est la première garantie de sécurité et de bon service.

418. Dans le générateur, les parties de l'appareil qui réclament surtout l'attention du mécanicien sont les suivantes :

1° La grille du foyer. Les barreaux sont-ils suffisamment écartés pour laisser passer l'air sans que les vides s'engorgent trop vite de mâchefer, ou bien ne sont-ils pas, au contraire, écartés de manière à laisser perdre le combustible ? Ne sont-ils pas usés et menaçant de céder avant la fin du service ? Ne sont-ils pas trop longs, et par là exposés, dans leur dilatation entre leurs supports, à refouler ceux-ci en détruisant les fourneaux ou à se tordre eux-mêmes ? Enfin, la grille est-elle nettoyée et libre de mâchefer ?

Le nettoyage de la grille se fait à l'aide d'une tringle à crochet en fer rond, de 15 à 18 millimètres de diamètre, aplati à la partie crochue, qu'on passe entre les barreaux pour détacher la crasse formant une croûte souvent épaisse de plusieurs centimètres. Cette opération, qu'on renouvelle, s'il se peut, de temps en temps en marche, se nomme *piquer le feu* ; l'instrument s'appelle *pique-*

feu. Les chauffeurs novices, chargés de le manier, ont à prendre garde ou d'ébranler la grille en travaillant trop brutalement, ou de n'effleurer que la surface du combustible sans dégager les passages d'air à travers la grille. Le pique-feu se manie avec force, mais en tirant à soi bien en droite ligne entre les barreaux.

On pique le feu quand il est notablement noir en dessous, que l'abondance de fumée et la présence des flammes bleues d'oxyde de carbone (88) trahissent une combustion avec insuffisance d'air. Il ne faut pas piquer le feu sans besoin; car il en résulte toujours une perte de combustible menu qui tombe dans le cendrier à travers les barreaux.

2° Les tubes, galeries et carneaux de la chaudière doivent être étanches, c'est-à-dire sans fuites, et libres de cendres et de scories. On les nettoie avec un balai de bouleau; et, si leur section est trop petite pour le balai, avec une tringle de fer au bout de laquelle est attaché un tampon d'étoupe ou une brosse cylindrique. Evitez d'employer de trop grosses tringles qui, outre l'inconvénient d'être peu maniables en raison de leur poids, peuvent déformer et même crever les tubes. Il ne faut avoir recours aux grosses tringles que lorsqu'il faut enlever des matières résistantes que ne peuvent chasser les tringles ordinaires. Dans ce cas, il faut prendre beaucoup de précautions, et si cela se peut, chasser l'obstacle vers le foyer, le tube étant un peu évasé du côté de la boîte à fumée, ce qui lui permettra de sortir plus facilement.

419. Dans la machine le mécanicien inspectera :

1° Les pièces de serrage, telles que clavettes, brides, écrous, boîtes à étoupes et autres semblables. Ayez soin de maintenir un serrage convenable. S'il est insuffisant, les pièces assemblées danseront. Un serrage excessif aura, au contraire, pour effet de produire l'échauffement des pièces, le grippement, puis peut-être la rupture. En principe général, le serrage est suffisant dès que les pièces ne dansent plus ou qu'il n'y a plus de fuites; les pièces voisines du foyer ou de la vapeur qui, en se dilatant, perdent le serrage, se serrent à fond quand elles sont froides, puis on les desserre d'une faible quantité. On recommande surtout au mécanicien le serrage des coussinets de bielles motrices, celui des paliers, d'arbres ou essieux moteurs, des boulons d'excentriques, des ressorts de suspension et des stuffing-boxes de la tige du piston.

2° Parmi les indicateurs le mécanicien prendra un soin tout particulier de ceux qui accusent la pression, le niveau d'eau dans la chaudière, et le vide dans le condenseur, ainsi que de la cloche ou sifflet d'alarme.

Quand il existe double appareil indicateur dans un même but, exemple, flotteur et tube ou robinets-jauges pour le niveau d'eau, manomètre et soupape de sûreté pour la pression, il importe, en les faisant jouer, de s'assurer que leurs indications s'accordent. Pour constater, par exemple, l'accord des indicateurs de pression, on soulève légèrement avec la main le levier des soupapes, après l'avoir chargé de la quantité voulue, et avec un peu d'habitude, on reconnaît à l'impétuosité de la vapeur qui en sort, si la tension de la vapeur dans la chaudière correspond aux indications du manomètre.

Quant aux soupapes, il peut arriver qu'étant mal chargées, ou mal rodées, elles soufflent (c'est-à-dire émettent de la vapeur) avant que celle-ci ait acquis sa tension voulue. C'est encore en les comparant aux indications du manomètre qu'on reconnaîtra leur vice.

3° Les appareils graisseurs, boîtes à graisse, godets à siphon, mèches, etc. (voir n. 407), réclament tous une grande attention, mais surtout ceux des bielles, excentriques, glissières, stuffing-boxes de tiges, et coussinets de gros arbres. En marche, on reconnaît aisément que les boîtes à huiles et à graisse ne débitent pas quand elles se maintiennent pleines.

4° Les joints et garnitures (n°s 395 et suiv.), surtout ceux des tuyaux de vapeur et des condenseurs, se recommandent encore à l'inspection.

5° Il en est de même du calage des manivelles, roues, excentriques et volants sur leur arbre, de la clôture hermétique des portes de chaudières, du clavetage qui unit le piston à sa tige, de l'attelage de cette tige avec le balancier ou la bielle; du jeu des pompes à air, pompes alimentaires, frein, levier de déclanchement, organe de détente, etc., de l'état des robinets de purge ou d'injection et du régulateur.

Parmi les organes dont il faut constater la solidité et l'absence de tout commencement de rupture, se placent, en premier lieu, les gros arbres, les jantes de roues ou volants, les balanciers, tiges de piston, bielles motrices, et manivelles.

VII. — Essai de machine.

420. Outre les essais qui ont pu être pratiqués, soit chez le constructeur, soit après la mise en place pour procéder à la réception, jamais un mécanicien ne doit faire travailler l'appareil sans l'avoir préalablement essayé. On a vu au n° 265 comment on allumait le générateur ; dès que la pression est suffisante, on ouvre le régulateur (230) pour que la machine donne quelques tours, après l'avoir isolé des appareils à mouvoir.

Cet essai a pour but d'abord de s'assurer que tout est en état. Il faut donc le faire le plus tôt possible, afin que, s'il y avait à entreprendre quelques réparations, elles pussent être terminées avant l'heure du service.

L'essai a aussi pour but de préparer la machine : par ce moyen le cylindre et le condenseur se vident de l'air et de l'eau qui peuvent s'y être accumulés, le cylindre et les conduits s'échauffent, les graisses des articulations qui se sont durcies pendant l'arrêt se liquéfient et reprennent leur onctueux.

Pour pratiquer cet essai et cette préparation, il suffit de faire donner à la machine une dizaine de coups de piston après avoir ouvert les *purgeurs*, pour laisser issue à l'air et à l'eau accumulés dans les divers récipients.

Pendant cet essai, le mécanicien inspecte minutieusement la machine dans toutes ses parties, et il ne l'arrête que lorsqu'il s'est assuré que tout est en état.

§ 2. RÉSUMÉ DES RÈGLES GÉNÉRALES SUR LA CONDUITE ET LA MANOEUVRE DES MACHINES A VAPEUR.

I. — Manœuvres.

421. Chaque fois qu'on va prendre la direction d'une machine il faut, avant tout, s'enquérir du service, c'est-à-dire s'informer de sa durée, des heures de départ et d'arrêt, de la quantité de travail à fournir, des résistances à vaincre, des accidents à prévoir, etc. Ce point sera développé, en particulier, pour les machines fixes, locomotives et marines, aux chapitres qui leur sont spéciaux.

Conduire une machine à vapeur, c'est produire dans une direction donnée un effort voulu sur le piston avec la moindre dépense de vapeur, en maintenant la vitesse uniforme. La conduite comprend donc : 1° les manœuvres proprement dites, à l'aide desquelles on dirige la machine ; 2° l'ensemble des soins à donner pendant la marche aux diverses parties de l'appareil pour persévérer dans l'impulsion donnée.

422. Rappelons d'abord que le régulateur, le levier de mise en train et l'injecteur d'eau sont les trois instruments fondamentaux servant à la manœuvre proprement dite.

Le régulateur (230) ouvre ou ferme le courant de vapeur entre le cylindre et la chaudière.

Le levier de mise en train ou de relevage (308) démasque l'une ou l'autre lumière pour diriger le courant de vapeur sur la face voulue du piston.

L'injecteur (314) débite dans le condenseur l'eau qui ramène la vapeur à l'état liquide et produit le vide sous le piston.

Ajoutons le purgeur des cylindres (333) et du condenseur, ainsi que le robinet qui injecte de la vapeur dans celui-ci pour en chasser l'air (314).

Le rôle de ces instruments indique l'ordre dans lequel on s'en sert pour opérer les manœuvres, c'est-à-dire pour démarrer, arrêter, renverser la marche, la ralentir ou l'accélérer. Mais il importe, pour ces manœuvres, de distinguer quatre classes de machines.

1° Machines à vapeur à condensation, détente par organe spécial et renversement de marche par manettes.

423. Ce sont les machines dont la manœuvre offre le plus de complication (voir n°s 306 et 307).

Pour *démarrer*, c'est-à-dire mettre la machine en marche,

ayez dans le générateur un haut niveau d'eau; une forte pression; un feu bien chargé; dans le condenseur, un vide énergique (314) : que les cylindres et conduits de vapeur soient purgés d'air, et d'eau, et déjà échauffés ; enfin, que les articulations soient bien graissées.

Il faut ensuite examiner comment est placée la manivelle qui commande l'arbre ou essieu moteur, afin de savoir sur quelle face du piston il faut introduire la vapeur pour entraîner la manivelle dans la direction voulue. Si, en arrêtant précédemment la machine, on a commis la faute de laisser parvenir la manivelle au point mort, non-seulement on ne produit pas de mouvement, mais on peut briser la machine en introduisant la vapeur.

Quand un même arbre moteur est commandé par plusieurs machines conjuguées, il est rare que l'une d'elles au moins ne soit pas placée de manière à permettre le démarrage ; cependant cela peut arriver quelquefois, à cause de la manière dont est réglée la distribution. Dans ce cas, comme dans celui des machines à un seul cylindre, on agit sur le volant, la poulie, la roue, ou sur telle autre partie de la machine à l'aide de leviers pour dépasser le point mort ; cette opération est dangereuse et demande beaucoup de précautions ; fermez le régulateur avant d'y recourir, afin que la machine, mise en état de marcher, ne s'emporte pas avant que le mécanicien ait pu se retirer avec ses instruments.

424. La bonne position de la manivelle étant constatée, ayant ensuite bien compris sur quelle face du piston il faut introduire la vapeur et quelle lumière il faut démasquer, isolez l'organe de détente, afin qu'il ne gêne pas la mise en marche, déclanchez le tiroir ou clapet distributeur d'avec l'excentrique ou la came qui le conduit ; empoignez la manette, découvrez par son aide la lumière voulue, et laissez retomber l'enclanchement de l'excentrique, ouvrez alors modérément le régulateur ; puis le robinet d'injection qui débite l'eau dans le condenseur ; le mouvement de la machine est donné et se continue de lui-même.

Opérez vite ces manœuvres dans l'ordre qui vient d'être indiqué, coup sur coup, mais successivement, sans confusion ni précipitation.

Quand la machine n'a qu'un seul cylindre à piston, la manœuvre de la manette est très-simple, mais lorsqu'il y a deux conjugués à angle droit, elle exige beaucoup d'attention et de calme ; car suivant la position des manivelles, les deux manettes devront être abaissées ou relevées tantôt ensemble, tantôt à contre-sens l'une de l'autre. Considérons, en effet, le cas où les deux pistons sont l'un à moitié course, l'autre à fond de course (fig. 22). Pour diriger la marche dans le sens de la flèche, on poussera les deux leviers dans le même sens, de manière à démasquer les lumières inférieures. Mais si on doit diriger la marche dans le sens contraire à la flèche, on démasquera par le mouvement du levier la lumière supérieure pour le piston 1 ; quant au piston 2, on comprend que la lumière démasquée ne peut être que l'inférieure, puisque le piston est à fond de course et qu'en introduisant la vapeur par le haut, non-seulement on n'imprimerait aucun mouvement au piston, mais on équilibrerait le mouvement de l'autre piston. Son levier sera donc, dans ce cas, manœuvré à contre-sens du premier.

Cette nécessité de manœuvrer les manettes tantôt ensemble, tantôt à sens contraire, rend ce système de mise en marche difficile pour les novices et les mécaniciens qui manquent de présence d'esprit, aussi lui préfère-t-on, dans les machines rapides, les systèmes à coulisse du genre de celui des locomotives où, par le simple mouvement d'un levier, les lumières se placent d'elles-mêmes à leur position voulue.

425. Il peut arriver que la machine ne démarre pas, malgré l'ouverture du régulateur et l'élévation suffisante de la pression. Quatre causes peuvent y donner lieu.

1° L'appareil de détente n'ayant pas été relevé, l'admission de la vapeur est trop faible pour vaincre l'inertie au démarrage ;

2° Les cylindres ou condenseurs sont engorgés d'eau ou d'air, soit par l'effet de la condensation de la vapeur admise avant l'arrêt et qu'on a oublié de laisser écouler, soit parce qu'on a négligé de fermer l'injecteur. Dans ce cas, refermez promptement l'entrée de vapeur, sinon craignez de défoncer les cylindres et la bâche du condenseur ; ouvrez leurs purgeurs. Quand ils ne donnent plus d'eau, injectez un peu de vapeur pour chasser l'air par la même voie; au bout d'une minute environ, fermez-les, et ouvrez l'injecteur pour condenser la vapeur qui vient remplir les cylindres et condenseurs; le vide voulu existe alors et la machine est prête à marcher. Ces opérations ne sont autres que la préparation même de la machine, à laquelle le mécanicien a dû procéder avant de se disposer à marcher (417).

3° La machine est arrêtée mécaniquement par quelques entraves : ainsi le frein n'a pas été desserré, ou bien il y a l'excès de serrage des coussinets, etc. Gardez-vous bien alors de lutter contre l'obstacle, avant de l'avoir fait disparaître totalement.

4° Le tiroir mal placé, ou bien recouvre les deux lumières et empêche l'introduction de la vapeur, ou bien il les ouvre toutes deux et introduit la vapeur sur les deux faces du piston. Ce fait peut arriver de deux manières : d'abord par le dérangement de la distribution, puis par la mauvaise position des manivelles et de l'excentrique, résultant de ce que la machine s'est mal arrêtée. Nous avons dit qu'il fallait alors, à bras d'homme, pousser aux roues de la locomotive ou au volant de la machine fixe. Sur un bateau qui n'a ni volant ni roues faciles à mouvoir à bras, l'embarras du mécanicien l'avertira pour l'avenir du soin qu'il aurait dû prendre de mieux arrêter sa machine ; car c'est en allant peser de son poids sur les roues à aubes, ou en agissant sur la maninivelle avec un cric ou un levier, qu'il pourra ramener les choses à l'état voulu, après avoir fermé le régulateur.

426. Quand on démarre, il importe de ne pas imprimer trop de force dès l'abord à la machine ; car les appareils à mouvoir résistent comme elle, tant par leur inertie (38) que par le frottement toujours plus grand au départ (27), et il arriverait des avaries. Au bout de une ou deux minutes, rien n'empêche de donner à la machine l'allure voulue pour le service, ce qui se fait en achevant d'ouvrir le régulateur au point normal et en réglant d'autre part la détente.

427. Pour *stopper*, c'est-à-dire pour arrêter la machine : fermez le régulateur, puis l'injecteur, et ne touchez aux manettes que si vous devez ensuite renverser la marche. Un arrêt trop brusque n'est pas moins dangereux qu'un brusque démarrage.

On précipite l'arrêt par l'emploi du frein (43) qui presse sur la roue ou le volant de la machine ; mais s'il use le travail moteur accumulé dans la machine par l'inertie, il est en même temps une cause d'usure dans certaines parties de la machine. Il n'y faut donc pas recourir sans nécessité et arrêter la machine assez long-temps avant d'atteindre le but pour que l'inertie soit usée sans le secours du frein. On fait jouer au piston lui-même le rôle de frein, en introduisant la vapeur sur les deux faces à l'aide de la manette ; alors, des deux côtés, le piston reste en équilibre dans son cylindre. C'est encore un moyen auquel il ne faut recourir qu'en désespoir de cause et quand il y a urgence à précipiter l'arrêt.

Nous avons dit qu'il fallait arrêter de manière à laisser parvenir la manivelle qui fait tourner le volant à une position telle que la machine pût sans difficulté partir dans la direction voulue lors de la remise en activité. La position la plus convenable semble celle qui correspond à la demi-course du piston ; car en cet état, non-seulement la manivelle agit énergiquement, mais les tiroirs bien démasqués laissent librement arriver la vapeur sur l'une des faces du piston, et échapper celle qui pourrait contre-presser sur l'autre ; toutefois dans les machines conjuguées à angle droit, l'un des pistons se trouve alors à fond de course, il vaut donc mieux arrêter un peu avant ou au delà de la demi-course de l'autre. On n'y arrivera parfois qu'avec tâtonnement, car, malgré la fermeture du régulateur, la machine continue à fonctionner par suite de l'inertie du volant, surtout si le mouvement est rapide.

A l'approche des arrêts et stations, et surtout vers la fin du service, évitez d'avoir trop de pression dans la chaudière et trop d'activité dans le foyer ; parce que la vapeur, continuant à se former sans se dépenser, acquerrait bientôt une tension dangereuse ; réduisez donc le tirage et faites tomber une partie de la pression en faisant jouer les pompes qui desservent la chaudière.

428. Pour *renverser la marche*, isolez l'organe de détente, fermez le régulateur, puis l'injecteur ; déclanchez l'excentrique, empoignez la manette pour démasquer la lumière opposée à celle qui était ouverte à l'introduction ; laissez retomber l'enclanchement de l'excentrique, puis rouvrez le régulateur et ensuite l'injecteur, et remettez en activité la détente s'il faut continuer à marcher ainsi sans autre manœuvre. Dans le cas contraire, laissez la détente enlevée et conservez en main la manette.

Il est plus sûr, pour la marche de la machine et plus prudent pour le mécanicien, d'attendre que la machine soit arrêtée pour renverser la manette et changer la marche.

Le renversement de marche n'entraîne par lui-même aucune modification d'état dans la chaudière.

429. Pour *ralentir la marche*, diminuez l'introduction de vapeur, et proportionnellement l'injection d'eau dans le condenseur. On diminue l'introduction en fermant un peu le régulateur, si le ralentissement n'est que passager ; mais s'il est prolongé, nous verrons qu'on doit y parvenir en augmentant la durée de la détente.

Quand on dépense moins de vapeur, il faut en moins avoir dans la chaudière, sinon elle s'y accumule et y prend une tension dangereuse ; il importe donc, selon les circonstances et les besoins, de faire baisser la pression en faisant jouer les pompes et de réduire l'activité du foyer, le tout sans secousses brusques, mais de manière que la pression s'amortisse peu à peu.

Pour *accélérer la marche*, au contraire, donnez plus de vapeur et, par suite, plus d'eau dans le condenseur, restreignez la détente et poussez l'activité de la vaporisation en évitant tout ce qui peut l'amortir.

2° Manœuvre des autres systèmes de machines.

430. Pour les machines à détente et condensation à renversement de marche par coulisse et levier de relevage, la manœuvre est sans danger, à quelque vitesse que ce soit. Il n'y a de différence relativement à ce qui précède que dans le maniement de l'organe qui distribue la vapeur au cylindre. Toutes les autres règles et précautions subsistent.

Pour démarrer, placez le levier releveur de la coulisse du côté voulu pour imprimer au piston la direction demandée, puis ouvrez le régulateur, et ensuite l'injecteur qui débite l'eau de condensation. Quant à la position à donner au levier de relevage pour détendre, voir aux numéros 299 et suiv., 308 et suiv.

Pour arrêter, fermez le régulateur, puis l'injecteur, ensuite renversez le levier de relevage à son dernier cran.

Pour changer la marche, fermez le régulateur, puis l'injecteur; renversez le levier de relevage en sens contraire de sa position première, et rouvrez le régulateur, puis l'injecteur.

Pour ralentir la marche, ramenez le levier de relevage à des crans plus voisins du point mort (302) : réduisez, si cela ne suffit pas, la section du régulateur, et, dans tous les cas, réduisez proportionnellement l'injection d'eau dans le condenseur.

Pour accélérer la marche, au contraire, repoussez le levier de relevage plus loin du point mort, en augmentant proportionnellement l'injection.

En d'autres termes, réduisez dans le premier cas l'admission de vapeur et prolongez la détente. Dans le second cas, au contraire, prolongez l'admission de vapeur et augmentez l'injection d'eau pour la condenser.

431. Pour les machines à condensation sans renversement de marche, la manœuvre se borne alors au régulateur et à l'injecteur qu'on ouvre pour démarrer ou accélérer la marche, et qu'on ferme en tout ou partie pour la ralentir ou l'arrêter. C'est dans ces machines qu'il faut surtout prendre garde d'arrêter la machine dans une position où les manivelles ne soient pas au point mort.

432. Pour les machines sans condensation avec ou sans renversement de marche, la seule différence entre ce cas et ceux qui précèdent est relative à la suppression des manœuvres de l'injecteur. Toutes les manœuvres de la machine se bornent dès lors au maniement du régulateur, du levier de relevage ou des manettes, et à celle du purgeur qui donne issue à l'eau et à la vapeur accumulées accidentellement dans le cylindre.

II. — Conduite en marche.

433. C'est en marche et quand la machine a reçu son impulsion par les manœuvres qui précèdent, qu'on cherche à développer le travail voulu avec le moindre volume de vapeur. On y parvient : 1° en n'en consommant pas inutilement par de fausses manœuvres; 2° en évitant toute cause d'obstruction dans le conduit qui

amène la vapeur de la chaudière au cylindre, de manière que
la différence de pression de la vapeur dans ces deux parties de la
machine soit réduite à son minimum ; 3° en utilisant par la détente,
jusqu'aux dernières limites permises (285), la puissance expansive du volume de vapeur admis sur la face pressée du piston ;
4° en réduisant au minimum la contre-pression (281) de la vapeur sur l'autre face du piston par une évacuation rapide que
rien ne gêne et par un bon vide dans le condenseur. Dans l'application, ces principes conduisent aux règles suivantes :

1° Tenez le régulateur (230) aussi grandement ouvert qu'il est
possible, sans faire cracher la machine (398), et réglez la marche
par la détente, c'est-à-dire prolongez l'admission de vapeur au cylindre quand il faut produire de grands efforts, et diminuez-la dans
le cas contraire. En d'autres termes, réglez la marche en faisant
varier, non pas la pression de la vapeur entrant dans le cylindre,
mais le volume admis qui s'y détendra plus ou moins. En d'autres
termes encore, que la pression initiale reste constante, et qu'il n'y
ait de variation que dans la pression finale, l'instant où commence
la détente, et par suite dans la pression moyenne.

2° La quantité d'eau injectée au condenseur se proportionne à
la quantité de vapeur à dépenser. Plus on prolonge l'admission
au cylindre, plus il faut débiter d'eau d'injection et réciproquement. C'est un principe évident qui a déjà été posé.

3° La quantité de vapeur à dépenser dans le cylindre, et par
conséquent à créer dans la chaudière, doit être proportionnée au
travail moteur à fournir. Créer plus de vapeur qu'il n'en faut, c'est
dépenser en pure perte le combustible qui l'a produite. En créer
moins, c'est forcer la machine à ralentir sa marche. Or, celle-ci
doit être très-uniforme, malgré les variations de travail à fournir,
qui peuvent être très-sensibles. D'autre part, il importe de maintenir uniformes aussi dans la chaudière la température et la tension
de la vapeur, la hauteur du niveau d'eau et la chaleur du foyer.

4° Sans doute, si le travail à fournir est faible, relativement à
la force moyenne du moteur, il faut marcher à tension et température modérées, et lui demander, au contraire, toute la puissance
dont il est capable, s'il faut donner une grande quantité de travail. Pour résoudre ce problème contradictoire, maintenez d'a-

bord le générateur et la machine à un degré moyen de tension et de température, qui lui permette de suivre les variations du travail, sans passer par soubresauts d'une grande à une faible puissance et réciproquement. Ainsi, ayant à produire ordinairement un travail de 20 chevaux, qui peut s'élever accidentellement à 30, réglez l'appareil pour un travail moyen de 25 chevaux environ.

454. Ce qui suit va compléter le moyen de résoudre le problème : d'abord dans les circonstances accidentelles où la machine doit fournir un surcroît de travail moteur, il faut y arriver, moins en poussant l'activité du feu et de la vaporisation, qu'en évitant plus que jamais les manœuvres capables de perdre de la vapeur. Ainsi : 1° que la tension et le niveau d'eau soient élevés dans la chaudière, le feu bien pris et hautement chargé, la grille nettoyée, les portes du foyer fermées ; 2° évitez, s'il se peut, de charger le feu, de faire jouer les pompes, les appareils de purge et autres qui perdent la vapeur ou refroidissent l'appareil ; 3° que les articulations, bien graissées, offrent leur minimum de résistance ; 4° que la contre-pression soit aussi réduite à son minimum.

Quand le travail à fournir diminue, c'est l'instant de faire jouer les pompes et les purgeurs, de charger le feu ; en un mot, de pratiquer toutes les opérations nécessaires qui font, de leur nature, tomber la pression. Mais, nous le répétons, que ces manœuvres se fassent peu à peu ; que l'appel d'air et la vivacité du feu, activés ou réduits, le soient par degrés successifs.

Enfin, quand, par une fausse manœuvre ou par un accident imprévu, la chaudière fournit peu, il faut lui demander peu, et parfaitement utiliser la quantité de vapeur admise, dût-on ralentir momentanément, et même suspendre tout à fait la marche, sauf à la reprendre, et même la forcer s'il y a lieu, quand les conditions normales seront rétablies.

455. A l'approche des stations courtes, il faut, sans doute, peu réduire la pression et l'activité du feu, puisqu'il faudra bientôt démarrer et donner alors un surcroît de travail ; mais à la fin du service, ne chargez plus le feu, et arrivez à destination avec très-peu de combustible dans le foyer, afin 1° d'en avoir peu à éteindre et à sacrifier ; 2° de ne pas faire trop subitement passer le foyer d'une grande chaleur au refroidissement ; car il en résulte des retraits et des fuites. Il faut cependant conserver assez de pression pour faire les manœuvres commandées après l'extinction du feu.

Une des conditions les plus propres à utiliser la chaleur développée et économiser le combustible, c'est d'empêcher que la chaudière soit engorgée de tartre, et que l'eau qu'elle contient soit saturée de sels qui retardent son point d'ébullition. Chaque fois que la pression est forte et le niveau d'eau élevé, donnez donc issue à une portion de l'eau vaseuse ou saturée de sel ; procédez à cette opération, particulièrement en arrivant aux longues stations et à la fin du service, pourvu que le niveau d'eau ne descende jamais au-dessous des limites régulières, et que l'alimentation puisse se faire au besoin.

§ 3. ENTRETIEN DES MACHINES A VAPEUR.

456. Après avoir arrêté la machine à la fin du service, le mécanicien doit, avant de se retirer et de renvoyer ses aides, prendre les précautions suivantes :

1° S'assurer que les manivelles ne sont pas au point mort, mais qu'elles sont placées de manière à démarrer facilement (423) ; dans le cas contraire, profiter de la pression que peut encore avoir la vapeur et de la présence des aides pour remettre les choses en état.

2° Desserrer les organes que pourrait avarier le retrait dans le refroidissement.

3° Ouvrir tous les purgeurs et vider avec soin l'eau qui peut être accumulée dans les cylindres, les conduits, la boîte de distribution, le condenseur et les pompes. En hiver cette eau se gèle, se dilate et cause les plus graves avaries. Le nombre des locomotives mises ainsi hors de service est très-grand chaque année sur les chemins de fer ; de quelle importance n'est donc pas la présente recommandation ?

4° Essuyer les huiles et graisses accumulées, qui, bientôt converties en cambouis, deviendraient difficiles à enlever.

5° Enfin, assurez-vous que la machine n'offre aucune avarie, que tout est en état dans le générateur et que les chauffeurs lui ont donné tous les soins indiqués aux numéros 277 et suivants.

457. Le nettoyage périodique de la machine n'a pas pour seul but de faire honneur aux soins du mécanicien ;

1° Il est utile, parce qu'à son défaut, la poussière et l'huile réunies forment une couche de crasse dure, et que le nettoyage devient alors une opération très-difficile. Un nettoyage fréquent de quelques minutes conserve la machine dans un état de propreté qu'on ne peut obtenir souvent en une journée de pénible travail, quand on nettoie à de longs intervalles.

2° La propreté de la machine est, en outre, une garantie de sécurité ; la moindre fêlure ou commencement de rupture est aisément visible dans les organes tenus proprement ; de fortes fentes, au contraire, restent cachées sous la crasse, la rupture arrive sans qu'on ait pu la prévoir et en prévenir les suites.

3° En nettoyant la machine, on la visite naturellement du même coup, organe par organe, place par place, mieux que par la plus consciencieuse inspection. Or, on sait de quelle importance sont les visites.

4° Enfin, quand une machine est sale, le mécanicien lui-même et ses aides ne la manient pas sans répugnance ; on pénètre le moins possible au milieu des organes à visiter, et la surveillance est incomplète.

458. Le nettoyage se fait très-simplement. Les parties polies, lorsqu'elles ne sont pas rouillées, n'ont besoin que d'être frottées avec des chiffons ou des déchets de coton mouillés d'huile, puis essuyées avec d'autres à sec.

Lorsque ces chiffons ou déchets sont hors de service, on les lessive pour les employer de nouveau, car leur prix n'est pas sans importance dans les frais de nettoyage. On peut leur faire subir un simple lessivage à l'eau et à la potasse. Mais M. Wagman (*Bulletin de la Société d'encouragement*, série 2, t. V, p. 512) a proposé le moyen suivant qui réalise de grandes économies : imbibez les chiffons ou déchets avec de l'essence *blanche* (produite par la distillation des houilles et schiste) à la densité de 0,75 à 0,80. L'huile mêlée aux chiffons sera dissoute. En pressant, vous expulserez l'essence et l'huile. Refaites trois fois cette opération ; à la troisième fois, il n'y a presque plus d'huile et l'essence péut être employée, telle qu'elle est, à laver un nouveau paquet de chiffons sales. Quant au liquide écoulé dans les deux premiers pressages, on le filtre au charbon, et on le met dans un alambic distillatoire avec de la vapeur d'eau à 1 atmosphère. L'essence s'évapore et peut être recueillie par la condensation. L'huile est rendue libre et peut servir de nouveau au graissage. Quant aux chiffons ou déchets lavés, ils ont aussi besoin d'être passés à la vapeur, pour achever de les purger d'essence.

Les parties non polies et peintes se nettoient avec une éponge ou un tampon de chiffons, imbibés d'huile et d'essence de térébenthine, puis avec des chiffons secs. S'il existe de la crasse ou du cambouis, on les enlève à la raclette, en prenant garde de ne pas attaquer la peinture.

Les parties frottantes, et en particulier les coussinets, les boîtes à graisse, godets à siphon, robinets graisseurs, etc., sont souvent si enveloppés de cambouis durci, qu'après les avoir raclés de son mieux, il faut les plonger dans une cuve d'eau bouillante avec de la potasse pour pouvoir les nettoyer.

Nous recommandons au lecteur la note de M. B. Duportail sur *le nettoyage des locomotives*, à la Société des ingénieurs civils de Paris, 6ᵉ année ; le *Mémoire sur la corrosion des métaux* de M. Adie, et la discussion qui s'en est suivie, le 3 juin 1845, à la Société des ingénieurs civils de Londres.

459. La rouille ou oxydation s'enlève en la frottant avec du papier de verre ou d'émeri, et même simplement avec du grès fin sur un chiffon mouillé d'eau ou d'huile mêlée d'un peu d'essence de térébenthine, s'il y a du cambouis ; il faut prendre garde à n'en pas laisser tomber entre les parties frottantes, car il en résulterait un véritable rodage et peut-être un grippement. Dans la marine impériale on a pris le parti de défendre de fourbir au grès et à l'émeri les pièces polies (Circ. min. de 1850), parce qu'il en tombait trop souvent dans les articulations. On se contente de les laisser se bronzer naturellement avec le temps, sous l'influence de la température de la machine, en les essuyant légèrement d'abord avec des chiffons huilés, puis avec des chiffons secs.

L'oxydation doit être prévenue dans toutes les parties de la machine. Le constructeur polit les pièces frottantes et les principaux organes du mouvement, tels que les bielles et les arbres dont l'entretien n'est pas trop difficile, afin de mieux voir dès leur début les criques et fêlures; on couvre les autres de peinture préservatrice de la rouille. On leur donne une double couche de minium ou de gris de zinc détrempé à l'huile de lin, puis on les peint en noir, vert ou gris, recouverts eux-mêmes d'une couche de vernis. Les pièces du mouvement se peignent généralement en noir, les bâtis, enveloppes du cylindre, conduits et autres parties fixes se font en vert ou en gris. En France, on laisse le moins de parties polies possible, afin de diminuer l'entretien; en Allemagne, en Angleterre et en Belgique, les machines se distinguent, au contraire, par un grand luxe de polissage et de cuivrerie.

440. On protège les parties polies contre l'oxydation, après les avoir nettoyées à fond, en les frottant avec une éponge ou un tampon de chiffons modérément imbibés d'huile. Le poli et encore mieux le bronzage du numéro précédent se conservent bien sous cette couche grasse.

Quand la machine est exposée à la pluie ou enfermée dans un local humide, l'huile ne suffit pas. On enduit alors d'une couche de suif les pièces à protéger contre l'oxydation. M. Liard propose, comme très-bon enduit préservateur, un mélange de 1 kilogramme d'huile siccative avec $0^k,250$ de caoutchouc qui s'y dissout. Il forme sur les pièces une espèce de vernis qui se durcit et donne moins de prise à la poussière que le suif et l'huile à graisser, mais il est plus difficile à enlever, si on veut fourbir les pièces.

Le vernis blanc ordinaire du commerce servirait peut-être utilement dans le même but, du moins pour les pièces qui ne sont pas trop chauffées par le voisinage de la vapeur.

441. Les machines inactives, en chômage, c'est-à-dire sans emploi pendant un temps prolongé, demandent les soins particuliers qui suivent :

1° Après avoir vidé complétement l'eau qui peut exister dans les chaudières, cylindres, conduits, pompes et appareils condenseurs, laissez ouvertes pendant quelques heures les portes ou robinets qui permettent à l'air d'y arriver, d'abord afin que le vide n'y existe pas, puis pour que le contact de l'air sèche l'humidité intérieure et oxydante que peuvent contenir ces récipients ; refermez ensuite ces ouvertures, afin que rien n'y puisse passer du dehors.

2° Videz à fond les boîtes à graisse, les godets et leurs siphons, etc., autrement ils seraient très-difficiles à nettoyer à la reprise du service.

3° Enveloppez les tourillons avec des linges frottés de suif ; et appliquez dans toutes les fentes des articulations des tresses de coton ou de chanvre (corde molle), afin qu'il n'y tombe aucun corps étranger. Dans la marine, ces tresses se nomment *limandes*.

4° Quant au reste des parties polies, on les enduit au pinceau ou à la brosse d'une couche de suif fondu. Si le service doit être interrompu indéfiniment, on substitue à l'enduit de suif une couche de blanc de céruse délayée dans de l'huile de lin très-siccative, ainsi que font les constructeurs pour l'expédition au loin des machines qui sortent de leurs ateliers. Il importe que cette couleur soit très-épaisse, afin de bien garnir la pièce sans y adhérer trop fortement. Pour enlever ultérieurement cette couleur, il suffira de la gratter, puis de frotter avec un chiffon imbibé d'huile et saupoudré d'émeril ou de grès. Si elle ne part pas, on présentera un réchaud de charbons ardents devant la surface à nettoyer.

5° Il y a des pièces qu'il est bon d'enlever de la machine : ce sont surtout les pistons ; car la rouille et le cambouis les font adhérer à leur cylindre, et quand on veut remettre l'appareil en état, il faut des efforts inouïs pour les dessouder ; les clapets de pompes, les cônes de robinets, les tiroirs, risquent aussi de se souder ; mais il est plus facile de détruire leur adhérence sur leur siége.

6° Enfin, ayez soin de boucher le haut de la cheminée avec son capuchon s'il y en a un, sinon soit avec des planches, soit avec un linge épais replié plusieurs fois sur lui-même, et ficelé, de manière que la pluie ne puisse y pénétrer.

Tout étant ainsi disposé, il ne reste plus qu'à fermer le local de la machine, à la mettre à l'abri de la pluie et de la chute des matériaux, en la couvrant d'une bâche et en lui rendant, de loin en loin, une visite pour s'assurer que la rouille n'attaque aucune partie. Si elle menace d'attaquer les pièces, il faut, sans délai, gratter l'oxydation et enduire la partie malade. Pour les parties polies, une nouvelle couche de graisse ou d'enduit suffira. Pour les parties peintes et brutes, on les recouvrira de l'une des peintures préservatrices connues, parmi lesquelles nous nommerons le minium et le zinc, ainsi que le coaltar appliqué, s'il est possible, quand les pièces sont chaudes, ne serait-ce que par l'action du soleil.

§ 4. DEVOIRS, TENUE ET HYGIÈNE DES MÉCANICIENS OU CHAUFFEURS.

442. Le gouvernement et l'entretien des machines à vapeur exigent plus de capacité intellectuelle que la plupart des professions ouvrières; mais les mécaniciens et les chauffeurs ne sont pas exposés à plus de dangers et de maladies, s'ils sont prudents, vigilants, rangés dans leurs habitudes et fidèles à suivre certaines règles hygiéniques.

1° La prudence ne leur impose pas seulement d'observer toutes les précautions recommandées, toutes les règles établies, elle leur interdit de faire aucun de ces essais, aucun de ces actes plus ou moins téméraires, vrais tours de force, auxquels les excite parfois la concurrence ou la vanité.

2° Par caractère, ils doivent être calmes, résolus, prompts à concevoir et pleins de sang-froid; tout homme qui se sent disposé à perdre la tête dans des circonstances imprévues est incapable d'être mécanicien.

3° Tous les sens doivent être, pour ainsi dire, en éveil, jusqu'à l'odorat, pour sentir l'huile brûlée et le fer bronzé des pièces frottantes qui chauffent.

4° Leur obéissance doit être celle du soldat qui, sans discuter, observe sa consigne et accomplit le commandement.

5° Quant à la tempérance, les hommes attachés au service des machines à vapeur ne devraient pas oublier qu'ils tiennent dans leurs mains la vie d'un grand nombre de personnes, et qu'il ne faut pas beaucoup de négligence pour transformer en le plus formidable des appareils une machine qui n'a rien de nuisible quand elle est gouvernée avec calme et présence d'esprit. La même tempérance est encore la première règle d'hygiène. Le genre de nourriture, l'épaisseur du vêtement varient suivant le service; mais l'absence d'excès, comme le soin de ne pas trop subitement passer d'une chaude température au froid, sont des prescriptions à faire aux mécaniciens de toutes les machines.

6° Enfin, ce qu'il faut éviter, c'est la présomption avec laquelle on se charge trop vite de prendre la direction d'une machine.

443. Avant d'en prendre la conduite, il faut d'abord la bien connaître, et pour cela l'étudier dans tous ses détails, afin de se pénétrer de ses moyens d'action. Nous conseillons au mécanicien de ne pas se contenter de l'étudier sur place, mais de se faire confier les plans d'ensemble; et s'il avait le courage de les copier, l'instruction qu'il recueillerait lui rendrait ensuite sa tâche aussi facile qu'intéressante.

Une fois la machine connue dans son système, il faut que le mécanicien se familiarise avec le jeu des organes qui servent à opérer les manœuvres, et avec la manière de démonter les parties qu'il peut être exposé à visiter.

Dans toute machine il y a des pièces que l'on ne dérange que pour faire des réparations dont peuvent seuls être chargés les ateliers spéciaux, et auxquelles le mécanicien ne doit pas toucher.

Il y en a d'autres, au contraire, dont celui-ci doit connaître l'assemblage, car leur mise en état est précisément ce qui constitue l'entretien : tels sont les pistons et leur garniture, le couvercle du cylindre qu'on enlève pour y arriver, les appareils lubrificateurs, les organes de distribution, la robineterie, les portes à enlever pour nettoyer l'intérieur des appareils, etc.; en les remontant, observez avec soin les repères ménagés sur les pièces dont il est parlé au numéro 387.

444. Afin d'être en état de procéder à ces réparations, et pour les diriger au besoin, on exige que le mécanicien joigne à son instruction, la pratique de l'ajustage et du montage, et qu'il ait passé par les ateliers de construction. On exige aussi les mêmes

conditions des chauffeurs, afin qu'ils puissent travailler au besoin sous les ordres du mécanicien.

Quant aux organes de conduite, le mécanicien s'en fera expliquer le jeu par le constructeur ou par le mécanicien auquel il succède ; il les manœuvrera devant eux, il étudiera les limites entre lesquelles il devra les mouvoir pour produire un effet voulu. Ainsi, quelle ouverture faudra-t-il donner en moyenne au régulateur, à l'injecteur, aux lumières de distribution, aux prises d'eau des appareils alimentaires et d'exhaustion ? Nous avons indiqué leur principe et leurs conditions fondamentales ; l'expérience et le tâtonnement peuvent souvent seuls en indiquer l'usage pratique ; il essayera ces manœuvres, d'abord quand la machine est vide et sans pression, puis quand elle est en état de fonctionner, mais en ayant soin de l'isoler des appareils à mouvoir.

En d'autres termes, tout mécanicien, quelque instruit qu'il soit par lui-même, devra, comme les aides et chauffeurs, faire un noviciat avant d'être préposé à la direction d'une machine à vapeur ; dans les grandes administrations, ce noviciat est soumis à des règlements sur lesquels nous reviendrons en leur lieu.

445. Quant au nombre d'employés, le service des petites machines à vapeur peut ordinairement être fait par un seul homme, faisant à la fois les fonctions de chauffeur et de mécanicien.

Les grands appareils exigent, au contraire, un nombreux personnel : il y a parfois jusqu'à cinquante foyers à soigner dans le générateur, et il faut l'effort de plusieurs hommes réunis pour opérer les manœuvres, tels que la mise en train, le renversement de la marche, etc. Il importe alors que ces employés soient sous l'autorité d'un chef mécanicien, et qu'en son absence le commandement soit pris par un sous-chef auquel les autres mécaniciens et chauffeurs obéissent. On a vu ci-dessus leurs devoirs.

Quant au chef, qu'il soit ferme et sévère pour maintenir la discipline de ses subordonnés, et pour faire respecter son autorité ; sagement réservé, jamais familier ; qu'il soit en même temps plein d'égards et de bienveillance dans son commandement ; qu'il répartisse le travail entre ses hommes, selon leur force et capacité, sans injuste préférence. On peut être ferme sans être brutal, ré-

servé sans être insolent ; on peut imposer des devoirs nécessaires,
sans être exigeant ni méticuleux. Les chefs durs et arrogants sont,
en général, les plus mal obéis; on les craint, on ne leur est pas dé-
voué dans les circonstances difficiles ; ils déconcertent leurs aides
par leur langage violent : sans cesse forcés de changer, leur personnel, ils n'ont jamais autour d'eux que des novices ou le rebut
des employés. Aussi remarque-t-on que c'est à leurs machines
qu'il arrive le plus d'accidents.

446. Les ordres doivent se donner avec calme, brièveté, précision, et autant que possible par signes. La fréquence des com-
mandements à haute voix en plein air, ou dans la chambre
étouffée des machines, est éminemment contraire à la santé. Rien
n'est d'ailleurs plus ridicule que ces commandants, rappelant la
mouche du coche, qui vont, viennent, crient, jurent, grondent,
multiplient comme à plaisir les manœuvres, les signaux et les
ordres ; ils étourdissent, et leurs manœuvres manquent de précision aux heures de danger.

A la suite de chacune des classes de machines, au développement desquelles est consacrée la seconde partie de ce traité, nous
compléterons ce qui précède en indiquant les devoirs particuliers
et les règles spéciales d'hygiène des mécaniciens et chauffeurs.

CHAPITRE VII.

Accidents dans la conduite des machines à vapeur.

---

§ 1. MESURES GÉNÉRALES EN CAS D'ACCIDENT.

447. Sous le nom d'accidents nous comprendrons dans ce cha-pitre, non-seulement les avaries qui exigent des réparations et peuvent causer des sinistres, mais aussi ces incidents qui gênent la marche d'une machine et peuvent inquiéter un mécanicien lorsqu'il n'a pas encore une longue expérience.

Il y a des incidents ou accidents qui forcent à suspendre immé-diatement la marche ; d'autres n'interrompent pas le service et demandent pour y remédier certaines manœuvres et un surcroît d'attention. C'est une distinction que nous devrons faire pour chacun des accidents qui vont être énumérés ; mais donnons au-paravant quelques règles sur ce qu'il faut en général et tout d'a-bord faire en cas d'accident.

448. Quand il survient un accident de nature à interrompre le service, soit dans une usine, soit sur un navire ou un chemin de fer, la première mesure à prendre est que, des employés présents, celui qui est le premier selon l'ordre hiérarchique prenne résolû-ment l'autorité, et que les autres s'y soumettent en silence, ne pensant alors qu'au salut commun. Il commandera sans tolérer de contradiction. Rien n'est plus grave, en cas d'accident, que ces ordres et avis que tout le monde prétend donner.

Mais que le chef commande avec calme, en peu de mots nets et précis, sans éclats de voix, sans colère, sans invectives.

Trois mesures seront aussitôt simultanément prises : 1° abat-tage et extinction des feux du générateur (277) ; 2° sauvetage des victimes ; 3° empressement à tenir écartées du lieu du sinistre toutes les personnes dont la présence est inutile.

Ainsi, par exemple, dans une usine, on s'empressera de faire retirer les ouvriers et les étrangers, de faire garder l'entrée et de prévenir l'officier municipal voisin, ainsi que le prescrivent les règlements administratifs. Sur un bateau, on reculera les passagers aux deux extrémités du pont, en dégageant les abords de la machine.

Sur un chemin de fer, on empêchera les voyageurs de quitter les voitures, et on enverra tout de suite, au moins à 500 mètres en arrière et en avant du train, poser les signaux d'arrêt, afin que d'autres trains n'avancent pas sur le lieu du sinistre ; puis on appellera les secours, en se conformant aux ordres de service à cet égard.

Un chef intelligent donnera ces ordres en quelques mots, presque simultanément ; si le personnel des employés ne lui suffit pas, il choisira parmi les étrangers présents les personnes dont le calme et la force lui assureront une aide utile.

Ce qu'il importe encore, c'est de diviser les aides par équipes bien distinctes, chacune commandée par un sous-chef de circonstance, et spécialement chargée d'un travail donné ; l'une opérera les manœuvres que nécessite la machine, une autre s'occupera du sauvetage des victimes, une autre écartera les assistants, etc. Le chef ne doit travailler dans aucune équipe ; il va de l'une à l'autre, inspectant leur travail et s'assurant qu'on exécute bien ses ordres.

Après avoir pris toutes les mesures que demandent les circonstances, on attendra au repos les secours, ou l'on s'occupera de continuer la marche, si cela se peut sans danger.

449. Quand l'arbre qui meut la manufacture, les roues de la locomotive ou le propulseur d'un navire sont commandés par une double machine, et qu'il survient un accident dans l'un des deux appareils, on peut souvent, jusqu'à la prochaine station du moins, continuer la marche avec l'autre. Il faut alors se garder de précipiter la vitesse ; car la force qui agit de côté tend, par suite, soit à renverser l'appareil, soit à gauchir l'arbre. Mais ce qui serait de la plus haute imprudence consisterait à vouloir demander au seul appareil agissant le travail qui était primitivement développé par les deux machines.

Voici la règle générale pour isoler une des deux machines avariées, voulant conserver le service de l'autre : 1° démontez la chappe qui unit la bielle ou la tige du piston aux manivelles ; 2° reculez cette bielle ou cette tige hors de la portée de la manivelle ou de toute autre pièce qui pourrait la heurter ; 3° isolez ensuite le tiroir, valve ou clapet distribuant la vapeur, en démontant soit la tige, soit la bielle, l'excentrique ou la came qui le commande ; 4° fixez le tiroir ou la valve de manière à boucher les deux orifices d'entrée de vapeur ; 5° manœuvrez de même pour la sortie de la vapeur, si elle se fait par des appareils distincts de ceux qui opèrent la distribution ; 6° ouvrez les robinets de purge du cylindre, afin de laisser sortie à la vapeur qui pourrait accidentellement y arriver. Ces précautions étant prises, on peut continuer la marche avec l'autre machine.

Pour isoler une chaudière avariée des autres, il suffit ordinairement de fermer l'obturateur installé dans ce but et qui interrompt le passage de la vapeur.

Cet isolement d'une machine ou d'une chaudière avariée n'est pas toujours possible, parce que certains organes sont communs aux deux appareils : c'est là une très-grande faute du constructeur.

450. L'équipe chargée de s'occuper des victimes séparera d'abord par la plus grande distance possible les morts des blessés. Pour les premiers soins à donner à ceux-ci, voici les conseils qu'une réunion de médecins a fait publier sur quelques lignes de chemins de fer.

Instruction sur les premiers secours à donner aux blessés avant l'arrivée du médecin.

Dispositions générales. — Lorsqu'une personne a été blessée, la première chose à faire c'est de la relever avec précaution, de la conduire ou de la transporter hors du lieu de l'accident. On lui donne une position aussi commode que possible, à l'abri du froid, de l'humidité ou du soleil, et on procède ensuite à l'administration des soins que réclame son état.

Il faut empêcher qu'il y ait un trop grand nombre de personnes autour des individus blessés qui ont besoin de secours. Pour être efficaces, ces secours doivent être donnés avec calme et sans précipitation. Il faut éviter surtout d'inquiéter le blessé.

Il ne faut jamais laver les plaies avec de l'eau salée ou tout autre liquide. L'*eau seule* doit être employée à cet usage.

Dans les cas de fracture, il faut éviter tout tiraillement, et l'on ne doit enlever les vêtements d'un blessé que lorsqu'il y a nécessité évidente.

Dans les cas de lésion d'un des membres inférieurs, il faut éviter de faire marcher le blessé et se garder de toute traction ou attouchement sur le membre affecté.

Il ne faut administrer à un blessé aucune boisson spiritueuse ou fermentée, comme vin, bière, eau-de-vie ou liqueur : l'eau froide, pure ou sucrée, en petite quantité, doit suffire dans tous les cas.

Un blessé ne doit prendre aucun aliment solide ou liquide avant l'arrivée du médecin.

Divers cas peuvent se présenter :

Plaies. — Il faut découvrir doucement la partie blessée, en coupant, s'il est nécessaire, les vêtements avec des ciseaux. On la nettoiera avec une éponge ou du linge imbibé d'eau fraîche pour la débarrasser du sang, de la terre ou autres matières qui pourraient la souiller. On place la partie blessée dans une position telle, que l'ouverture de la plaie soit le moins large possible ; on la recouvre d'une compresse trempée dans l'eau froide qu'on maintient avec une bande, si cela se peut, sans imprimer de trop grands mouvements à la partie blessée.

S'il n'y a qu'une *simple coupure*, à bords bien nets, on peut rapprocher ces bords avec les doigts et les maintenir au moyen de bandelettes de taffetas gommé ou de sparadrap de diachylon, qu'on fait préalablement ramollir en les passant devant une bougie allumée. Par-dessus on applique de la charpie, une compresse et une bande médiocrement serrée.

Si un corps étranger, comme un fragment de bois ou de fer, a pénétré dans les chairs, on n'en fera l'extraction que si elle peut avoir lieu facilement et sans tiraillement : autrement on la laissera en place jusqu'à l'arrivée du médecin.

S'il y a *contusion ou bosse*, il faut appliquer, sur la partie malade des compresses imbibées d'eau fraîche, avec addition d'extrait de saturne à la dose de 20 à 25 gouttes pour un verre d'eau. Ces compresses seront maintenues par un bandage peu serré qu'on arrosera fréquemment pour le tenir humide.

Hémorrhagie ou perte de sang. — Lorsqu'une plaie fournit du sang en petite quantité, le rapprochement des bords de la plaie et l'application d'une plaque d'amadou, sur laquelle on exerce une légère compression, suffisent le plus souvent pour arrêter le sang.

Si la perte de sang est abondante, on cherchera à l'arrêter en appliquant sur cette plaie, soit des morceaux d'amadou, soit des gâteaux de charpie soutenus au moyen de la main, d'un mouchoir ou de tout autre bandage qui comprime modérément.

Lorsque le sang s'échappe en très-grande abondance ou par un jet rouge écarlate, saccadé ; que le blessé, pâle et défaillant, est menacé de périr d'hémorrhagie, il faut porter immédiatement un ou plusieurs doigts dans la plaie, sur le point d'où le sang jaillit, et y exercer une compression suffisante pour en arrêter l'écoulement. Si la disposition des parties le permet, on fera bien de saisir et comprimer le point qui fournit le sang entre le pouce et les autres doigts.

Cette compression sera remplacée ensuite par un tampon d'amadou, de charpie ou de linge, appliqué sur la plaie ou au-dessus d'elle et maintenu par une bande serrée.

Crachement ou vomissement de sang. — Lorsqu'un blessé crache ou vomit du sang, il faut le placer sur le dos ou sur le côté correspondant à la blessure, la tête et la poitrine élevées, doucement soutenues, et lui faire prendre par petites gorgées de l'eau fraîche. On appliquera, en outre, des compresses trempées dans de l'eau fraîche, sur le devant de la poitrine et sur le creux de l'estomac.

Luxations, foulures ou entorses. — Dans les cas de luxation ou de déboîtement, il faut éviter avec le plus grand soin de faire exécuter au membre malade aucun mouvement brusque et étendu. On se contentera de placer et de soutenir ce membre dans la position qui occasionnera le moins de douleur au blessé, et l'on attendra ainsi l'arrivée du médecin.

S'il y a foulure ou entorse, il faut plonger la partie blessée dans un vase rempli d'eau fraîche et l'y maintenir très-longtemps, en renouvelant l'eau. Si la partie ne peut être plongée dans l'eau, il faut la couvrir de compresses imbibées d'eau froide, que l'on arrosera continuellement pour les maintenir fraîches.

Fractures en général. — Il faut éviter d'imprimer au membre blessé aucun mouvement inutile : pendant le transport du blessé, on doit le porter ou le soutenir avec la plus grande précaution.

Fracture d'un des membres supérieurs. — Si le bras, l'avant-bras ou la main ont été fracturés, on rapprochera doucement le membre du corps et on le soutiendra avec une écharpe dans la position qui sera la moins pénible pour le blessé. Pour plus de sécurité, on pourra, dans quelques cas, maintenir le membre immobile sur la poitrine avec une bande ou un mouchoir appliqué transversalement.

Fracture d'un des membres inférieurs. — S'il s'agit de la cuisse ou de la jambe, il faudra, après avoir placé doucement le blessé sur un brancard ou sur un lit, étendre avec précaution le membre fracturé sur un oreiller et l'y maintenir à l'aide de deux ou trois rubans, suffisamment serrés par-dessus l'oreiller.

On peut aussi, à défaut de ce moyen, rapprocher le membre blessé du membre sain et les unir ensemble dans toute leur longueur avec des bandes ou des mouchoirs, sans trop les serrer, mais de manière que le membre sain soutienne l'autre et prévienne le dérangement de la fracture. Il est important de soutenir le pied et de l'empêcher de tomber en dedans ou en dehors.

Ce dernier moyen de contention sera employé surtout quand le blessé doit être transporté dans un autre lieu.

Fractures compliquées de plaies. Membres broyés ou arrachés. — Lorsqu'un membre a été broyé ou déchiré, et complétement ou presque complétement séparé du corps, l'accident immédiat le plus à redouter c'est l'hémorrhagie ou perte de sang, qu'il faut arrêter le plus promptement possible, soit en comprimant avec les doigts le point d'où sort le sang, soit en appliquant une ligature, serrée au moyen d'un mouchoir ou d'une bande, sur le membre blessé, immédiatement au-dessus de la plaie.

Si la ligature suffit pour arrêter le sang, on cesse la compression avec les doigts, on recouvre la plaie avec de larges compresses trempées dans l'eau froide, et on cherche à maintenir les parties blessées dans l'immobilité la plus complète.

Il ne faut jamais couper aucun lambeau de chair, quelque mince que soit le pédicule qui le retient au reste du corps.

Brûlures. — Il faut conserver et replacer avec le plus grand soin les parties d'épiderme soulevées ou en partie arrachées.

On pourra percer les ampoules avec une épingle et en faire sortir le liquide.

Dans tous les cas, on recouvrira la partie brûlée avec un linge enduit de cérat ou trempé dans de l'huile d'amandes douces, et on placera par-dessus ce linge des compresses imbibées d'eau fraîche, que l'on arrosera fréquemment.

Perte de connaissance, syncope. — Lorsqu'un blessé a perdu connaissance ou lorsqu'on le voit défaillir, il faut tout d'abord desserrer les vêtements, enlever et relâcher tous les liens qui peuvent comprimer le cou, la poitrine ou le ventre. On couchera ensuite le blessé horizontalement, la tête médiocrement élevée; on débarrassera la bouche et les narines du sang, de la boue et autres obstacles qui empêcheraient l'entrée de l'air dans la poitrine. On fera sur le visage de fortes et brusques aspersions d'eau froide; on frictionnera les tempes et les narines avec du vinaigre; on pourra aussi faire respirer les vapeurs d'un flacon d'éther ou d'ammoniaque, et, au besoin, frictionner la région du cœur avec de l'alcool camphré. Ces secours doivent être quelquefois prolongés longtemps avant de ramener la connaissance.

Si le *blessé a perdu beaucoup de sang, et s'il est froid*, il faut pratiquer sur tout le corps des frictions avec de la flanelle chaude, le couvrir avec soin et réchauffer son lit.

Lorsque la perte de connaissance est accompagnée de blessures considérables au crâne, il faut se contenter de placer le blessé dans la situation la plus commode, la tête médiocrement soulevée, maintenir la chaleur du corps, surtout des pieds, et attendre l'arrivée du médecin.

Si le blessé est dans un état d'ivresse profonde, on peut lui faire prendre par gorgées, à quelques minutes d'intervalle, un verre d'eau sucrée auquel on ajoutera 10 à 15 gouttes d'ammoniaque. On pourra répéter une fois l'administration de cette préparation, s'il en est besoin.

§ 2. ACCIDENTS DIVERS DANS LE GÉNÉRATEUR.

Les accidents du générateur sont très-graves, quoique le danger ne soit pas toujours imminent; ils réclament donc la plus grande attention du mécanicien. Sur le plus léger symptôme de fonctions irrégulières, qu'il soit aux aguets jusqu'à ce que toute cause d'accident ait cessé. Suivent les principaux de ces accidents :

451. Coups de feu et brûlure de chaudière. — Lorsqu'une partie de la surface de chauffe d'une chaudière est à sec et cependant reçoit l'action de la flamme, le métal rougit et se brûle comme un morceau de fer qui est chauffé maladroitement à la forge. Cet accident provient soit d'un manque d'eau dans la chaudière, parce que les pompes alimentaires n'ont pas donné, ou parce que le tartre encrasse les parois intérieures de la chaudière, soit parce que la chaudière se vide par une fente qui se déclare avant qu'on ait eu le temps d'éteindre le feu, soit enfin parce que la chaudière s'incline, comme dans le cas des bateaux à vapeur.

Les coups de feu se reconnaissent facilement en marche, car le métal rougit, devient lumineux et souvent se bosselle ; au repos, la chaudière étant refroidie, on le reconnaît aux bosses et à la couleur brune d'oxyde de fer qu'offre la partie brûlée et qui tranche visiblement avec le reste de la chaudière noircie de suie.

Cet accident est toujours grave. Le premier soin du mécanicien doit être de fermer les pompes pour empêcher l'eau d'arriver, car il y aurait alors danger d'explosion ; puis il s'empressera de jeter ou d'éteindre le feu ; il laissera tomber la pression peu à peu ; il abandonnera la chaudière à son refroidissement naturel ; il attendra sans rien toucher l'arrivée des ingénieurs et employés de l'autorité administrative ; puis on videra la chaudière, et si la partie brûlée n'est pas assez étendue pour nécessiter une mise hors de service, on confiera la réparation à un chaudronnier qui enlèvera au burin la partie malade et la remplacera, par une pièce posée, s'il se peut, intérieurement, afin que la pression aide à la maintenir à la façon des autoclaves.

452. Explosions des chaudières. — Ces terribles accidents sont heureusement rares, surtout sur les chemins de fer ; encore sont-ils dus à d'impardonnables vices de construction joints à la négligence des mécaniciens [1].

Quelles sont leurs causes ? C'est une grave question que nous ne pouvons qu'effleurer, à cause de son étendue, et que de nombreux mémoires ont développée. Voir notamment les Mémoires

---

[1] En Angleterre, il s'est formé une association entre les fabricants pour prévenir les explosions par des conseils et une surveillance mutuels. La publication de ses séances, dans la plupart des journaux et revues scientifiques, est très-instructive. — Voir aussi, en France, les *Annales des Mines* et les relevés ministériels, notamment celui de 1850.

de M. Combes et de M. Seguier à la Société d'encouragement, 1re série, t. L ; — *Id.*, de MM. Marestier et de Perkins, *Recueil industriel de Mauléon*, t. VIII, p. 241 ; — *Id.* de Galy-Cazalat, *Mémoire sur les bateaux à vapeur*, Paris, 1837 ; — voir aussi *Compte rendu des Ingénieurs civils de Paris*, 1858, p. 94 et 305 ; — *Compte rendu des Ingénieurs civils de Londres*, mars 1856. Bornons-nous ici à examiner les trois causes principales et bien connues qui sont imputables au mécanicien :

1° Négligence à visiter la chaudière, à l'entretenir et à remplacer les parties usées, les tôles, les rivets, armatures, tirants, etc., corrodés par le feu ou par l'oxydation ;

2° Excès de pression de la vapeur dans la chaudière. Les soupapes de sûreté (255) qui se soulèvent pour donner passage à cet excès, indiqué d'ailleurs par le manomètre (247), préviennent le danger. Mais les mécaniciens ont souvent la coupable habitude de surcharger ces soupapes et même de les caler, afin d'obtenir une pression capable de plus grands efforts. Cette dangereuse infraction aux règlements de police et aux lois de la plus simple prudence ne saurait être trop sévèrement punie. Jamais il ne doit être touché aux soupapes ; jamais une machine ne doit être mise en service sans avoir ses appareils de sûreté en état ;

3° Absence d'eau dans les chaudières, *suivie d'une alimentation intempestive*. Telle est la cause la plus fréquente et la plus redoutable des explosions, et elle l'est d'autant plus, qu'au lieu d'être annoncée comme dans le cas précédent par les indicateurs, elle a souvent lieu quand le manomètre accuse peu de pression et que la machine ralentit sa marche. Voyons en effet ce qui se passe : quand, par la négligence du mécanicien, le dérangement des appareils alimentaires, l'inclinaison de la chaudière, l'abondance du tartre (149) qui empêche l'eau d'être en contact avec le métal, la surface de chauffe n'est plus couverte d'eau, le métal s'échauffe, rougit, se brûle, perd sa ténacité, et peut céder à la pression même ordinaire de la vapeur. Mais que dans un pareil instant l'eau vienne à rentrer et recouvrir le métal rougi : d'après les lois de la caléfaction (133) elle ne se vaporisera pas immédiatement ; elle sautillera à l'état sphéroïdal sur le métal rougi, en faisant entendre ce bruissement qui précède souvent les explosions, puis il se produira instantanément une énorme quantité de vapeur que M. Marestier, d'après les plus simples calculs, évalue jusqu'à 20 mètres cubes par mètre carré de chauffe, et rien ne saurait prévenir l'épouvantable explosion qui a lieu nécessairement par cette triple circonstance du métal altéré subissant tout à coup, par une secousse brusque, une pression formidable.

4° A cette abondance de vapeur, quelques physiciens et Perkins, entre autres, ajoutent la présence d'un gaz détonant, provenant de la décomposition de l'eau au contact du métal rougi. Selon les uns, ce gaz serait l'hydrogène de l'eau mis en liberté, le métal absorbant son oxygène (145), et faisant explosion à la façon du gaz d'éclairage. Selon d'autres, la détonation proviendrait des éléments de l'eau se recombinant après s'être décomposés. Enfin, d'autres croient qu'il y a détonation électrique.

Nous n'examinerons pas ici ces hypothèses très-contestées et auxquelles nous croyons difficilement nous-même, malgré les hautes autorités qui les ont admises. Nous ne nions pas que les explosions restent souvent inexpliquées et mystérieuses; mais c'est qu'au milieu des dégâts survenus, il est généralement si difficile de reconnaître ce qui est cause et effet dans la catastrophe, qu'on est forcé de garder pour soi ses présomptions incertaines.

5° En tous cas, nous répétons que la moindre négligence dans la construction, les pailles des tôles, la corrosion, les vices de forme, de perçage, de rivure et d'armature, la surcharge des soupapes et les abaissements d'eau sont des menaces perpétuelles d'explosion ; cette dernière cause explique notamment pourquoi les chaudières de bateaux sont plus sujettes que les autres à sauter : c'est que, par l'inclinaison que prend souvent le navire, soit aux escales, soit en route; quand la charge est mal répartie, la surface de chauffe est exposée à se découvrir et à rougir; puis, par l'effet d'inclinaison contraire, l'eau est ramenée sur la partie rougie.

6° Mais ce n'est pas seulement en faisant rentrer l'eau dans la chaudière, ou en changeant son inclinaison qu'on risque de recouvrir le métal rougi, l'ouverture des soupapes et même d'un simple robinet peuvent déterminer seuls l'explosion. En effet, la pression diminuant sur l'eau, celle-ci cesse d'être comprimée au moins en partie et se gonfle ; elle est même, nous l'avons vu, aspirée vers l'orifice qui vient d'être ouvert ; le niveau s'élève donc comme dans les deux cas précédents, pour recouvrir le métal rougi.

453. Le numéro 459 indiquera la règle générale à suivre quand l'eau manquera dans la chaudière ; il n'est ici question que des explosions imminentes à prévenir s'il se peut, et des explosions accomplies auxquelles il faut remédier.

Les explosions s'annoncent de deux manières : 1° par des fuites ou des fentes qui se manifestent dans la tôle, commençant à se déchirer sous un excès de pression qu'indiquent le manomètre et la violente émission de vapeur par les soupapes ; 2° par le sourd bouillonnement intérieur dont il a été parlé.

A l'annonce d'une explosion, donnez l'alarme pour faire retirer tout le monde. Le devoir du mécanicien étant de se faire tuer à son poste, s'il le faut, qu'il éteigne ou étouffe vite le feu ; qu'il *ferme l'appareil alimentaire entièrement*, qu'il *ne touche ni aux soupapes, ni au régulateur, ni à aucun robinet de vapeur ou d'eau.* N'ayant plus rien à faire alors, qu'il se sauve à son tour.

Si, malgré les précautions ci-dessus, les seules qu'on ait pu prendre, la catastrophe arrive, il n'y a plus qu'à courir aux pompes à incendie pour combattre le feu s'il éclate.

Rien, du reste, ne doit être touché jusqu'à l'arrivée des agents de l'autorité administrative, sauf à ce qui est nécessaire pour délivrer les victimes et empêcher de nouveaux désastres (voir numéro 450).

454. L'explosion d'un tube dans une chaudière tubulaire est un accident fréquent ; il est peu dangereux par lui-même, mais il peut former une ouverture par laquelle la chaudière se vide.

Dès qu'un tube commence à suinter, il importe d'y chasser promptement un bouchon ou tampon en bois dur et *droit fil* à chaque extrémité pour le boucher hermétiquement. Cette opération se fait à l'aide d'une douille, sorte de main dans laquelle on place le bouchon par son gros bout, et munie d'une longue tige de fer qui permet d'atteindre à travers le foyer le tube *à tamponner*. Ce bouchon étant à sa place, frappez jusqu'au refus et bien droit, à coups de masse, sur le bout de la tige, en la faisant soutenir pour que le bouchon n'enfonce pas de travers. Cette manœuvre doit se faire avec calme et sans précipitation, mais rapidement; sinon le bouchon brûle avant qu'on ait eu le temps de l'enfoncer.

Les bouchons de bois sont, du reste, préférables aux bouchons de fer; ils restent mieux dans le tube, sont moins exposés à être chassés par la pression; et quand ils sont bien emmanchés et en bois dur, ils ne se brûlent qu'au ras de l'ouverture du tube.

Si les tubes fuient abondamment et qu'on ne puisse pas les boucher, il faut bien laisser la chaudière se vider jusqu'à ce que l'eau ne se projette plus sur le mécanicien. On tamponne alors et on reprend le service.

455. Excès de vaporisation. — Si la chaudière produit trop de vapeur eu égard à la consommation, la pression peut monter au point de devenir dangereuse. En outre, les joints, garnitures et assemblages se fatiguent; enfin, l'excès de vapeur s'échappant par les soupapes de sûreté soulevées, se consomme en pure perte. Or la perte de vapeur correspond à une perte de chaleur et de combustible dépensés pour la créer.

L'excès de production tient, on le comprend, à ce que le feu est trop actif en raison du travail mécanique à produire, soit parce que les appareils de tirage ont trop de puissance eu égard à l'état de l'atmosphère, soit parce que le mécanicien n'a pas prévu les diminutions brusques de ce travail, telles que, sur un chemin de fer, la descente d'une rampe pendant laquelle on dépense peu de vapeur, et à plus forte raison les temps d'arrêt pendant lesquels la vapeur se crée sans se dépenser.

On remédie à l'excès de vaporisation :

1° En profitant de cette circonstance pour charger le feu s'il est bas, ou pour alimenter la chaudière en ouvrant l'appareil alimentaire, si elle en a besoin et qu'on puisse le faire sans inconvénient. On fait ainsi notablement tomber la pression au bout de trois ou quatre minutes;

2° En diminuant le tirage et l'appel d'air dans le foyer. On ralentit ainsi la combustion et l'on ménage le combustible. Dans ce but restreignez d'abord l'ouverture du registre de la cheminée et avant tout s'il y en a une, l'injection de vapeur ; si cela ne suffit pas encore, fermez en partie les portes du cendrier ;

3° Admettez un peu d'air froid dans le foyer pour le rafraîchir, si la production continue à être excessive, Dans ce but ouvrez la porte du foyer pour y laisser entrer l'air extérieur, On ne doit user de ce procédé qu'avec réserve et précaution, car en faisant succéder ainsi le rafraîchissement à l'intensité de la chaleur, on imprime au métal des effets de contraction qui engendrent des fuites et des gerçures. La flamme peut en outre sortir par la porte et atteindre le chauffeur. Entr'ouvrez donc seulement la porte, surtout sur un chemin de fer. Mieux vaudrait encore faire usage du registre dit à air froid, souvent disposé à la base de la cheminée, Mais la poussière qui s'en échappe est très-gênante pour les mécaniciens et légitime leur répugnance à s'en servir.

456. Insuffisance de vaporisation. — Si la chaudière produit mal *habituellement*, on doit l'attribuer à un vice de l'appareil dont peut-être la surface de chauffe est trop restreinte, le métal trop épais et mauvais conducteur, le foyer incapable de bien utiliser le combustible, le tirage insuffisant, la cheminée trop petite, les carneaux étroits ou contournés à l'excès, etc. Dans ce cas évitez de faire aucune modification à moins qu'elle ne soit facile, sans inconvénient, ou d'un effet certain ; mais appelez un constructeur habile pour le consulter et aviser.

Est-ce *accidentellement* que la chaudière produit mal ? Ce fait peut alors avoir plusieurs causes ;

1° La chaudière mal entretenue est tapissée intérieurement d'un tartre épais qui gêne la transmission de la chaleur (149). Prenez alors beaucoup de précautions contre les coups de feu et profitez de la plus prochaine interruption de service pour faire le nettoyage voulu ;

2° La cheminée, les tubes ou carneaux sont obstrués, ou bien les portes du foyer, de la boîte à fumée, des galeries, etc., sont mal fermées ; signaler ces faits, c'est indiquer le remède (voir numéro 278) ;

3° L'eau est saturée de sels qui retardent son point d'ébullition (134) ; faites jouer le désaturateur (251) avec plus d'énergie, et à son défaut ouvrez à fréquents intervalles les robinets de vidange

(254) pour écouler l'eau saturée, que vous remplacez en faisant jouer à propos les appareils alimentaires (236). Cette opération, nécessaire surtout sur les bateaux à vapeur en mer et pour les machines qui s'alimentent avec de mauvaises eaux de source, demande des soins pour éviter, soit de découvrir la surface de chauffe en vidangeant trop à la fois, soit de faire tomber la pression en alimentant trop longtemps ;

4° Le combustible est de mauvaise qualité, sans chaleur, impur, ou trop collant, et formant une croûte qui empêche l'air de passer. Dans le premier cas chargez souvent, marchez haut de feu et donnez un fort tirage ; dans le deuxième cas piquez le feu souvent, c'est-à-dire promenez un ringard en forme de tringle ou de lance dans la masse embrasée, pour briser la croûte et laisser libre passage à l'air ;

5° La grille est obstruée par suite de l'impureté du combustible qui rend en brûlant beaucoup de cendre et de mâchefer. Dans ce cas comme dans le précédent, piquez souvent le feu et nettoyez la grille avec le ringard à crochet.

457. Quelle que soit la cause qui empêche la chaudière de produire, on n'y saurait être trop attentif.

Dans l'alimentation, soit en combustible, soit en eau, quelques précautions doivent être prises :

1° Chargez le foyer par petites quantités à la fois, en profitant des instants où la pression est élevée et le feu bien actif. Ouvrez la porte le moins possible et modérez la dépense de vapeur ;

2° Quant à l'alimentation d'eau, ayez soin de chauffer celle-ci préalablement, s'il se peut. Par exemple, sur une locomotive, en ouvrant le robinet réchauffeur qui envoie de la vapeur au tender dans les instants où elle abonde inutilement dans le générateur, ou dans les machines à condensation, en n'employant que l'eau chaude retirée du condenseur. Alimentez peu à la fois, seulement lorsque la pression est haute et le feu actif ; sinon, commencez par la faire monter en activant le tirage ; enfin prenez un soin particulier de ne faire jamais coïncider la charge du foyer et l'alimentation des chaudières ; si toutes deux sont urgentes, ce qui suppose une bien grande imprévoyance, commencez par l'alimentation d'eau ;

3º Donnez le plus de tirage possible, et par conséquent démasquez la grille ; ouvrez en grand le registre de la cheminée et usez puissamment de l'injection de vapeur qui y force le tirage.

En agissant ainsi, la vaporisation reprendra peu à peu, et au bout de dix minutes au plus la marche normale pourra probablement être reprise à son tour, si la chaudière n'est pas affectée d'un vice permanent.

458. Si la pression de la vapeur tombe. — Cet accident a pour causes ou bien de fortes fuites urgentes à boucher, ou bien un manque d'eau dans la chaudière, et l'on rentre alors dans le cas du numéro 452, ou bien enfin une fausse manœuvre du mécanicien qui n'a pas proportionné l'activité de la vaporisation au travail demandé, ou qui a chargé le feu ou fait jouer les pompes à contre-temps. Donc, quand la pression tombe, constatez-en d'abord bien la cause, assurez-vous que tout est en état dans l'appareil ; puis :

1º Ouvrez très-peu le régulateur, ou en d'autres termes, demandez peu de vapeur à la chaudière qui en a peu à dépenser, sans crainte de marcher lentement, quitte à regagner ensuite le temps perdu quand la pression sera remontée ;

2º Faites cesser toute cause pouvant contribuer à diminuer la pression. Ainsi, n'alimentez pas, fermez exactement les portes du foyer ; s'il se peut, piquez la grille en dessous. S'il y a urgence à charger le feu, ne mettez dans le foyer que deux ou trois pelletées de combustible à la fois, en prenant garde d'étouffer le feu, et en attendant pour charger de nouveau que le foyer soit en pleine incandescence ;

3º Usez de tous les organes qui existent dans l'appareil pour activer le feu ; ainsi, ouvrez en grand le registre modérateur de la cheminée pour qu'elle tire avec toute son énergie, activez l'échappement de vapeur qui force le tirage ; mais ne recourez pourtant à ce dernier procédé qu'avec réserve ; car l'injection prise directement sur la chaudière use une partie de la vapeur, si précieuse en ce moment ; et si cette vapeur vient du cylindre moteur comme sur les locomotives, il s'ensuit sur le piston une contre-pression bien inopportune dans l'instant où la force motrice manque. Prenez garde aussi, en usant trop longtemps de ces appareils, de faire remonter à l'excès la pression et de passer ainsi d'un extrême à l'autre. Car, on l'a déjà dit, ces alternances brusques de chaleur et.de refroidissement, de faibles et de hautes pressions, sont aussi nuisibles à la conservation des appareils qu'à l'utilisation du combustible.

Si, à la grande honte du mécanicien, la machine est sur le point de manquer tout à fait de pression et subit un ralentissement par trop sensible, mieux vaut arrêter tout à fait quelques minutes pour laisser remonter la pression sans consommer la vapeur à mesure qu'elle se forme ; puis on reprendra la marche en bonne vitesse.

459. Niveau d'eau trop bas. — Ce fait provient ou de la négligence très-coupable du mécanicien qui n'a pas fait jouer à temps son alimentation, ou de fuites abondantes qui se déclarent. Il faut distinguer dans cet accident deux degrés :

1° Le niveau est bas, cependant la surface de chauffe reste couverte d'eau : dans ce cas le mal est peu grave ; faites tout de suite jouer l'appareil alimentaire ; en même temps, pour maintenir la vaporisation malgré le refroidissement de la chaudière, activez le tirage, à moins que la pression ne soit par bonheur en cet instant suffisamment élevée. Alimentez à plusieurs reprises et non d'un seul coup, afin de laisser la pression monter pendant les intermittences.

2° Si le niveau d'eau est tellement bas que la surface de chauffe soit découverte, c'est le cas du numéro 552 ; il y a danger. *Gardez-vous d'alimenter*, mais jetez vite le feu ou, mieux encore, étouffez-le ; fermez toutes les portes de la chaudière, afin qu'elle se refroidisse peu à peu, sans que le métal éprouve de brusques effets de contraction. Quand elle n'est plus que tiède, assurez-vous qu'il n'y a pas eu de coup de feu. Alimentez alors avec la pompe (264) dite *petit cheval*, s'il reste encore de la vapeur pour la mouvoir, sinon avec la pompe à bras, et refaites le feu pour reprendre le service.

Il y a des mécaniciens qui pensent ne devoir jeter le feu que si la chaudière *a rougi*. C'est une très-grave erreur ; dès que la surface de chauffe est découverte, le danger existe ou du moins peut exister, le métal n'offrirait-il aucune lésion. En effet, d'après le phénomène de la caléfaction (133), ce n'est pas quand le métal est rouge qu'il vaporise l'eau ; c'est notablement au-dessous de cette température inspirant confiance au mécanicien, que se forme cette grande quantité de vapeur qui détermine les explosions.

§ 3. DES FUITES.

460. Fuites à la chaudière. — Celles qui se manifestent par des gerçures ou des fentes à la tôle exigent une cessation immédiate du service, car elles augmentent rapidement et sont d'ailleurs le premier degré d'une rupture. On éteint donc le feu ; on attend le refroidissement pour vider l'eau, et l'on fait faire la réparation par un chaudronnier, comme au cas du numéro 451.

Les fuites par les cornières, jointures et rivures de la chaudière, sont ordinairement peu sérieuses ; leur principal effet est de gêner la vaporisation ; le tartre qui se forme dans l'intérieur de la chaudière suffit souvent pour les boucher au bout de quelques jours, aussi faut-il bien se garder d'enlever, même à l'extérieur, les concrétions ou stalactites qui se produisent à l'endroit de la fuite, car elles aident en outre à reconnaître les endroits qu'il faut mater quand, après avoir vidé la chaudière, on s'occupe de la réparer.

Les tubes des chaudières tubulaires sont spécialement sujets à fuir. Quand la fuite a lieu autour des viroles coniques qui les fixent à leur extrémité sur les plaques dites porte-tubes, on chasse les viroles pour les faire rentrer un peu plus profondément dans le tube ; par leur conicité elles le refoulent et le rendent étanche.

On enfonce les viroles, non pas en les frappant directement au marteau, ce qui risquerait de les déformer et de les chasser de travers, mais on interpose entre elles et le marteau soit un mandrin de fer spécial, que le constructeur a dû livrer comme accessoire de la machine avec les clefs de serrage, soit, à son défaut, un simple morceau de bois dur. Si les tubes sont posés sans virole, on en matera les bords ou on y passera le mandrin pour rendre le joint étanche.

Quand l'intérieur d'un tube fuit, on en supprime l'usage en le tamponnant comme il est dit au numéro 454. On tamponne de même les fuites qui peuvent se produire par un rivet qui saute.

Mais souvent la fuite est telle, que la chaudière se vide rapidement ; pour éviter les brûlures, le premier soin doit donc être de jeter le feu à bas.

Les fuites de chaudière sont très-souvent imputables au mécanicien qui, soit en chargeant son feu, soit en l'éteignant, soit en l'alimentant, ne prend pas soin d'éviter les brusques alternances de haute chaleur et de refroidissement ; des effets de dilatation, puis de contraction se produisent en laissant entre les assemblages un vide ou jeu qui constitue une fuite. Aussi est-ce principalement dans la conservation de la chaudière que se juge un bon mécanicien. Un jour, en ma présence, on venait de jeter le feu d'un foyer de locomotive parfaitement étanche, quand tout à coup la totalité des tubes laissa échapper des fuites abondantes ; on attribua l'accident à ce que le vent violent et glacial qu'il faisait en cet instant s'engouffra dans le foyer ouvert, et amena par le refroidissement une contraction subite du métal.

461. Fuite par un joint mastiqué. — La plupart des joints de ce genre qui manquent en route, principalement ceux de la chaudière, ne peuvent être refaits qu'au repos et à froid. Heureusement il est rare qu'ils causent d'autre embarras qu'un surcroît de dépense de vapeur.

Les joints les plus exposés à manquer en route sont ceux des couvercles de boîte à tiroir et des cylindres, ainsi que ceux des pompes.

A l'égard des premiers, on bouchera provisoirement les fuites de la manière suivante ; on fermera d'abord le régulateur pour empêcher la vapeur d'arriver ; on dévissera un peu le couvercle qui fuit ; on passera dans l'intervalle des deux brides traversées par les boulons une bonne mèche d'étoupe ou un bout de corde molle de grosseur égale sur toute sa longueur et faisant plusieurs tours ; on resserrera les écrous, et l'on aura un joint analogue à la garniture des presse-étoupes, qui permettra au moins de continuer le service jusqu'à ce que l'on puisse refaire le joint au mastic (voir n° 400 et suiv.).

Les joints des pompes manquent souvent par suite des secousses qu'elles impriment elles-mêmes en fonctionnant. La pompe étant un des plus essentiels organes d'une machine, si l'on n'en possède qu'une, il faut, après l'avoir fait jouer malgré ses avaries jusqu'à ce qu'on puisse s'en passer quelques minutes, réparer le plus tôt possible ses joints manqués, ayant soin de fermer d'abord les robinets et clapets qui en dépendent.

462. Les fuites autour du piston moteur dans son cylindre et des pistons de pompe à air nuisent beaucoup au travail utile de la machine. Cet accident, d'ailleurs sans danger, provient : 1° du défaut de serrage de la garniture ; 2° d'un vice d'ajustage ; 3° d'un usage trop prolongé ; 4° de ce que le cylindre est rayé intérieurement. Dans ce dernier cas, le seul remède est le réalésage du cylindre. Dans les autres, on remet en état la garniture, soit en enlevant le piston après avoir démonté le couvercle de cylindre comme dans les locomotives, soit en pénétrant dans le cylindre par une porte *ad hoc*, ainsi qu'il se pratique dans les grands appareils. Voyez ce qui a été dit sur la garniture des pistons au numéro 398.

On reconnaît que les pistons fuient : 1° à ce que l'émission de vapeur est continue et non intermittente, comme elle devrait l'être ; 2° à ce que les robinets graisseurs, purgeurs, ou autres placés sur le cylindre, émettent de la vapeur, lorsqu'ils ne devraient pas en donner sensiblement, eu égard au côté du piston avec lequel il communique.

463. Les fuites des presse-étoupes se suppriment par le simple serrage du *chapeau;* s'il est à bout de course, et qu'on n'ait pas le loisir de le regarnir entièrement, on peut du moins, en peu de temps, enlever le chapeau et placer dans la boîte une des mèches toutes préparées qu'on doit avoir en réserve. Cet accident provient de ce que la garniture est trop vieille ou mal faite (voir n. 395).

464. Toute fuite dans le condenseur ou toute entrée de l'air extérieur dans le condenseur paralyse ses fonctions et gêne beaucoup la machine : bien qu'elle soit d'ailleurs sans danger, il importe de la boucher tout de suite par un matage, ou avec un des mastics dont il est parlé aux numéros 401 et suiv. (Le mastic de fonte ne s'emploie pas, bien entendu, pour boucher les fissures d'un couvercle ou d'une pièce quelconque susceptible d'être démontée). Puis, au prochain atelier, on réparera le condenseur avec tous les soins possibles.

On reconnaît les fissures du condenseur, non-seulement au sifflement de l'air entrant, mais en promenant une bougie; là où sera la fuite, la flamme sera attirée vers l'intérieur.

465. Les fuites par la robinetterie n'ont d'importance que si elles sont abondantes et qu'elles menacent d'avarier quelques parties essentielles de la machine.

Quand un robinet fuit, donnez-lui d'abord du serrage en tournant l'écrou qui appuie la *clef* (partie mobile faisant corps avec la poignée), dans son *boisseau* (partie fixe alésée coniquement).

Si le serrage ne peut arrêter la fuite, rodez quand vous le pourrez les pièces l'une sur l'autre, c'est-à-dire faites-les frotter en tout sens, en interposant entre elles de la poudre d'émeri ou de grès imbibée d'eau ou d'huile.

466. Les fuites par le régulateur, innocentes en marche, nonseulement consomment inutilement la vapeur au repos, mais elles ne permettent pas toujours d'arrêter complétement la machine sur l'ordre donné. En outre, la vapeur accumulée dans le cylindre, assez abondamment pour mouvoir le piston, peut faire repartir la machine contre la volonté du mécanicien.

Cet accident doit donc être réparé aussitôt que les besoins du service le permettront. Jusque-là, chaque fois qu'on arrêtera, après avoir fermé le régulateur, on ouvrira le robinet purgeur du cylindre pour donner issue à la vapeur accumulée, et on serrera les freins, s'il en existe; sinon, on calera la machine pour l'empêcher de démarrer.

§ 4. RUPTURE DES PIÈCES DE LA MACHINE.

467. Elle s'annonce par des claquements, chocs, broutements et mouvements anormaux sur lesquels un mécanicien de quelque expérience ne peut se méprendre.

Ces accidents, dont la gravité dépend des pièces rompues, proviennent de six causes principales : vice des matières; faiblesse de dimensions; chocs imprévus; gauche dans le montage; claquement et martelage par insuffisance de serrage des articulations et usure des pièces. Les deux premières causes sont imputables au constructeur; la troisième est un cas de force majeure; la quatrième peut provenir de la maladresse du mécanicien à remonter les assemblages; les quatrième et cinquième causes accusent de sa part un tort grave; la sixième ne demande autre chose que le remplacement des pièces usées, et le mécanicien, en y manquant, assume sur lui la responsabilité des accidents.

468. Il arrive souvent que des pièces rompent sans cause apparente, après avoir résisté à un long service, comme si elles succombaient à une sorte de fatigue ou de vieillesse. Il paraît, en effet, que sous l'influence des vibrations que supportent les pièces quand elles n'ont pas une *très-complète rigidité*, les fibres ou les grains moléculaires du métal s'arrachent peu à peu, et finissent par amener la rupture, même sous de faibles efforts. Voilà le fait sur lequel le désaccord n'est pas possible, et qui a été prouvé, notamment par les expériences ci-après relatées de M. Polonceau.

Mais est-il vrai que le métal subit un changement de nature ou du moins une modification de structure? voilà le phénomène sur lequel les praticiens sont en grand désaccord. Il y a quelques années, on ne révoquait pas en doute le changement moléculaire dans les essieux et pièces analogues. Les métallurgistes, et parmi eux M. Frély, le regardent encore comme certain, notamment pour les tiges en fer de marteau pilon; il en est de même des ouvriers forgerons dont l'avis en semblable matière n'est pas sans valeur.

Les sociétés des ingénieurs civils de Paris et de Londres se sont, à de nombreuses reprises, occupées de la question. Dans celle de Paris (séances du 2 et du 16 avril 1852, 4 février 1853 et janvier 1861), M. Polonceau a établi que le métal des essieux de chemins de fer n'éprouvait aucune transformation sensible dans sa structure; mais qu'une rupture successive des fibres s'opérerait graduellement de l'extérieur au centre, par suite de l'extension et de la compression qui se succèdent alternativement sur ces fibres à chaque vibration.

Ce fait est devenu évident pour M. Polonceau, après l'examen attentif d'un très-grand nombre d'essieux rompus en service ou cassés exprès au mouton. M. Weyckman, ingénieur allemand, a tiré la même conclusion que M. Polonceau d'expériences faites sur une barre de fer soumise longtemps à de violentes secousses.

M. Lechatellier a déclaré partager le même sentiment pour les essieux de chemin de fer ; mais il croit à la possibilité du changement moléculaire pour les pièces soumises à de très-grands efforts, tels que les canons et les câbles de marine. C'est donner raison à la fois à M. Frély et à M. Polonceau, et il est probable que là est la vérité.

469. Le général Morin a cité de nombreuses preuves de l'altération moléculaire dans des pièces soumises à des vibrations, mais en même temps à des changements de température. Quant à la durée pendant laquelle les pièces résistent au changement de leur propre substance, elle dépend de beaucoup de causes, notamment de la qualité du métal, de la perfection du travail et de l'importance des vibrations. Dans la séance du 16 avril 1852, le savant général a posé en principe, sinon certain, du moins probable, que l'état naturel du fer était la structure à grain et non l'état fibreux ou nerveux, et qu'il tend à reprendre sa nature sous l'influence des vibrations. Mais il a reconnu que sous cet état nerveux, résultat d'une première altération, sa résistance était dix à vingt fois plus grande que celle du fer naturel à grains, ce que l'expérience a constaté. Nous ajouterons que la supposition du général Morin sur la structure naturelle du fer, rapportée par nous à divers contre-maîtres et ouvriers forgerons, dont la pratique mérite confiance, a été reconnue très-probable par la plupart.

Ce que nous venons de dire résume assez bien aussi les discussions qui ont eu lieu à la Société des ingénieurs civils de Londres sur la même question (voir séance de mai 1854). De part et d'autre, on a cité des faits, les uns contraires, les autres à l'appui du changement moléculaire des métaux par l'effet des vibrations.

470. S'il faut, à notre tour, citer des faits, nous rapporterons celui-ci, dont nous avons été, il y a quelques années, témoin dans les ateliers Cavé : Un jour, une enclume de marteau à vapeur fut cassée en deux morceaux, après vingt-cinq à trente

mois de service. La cassure offrait un fer à grains et était sensiblement divisée en trois zones parallèles : celle du dessous était à
très-gros grains, ou plutôt à facettes d'une grandeur inouïe dans
le fer ; de plus ces facettes avaient une tendance à se stratifier
horizontalement et à se tasser en s'aplatissant. Le lit supérieur,
moins épais de moitié que le premier, offrait un grain gros, stratifié aussi, mais de volume ordinaire dans ces sortes de métaux, et
diminuant peu à peu jusqu'au troisième lit, qui avait presque un
grain d'acier ; c'est sur cette zone supérieure que se posait la
pièce chaude à forger ; c'est celle qui recevait tout d'abord le coup
du marteau et l'eau que les forgerons sont dans l'usage de jeter
en certains cas sur l'enclume ou sur la pièce forgée. Le contre-
maître a cru avoir la certitude que l'enclume en question avait été
fabriquée en bon fer fort de même nature, à grains fins et serrés,
n'offrant rien de commun avec la cassure actuelle.

Si cette présomption est fondée, il y a eu changement évident
de structure, sous l'action des chocs et variations de température.
Le fer aurait passé au gros grain ; puis, sous les mêmes chocs, les
facettes formées se seraient ensuite aplaties et comprimées. Quant
à la partie supérieure, en contact avec le fer rouge forgé et l'eau
souvent projetée, elle se serait aciérée. Ces hypothèses ne reposent, nous le répétons, que sur une présomption.

Au surplus, nous croyons qu'il y a eu souvent beaucoup d'incertitude sur le résultat des expériences faites pour éclairer la
question. On a bien constaté que tel fer, telle pièce, offraient une
cassure à grains, altérés ou non, mais on n'a pas toujours constaté
quel était ce fer avant le service ; et quand on l'a fait, il y a eu
souvent des résultats contraires. Quant à moi, dans des mêmes
lots d'essieux essayés, j'en ai presque toujours trouvé plusieurs à
nerf, et d'autres à gros grains, etc. S'ils eussent été éprouvés après
le service, on n'eût pas manqué de conclure pour l'altération ou
la non-altération du fer, selon que le hasard eût fait tomber l'épreuve sur les unes ou les autres de ces pièces.

En résumé, les métaux éprouvent à la longue, sous l'action des
chocs et vibrations, une détérioration. De quelle nature est-
elle ? Là est la question. Est-ce un changement moléculaire,
est-ce une rupture ? Il est probable que c'est l'un et l'autre ; mais

quelles vibrations, quels chocs, quelle durée de fatigue faut-il
pour changer la structure? Il les faut assurément très-grands, et
de plus, cela doit dépendre de la nature et de la qualité, de la fabrication des métaux et de la température.

471. Les organes les plus exposés à rompre en marche dans
une machine sont naturellement ceux qui fatiguent le plus, et sont
sujets à des efforts saccadés; tels sont principalement : 1° les
pistons et leurs tiges; 2° les bielles principales, motrices, d'accou-
plements et d'excentriques; 3° les arbres ou essieux; 4° leurs
coussinets et paliers; 5° les roues de chemins de fer, les volants de
machines fixes et roues de bateaux; 6° le régulateur et le levier
de conduite des tiroirs; 7° les barres d'attelage qui unissent les
locomotives, tenders et waggons sur chemins de fer; 8° les ressorts
de ces mêmes voitures et ceux des dynamomètres, balances, etc.;
9° les tubes de verre de niveau d'eau et de manomètre.

La rupture du piston, de sa tige, de la clavette qui les unit, etc.,
a souvent pour conséquence d'amener le défoncement du cylindre.
On doit donc arrêter la machine dès qu'on a des inquiétudes sur
la solidité des pièces ci-dessus, dès qu'on les entend choquer, dès
qu'on remarque le moindre mouvement anormal. La marche ne
doit être reprise qu'après s'être assuré qu'il n'y a rien à craindre.
Si l'accident est consommé, empressez-vous de fermer le régulateur; puis, si la machine est double, isolez celle qui est avariée,
de manière à continuer la marche avec l'autre, ainsi qu'il est dit
au numéro 449, jusqu'à ce que le service puisse être interrompu
sans inconvénient.

472. Le bris des bielles motrices joint au danger de faire défoncer le cylindre, celui de les faire arc-bouter contre d'autres
pièces du mécanisme et de compliquer les accidents. La rupture
des bielles est principalement dangereuse pour les locomotives;
car les pièces brisées, en s'arc-boutant contre le sol, les rails ou
les traverses, peuvent soulever et faire dérailler la machine. Dans
un navire l'arc-boutement peut avoir lieu contre le fond, le crever et déterminer une voie d'eau.

On comprend donc qu'il est urgent d'arrêter tout de suite.

Le mécanicien peut jusqu'à un certain point prévenir ces graves
accidents par une grande surveillance, et en empêchant tout cla-

quement par suite du jeu de ces organes entre eux et des attaches qui les relient.

473. *Rupture des arbres et essieux.* — Cet accident est encore d'une extrême gravité, tant par les avaries qui peuvent s'ensuivre que par les frais et la durée de la réparation. La machine doit donc être arrêtée dès qu'on aperçoit le moindre commencement de rupture ou de torsion. On confiera la réparation aux soins d'un chef d'atelier habile.

Si cependant on est forcé de continuer absolument le service, tel serait le cas d'un navire en mer qui ne peut tirer parti de ses voiles, on pourra fretter la partie menacée de l'arbre avec un collier en fer, qu'on pose à chaud, et qui, se contractant par le refroidissement, presse très-énergiquement la partie ainsi retenue. On fera chauffer au *blanc soudant*, dans le foyer des chaudières, une bande de fer épaisse, large de un décimètre au plus, et suffisamment longue pour envelopper l'arbre. Puis, les deux extrémités de cette bande ayant été préalablement façonnées en amorce pour les souder ensemble, on s'empressera de la porter sur l'arbre, on l'appliquera sur la partie menacée et on fera la soudure au marteau, en prenant bien garde de forcer la pièce réparée. Il sera bon d'appliquer une deuxième frette sur la première pour la soutenir, en ayant soin de la souder du côté opposé, au lieu d'appliquer les soudures l'une sur l'autre.

Quand la machine est double, et qu'à l'exemple des bateaux à vapeur munis de roues à aubes, l'arbre n'est cassé que d'un seul côté, de sorte qu'on puisse continuer la marche avec une seule roue et la partie d'arbre qui la commande, on isolera la partie cassée en chassant la soie ou tourillon qui unit les deux manivelles; on démontera, comme il est dit au numéro 449, tout ce qui peut empêcher de marcher avec une seule machine, et l'on continuera le service.

474. La rupture des coussinets a pour effet de gêner le frottement des pièces, ce qui les fait chauffer et gripper (19) ; dans ce cas, à moins qu'on ne soit peu éloigné du point d'arrêt, on démontera le palier pour enlever les menus fragments; on réunira provisoirement les gros, en les maintenant comme on pourra, et l'on continuera la marche en lubrifiant souvent, jusqu'à ce qu'on puisse changer le coussinet. Tout dépôt de chemin de fer, tout bateau, toute manufacture bien organisés doivent avoir des coussinets de rechange prêts à mettre en place.

Quand le métal du coussinet n'est pas aigre, il ne casse ordinairement qu'en deux ou trois morceaux faciles à réunir, en dessous de la partie frottante, par des bandes de fer ou de cuivre en queue d'aronde, attachées par des vis courtes à tête fraisée (voir n° 19).

475. La rupture d'un palier proprement dit est rare ; elle s'annonce par une série de claquements, et est d'ailleurs très-visible. Sa principale cause est une violente secousse, ou un défaut d'ajustage, ou un excès de jeu par usure.

Un arrêt immédiat n'est nécessaire que si la cassure a eu lieu de manière à donner à l'essieu un jeu considérable, causant à la machine une instabilité dangereuse. On rapproche les parties cassées, en ayant soin d'ôter les menus fragments ; on les maintient en les calant comme on peut, et on continue le service avec précaution, sans trop accélérer la machine et en graissant beaucoup.

476. La rupture des roues, poulies et volants nécessite toujours l'arrêt immédiat et même la cessation du service, dès que l'accident s'annonce par des fentes ou criques de quelque gravité. Nous reviendrons sur ce point dans la deuxième partie, à propos de chaque espèce de machines en particulier.

477. *Rupture ou avaries des ressorts.* — Il existe dans le matériel des chemins de fer des ressorts pour la traction et pour la suspension des voitures et des locomotives ; dans toutes machines il peut exister des ressorts pour différents usages, notamment pour charger les soupapes de sûreté et ramener à leur position première certains appareils distribuant la vapeur.

La rupture des ressorts de soupapes de sûreté exige leur remplacement. En attendant, on cale la soupape, ce qui la met hors de service ; mais l'inconvénient est peu grave s'il existe une seconde soupape en bon état, comme le prescrivent les règlements administratifs.

A défaut des ressorts dans les appareils distributeurs en question, la machine ne peut souvent plus fonctionner, mais c'est un accident sans danger auquel on remédie, s'il se peut, en établissant, à l'aide de cordes, un contre-poids faisant l'office du ressort brisé, lorsqu'il n'y en a pas en réserve.

Quant à la rupture des ressorts de suspension ou traction sur les chemins de fer, nous en parlerons en leur lieu.

Les ressorts peuvent aussi, sans rupture, manquer leur but par la perte plus ou moins grande de leur élasticité. Mais on y remédie par les moyens de serrage qui doivent toujours les accompagner; sinon, au moyen de cales rapportées.

478. *Rupture du régulateur ou du levier de mise en train.* — Quand ces accidents arrivent, comme il n'y a plus moyen de guider la machine et d'en être maître en cas de besoin, il serait d'une extrême imprudence de continuer la marche avant d'avoir réparé l'avarie.

Pour que cette opération soit possible sans éteindre le feu et faire tomber la pression de la vapeur, il faudrait que le régulateur ne fût pas placé dans la chaudière, et qu'il existât, comme sur les machines fixes, un obturateur supplémentaire interrompant la vapeur.

§ 5. — ACCIDENTS DIVERS DANS LA MACHINE.

Les machines à vapeur peuvent encore éprouver bien des accidents; si tous ne peuvent pas être prévus, en voici du moins plusieurs qui sont assez fréquents et auxquels un mécanicien doit savoir parer.

479. Claquement dans les articulations. — Quand le jeu qui doit exister dans les articulations d'une machine dépasse certaines limites, soit par insuffisance de serrage, soit par suite d'usure, les pièces remuent, dansent, claquent, ferraillent, choquent les unes contre les autres. Il est important de ne pas laisser cet état se prolonger, car l'usure croît avec rapidité, et des ruptures peuvent s'ensuivre. Il n'est cependant pas urgent d'arrêter, à moins que le claquement ne soit tellement fort qu'il ne présage la rupture; mais on profitera du plus prochain arrêt pour remettre les choses en état.

On resserre les écrous, clavettes ou coins, que le constructeur a dû ménager partout où il est besoin pour régler le serrage. Les écrous se serrent avec des clefs, dont chaque machine doit posséder un assortiment. Pour repousser les coins ou clavettes, on frappe sur leur tête à très-petits coups avec un maillet de bois ou de cuivre, qui, plus tendre que le fer ou l'acier de la clavette, agit sans la déformer.

Quand les coins, écrous et autres moyens établis pour ménager le serrage, ne suffisent plus pour empêcher les pièces de danser et claquer, la machine est forcée d'entrer en réparation, et l'on rend, s'il se peut, aux pièces usées leur épaisseur primitive par des semelles ou par un doublage, comme il est dit au numéro 19.

Les pièces les plus exposées à danser et claquer sont les têtes de bielles, les glissières, les coussinets, les boîtes à graisse de locomotive, les colliers d'excentriques, et en général les pièces animées de mouvements alternatifs. Les collets d'arbres et essieux prennent également en peu de temps beaucoup de jeu latéral, surtout dans les locomotives, ainsi que dans les machines de navire à hélice mal protégées contre la poussée de ce propulseur.

480. Échauffement des pièces frottantes. — Deux surfaces frottantes peuvent s'échauffer, gripper, s'altérer, et par suite se couper, se briser ou même se fondre. Cet accident s'annonce d'abord : 1° par une chaleur modérée seule sensible au toucher quand le mécanicien, faisant sa visite, porte la main sur les articulations : c'est le premier degré ; 2° par le brunissement ou bronzage de la pièce, accompagné du bouillonnement de la graisse, lequel est rendu sensible par la vaporisation et l'odeur d'huile brûlée : c'est le deuxième degré ; 3° par des cris aigus bien connus et qui sont ceux de toute voiture dont l'essieu crie faute de graissage : c'est le troisième degré.

L'échauffement provient de six causes :

1° Un défaut de graissage, soit que le mécanicien ait manqué de graisser, faute coupable et punissable d'amende, soit que les lumières ou trouées qui laissent passer la graisse soient bouchées, et que la matière lubrifiante ne se débite pas ; soit que la matière lubrifiante ne tienne pas entre les parties frottantes par sa mauvaise qualité, ou le vice du réservoir qui fuit ;

2° La disparition par suite d'usure, des pattes d'araignées ou conduits ramifiés (20) qui distribuent la graisse entre les surfaces frottantes;

3° Le vice du métal qui s'égrène ou s'exfolie;

4° Un vice d'ajustage, qui laisse des rugosités ou du *gauche*, et s'il s'agit d'un coussinet sur un axe, l'oubli de lui donner un peu d'entrée pour l'empêcher de pincer (19);

5° L'interposition de corps étrangers entre les surfaces frottantes, provenant, soit de l'impureté de la graisse, soit d'un manque de soin dans le nettoyage, soit de fragments détachés de la surface frottante, aigre de sa nature, et cassée dans une secousse de la machine;

6° Un excès de pression sur les surfaces frottantes (20).

481. Dès qu'une articulation est chaude à brûler la main (qu'on ne doit par conséquent poser qu'avec précaution en faisant la visite), il faut le plus tôt possible la refroidir en l'arrosant d'eau. Il faut le faire lentement, afin de ne pas faire subir à la pièce plus ou moins voisine de la chaleur rouge une sorte de trempe qui peut altérer le métal. Cette trempe durcit le fer, et peut-être modifie-t-elle son état moléculaire (n°s 468 et suivants). Le bronze, au contraire, s'amollit par la trempe; et il est souvent, par suite, très-détérioré. Il faut aussi se bien garder de verser de l'huile ou de la graisse, qui pourrait flamber et mettre le feu. Autant que possible, il faut n'employer que l'eau douce. L'eau de mer aigrit beaucoup plus, elle introduit du sel dans les articulations et peut causer par là un nouvel échauffement;

Quand la chaleur a disparu, on nettoie le réservoir et les surfaces frottantes; on débouche les lumières et conduits de graisse, à l'aide d'une épinglette ou petite tringle de fer; on remplace les mèches de coton du siphon, comme il est dit au numéro 408. Ensuite on lubrifie abondamment avec de l'huile ou du suif, auquel il sera bon d'ajouter un peu de fleur de soufre, ce qui forme un des plus doux lubrifiants connus. On reprendra ensuite la marche, en visitant souvent l'articulation qui a chauffé.

Quand l'accident continue et qu'il prend, par son intensité et sa continuité, un caractère inquiétant, il est prudent d'arrêter à la première station et d'attendre, pour reprendre le service, qu'on ait visité la machine et fait disparaître la cause de l'échauffement.

Les pièces les plus exposées à chauffer sont celles qui ont un frottement rapide, telles que les arbres et essieux, les bielles, glissières et colliers d'excentriques.

482. Échauffement du condenseur. — Sa chaleur ne doit pas dépasser 35 à 45 degrés. Il faut donc consulter souvent l'indicateur du vide, et tâter à la main la bâche du condenseur pour s'assurer qu'elle ne dépasse pas la chaleur voulue (voir nᵒˢ 311 et suivants).

La cause de cet accident peut provenir de deux causes :

Ou bien de ce que l'injection d'eau froide est insuffisante ; il convient alors, pour remettre les choses en état, d'ouvrir un peu plus le robinet dit d'injection (314) ;

Ou bien des dérangements de l'appareil alimentaire (236), qui, au lieu de puiser dans le condenseur, aspire au contraire l'eau de la chaudière et la rejette au condenseur ; il faut alors visiter promptement l'appareil et le remettre en état, après avoir arrêté.

Dans tous les cas, on refroidira extérieurement le condenseur en le mouillant avec une éponge ou des linges trempés dans l'eau froide.

483. Pompe alimentaire fonctionnant mal. — Le numéro 239 indique les causes de cet accident et les remèdes convenables. Si, après tous les efforts tentés, les pompes continuent à refuser leur service, démontez-les pour les mettre en état. Pendant ce temps, alimentez à l'aide du petit cheval (264) ou de la pompe à main. Si ces deux appareils manquent et qu'on ne puisse plus alimenter, jetez le feu dès que le niveau d'eau menace de découvrir la surface de chauffe (452).

484. La machine prime ou crache, en langage de mécanicien, quand l'eau s'élance de la cheminée ou du tuyau qui est en communication avec les cylindres de la machine. Tel est le cas des locomotives dont la cheminée sert à l'échappement de la vapeur, et des machines à haute pression sans condensation, dont la vapeur s'échappe par un tuyau dans l'air.

Huit causes peuvent donner lieu à cet accident :

1º La chambre de vapeur étant trop petite, la vapeur n'a pas le temps de se sécher, c'est-à-dire de se séparer des bulles d'eau qui s'élancent avec elle des parois chauffées au moment de sa formation. Cette eau, mêlée à la vapeur, sort par le régulateur avec elle, va dans les cylindres, d'où le mélange sort ensuite par l'orifice et le tube de sortie.

2° La chaudière elle-même a trop peu de surface de chauffe ; le feu étant alors très-activement poussé, la vaporisation est tumultueuse, et les bulles d'eau projetées avec abondance se mêlent à la vapeur, comme dans le cas précédent.

3° La prise de vapeur étant trop peu élevée au-dessus de la nappe d'eau, celle-ci est projetée dans le conduit.

4° La vapeur se condense dans la cheminée, les tuyaux ou les cylindres mal protégés contre le refroidissement extérieur.

5° Les mêmes parties de la machine n'étant pas encore échauffées quand on démarre à la suite d'un arrêt, le même effet de condensation se produit ; et ainsi s'explique la tendance à cracher de toute machine qui démarre à la suite d'une station.

6° L'ouverture trop brusque du régulateur en démarrant produit tout à coup une diminution de pression qui rend la vaporisation tumultueuse, la masse liquide se tuméfie, les bulles jaillissent et l'orifice de la prise peut être atteint.

7° L'eau, trop abondante dans la chaudière par le fait d'une alimentation prolongée à l'excès, passe par le régulateur et va dans le cylindre, comme dans les deux cas précédents.

8° L'eau d'alimentation est bourbeuse, et il se forme une mousse ou écume humide qui remplit la chaudière et passe par le régulateur comme dans le cas précédent. Ce fait provient, soit de l'eau elle-même qui est vaseuse, soit de ce que la chaudière est sale, par l'effet du tartre ou des matières grasses qui s'y introduisent dans les réparations. Ainsi s'explique ce fait bien connu, qu'une machine sortant des ateliers crache toujours dans le commencement de son service.

Les quatre premières causes ci-dessus sont permanentes ; les signaler, c'est indiquer le remède. Les autres causes sont purement accidentelles.

485. Une machine qui crache n'est pas seulement incommode par la pluie d'eau sale qu'elle lance tout autour ; l'accumulation dans les cylindres de l'eau, par nature incompressible, peut faire défoncer les cylindres. La vapeur aqueuse est, d'ailleurs, très-défa-

vorable à la marche de la machine, surtout en raison de la contre-pression qu'elle crée sur le piston, par suite du frottement des molécules liquides dans les conduits de sortie.

Trois règles sont à suivre quand une machine va cracher : 1° purgez les cylindres et conduits de l'eau qui s'y accumule : on y parvient en ouvrant les robinets dits *purgeurs* qui, dans toute machine complète, doivent être installés dans ce but sur les cylindres et conduits ; 2° ouvrez les robinets de vidange de la chaudière, pour faire écouler le trop plein d'eau, si telle est la cause de l'accident ; rétrécissez l'ouverture du régulateur, au risque de ralentir momentanément la marche, afin que la vapeur, se dépensant lentement, ait le temps de se sécher, et que la pression, en s'élevant, comprime la masse liquide et arrête l'élancement des bulles.

Les dernières manœuvres préviennent l'émission d'eau hors de la chaudière et la cause du crachement. L'ouverture des robinets purgeurs en prévient le résultat. On les fait jouer chaque fois que la présence de l'eau est soupçonnée dans les cylindres, et notamment au moment de démarrer d'une station pendant laquelle l'eau s'est toujours amassée plus ou moins par la condensation de la vapeur non émise.

Quand on vient d'introduire de l'huile ou de la graisse dans le cylindre, pour y adoucir le frottement du piston, il est clair qu'on doit s'abstenir d'ouvrir les purgeurs en démarrant ; car on perdrait ainsi la matière lubrifiante. Il faut donc purger avant d'introduire celle-ci, pour se dispenser de le faire au moment de démarrer. Après quelques coups de piston, le pourtour des cylindres est suffisamment couvert par la graisse, et rien ne s'oppose plus au jeu des purgeurs.

L'accumulation de l'eau dans les cylindres ou conduits et la nécessité d'ouvrir les purgeurs s'annoncent par : 1° l'écoulement d'eau hors de la cheminée ; 2° le grouillement ou clapotement qui se fait entendre dans les conduits de vapeur, cylindres et cheminée ; 3° l'état de nuage grisâtre et opaque sous lequel la vapeur s'échappe dans l'air. Il n'est que trop aisé de s'apercevoir qu'une locomotive crache ; mais on ne saurait prendre trop de précautions pour les machines enfermées dans une chambre, d'où l'on ne peut

voir l'échappement de la vapeur ; ouvrez alors toujours les purgeurs au départ, sauf lorsque vous venez de graisser les cylindres,
et faites-les souvent jouer en marche pour empêcher que l'eau
s'y accumule.

Un mécanicien expérimenté ne doit pas attendre l'expansion
d'eau par la cheminée ou conduit de sortie, pour reconnaître que
la vapeur est aqueuse et que l'eau menace de s'amasser dans les
cylindres. La vapeur sèche fait entendre, dans son passage à travers
les orifices et conduits, une explosion brève et sifflante, qu'il faut
s'attacher à distinguer du grouillement sourd que produit l'écoulement de la vapeur aqueuse.

486. Pour empêcher l'expansion d'eau hors de la chaudière,
on a ajouté à l'orifice de la prise divers appareils qui rejettent les
bulles liquides de côté, en n'y laissant pénétrer que le courant gazeux (voir dans la première édition du *Guide du mécanicien*,
planche 13, un des systèmes employés dans ce but).

Dans la marine on injecte depuis plusieurs années, vers le
milieu de la masse liquide, une petite quantité de suif fondu ou
même d'huile, qui fait cesser l'ébullition tumultueuse et tomber
la mousse, comme on le fait dans les sucreries pour empêcher le
déversement des sirops dans les chaudières à cuire (voir *Séance de
la Société des ingénieurs civils de Paris*, 1852, p. 317). On se sert
pour cette injection d'une petite pompe à main dont on visse le
bout à un ajutage pourvu d'un robinet qui tient à la chaudière, et
au travers duquel se fait la communication entre elle et la pompe.
Des chaudières à trop petites chambres de vapeur sont ainsi devenues d'un très-bon service et ce procédé devrait se généraliser.

**487. La machine a peine à se lancer, et à prendre
une bonne vitesse.** — Au défaut de pression et au vice de la
distribution de vapeur, il faut ajouter, pour expliquer cet accident permanent : 1° la malpropreté des appareils et particulièrement des cylindres ou des pompes à air qui sont remplis de
cambouis ; 2° le mauvais état des parties frottantes, telles que les
tourillons et glissières, qui sont mal lubrifiés et trop serrés ; 3° l'obstruction des conduits. Cet état de l'appareil atteste de la part du
mécanicien bien de la négligence ; s'obstiner à employer la machine dans ces conditions, c'est menacer son existence et se mettre

dans la nécessité de faire une grande consommation de combustible pour produire la force voulue.

La difficulté du démarrage provient aussi de l'épaississement des graisses et matières lubrifiantes à la suite d'un arrêt prolongé. On le remarque surtout en hiver, sur les chemins de fer. La cause de l'accident est toute momentanée. Elle fait perdre du temps au début du service, mais peu à peu la machine se lance sans que le mécanicien ait eu besoin de la forcer.

488. La machine ne démarre pas, quoique le régulateur soit ouvert et la pression de la vapeur suffisamment élevée : les causes de cet incident et les moyens d'y remédier ont été développés au numéro 424.

489. La machine ne s'arrête pas, quoique le régulateur ait été fermé. Cet accident, fort grave en ce qu'il peut faire buter la machine contre un obstacle opposé à sa marche, provient de deux causes :

1° Le régulateur est intérieurement cassé ou dérangé. On le reconnaît au peu de résistance ou à l'empêchement total qu'on éprouve pour manœuvrer son levier. Cet accident, peu grave quand le régulateur peut être réparé tout de suite, est sans remède quand le régulateur est inabordable dans la chaudière. Il exige donc l'abatage du feu et la cessation du service.

2° La machine, quoique sans vapeur, continue par son impulsion en vertu de l'inertie (38). Cet accident, très-ordinaire dans la remorque des trains de rail-ways et dans les machines fixes à gros volants, provient de ce qu'on a fermé trop tard l'introduction de vapeur et que les freins sont impuissants. Introduisez alors la vapeur dans le cylindre, comme si vous vouliez renverser la marche (328) : la pression sur le piston fera frein et précipitera l'arrêt. Cette manœuvre ne doit être faite qu'en cas d'absolue nécessité et s'il y a inconvénient grave à dépasser le but. Dans le cas contraire, ils préférable de le franchir, sauf à rétrograder.

490. La machine s'emporte : c'est ainsi qu'on désigne le fait d'une machine qui part tout à coup avec une grande vitesse. Différentes causes produisent cet accident dans les machines à vapeur. Dans les locomotives, c'est le patinage des roues motrices qui manquent d'adhérence sur les rails; dans la marine, c'est un coup de mer qui soulève le navire et fait sortir le propulseur hors de l'eau ; dans les usines, c'est le glissement de la courroie sur son tambour ou la rupture de l'arbre qui transmet le mouvement aux appareils à mouvoir. Ce qu'il faut faire avant tout, en général, c'est de fermer le régulateur jusqu'à ce que la cause de l'accident ait cessé. En d'autres termes, ne déployez pas de travail moteur là où il n'y a pas de travail résistant.

La vitesse peut s'accroître au delà des limites voulues, sans que la machine s'emporte. C'est encore parce que le travail moteur excède le travail résistant (7). Agissez alors, d'abord sur l'organe de détente, afin de moins prolonger l'admission de la vapeur dans le cylindre, en modérant de même l'injection d'eau au condenseur. Si cela ne suffit pas, diminuez l'ouverture du régulateur et veillez à ce que la pression ne continue pas à monter dans le générateur ; c'est l'instant de pratiquer sur lui les opérations refroidissantes qui peuvent être nécessaires (270 et 274). En troisième lieu, serrez un peu les freins, de manière à augmenter la résistance. En pressant trop sur la jante de roue ou de volant qui reçoit la pression du frein, on développerait une énorme chaleur ; et peut-être en résulterait-il la rupture de la roue.

491. Un *ralentissement de vitesse* réclame tout de suite l'attention du mécanicien, et il ne doit pas avoir de repos qu'il n'en connaisse la cause. On en peut distinguer quatre principales :

1° Augmentation subite et naturelle de résistance dans les appareils à mouvoir. Augmentez alors de même le travail moteur en prolongeant l'admission de la vapeur au cylindre, ainsi que l'injection d'eau au condenseur, et évitez tout ce qui peut faire baisser la pression dans la chaudière ;

2° La machine rencontre accidentellement un obstacle contre lequel il faut se garder de lutter : ce peut être un embarras dans les organes, une pièce brisée, une amarre ou des herbes dans le propulseur d'un navire, une trop grosse trousse dans un laminoir, un déraillement de waggons traînés par une locomotive, etc. Sur le simple doute, il faut arrêter ;

3° Un manque de pression dans la chaudière. Si le ralentissement coïncide avec une absence d'eau et un bruissement sourd dans la chaudière, il y a danger d'explosion. Ne touchez pas à la machine, fermez les pompes pour qu'elles n'alimentent pas, et étouffez le feu. Si tout est en état et que la faiblesse de pression résulte d'une fausse manœuvre, demandez peu de vapeur à la chaudière qui en produit peu ; ne laissez qu'une faible ouverture de régulateur ; arrêtez s'il le faut, et bientôt le tout sera remis en état ;

4° Le vide se fait mal sous le piston, en d'autres termes il y a sous lui beaucoup de contre-pression. Cela peut tenir à ce que la condensation s'opère mal, parce qu'il y a ou des fuites, ou une injection trop faible, ou un vice dans les pompes à air, ou parce que la vapeur a peine à sortir du cylindre par le vice des conduits ou de la distribution. Indiquer la cause, c'est indiquer le remède.

CHAPITRE VIII.

Des traités pour la construction des machines à vapeur; surveillance et réception des travaux [1].

---

491 *bis*. On sait combien de difficultés et de procès soulève la fabrication des machines entre les constructeurs et leurs contractants. C'est que les uns et les autres passent leurs marchés souvent dans la plus grande ignorance des obligations respectives que leur a tracées la loi civile. Nous appelons donc la plus grande attention du lecteur sur les principes généraux qui vont suivre.

§ 1. Principes généraux sur la validité des conventions ou contrats.

492. Il y a convention, contrat ou traité, toutes les fois que deux ou plusieurs personnes s'accordent pour faire ou ne pas faire une chose déterminée. Le contrat peut ne créer d'obligation que pour une seule des parties; d'autres fois les contractants s'obligent réciproquement les uns envers les autres.

Les contrats légalement formés ont entre les parties contractantes l'autorité des lois; ils ne peuvent être révoqués ou modifiés que de leur consentement mutuel, à moins qu'ils ne soient annulés par le législateur dans les cas qu'il a spécifiés; ils obligent non-seulement à ce qu'ils expriment et contiennent, mais à toutes les suites que l'usage, la loi ou l'équité peuvent faire naître. Enfin ils doivent être exécutés de bonne foi.

---

[1] Ce chapitre a été rédigé avec M. Gaudry père, avocat à la Cour impériale de Paris, ancien bâtonnier de l'ordre. — Voir aussi, sur le même sujet, le *Traité de la législation sur les établissements industriels*, de M. A. Bourguignat, ancien avocat à la Cour de cassation.

493. Quand il faut interpréter une convention peu claire dans son texte, la règle posée par la loi est, qu'il faut rechercher quelle a dû être l'intention des parties, plutôt que s'en tenir au sens littéral des termes. Les clauses ambiguës s'interprètent par l'usage du pays où le traité est intervenu, et s'il y a doute, la convention s'interprète en faveur de celui qui est débiteur de l'obligation et contre celui qui a stipulé à son profit.

Ainsi, j'ai traité avec un constructeur pour la fourniture d'une machine à vapeur de 100 chevaux : bien que je ne sois pas entré dans d'autres explications, la force usitée du cheval étant de 75 kilogrammètres (voir n° 6), je serai censé avoir commandé mon appareil pour une force de 7500 kilogrammètres.

Mais je commande à un constructeur anglais un navire de 500 tonneaux, sans spécifier la valeur de cette unité de jaugeage : je serai censé avoir demandé l'unité usitée en Angleterre, la seule que le mécanicien de ce royaume est supposé connaître. N'y aurait-il sur ce point qu'une simple incertitude, le juge la trancherait au profit de l'Anglais. C'est, en effet, à celui qui contracte dans son intérêt, et qui veut tirer un avantage de son traité, à bien expliquer ce qu'il demande.

Il est toutefois prudent, quand on fait un contrat, par exemple un traité pour la construction de machines, de poser très-nettement les conditions fondamentales, sans trop spécialiser les détails, de peur de tomber sous l'application de la maxime des légistes : *Inclusio unius, alterius exclusio.* Dans l'état actuel de l'industrie, il y a des usages reçus qui font loi, et n'ont guère besoin d'être spécifiés, à moins que des convenances particulières n'y apportent des modifications.

Mais il faut se défendre aussi d'un autre extrême : nous avons honte de le dire, nous avons vu des contractants rester volontairement dans une généralité d'expressions pleine d'ambiguïté, réservant à tous deux la faculté d'élever toutes les prétentions qu'il leur plaira. De pareils traités ne sont ordinairement qu'une source de difficultés et de procès, où l'on peut s'attendre à trouver les tribunaux très-sévères. Nous voulons, au contraire, que le traité soit un acte de loyauté, ne prêtant à aucune ambiguïté, précisant les droits de chacun et contenant, sans trop multiplier les détails, expressément toutes les clauses non consacrées par l'usage, auxquelles on tient.

494. Pour être valables, les contrats doivent offrir la réunion de trois conditions :

Le *consentement des parties* qui s'obligent : ce consentement n'est évidemment pas valable s'il a été donné par erreur, surpris par fraude ou extorqué par une violence de nature à inspirer à une personne communément raisonnable la crainte d'exposer sa personne ou sa fortune à un mal considérable et présent. Ainsi caractérisée, la violence vicie toujours le contrat. Mais la fraude n'est une cause de nullité que s'il est manifeste que le contrat n'aurait pas eu lieu en connaissance de cause. La fraude ne se présume jamais ; celui qui s'en plaint doit la prouver.

L'erreur ne vicie le contrat que si elle porte sur la nature même de la chose et non sur la personne avec qui on a traité, à moins que cette personne ne soit précisément celle qui formait tout l'intérêt du contrat. Ainsi, j'ai besoin d'une machine ; je crois la commander à M. Cail ; il se trouve que c'est avec M. Gouin que j'ai traité. Mon erreur ne vicie pas le contrat passé avec cet ingénieur. Mais, directeur d'un chemin de fer, j'en veux confier, par un contrat, la traction à un entrepreneur dont la probité et le talent ont ma confiance : je me trouve avoir traité avec un inconnu que je n'ai pas d'intérêt à appeler auprès de moi, évidemment mon traité avec lui est vicié par l'erreur. Enfin, j'ai besoin d'une machine à vapeur et je me trouve avoir traité pour une turbine : c'est encore une erreur portant sur la chose et qui vicie le contrat.

495. La *capacité de s'engager* est la seconde condition sans laquelle il n'y a pas de contrat valable. En principe, toute personne peut contracter si elle n'en est pas déclarée incapable par la loi. Toutefois, les personnes capables ne peuvent se prévaloir de l'incapacité qu'elles connaissaient chez leurs contractants, car en traitant elles sont censées avoir accepté à leurs risques et périls toutes les conséquences du contrat. Ainsi, j'ai traité pour la fabrication d'une machine avec le jeune fils d'un constructeur. Celui-ci pourra bien se prévaloir de l'incapacité de son fils pour passer, à raison de son âge, un contrat ; mais il est évident que

je n'ai pu, comme l'enfant, me méprendre au point de passer avec
lui un acte que je n'aurais pas fait avec un majeur.

Sont incapables de contracter : 1° les mineurs de vingt et un
ans, à moins qu'ils ne soient émancipés et commerçants, car ils
sont alors réputés majeurs pour tous les faits relatifs à leur commerce (art. 487 du Code de commerce) ; 2° les interdits ; 3° les
femmes mariées non autorisées par leur mari, à moins qu'elles ne
soient commerçantes et tenant une maison distincte de celle du
mari.

Les étrangers peuvent contracter valablement avec des Français, soit en France, soit à l'étranger ; leurs contestations sur ces
contrats peuvent être déférées à nos tribunaux, même lorsque le
traité a eu lieu à l'étranger ; mais quand l'étranger est demandeur
ou poursuivant, il doit déposer préalablement une caution dite
judicatum solvi, pour assurer le payement des frais et indemnités
auxquels il peut arriver qu'on le condamne, à moins qu'il ne possède en France des immeubles pouvant remplacer cette garantie.

496. Le contrat doit enfin avoir pour objet une chose determi-
née quant à son espèce, et une cause licite et sincère, art. 1126...
1131, etc., du Code civil : telle est la troisième condition essentielle à la validité des conventions. Parmi les choses qui ne peuvent pas faire l'objet d'un contrat licite, nous nommerons seulement ici les industries que le gouvernement s'est réservées à
l'exclusion des particuliers, ou dont certaines personnes ont la
jouissance exclusive.

L'industrie des machines à vapeur n'est pas au nombre de
celles que le gouvernement peut seul exploiter ; mais certains
systèmes de machines peuvent être la propriété exclusive de quel-
qu'un par l'effet d'un brevet d'invention. Qu'il nous suffise de
dire ici, sans entrer dans l'exposé de la législation réglant cette
matière, que la contrefaçon est un délit punissable de peines cor-
rectionnelles ; que c'est une usurpation de la propriété d'autrui,
c'est-à-dire un vol.

Les marques de fabrique constituent encore une propriété
exclusive, il ne peut être permis de les contrefaire.

Le champ des inventions mécaniques étant beaucoup plus limité qu'on ne pense, et les brevets d'invention n'ayant pas *en fait*

une publicité telle que personne ne puisse prétendre les ignorer, il arrive souvent que des constructeurs de bonne foi fabriquent des machines qu'ils croient nouvelles, et qui cependant, inventées aussi par d'autres, leur sont garanties par un brevet.

Le breveté poursuit le constructeur en contrefaçon : que devra faire ce dernier ?

1° Cesser provisoirement la fabrication ;

2° S'enquérir de deux choses : la machine est-elle vraiment nouvelle, même à l'égard du breveté? Le brevet est-il valable, et n'est-il pas tombé en déchéance ?

Il peut arriver que le constructeur reçoive la commande d'exécuter une machine brevetée. Il doit alors, avant de s'en charger, convenir dans le traité qu'on le garantira de toute poursuite en contrefaçon.

497. La loi distingue diverses sortes de conventions ou traités qu'il importe de distinguer, parce qu'elles produisent en droit des effets très-différents et très-importants que nous ne pouvons toutefois qu'effleurer.

L'obligation est d'abord conditionnelle, lorsqu'on la fait dépendre d'un événement futur et incertain. Toute condition de faire ou de donner une chose impossible, contraire à la morale, ou prohibée par la loi, est nulle et rend la convention, non pas pure et simple, mais nulle elle-même comme les conditions. Est nul aussi le contrat fait sous la condition d'un événement que celui qui s'oblige est maître de faire arriver ou d'empêcher. Ainsi, moi, directeur d'une usine, je traite avec un fabricant pour la construction d'une machine qu'il sera tenu de me fournir dans six mois, s'il me plaît de fonder telle industrie : il est clair que par cette condition, qui dépend entièrement de ma volonté, je tiens le constructeur à la merci de mes caprices, et c'est parce que de pareilles conventions ouvrent la porte à tous les abus de la puissance d'un des contractants, que le législateur les défend.

Mais je fais engager ce constructeur à me fournir la machine en question pour le cas où je pourrais fonder mon industrie par l'acquisition d'un brevet d'invention, ou par l'autorisation du gouvernement, que je sollicite sans certitude de l'obtenir ; c'est là un contrat très-valide et qui ne ressemble évidemment pas au premier.

L'obligation peut être contractée sous la condition d'un événement ou futur et incertain, ou arrivé, mais encore inconnu : il y a entre ces deux cas une grande différence : dans le premier, le contrat ne devient obligatoire que le jour où l'événement arrive ; dans le second, l'obligation remonte au jour même du contrat.

Ainsi, moi, constructeur de machines à Paris, je m'engage, aujourd'hui 1er avril, à fournir dans six mois l'appareil moteur d'un navire qui doit être actuellement arrivé d'Angleterre dans les bassins du Havre ; mon obligation, suspendue jusqu'à la nouvelle certaine de l'arrivée de la coque au Havre, remontera au 1er avril, et telle sera la date à compter de laquelle courront les six mois.

Mais je me suis engagé à installer ce même appareil dans un navire qui doit arriver d'Amérique après une traversée incertaine, pendant laquelle il pourrait périr ; mon obligation datera seulement du jour où l'arrivée du bâtiment sera portée à ma connaissance, et de ce jour-là seul aussi courra mon délai de six mois.

Dans un cas comme dans l'autre, j'ai pu déjà commencer mes travaux : un incendie vient détruire mes ateliers : qui supportera la perte de la machine déjà construite en tout ou en partie ? L'article 1182 du Code civil veut que ce soit moi, constructeur, avec cette distinction toutefois : que le contractant, vis-à-vis duquel j'étais engagé, aura l'alternative ou de résoudre le contrat, ou de prendre la machine dans l'état où elle se trouve, avec ou sans dommages-intérêts, selon que la perte sera survenue avec ou sans ma faute ; et par faute, il faut entendre ici, non-seulement ma volonté coupable, mais mon imprudence ou ma négligence.

498. Enfin, l'obligation a pu être contractée sous une condition *résolutoire*, c'est-à-dire dont l'accomplissement doit entraîner l'annulation du contrat. Ainsi, moi, constructeur de machines, je m'engage à en fournir une à vapeur pour une usine, sous la condition que notre contrat sera rompu si le gouvernement refuse d'autoriser l'établissement de cette usine, et je reçois déjà par avance 5,000 francs sur le prix. L'autorisation est refusée, la condition résolutoire arrive, le contrat est annulé, je ne dois plus la machine ; tant pis pour moi si je l'ai commencée ; mais je dois restituer les 5,000 francs versés.

Comme il n'existe pas de moyen de forcer une personne à remplir ses obligations malgré elle, l'article 1184 a posé en principe que tout contrat est fait sous la condition tacite qu'il sera résolu si l'une des parties n'accomplit pas ses engagements. On conçoit qu'une convention ne peut être résolue ainsi purement et simplement : elle ne tombe donc pas de plein droit comme dans le cas précédent. Mais la partie envers laquelle l'engagement est violé a le droit de demander en justice ou que son adversaire accomplisse le contrat, s'il se peut, ou que le contrat soit résolu avec dommages-intérêts.

499. L'*obligation à terme* diffère de celle qui a lieu sous condition, en ce que le terme retarde seulement l'exécution du contrat sans le rendre incertain, comme lorsqu'il est subordonné à une condition. Ce qui est dû à terme ne peut être exigé avant l'échéance. Ainsi, un mécanicien s'engage à livrer dans six mois une locomotive. On ne saurait le forcer à la donner plus tôt. Il en est de même du prix ; s'il a été stipulé payable dans trois mois, le mécanicien ne peut l'exiger avant, sauf le cas où son débiteur a fait faillite ou diminué les sûretés données.

Le terme est toujours, sauf conventions contraires, présumé stipulé en faveur de celui qui doit, c'est-à-dire en faveur du constructeur pour la confection de la machine, et du débiteur du prix pour le payement stipulé.

500. L'*obligation* peut encore être *alternative*, c'est-à-dire que moi, constructeur, je peux m'engager à vous fournir, pour votre usine, ou une machine à vapeur ou une turbine, soit à mon choix, soit au vôtre. Si l'une périt ou si elle fonctionne mal, je vous dois l'autre, lorsque c'est à moi qu'appartient le choix ; mais si l'alternative vous appartient et si je suis en faute, c'est à vous de choisir, ou la machine qui reste, ou le prix de celle qui a péri (art. 1189 du Code civil et suiv.).

501. L'*obligation solidaire* et l'*obligation indivisible* nécessiteraient des explications et des développements que ne comporte pas notre cadre ; on se reportera aux articles 1197 et suivants du Code civil ; et nous nous bornerons à dire qu'il y a contrat solidaire lorsque plusieurs personnes ont toutes le même droit ou la même obligation. Ainsi, moi, directeur de chemins de fer, je stipule, avec MM. Gouin et Cail, qu'ils me fourniront *solidairement* cent locomotives. Chacun d'eux est obligé vis-à-vis de moi à l'intégralité de la commande, sans que j'aie à m'inquiéter de la division du travail que ces constructeurs ont réparti entre eux.

Deux fabricants associés m'ont, à moi constructeur, solidairement commandé une machine à vapeur : j'ai le droit de réclamer l'intégralité du prix à celui des deux qu'il me conviendra de désigner, sauf à eux à en partager la charge comme ils l'entendront.

La solidarité *ne se présume jamais*. Il faut qu'elle soit expressément stipulée dans le contrat, sauf les cas où la loi l'a prononcée. Parmi ceux-ci, il nous importe de spécifier celui des associés en nom collectif, et des associés responsables des sociétés en commandite, entre lesquels les articles 22 et 23 du Code de commerce établissent de plein droit la solidarité.

Le contrat est *indivisible* quand il porte sur un objet qu'on ne peut raisonnablement pas diviser ; ainsi, je commande à deux constructeurs une machine ; bien qu'elle se compose de plusieurs pièces qu'ils peuvent exécuter séparément, et que je n'aie pas stipulé entre eux la solidarité, je puis demander à l'un d'eux la machine entière ; car, à moins de stipulations contraires, on ne peut pas raisonnablement penser que j'aie entendu demander aux deux constructeurs des parties de machines.

On voit par cet exemple ce qui distingue l'obligation indivisible de la solidaire : la première ne se divise pas entre les contractants, parce que sa nature s'y oppose ; la solidaire ne se divise pas, parce que les contractants sont liés, non par la chose, mais par la convention.

502. Enfin, l'obligation est souvent contractée avec une *clause pénale*, par laquelle, pour assurer l'exécution du traité, le débiteur s'engage à un *dédit*, c'est-à-dire à une amende, à une retenue sur son prix de travail, ou à toute autre peine en cas d'inexécution ou de retard : cette clause existe généralement dans les marchés pour la construction des machines. Pour qu'elle soit exécutable, il faut qu'elle soit d'abord précédée d'une mise en demeure par huissier (voir n° 537), à moins qu'on ne soit convenu d'appliquer la clause, l'amende ou la retenue pour le seul fait du retard dans la livraison promise.

§ 2. Des marchés pour la construction des machines a vapeur.

505. Lorsqu'un manufacturier entreprend la confection d'un appareil, ou la fabrication d'un produit quelconque, on peut convenir qu'il travaillera d'après des plans ou dessins arrêtés entre les parties, ou bien qu'il exécutera le travail à ses risques et périls, suivant le système qui lui conviendra ; la nature, la qualité des matériaux, les conditions de service lui étant simplement imposées.

Dans le premier cas, l'entrepreneur est responsable des vices d'exécution, mais non des vices du système ; il doit fidèlement suivre les plans qu'on lui a donnés, et il n'y peut rien changer sans le consentement de son contractant. Ce dernier, au contraire, peut y apporter les modifications qu'il juge nécessaires pour atteindre un meilleur résultat.

Dans le second cas, la seule obligation de l'entrepreneur est de livrer à l'époque convenue l'appareil remplissant les conditions promises, quel que soit d'ailleurs le système.

Toutefois, il est d'usage que le constructeur soumette à son contractant au moins les dessins d'ensemble et l'état des principales conditions que devra remplir la machine. Chacun des contractants en conserve une copie visée et signée par eux.

A défaut de conventions spéciales, la loi, l'usage et la science ont établi des règles auxquelles les parties doivent se référer. Ainsi, bien qu'il n'en ait pas été convenu, les chaudières et cylindres doivent être livrés timbrés, essayés, garnis des appareils ordinaires de sûreté, d'épreuve, etc. ; les générateurs doivent posséder l'épaisseur réglementaire ; la force des machines doit donner la quantité de travail consacrée de 75 kilogrammètres par cheval (n° 6), avec la consommation de combustible usitée. S'agit-il d'une locomotive, sa vitesse et sa solidité seront appropriées au service qu'on demande usuellement à des machines du genre de celles qui sont commandées.

L'usage et la science ne peuvent, du reste, servir à trancher les contestations que lorsqu'ils sont constants et communément avoués par les hommes de l'art. Ainsi, c'est une question incertaine entre les ingénieurs que celle des meilleures dimensions convenant aux foyers de locomotives ; les uns font la boîte à feu très-petite et le nombre des tubes très-grand ; d'autres préfèrent peu de tubes et de vastes foyers. L'usage et la science n'auraient donc aucune valeur dans une pareille discussion devant les tribunaux.

Quand l'usage constant, la science avouée ou les lois, ne peuvent être invoqués, il n'y a d'autres voies, en cas de difficultés, que celle d'une expertise sur les résultats donnés.

A l'égard de l'époque de la livraison, si elle n'a pas été fixée par le contrat, il est raisonnable d'accorder au manufacturier le temps moralement nécessaire à l'exécution du travail, calculé suivant son importance et par comparaison avec le temps que lui consacrent communément les industriels de même profession.

504. Soit que l'entrepreneur exécute le travail d'après ses propres idées, ou d'après des plans qui lui sont imposés, on peut encore convenir qu'il fournira seulement sa main d'œuvre et son industrie, ou bien qu'il fournira aussi la matière première. Cette distinction est d'une haute importance au point de vue de la responsabilité en cas de perte, d'avaries et de non-succès.

Quand l'entrepreneur fournit la matière, le contrat se rapproche de la vente, et si la chose (c'est-à-dire l'appareil ou les produits fabriqués) vient à périr avant la livraison, de quelque manière que ce soit, même par cas fortuit, tel qu'un naufrage ou un incendie, la perte est pour lui, en vertu du principe : *res peril domino*, à moins que celui qui l'a commandée ne soit en demeure de la prendre, art. 1788, 1139 du Code civil (537).

Si l'entrepreneur fournit seulement sa main d'œuvre, son art et ses soins, le contrat devient un louage d'ouvrage, et quant à la responsabilité de la perte, il faut distinguer trois cas :

1° La chose a péri par la faute de l'entrepreneur, et alors non-seulement il perd le prix de son travail, mais il doit en outre indemniser le propriétaire des matériaux perdus par son fait ;

2° La chose a péri par le vice des matériaux, et la perte retombe sur leur propriétaire, qui doit indemniser l'entrepreneur du prix de son travail ;

3° La chose a péri par cas fortuit, sans qu'il y ait eu faute ou vice de matière : la perte se partage alors entre le propriétaire des matériaux, qui reste privé de ces derniers, et l'entrepreneur, qui ne reçoit pas le prix de son travail.

Appliquons ces trois hypothèses au cas d'un bâtiment à vapeur dont l'appareil moteur est fourni par un fabricant autre que celui de la coque. Le bâtiment périt : qui supportera la perte? Si le naufrage arrive, avant la livraison, par cas fortuit, par exemple une tempête ou une collision, la perte sera supportée par les deux constructeurs. Si le sinistre est dû à la mauvaise construction de la coque, celui qui l'a faite sera responsable et devra indemniser le constructeur de la machine ; réciproquement, celui-ci indemnisera l'ingénieur qui a bien construit la coque, si la perte est causée par la machine, le générateur ou le vice des propulseurs.

505. Mais qu'arrivera-t-il en cas de perte lorsque l'entrepreneur s'est engagé à faire un ouvrage d'après des plans qu'on lui a imposés et qu'il a dû exécuter ponctuellement? Lorsqu'il ne fournit pas la matière première, les principes précédents s'appliquent *à fortiori ;* la seule difficulté sera de savoir, pour les appliquer, si la perte arrive par le vice des plans ou de l'exécution.

Dans l'hypothèse où l'entrepreneur exécute les plans avec la matière qu'il fournit lui-même, une grave difficulté se présentera.

D'une part, argumentant des termes précis de l'article 1788 du Code civil, on dit : L'entrepreneur fournissant la matière supporte le perte arrivée de quelque manière que ce soit. Donc, peu importe que l'ouvrage perdu soit exécuté avec les plans des uns ou des autres. D'ailleurs, le fabricant, en acceptant l'exécution d'un dessin, a dû, éclairé qu'il est par son expérience, comprendre les erreurs et les défauts. D'où il suit qu'il s'est engagé dans la prévision des événements qui ont amené la perte de la chose.

Dans le système contraire, que nous admettons comme plus équitable, on répond : Ainsi qu'il est aisé de s'en convaincre en lisant la discussion du projet de loi (voyez *Discours au Tribunat sur l'article* 1788), le législateur, en rédigeant l'article 1788, n'avait dans la pensée que deux cas extrêmes : celui où l'entrepreneur du travail n'apporte absolument que sa main-d'œuvre, et celui où, fournissant à la fois *travail et matière réunis*, il est propriétaire de la chose tout entière jusqu'à la livraison.

Mais il est un troisième cas mixte, dans lequel il est inexact de dire que la chose appartient tout entière à l'entrepreneur, puisqu'il ne fait que prêter son art à l'exécution des plans d'un autre, bien qu'il lui vende aussi les matériaux. Donc, ce cas ne peut rentrer dans celui de l'article 1788, et il faut chercher autre part la solution de la difficulté. Or, dans l'hypothèse, il existe un double contrat : d'une part, louage d'industrie pour l'exécution des plans remis, et c'est le cas d'appliquer les articles 1789 et suivants; et d'autre part, vente de matériaux dont le vendeur sera responsable, mais seulement dans les limites des principes ordinaires.

On objecte que l'entrepreneur a dû connaître ce vice, et qu'en acceptant le travail il a pris sur lui la responsabilité des événements. En pratique rien n'est plus faux : les dessins, souvent très-compliqués, laissent échapper au plus clairvoyant des défauts de détail, graves toutefois, qui ne peuvent se découvrir qu'à l'essai, ou même à l'usage plus ou moins prolongé de l'appareil ou des produits fabriqués.

En droit, l'objection n'est pas même fondée : d'abord, en principe, on ne répond que de son fait ; comment rendre l'industriel responsable des erreurs de celui qui a fait les dessins sans son concours ? En second lieu, la responsabilité est une peine qui ne peut être appliquée hors des cas spécifiés par la loi.

La Cour de cassation, par un arrêt du 20 novembre 1817, a implicitement consacré ce dernier système, en décidant que, lorsqu'une construction, faite sur un plan tracé par un ingénieur, périt par le vice du plan, l'ingénieur en est responsable, encore qu'il n'ait pas été chargé de l'exécution. Il est manifeste que, si l'ingénieur est responsable de ses plans, cette responsabilité cesse de peser sur ceux qui sont restés étrangers à leur confection.

Ainsi, en résumé, dans le cas où un fabricant exécute un ouvrage avec ses matériaux, mais d'après des plans qui lui sont imposés, il ne répond de la perte de la chose, que si elle provient du vice des matériaux ou de l'exécution des travaux, et il est déchargé de toute responsabilité s'il prouve que la perte est arrivée par un vice des plans.

506. Arrivons maintenant à la forme des marchés : ils peuvent d'abord être passés à forfait ou par devis.

Les *marchés à forfait* sont ceux par lesquels l'entrepreneur s'engage à exécuter un ouvrage déterminé, moyennant un prix convenu. Le principe fondamental de cette forme de traité est que le prix ne peut être modifié sans le consentement de toutes les parties, même sous prétexte de changement dans le prix de la main-d'œuvre ou des matériaux. Quant aux modifications de plans, si le traité n'en parle pas, il faut distinguer qui les propose :

Si c'est l'entrepreneur, elles ne peuvent modifier le prix, à moins que son contractant n'y ait consenti ou que les premières conditions ne soient reconnues tout à fait impraticables. Dans ce deuxième cas, le traité devra être ou résilié ou tout à fait modifié, du consentement des parties.

Si c'est le contractant qui demande les modifications, ou bien l'entrepreneur exécutera sans réclamations, et alors il sera supposé les accepter, sans rien changer aux premières conditions, ou bien il déclarera, en recevant l'ordre de modifier ses plans, qu'il ne le peut sans abandonner ses premiers travaux et sans revenir sur le premier prix. Soutiendra-t-on que l'entrepreneur est mal fondé dans sa réclamation et qu'il doit, dans le silence du traité sur ce point, exécuter ses travaux d'après les nouveaux plans? Ce serait souvent contraire à toute équité, et l'usage dans la construction des machines a toujours été, en pareilles circonstances, de faire un nouveau traité, ou, ce qui revient au même, d'indemniser le constructeur sur facture de tout l'ouvrage abandonné.

Le *devis* est un mémoire détaillé des pièces de l'ouvrage à exécuter, avec le prix de revient de chacune d'elles en regard. On dit qu'un marché est fait sur devis, quand on est convenu que le prix de l'appareil exécuté sera payé suivant un devis, mémoire ou facture qui est, ou sera dressé. Le nom de devis se donne particulièrement à l'état rédigé préalablement comme aperçu, et les noms de mémoire ou facture, à l'état dressé définitivement après l'exécution. Si le devis n'a pas été réglé à l'avance, le prix est fixé, en cas de contestation, par un tiers qu'on nomme expert.

507. Les marchés peuvent encore se faire verbalement ou par écrit ; les contrats verbaux ont la même foi que les actes écrits, non-seulement entre gens d'honneur, mais même devant la loi. Toutefois, il importe d'observer qu'en cas de contestation judiciaire sur l'existence de la convention, toute preuve par témoin est interdite par la loi, dès que le prix dépasse la somme de 150 francs, à moins qu'il n'y ait un commencement de preuve par écrit, tel que lettre ayant date certaine par un timbre de la poste ou autrement. Les registres commerciaux, livres à souche, les copies de lettres font foi aussi contre celui à qui ils appartiennent, mais non en sa faveur.

Les marchés écrits se rédigent, soit par *acte authentique* par l'office du notaire, soit simplement par *acte sous seing privé* sur papier libre, sauf à les faire timbrer plus tard, s'il y a nécessité de les produire en justice. Le contrat peut même résulter d'une lettre ou d'un avis signé et daté.

508. Les *lettres de commande* sont un moyen de traiter très-simple et très en usage, dans les grandes administrations, pour les objets et machines de peu d'importance, pour lesquels on ne peut accepter les lenteurs inséparables de la conclusion d'un traité proprement dit, dont il faut débattre les clauses. En général, on commande ainsi par lettre les objets sur le traité desquels il ne peut y avoir difficulté. La commande s'exécute, la livraison et la réception ont lieu ; puis, pour se faire payer, l'entrepreneur ou fabricant présente sa facture accompagnée de la lettre de commande qu'il retourne. .

La lettre de commande doit contenir les noms et adresse de celui à qui elle est envoyée, la désignation très-précise de la machine ou des objets demandés, la date et le lieu de la livraison, le prix qu'on offre ou l'invitation d'envoyer la facture à la livraison : elle doit être signée de celui qui l'envoie, et datée. On conserve un double de cette lettre, soit qu'on la détache d'un livre à souche ou qu'on la transcrive sur le livre des copies. Entre beaucoup de modèles qu'on peut suivre, nous citerons le suivant :

Modèle de lettre de commande.

A M. A..., constructeur de machines à Lyon, quai de Perrache.

Vous êtes prié de livrer le 1er mai prochain, pour le compte de la Compagnie des bateaux à vapeur de ..., à son magasin de Lyon, rue de ..., un piston de machine à vapeur conforme au modèle ci-joint.

En livrant ladite pièce, vous voudrez bien renvoyer la présente lettre de commande avec votre facture, en double expédition.

Lyon, le 2 janvier 1855.

Le directeur de la Compagnie,
Signé...

509. Le *traité* ou *marché* proprement dit est un contrat débattu et signé par toutes les parties, et qui contient les clauses sous lesquelles le constructeur s'engage à fournir la machine. La forme la plus simple, comme la moins sujette à difficulté, consiste à dresser d'abord un cahier de charges indiquant les conditions requises et un plan d'ensemble sur lequel les parties commencent par s'accorder, puis on rédige le marché le plus brièvement possible. On y insère :

1° Les noms, qualités et domicile des contractants ;

2° La désignation sommaire de la machine, telle que le cahier des charges et les plans la spécialisent ;

3° Le droit de surveiller l'exécution ;

4° L'époque, le lieu, les formes de la livraison et la clause pénale, en cas de retard (502) ;

5° La clause par laquelle les parties se réservent de modifier les plans ou le traité ;

6° La fixation et le mode de payement du prix ;

7° Les garanties données pour la bonne exécution des travaux et la réussite de l'appareil.

Si le cahier des charges est simple et court, on insère ses clauses dans le traité, sans en faire un acte séparé.

Donnons pour les machines à vapeur d'usine, les locomotives et machines de bateaux, un modèle de traité rédigé d'après ces bases. Qu'il soit bien entendu, toutefois, que ce sont des formes d'actes civils que nous présentons, et nullement des projets que nous conseillons de prendre pour types.

510. Modèle de traité à forfait pour la construction d'une machine à vapeur fixe dans une usine.

(Ce traité est rédigé de manière à se passer du cahier des charges. On suppose en outre que le constructeur est libre de présenter ses plans.)

Entre les soussignés :

M. A..., filateur à Mulhouse, domicilié à...,

Et M. B..., constructeur de machines, domicilié à..., rue...

A été convenu ce qui suit :

Art. 1er. M. B... s'engage à construire pour M. A..., qui l'accepte, une machine à vapeur avec son générateur, sa cheminée et tous leurs accessoires et agrès, le tout monté, mis en place et essayé avant la livraison. Cette machine, destinée à mouvoir la filature de M. A***, sera conforme au plan d'ensemble annexé au présent traité et remplira les conditions suivantes :

1° Sous la pression de 6 atmosphères, accusée par le manomètre dans la chaudière, et sous une détente commençant au quart de la course du piston, la machine devra donner au moins 100 chevaux de force, comptés au dynamomètre sur l'arbre de l'usine au point x du plan ci-joint ;

2° La machine donnera très-uniformément 36 tours d'arbre par minute, sans secousses ni points-morts sensibles ;

3° La vapeur sortant du cylindre pourra être à volonté, ou bien déchargée dans l'atmosphère, ou bien conservée et employée dans l'usine ;

4° Le générateur aura au moins 140 mètres carrés de surface de chauffe, divisée en trois chaudières, dont chacune pourra être au besoin isolée des autres et vidée pour être nettoyée ;

5° La machine et la chaudière seront installées d'une manière commode, avec toute facilité de visite et entretien, dans le bâtiment qui existe actuellement contre l'usine de M. A***, et que M. B*** déclare connaître. Cette installation aura lieu de manière qu'il n'en résulte aucunes secousses ni vibrations pour les bâtiments voisins et sans compromettre leur durée.

Art. 2. La consommation garantie sera par heure de... kilogrammes de houille de qualité ordinaire. Le prix ci-après stipulé sera réduit de... francs par 50 kilogrammes excédant par heure cette consommation, et augmenté, au contraire, de... francs par 40 kilogrammes brûlés en moins de la consommation garantie.

Art. 3. Le constructeur garantit que l'appareil sera loyalement exécuté dans toutes ses parties avec des matériaux de bonne qualité, sans cale ni pièces de remplissage, et qu'il fonctionnera pendant... années, sans autres réparations que celles provenant de l'usure habituelle et des avaries survenues par force majeure. Il s'engage, en outre, pendant... mois, à dater du commencement du service, à faire toutes les réparations nécessaires, sauf celles qui surviendraient par force majeure.

Art. 4. Les agents et ingénieurs de M. A*** auront, en outre, toute liberté de suivre et surveiller l'exécution des travaux dans les usines du constructeur.

Art. 5. Les appareils ci-dessus seront mis en place et prêts à fonctionner le..., sous peine de... francs par jour de retard, lesquels seront imputés sur le premier payement échu, sans avoir besoin de mise en demeure préalable.

ART. 6. Le prix est fixé à forfait, pour la machine et le générateur complets et en place, à la somme de ... francs, sans que les parties puissent prétendre aucune réduction ni augmentation, même pour les modifications que croirait devoir apporter le constructeur ou qui seraient consenties par lui.

Le prix des fondations pour la machine, la cheminée, le générateur et tous leurs accessoires, ainsi que les réparations à effectuer aux bâtiments, sera payé suivant état d'après les mémoires, sauf vérification s'il y a lieu.

ART. 7. Le prix ci-dessus sera payé à la caisse de ... et sous la réserve de l'article 2, savoir :

1/5 sur-le-champ, à titre d'arrhes ;

1/5 à l'achèvement des travaux chez le constructeur ;

1/5 à la mise en place complète dans l'usine ;

1/5 après la garantie de ... mois.

Le dernier cinquième pourra, selon la volonté de M. A***, n'être payé qu'après la garantie de ... années, prévue par l'article 3, en en payant les intérêts à 5 pour 100, à dater de l'expiration du premier délai de garantie.

ART. 8. En cas de contestations, elles seront jugées par le tribunal de commerce de ... Pour la signification des actes et la réception de leur correspondance, les parties élisent domicile aux adresses ci-dessus, et elles conviennent que l'enregistrement des présentes sera à la charge de celui qui nécessitera cette mesure.

Fait double à..., le...

Signature des parties ...

511. Modèle de traité à forfait pour la fourniture de locomotives pour un chemin de fer.

(Ce modèle est rédigé dans la supposition que les plans d'ensemble et de détails sont imposés par la Compagnie et qu'il n'y a pas de cahier de charges.)

Entre la Société du chemin de fer de ..., dont le siége est à...;

Et représentée par M. A***, directeur de ladite Société, d'une part ;

Et M. B***, constructeur de machines, à ..., d'autre part ;

A été convenu ce qui suit :

ART. 1er. M. B*** s'engage à construire pour la Compagnie du chemin de fer de ..., trente locomotives exactement semblables, construites avec des matériaux de premier choix, sans cale ni remplissage, et entièrement conformes aux plans fournis par la Compagnie.

ART. 2. Les ingénieurs et agents de la Compagnie auront toute liberté de suivre et surveiller les travaux dans les usines du constructeur, et de s'assurer par des épreuves que les matériaux sont de bonne qualité.

ART. 3. Néanmoins, le constructeur sera garant de la bonne exécution de ses travaux et de la qualité des matériaux; les réparations seront à sa charge jusqu'à ce que la machine ait parcouru ... kilomètres en service ordinaire.

ART. 4. Les machines seront livrées complétement montées et prêtes à fonctionner, garnies de tous les accessoires indiqués aux plans; les pièces du mouvement seront polies, les autres seront peintes et vernies ainsi qu'il suit :

. . . .

. . . .

ART. 5. Il est, en outre, convenu que le constructeur exécutera :

Les roues et boîtes à graisse en fer forgé ;

Les cercles de roues en acier de la maison C... ;

Les ressorts en acier fondu de la maison D... ;

Les pompes alimentaires et la robineterie en bronze ;

Les tubes de la chaudière en laiton ;

La tuyauterie en cuivre rouge, ainsi que le foyer ;

Etc., etc. . . . .

ART. 6. Les machines seront livrées à ..., aux époques ci-après, qui sont de rigueur, à peine de ... francs par jour de retard et par chaque machine, savoir :

. . . .

ART. 7. La Compagnie s'engage à prendre livraison des machines aux époques indiquées. La réception provisoire aura lieu à la livraison, et la réception définitive après le délai de garantie.

ART. 8. Le prix de chaque machine avec ses accessoires est fixé à forfait à la somme totale de ..., qui sera payée à la caisse de la Compagnie ainsi qu'il suit :

1/4 à la commande ;

1/4 à l'achèvement de la chaudière ;

1/4 à la réception provisoire ;

1/4 après la réception définitive.

ART. 9. (Le même que l'article 8 du modèle précédent.)

Fait double à ..., le ...

Signature des parties :

312. **Autre modèle de traité à forfait pour une fourniture de locomotives.**

(Ce modèle est rédigé dans la supposition qu'il y a un cahier des charges et que le constructeur, auteur du projet, a seulement fourni un plan d'ensemble indiquant le type sur lequel on est d'accord.)

Entre les soussignés :

(Même en-tête qu'au précédent modèle) ;

A été convenu ce qui suit :

ART. 1er. M. B*** s'engage à construire pour la Compagnie du chemin de fer de ..., trente locomotives avec leurs accessoires, conformes au type du plan d'ensemble et aux conditions du cahier des charges annexés au présent acte.

Les articles 2, 3, 4, 5, 6 et 7 seront la reproduction des articles 2, 6, 7, 8 et 9 du précédent modèle.

Modèle du cahier des charges à annexer au précédent traité.

Il suppose que le constructeur doit étudier et présenter le projet d'après les conditions
ci-dessous, comme dans le cas d'un concours.)

Art. 1er. Les machines sont destinées à faire le service de ..., sur la ligne
de ... Comme conditions essentielles, il est exigé qu'elles puissent, en se
conciliant avec les usages du service et l'état actuel de la ligne, remorquer
une charge totale de ... (non compris la machine et le tender) à la vitesse
de ..., sur rampe de... millièmes, en brûlant en moyenne par kilomètre
... kilogrammes de coke de qualité ordinaire.

Le constructeur aura droit, sur le prix stipulé, à un supplément de
... francs par chaque dizaine de tonnes traînées en plus dans les conditions
prescrites. De son côté, la Compagnie aura droit à une réduction de prix
de ... francs, si, dans les mêmes conditions, la charge remorquée n'est pas
de... tonnes, ou si la consommation dépasse ... kilogrammes par kilomètre.

Enfin la machine pourra être refusée :

1o Si dans les conditions ci-dessus elle traîne moins de... tonnes, ou si
elle consomme plus de ... kilogrammes ;

2o Si, par défaut de stabilité, vice de matière, d'exécution ou de disposition,
elle ne présente pas des garanties suffisantes de durée et de sécurité ;

3o Si son emploi exige des modifications dans le service sur la ligne ou
dans les dépôts du chemin de fer.

Art. 2. Les machines seront entièrement semblables, construites avec des
matériaux de premier choix, sans cales ni pièces de remplissage, et conformes au type indiqué par le plan d'ensemble ci-joint. Les dimensions suivantes seront rigoureusement suivies pour se rapporter aux modèles déjà
existants dans le matériel du chemin de fer : . . . .

. . . .

Art. 3. Les pièces suivantes seront exactement conformes aux modèles
que fournira la Compagnie, savoir : . . . .

. . . .

Art. 4. Le même que l'article 5 du modèle ci-dessus.

Art. 5. Les machines seront livrées entièrement montées et prêtes à fonctionner avec tous leurs accessoires d'usage, tels que soupapes de sûreté,
indicateurs, sifflets, robinets, rotules, etc. ; elles seront peintes et vernies suivant le type que fournira la Compagnie.

515. Modèle de traité conditionnel pour la construction
d'un bateau à vapeur.

(Ce modèle est rédigé de manière à se passer d'un cahier des charges, et dans la
supposition que le constructeur chargé d'étudier le projet a soumis un plan
d'ensemble.)

Entre les soussignés :

M. A***, armateur, domicilié à ... ;

Et M. B***, constructeur de machines, domicilié à...;

Il a été expliqué que M. A*** est en voie de constituer une Société pour exploiter par bateaux à vapeur le service des transports sur la rivière de ... Pour le cas où cette société s'organisera, il a été convenu ce qui suit :

ART. 1er. M. B*** s'engage, sous la condition ci-dessus, à construire pour M. A***, qui l'accepte, un navire à vapeur en fer, destiné à faire le service de ... sur la rivière de... entre les villes de...

ART. 2. Ce bâtiment devra remplir les conditions suivantes :

Vitesse minima en eau morte.. . . . . nds.
Consommation moyenne de houille par heure. . . . . k.
Contenance totale des soutes. . . . . k.
Tirant d'eau au maximum sous charge de... tonnes.. . . . . m.
Longueur maxima de la coque. . . . . m.
Capacité pour le chargement des marchandises. . . . . m. c.

ART. 3. Le bâtiment sera livré complet, gréé de ses mâts, voiles et cordages, et tout prêt à marcher, sauf la peinture et la décoration extérieure et intérieure, qui ne seront pas à la charge du constructeur.

La livraison aura lieu au port de..., six mois après le jour où la constitution de la Société sera notifiée à M. B*** En cas de retard, il lui sera fait, à titre de clause pénale, une retenue de ... francs par jour, imputable sur le premier payement. Mais il lui sera fait une bonification de ... francs par jour d'avance.

ART. 4. La coque sera toute construite en fer, sauf les planchers, ponts et cloisons des ouvrages intérieurs. Ceux-ci seront distribués conformément aux plans annexés au présent acte; aucun changement n'y sera fait sans le consentement des contractants. Toutes les parties en fer seront peintes au minium, ainsi que la coque, à l'extérieur et à l'intérieur.

ART. 5. La machine sera au moins double, ainsi que la chaudière, de façon que chacune puisse, au besoin, marcher isolément de l'autre. Elles seront exemptes de bruit, d'odeur, d'épanchement de vapeur ou fumée pouvant gêner les passagers ; elles seront munies de tous leurs accessoires usités, et du système le plus perfectionné ; enfin elles seront installées d'une manière salubre et commode pour les hommes de service.

ART. 7. (Le même que l'article 3 du modèle n° 510.)

ART. 8. (Le même que l'article 4 du modèle n° 510.)

ART. 9. Le prix est fixé à forfait pour le bâtiment et la machine, tels qu'ils viennent d'être spécifiés, à la somme totale de ... francs. Il est convenu en outre que ce prix sera augmenté de ... francs par nœud filé en sus de la vitesse exigée à l'article 2; et qu'il sera diminué de ... francs pour chaque nœud filé en moins de cette même vitesse promise.

Ce même prix sera augmenté de ... francs par 50 kilogrammes de combustible économisé par heure sur la quantité spécifiée à l'article 2, et réduit de ... francs par 50 kilogrammes dépensés en plus de cette même quantité.

ART. 10. Le bâtiment pourra être refusé :

1° S'il manque de stabilité ou s'il donne des secousses ;

2° S'il n'offre pas, à raison de sa forme, de sa construction ou de sa machine, toute garantie de sécurité et de durée ;

3° S'il file moins de ... nœuds en eau morte, ou s'il consomme par heure plus de ... kilogrammes de houille.

ART. 11 et 12 (Comme les articles 7 et 8 du modèle n° 510.)

§ 3. Surveillance de l'exécution et réception des machines à vapeur.

514. On ne rencontre, sans doute, que par exception des constructeurs de mauvaise foi, contre lesquels la défiance est un besoin ; mais, dans les ateliers les plus consciencieux, des ouvriers se trompent, des contre-maîtres oublient, et des chefs mal renseignés se méprennent, malgré eux, sur des détails d'exécution que personne ne peut mieux apprécier que celui pour qui se construit la machine.

Ce dernier doit donc en suivre toutes les phases par lui-même ou ses agents. Cette surveillance diminuera-t-elle la responsabilité du constructeur ? En aucune façon, et cela pour deux raisons : 1° si l'agent ou l'ingénieur chargé de cette surveillance voit ce qui échappe au constructeur et à son personnel, celui-ci, à son tour, peut être ingénieux à dissimuler des défauts aux yeux les plus exercés. 2° Pour décharger le constructeur de sa responsabilité, il faudrait que l'agent réceptionnaire et surveillant pût prendre chaque pièce, vérifier sa nature, son traçage, son ajustage, ses assemblages et sa résistance ; en un mot, revoir à lui seul le travail de tout l'atelier : ce qui est impossible et serait encore insuffisant.

- La réception, après vérification d'une machine ou de ses pièces, a donc toujours lieu avec cette déclaration sous-entendue : *aucun vice n'apparaît ostensiblement ; je reçois, sauf épreuve à l'usée.*

515. Le rôle de l'ingénieur réceptionnaire et inspecteur est assez délicat : l'entrée des usines lui est librement ouverte, tous les procédés de travail doivent être suivis et étudiés par lui ; aucun détail de l'exécution ne doit lui rester inconnu ; sans cesse occupé à vérifier la qualité des matières et le travail des pièces, les mesurant, les comparant aux plans, il faut cependant qu'il évite de se substituer aux contre-maîtres, de troubler les ouvriers dans leurs travaux et de se rendre importun par des épreuves ou réclamations inutiles.

Ce qu'il est chargé de faire se réduit à *surveiller, avertir* des erreurs qu'il remarque, *annoncer* qu'il ne recevra pas la machine avec telle pièce qui lui paraît mauvaise, telle disposition qui lui semble vicieuse ou contraire au traité ; *manifester ses craintes* sur le résultat final des méthodes suivies ; *indiquer*, s'il y a lieu, celle qu'il croirait préférable, mais *sans les imposer ;* enfin, s'entretenir de tout avec le chef de l'établissement et faire son rapport à ses propres chefs.

Une autre obligation de l'ingénieur auquel sont ainsi ouverts tous les secrets de l'usine, est de ne jamais les transmettre à autrui, sous peine d'encourir les punitions que la loi pénale contient contre les révélateurs de secrets de fabrique qui abusent d'une confiance forcée.

On voit, d'après cela, que les fonctions d'ingénieur réceptionnaire et inspecteur exigent la réunion de certaines conditions personnelles ; notre propre expérience nous en a indiqué sept : 1° caractère conciliant, mais ferme, pour exécuter les traités ; 2° connaissance des travaux d'un atelier assez étendue, sinon pour le diriger, du moins pour apprécier les méthodes suivies, et se rendre compte des difficultés d'exécution ; 3° promptitude du coup d'œil, pour découvrir à première vue les vices de matière ou de travail ; 4° expérience, pour distinguer les vices sérieux à condamner, des défauts qu'on peut tolérer, et qu'il serait vétilleux de considérer comme cause de refus ; 5° extrême prudence dans les rapports avec le personnel des ateliers ; 6° réserve à prendre sur soi la responsabilité des modifications de plans ou des interprétations de traités ; 7° activité et assiduité à suivre les travaux jour par jour, s'il le faut.

Il est peut-être difficile de réunir ces conditions de prime abord ; elles sont le fruit souvent d'une assez longue pratique ; mais, pour l'ingénieur qui sait apprécier l'importance et la nature de son rôle, ces fonctions deviennent aussi intéressantes qu'elles sont utiles pour la bonne exécution des travaux qui lui sont confiés.

516. L'ingénieur inspecteur commencera par étudier minutieusement le traité et les plans de la machine à exécuter ; il verra ensuite le chef de l'usine, et fera en sorte que ses relations avec lui soient nettement établies dès ce jour. Il se fera, s'il est nécessaire, reconnaître des contre-maîtres et chefs d'atelier. Ensuite, il étudiera les procédés de l'usine, s'assurera que les plans et le traité ne sont l'objet d'aucune difficulté.

Passant à l'examen des matériaux qu'on se prépare à mettre en œuvre, il se renseignera sur leur provenance et leur mode de fabrication. S'il se peut, il leur fera subir quelques essais, en choisissant pour l'épreuve, autant que possible, les pièces hors d'emploi, à l'exclusion de celles qui, ayant déjà subi beaucoup de main-d'œuvre, ne pourraient être soumises à des expériences sans danger d'une perte considérable pour le constructeur.

Les principaux matériaux entrant dans la composition des machines à vapeur sont : 1° le fer forgé, la fonte, l'acier, la tôle ; 2° le cuivre rouge, le laiton, le bronze ; 3° le bois ; 4° la pierre.

517. Le fer forgé a deux sortes d'essais à subir : la cassure à froid et le forgeage à chaud :

1° La cassure à froid, sous le *mouton* ou à coups de *masse* de forgeron, démontre quelle est approximativement la résistance à la rupture ; la cassure indique en outre le *facies* du métal, c'est-à-dire sa couleur et sa structure. La couleur du fer, seule acceptée dans la mécanique, est le gris blanc brillant et uniforme. La nuance gris cendré, terne ou brillant bleuâtre, les taches noires, dénotent un fer au moins médiocre, brûlé, mal purifié ou pailleux.

La structure dénote un fer dit nerveux ou fibreux, c'est-à-dire composé de fibres parallèles qui plient sous le marteau, rompent difficilement et rendent le fer éminemment propre aux pièces soumises à des efforts de flexion ; ou bien un fer dit à grain ou cristallisé en facettes, qui casse sans plier, mais offre généralement plus de résistance à la compression ; les petites facettes fines, homogènes, serrées, d'un beau blanc brillant, sont les caractères d'un bon fer à grain ; les grosses facettes confuses, mêlées de taches noires et de creux, spécialisent le mauvais fer, qui ne peut être employé dans la mécanique que pour les pièces tout à fait secondaires, ne fatiguant pas.

2° L'essai à chaud du fer consiste à en forger un morceau, qu'on martelle et qu'on plie en divers sens, pour s'assurer qu'il se travaille bien. Étant refroidi, on casse ensuite à froid ce morceau travaillé, et on s'assure qu'il ne s'est pas détérioré et qu'il possède encore les qualités voulues. Cet essai est important pour les pièces qu'on ne pourra plus vérifier une fois faites. On ne fera pas d'expériences sur elles, mais on saura ce qu'elles peuvent être devenues à la fin du travail, sachant comment se comporte la matière essayée.

Quand on transforme le fer en pièces de machine, il faut suivre le travail, s'assurer qu'on n'emploie pas le fer brûlé par accident, qu'on martelle avec soin les loupes brames ou paquets ; qu'on chauffe à fond et au *blanc suant* les pièces à souder ; qu'on les martelle avec soin après avoir fait de bonnes amorces faciles à atteindre avec les outils, sinon il est douteux qu'elles aient été frappées avec efficacité, et la soudure n'est alors qu'apparente. Il faut s'assurer aussi qu'elles ne sont pas détériorées par un trop grand nombre de chaudes entre les mains d'un ouvrier maladroit qui n'a pu leur donner rapidement la forme voulue. En général, plus de trois à quatre chaudes altèrent le métal ; ce dont on s'assure en cassant, s'il se peut, à l'un des bouts un fragment.

Une pièce de fer finie peut avoir des défauts ; il n'y a pas lieu de s'occuper de ceux que fera disparaître l'ajustage ; mais les fentes et les pailles qui pénètrent au delà sont des vices graves quand on les constate dans le sens de l'effort exercé ; par exemple, en travers d'une bielle ou d'un levier. Dans la longueur de ces mêmes pièces, elles ne sont dignes d'attention que si, par leur importance, elles menacent la solidité.

Une pièce de fer forgée, en bon métal et sans fente, fait entendre sous le choc un son vibrant comme celui d'une cloche. Le son est sourd si le métal est à gros grains espacés ; il ressemble à celui d'une cloche fêlée s'il y a des fentes, des criques ou des pailles.

518. La tôle de fer employée pour les chaudières doit être de qualité supérieure. Toute fente ou gerçure, toute paille égale au huitième de l'épaisseur de la feuille environ, même peu prolongée, suffit pour faire impitoyablement rebuter la pièce. La qualité de tôle qu'on préfère est ordinairement la tôle à grain provenant de fonte au bois. On emploie des tôles de deuxième qualité, c'est-à-dire, saines et sans défauts, mais fabriquées en moins bon fer, pour les travaux qui n'exigent pas la perfection des chaudières ;

exemple, les caisses à eau d'un tender, les réservoirs et les parquets. L'inspecteur s'assurera d'abord de la qualité par la cassure; il fera ensuite plier un fragment de tôle pour constater qu'elle se travaille sans se déchirer; enfin, il examinera les feuilles travaillées dans les angles et les parties embouties ou contournées, où peuvent, plus que partout ailleurs, s'être manifestés des arrachements. Son attention devra se porter surtout sur les endroits qui paraissent avoir été martelés, matés ou mastiqués, pour se convaincre que l'ouvrier n'a pas ainsi dissimulé quelque vice.

Les ouvrages de tôlerie se composent de feuilles de tôle assemblées par des rivets, des cornières, des armatures et des tirants. On a vu aux n°ˢ 156 et suivants quelques-unes des conditions à remplir. L'inspecteur, non content de vérifier les feuilles de tôle isolément, s'assurera que leur assemblage est régulier, les rivets en bon fer, façonnés, chauffés, martelés, matés et espacés convenablement. Les rivets fabriqués à la machine ont souvent leur tête ou champignon excentrés relativement à la tige ou pied; ils donnent alors un mauvais serrage; les trous percés dans les feuilles de tôle peuvent se rapporter mal; il en résulte presque toujours des fuites au bout de quelque temps de service. Les têtes de rivets, trop écrasées et trop minces, tiennent peu; s'ils sont trop chauffés, ils peuvent être brûlés et n'ont plus de résistance; subissant en outre trop de retrait, ils éclatent. Trop peu chauffés, ils s'écrouissent et s'aigrissent sous le marteau.

Les armatures, tirants, entretoises, etc., qui fortifient les parties sujettes à se déformer, méritent la plus grande attention. Garnissent-ils toute la partie déformable? s'y appliquent-ils bien? sont-ils assez solides et assez nombreux? ne rompront-ils pas sous des efforts de contraction ou de dilatation? n'entraveront-ils pas la circulation d'eau qui doit exister dans les générateurs? ne favoriseront-ils pas l'accumulation des dépôts tartreux? Voilà bien des questions à examiner par l'inspecteur, et dont la solution dépend du système.

Il mesurera souvent aussi les épaisseurs de tôle, les diamètres de tubes et corps cylindriques, les dimensions de foyers, galeries, cheminées, etc., afin que tout soit conforme aux plans et au traité; les cordeaux tirés et les fils à plomb descendus lui indiqueront s'il n'y a pas de gauche dans le montage des tôles, et si cel-les-ci sont planées, centrées, embouties, mandrinées selon les dimensions voulues.

S'il remarque des défauts, il s'empressera d'en avertir le contre-maître, le constructeur et ses propres chefs, afin de ne pas se trouver forcé de refuser l'appareil à sa livraison sans avertissement préalable.

519. La fonte qui convient aux pièces mécaniques est dure, à grain serré, lourde et douée de cohésion ; sa cassure offre un grain fin uniforme, gris médiocrement clair. Sous les outils, elle se coupe en petits copeaux faciles à pulvériser. La fonte blanche résiste à la compression, mais elle est très-cassante, aigre et très-dure à travailler ; sous les outils, elle se détache, non plus en copeaux, mais en grains ou en poussière. La fonte noire a beaucoup de cohésion, mais elle est parfois tellement tendre, qu'elle est presque malléable et se coupe en gros copeaux épais sous les outils. Elle convient aux bâtis, aux plaques de fondation et aux pièces qui subissent des chocs. La fonte blanche proprement dite doit presque toujours être repoussée dans la mécanique ; mais la fonte dure, à grains serrés, mentionnée en premier lieu, est celle qui s'emploie pour les cylindres et les pièces qui frottent ou fatiguent. C'est ordinairement en donnant à la coulée une grande hauteur de *masselotte*, et en ne coulant pas trop chaud, qu'on arrive à produire cette qualité de fonte.

Dans la réception des pièces de fonte on constate :

1° Si elles sont exemptes de soufflures ou cavités assez larges et profondes pour nuire à la solidité de la pièce. Des ouvriers peu consciencieux dissimulent au plus clairvoyant ces cavités avec du plomb ou du mastic ; c'est pourquoi le moment où il convient de vérifier les pièces est lorsqu'elles sont à l'atelier d'ébarbage, où elles se nettoient en sortant du moule dans lequel on les a coulées. Les cavités ne sont pas toujours apparentes ; elles peuvent être dans l'intérieur de la pièce, à l'insu des fondeurs eux-mêmes. On peut toutefois ordinairement les reconnaître en frappant avec un marteau sur la pièce. Un peu d'habitude du son rendu par les pièces saines permet de reconnaître où elles *sonnent creux*. Les petites soufflures ne sont que d'insignifiants défauts de propreté, que le peintre cache avec du mastic quand il finit l'appareil prêt à livrer.

2° La fonte n'est-elle pas aigre ou trop tendre? C'est un point important à constater, surtout pour les cylindres à vapeur. Dans le premier cas, ils cassent au premier choc et se refusent à la moindre réparation; dans le second cas, ils s'usent très-vite, et il devient, au bout de peu de temps, nécessaire d'aléser le cylindre et dresser de nouveau la table des tiroirs. Il faut donc surveiller la manière dont se comporte la fonte dans le burinage, le perçage et l'alésage. C'est, d'ailleurs, dans ces opérations que se découvrent des soufflures jusqu'alors cachées.

3° La fonte, coulée sur des pièces de fer (exemple, un moyeu de roue sur des rayons en fer), adhère-t-elle avec certitude? Voilà encore un des plus importants objets de surveillance pendant le travail même. A la sortie du moule, il faudrait bien du malheur pour que l'adhérence ne parût pas sensible. Sans doute, le son du fer, vibrant comme celui d'une bonne cloche, indiquera jusqu'à un certain point l'union des deux pièces; mais il faut étudier le procédé du travail lui-même. Les pièces de fer sont-elles bien décapées de la rouille et des corps étrangers? a-t-on eu soin de les blanchir à la lime ou à la meule, et de ménager des encoches? le moule est-il bien sec, pourvu d'une haute *masselotte* et d'*évents* élevés eux-mêmes? la fonte n'est-elle pas trop chaude? Tels sont les points qu'étudiera spécialement l'inspecteur.

520. Les pièces d'acier ont besoin de beaucoup de surveillance. On fabrique en acier dans les machines les pièces qui ont besoin d'unir une grande résistance à une réduction de poids et de volume que ne peut comporter le fer. Pour s'assurer que ce dernier métal n'est pas substitué au fer, il suffit à l'inspecteur de voir une cassure fraîche. L'acier est à grain serré, d'une finesse et d'une homogénéité remarquable; sa couleur est gris mat. Le meilleur fer, celui qui porte la qualification de fer aciéreux, est loin d'atteindre cette finesse de grain; la cassure est en outre bien plus brillante.

L'acier est incomparablement plus coûteux que le fer. Aussi, l'inspecteur ne peut-il exiger ce premier métal du constructeur, que si le traité, le cahier des charges ou les plans, acceptés d'accord, en imposent l'obligation.

521. Le fer aciéré trempé s'emploie pour les pièces exposées à une rapide usure, laquelle est capable de dérégler la machine. Après les avoir cémentées pendant plusieurs heures, de manière que l'acier ait acquis, aux dépens du fer, une épaisseur de quelques millimètres, on les trempe dans l'eau, ou un de ces liquides préparés qui font l'objet de nombreuses recettes ; elles résistent alors à la lime et aux outils tranchants.

L'inspecteur ne se contentera pas de vérifier si la pièce résiste ainsi ; car l'aciérement peut n'être que superficiel et à peu près illusoire ; s'il ne peut apprécier l'état des pièces elles-mêmes, il étudiera du moins le procédé par lequel on les a traitées. Nous recommanderons au lecteur d'étudier les mémoires sur la trempe de M. Julien, à la Société des ingénieurs civils de Paris, 1852 et 1853. Parmi les méthodes ne donnant qu'un aciérement superficiel, l'une des plus communes est celle qui consiste à tremper simplement la pièce, chauffée au rouge, dans une dissolution de prussiate de potasse. L'inspecteur ne peut accepter un pareil travail comme remplissant les clauses du traité.

Les pièces se gauchissent souvent à la trempe ; il se manifeste des fentes, et elles sont hors de service. C'est encore un point à recommander à l'inspecteur.

522. Le cuivre, rouge ou pur, s'emploie à l'état de tige ou de plaque. Le réceptionnaire s'attachera à constater que le métal n'est pas aigre et cassant ; il en ploiera un fragment, comme il est dit pour le fer. Aux indications données au n° 32, nous ajouterons que le bon cuivre offre une cassure rose à reflets blancs, dont on remarque à la loupe les fibres fines, serrées et à points polis. Les cuivres de Russie sont généralement de qualité supérieure ; ceux de France sont rares, mais bons quand ils sont travaillés avec soin ; ceux d'Angleterre, des Indes et des Amériques, ceux du Pérou surtout, sont très-variables et très-incertains dans leur qualité. Or, les pièces de machine en cuivre étant toujours d'un remplacement très-coûteux, on doit procéder à leur réception avec beaucoup de sévérité.

523. Le bronze (31) s'emploie dans les machines pour les coussinets, la robinerie et quelques autres pièces frottantes, telles que segments de piston, tiroirs et obturateurs. Le bronze peut être aigre ou trop tendre : dans le premier cas, il se brise en menus fragments sous les outils ; dans le second cas, il se coupe en longs copeaux, à la façon du cuivre. C'est donc pendant le travail d'ajustage qu'on peut apprécier la durée du bronze. L'analyse de cet alliage n'est pas une de ces opérations qui s'exécutent journellement ; mais il est facile de savoir à la fonderie la composition qu'on lui donne, et de s'assurer si l'on a soin de brasser l'alliage comme il convient avant de le couler. (Voir sur le bronze et les alliages de frottement, numéro 31 et suiv.)

524. Le laiton (alliage de cuivre et de zinc) s'emploie dans la construction des machines à vapeur, en feuilles qu'on découpe, particulièrement pour faire des tubes. Tout ce que l'inspecteur peut reconnaître se borne à rechercher si le métal est aigre, cassant, et s'il est susceptible de se bien travailler ; il recherchera aussi, au point de vue de la durée et de la valeur vénale, s'il se compose des éléments prescrits.

525. La réception des bois mériterait de longs développements que ne peut comporter cet aperçu. Nous nous bornerons à rappeler à l'inspecteur que, d'après l'Aide-mémoire des officiers d'artillerie, il faut, autant que possible, recevoir le bois sur pied et avant la chute des feuilles. Quand le bois est coupé, on recherchera du moins sa provenance ; celui qui a crû dans des terrains humides pourrit vite, sauf le peuplier et le saule, qui croissent par nature en de tels lieux. Le bon bois de construction est celui qui pousse dans les terres noires mêlées de gravier. Le chêne qui croît au milieu des sapins est mauvais ; en général, les bois qui vivent au sein des futaies de plaines, sont inférieurs à ceux des lisières et des montagnes. Les bois du Nord sont moins durs et se conservent moins que ceux du Midi, quoiqu'ils soient ordinairement plus beaux.

En résumé les caractères d'un bon bois sont une cime vigoureuse et bien feuillée, une écorce uniforme, égale, l'absence de végétation parasite. On s'attachera ensuite, dans la mise en œuvre, à trois points principaux.

1° Le bois a-t-il le degré de siccité qui lui convient pour ne pas jouer et désorganiser l'appareil? On recherchera pour cela depuis quelle époque le constructeur l'a en réserve et s'il était bien abrité de la pluie ; s'il est au débitage, l'état sec ou humide des copeaux ou de la sciure indiquera la siccité du bois. A défaut d'autre moyen de vérification, on enfoncera dans la pièce, s'il n'y a pas danger de l'endommager ainsi, une petite vrille de menuisier qui puisera, à une certaine profondeur, un peu de poudre sèche ou humide analogue à la sciure.

2° Le bois est-il employé pour résister convenablement aux efforts? C'est là une constatation facile ; car on sait que les efforts de flexion doivent agir perpendiculairement aux fibres dont se compose le bois, et qu'on le place debout ou obliquement pour résister à la compression ou à la traction.

3° Le bois n'a-t-il pas de défauts nuisibles à sa qualité, des nœuds, des cavités, un commencement de pourriture? des *roulures* (fentes circulaires), des *gelivures* (fentes rayonnant du centre à la circonférence), des *étoiles* (fentes multipliées convergeant vers un même centre), des *gouttières,* un *double-aubier,* de l'écorce engagée dans le cœur du bois, des lignes sinueuses indice du bois *tortillard?*

4° Enfin, est-il de nature à durer et à supporter les efforts voulus?

526. La pierre employée dans les machines à vapeur, particulièrement pour les fondations, doit réunir des conditions qu'on trouvera énoncées au chapitre des machines fixes, dans la deuxième partie de ce traité : d'où vient la pierre, de quel pays, de quelle carrière, comment est-elle posée dans son lit; depuis quand est-elle extraite; a-t-elle subi l'épreuve de l'air, de la pluie et surtout de la gelée ; n'est-elle pas gélive ; quel espoir peut-on fonder sur sa résistance et sa durée; se lie-t-elle bien avec le mortier ou le ciment? Voilà encore des questions dignes de toutes les investigations de l'inspecteur.

527. L'ajustage des pièces entrant dans la composition des machines se vérifie à l'aide des jauges et gabarits que doit posséder l'usine du constructeur, lorsqu'on fait un grand nombre de pièces sur le même modèle; mais on ne peut exiger de lui qu'il construise des gabarits pour deux ou trois pièces, par exemple.

On doit alors s'assurer que l'on confie à des ouvriers dignes de confiance le *traçage* opéré sur la pièce brute, pour indiquer à l'ajusteur ce qu'il doit enlever de matière. On suit d'abord ce traçage pour s'assurer qu'il se fait avec soin et conscience, puis l'ajustage qui doit se faire exactement d'après les lignes du traceur. Si l'inspecteur ne croit pas ces deux opérations faites convenablement, qu'il se borne seulement à prévenir l'ouvrier et le chef d'atelier, sans rien imposer par lui-même.

Mais, quand les pièces réputées pareilles sont achevées, il lui sera bon de les appliquer, s'il se peut, l'une sur l'autre; elles coïncideront si leur travail a réussi; car il est douteux qu'elles aient la même erreur.

La vérification des pièces faites sur gabarit est facile, et l'inspecteur doit s'y livrer souvent, après avoir eu soin de vérifier, sur les plans, les gabarits eux-mêmes.

Les gabarits et jauges qui servent à vérifier les écartements, les profils et les formes de pièces, se font en fer assez léger pour qu'on les puisse manier, mais assez fort pour ne pas se gauchir ni se forcer, ou céder à la volonté d'un ouvrier peu consciencieux. On trempe les parties de ces mêmes jauges, qu'on pourrait avoir intérêt à limer pour les fausser, et pour plus de sécurité encore, on a souvent établi des *contre-gabarits*, où les parties saillantes du gabarit proprement dit sont en creux, et *vice versâ*.

528. Les pièces à vérifier ne peuvent pas toutes être nommées ici, mais il convient d'appeler l'attention de l'inspecteur sur les suivantes :

1º Les roues, poulies, volants et engrenages sont-ils montés dans un plan bien perpendiculaire à leurs axes; y sont-ils bien calés; ont-ils les dimensions, l'écartement et le profil voulus? S'il s'agit d'une paire de roues de locomotives, les roues sont-elles bien de même diamètre et à la même distance du milieu de l'essieu?

2º Les paires de bielles ou de tringles et les pièces à fourche ont-elles les deux côtés de même longueur; les têtes et lunettes sont-elles bien dressées; les coussinets sont-ils solidement fixés dans ces têtes, les clavettes bien assujetties?

3º Enfin, l'inspecteur suivra le centrage des arbres, essieux et tiges de la machine, le dressage de la table des tiroirs, l'alesage des cylindres et des rebords qui servent à fixer leurs couvercles, les plaques de fondation, etc...

Les cordeaux, le fil à plomb, la règle, l'équerre, le compas et les marbres serviront aisément, avec un peu d'expérience, à toutes les vérifications.

529. Le montage ou assemblage des pièces se vérifie par les mêmes moyens ; c'est un détail dans lequel il est bien difficile à l'inspecteur de s'immiscer, et d'où dépend cependant la réussite de la machine. Qu'il se borne donc aux parties principales de la machine, mais qu'il les vérifie avec un grand soin :

1° La plaque de fondation dans les machines fixes et marines, et les parties de la locomotive où doivent porter les longerons, appellent tout d'abord son attention. Sont-elles planées, dressées et d'à-plomb comme il convient? C'est ce que les moyens ci-dessus, notamment la règle, l'équerre et le niveau à bulle d'air ou autre, donnent le pouvoir de constater.

2° Les bâtis sont-ils parfaitement parallèles, dans l'axe et le plan voulus? Les cylindres à vapeur, la tige du piston ou la bielle sont-ils dans le même axe et exactement perpendiculaires à l'axe de l'essieu ou arbre à manivelle? Voilà la plus importante de toutes les constatations. Il n'y a pas de machine même passable, si ces conditions n'existent pas. Si elles sont reconnues satisfaisantes, les autres défauts ne sont que secondaires et assez facilement réparables. L'inspecteur n'aura donc aucune tolérance pour le vicieux montage des bâtis et des cylindres; il ne permettra pas qu'on rétablisse le parallélisme avec des cales ni par aucun palliatif, et il n'acceptera aucune proposition de modifier le mécanisme pour remédier aux vices d'installation de ces parties fondamentales de l'appareil.

L'examen continuel de l'inspecteur ne peut être, nous l'avons dit, trop minutieux; mais cet agent du futur propriétaire de la machine doit prendre garde, en s'y livrant, de se substituer aux contre-maîtres et ouvriers. Répétons-le, son rôle se borne à avertir qu'il ne recevra pas la machine avec telle pièce défectueuse qu'il signale. Après en avoir donné connaissance à celui dont il est le mandataire, son devoir est rempli. Quant à la manière d'accomplir ainsi sa mission, elle sera très-pénible auprès du constructeur de mauvaise foi, contrarié dans la négligence qu'il porte à accomplir ses obligations ; mais quel est le fabricant consciencieux qui ne sera heureux de ce contrôle, quand il sera exercé avec égard et intelligence?

§ 4. Formalités de réception des machines a vapeur.

530. On procède ordinairement, pour les machines à vapeur, à deux réceptions : l'une provisoire, l'autre définitive. A la première, l'inspecteur réceptionnaire ne constate qu'une chose : c'est que la machine est parvenue à son achèvement complet ; qu'elle est livrée et paraît en état de fonctionner. Cette première réception ne décharge en rien le constructeur de sa responsabilité.

La réception définitive a lieu à l'expiration du délai de garantie, lorsque l'expérience a déclaré que la machine était définitivement acceptable, comme remplissant les conditions prescrites. C'est alors seulement que le constructeur est déchargé. Cette décharge est-elle absolue ? Nous ne le pensons pas ; mais, à l'égard seulement de ces vices cachés, qu'un usage prolongé peut seul manifester et qu'on pourrait assimiler aux vices dits rédhibitoires, qui, d'après la loi civile, rendent une vente révocable ; on ne pourra, toutefois, inquiéter le constructeur à leur égard que dans deux conditions :

1° Il faut que les vices découverts rendent la machine incapable de servir, en tout ou en très-notable partie, à l'usage destiné, et qu'on puisse présumer chez l'acheteur la volonté de n'en pas recevoir livraison, s'il eût plus tôt connu le vice.

2° Il faut que le vice, réellement caché, n'ait vraiment pas pu être découvert à la réception. Ainsi, un balancier en fonte existe visiblement dans la machine là où l'on eût voulu un balancier en fer; il vient à casser dans un choc : ce n'est pas là un vice caché. Mais un arbre, une tige a été garantie pour être en acier, ils cassent et on reconnaît qu'ils sont en fer : y a-t-il un tribunal qui puisse hésiter à recevoir les plaintes élevées contre ce fabricant, dont la mauvaise foi dissimulée n'a pu apparaître ? Objectera-t-on que le mandataire de cet acquéreur a pu voir le vice? S'il est prouvé qu'il l'a vu, à la bonne heure ! mais, en l'absence de cette preuve (et c'est au constructeur à la fournir), on présumera que le mandataire a été trompé comme le mandant. Telle est, au surplus, la doctrine que M. le premier président Troplong soutient en son *Traité de la vente*, au n° 992.

551. Dans les deux cas ci-dessus, où les vices se manifestent après la réception, l'acheteur de la machine a l'alternative ou de la garder, mais avec réduction de prix arbitrée par expert, ou de la rendre en se faisant restituer le prix ; plus, s'il y a lieu, une indemnité pour le dommage qu'il éprouve. Si, enfin, elle périt par l'effet de ces vices, la perte sera pour le constructeur obligé de restituer le prix. Ainsi, une chaudière fait explosion ; on constate que la tôle, en apparence saine, est intérieurement très-vicieuse ; quoiqu'elle ait été reçue sur sa bonne apparence, dont rien n'a pu faire douter, les conséquences du sinistre pourront être mises à la charge du constructeur, sauf son recours contre le maître de forge qui a fabriqué la tôle.

On conçoit, toutefois, que la responsabilité des constructeurs ne peut être indéfinie, et qu'ils seraient dans des transes permanentes si, pour toutes les explosions, pour toutes les avaries, on allait pousser à l'extrême les conséquences d'un système évidemment vrai en principe. Cette responsabilité aura son terme et ses limites naturellement fixées par les circonstances de l'accident, l'ancienneté de l'appareil et la nature du vice signalé. Que l'explosion prise ci-dessus pour exemple arrive au bout d'un an, on rendra sans doute le constructeur responsable, et on l'a fait dans une circonstance célèbre, à propos de l'explosion d'une locomotive.

Que l'accident arrive, au contraire, après un long service, pendant lequel l'appareil a dû se détériorer, qui penserait à en rendre le fournisseur responsable ? Mais qu'un arbre réputé en bon acier fondu soit reconnu en tout autre matière, substituée frauduleusement, lorsqu'il manque au bout de dix ans, l'indignité de la tromperie trouvera, sans doute, les juges aussi sévères qu'au lendemain de la réception. On ne saurait donc préciser rien d'absolu en semblable matière.

552. La réception des machines à vapeur se fait, suivant les termes du marché, en bloc ou au poids. Dans le premier cas, un procès-verbal ou une simple lettre constate que la machine, en tout ou en partie, a été livrée, reçue provisoirement ou définitivement : le prix convenu est alors payé.

Si la machine doit se payer au poids, ainsi qu'il se fait souvent, l'agent réceptionnaire la fera peser, en bloc ou par partie, sur une bascule préalablement vérifiée et réglée. En général, le constructeur a déjà fait faire ce pesage ; s'il mérite confiance, l'ingénieur réceptionnaire se contente, à titre de vérification, de prendre dans la masse de côté et d'autre, au hasard, quelques-unes des pièces déjà pesées, et il s'en tient là si ces nouvelles pesées concordent avec les premières.

On dresse alors, en double, un état des poids sur lesquels on est d'accord ; une copie reste au constructeur, l'autre en la possession de l'ingénieur réceptionnaire, qui, d'après elle, dresse son procès-verbal de réception.

Les expériences, les essais, le service régulier, viennent ensuite faire connaître la valeur certaine de la machine pendant le temps de garantie prévu au traité.

Le nombre des tours donnés par la machine se constate de lui-même par un compteur mécanique, ou bien en les comptant simplement de temps en temps, montre en main, pendant qu'elle marche, si sa vitesse n'est pas trop grande.

La consommation de combustible est un fait aisé encore à constater : on mesure le matin au mécanicien le combustible de la journée, après s'être assuré qu'il n'en a pas d'autre à sa disposition ; on mesure le restant à la fin du service, et on s'assure que le feu est conduit de manière à n'en pas consommer hors de propos. Le chauffeur ou les employés qui, volontairement, chercheraient à tromper l'une des parties, se rendraient très-coupables. Quand une machine est livrée pour une consommation donnée, il est toujours entendu qu'elle sera chauffée avec le combustible usuel, mais que le feu sera conduit aussi bien que possible.

En même temps qu'on constate la consommation de combustible, il serait intéressant de mesurer la quantité d'eau vaporisée, ce qui se fait en cubant la bâche où puise l'eau alimentaire par une disposition installée facilement à cet effet, exprès s'il le faut. Cette comparaison du combustible et de l'eau, relativement dépensée, est une donnée importante du travail des machines à vapeur, et qui éclaircit toujours les doutes sur les conditions normales et courantes du service à effectuer.

Il est inutile d'insister sur les autres constatations de fait ; la tension de la vapeur accusée par le manomètre, le vide du condenseur prouvé par le baromètre ou un indicateur analogue, l'état de la détente connu par l'aiguille installée dans ce but, sont visibles à première vue.

533. Reste donc seulement la quantité de travail fournie. Elle se traduit sur les chemins de fer et pour les bateaux à vapeur en une charge transportée avec une vitesse prévue par le traité, et toutes deux faciles à mesurer. Pour les machines fixes, le dynamomètre donnera la quantité de travail fournie avec toute l'exactitude désirable (voir n°s 364 et suiv.).

Si les essais donnent la certitude que les conditions du marché sont remplies, on procède à la réception définitive à l'expiration du délai de garantie. Le fabricant doit se prêter à tous les essais nécessaires pour prouver que l'ouvrage remplit les conditions promises. Ce sont là des frais de livraisons qui, sauf convention contraire, sont mis à sa charge par l'article 1608 du Code civil. Toutefois, il est entendu qu'on ne peut exiger de lui que les expériences vraiment nécessaires : ainsi, il serait dérisoire d'exiger qu'un constructeur fît opérer à un navire sorti de ses ateliers ou chantiers de longs et coûteux voyages, lorsqu'il est évident qu'une expérience de quelques heures suffira pour prouver qu'il sait tenir la mer avec une vitesse et une sécurité convenables.

Il faut aussi que les essais se fassent dans les circonstances moyennes d'un service courant. Ainsi, un navire ne saurait être essayé raisonnablement dans un ouragan, non plus que dans un calme plat.

On ne saurait, de même, exiger que l'essai de réception d'une machine d'usine se fît avec un charbon et des eaux de nature hors du courant industriel, comme qualité soit supérieure, soit au contraire inférieure et de rebut.

Dans les expériences, on ne peut, malgré la volonté du fabricant, forcer le travail effectif au delà du maximum promis par le contrat, et ce sous peine d'être, envers lui, responsable des avaries ou des accidents qui pourraient survenir par suite de l'excès de travail.

Mais, s'il résulte de l'essai que la machine n'a que juste atteint la limite voulue sans pouvoir la dépasser, c'est une mention importante à faire dans l'acte de réception, comme bon avertissement dans le courant de son service.

534. Quant à la forme de la réception, il n'est pas indispensable qu'elle soit constatée par écrit ; elle résulte naturellement du payement du prix opéré conformément aux conventions.

Dans les grandes administrations, pour la tenue de la comptabilité, la réception et les payements se constatent par des actes en règle. Pour ne parler que de ceux qui intéressent l'ingénieur réceptionnaire, nous terminerons en donnant le modèle qu'on peut suivre dans la rédaction des procès-verbaux de réception provisoire ou définitive.

Ordinairement, le procès-verbal est détaché d'un livre à souche ; celle-ci contient un abrégé du procès-verbal proprement dit, lequel se remet au fournisseur, qui le présente avec sa facture ou son mémoire à la caisse de payement. Le procès-verbal constate la réception, sa date, son objet précis ; il relate la date et la forme de la commande. Le réceptionnaire a soin d'indiquer qu'il n'est que le mandataire, délégué ou agent de celui qui a fait la commande. Il importe d'écrire en toutes lettres les prix ou les poids qui leur servent de base.

Cet acte n'a pas besoin d'être fait sur papier timbré, sauf à faire apposer ultérieurement le timbre, en cas de procès [1]. Enfin, il doit être daté et signé par le réceptionnaire et contresigné, pour la validité, par le chef d'établissement.

535. Voici un modèle de procès-verbal :

---

[1] Dans les instances judiciaires, aucune pièce écrite ne peut être produite sans avoir subi l'impôt du *timbre*, et sans que la date soit devenue certaine par la formalité de l'*enregistrement*. On stipule dans les traités que les droits de timbre et d'enregistrement seront, en cas de procès, à la charge de celui qui y donnera lieu. C'est le jugement de condamnation qui met les frais à la charge de qui de droit.

| PROCÈS – VERBAL N° ... (a).
Réception *provisoire* (b).
—

Commande faite à M. A***, *de Lyon*, par *traité du* 1er *juin* 1860, pour la quantité de *dix machines à vapeur et objets divers.*
—

Énoncé des objets reçus et livrés au dépôt *de Paris* :
1° *Une machine à vapeur* n° 2 *de* 50 *chevaux* ;
2° *Une transmission de mouvement pesant* 2000 *kilogrammes* (c).

Fait à *Paris*, le 1er *mars* 1855.
Signé ... | PROCÈS – VERBAL N° ... (a),
Pour la réception *provisoire* (b) *d'une machine à vapeur et une transmission de mouvement* (a).
—

Je, soussigné, ingénieur de la Compagnie ..., certifie que, *sur les dix machines à vapeur et objets divers* que, suivant *traité du* 1er *juin* 1854, *M. A****, constructeur *à Lyon*, doit livrer à ladite Compagnie pour le service de son matériel, il a été livré à son dépôt *de Paris* et j'ai reçu *provisoirement* (b) pour elle :
1° *Une machine de trente chevaux portant le* n° 2, *laquelle est conforme au cahier des charges annexé au traité;*
2° *Une transmission de mouvement conforme au cahier des charges et pesant deux mille kilogrammes* (c) . . . . *ci*   2000 kilogrammes.

Fait à *Paris, le premier mars* 1861.
Signé ... |

(a) La partie de gauche est la souche ; celle de droite est le procès-verbal proprement dit qu'on remet au fournisseur. Tout ce qui est en italique s'écrit à la main ; le reste peut être autographié ou imprimé d'avance.

(b) Pour la dernière réception, on mettra les mots : *définitive* ou *définitivement.*

(c) Dans la souche, les nombres peuvent être en chiffres. Dans le procès-verbal, il est nécessaire qu'ils soient en toutes lettres.

§ 5. Marche a suivre en cas de contestations sur les marchés ou sur leur exécution.

556. Le but des réflexions qui vont suivre et des notions de droit qui précèdent, est de prémunir les contractants contre des discussions judiciaires qui sont un malheur pour l'industrie ; mais la loyauté la plus parfaite ne garantit pas toujours contre les attaques de la mauvaise foi. Nous avons donc cru convenable de compléter ce traité par quelques règles de conduite pour le cas où on aurait à réclamer le secours des tribunaux dans des affaires d'industrie mécanique.

Des conventions de cette nature peuvent donner lieu à des contestations en *demandant* ou en *défendant*.

557. Comme *demandeur*, on doit se rappeler : 1° que les conventions sont la loi des parties : on ne réclamera donc que ce qui a été compris formellement dans le contrat ; 2° que, s'il y a doute, il s'interprète en faveur de celui qui a contracté l'obligation et contre celui au profit duquel elle a été consacrée (493).

Avant de former une demande en justice, on doit *mettre en demeure* celui auquel on réclame l'exécution d'une obligation ; sans cette mise en demeure, les dommages-intérêts qu'on voudrait réclamer ne seraient pas dus, et il n'y aurait pas lieu à l'application de la clause insérée dans le contrat, en cas de retard (art. 1146 et 1230 du Code civil, voir aussi n. 502). *Cette mise en demeure doit être signifiée à l'adversaire par un huissier.* Si elle ne produit aucun résultat, on se pourvoit devant le tribunal compétent. Dans les affaires qui peuvent avoir pour résultats des condamnations pécuniaires, on doit conclure *formellement* au payement des intérêts de la somme réclamée ; autrement, ils ne seraient pas accordés.

558. Comme *défendeur*, on doit se garder de laisser suivre une action de laquelle pourrait résulter un jugement de condamnation. Mais on est mauvais juge dans ses propres intérêts ; il est donc utile de recourir aux conseils d'un homme sage et consciencieux [1].

---

[1] Pour suivre les formalités de procédure dans les procès, il est institué

S'il est possible de régler le différend par une *transaction*, c'est-à-dire par un accord amiable et volontaire, on doit faire tous ses efforts pour y parvenir.

Si la contestation s'engage et que la demande soit fondée en partie, on fait des *offres réelles* de ce que l'on croit dû légitimement. Elles seraient inutiles si elles ne comprenaient pas intégralement ce qui est dû. Enfin, pour libérer le débiteur, ces offres doivent être suivies du dépôt de la somme non acceptée, à la *Caisse des consignations.*

Lorsque l'obligation consiste à livrer un travail, il faut offrir ce travail et faire au demandeur sommation par huissier de l'accepter.

Enfin, si la demande est de nature à retomber sur un tiers, on se hâtera de *l'appeler en garantie* dès le premier pas du procès, sinon on pourrait encourir la déchéance à l'égard du *garant* (art. 2027 du Code civil). Dans tous les cas, l'appel en garantie n'empêche pas l'action principale de suivre son cours (art. 175 du Code de procédure).

559. La *compétence* des diverses autorités, devant lesquelles doivent être portées des réclamations pour obtenir une solution légale, soulève des difficultés graves. Nous nous bornerons à poser quelques principes.

On doit d'abord distinguer les contestations qui ont pour objet des intérêts généraux représentés par l'autorité publique ou par les Compagnies subrogées à ses droits, et les contestations qui s'appliquent à des intérêts privés. Pour ces deux classes de procès, la juridiction est très-différente.

Les intérêts généraux de l'industrie des machines à vapeur sont souvent des intérêts publics de premier ordre qui ne peu-

---

devant les Cours et tribunaux des personnes officiellement chargées de représenter les parties. Ce sont les *avoués* devant les Cours et tribunaux civils, les *agréés* devant les tribunaux de commerce, et les avocats devant le Conseil d'État. Les *avocats* près des Cours impériales et les tribunaux ne sont pas des officiers ministériels dont l'assistance est forcée ; ce sont des assistants libres et volontaires, ce sont des conseils qui, en dehors de la procédure, expliquent les affaires et font valoir les raisons de décider. Leurs honoraires ne sont pas taxés, ils sont laissés à l'appréciation de leurs clients. Le ministère des agréés n'est pas non plus forcé.

vent jamais donner lieu à des instances portées devant les tribunaux civils ordinaires. Ainsi, des règles administratives sont fixées
pour les chemins de fer et pour leurs locomotives par les lois des
15 juillet 1845 et 15 novembre 1846 ; à l'égard de la locomotion
maritime, elle est régie par un décret du 17 janvier 1846. Des
règles spéciales sont tracées pour chaque Compagnie par la loi ou
décret de sa concession, et par le cahier des charges qui en fait
partie.

540. S'il s'agit de statuer par voie réglementaire générale, on
ne peut s'adresser qu'à l'autorité qui a droit de statuer *adminis-
trativement*, sans qu'il y ait lieu à un recours de juridiction contentieuse devant une autorité supérieure, c'est-à-dire devant le
Conseil de préfecture ou devant le Conseil d'État. L'autorité chargée de statuer est :

Ou l'autorité législative elle-même, lorsqu'il s'agit de fonds à
comprendre au budget;

Ou le souverain, par des décrets, toutes les fois qu'il y a lieu
de prendre des mesures d'intérêt public non conformes aux statuts légalement arrêtés;

Ou le ministre, quand il s'agit de l'application des décrets, des
lois, des statuts et des tarifs abandonnés à son appréciation ;

Ou les préfets, pour les difficultés locales qui tiennent à la
grande voirie;

Ou enfin le pouvoir municipal pour les matières de petite
voirie.

Lorsque des parties intéressées croient avoir à se plaindre d'une
décision d'une autorité inférieure, elles peuvent s'adresser au
pouvoir supérieur, mais par *voie administrative ;* car jamais ces
décisions ne donnent lieu à des pourvois de justice administrative
contentieuse. Les demandes et réclamations ne peuvent se former
que par voie de pétition, signée de la partie intéressée.

S'il s'agit, au contraire, d'actes administratifs qui aient atteint
des intérêts privés, ou d'actes privés qui aient préjudicié à des
règlements administratifs, les particuliers ou les Compagnies lé-
sés se pourvoient par voie de justice administrative contentieuse. Ces actions sont portées devant le Conseil de préfecture
en première instance; et devant le Conseil d'État, en appel

des décisions des Conseils de préfecture. Le Conseil d'État peut aussi réformer les décisions des administrations supérieures en ce qu'elles nuisent à des droits légalement acquis.

Lorsque ces réclamations ont lieu, elles sont portées en première instance devant les conseils de préfecture, par simple demande adressée au préfet, signée de la partie intéressée. S'il y a lieu à pourvoi, ou bien si la réclamation est élevée contre un acte de juridiction ministérielle, le pourvoi est porté au Conseil d'État ; il doit être signé d'un avocat au Conseil ; une ordonnance de *soit communiqué* avertit les parties adverses intéressées.

Le Conseil d'État statue souverainement.

541. Les contestations d'intérêt privé que soulève l'industrie des machines à vapeur sont de la compétence, ou des tribunaux civils, ou des tribunaux de commerce, ou des tribunaux arbitraux, ou enfin des tribunaux de police et correctionnels.

Les *tribunaux civils* sont compétents lorsqu'il y a lieu de statuer sur des propriétés foncières et toutes les fois que, même en matière mobilière, le défendeur n'est pas passible de la juridiction commerciale ; *car c'est toujours la qualité du défendeur qui règle la compétence.*

La justice civile a été placée par la loi entre les mains des juges de paix, des tribunaux de première instance et des Cours d'appel.

La loi du 26 mai 1838 règle la compétence des justices de paix. Nous ne pouvons pas entrer dans le détail de toutes leurs attributions ; nous dirons seulement qu'en général elles jugent les actions mobilières sans appel jusqu'à 100 francs, à la charge d'appel jusqu'à 200 francs ; en ce qui touche spécialement les machines à vapeur, elles connaissent des affaires relatives aux retards de voyages et perte d'effets des voyageurs, des dommages faits aux champs ou récoltes, des contestations sur les engagements des gens de travail et domestiques, des actions possessoires intentées dans l'année. L'appel est porté devant les tribunaux de première instance.

Les tribunaux de première instance jugent les affaires civiles. D'après la loi du 11 août 1838, ils statuent en dernier ressort, en matière mobilière jusqu'à 1,500 francs, et en matière immobilière jusqu'à 60 francs de revenu. Les demandes formées devant les tribunaux civils doivent être précédées du préliminaire de conciliation, si le débat s'élève entre parties capables de transiger. La procédure ne peut se faire que par des avoués; elle est réglée par le Code de procédure civile, art. 48 à 413. Les appels sont portés devant les Cours impériales.

Les Cours impériales doivent être saisies par appel formé dans les *trois mois* de la signification du jugement. La procédure se fait par des avoués, suivant des formes tracées par le Code de procédure civile, art. 443 à 475. Elles statuent sur toute espèce de contestations civiles, et définitivement, sauf le pourvoi en cassation, qui ne peut jamais porter que sur la compétence ou l'application de la loi, et jamais sur l'appréciation des faits.

542. Les *tribunaux de commerce* connaissent des contestations qui s'élèvent, ou entre des Compagnies d'exploitation des chemins de fer et des négociants, ou entre des négociants, ou pour des actes de commerce. Le ministère des avoués n'y est pas admis ; les parties procèdent directement, sauf cependant la faculté de se faire représenter par des mandataires qui, devant plusieurs tribunaux de commerce, sont acceptés par les juges sous le titre d'*agréés ;* leur ministère n'est pas forcé.

Le Code de procédure civile trace les formes judiciaires admises devant les tribunaux de commerce, art. 414 à 442.

Les appels des jugements des tribunaux de commerce se portent devant les Cours impériales, avec le ministère forcé des avoués établis près de ces Cours.

543. Les contestations entre particuliers sur des intérêts civils peuvent aussi être jugées par des *tribunaux arbitraux.* Les arbitres sont ou volontaires ou forcés.

En cas de matière civile ou commerciale, lorsque les parties ont la capacité de transiger, elles peuvent convenir de faire juger leurs contestations par des arbitres choisis par elles. Ce mode d'arbitrage n'est valable que si le *compromis* fait connaître les noms des arbitres et l'objet du litige qui doit leur être soumis. Il n'est donc pas possible d'y stipuler d'une manière générale que *les difficultés survenues entre les contractants seront jugées par des arbitres à indiquer ultérieurement.*

Les jugements arbitraux sont rendus exécutoire par le président du tribunal civil, sans qu'il puisse reviser la décision. Ils ont la même force que les jugements de première instance, et sont comme eux soumis à l'appel dans les *trois mois* de leur signification, à moins que les parties n'aient donné aux arbitres le droit de juger en dernier ressort comme amiables compositeurs. Les formes de l'arbitrage volontaire sont déterminées par les articles 1003 à 1028 du Code de procédure.

Les arbitrages sont forcés en matière de société commerciale. Lorsque le choix des arbitres n'est pas fait d'accord entre les parties, le tribunal de commerce nomme ces arbitres. Ils jugent d'après les règles du droit, comme jugerait un tribunal régulier; leurs décisions sont déposées au greffe du tribunal de commerce, et rendues exécutoires par une ordonnance du président de ce tribunal. Les règles des arbitrages forcés se trouvent au Code de commerce, art. 51 à 54. L'appel de ces sentences est porté devant la Cour impériale.

544. Les personnes choisies comme arbitres doivent se pénétrer de la pensée qu'elles sont des juges, et non les défenseurs de ceux qui les ont choisis. Il n'est cependant que trop commun de voir des arbitres se constituer les avocats des parties qui les ont nommés. C'est ce qui a le plus contribué à enlever à l'arbitrage le caractère que la loi lui a donné. Ce doit être une justice toute de famille, prompte et à peu de frais. Un arbitre manque donc à sa conscience, s'il ne se pénètre pas du sentiment d'impartialité sans lequel il n'y a pas de justice possible. ·

On ne peut exiger de personnes, dont le temps est précieux, qu'elles s'occupent gratuitement des intérêts d'autrui; l'arbitrage ne peut donc pas être gratuit; mais les honoraires des arbitres doivent être volontaires de la part de celui qui les donne, modérés et en rapport avec l'importance de l'affaire. Ils sont ordinairement supportés par toutes les parties en cause, et ils n'entrent pas dans la condamnation aux dépens prononcée par la sentence, à moins d'une disposition spéciale. Les exigences excessives des arbitres sur ce point sont un abus déplorable.

Enfin, on ne doit pas oublier que l'arbitrage a été introduit dans nos lois pour éviter les frais et les lenteurs inséparables de la justice ordinaire, et pour faire disparaître des procès, surtout entre associés, l'acrimonie qui accompagne souvent les débats publics. Les arbitres manquent encore gravement à leur devoir lorsqu'ils ne rendent pas aux parties prompte justice, et qu'ils ne s'opposent pas aux excès de discussions irritantes.

545. L'exploitation des machines à vapeur peut enfin donner lieu à des *délits* et *contraventions*, qui se poursuivent devant diverses juridictions.

Les délits de grande voirie sont déférés aux Conseils de préfecture.

Les contraventions à des lois et règlements se portent devant les tribunaux de simple police.

Enfin, les tribunaux correctionnels sont compétents lorsqu'il s'agit de la poursuite d'un délit ou d'un crime.

L'autorité publique a seule qualité pour agir dans l'intérêt de la société, mais les parties intéressées peuvent porter des plaintes qui sont envoyées au parquet du procureur impérial. Si elles ont un intérêt civil à défendre, elles pourront intervenir, se porter partie civile et solliciter la réparation du préjudice causé par le délit et par le crime. Elles ne créeraient cependant pas contre elles des fins de non-recevoir, si elles se réservaient leurs actions pour agir à fins civiles devant les tribunaux ordinaires. Mais il est quelquefois utile d'intervenir dans le débat criminel pour donner des renseignements utiles à la justice par tous les genres de preuves. Cependant cette intervention, comme partie civile, n'est pas sans danger; car, s'il y a acquittement, les frais du procès sont mis à la charge des parties civiles.

CHAPITRE IX.

Précis historique de l'invention et du perfectionnement des machines à vapeur.

---

§ 1. DE LA MACHINE A VAPEUR EN GÉNÉRAL.

546. Nous terminerons cette première partie de notre œuvre par un résumé de l'histoire de la vapeur et de ses principales applications comme force motrice. Cette histoire a été souvent écrite [1], mais pas toujours avec l'impartialité voulue. En ce qui concerne les premiers temps de l'invention, la part de chacune des nations prétendant à sa naissance est à peu près faite aujourd'hui ; nous ne nous en occuperons guère que pour relater des documents peu connus et pour faire ressortir les travaux de nos inventeurs français, toutefois sans aucune pensée d'exclusion.

Depuis le commencement de ce siècle, la machine à vapeur a reçu bien des améliorations de détail qui l'ont vulgarisée et mise à la portée de toutes les industries. Cette partie si importante de son histoire n'a pas été écrite, que nous sachions. Nous allons tâcher de le faire.

Malgré les soins qui ont présidé à nos recherches, il se peut bien que ceux auxquels nous attribuons tel procédé, telle combinaison, soient primés par d'autres qui nous sont inconnus. Les écrivains qui, après nous, referont cette histoire, rétabliront, s'il y a lieu, leurs droits et corrigeront cette esquisse, qui aura du moins servi de premiers jalons.

---

[1] Voir notice d'Arago, *Annuaire du bureau des longitudes* de 1837 ; traduction française de Tredgold par Henry et Mellet ; Nicholson, traduit par Tourneux ; *Histoire des machines à vapeur*, par Stuart, in-12, 1828 ; *id.*, par M. Rouget de l'Isle, *Bulletin de la Société d'encouragement* ; *id.*, par M. Benoit, *ibid.* ; *id.*, par John Sewell, *Elementary treatise on steam* ; *id.*, par Louis Figuier, *Histoire des découvertes*, in-12, 1852, etc.

La puissance expansive de la vapeur a probablement été connue de tout temps. Si l'antiquité nous offre peu de traces de son emploi mécanique, c'est probablement, comme le fait observer avec raison l'écrivain anglais John Sewell, parce que les descriptions écrites ne sont pas venues jusqu'à nous. On sait cependant que Platon, Aristote et Sénèque attribuaient à l'explosion des vapeurs divers phénomènes terrestres, tels que les tremblements de terre.

On connaît l'*éolipyle d'Héron d'Alexandrie*, en l'an 120 avant l'ère chrétienne, sorte de turbine à vapeur, décrite dans tous les traités de physique, et qu'on parviendra peut-être enfin à appliquer industriellement.

Selon M. John Sewell, Archimède aurait employé la vapeur dans sa fameuse défense de Syracuse; et chez les plus anciens peuples on aurait fait usage des grues à vapeur pour l'élévation de lourdes charges, notamment des obélisques.

547. Quel qu'ait été l'emploi très-probable de la vapeur chez les anciens, ce qui est certain, c'est qu'à part quelques propositions confuses, on n'en retrouve plus trace jusqu'à l'année 1615 de notre ère, où *Salomon de Caus* décrit en son *Traité des forces mouvantes*, pour l'épuisement des mines, un appareil à vapeur consistant en une chaudière au fond de laquelle descend un long tube. On introduit dans cette chaudière l'eau à élever, on la chauffe; la vapeur se forme, et sa pression refoule l'eau par le tube à une hauteur indéfinie. C'est le principe d'un grand nombre d'appareils bien connus aujourd'hui, tels que le *monte-jus* des sucreries. La machine de Salomon de Caus est le premier des appareils à vapeur, aujourd'hui *appliqués industriellement*, qu'on rencontre avec certitude dans l'histoire de cet agent mécanique.

Une légende déshonorante pour la France, patrie de Salomon de Caus, le fait mourir, méconnu, à l'hôpital des fous; rien ne la justifie, et tout porte à croire, au contraire, que c'est une calomnie. Successivement ingénieur et architecte en chef du prince de Galles, de l'électeur palatin et du roi de France Louis XIII, Salomon de Caus a laissé des ouvrages composés sous la protection de ce dernier, et que possèdent nos bibliothèques publiques. Les principaux sont, outre le Traité des forces mouvantes, un autre traité sur la construction des orgues d'église, et une description des curieuses machines hydrauliques exécutées sous ses ordres en Allemagne (voir la Vie de Caus dans la *Biographie universelle de Michaud*).

Ces œuvres contiennent quelques parties littéraires recommandables par le style et la hauteur des pensées. Mais plusieurs de ses opinions scientifiques n'ont pas été confirmées par les découvertes postérieures. Ainsi, selon Caus, les étoiles sont illuminées par le soleil, qui est lui-même cent soixante-six fois plus grand que la terre. Il définit l'air : un élément froid, sec et léger. Quoi qu'il en soit, c'était en son temps l'un des hommes les plus instruits et les plus ingénieux.

548. Dans le siècle suivant apparaissent *Papin*, *Moreland* et *Savery*. Celui-ci exécute en 1698, pour l'épuisement des mines, le premier appareil à vapeur connu. Avant lui, Moreland avait donné, sur les effets de la vapeur, quelques calculs qui durent aider Savery. Mais, antérieurement à ces deux savants anglais, le docteur Papin, dans des mémoires ou ouvrages imprimés en 1680, 1682, 1690 et 1705, avait publiquement et très-clairement proposé une machine à simple effet, à *piston* et à *condensation*. La preuve en existe dans un ouvrage qui est à la bibliothèque impériale de Paris, volume n° 2620, série V, intitulé : *Diverses pièces touchant quelques nouvelles machines... par le docteur Papin:... imprimé à Cassel par Jacob-Etienne... en 1695*.

Une lettre de Papin, reproduite dans cet ouvrage, décrit avec tant de précision la machine à vapeur à *piston* et à *condensation*, applicable aux *mines* et à la *navigation*, que le lecteur nous saura gré de lui donner intégralement, malgé son étendue, ce document peu connu.

Lettre touchant la manière de tirer l'eau des mines avec peu de peine, quand même les rivières sont trop éloignées pour y servir.

A SON EXCELLENCE MONSEIGNEUR LE COMTE DE ZINTZENDORFF.

« MONSEIGNEUR,

« J'ai ressenti avec une profonde soumission l'honneur que m'a fait Votre Excellence de daigner m'écrire de Bohême pour m'inviter d'aller à ses frais

visiter une mine qui demeure inutile à cause de la quantité d'eau souter-
raine : me promettant même des récompenses considérables si je pouvois
remédier à cet inconvénient. J'aurois beaucoup de joie, Monseigneur, de
faire ce voyage avec la permission de S. A. S. mon maître, et je souhaite
extrêmement de témoigner à Votre Excellence l'ardeur de mon zèle à lui
rendre mes très-humbles services, n'estoit que le pays, que nous voyons
ruiné dans notre voisinage, et l'incertitude des événements de la guerre,
m'avertissent que je ne dois pas abandonner ma famille dans un temps
comme celui-cy. Néanmoins, Monseigneur, le désir de donner au moins
à Votre Excellence quelques marques de ma profonde dévotion, m'a fait
méditer très-attentivement sur ce que Votre Excellence m'a daigné écrire
des circonstances des lieux, et sur ce que j'en ai aussi appris par les lettres du fameux M. le docteur Ernest-Sigismond Grassius. Et tout bien
considéré, je prends la hardiesse de communiquer, non-seulement à Votre Excellence, mais encore *à toute l'Europe*, le fruit de mes méditations,
afin que Votre Excellence, par la pénétration de son discernement et par
les jugements que les savants pourront rendre, puisse plus sûrement pro-
noncer si j'ai rencontré heureusement ; ou bien ce qu'il y aura à changer,
retrancher ou ajouter à mes pensées. Je supplie donc très-humblement
Votre Excellence de daigner recevoir en bonne part ces faibles efforts de
mon zèle respectueux.

« Je ne doute pas, Monseigneur, qu'on ne puisse fort bien assécher la
mine de Votre Excellence par le moyen de l'une ou l'autre des machines
qui ont été décrites dans la lettre à Son Excellence le comte de Solms :
mais comme la mine de Votre Excellence est beaucoup plus éloignée des
rivières, il faut avouer qu'il faudroit plus de travail et de dépenses pour
y appliquer ces sortes de machines que pour la mine de Greiffenstein ;
et de plus il y auroit bien plus de danger que les tuyaux de communication estant si longs, ne puissent être gâtés par la malice de quelque en-
vieux ou par d'autres accidents. Cela m'a obligé d'essayer de perfectionner une invention que je crois devoir être fort avantageuse pour ces sortes
de travaux, et dont j'ai *déjà donné la description* dans les *Actes de Leipsick* en 1690 au mois d'août, mais que je répéterai pourtant encore ici,
afin que Votre Excellence puisse d'autant plus commodément juger, tant
de l'invention même que du changement qu'on y doit apporter. »

L'auteur démontre ici qu'il a, sans succès, essayé de faire usage
de l'explosion de la poudre à canon dans un cylindre sous un
piston, puis il continue ainsi :

« *Comme l'eau a la propriété, estant par le feu changée en vapeur, de
faire ressort comme l'air, et ensuite de se recondenser si bien par le froid,
qu'il ne lui reste plus aucune apparence de cette force de ressort, j'ai cru
qu'il ne seroit pas difficile de faire des machines dans lesquelles, par le*

moyen d'une chaleur médiocre et à peu de frais, l'eau feroit ce vide parfait qu'on a inutilement cherché par le moyen de la poudre à canon : et entre plusieurs constructions qu'on peut imaginer pour cela, celle-ci m'a paru la meilleure.

« A A (fig. 19) est un tuyau égal d'un bout à l'autre et bien fermé dans le bas. B B est un PISTON *ajusté à ce tuyau ;* D D, *le manche attaché au piston ;* E E, une verge de fer qui se peut mouvoir autour d'un axe qui est en F ; G est un ressort qui presse contre la verge de fer E E[1], en sorte qu'elle entre dans l'échancrure H sitôt que le piston avec son manche est assez élevé pour que ladite échancrure H paroisse au-dessus du couvercle I I ; L est un petit trou au piston par où passe l'air, et d'où il peu sortir du fond du tuyau A A, lorsqu'on y enfonce le piston pour la première fois. Pour se servir de cet instrument on verse un peu d'eau dans le tuyau A A jusqu'à la hauteur de trois ou quatre lignes ; on y fait ensuite entrer le piston et on le pousse jusqu'au bas, en sorte que l'eau qui est au fond du tuyau regorge par le trou L. Alors on ferme le couvercle I I qui a autant de trous qu'il en faut pour entrer sans obstacle : ayant ensuite mis un feu médiocre sous le tuyau A A, il s'échauffe fort vite, parce qu'il n'est fait que d'une feuille de métal fort mince. Et l'eau qui est dedans se changeant en vapeur fait une pression si forte, qu'elle surmonte le poids de l'atmosphère et le piston B B en haut jusqu'à ce que l'échancrure H paroisse au-dessus du couvercle I I, et que la verge de fer E E soit poussée par le ressort G, ce qui ne se fait pas sans bruit. *Alors il faut incontinent éloigner le feu, et la vapeur se recondensant bientôt en eau par le froid laisse le tuyau absolument vide d'air ;* alors, il n'y a qu'à tourner la verge E E autant qu'il est nécessaire pour la faire sortir de l'échancrure H et laisser le piston en liberté de redescendre ; et il arrive que le piston est incontinent poussé en bas par tout le poids de l'atmosphère, et produit le mouvement qu'on veut avec d'autant plus de force que le diamètre du tuyau est plus grand.

« Et il ne faut pas douter que l'air n'agisse sur le tuyau avec toute la orce dont sa pesanteur est capable : car j'ai vu par expérience que le ²iston, ayant été élevé par la chaleur jusqu'au haut du tuyau A A, est ensuite redescendu jusqu'au fond ; et cela plusieurs fois de suite ; en sorte qu'on ne saurait soupçonner qu'il y ait eu aucun air pour le presser au-dessous et résister à la descente. Or, mon tuyau qui n'a que 2 pouces 1/2 de diamètre est pourtant capable d'élever 60 livres à toute la hauteur dont le piston redescend, et le corps du tuyau ne pèse pas 5 onces. Je ne doute pas qu'on ne puisse faire des tuyaux qui ne pèseroient pas 40 livres, et qui pourtant pourroient élever 2,000 livres à

---

[1] Cette verge à axe et ce ressort, assez peu compréhensibles, ne sont sans doute autre chose qu'un verrou à ressort arrêtant la tige du piston parvenue au haut de sa course.

chaque opération jusqu'à la hauteur de 40 pieds. *J'ai éprouvé* aussi que le temps d'une minute suffit pour faire qu'un feu médiocre chasse le piston jusques en haut de mon tuyau, et comme le feu doit être proportionné à la grandeur des tuyaux, on pourroit échauffer les gros à peu près aussi vite que les petits ; ainsi, l'on voit combien cette machine, qui est si simple, pourroit fournir de prodigieuses forces et à bon marché. Car on sait qu'une colonne d'air qui s'appuie sur un tuyau de 1 pied de diamètre pèse presque 2,000 livres. Mais si le diamètre était de 2 pieds, la pesanteur seroit de 8,000 ; et qu'ainsi la pression s'augmente toujours en raison double des diamètres, d'où il s'ensuit que le feu dans un fourneau dont le diamètre seroit d'un peu plus de 4 pieds, suffit pour élever toutes les minutes 8,000 livres à la hauteur de 4 pieds si on faisoit les tuyaux de cette hauteur : car le feu étant dans un fourneau de plaque de fer peu épaisse, on pourroit facilement le pousser d'un tuyau à un autre, et ainsi ce même feu feroit continuellement dans quelque tuyau ce vide, qui pourroit ensuite produire de si grands effets. A présent, si on considère la grandeur des forces que l'on produira de cette manière, et le peu que pourra coûter le bois qu'il faudra pour cela, on avouera assurément que cette méthode est beaucoup préférable à l'usage de la poudre à canon dont j'ai parlé ci-dessus. Vu principalement que de cette manière on fait un vide parfait, et qu'ainsi on remédie aux inconvénients que j'ai remarqués.

« Il serait trop long de rapporter ici de quelle manière cette invention se pourroit appliquer à TIRER L'EAU DES MINES, JETTER DES BOMBES, RAMER CONTRE LE VENT, et à plusieurs autres usages de cette sorte. Mais il faut que chacun, selon ses besoins qu'il en aura, imagine les constructions les plus propres pour ses desseins.

« *Je ne puis pourtant m'empêcher de remarquer ici en passant combien cette force seroit préférable à celle des galériens, pour aller vite en mer :* car, 1° les galériens par leur poids chargent beaucoup la galère et la rendent plus difficile à mouvoir ; 2°. ils occupent beaucoup de place et embarrassent beaucoup le vaisseau ; 3° on ne peut pas toujours trouver autant de galériens comme on en auroit affaire, et si enfin il faut toujours nourrir les galériens, soit qu'ils travaillent en mer, soit qu'ils se reposent dans les ports ; ce qui n'augmente pas peu la dépense.

« Mais nos tuyaux ne pèseroient que fort peu ; comme j'ai déjà dit : et on pourroit aisément en avoir autant qu'on voudroit, pourvu qu'on eût une fois une manufacture pour les faire ; et enfin, ces tuyaux ne consumeroient de bois que le temps de l'opération.

« Mais, dans les ports, ils ne feroient aucunes dépenses. Or, parce que ces tuyaux ne pourroient pas commodément faire jouer des rames ordinaires, il faudroit employer DES RAMES TOURNANTES comme j'en ai vu autrefois à une machine que S. A. S. Monseigneur le prince palatin Robert avait fait faire à Londres, et que des chevaux faisoient avancer par le moyen de rames attachées aux deux bouts d'un essieu, ce qui réussissoit si bien, que la barque du roi où il y avoit seize rameurs demeuroit pourtant bien loin derrière cette machine. Il seroit facile de faire tourner par nos tuyaux des essieux au bout desquels il y auroit des rames attachées. Car il faudroit seulement que les manches des pistons fussent dentés pour tourner des petites roues dentées et affermies sur les essieux des rames. Et pourvu qu'il y eût trois ou quatre tuyaux appliqués à un même essieu, on pourroit lui donner un mouvement continuel et sans interruption. Car, lorsque quelque piston viendroit au bas de son tuyau, en sorte qu'il ne fût plus en état de faire retourner l'essieu jusqu'à ce que la force de la vapeur le fît remonter au haut de son tuyau, alors on pourroit promptement l'attacher à un autre piston qui, en descendant, continueroit le mouvement à l'essieu ; et ainsi de suite on lâcheroit encore un autre piston qui imprimeroit ainsi la force à l'essieu. Cependant que les pistons qui seroient les premiers descendus seroient repoussés en haut de leur tuyau par la force de la chaleur, et qu'ainsi ils acquerroient une nouvelle force pour tourner l'essieu de la manière qui a été ci-dessus décrite. Et pour faire ainsi remonter tous ces pistons les uns après les autres, on n'auroit besoin que d'un seul fourneau avec un feu médiocre.

« Mais on m'objectera peut-être que les dents de manche des pistons étant engagées dans les dents des roues, devroient en montant et en descendant donner à l'essieu des mouvements opposés, et qu'ainsi les pistons montants empêcheroient le mouvement de ceux qui devroient monter. Mais cette objection est facile à résoudre. Car, c'est une chose fort ordinaire aux horlogeurs d'affermir des roues dentées sur des arbres ou essieux, en telle sorte que, étant poussées vers un côté, elles font nécessairement tourner l'essieu vers elles ; mais, vers le côté opposé, elles peuvent faire tourner librement sans donner aucun mouvement à l'essieu, qui peut ainsi avoir un mouvement tout opposé à celui desdites roues [1]. Toute la plus grande difficulté ne consiste donc qu'à ériger la manufacture pour faire avec facilité des tuyaux légers, gros et égaux d'un bout à l'autre. Comme il a été dit plus au long dans les *Actes de Leipsick*, en 1688, au mois de septembre, et cette nouvelle machine doit bien encourager à entreprendre une telle manufacture, puisqu'elle fait voir plus manifestement que jamais, que ces sortes de gros tuyaux pourroient s'employer fort commodément à plusieurs usages de très-grande importance. »

L'auteur entre ensuite dans des explications sur la conduite de son appareil, qu'il est inutile de reproduire.

---

[1] L'auteur indique plus loin un autre appareil de déclenchement, consistant dans un mouvement de recul imprimé au cylindre, de manière à isoler de la roue montée sur l'essieu la tige également dentée du piston.

549. Donnons en terminant quelques détails biographiques sur lui-même : Denis Papin, né à Blois, le 22 août 1647, était de la famille d'Isaac Papin, pasteur protestant, dont la conversion au catholicisme et l'abjuration en présence de Bossuet eut dans son temps un grand retentissement. Denis étudia la médecine et prit ses grades à Paris; mais il s'appliquait en même temps aux sciences physiques, guidé par Huygens. On croit que, lui aussi, était protestant, et que la révocation de l'édit de Nantes lui fit quitter la France; il aurait même abjuré la religion catholique après avoir été d'abord élevé chez les jésuites. C'est là du moins ce que prétend une notice publiée sur Papin dans le *Practical Mechanic* de 1855. Notice peu bienveillante, qui ne lui accorde qu'une minime part dans la découverte de la condensation, dont l'idée lui fut même, dit-on, suggérée. La *Biographie universelle* de Michaud ne dit rien de tout cela. Ce qui est certain, c'est que Papin alla en Angleterre, où il connut Savery et Boyle. Ce dernier le fit recevoir en 1681 membre de la Société royale de Londres. En 1687, on le voit occuper avec un éclatant succès la chaire de mathématiques de l'université de Marbourg. Il fut ensuite appelé à Venise, et en 1699 il fut nommé membre correspondant de l'Académie de Paris. Il mourut en 1720[1]. C'était un des plus vastes génies de son temps; il proposa de magnifiques projets; mais on croit qu'aucun ne fut exécuté par lui à cause de la difficulté du temps et du peu de ressources qu'offrait alors l'art de la construction des machines. Il a laissé deux ouvrages et une multitude de mémoires imprimés. Le premier ouvrage, imprimé en 1682, à Paris, avec privilège du roi de France, est dédié à la Société royale de Londres; il y traite de la manière d'amollir les os et de cuire les viandes. C'est dans ce traité qu'il décrit son fameux *autoclave* et la *soupape* de sûreté actuellement employée dans les machines à vapeur, dont personne ne lui conteste l'invention. Le second ouvrage, aujourd'hui très-rare, est celui où est puisé l'extrait ci-dessus.

Les mémoires ont été presque tous imprimés dans les *Actes de*

---

[1] Voir la notice biographique de M. Banister à la Société d'encouragement, 1re série, t. XLVI, p. 265 et 630.

Leipsick et les *Transactions philosophiques*. Voici les principaux :
Expériences avec la machine pneumatique, sur la manière de
conserver les corps dans le vide, 1676. — Description d'un nouveau siphon, 1686. — Nouvelle manière d'élever l'eau. — Démonstration de l'impossibilité du mouvement perpétuel et discussion sur ce sujet avec Bernouilli. — Note sur les fusils à vent,
1686. — Démonstration de la vitesse avec laquelle l'air rentre
dans un réservoir vide. — Nouvelle description et usage de la
machine à élever l'eau, et réponse aux objections du docteur
Nuis, 1687. — Nouvelles expériences sur la poudre à canon, 1688.
— Ventilateur centrifuge, dit soufflet de Hesse, 1689.— Nouveau
système de pressoir.

Dans ces ouvrages ou mémoires on retrouve un grand nombre
de machines ou de procédés auxquels on croyait une origine récente : tels que 1° le soufflage à l'air chaud (recueil de 1695, p. 28)
appliqué à la fonte du verre et des métaux, au chauffage par
poêles économiques, à la cuisson du pain, etc. ; 2° les pompes
rotatives, dites pompes de Hesse ; 3° le soufflet cylindrique ; 4° les
bateaux sous-marins ; 5° un système de pyromètre, etc.

550. Après la machine de Savery, laquelle épuise l'eau des
mines par l'effet de la condensation dans un vase, et est par conséquent un système intermédiaire entre ceux de Caus et de Papin,
on rencontre dans l'histoire la machine du forgeron anglais *Newcomen*, où la vapeur venue d'une chaudière sphérique est introduite sous un piston mobile dans un cylindre. La vapeur condensée, dans le cylindre même, par un jet d'eau froide, laisse
retomber le piston sous la pression atmosphérique. C'est la machine de Papin réalisée, mais perfectionnée en deux points : la
vapeur est créée régulièrement dans une chaudière munie de la
soupape de sûreté de Papin, la condensation se fait par une injection d'eau suivant le système Savery.

La machine de Newcomen avait, comme celle de Papin et
Savery, besoin d'un ouvrier occupé sans cesse à manœuvrer les
robinets de vapeur et d'injection. En 1710, l'apprenti *Potter* et le
mécanicien *Beighton* rendent la machine automotrice, par un
mouvement de déclic du genre de ceux qu'on voit encore dans
les machines dites à cataracte.

En 1744, une machine est établie pour la première fois sur le continent, à Condé en Belgique. Elle est décrite dans Bélidor. La France a, en 1749, sa première machine à feu à Littry (Calvados).

En 1750, *Fitzgerald* imagine le volant qui est l'âme de la machine, pour régulariser sa vitesse et déterminer le mouvement rotatif.

En 1774, *Smeaton* détermine les proportions générales et raisonnées qui ont, jusqu'à Watt, servi de règle pour la construction des machines à vapeur.

551. En 1765, *Watt* vient leur donner une perfection jusqu'ici inconnue : condensation dans une chambre distincte dite condenseur, pompe à air pour y faire le vide, admission de la vapeur également sur les deux faces du piston agissant dès lors dans un cylindre clos et garni de presse-étoupe, distribution de la vapeur opérée régulièrement, isolement et perfectionnement du générateur, régularisation de la vitesse par un pendule conique automoteur, parallélogramme pour maintenir la direction verticale de la tige du piston, voilà les principaux perfectionnements dus à Watt. Mais ce qui est peut-être plus remarquable encore, ce sont les études que cet illustre ingénieur fit de toutes les parties de l'appareil à vapeur, ce sont les lois en même temps scientifiques et pratiques qu'il établit pour les proportionner, et qu'on suit encore.

Watt fut, en outre, un des premiers fondateurs de la construction en grand des machines. Ses ateliers de Soho existent encore avec leur outillage près de Birmingham [1].

Un seul des organes actuels manquait encore à la machine de Watt, la manivelle transformant en mouvement rotatif le mouvement alternatif rectiligne du piston ; elle fut employée en 1778 par *Washbrough*.

A la même époque, *M. Perrier* fondait à Chaillot, près Paris, le premier grand atelier qu'il y ait eu en France, et il y construisit diverses machines à vapeur, notamment la pompe à feu du Gros-

---

[1] Les successeurs de Watt ont formé, à trois kilomètres de là, un établissement considérable, dont l'atelier de montage est une magnifique galerie de 100 mètres de long sur 16 de large. Il en est sorti un grand nombre de machines marines, notamment la machine à hélice de 1600 chevaux du steamer géant *Great-Eastern* (*Leviathan*).

Caillou, qui a été détruite en 1858 et remplacée par une puissante machine du même système, construite au Creusot presque en même temps que le magnifique appareil analogue de Saint-Clair à Lyon.

Quelques années après, en 1789, Perrier établissait un moulin à vapeur à Harfleur, en Normandie (brevet d'invention du 18 avril 1789), et, trois ans après, il prenait un nouveau brevet d'invention (n° 118 du recueil), pour divers perfectionnements, parmi lesquels on trouve : 1° une machine rotative; 2° une machine portative; 3° une double machine à cylindre fixe horizontal sans volant, dont les pistons conjuguent leur mouvement à angle droit sur le même arbre, et le transmettent par une simple bielle.

En 1781, d'autres disent en 1798, *Hornblower* fait la machine à double cylindre pour la détente de la vapeur, que Woolf perfectionne en 1804 en lui donnant son nom, sous lequel elle est restée connue. En France on l'appelle aussi machine d'*Edwards*, qui l'introduisit en 1815, avec addition d'une détente nouvelle.

En même temps que Woolf, deux constructeurs dont les ateliers existent encore en Angleterre, *Murray* et *Threvithick*, se livrent avec succès à la grande fabrication des machines à feu. Murray imagine, en 1801, le tiroir et l'excentrique de distribution; cependant M. John Sewel attribue cette invention à Murdock en 1789. On attribue, en Angleterre, à Threvithick le système à mouvement direct sans balancier et à cylindre fixe, qui est devenu le type des locomotives, et fut introduit en France par Taylor; mais nous venons de voir que Perrier fit authentiquement, en France, une proposition semblable en 1792. Ce fut Threvithick encore, qui répandit en Europe, vers 1802, l'usage des machines à haute pression sans condensation, que Papin et Watt avaient déjà proposé.

A cette même époque, l'art du fondeur devient une industrie courante, et la machine à vapeur se modifie avantageusement dans la forme des organes; non-seulement les cylindres, mais les bielles, les bâtis, les volants, les balanciers reçoivent des dispositions qui les rendent applicables à tous les usages. C'est seulement alors que la machine à vapeur commence à se vulgariser. On conserve encore aux ateliers du Creusot un beau et grand cylindre en fonte qui y fut coulé en 1782, par Wilkinson, alors directeur de cet établissement.

552. Ici doit se placer, dans l'histoire de la machine à vapeur, l'ingénieur des ponts et chaussées *Lebon d'Humbersin*, qui n'a été jusqu'ici connu que pour l'application du gaz à l'éclairage, sous le nom de *thermo-lampe*[1] : cet ingénieur prit aussi une part considérable au perfectionnement et à la vulgarisation des machines à vapeur. La collection officielle des brevets d'invention contient, sous le numéro 37, t. I, p. 361, celui qu'il prit le 11 septembre 1796, pour distiller au moyen du vide et du froid. Il y décrit une machine à vapeur à double effet, où le piston (fig. 20) est une cloche *aa* dont le pourtour monte et descend dans un bain de mercure, à peu près comme le gazomètre des usines à gaz. A la suite de ce brevet, on trouve l'analyse d'un mémoire qui obtint le prix de l'École des ponts et chaussées sur cette question[2] : *Trouver la disposition la plus favorable à donner aux machines à feu.* L'auteur y décrit : 1° une *chaudière à foyer intérieur* et à *évaporation rapide;* 2° un appareil à sécher et *surchauffer la vapeur;* 3° la *suppression du balancier* de la machine, et l'application directe de l'engin à mouvoir à l'extrémité de la tige du piston ; 4° une pompe à triple cylindre et jeu continu ; 5° un *condenseur tubulaire à surface.*

---

[1] M. Gaudry père, neveu de M. Lebon, a publié dans le *Journal de l'Invention* par Gardissal, en 1856, une note analysée dans le *Bulletin de la Société d'encouragement* de la même année, sur cet illustre ingénieur et ses travaux. Philippe Lebon, d'Humbersin, est né à Brachey, près Vassy (Haute-Marne); il était, à Paris, ingénieur des ponts et chaussées, lié particulièrement avec Prony et Vauquelin; il s'occupait principalement de travaux de chimie, surtout de tout ce qui se rattachait à la distillation et aux combustibles. Nous croyons pouvoir assurer qu'outre les applications du gaz et les nouvelles idées sur les machines à vapeur, la France lui doit en grande partie la fabrication indigène du goudron pour la marine. Il fut hautement protégé par le premier Consul qui lui fournit des fonds. Le soir du couronnement de l'Empereur, il fut assassiné mystérieusement dans les Champs-Elysées. Sa courageuse veuve ne s'attacha qu'à l'application du gaz, et ses autres projets furent oubliés.

[2] La famille possède une partie du manuscrit de ce mémoire. Jusqu'à présent, il ne lui a pas été possible de retrouver la copie entière, qui fut présentée au juge du concours, et qui fut probablement alors imprimée.

Lebon prit un autre brevet le 28 septembre 1799, pour de nouveaux moyens d'employer les combustibles et d'en recueillir le produit. Son principe consiste à distiller le gaz, opération dans laquelle (se servant du bois) il retire particulièrement du goudron et de l'acide pyroligneux. Quant au gaz formé, il en décrit les applications pour éclairer, chauffer et *fournir de la force motrice*. Le procédé qu'il indique, sur ce dernier point, consiste *à chauffer l'air par l'enflammation d'un volume donné de gaz au moyen de l'étincelle électrique.*

La notabilité de l'ingénieur Lebon, lié avec toutes les célébrités scientifiques d'alors en France et à l'étranger, autorise à croire que la publication de ses idées contribua au perfectionnement de la machine à vapeur à cette époque, bien qu'il ne paraisse pas avoir lui-même construit de machines. C'est donc avec raison que nous avons dû tirer cette grande mémoire de l'oubli.

555. Jusque vers le premier quart de notre siècle, on voit la machine à vapeur se répandre sans particularités notables, bien qu'il soit pris, même en France, quelques brevets intéressants : 22 novembre 1805, brevet du capitaine *Menault*. — 31 mai 1803, brevet *Dubochet*. — 24 juin 1816, turbine à vapeur de *Dietz*. — 24 novembre 1820, brevet *Bresson*. — Lixon, 1820 et 1823, machine pour forge.—Edwards, 1815, machine à détente de Woolf. — Marquis de Manoury-Dectot, propositions diverses relatives aux machines à vapeur, 1818 et 1820. — Systèmes divers de machines, par Gengembre, 1821; Hall et Frimot, 1822; Taylor et Meyer, 1824; Pauwels, 1836; Hamond, Sceaward, Hallette, 1839.

En 1823, *Montgery* publie le premier traité sur les machines à vapeur; quatre ans après, *Farey* en publie un second qui résume principalement les règles de Watt.

Vers la même époque, la France commence à prendre sa part dans le grand mouvement industriel de ce temps. Il n'existait que le seul grand atelier de Perrier à Chaillot, auquel s'était adjoint *Edwards*. Mais, en 1824, quatre grands ateliers se montent presque simultanément en France, et prennent bientôt d'énormes développements : leurs fondateurs sont *Cavé* et *Pihet* à Paris, *Halette* à Arras, enfin la Société *Manby* et *Wilson*, d'abord au *Creusot*, puis à *Charenton*, près Paris. On ne saurait manquer

de nommer ces établissements dans l'histoire de la machine à vapeur, car ils ont grandement concouru à ses perfectionnements,
surtout le Creusot [1] et l'usine Cavé [2]. Le Creusot construisit, en
1826, la pompe à feu de Marly, ce qui fut un tour de force pour
cette époque. Quant à M. Cavé, déjà en 1824 il avait construit sa
première *machine oscillante*, l'un des types aujourd'hui les plus
répandus (fig. 32, 33, 92). Des écrivains anglais, trop désireux de
devoir à leur nation toutes les découvertes, ont imaginé d'attribuer à Murdock, collaborateur de Watt, toutes les machines et
tous les systèmes qui n'ont pas en Angleterre un inventeur reconnu. La machine oscillante a donc, comme une foule d'autres,
été attribuée, soit à Watt, soit à Murdock, au moins comme première idée. Tout ce que nous pouvons affirmer, c'est que M. Cavé
installa sa première machine oscillante en 1824, dans la filature
de M. Indeland à Clignancourt, près Paris, qu'il ne cessa d'en
construire depuis lors, qu'elles étaient parfaitement raisonnées,
et qu'elles eurent beaucoup de réputation.

Le grand fait qui appelle maintenant l'attention dans l'histoire
de la machine à vapeur, est la réduction extraordinaire dans la
dépense de combustible qui s'obtient vers l'année 1830 dans les
pompes à feu du Cornouailles (voir le rapport de M. Combes, *Annales des mines...*). On y arrive 1° par une conduite très-intelli-
gente du feu, grâce à l'émulation qu'on établit entre les chauf-

---

[1] L'existence du cylindre de Wilkinson précité prouve que l'établissement
du Creusot existait déjà, au moins comme fonderie ; mais c'est sous la direction de Mamby qu'il prit son grand développement comme atelier général de
construction. Il eut depuis une ère de grande prospérité sous M. Chagot père.
Passé en 1833 sous la direction de MM. Schneider, il reçut ses grandes proportions principales vers 1845, 1854 et 1860. C'est le plus grand établissement
connu en ce genre ; il s'est illustré dans toutes les spécialités de machines à
vapeur ; mais surtout dans la navigation du Rhône. Il a eu successivement
pour ingénieur en chef MM. Et. Bourdon et Mathieu.

[2] M. Cavé, d'abord simple ouvrier menuisier, puis chef mécanicien dans
une des plus importantes filatures du temps, fonda son atelier vers 1825,
d'abord dans le faubourg du Temple, à Paris (en un local où vint, à son tour,
commencer ensuite M. Pihet), puis dans le faubourg Saint-Denis, où il prit
son immense développement vers 1836. Il a construit lui-même tout son
outillage, d'après des systèmes entièrement nouveaux, admis encore aujour-
d'hui. Il a exécuté à lui seul près d'un sixième des machines qui existent
en France. M. Cavé se retira des affaires en 1853.

feurs ; 2° en augmentant de plus en plus les proportions respectives des surfaces de chauffe et de grille des chaudières ; 3° en utilisant la force expansive de la vapeur par la détente dans le cylindre, suivant des limites jusqu'alors inconnues. On sait quelle sensation produisit l'annonce de ces résultats en France, où le combustible est encore si coûteux. Ce fut le point de départ de recherches où nos constructeurs français se sont signalés. Parmi eux nous devons citer *Bourdon*, *Tresel* (en 1844 et 1845), *Farcot*, *Legavriant*, *Edwards*, *Bousson*, *Delpech*, *Gonzemback*, *Kœchlin*, puis *MM. Clapeyron* et *Stephenson*. Ces systèmes de détente sont décrits dans les recueils périodiques, et notamment dans celui d'Armengaud et le *Bulletin de la Société d'encouragement*, 1re série, t. XLI, XLIII, XLV.

La machine à vapeur entre vers 1835 dans le domaine de la science ; déjà en 1829, *M. Poncelet*, en précisant les lois du travail de la vapeur et des gaz, avait, suivant l'expression du général Morin, fait de la mécanique appliquée une science nouvelle. En 1836 *Tredgold*, et en 1839 *M. Morin* dotent, l'un l'Angleterre [1], et l'autre la France, des premiers traités vraiment scientifiques sur les machines à vapeur.

L'ouvrage du général Morin, sous le nom modeste d'*Aide-mémoire*, ne donna d'abord sur la machine à vapeur et sur les organes mécaniques en général que des règles pratiques, sommairement énoncées, rappelant les lois de Watt et de Farey, contrôlées par de nombreuses expériences personnelles. Elles ont rendu les plus éminents services aux praticiens et ont été, pour ainsi dire, le programme des *Leçons de mécanique* qui ne parurent qu'en 1846, et furent peu à près suivies du traité de M. de *Pambour* et de celui de *MM. Julien* et *Bataille*, le plus complet qui ait encore paru. Nommons aussi le *Guide du chauffeur*, de *Grouvelle*, ouvrage très-pratique qui parut vers 1827.

L'histoire des machines à vapeur doit enregistrer aussi le nom de ces savants qui ont appliqué de si profondes études sur cha-

---

[1] M. Mellet, en traduisant le traité de Tredgold en français, a vulgarisé parmi nous ce précieux ouvrage ; et il n'est pas un de ceux dont les services sont les moins importants dans l'histoire de la machine à vapeur.

cune des lois physiques servant de base à leur installation. Mais il
suffit de nommer *Peclet* et son Traité sur la chaleur, *Petit* et *Dulong*, avec leurs célèbres expériences sur la pression, la températu-
ture et la densité de la vapeur, *M. Reignault* et ses recherches
récentes sur presque toutes les lois physiques qui servent de principes aux machines à feu, dans le but de vérifier les règles de
Watt et autres.

554. Il nous serait bien difficile de rechercher les auteurs des
systèmes, si nombreux, de machines à vapeur que nous voyons
aujourd'hui. Nous avons nommé Watt, Woolf, Threvithick, Cavé,
avec leurs systèmes bien connus et dont il existe de nombreuses
variétés de diverse origine, voir notamment les figures 37, 88
à 93. On sait qu'on attribue à Maudslay la machine à bielles en
retour par côté (souvent dite en France *machine de Moulle-
farine*), qui a eu beaucoup de faveur il y a quelques années, ainsi
que la machine à piston annulaire et le système à double cylindre
que nous retrouverons aux machines de navigation.

Le célèbre Brunel a donné son nom à un système à deux cylindres inclinés vis-à-vis, comme en la figure 82.

La Trunck-Engine ou machine à fourreau de Penn, fig. 86
et 69, ainsi que son système de machines oscillantes (en 1846),
sont de même très-connus. Nous trouvons en Angleterre, à la
date de 1837, et sous le nom de M. Hamphry, un système analogue à ceux de Penn et de Maudslay, mais où le fourreau est
elliptique et occupe ainsi moins de place dans le cylindre. D'autres attribuent à Hall ce même système en 1836.

Quant à cette multitude de machines à cylindres fixes, mouvement direct et bielles agencées de toute manière, chaque
constructeur en a souvent plusieurs types, où on ne voit guère
souvent d'autre but que d'avoir voulu se spécialiser. Nous en ex-
cepterons cependant la machine à double cylindre accolé et à
bielle en retour si bien ramassée, si convenablement équilibrée,
qui a son principal type usuel dans celui qui porte en France le
nom de M. Dupuy de Lôme, fig. 86. On trouve à la même
planche divers types usuels dont les auteurs sont incertains. Le
numéro 81, dit *machine pilon*, a une origine anglaise et se nomme
quelquefois le système Deuy. Le numéro 87 porte en France le

nom de Gâche. Enfin, le numéro 96 est un type du Creusot originairement étudié par son ingénieur Bourdon, qui a reçu une très-grande application.

On attribue la première machine à vapeur rotative à Amontons, en 1699. Aujourd'hui il existe une infinité de systèmes rotatifs qui défient l'analyse, tant ils sont nombreux, tant leurs résultats comme leur réel inventeur sont encore incertains.

Il s'est produit récemment dans les machines à vapeur presqu'une révolution : non-seulement le type des locomotives, le mieux étudié de tous, a, surtout en France, prévalu sur les autres systèmes ; mais, à l'exemple des locomotives aussi, on a imprimé de grandes vitesses et une rapide rotation aux machines, en transmettant aussi directement que possible la force aux engins à mouvoir. Les premiers promoteurs de ce système, en France du moins, furent MM. Thomas et Laurens, ainsi que M. Flaud, constructeur à Paris.

L'historique du perfectionnement des organes de détail qui constituent la machine à vapeur, trouve sa place dans le cours de l'ouvrage qui précède et va suivre. Chacun de ces organes est d'ailleurs représenté aujourd'hui par un nombre infini de types qui défient presque l'analyse.

555. Quant à l'historique des générateurs, il ne nous paraît pas encore possible de le faire, tant les inventeurs se les disputent. Presque tous les types connus paraissent remonter aux premiers temps de la machine à vapeur. Ainsi, Lebon (552) proposa en 1799 les chaudières chauffées intérieurement, idée qu'avait déjà réalisée Cugnot, dans son cabriot (559). On trouve aussi, au *Recueil* des brevets d'ivention en France, un brevet numéro 145, du 24 août 1793, pris par l'Américain *Barlow*, pour une chaudière à tubes horizontaux, chauffée extérieurement, à l'usage des bateaux, système connu d'autre part en France sous le nom de *chaudière Dallery*. Nous avons parlé en leur lieu des chaudières de locomotives et de marine, des systèmes à bouilleurs, en tombeau de Watt, à foyer concentrique du Cornouailles, à flamme renversée de Cail (fig. 6 et 7), à tubes réchauffeurs de Cavé et de Farcot. Ce sont à peu près là les principaux types usuels.

Les accessoires de chaudières affectent également une multitude de systèmes, parmi lesquels nous nommerons les flotteurs à sifflet de *Sorrel* en 1838, *Cavé, Bourdon, Chaussenot, Cail, Pinel;* la soupape de sûreté due, sans conteste, à *Papin*, à peu près dans sa forme actuelle; les manomètres à ressorts de *Bourdon, Vidi* et *Desbordes*, dont l'illustre *Comté* paraît avoir fourni la première idée; ainsi que le manomètre à mercure, à l'air libre, avec piston compensateur de *Galy-Cazalat;* les tubes-jauge de *Stephenson, Arnoux*, etc...; la prise de vapeur *Crampton*, en 1846, la cheminée *Klein* (fig. 57 et 58), etc.

556. Pour remplacer les machines ordinaires à vapeur d'eau, on a fait une multitude de propositions et dessins plus ou moins heureux, parmi lesquels nous devons mentionner les machines à vapeurs combinées de différents liquides, dont Lebon avait eu l'idée dans son brevet de 1796, p. 367 du *Recueil officiel*, et les machines à vapeurs régénérées.

Nous ne mentionnons que pour mémoire les machines à air chaud, et notamment les célèbres appareils d'Ericson et de Pascal (voir *Compte rendu* de l'exposition de 1855 et *Recueil des brevets d'invention*, t. XXXIV), ainsi que ceux de MM. Lenoir, Belon, etc., tous précédés par le système de Lebon (voir n° 552), parce que ce ne sont plus des machines à vapeur, et qu'elles sont étrangères à notre sujet.

557. *Machine à vapeurs combinées* d'eau et d'éther, chloroforme ou sulfure de carbone : — cette dernière a été proposée en 1827 par Galy-Cazalat; les deux autres ont existé tout autrement qu'à l'état de projet. La vapeur de chloroforme a été employée concurremment avec la vapeur d'eau par M. le capitaine Lafont, dans *le Galilée*, aviso de la marine impériale, vers 1852. Les machines éther-hydriques, c'est-à-dire à vapeurs combinées d'éther sulfurique et d'eau ont été brevetées par M. le capitaine Dutremblay, dès 1844 et 1845, et ont existé, à notre connaissance, dans plusieurs usines et dans une dizaine de navires, parmi lesquels plusieurs grands transatlantiques. Les premières ont été construites aux ateliers d'Oullins lès-Lyon.

Le principe consiste en deux cylindres ordinaires, à pistons conjugués sur le même arbre; la vapeur d'eau créée dans une chaudière, à la manière accoutumée, est reçue dans un des cylindres ; après son effet sur le piston, elle se rend dans un condenseur à surface et tubulaire, dont les tubes sont immergés dans l'éther; celui-ci, éminemment volatil, se vaporise en s'emparant du calorique de la vapeur d'eau qui traverse les tubes. Cette vapeur d'éther se rend au second cylindre dont elle meut le piston, et de là elle va se liquéfier dans un second condenseur à surface, immergé dans l'eau froide, qu'on nomme le condenseur proprement dit, par opposition au premier appareil analogue, qu'on appelle *condenseur-générateur*. Une batterie de pompe vide et alimente à temps convenu les appareils condenseur et générateur (voir l'ouvrage sur les machines à éther, de M. Dutremblay ; — voir aussi, à ce mot, le *Dictionnaire de marine de M. Paris* et *Civ. Engineer Journal*, t. VII, p. 29, 132, 148, 278).

La machine à chloroforme de M. Lafond est identique à la précédente.

Le défaut capital qui s'est manifesté dans ces deux systèmes est le danger des fuites. On connaît en effet les propriétés anésthésiques des vapeurs d'éther et de chloroforme. Nous croyons quant à nous, que ce qu'on peut plus tôt reprocher à ces machines, c'est d'avoir été traitées dans la construction avec trop d'assimilation aux machines à vapeur d'eau ordinaire, de n'avoir pas été assez considérées à leur vrai point de vue, et d'avoir devancé l'époque où la machine à vapeur actuelle aura prononcé son dernier mot. Un jour viendra où le combustible sera si coûteux, si encombrant, où la difficulté de renouveler à temps les approvisionnements sera telle, qu'il faudra en venir à l'emploi de ces liquides particulièrement volatils, que vaporise le simple contact de la vapeur d'eau venant se condenser, suivant le système de MM. Lafond et Dutremblay ; alors on apprendra à faire des joints hermétiques, à neutraliser le danger des fuites accidentelles et à donner aux machines les agencements et les proportions les plus convenables aux données tout exceptionnelles du problème.

538. Les *machines à vapeur régénérées* de Siemens et autres ont fait grand bruit, à l'époque de l'Exposition universelle de 1855 (voir les *Comptes rendus* de cette époque et le *Recueil des brevets d'invention*, t. XXXI). Leur principe consiste en ce que la vapeur, après avoir fonctionné dans son cylindre avec détente, à la ma-

nière accoutumée, est ensuite exposée à l'action d'un foyer spécial qui lui rend sa température et pression primitives (138), en sorte qu'elle puisse être employée de nouveau comme force motrice. Nous ignorons où en est la réalisation difficile et désirable de ce problème que nous croyons très-rationnel.

§ 2. APPLICATION DE LA VAPEUR A LA LOCOMOTION SUR TERRE.

559. L'histoire de cette application a été écrite très-complétement et récemment, entr'autres, dans la nouvelle édition du *Guide du mécanicien... de locomotives*, par MM. Lechatellier, Petiet, etc..., ainsi que par M. Perdonnet (*Traité et portefeuille des chemins de fer*), et par Clarke (*Treatise on railway*). Avant d'être appliquée aux chemins de fer, la machine à vapeur le fut à des véhicules sur les routes de terre. Il y en eut un grand nombre de tentatives depuis la seconde moitié du siècle dernier jusqu'à nos jours, mais nous ne voulons que résumer les principaux faits de cette histoire de la vapeur.

En 1759. Watt et Robinson, selon Clarke, proposent en Angleterre le premier projet connu de voiture à vapeur sur route de terre. Elle est à basse pression et condensation.

En 1763. Cugnot, de Nancy, assisté de M. de Gribeauval (disent les *Mémoires secrets pour servir à l'histoire de Louis* XV), fait fonctionner en France le premier véhicule automoteur à vapeur qui soit connu ; il est au Conservatoire des arts et métiers de Paris (ancienne église). Les roues motrices sont commandées par une double machine à action directe et à simple effet (voir la *Biographie* de Cugnot dans les *Notions générales sur les chemins de fer* par M. Perdonnet.)

De 1772 à 1784. Murdock en Angleterre et Evans en Amérique, font fonctionner dans leurs pays respectifs une voiture à vapeur dans les rues des villes (voir dans Clarke la description de celle de Murdock).

En 1802. Première locomotive sur le chemin de fer anglais de Merthyr-Tydwil, par Trevithick et Vivian. Elle est à quatre roues, dont deux motrices, mue par une seule machine horizontale directe, à haute pression. En 1804, il apparaît sur le même chemin une autre machine du même auteur, plus parfaite, dont Clarke donne la description.

De 1811 à 1814. Blenkinsop, Chapman, Brunton et Blakett s'appliquent à donner à la machine un point d'appui suffisamment résistant sur la voie. Blenkinsop fixe à la voie une crémaillère où engrène une roue dentée que porte la locomotive et que manœuvre son mécanisme à vapeur. Sa machine *servit douze ans*, selon Clarke, et elle prouve que, dans certains cas particuliers, par exemple pour franchir des rampes, cette solution des engrenages ne serait peut-être pas à repousser. Chapman propose, au lieu de la crémaillère précédente, une chaîne fixe sur laquelle la machine se hale. Brunton, sans rien appliquer à la voie, fait progresser la machine au moyen de deux béquilles ou grappins. Enfin vient Blakett, qui démontre que des roues unies et suffisamment chargées ont sur des rails unis une adhérence de nature à laisser remorquer de fortes charges. On verra que c'est par ce dernier procédé que se meuvent aujourd'hui toutes machines automotrices, et notamment les locomotives ; mais on remarquera que ce principe fut aussi celui de Cugnot et de Threvithick. Toutefois, Blakett en fit l'objet de toute une loi théorique qui fut le point de départ de la locomotion sur terre généralisée.

En 1814. Première locomotive de Georges Stephenson, avec chaudière type du Cornouailles, et cylindres verticaux, décrits dans Clarke (voir la *Vie de G. Stephenson*, aux *Notions générales des chemins de fer*, par Perdonnet).

En 1815. Nouvelle locomotive de G. Stephenson, en collaboration avec Dodds.—Mouvement direct,—bielles d'accouplement,—ressort de suspension, — quatre paires de roues, composant deux trains mobiles, — études sur la répartition du poids.

En 1821. Premier chemin de fer anglais pour voyageurs, à Darnlington.

En 1823. Premier chemin de fer en France, à Roanne.

En 1826. Premier chemin de fer en Autriche, à Lintz.

En 1829. Concours de Liverpool pour la meilleure locomotive. Trois machines célèbres y figurent : 1° la *Novelty*, de Braithwait, la première machine-tender connue, portant ses provisions de route ; 2° la *Sans-pareille*, d'Hackworth, la première qui ait eu le tirage par échappement de vapeur dans la cheminée, et l'accouplement de roues par des bielles, qui sont encore aujourd'hui l'âme de la locomotive ; 3° la *Fusée*, de G. Stephenson, la première qui ait eu une chaudière tubulaire, et, peu après, une tuyère d'échappement, à l'exemple d'Hackworth. Ce fut cette dernière machine qui obtint le prix pour l'économie, la puissance de traction et l'ensemble du service.

560. L'invention de la chaudière tubulaire et de l'injection de la vapeur dans les cheminées, qui furent l'âme de la locomotive primée de Stephenson, a été l'occasion de vives discussions : il résulte des recherches des auteurs du *Guide du mécanicien* que Vitruve a décrit dans l'antiquité l'injection de vapeur. Quant à l'ensemble du procédé, voici ce qu'en dit Clarke, en son *Treatise on railway* : Il commence par établir qu'en 1827, M. Hackworth, directeur du chemin de fer de Darnlington, adapta un *tuyau soufflant* à une locomotive de Stephenson, dite *Royal-George*, qui était portée sur six roues et avait une chaudière cylindrique à foyer intérieur, à peu près conforme au type du Cornouailles (199). Mais le système ne se répandit pas, n'ayant point sa raison d'être avec la chaudière employée, où le tirage était facile.

Puis, M. Clarke ajoute ce dont suit la traduction : « Il fut réservé aux Français de résoudre le problème... ; les deux premières locomotives qui vinrent en France furent construites par G. Stephenson et arrivèrent en 1829 sur la ligne de Lyon à Saint-Etienne, dont M. Séguin était ingénieur. Pour augmenter la force insuffisante de la machine, M. Séguin sentit la nécessité d'augmenter la puissance vaporisatrice et résolut d'appliquer son plan [1] à l'une des machines qu'il venait de construire lui-même, sur le modèle de Stephenson. Celui qu'il avait déjà étudié en 1827 et qu'il breveta en février 1828, consistait à multiplier la surface de chauffe, en divisant le courant d'air chaud dans la masse liquide, à l'aide d'une série de tubes traversant l'eau de la chaudière... Mais une

---

[1] Nous croyons que cette étude remontait à 1820.

autre difficulté se présenta tout de suite : la hauteur de la cheminée, nécessairement limitée, fut insuffisante pour entretenir le tirage, à cause de la résistance des gaz dans les conduits multipliés du nouveau générateur. Alors M. Séguin ajouta un écran circulaire (*circular frame*, un ventilateur) pour exciter le tirage, et il eut un passable succès. M. Pelletan compléta la solution du problème en proposant un jet de vapeur dans la cheminée, et, comme d'usage, l'Angleterre s'appropria l'invention des deux ingénieurs français.

« L'invention et l'application des tubes diviseurs de la surface est, d'un commun accord (*by common consent*), attribuée à M. Séguin ; le jet de vapeur dans la cheminée, quoique sans doute inventé séparément par M. Pelletan, a été d'abord, nous l'avons vu, appliqué par Stephenson et Hackworth ; mais il fut cependant exclusivement employé dans leur pays, puisqu'il n'existait pas dans les machines envoyées en France. » M. Clarke établit ensuite que la tuyère d'échappement, peu utile pour les chaudières cylindriques d'alors, était indispensable dans la chaudière à tube, et que son application se réalisa devant un besoin constaté. « La méthode du tuyau soufflant, ajoute-t-il en terminant, fut donc en Angleterre une invention spontanée, et elle fut, en France, fille de la nécessité. »

561. L'injection de vapeur, aujourd'hui très-répandue, ne fut longtemps appliquée qu'aux locomotives ; nous la retrouvons en 1834 sur les bateaux à vapeur de la Seine, *Ville de Sens* et *Parisien* nº 1, construits par M. Cochot, et vers 1840, sur les bateaux de la Tamise et du Rhône, les premiers construits par Penn, et les seconds au Creusot, sur les plans de M. Bourdon. Le principal perfectionnement qu'ait reçu ce tuyau d'injection consiste dans le jeu d'un mécanisme pour rendre variable sa buse d'échappement. C'est incontestablement en France qu'il eut lieu, et c'est au chemin de fer de Saint-Germain, presque dès le principe de son exploitation, que paraissent avoir été faites les premières applications, à peu près simultanément, par MM. Edwards, Petiet, Flachat, et l'on pourrait dire par presque tous les ingénieurs et chefs de travaux des chemins de fer à cette époque.

562. Au concours de Liverpool se termine ce qu'on peut considérer comme la période d'enfantement de la locomotive ; le type fondamental est arrêté jusqu'à nouvel ordre, et elle ne va plus varier que dans les détails.

En 1830. Apparition en Angleterre de trois locomotives de Bury, Stephenson et Hackworth, réunissant tous les organes et agencements actuels, avec les caractères qui ont spécialisé les types de ces trois célèbres constructeurs.

Vers la même époque, le chemin de fer de Lyon à Saint-Etienne, jusqu'alors desservi par des chevaux, aidés de quelques locomotives anglaises, voit apparaître sur sa ligne les premières locomotives construites en France, soit par Verpillieux, mécanicien à Rive-de-Giers, soit dans les ateliers de Perrache-Lyon, sous la direction de M. Séguin (voir sa biographie, aux *Notions générales sur les chemins de fer*, de Perdonnet).

En 1833. Premières machines à mouvement extérieur du système actuel, par Sharp et Forester, en Angleterre; elles sont à peu près aussi les premières grandes œuvres applicables aux chemins de fer de ces célèbres ingénieurs, et construction du chemin de fer de Saint-Germain, le premier en France du type actuel.

Vers la même époque, importation en France des locomotives de Stephenson, Hawthorn, Jackson, Tayleur, Rothwell, Hic, Bury, Newton, Sharp, qui nous ont servi de point de départ, et construction en France des premières locomotives du système actuel, par Cavé, et par Pauwells, de Paris ; Stehelin, de Bitschwiller ; Benett, de la Ciottat ; l'établissement du Creusot.

En 1837. Exploitation des chemins de fer d'Alsace, construction en France d'une partie importante du matériel, mais sur des types anglais, par André Kœchlin, qui y affecte spécialement un vaste atelier déjà existant pour la machinerie textile.

En 1839. Fondation de l'atelier d'Alcard et Buddicom, à Rouen, d'abord au quartier des Chartreux, puis à Sotteville ; — apparition en France, sur la ligne de Rouen, des premières locomotives à mouvement extérieur, déjà employées en Angleterre.

En 1840. Premiers essais de la combustion de la houille dans les locomotives, à l'aide de deux foyers que sépare une cloison verticale, par Chanter ; — introduction en Europe des locomotives à avant-train articulé, de l'Américain *Norris*.

En 1843. Ouverture des chemins de fer de Rouen et d'Orléans, le premier avec les locomotives de Buddicom, le second avec des locomotives fournies en grande partie par Robert Stephenson.

En 1844. Le chemin de fer du Nord fait pour la première fois' construire la *totalité* de son matériel par des constructeurs français et sur des types étudiés en France,. sous la direction de M. Clapeyron ; notamment les locomotives dont les premières sont construites par Cavé, Hallette, Derosne-Cail[1], auxquels s'ajoutent peu à près MM. Kœchlin et Gouin.

En 1847. Première locomotive Crampton sur le railway de Londres à Birmingham. Ce système est introduit vers 1849, en France, par le chemin de fer du Nord, et construction par Derosne et Cail, sur études nouvelles et avec diverses dispositions neuves qui sont le point de départ d'un grand progrès [2].

En 1853. Concours du Sœmmering, en Autriche, d'où, après divers projets essayés et non adoptés, sort enfin la locomotive Engerth pour machine de rampe (brevetée en France en 1854), laquelle est appliquée dans le courant de tous les chemins de fer, après diverses modifications étudiées au chemin de fer du Nord et au Creusot. C'est encore sur le chemin de fer du Nord qu'elle fait sa première apparition en France.

Parmi les projets dont l'illustre ingénieur autrichien s'est inspiré, comme il le dit lui-même, et dont il a publié l'atlas, nous en trouvons un de M. Tourasse, ancien chef des ateliers du chemin de fer de Saint-Etienne à Lyon.

563. Nous venons de résumer les époques principales de l'histoire de la machine à vapeur appliquée aux chemins de fer; pour la compléter, il ne faudrait rien moins que passer en revue les œuvres non interrompues de tous nos grands constructeurs français et

---

[1] L'atelier de Derosne et Cail, l'un des plus beaux du monde aujourd'hui, remonte, en réalité, à 1825 ; mais ce n'est qu'en 1841 qu'il s'organisa pour la construction spéciale des locomotives et des chemins de fer. En 1850, l'immense annexe de Grenelle fut ajoutée aux ateliers du quai de Billy et à la forge de Denain, considérablement augmentés eux-mêmes.

[2] Une partie de ces nouvelles dispositions avaient été proposées en 1843, en France, par M. Saugnier, chef des ateliers du chemin de fer d'Orléans (voyez Rapport de M. Lechatellier à la *Société d'encouragement*).

étrangers, et de tous les ingénieurs de chemins de fer, dont presque aucun n'a manqué d'attacher son nom à quelque progrès. Aux noms des Stephenson, Brunel [1], Clarke, Hackworth, Gooch, Locke, Norris, Masui, etc., qui ont été à l'étranger les fondateurs de la locomotion à vapeur sur les chemins de fer, qu'il nous soit permis d'extraire, de la longue liste des ingénieurs français [2], dont le souvenir restera certainement, les noms de Séguin, Perdonnet [3], Julien, Clapeyron, Lechatellier, Flachat, Petiet, Forquenot, Alex. Barrault, Sauvage, Vuillemin, Didion, Talabot, Polonceau (voir sa biographie par M. Perdonnet, aux *Ingénieurs civils de Paris*, 1859). La justice veut aussi que nous nommions ceux de leurs lieutenants, chefs de traction ou d'ateliers qui, *les premiers*, developpèrent à un si haut degré, avec eux, la science pratique et raisonnée des chemins de fer, savoir : MM. Tourasse (Saint-Etienne), Castiau (Anzin), Goussard (Saint-Germain et Est), Rognant (remarquables travaux exécutés aux ateliers de Versailles, rive gauche, avec les moyens les plus primitifs), Nozo, Vallée, Chobrzinsky, Varlet (Nord), Sangnier frères, Servel (Orléans et Lyon), Mollard (Troyes).

Enfin, quoique nos compagnies et ingénieurs aient rivalisé de dévouement au progrès des chemins de fer, nous croyons faire acte de justice et nous rendre l'écho de bien des sentiments de reconnaissance, en rappelant l'initiative empressée de la Compagnie française du Nord à étudier et réaliser la plupart des progrès dont nous avons été témoins, ainsi qu'à rele-

---

[1] Voir la biographie de Rob. Stephenson et de Brunel, aux *Ingénieurs civils de Paris*, 1859.

[2] Nous nommons ceux qui nous viennent en mémoire, sans aucune pensée d'exclusion. Nous n'avons pas la prétention de dresser l'histoire complète d'une belle industrie; mais seulement de fournir des éléments à celle qui se fera un jour.

[3] Peu d'hommes ont autant contribué que M. Perdonnet à la vulgarisation des chemins de fer, exécution de grands travaux publics et cours ouverts pour toutes les intelligences, à une époque où des esprits distingués niaient leur applicabilité. Tels sont les moyens par lesquels l'éminent ingénieur et ses collaborateurs ont acquis des titres particuliers à la reconnaissance de l'industrie.

ver, comparer et publier tous les faits d'exploitation pour l'instruction commune.

§ 3. APPLICATION DE LA VAPEUR A LA NAVIGATION.

564. On sait que l'origine de la navigation remonte aux plus antiques âges, et que les anciens eurent des bâtiments gigantesques [1], témoin l'arche de Noé, décrite dans la Bible, qui, d'après les dernières recherches de M. Silberman, avait 140^m,68 de long, 23^m,43 de large et 14^m,06 de haut, avec ses quatre étages en bois, en tout 42,500 mètres; témoin encore, dans les derniers siècles avant notre ère, ces trois navires égyptiens célèbres, splendides citadelles et palais flottants, dont Rondelet donne la description curieuse et qui fournissent une bien grande idée des moyens mécaniques des anciens, savoir :

1° Le *Syracusain*, à vingt rangs de rameurs, doublé en plomb, chevillé en cuivre, construit en *douze mois*, moitié sur chantier, moitié après la mise à l'eau, par Architas, sur l'ordre de Hiéron, mis à l'eau par Archimède, au moyen d'un canal creusé sous la carène, et donné ensuite au roi d'Egypte, faute de port en Sicile pour le recevoir. Il avait quatre ponts, avec des emménagements d'une splendeur extraordinaire, des jardins, bains, viviers, manutentions et ateliers de toute sorte, trente chambres à quatre lits pour les passagers d'élite, quinze chambres communes pour matelots, etc.

2° La *galère de Ptolémée-Philopator*, 221 ans avant Jésus-Christ, à quarante rangs de rameurs, longue de 150 mètres, large de 20^m,40, haute de 22^m,70, avec ses douze étages, surmontés d'une citadelle bastionnée. Elle portait 4,000 rameurs, 400 matelots, 3,850 soldats, plus les manœuvres, les gens de service et les officiers. Construite loin de la mer, elle y fut amenée sur un ber, où on employa autant de bois qu'il en fallait pour la

---

[1] Voir le Mémoire de Rondelet sur la marine des anciens, Paris, 1820; Plutarque, *Vie de Démétrius*; *Archéologie nautique* de Jol, Paris, 1840; Mémoire du baron Minutoli, 1835, 4° cahier; Don Bernard Monfaucon, l'*Antiquité expliquée*, Paris, 1719.

construction de cinquante grands navires ordinaires du temps ; et, ce qui est à remarquer, l'ingénieur lui construisit, pour son service et son entretien, un de ces bassins étanchés à volonté par des machines, que nous appelons, dans nos ports modernes, une *cale sèche de radoub*.

3° Le *Thalamègue*, palais flottant sur le Nil, long de 214^m,39, large de 10^m,79, et haut de 21^m, 44, qui paraît avoir ressemblé aux bateaux actuels des fleuves américains, et furent un exemple des navires effilés, proprés spécialement aux rivières.

Enfin, M. le capitaine Magnan (*Annales maritimes*, 1836) prétend qu'il exista dans l'antiquité une galère à fond plat, longue de 500 mètres.

Quant à l'histoire de l'application de la vapeur et des propulseurs mécaniques à la navigation, elle a été plusieurs fois écrite en France et en Angleterre, notamment par M. Benoît (*Bulletin de la Société d'encouragement*, t. XLVI) ; par M. Marestier, en tête de son Mémoire sur la navigation à vapeur en Amérique ; par Louis Figuier, J. Sewell et Mac-Gregor (*Lectures à la Société des arts de Londres en* 1858, voir *Mechanics Magazine*, t. I). Nous [n'en résumerons, comimme précédemment, que les faits principaux, en indiquant surtout la part qu'ont eue les inventeurs français dans cette grande découverte, dont presque toutes les nations réclament la priorité.

Dès l'origine de la navigation, peut-être on a eu l'idée de mouvoir des bateaux par des machines. Au temps des guerres puniques, les consuls romains transportèrent, dit-on, l'armée en Sicile sur des bateaux ayant pour propulseur des roues à aubes, manœuvrées par des manéges à bœufs [1]. Dans un tableau célèbre (la *Galathée* de Raphaël), on voit de même un char aquatique, muni sur le côté d'une roue à palette, formée de rames

---

[1] **M.** le docteur Verdet de Lisle nous a communiqué un ouvrage intitulé : *Notitia utraque dignitatum cum orientis tum occidentis*, imprimé à Lyon, en 1608. On y voit la description et la grossière gravure d'un navire mû par trois paires de roues à aubes, manœuvrées chacune par un manége attelé de deux bœufs ; système qui paraît connu au temps de l'écrivain, et que les Romains employèrent, dit-il, dès la première guerre punique, quand ils créèrent leur fameuse marine.

rayonnantes autour d'un essieu, de laquelle on peut conclure que le propulseur était connu du temps du peintre, et qu'il pouvait en faire remonter l'origine jusqu'à ces vieux âges, dits héroïques, des dieux et déesses.

Quant à l'application de la vapeur comme puissance motrice, elle ne s'est pas encore retrouvée dans l'histoire avant le seizième siècle.

Le premier document historique sur ce point, quoique M. Arago ne l'ait pas jugé très-authentique, est celui en vertu duquel l'Espagne réclame pour Blasco de Garay le premier bateau à vapeur. D'après un manuscrit des archives royales de Simancas, ce capitaine aurait fait, en 1543, à Barcelone, en présence de l'empereur Charles-Quint, sur un navire de 300 tonneaux, nommé *Trinidade*, l'essai d'une machine *où il y avait du feu*, qu'il tint secrète et qu'on présume être une machine à vapeur. Des renseignements que nous avons personnellement fait prendre sur les lieux, il résulte que le manuscrit original concernant ce bateau existe réellement à Simancas, où il a été signalé, le 27 août 1825, par Thomas Gonzalès[1].

D'après un Mémoire[2] adressé à l'Académie des sciences par le président de l'Académie de Nancy, en 1851, un professeur de mathématiques de cette ville, le chanoine Gauthier, aurait, en 1753, proposé un projet de bateau à vapeur clairement expliqué dans un manuscrit de 1756, existant à la Bibliothèque de Venise, et qu'il allait mettre à exécution dans cette ville quand il mourut.

Mais le document le plus certain et le plus explicite est la fameuse lettre de Papin au comte de Sintzendorff en 1695, et relatée *in extenso* au numéro 548. On ne saurait demander une description plus précise d'une machine à vapeur à deux cylindres, à simple effet, à mouvement direct et à condensation propre à faire mouvoir des roues à aubes dans la navigation. Cette découverte

---

[1] Dans la *Vie et faits de l'Estevanillo Gonzalès*, publiée à Anvers en 1646, il est fait mention d'une espèce de char allant sur l'eau au moyen de ses quatre roues, sans voiles ni rames; ce fut à Naples que fonctionna ce navire

[2] Voyez aussi journal *la Patrie*, du 27 juillet 1851.

de Papin est loyalement reconnue par John Sewell qui, dans son petit traité de la locomotion à vapeur, a écrit l'histoire de cet agent mécanique avec la plus louable impartialité.

En 1756, Jonathan Hull proposa à son tour un projet de machine marine, à peu près analogue à celle de Papin.

565. Vinrent ensuite, de 1776 à 1783, les essais célèbres du marquis de Jouffroy, officier d'infanterie, d'abord sur le Doubs et ensuite sur la Saône. Le premier, il construisit un grand bateau à vapeur qui ait fonctionné avec quelque suite. Malheureusement l'auteur avait préféré aux roues à aubes une sorte de patte-d'oie ou rame articulée placée à l'arrière de la coque, rationnelle peut-être en théorie, mais dont la pratique a depuis condamné l'usage. Ces essais furent en outre interrompus par la Révolution et les procès qui ruinèrent l'auteur.

De 1784 à 1804, divers projets sont présentés et non exécutés. Les principaux, dont l'histoire fasse mention, sont ceux de Perrier (1784, petit bateau à Paris avec trop faible moteur), Desblancs (1802, petite péniche à chapelet d'aubes, dont le modèle existe au Conservatoire des arts et métiers à Paris), l'abbé Danical, Jouffroy (nouvelles expériences), Filleto, Ramsey et Clarke, Fitch et Barlow (brevets français en 1791 et 1793, mais surtout en 1786), puis, en 1804, Symington, Miller et Taylor, qui firent en Ecosse d'heureuses expériences avec un bateau de 70 tonneaux, nommé *Charlotte-Dundas*, muni d'une machine à vapeur horizontale à double effet et condensation, faisant mouvoir une roue à aubes placée à l'arrière. La mauvaise volonté des propriétaires du canal où se faisaient les expériences, et le peu de ressources pécuniaires de l'inventeur principal, Symington, fit, dit Sewell, discontinuer les expériences.

De 1800 à 1812, Henri Bell construit, à titre d'essai, sur la Clyde, successivement deux petits vapeurs de 3 et 4 chevaux ; puis, en 1815, selon Louis Figuier, un paquebot définitif de 30 chevaux, portant le nom de *Rob-roy*.

La même année, selon Sewell, quatre ans après, selon Louis Figuier, la Grande-Bretagne à son premier service régulier de bateaux à vapeur entre Holyhead et Dublin, pendant que Ralph-Dodd, avec un bâtiment de 75 tonneaux, muni d'une machine de

14 chevaux, va de la Clyde à Dublin et à Londres, et accomplit heureusement sa longue traversée avec une grosse mer. Ce double événement est le point de départ en Europe de l'essor de la navigation à vapeur.

En 1809, Abbert et Martin sont brevetés pour une machine à feu célèbre, qui obtient le prix de la *Société d'encouragement*.

566. En 1810, Fulton [1] construisit à Paris son premier bateau à vapeur ; pourvu d'une trop lourde machine, on dit qu'il coula bas au premier essai. La nouvelle machine étant, au contraire, forte seulement de 3 chevaux, le navire ne put remonter la Seine. On l'a vu longtemps stationner à Paris contre la barrière de Passy. L'empereur Napoléon Ier, qui avait accueilli l'invention avec faveur et fondait sur elle de grandes espérances, ne voulut plus en entendre parler. Fulton alors passa en Amérique, où, mettant à profit son expérience et les conseils de Watt, qui lui fournit une machine de 20 chevaux, il ne tarda pas à lancer un nouveau navire à vapeur qui avait, comme le premier, pour propulseur une roue à aubes à l'arrière. Ce navire fit publiquement, en vingt-sept heures, le trajet de New-York à Albany. Cette fois, le succès avait couronné la persévérance du constructeur. Ce bateau historique se nommait *le Clermont* ; il avait 50 mètres de long, 5 de large, jaugeait 150 tonnes, et avait des roues de 5 mètres de diamètre. Il fut suivi d'un autre bâtiment, auquel l'inventeur donna le nom de son protecteur le chancelier Livingston (voir Tableau U à la fin de l'ouvrage). Trois autres bateaux semblables furent construits en 1811 ; un service régulier fut organisé, et tout de suite la navigation à vapeur prit un énorme développement sur les fleuves.

Il n'est que trop vrai que des savants illustres de ce temps jugèrent défavorablement l'invention de Fulton et son avenir, prêtant ainsi matière aux déclamations éternelles des inventeurs incompris. On ne peut nier toutefois que leur erreur ne soit excusable, en présence de l'insuccès dont ils furent évidemment témoins à Paris, et dont l'inventeur sut au moins profiter, avec la

---

[1] On trouve au *Recueil officiel* un brevet pris, le 26 avril 1799, par R. Fulton pour l'invention des panoramas.

persévérance et le génie dont il était doué, pour réaliser enfin pratiquement un projet informe à son origine.

567. Tout ce qui se rattache aux grands inventeurs est si intéressant, que nous allons reproduire ici, malgré son étendue, et textuellement une lettre de Fulton relative à son bateau, lettre dont le Conservatoire des arts et métiers de Paris conserve l'original.

Paris, 4 pluviôse an XI.

ROBERT FULTON AUX CITOYENS MOLAR, BANDELL ET MONGOLFIER,
Amis des arts.

Je vous envoie ci-joints les desins esquises d'une machine que je fais construire ; avec la quelle je me propose de faire bientôt des experiences pour faire remonter des bateaux sur des rivières à l'aide des pompes à feu. Mon premier but en m'occupant de cet objet était de le mettre en pratique sur les longues fleuves en Amerique ; où il n'y a pas des chemins de halage ; où ils ne seront guère practicables, et où par conséquent les frais de navigation à l'aide de la vapeur seront mis en comparaison avec celui du travail des hommes et non par des chevaux comme en France.

Vous voyez bien qu'une telle découverte si elle réussit seront infiniment plus important en Amerique qu'en France ; où il existe partout des chemins de halage et des companies etablies qui se chargent du transport des marchandises à un taux si moderé que je doute fort si jamais un bateau à vapeur tout parfait quil puisse etre, peut rien gagner sur ceux aux chevaux, pour les marchandises : mais pour les passagers il est possible de gagner quelque chose à cause de la vitesse.

Dans ces desins vous ne trouverez rien de nouveau ; puisque ce ne sont que des roues à eau, moyen qui a été souvant essaye et toujours abandonne parce qu'on croyait quil donnait une prise desavantageuse dans l'eau, mais d'après les experiences que j'ai déjà faites je suis convaincu que la faut n'a été pas dans la roue mais dans l'ignorance des proportions des vitesses, des puissances et probablement des combinations mechaniques.

J'ai prouvé par des experiences tres exacte que les roues à eau sont beaucoup preferables au chapelet, par consequent quoique les roues ne sont pas une nouvelle application, si cependant je les combine de maniere qu'une bonne moitié de la puissance de la machine agisse en poussant le bateau de même que si la prise était de la terre ; la combinaison sera infiniment mellieur que toute ce qu'on ait fait jusqu'ici et cest dans le fait une nouvelle decouverte.

Pour transporter des marchandises je propose un bateau à machine destiné à tirer un ou plusieurs autres bateaux à charge. Chacun desquels sera si serré à son davancier que l'eau ne coule pas entre pour faire resistance (¹). J'ai deja fait ceci dans mon patente pour des petits canaux, et il est indispensable pour les bataux marchands mus par la machine a feu. — Par example supposez le bateau à machine A présentant à l'eau une face de 20 piedes mais pointée à un angle de 50 degrees. Il lui faudroit une machine de 420 *lb* de puissance faisant 5 paids par seconde pour le mouvoir une lieue par heure dans l'eau stagnaute. Si les bateaux B et C ont des faces parailes a A il leur faudra à chacun une egale puissance de 420 livres c'est à dire 1260 livres pour les trois, tandis que si ils sont liés de la manière que j'ai indiqué, la force de 420 suffira pour tous. Cette grande economie de puissance est trop conséquent pour être négligée dans une telle entreprise.

Citoyens lorsque mes expériences seront pretes j'aurai le plaisir de vous inviter a les voir ; et si elles réiussissent je me reserve la faculté ou de faire présent de mes travaux à la republique, ou d'en tirer les avantages que la loi m'authorise. Actuellement je desposc ces notes entre vos mains, afin que si un projet semblable vous parvienne avant que mes experiences sont terminées il n'ait pas la preference sur le mien — Salut et respect — Signé Robert Fulton — n° 50 rue Vaugirard.

568. A cette lettre sont jointes cinq figures à l'échelle. La première est une coupe verticale en long du bateau à vapeur avec sa machine ; la seconde est une coupe horizontale du même, et la troisième une coupe transversale par l'axe des roues. Le bateau est en bois, totalement plat, à murailles évasées, façonné aux extrémités par des courbes convexes ; il a 65 pieds de longueur totale et 5 pieds de creux. Sa largeur extérieure, non compris les roues est 11 pieds en haut et 8 pieds en bas. La machine est au milieu, avec passages latéraux, montée, ainsi que la chaudière, sur six pièces de bois de fort équarissage, jouant le rôle de varangues. La chaudière est derrière la machine, sa forme extérieure, seule indiquée, est carrée, longue de 7 pieds sur 5 de large et 6 de hauteur ; elle porte l'indication d'une soupape de sûreté ; la machine a un cylindre vertical à double effet, avec bielle pendante, transmettant le mouvement aux manivelles de l'arbre-porte-roue par un levier coudé et équilibré, ainsi que par une bielle

---

¹ On trouve au *Recueil des brevets d'invention*, sous le numéro 83, et à la date du 5 avril 1796, une proposition semblable par l'Anglais White, et une autre, de M. Frossard, en 1822.

motrice horizontale (type connu sous le nom de Pauwells); un petit volant de 5 pieds de diamètre est très-rapidement mû par une combinaison de roues dentées, dont la première est calée sur l'arbre porte-roue.

Au sortir du cylindre, la vapeur passe dans un tube qui bientôt porte un long et gros renflement en cuivre, lequel baigne dans une cuve d'eau froide et constitue un véritable *condenseur à surface*; une pompe à air, mue par le balancier, y fait le vide. Les bâtis, les guides de la tige du piston, les armatures qui préviennent la déformation du navire, sont en bois moisés et reliés ensemble. Enfin, chaque roue a 12 pieds de diamètre extérieur, et porte dix palettes de 3 pieds de large sur 2 pieds de haut, dont deux trempent ensemble en plein, les voisines effleurant l'eau, l'une à l'entrée, l'autre à la sortie.

Les deux dernières figures représentent un train de bateaux accouplés, comme il est dit dans la lettre. Celui qui ouvre la marche et porte la machine est effilé à l'avant, l'arrière est creusé en demi-cercle pour recevoir l'avant du deuxième bateau, qui est taillé lui-même convexement en demi-cercle, étant aussi creusé pareillement à l'arrière pour recevoir le bateau suivant.

569. Fulton, avons-nous dit, n'ayant pas réussi en Europe, passa en Amérique, où ses succès firent prendre un rapide essor à la navigation à vapeur. Enfin l'on commence à s'en occuper en Angleterre, et de 1818 à 1822, Napier poursuit le problème de la navigation transatlantique; en 1822, il construit le *James-Watt*, de 440 tonneaux et 100 chevaux de force, qui atteint dans l'Océan une vitesse de 10 milles à l'heure.

Ce navire, aujourd'hui si modeste, fit alors événement, et fut le point de départ d'un nouvel essor de progrès. Il a navigué plus de vingt ans en service courant.

Le nom seul de Napier, ses ateliers de Glascow et ses travaux doivent marquer dans l'histoire de la navigation à vapeur. De là sont sortis notamment les Transatlantiques de la compagnie Cunard, à machines de Watt.

La plupart des grands ateliers anglais et américains ont atteint à cette époque leur grand développement. Bury, Fawcett, Maudslay, Miller, Barnes, Scott-Russel, Rennie, Jackson, Todd-

Macgrégor, etc., ont un nom européen. Penn, venu un des derniers, égala bientôt leur célébrité, avec d'autant plus de raison
qu'il exécuta ses magnifiques œuvres avec des moyens très-
réduits.

En 1835, l'Angleterre a son premier voyage transatlantique
effectué par la vapeur ; quatre ans après, le service est établi régulièrement entre Liverpool et New-York.

570. En France, sauf les essais repris en 1816 par Jouffroy
et Perrier, la navigation à vapeur reste abandonnée jusque vers
1820, époque à laquelle quelques grossiers bateaux à vapeur es-
sayent sur les rivières, et notamment sur la Saône, de faire concurrence aux coches traînés par des chevaux. Le plus ancien bateau dont on retrouve la trace est un petit steamer ayant pour
propulseur une sorte de rame latérale dite patte-d'oie, que Steel,
ingénieur anglais, construisit en 1820, et qui fit pendant quelques
années le service de Rouen à Elbeuf.

En 1821, une compagnie anglaise, dont Napier et Mamby faisaient
partie, amena sur la Seine deux bateaux à vapeur en fer nommés
l'Aaron-Mamby et *la Seine*, les premiers qui aient fait un service
régulier sur la Seine et peut-être en France (*Annales de marine*,
1842, vol. II). Mamby fonda peu après ses ateliers de Charenton-
le-Pont, près Paris, d'où sortirent deux nouveaux bateaux à vapeur analogues aux premiers, dits *le Commerce* et *l'Hirondelle*, et
dont les machines oscillantes à haute pression furent fournies par
M. Cavé, qui remplaça aussi les appareils anglais à basse pression
de *la Seine* et d'*Aaron-Mamby*.

De 1825 à 1830, nos rivières et nos grands ports de mer ont
presque tous commencé à avoir un service régulier de bateaux à
vapeur pour le remorquage ou les transports. *Le Courrier de Ca-
lais*, construit en 1827 par M. Cavé, avec roues articulées et
machine de 60 chevaux, et le remorqueur du Havre, *le Vésuve*,
1828, sont, je crois, les premiers steamers de mer qui aient été
construits en France. Malheureusement, au début de cette période, une épouvantable explosion d'un bateau à vapeur sur le
Rhône, où périrent un grand nombre de personnes distinguées
de Lyon, jeta sur l'industrie naissante une défaveur et une incertitude qui retardèrent de plusieurs années son essor en France.

Ce navire était construit et mis en service par l'auteur du bateau d'Elbeuf, Steel, qui fut une des victimes et qui avait déjà perdu une jambe dans de précédents essais.

Enfin, les succès obtenus en Angleterre et en Amérique ramenèrent la confiance, et les riverains de la Saône et du Rhône conserveront longtemps le souvenir de MM. Brettmayer, Bourdon, Clément Reyre, Bonardel, Gauthier, etc., dont les persévérants efforts parvinrent à organiser définitivement la navigation sur les deux fleuves lyonnais. La première compagnie dont M. Clément Reyre était président, et son premier bateau à vapeur ayant fait un service régulier, remonte à l'année 1829.

La Loire, la Garonne et la Seine eurent vers la même époque leurs premiers services de bateaux à vapeur pour le transport des voyageurs. Les *Hirondelles* de la Saône et de la Loire, sur la Seine la *Ville-de-Sens* et les *Parisiens*, de M. Cochot (voir *Bulletin de la Société d'encouragement*, 1836 et 1838), et les *bateaux Cavé*, avec coque en fer et machine oscillante, fig. 92, restent encore dans le souvenir des riverains.

Les *Inexplosibles*, de MM. de Larochejaquelein et Gâche, de Nantes, furent brevetés en 1836 et 1839. C'étaient de jolis bateaux à très-basse pression, et d'une remarquable légèreté, qui firent un service suivi entre Orléans et Nantes, sur la Loire, ainsi que entre Nancy et Trèves, sur la Moselle.

571. Mais ce n'est que vers 1835 que le mouvement d'essor fut donné à cette grande industrie. En Angleterre, la navigation fluviale ou maritime et les vapeurs de guerre avaient pris sans bruit un immense développement, à peine soupçonné en France. En 1823, MM. Marestier et Montgerry avaient, à la suite d'une mission du gouvernement en Amérique, fait connaître le merveilleux mouvement de la navigation à vapeur et donné les premiers principes théoriques pour la construction de ces bâtiments.

Peu de temps après, le nombre, la vitesse et le confort des bateaux à vapeur de la Saône doublaient. M. Cavé construisait en 1837 sur le Haut-Rhin les *Aigles*, et sur la basse Seine les *Dorades*, auxquels une autre compagnie adjoignait les *Étoiles*, magnifiques bateaux en fer construits au Havre par Normand, et munis de machines anglaises verticales de Barnes [1]. Tous les grands ports, et notamment le Havre, possédaient de beaux steamers pour les passagers et de nombreux remorqueurs. Mais la marine militaire n'avait encore que quelques vapeurs de 100 à 160 chevaux, construits en Angleterre, ou à Indret par M. Gengembre.

Vers 1840, on commence à construire de très-forts bâtiments à vapeur pour les transports transatlantiques et la marine militaire, et à donner aux bateaux sur mer ou sur fleuve une vitesse qui, de 8 à 10 kilomètres à l'heure, parvient peu à peu jusqu'à 20 et 24, et même 30 kilomètres, tout en allégeant les machines.

La marine royale anglaise possédait déjà un certain nombre de très-forts bâtiments, quand M. Mimerel, directeur des constructions navales en France, attacha, en 1842, son nom à la création de douze frégates de 450 chevaux, dont les machines furent remarquablement bien exécutées, d'après le type de Watt, à balanciers latéraux, par Cavé, Halette et le Creusot, sur un plan étudié dans ce dernier établissement par Stéph. Bourdon. Jusqu'alors, la France avait tiré ces grandes machines navales des ateliers anglais de Barnes, Miller, Napier, Maudslay, Rennie et Fawcett, dont la machine du *Sphinx* a longtemps servi de type, et existe en réduction au Conservatoire de Paris.

En 1842, l'introduction de la chaudière dite américaine ou tubulaire en retour de flamme (221), les perfectionnements apportés en 1837 dans la machine oscillante par Joseph Penn, constructeur à Greenwich, les inconvénients reprochés à ce système et l'obligation imposée aux divers constructeurs de simplifier et alléger les appareils de navigation, le succès des vapeurs omnibus [2] sur la

---

[1] Ces bateaux ont disparu plus tard devant les chemins de fer, et ils font aujourd'hui sur la Seine ou sur le Rhône le service du remorquage, sauf *la Dorade* n° 3, qui transporte encore des voyageurs de Rouen à Elbeuf. C'est ce bateau qui a transporté à Paris les cendres de l'empereur Napoléon Ier en 1840.

[2] On sait que les rives de la Tamise sont desservies dans Londres par des petits vapeurs omnibus, qui, pour deux à six sous, transportent d'une extrémité à l'autre de cette immense ville dépourvue de quais, avec une célérité et un ordre, qui n'a peut-être d'égal nulle part, en faisant escale à plus de vingt stations intermédiaires. On s'étonne qu'il ne soit pas établi des services semblables dans nos grandes villes de France : c'est qu'elles ont des quais le long de leurs fleuves, et que sur ceux-ci il existe des passages in-

Tamise par Penn et Spiller, le succès non moins célèbre des bateaux construits à Londres par Miller pour le service de Gravesend, la vitesse extraordinaire obtenue en Amérique, donnent une nouvelle impulsion à la navigation maritime et fluviale.

Dans cette même année 1842, l'Angleterre transforme ses vaisseaux et frégates à voile en navires à vapeur à hélice ; on scie par le milieu la frégate *la Pénélope*, échouée dans un des bassins de Chatam ; on l'allonge, pour recevoir 600 tonneaux de charbon et une machine double de Sceaward, dont les pistons ont un 1^m,66 de diamètre et 2^m,13 de course. Elle est desservie par quatre chaudières tubulaires placées en long, ayant cinq foyers chacune; le poids total de la machine et des chaudières est de 475 tonneaux. (*Annales de marine*, 1843, vol. I, p. 89, et vol. II, p. 195).

En 1843, apparaît en France la frégate *la Pomone*, construite à Lorient et munie d'une machine à hélice de M. Mazeline, où sont réunis tous les agencements modernes, tels que position de la machine sous la flottaison, transmission directe, pompe à air horizontale à double effet, munie de clapets élastiques, butée à filets pour recevoir la poussée de l'hélice, arrimage actuel de l'artillerie, etc.

A la même époque on trouve aussi en France la solution du problème de la navigation régulière du Rhône à grande et à petite vitesse par les bateaux construits au Creusot par S. Bourdon, et deux nouveaux systèmes déjà brevetés en 1805, sous le n° 649, et 1809, sous le n° 962, savoir: les *bateaux-toueurs* de M. Delagneau, qui se halent le long d'un câble déposé au fond du fleuve, dans la traversée de Paris, et les *bateaux à grappins* de M. Verpillieux, qui, à l'aide de crocs disposés autour d'une roue mue par la vapeur, prennent leur point d'appui au fond du lit pour remorquer dans les rapides du Rhône jusqu'à 600 tonnes de marchandises. On trouve des idées analogues de prise de point d'appui fixe, au catalogue des brevets d'invention, proposé en 1821 par Bourlier et Mistral, et en 1824, par Tessier, Dubois et Bourdon.

franchissables. Exemple, à Paris, le pont au Change, et à Lyon, le pont Nemours. Espérons qu'un jour cette innavigabilité disparaîtra dans nos deux capitales, et qu'elles pourront avoir, comme Nantes, Bordeaux, Marseille, etc., leur service de vapeurs-omnibus.

Mais le fait capital est, dans la marine de toutes les nations, l'emploi des propulseurs héliçoïdaux substitués aux roues à aubes. Nous donnerons plus tard leur historique.

572. La reprise du grand mouvement industriel de 1850 a été, pour la navigation maritime et fluviale, de guerre et de commerce, le point de départ d'un développement inouï dont nous pouvons à peine indiquer les faits principaux :

1° Transformation générale des voiliers proprement dits en navires mixtes à voile et à vapeur, par l'addition d'une machine à vapeur auxiliaire, proposition déjà brevetée, en 1845, par M. Perrin. Les capitaines Halsted en Angleterre, et, en France, MM. Moll, Bourgois et Paris paraissent être les principaux promoteurs de cette application générale.

2° Apparition du vaisseau à hélice de 960 chevaux, *le Napoléon*, construit en 1849 sur les projets de MM. Dupuy-de-Lôme et Moll, et de *la Bretagne*, en 1855, vaisseau de premier rang de 1200 chevaux ; lesquels, différents des anciens types, ont des formes fines comme les navires spécialement à vapeur et à grande vitesse.

3° Navigation des canaux à l'aide de bateaux de divers systèmes, parmi lesquels il faut nommer les bateaux à deux hélices en arrière, de Cadiat, Dubied, Baudu, Mazeline, Gauthier, Cavé ; les bateaux à deux roues en arrière, de Gâche, et les bateaux dits *monoroue*, munis d'une seule roue engagée à l'arrière entre les flancs de la coque, avec machine motrice latérale commandant directement l'arbre de la roue. (Voir fig. 62 et 63.)

4° Grands steamers transatlantiques de long cours dont les premiers sont construits par Napier à Glascow, Hallen aux États-Unis, et en France sur les chantiers de la Compagnie des messageries impériales, dans les ports de la Méditerranée.

5° Emploi de la vapeur, non plus seulement comme force de propulsion, mais pour opérer à bord toutes les manœuvres (voyez Mémoire du capitaine Shuldam, *Mecanichs-magazine* de juillet 1854).

6° Service direct et régulier de bateaux à vapeur entre Paris et Londres, établi par Gâche et Guibert de Nantes, en 1852, après diverses tentatives plus ou moins heureuses.

7° Dimensions, vitesse et puissance énormes assignées aux bâtiments, même sur les rivières qui semblaient les plus rebelles à des entreprises de grande navigation. Sur le Rhône, les ingénieurs du Creusot et divers armateurs installent des bateaux de 600 chevaux de force, et portant 600 tonnes dans leur coque, longue de 150 mètres et ne calant que 1 mètre d'eau. Sur le même fleuve, MM. Arnaud, Corady et Carsenac, construisent, de 1853 à 1855, les bateaux dits *l'Avant-Garde*, *le Belot* et *l'Express*, d'une force de 200 à 500 chevaux, qui rivalisent de vitesse avec les trains omnibus des chemins de fer. En Angleterre, Penn fait atteindre au delà de 14 nœuds de vitesse au yacht le *Fairy*, vitesse qu'on était alors loin d'obtenir. Sur les fleuves d'Amérique on voit apparaître des palais flottants, calant moins de 2 mètres d'eau, élevés de trois ou quatre étages, contenant plus de 1200 personnes, outre 1000 tonnes de marchandises, et atteignant, avec des forces de 2000 chevaux, jusqu'à 40 kilomètres de vitesse à l'heure. D'après Sewel, ils ne prennent que 2 schellings 1/2 (environ 3 francs), pour transporter les voyageurs de New-York à Albany, distants de 150 milles (280 kilomètres).

Dans ces derniers temps, les steamers américains à grande vitesse *Vanderbilt*, et *l'Adriatic*, de plus de 5000 tonneaux, et 2000 chevaux ; les nouveaux bâtiments anglais *Seine*, *Shannon*, *Connaugth*, etc. (voir tableau Q à la fin de l'ouvrage), et surtout le steamer géant *Great-Eastern* ou *Leviathan*, construit à Millwal par Scott-Russel, sur les plans de Brunel (année 1859), font époque par leurs proportions gigantesques.

Ce ne sera sans doute pas le complément des merveilles accomplies dans l'art de la navigation à vapeur. La France y aura largement contribué pour sa part, surtout sur les rivières. Si elle ne peut revendiquer parmi ses gloires d'avoir été une des premières à la développer, elle montrera du moins avec orgueil la lettre de son savant docteur Papin, qui, dès le dix-septième siècle, indiqua l'avenir que la vapeur préparait à la navigation et décrivit la première machine marine jusqu'ici connue.

§ 4. Applications diverses de la vapeur.

573. Ces applications sont aussi multipliées que variées. Aujourd'hui on blanchit à la vapeur, on cuit à la vapeur; elle est le principe de plusieurs systèmes de calorifères pour le chauffage des bâtiments.

Comme puissance mécanique, elle meut directement une multitude d'engins travailleurs. Dès les premiers temps de sa carrière industrielle, M. Cavé fit des découpoirs mus par la pression directe de la vapeur sur un piston avec l'intermédiaire d'un simple levier. En 1839, Bourdon du Creusot, et Nasmith de Manchester, firent à peu près simultanément les premiers marteaux-pilons, et les premiers riveurs de chaudronnerie par application directe de la vapeur, puis, divers instruments analogues.

La plus ancienne grue à vapeur que nous ayons jusqu'ici trouvée en France, se voyait à Lyon sur le quai de Vaise, où elle fut établie par M. Gauthier.

En 1848, Nasmith installa, pour le battage des pieux, un appareil à vapeur qui a joui d'une certaine célébrité.

574. La machine à vapeur a été, depuis quelques années, appliquée à tout usage possible, sous une forme d'appareil complet et transportable, nommé *locomobile*.

Le premier brevet d'invention pris pour cet objet en France est celui de M. Girard, en 1809. M. Hallette en prit un autre en 1823, sous le titre de *machine ambulante*. Arrivant tout de suite au temps de la vulgarisation de ces machines, nous nous trouvons en 1840, où MM. Bourdon, Rouffet et Cavé les construisirent publiquement en France. Les deux premières furent exposées à Paris, en 1839.

Celle de M. Eugène Bourdon avait trois chevaux de force, une chaudière quadrangulaire à galerie, chauffée par gradation et à tirage forcé par la vapeur : son mécanisme à cylindre fixe, de 0^m,12 de diamètre sur 0^m,30 de course, avec transmission directe, était incliné sur le côté droit de la chaudière, avec la pompe alimentaire. L'appareil était monté sur trois roues en fonte de 0^m,73 et 0^{m}30 de diamètre ; il coûtait 3500 francs, dépensait 2 hectolitres de coke et 12 hectolitres d'eau en douze heures. Il servit au Néotherme de Paris, pendant plusieurs années.

La machine de M. Rouffet, l'un de nos premiers constructeurs actuels de locomobiles, n'avait pas de roues ; mais elle était, comme mécanisme, exactement telle qu'on la connaît aujourd'hui ; sa chaudière était cylindrique et à galerie.

M. Cavé construisit aussi, vers la même époque, deux locomobiles sur roues, mais sur trop petites roues, dont l'une servit jusqu'à la fin dans ses ateliers comme moteur du ventilateur de la fonderie ; elle avait une chaudière de locomotive et un mécanisme direct incliné à 45 degrés sur le côté de la chaudière, comme dans la machine Bourdon.

D'autre part, un constructeur de Nantes, M. Lotz, avait établi des batteuses à vapeur ambulantes dont le système existe encore et dont la première remonte à 1849.

Mais ce n'est que vers 1850 que les locomobiles se vulgarisèrent : on en comptait dix-sept à l'exposition universelle de Londres en 1851, un peu moins à celle de Paris en 1855 ; mais une quinzaine au concours universel agricole de 1856, et non moins d'une soixantaine au concours général et national de 1860, où se distinguèrent particulièrement MM. Rouffet, Farcot, Daubré, Gargant, Duvoir, Cumming, Bréval, Cail et Calla. Ce dernier doit être considéré comme le vulgarisateur spécial de ces machines dont il entreprit la construction en grand, vers 1852, en prenant pour point de départ une locomobile anglaise de M. Clayton, lequel fut, avec Hornsby, Garett, Tuxford, Ransom, Dray, Smith, Exall, Andrews, le premier propagateur de ce genre de machine en Angleterre.

575. Il est une application particulière de la locomobile qui excite en ce moment l'attention publique. Nous voulons parler du labourage à la vapeur suivant le système de MM. Barrat, Smith et Fowler ; nous y consacrerons un article spécial, en nous bornant à dire ici que M. Fowler paraît être le premier qui ait réalisé couramment le problème en Angleterre ; qu'en France, le sy-

stème a été importé et installé par M. le vicomte de Baulny, MM. Collas et Dickoff, avec la haute assistance de S. M. l'Empereur, par les ordres duquel les essais ont été entrepris sur la plus vaste échelle pour déterminer le mouvement de l'attention publique et du progrès.

FIN DU TOME PREMIER.

TABLE ANALYTIQUE.

§ 2. *Résistance et travail résistant dans les machines, d'après la nature du mouvement.*

I. — *Travail des corps dans le mouvement vertical.*

II. — *Travail dans le mouvement horizontal.*

III. — *Travail dans le mouvement sur plans inclinés (pentes et rampes).*

CHAPITRE II.

CHALEUR ET COMBUSTIBLES.

§ 1. *Lois fondamentales de la chaleur.*

§ 2. *Dilatation.*

§ 3. *Sources de chaleur. — Combustibles.*

1° *Principes généraux.*

2° *Principaux combustibles.*

CHAPITRE III.

FORMATION DE LA VAPEUR.

§ 6. *Conduite de la chaudière.*

1° *Préparation préliminaire.*

2° *Conduite en marche.*

3° *Nettoyage et entretien.*

CHAPITRE IV.

TRAVAIL DE L'APPAREIL MOTEUR.

§ 1. *Mode d'action de la vapeur.*

I. — *Pression de la vapeur sur le piston.*

II. — *Vitesse du piston.*

§ 2. *Distribution de la vapeur dans la machine.*

I. — *Lumières d'entrée et de sortie.*

II. — *Appareil distributeur.*

1º *Distribution à recouvrement et coulisse.*

II. — *Condensation par surface ou contact.*

§ 4. *Mécanisme de transmission et agencement général de l'appareil.*

I. — *Cylindre et piston.*

II. — *Mécanisme de transmission.*

III. — *Bâtis et bases d'assise.*

§ 5. *Tuyauterie.*

§ 6. *Régularisation des machines à vapeur.*

§ 7. *Travail utile des machines à vapeur.*

CHAPITRE V.

CHOIX A FAIRE ENTRE LES DIVERSES MACHINES A VAPEUR, CLASSIFICATION ET CONDITIONS GÉNÉRALES DE LEUR INSTALLATION.

§ 1. *Classification des machines à vapeur.*

§ 2. *Divers systèmes de machines à vapeur.*

§ 3. *Conditions générales de toute machine à vapeur.*

CHAPITRE VI.

DIRECTION ET ENTRETIEN DES MACHINES A VAPEUR EN GÉNÉRAL.

§ 1. *Opérations préliminaires.*

I. — *Garniture des stuffing-boxes ou boîtes à presse-étoupes.*

VII. — *Essai de la machine.*

CHAPITRE VII.

ACCIDENTS DANS LA CONDUITE DES MACHINES A VAPEUR.

§ 1. *Mesures générales en cas d'accident.*

§ 2. *Accidents divers dans le générateur.*

§ 3. *Fuites.*

§ 4. Rupture de pièces dans la machine.

§ 5. Accidents divers dans la machine.

CHAPITRE VIII.

TRAITÉS POUR LA CONSTRUCTION DES MACHINES A VAPEUR ; SURVEILLANCE ET RÉCEPTION DES TRAVAUX.

§ 1. Principes généraux sur les conventions ou contrats.

§ 4. *Formalités de réception des machines à vapeur.*

§ 5. *Marche à suivre en cas de contestation sur les marchés ou sur leur exécution.*

CHAPITRE IX.

PRÉCIS HISTORIQUE DE L'INVENTION ET DU PERFECTIONNEMENT DES MACHINES A VAPEUR.

§ 1. *De la machine à vapeur en général.*

FIN DE LA TABLE.

Paris. — Typographie Hennuyer, rue du Boulevard, 7.

BABANT, *licencié ès sciences, et LA FITTE, professeur de mathématiques.* LEÇONS DE MÉCANIQUE ÉLÉMENTAIRE en tièrement conformes aux nouveaux pro grammes de l'enseignement des lycées, contenant toutes les connaissances néces saires à ceux qui se destinent au bacca lauréat ès sciences, aux écoles spéciales du gouvernement, à l'Ecole centrale des arts et manufactures, et à ceux qui sui vent les cours des Ecoles profession nelles et des nouvelles Facultés des sciences appliquées. 1 vol. in-8°, imprimé sur papier glacé, orné de 195 figures dans le texte, et 1 planche. Paris, 1858. 6 fr.

BRIOT (Ch.), *prof. de mathém. spéciales au lycée St-Louis, doct. ès sciences, etc.* LEÇONS DE MÉCANIQUE à l'usage des élèves de la classe des mathématiques spéciales et des candidats à l'Ecole poly technique et à l'Ecole normale supérieure. In-8°, avec figures. 5 fr.

NAVIER, *de l'Institut, inspecteur div. des ponts et chaussées.* Résumé des le çons données à l'Ecole des ponts et chaussées sur l'APPLICATION DE LA MÉ CANIQUE à l'établissement des construc tions et des machines. 2 vol. in-8°.

Le tome I contient les leçons sur la RÉSISTANCE DES MATÉRIAUX et sur l'éta blissement des constructions en terre, en maçonnerie et en charpente. 3e édi tion, augmentée d'une très-importante annotation, par M. DE SAINT-VENANT, *ingén. en chef en retraite, anc. prof. à l'Ecole des ponts et chaussées.* In-8° avec des planches et des figurés dans le texte (paraîtra en août prochain).

Le tome II contiendra : 1° les leçons sur le mouvement et la résistance des FLUIDES et sur la conduite et la distri bution des eaux; 2° celles sur l'ÉTABLIS SEMENT DES MACHINES. In-8° avec plan ches.

CORIOLIS, *membre de l'Institut, ingé nieur en chef des ponts et chaussées.* TRAITÉ DE LA MÉCANIQUE DES CORPS SOLI DES ET DU CALCUL DES MACHINES, ou Considérations sur l'emploi des moteurs et sur leur évaluation, pour servir d'in troduction à l'étude spéciale des machi nes; 2e édition. In-4°, avec planches. 15 fr.

— THÉORIE MATHÉMATIQUE DES EFFETS DU JEU DE BILLARD. 1 vol. gr. in-8°, de 12 planches. 6 fr. 50 c.

REECH, *ing. direct. de l'Ecole d'applic. du génie maritime, etc.* COURS DE MÉCA NIQUE d'après la nature généralement flexible et élastique des corps, compre nant la statistique et la dynamique avec la théorie des vitesses virtuelles, celle des forces vives et celle des forces de réaction, la théorie des mouvements rela tifs et le théorème de Newton sur les simi litudes des mouvements. In-4°, figures dans le texte. 1852. 12 fr.

GAUBERT, *chef de bat. du génie, anc. élève de l'Ecole polytechnique.* Essai sur la détermination des CENTRES DE GRA VITÉ, suivi de notes sur la multiplication des nombres, la pyramide triangulaire, le binome de Newton, la règle de Descartes,

...tes figures du deuxième d[egré], ...aux coniques, la division e[n]... ...ties égales, la composition... ...problème général des dis... ... édition, beaucoup augmen[tée]... avec planches.

— Traité de MÉCANIQUE ANALY[TIQUE] à l'usage des élèves des Ecoles pol[ytechni] que et normale et des aspirant[s aux] Ecoles. 1 vol. in-8°, planches.

HACHETTE, *membre de l'Institut, e[t] prof. à l'Ecole polytechnique.* ÉLÉMENTAIRE DES MACHINES: 4e é[d.] revue et augmentée. 1 fort vol. in-4 [a]vec 35 grandes planches. 25 fr.

CLAUDEL (J.), *ingén. civil, profess. d[e] l'association philotechnique, etc.* INTRO DUCTION THÉORIQUE ET PRATIQUE À LA SCIENCE DE L'INGÉNIEUR, contenant l'en semble complet de toutes les règles d'a rithmétique, d'algèbre et de géométrie, avec des applications et un grand nombre de renseignements que l'on ne trouve pas dans les ouvrages élémentaires; la trigonométrie rectiligne, avec une table des expressions trigonométriques; les tracés des courbes employés dans les arts, leurs équations analytiques, leurs pro priétés et leurs mesures; la levée des plans, l'arpentage et le nivellement, avec la description des instruments et la ma nière de les régler, et les détails relatifs à leur emploi; enfin la MÉCANIQUE, où se trouvent développés les principes de dy namique, d'hydrostatique et d'hydro-dy namique suffisant pour bien faire com prendre tous les ouvrages de mécanique pratique. 2e édition totalement refondue. 1 fort vol. in-8°, avec 425 figures interca lées dans le texte. Paris, 1859. 9 fr.

— FORMULES, TABLES ET RENSEIGNEMENTS PRATIQUES; aide-mémoire des ingénieurs, des architectes, etc.; 5e édit., revue et aug mentée. 1 vol. in-8°, compacte, d'environ 1000 pages, avec figures intercalées dans le texte et des planches. 1857. 12 fr. 50

— TABLES des *carrés* et des *cubes* des nom bres entiers successifs de 1 à 10,000; des *longueurs*, des *circonférences* et des *sur faces des cercles* dont les diamètres sont exprimés par les nombres entiers de 1 à 1000; des *expressions trigonométriques naturelles* des angles successifs de mi nute en minute, avec un *nouveau texte* explicatif pour l'usage de ces tables. In-8°, Paris, 1858. 3 fr. 50 c.

— ET LECOY, *architecte.* COMPTES FAITS OU TABLE DE MULTIPLICATION, contenant les produits des nombres variant de cen tième en centième depuis 0,01 jusqu'à 10 unités, par les nombres variant de dixième en dixième depuis 0,1 jusqu'à 10 unités, c'est-à-dire en négligeant la vir gule; contenant les produits des nombres entiers de 1 à 100 par les nombres en tiers de 1 à 1000; à l'usage des ingé nieurs, des architectes, des vérificateurs, des entrepreneurs, des industriels, des commerçants, etc., avec un texte expli catif pour l'usage de ces tables; un beau volume in-8°, *imprimé* et *corrigé* avec le plus grand soin. Paris, 1852. 4 fr. 50 c.